“十三五”普通高等教育应用型规划教材

数据库应用技术

张延松　编著

DATABASE
APPLICATION TECHNOLOGY

中国人民大学出版社
·北京·

前　言

数据库主要面向结构化数据管理，是计算机系统重要的系统软件之一，也是现代信息社会重要的支撑技术之一，是现代信息社会运行的基础性技术，是数据管理和数据分析处理的平台。数据库是一门系统科学，有独立的理论基础和成熟的应用技术，掌握数据库系统理论知识和实践技能是从事企业数据分析重要的基础。随着数据库技术在企业中的广泛应用，数据库分析处理成为企业数据分析的最重要功能，也为其他数据分析处理工具提供了良好的数据支持与服务。近年来，随着大数据分析处理需求的不断增长，企业级数据分析处理技术越来越成为数据分析处理的主要任务，这意味着具有不同知识背景的数据分析人员需要直接面对企业级数据平台，需要掌握足够的数据库知识来实现企业级数据分析处理任务。数据仓库是面向分析型应用的数据库应用技术，它以数据库系统所积累的大量业务数据为基础，通过数据仓库特有的存储体系结构对数据按分析主题进行整合，面向分析处理进行存储、查询优化设计，在企业级海量数据的基础上为决策分析提供联机分析、数据挖掘等功能，从企业海量数据中分析出有价值的信息，支持企业决策制定，提供商业智能支持。

本书面向数据库分析处理应用技术，以案例教学的方式系统地介绍数据库基本理论、数据仓库基本理论，以及基于 SQL Server 2012 数据库平台的数据库分析处理应用案例，实现数据库基本理论与数据库分析处理实践技术相结合，引导读者学习使用数据库平台的各种工具完成完整的数据分析处理任务，提高读者使用数据库工具进行企业级数据分析处理的能力。

本书主要介绍数据库系统的基本原理、SQL 命令操作实践、数据库应用技术、数据仓库和联机分析处理（On-Line Analytical Processing，OLAP）以及 OLAP 实践等基础性的理论知识及操作技能，实现数据库基本理论与数据库分析处理实践技术相结合，引导读者学习使用数据库平台的各种工具完成完整的数据分析处理任务，提高读者使用数据库工具进行企业级数据分析处理的能力。书中 FoodMart 数据文件下载地址为 https：//sourceforge. net/projects/mondrian/files/mondrian/mondrian-3. 7. 0/mondrian-3. 7. 0. 0-752. zip/download。具体见所下载的压缩文件的 demo \ access 目录。SSB 数据生成器

dbgen 下载地址为 http://www.cs.umb.edu/~xuedchen/research/publications/。TPC-H 数据生成工具下载地址为 http：//www.tpc.org/tpc_documents_current_versions/current_specifications.asp。

目　录

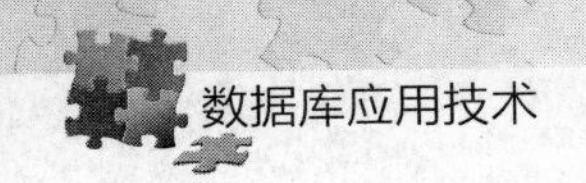

第1章

数据库基础知识

本章要点与学习目标

数据库是数据管理技术与计算机技术相结合的研究领域，主要面向海量数据的管理及处理技术，是现代信息系统的核心和基础性技术。当前主流的数据库是关系数据库，即采用关系模型存储数据，使用关系操作执行查询处理任务，主要面向结构化的海量数据存储与管理。随着信息技术应用领域的不断拓展，关系数据库不仅支持传统的结构化数据处理，还逐渐扩展了对半结构化 XML 数据和非结构化数据的处理能力，在大数据时代与 NoSQL（非关系型数据库）技术相结合，不断扩展其处理能力。因此，数据库技术不仅是当前企业级大数据最重要的平台，同样在新兴的大数据处理平台上发挥着重要的作用，数据库技术与 Hadoop 平台的结合成为数据库技术发展的新趋势，掌握现代数据库技术能够为大数据分析处理技术打下坚实的理论基础，有助于更深入地理解当前大数据分析技术的技术路线及未来发展趋势。

本章学习目标是掌握数据库的基本概念，理解关系模型和关系操作，学习使用关系数据库标准语言 SQL 实现数据管理和查询处理。

第1节　数据库基本概念

数据库中最常用的术语和基本概念包括数据、数据库、数据库管理系统、数据库系统等，这些基本概念从不同的角度描述了数据管理与处理的不同层面。

一、数据、数据库、数据库管理系统、数据库系统

1. 数据

数据（data）是数据库存储和数据处理的基本对象。在维基百科中数据的定义为[1]：

数据是构成信息的一组定性或定量的描述客观事实的值的集合。数据在计算时表现为多种形式，如表格（由行和列组成）、树形结构（tree）或图（graph），数据是以图形、声音、文字、数、字符和符号等形式对事实描述的结果，通常可以通过表格、图或图像等形式展示给用户。

狭义地讲，数据是计算机对现实世界事实或实体的描述方式，包括数据形式、数据结

构和数据语义。数据形式指计算机支持的数据类型，如整型（int）、浮点型（float，double）、日期型（2014－03－19）、字符型（‘中国’）、逻辑型（True/False）、扩展数据类型（xml，binary，image 等存储半结构化和非结构化文件的数据类型）。数据结构是将不同类型的数据按一定的结构组织起来表示实体或事务，如（1，110，High Roller Savings，Product Attachment，14435，1996－01－03 00：00：00.000，1996－01－06 00：00：00.000）表示一个促销记录在（promotion _ id，promotion _ district _ id，promotion _ name，media _ type，cost，start _ date，end _ date）结构上各个分量的数据。数据语义则是对数据含义的说明，如数据结构的 promotion _ name 部分表示促销名称，start _ date 表示促销开始日期，end _ date 表示促销结束日期等，数据语义定义了实体描述信息与计算机存储数据形式和结构之间的映射关系。

在数据库中，数据通常表示为由一定格式的数据项所组成的结构化的数据形式，通常称为记录。

2. 数据库

数据库（DataBase，DB）是长期存储在计算机内有组织、可共享的数据集合。数据库中的数据按一定的数据模型组织、描述和存储，具有较小的冗余度、较高的数据独立性和易扩展性，并可为各种用户共享。整个数据库在建立、运用和维护时由数据库管理系统（DBMS）统一管理、统一控制。用户能方便地定义数据和操纵数据，并保证数据的安全性、完整性和多用户对数据的并发使用及发生故障后的数据库恢复。数据库是数据库系统的一个重要组成部分。

数据库按数据模型分，可分为层次数据库、网状数据库、关系数据库、面向对象数据库以及近年来出现的面向非结构化数据的以 key/value 存储为特点的 NoSQL 数据库。

数据库技术与其他学科的技术内容结合，出现了各种新型数据库：

● 数据库技术与分布处理技术结合➔分布式数据库；

● 数据库技术与并行处理技术结合➔并行数据库；

● 数据库技术与人工智能结合➔演绎数据库和知识库；

● 数据库技术与多媒体技术结合➔多媒体数据库；

● 数据库技术与特定的应用领域相结合，出现了工程数据库、地理数据库、统计数据库、空间数据库等特定领域数据库。

数据库中存储的数据不仅包括表示实体信息的数据，还包括表示实体之间的联系的数据，如（369，2，5，1191，1.52，2）表示在日期 ID 为 369 时，ID 为 2 的买家从 ID 为 5 的供应商购买了 ID 为 1191 的产品，其单价为 1.52 元，数量为 2，这种统一的数据结构描述了现实世界买家、卖家、产品、日期实体之间的销售联系数据。总体来说，数据库中的数据包括：数据本身、元数据（即对数据的描述）、数据之间的联系和数据的存取路径。数据库中的数据是整体结构化的，数据不再面向某一程序而组织，能够被不同的用户及应用程序通过统一的接口访问，从而大大降低数据冗余存储的代价，减少了数据之间的不一致性问题。

数据库是现代信息技术的数据基础，随着近年对大数据的关注不断升温，以数据为中心的新的应用模式不断拓展数据库应用的广度和深度。随着数据库技术应用领域的不断扩展，数据库中数据的类型由传统意义的数字、字符发展到文本、声音、图形、图像等多种类型，从结构化数据处理扩展到半结构化、非结构化数据处理领域，从传统的数据库平台扩展到新兴的数据库平台，应用领域从传统的面向商业与事务处理扩展到科学计算、经济、社会、移

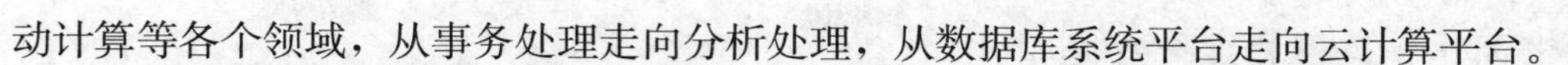

动计算等各个领域，从事务处理走向分析处理，从数据库系统平台走向云计算平台。

3. 数据库管理系统

数据库管理系统（DataBase Management System，DBMS）是用于建立、使用和维护数据库的软件。它是位于用户和操作系统之间的数据管理软件，用于对数据库进行统一的管理和控制，保证数据库的安全性和完整性，提供给用户访问数据库、操纵数据、管理数据库和维护数据库的用户界面。数据库管理系统的主要功能包括以下几个方面：

（1）数据定义。

数据库管理系统提供数据定义语言（Data Definition Language，DDL），用户通过 DDL 对数据库中的对象进行定义，包括数据库中的表、视图、索引、约束等对象。

（2）数据组织、存储和管理。

数据组织和存储的目标是提高存储空间利用率，提供方便的存储接口，提供多种存储方法（如索引查找、哈希查找、顺序查找等）提高存取效率。数据的组织与存取提供数据在外部存储设备上（如磁盘、SSD 固态硬盘等）的物理组织与存取方法，涉及三个方面：1）提供与操作系统特别是与文件系统的接口，包括数据文件的物理存储组织（行存储、列存储或混合存储）及内外存数据交换方式等；2）提供数据库的存取路径及更新维护等功能；3）提供与数据库描述语言和数据库操纵语言的接口，包括对数据字典的管理等。

（3）数据操纵功能。

数据库管理系统通过数据操纵语言（Data Manipulation Language，DML）来操纵数据，支持交互式查询处理，如查询、插入、删除、修改等操作，并将查询结果返回用户或应用程序。

（4）数据库事务管理和运行管理。

数据库管理系统提供事务运行管理及运行日志，事务运行的安全性监控和数据完整性检查，事务的并发控制及系统恢复等功能，保证数据库系统的安全性和完整性、多用户对数据的并发访问控制及数据库发生故障后的系统恢复等机制。

（5）数据库维护。

数据库维护为数据库管理员提供数据加载、数据转换、数据库转储、数据库恢复、数据安全控制、完整性保障、数据库备份、数据库重组以及性能监控等维护工具。

（6）其他数据库功能。

数据库管理系统提供的功能还包括数据库与应用软件的通信接口、不同数据库系统之间的数据转换、异构数据库互访及互操作等功能。

基于关系模型的数据库管理系统已经成为数据库管理系统的主流技术。随着新型数据模型及数据管理实现技术的推进，DBMS 软件的性能还将进一步更新和完善，应用领域也将进一步拓展。

4. 数据库系统

数据库系统（DataBase System，DBS）是存储、管理、处理和维护数据的软件系统，是在计算机系统中引入数据库后的系统，包括数据库、数据库管理系统、数据库开发工具、应用系统、数据库管理员等。它由数据库、数据库管理员和有关软件组成。这些软件包括数据库管理系统（DBMS）、宿主语言、开发工具和应用程序。DBMS 用于建立、使用和维护数据库。宿主语言是可以嵌入数据库语言的程序设计语言。数据库是长期存储在计算机中有组织的、大量的和可共享的数据集合。数据库管

理员负责创建、监控和维护数据库。

数据库系统的发展主要以数据模型和 DBMS 的发展为标志。数据库诞生于 20 世纪 60 年代中期。第一代数据库系统以层次和网状数据模型的数据库系统为特征，代表性的数据库系统是 1969 年美国 IBM 公司研制的层次数据库系统 IMS 和美国数据系统语言会议（CODASYL）的数据库任务组（DataBase Task Group，DBTG）提出的 DBTG 报告所确定的网状模型数据库系统。第二代数据库系统是指关系数据库系统，其代表性事件是 1970 年 IBM 公司 San Jose 研究所的 E. F. Codd 发表的题为“大型共享数据库的关系模型”的论文，开创了关系数据库系统方法和理论的研究。20 世纪 90 年代随着面向对象、人工智能和网络等技术的发展，产生了面向对象数据库系统和演绎数据库系统。近年来随着数据库应用领域的拓展，在 WEB 数据管理和生物数据管理等应用的推动下，半结构化和非结构化 NoSQL 数据库成为主要的发展方向，在当前大数据应用背景下，数据库概念也逐渐从关系数据库平台扩展到大规模分布式计算平台，出现了以 NewSQL 为代表的各种新的可扩展/高性能数据库。这类数据库不仅具有 NoSQL 对海量数据的存储管理能力，还保持了传统数据库支持 ACID 和 SQL 等特性，如基于分布式集群的 Google Spanner，VoltDB 等系统，基于高扩展性 SQL 存储引擎的 MemSQL 等系统，基于分片的中间件层的数据库 ScaleBase 等系统。随着硬件技术的发展，高可扩展性、高性能的数据库是未来数据库发展的主要趋势。

二、数据库系统的特点

1. 数据结构化

数据库的主要特征是整体数据结构化，不仅数据内部是结构化的，而且数据之间也要遵循一定的结构要求，即数据之间具有逻辑联系。

数据内部结构化是指数据库的数据文件由记录构成，每个记录由若干属性组成，如图 1—1 中的 supplier 表中的记录由 s_suppkey，s_name，s_address，s_city，s_nation，s_region，s_phone 属性组成，每个属性具有不同的数据类型、格式和语义，构成了描述 supplier 实体的数据分量。同理，表 part，lineorder，date，customer 中的记录都是结构化的数据。

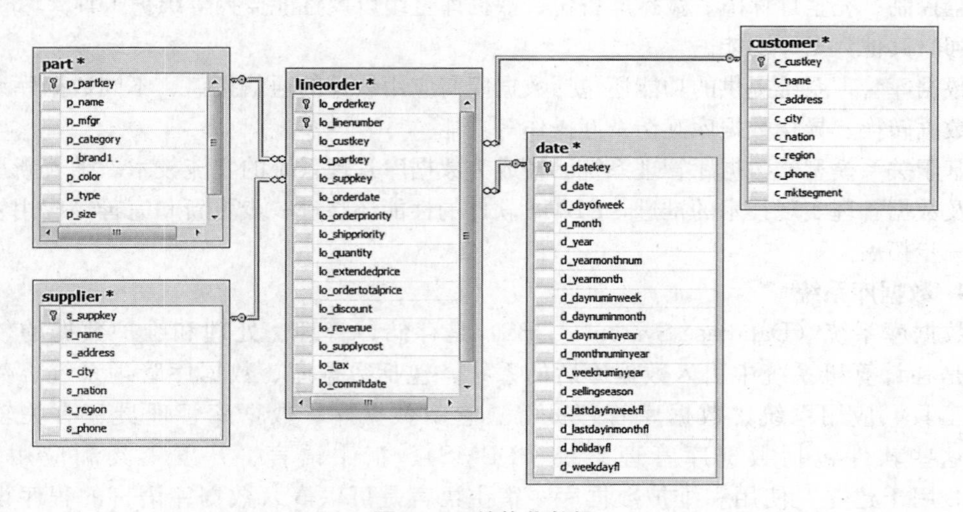

图 1—1　结构化数据

数据之间的结构要求体现在不同表的记录之间的逻辑联系。例如，表 lineorder 代表订单信息，其中 lo_custkey 代表订单的 customer ID，订单必须满足订单的 lo_custkey 在 customer 表的 c_custkey 中存在且唯一存在的约束条件才能保证订单数据的合法性和正确性。因此，数据库需要通过参照完整性来保证 lineorder 数据与 customer 数据之间的联系，支持整体结构化。

数据库不是一个将数据堆积在一起的仓库，而是要通过结构化过程按业务和分析需求抽取出现实世界实体的共性属性，通过结构化数据设计抽取出实体的共性属性用于描述整体数据特征。通过定义数据之间的关系，一方面保证了在事务处理时数据的正确性和合法性，另一方面也定义了数据分析处理时数据的相关性，定义了表间操作的类型（如参照完整性约束定义了表之间使用等值连接操作）。

2. 数据共享性高、冗余度低，系统易扩充

数据库中的数据不是面向某个应用定制，而是面向整个系统应用，可以被多个用户、多个应用共享使用，能够从应用软件中独立出来，成为基础的数据库平台。数据库中的数据面向共享访问，减少不同应用访问数据库时的数据复本，避免了复本不一致的问题。在数据库的结构设计上采用的模式优化技术能够优化数据库结构，减少冗余数据存储代价，提高存储效率。

数据库的数据在设计上面向整个系统，可以被多个应用共享使用，容易增加新的应用。结构化的设计方法通过增加新的数据，扩展数据之间的联系，在保持整体结构不变的前提下扩充新的数据和新的应用。

3. 数据独立性强

数据库的独立性包括物理独立性和数据的逻辑独立性。

物理独立性是指用户的应用程序与存储在磁盘中的数据库的数据相互独立，数据库系统负责数据的存储和访问，应用程序通过数据库访问接口访问数据，并不直接操纵物理存储的数据。当数据的物理存储结构变化时并不影响应用程序的数据访问，从而保证了应用程序良好的平台适应性。

数据的逻辑独立性是指应用程序与数据库的逻辑结构相独立，数据库提供给应用程序数据访问视图，数据库维护数据访问视图与数据库内部逻辑结构的映射关系，当数据库的逻辑结构改变时，通过更新数据访问视图与数据库内部逻辑结构映射关系来保证数据访问视图的稳定性。

在数据库的优化技术中，数据的物理存储结构和逻辑存储结构可能会发生改变，如从行存储转换为列存储，选择不同的存储引擎或者修改数据库的模式结构，数据库通过二级映像功能来保证当数据库的物理存储结构和逻辑存储结构发生变化时应用程序保持不变。

随着近年来硬件技术的突飞猛进，数据库系统与硬件技术相结合是当前数据库系统发展的主要趋势，数据库技术与最新的多核处理技术、众核处理技术、内存存储技术、flash（闪存）存储技术、GPU（图形处理器）处理技术、高速网络技术、云计算等新兴技术相结合，在大数据分析处理领域发挥着越来越重要的作用。

第 2 节　关系数据模型

数据模型（data model）是对现实世界数据特征的抽象，用于描述数据、组织数据和对数据进行操作。数据模型可以分为概念模型和逻辑模型两大类：在数据库中广泛使用的概念模型是实体联系模型，用于描述现实世界的数据结构；数据库的逻辑模型包括层次模型、网状模型、关系模型、面向对象模型以及对象关系模型等，当前应用最为广泛的是关系模型。

一、实体-联系模型

实体-联系模型（entity-relationship model）是通过实体型及实体之间的联系型来反映现实世界的一种数据模型，又称 E-R 模型。实体-联系模型是由 Peter P. S. Chen 于 1976 年提出的，广泛适用于软件系统设计过程中的概念设计阶段。

实体-联系模型的基本语义单位是实体和联系。

实体（entity）是代表现实世界中客观存在的并可以相互区别的事物。实体可以是具体的人或事物，如客户、供应商、产品，也可以是抽象的概念或度量，如日期等。

属性（attribute）是实体的某一种可以数据化的特征。一个实体由若干属性来表示，每个属性对于该实体有一个数据取值，这些取值用于区分该实体与其他实体。如客户实体的属性包括客户 ID、客户姓名、客户地址、客户电话、客户所在地区等，日期实体的属性包括年、月、日、季度、周等，实体的属性组合起来能够表示一个实体的特征，属性也定义了未来用于分析和处理的数据结构。

实体型（entity type）由实体名及相应的属性名集合构成。属性是描述实体共同特征和性质的数据，实体型则定义了描述相同类型实体的公共数据结构。例如，客户（客户 ID、客户姓名、客户地址、客户电话、客户所在地区）、日期（年、月、日、季度、周）分别是表示客户实体和日期实体的实体型。

实体集（entity set）指同一类型实体的集合。如客户、日期等都是实体集。

联系（relationship）指实体内部属性之间或者实体之间的联系。实体内部属性之间的联系包含属性之间的函数依赖关系，实体之间的联系包含实体集之间一对一联系（1∶1）、一对多联系（1∶n）、多对多联系（m∶n），定义了实体集 A 中的每一个实体与实体集 B 中若干个实体之间的对应关系。

实体-联系模型可以形象地用图形表示，称为实体-联系图，其中：矩形表示实体型，内部为实体名；椭圆形为属性，内部为属性名，用无向边与实体型连接；菱形表示联系，内部为联系名，用无向边与实体型连接，同时在无向边旁边标注联系的类型，联系的属性也要用无向边与联系连接起来。图 1—2 为图 1—1 结构化数据的实体-联系图，四个实体：CUSTOMER，SUPPLIER，PART，DATE 之间通过订单（Ordering）构成联系，订单联系中包含 quantity，price，discount，revenue 等属性。

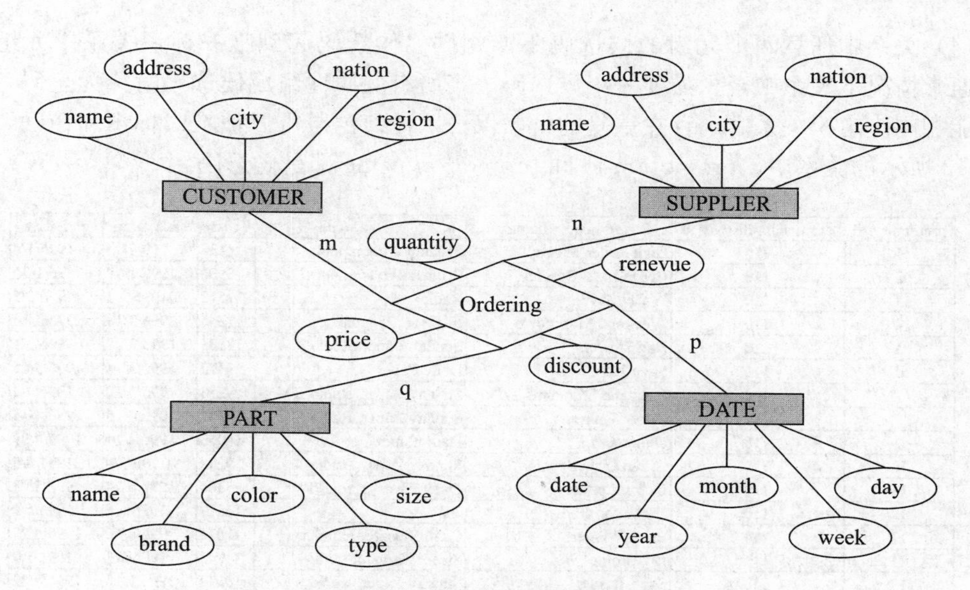

图 1—2　订单业务实体-联系图

二、关系模型

关系模型是最重要的一种数据模型，当前主流数据库采用的都是关系模型。关系模型由关系数据结构、关系操作集合和关系完整性约束三部分组成。

关系模型以关系作为唯一的数据结构。关系用二维表来表示实体以及实体之间的联系，二维表形象地看由行和列组成，列又称为字段（field）、属性（attribute），定义了实体的一个描述数据分量，关系中的属性必须是不可分的数据项；行又称为元组（tuple）、记录（record），是具有相同属性结构的数据集合。

在关系的定义中，关系的名字（表名）必须唯一，表中各列的名字必须唯一，称为属性名。在关系中，能够唯一确定一个元组的属性或属性组称为候选码。当关系中存在多个候选码时，可以选择其中的一个候选码作为关系的主码，主码用于定义表内或表间的约束关系。作为候选码的属性称为主属性（primary attribute），不包含在任何候选码中的属性称为非主属性（non-primary attribute）或非码属性（non-key attribute）。当所有属性构成的属性组是码时称为全码（all-key）。

关系具有以下五条基本性质：

（1）关系中的列是同质的。列对关系的一个分量，由相同类型的数据组成，数据来自相同的值域。如图 1—3 所示的关系 promotion 中，列 promotion_id 由整型数据构成，值域为正整数，表示每一个促销活动的 ID；列 start_date 由日期型数据构成，格式为 yyyy/mm/dd，值域为有效日期范围。

（2）不同的列值域可以相同。列 start_date，end_date 的值域都是日期范围，但具有不同的语义，使用不同的属性名。

（3）行列的顺序不重要。关系是一种集合，行是属性的集合，关系是行的集合，行与列的顺序对关系操作不重要，相同的关系可以有不同的行、列顺序。在关系数据库中，增加列或者增加行时对位置没有要求。

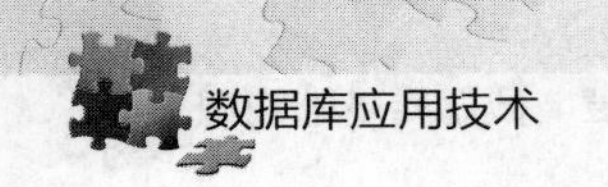

(4) 关系中任意两个元组的候选码不能相同。候选码起到唯一标识关系中元组的作用，通常情况下关系中至少需要一个候选码，当所有的属性组成候选码时称为全码。候选码不能相同决定了关系中不存在重复的行，保证了任何记录可以被唯一标识和访问。例如图 1—3 所示的关系中，promotion_id 和 promotion_name 都是候选码。

promotion_id	promotion_district_id	promotion_name	media_type	cost	start_date	end_date
1	110	High Roller Savings	Product Attachment	14435	1996/1/3	1996/1/6
2	110	Green Light Special	Product Attachment	8907	1996/1/18	1996/1/20
3	110	Wallet Savers	Radio	12512	1996/2/2	1996/2/5
4	110	Weekend Markdown	In-Store Coupon	11256	1996/2/13	1996/2/15
5	110	Bag Stuffers	Sunday Paper, Radio	12275	1996/2/28	1996/3/1
6	110	Save-It Sale	Daily Paper	9472	1996/3/14	1996/3/16
7	110	Fantastic Discounts	Sunday Paper, Radio, TV	14278	1996/3/29	1996/4/2
8	110	Price Winners	Sunday Paper, Radio	14731	1996/4/10	1996/4/13
9	110	Dimes Off	Daily Paper	14065	1996/4/26	1996/4/29
10	110	Green Light Special	Sunday Paper, Radio	9298	1996/5/8	1996/5/9
11	110	Dollar Cutters	Daily Paper, Radio, TV	5306	1996/5/24	1996/5/25
12	110	Three for One	TV	14812	1996/6/6	1996/6/9
13	110	Price Winners	Cash Register Handout	11674	1996/6/19	1996/6/22
14	110	Big Promo	Street Handout	14945	1996/7/3	1996/7/7
15	110	Save-It Sale	Sunday Paper, Radio	6842	1996/7/18	1996/7/22
16	110	Sale Winners	Sunday Paper, Radio	14615	1996/8/2	1996/8/3
17	110	Savings Galore	Cash Register Handout	13694	1996/8/16	1996/8/17
18	110	Super Savers	Daily Paper, Radio	12346	1996/8/27	1996/8/30
19	110	Tip Top Savings	Daily Paper, Radio	8099	1996/9/10	1996/9/13
20	110	Sale Winners	Street Handout	11024	1996/9/26	1996/9/28

图 1—3 关系示例

(5) 关系中的属性必须是不可分的数据项。关系模型最基础的约束条件是关系的每一个分量不可分，属性中不可嵌套属性，不允许“表中嵌套表”的递归结构。

图 1—4 是一种属性嵌套结构，一个属性可以分解为多个属性，这是一种报表中常见的格式，但不属于关系模型。可以通过修改表中属性名字来消除属性嵌套，将其转换为关系模型。

Region	Unemployed Persons (10 000 persons)						Unemployment Rate (%)					
	1990	2005	2009	2010	2011	2012	1990	2005	2009	2010	2011	2012
Beijing	1.7	10.6	8.2	7.7	8.1	8.1	0.4	2.1	1.4	1.4	1.4	1.3
Tianjin	8.1	11.7	15.0	16.1	20.1	20.4	2.7	3.7	3.6	3.6	3.6	3.6
Hebei	7.7	27.8	34.5	35.1	36.0	36.8	1.1	3.9	3.9	3.9	3.8	3.7
Shanxi	5.5	14.3	21.6	20.4	21.1	21.0	1.2	3.0	3.9	3.6	3.5	3.3
Inner Mongolia	15.2	17.7	20.1	20.8	21.8	23.1	3.8	4.3	4.0	3.9	3.8	3.7

图 1—4 嵌套表

当前大数据应用中广泛使用的 key/value 存储模型中通常使用 column family 结构来描述复杂的数据结构，如图 1—5（A）所示的 key/value 存储结构中，“com. cnn. www”是唯一标识非结构化记录的键值，column family “contents:”中存储了网页时间戳为 t_3，t_5 和 t_6 的三个版本，column family “anchor:”中存储了时间戳为 t_8 和 t_9 的 anchor 信息“CNN”和“CNN. com”。这种 key/value 数据结构不符合关系模型的定义，属性中包含属性，不能被关系数据库所存储。但这种嵌套结构能够分解为如图 1—5（B）所示的关系存储，即将每一个 column family 分解为一个独立的关系，关系 anchor 和关系 contents 通过主码（row key，time stamp）建立元组之间的联系，从而表示完整的信息。

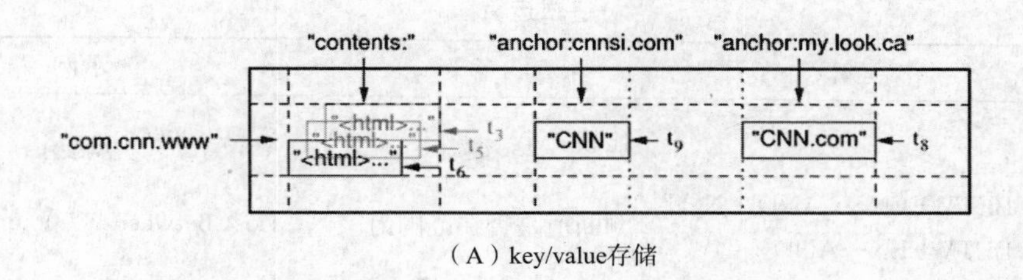

（A）key/value存储

Row Key	Time Stamp	Column Family "anchor"
"com.cnn.www"	t9	anchor:cnnsi.com = "CNN"
"com.cnn.www"	t8	anchor:my.look.ca = "CNN.com"

Row Key	Time Stamp	Column Family "contents:"
"com.cnn.www"	t6	contents:html = "<html>..."
"com.cnn.www"	t5	contents:html = "<html>..."
"com.cnn.www"	t3	contents:html = "<html>..."

（B）关系存储

图 1—5　column family 存储

关系模型具有良好的适应性，能够较好地表示现实世界的各种数据模型，如层次模型、网状模型以及部分非结构化数据模型。但在一些特殊的应用领域，尤其是互联网应用的非结构化数据处理领域，关系模型并不能够完全胜任。当前的大数据技术和 NoSQL 技术一方面通过新兴的 Map/Reduce，Hadoop 等技术扩展了在传统的关系数据库不能适用的大数据分析领域的应用，另一方面也促进了关系数据库技术在一些大数据分析领域的处理能力，使关系数据库与新兴的非结构化数据处理技术相结合，扩展关系数据库的应用领域。

三、关系操作

关系模型中常用的关系操作分为两大类：查询（query）操作和数据更新操作。

数据更新操作包括元组的插入（insert）、删除（delete）和修改（update）操作，负责数据库的元组管理功能。查询操作中最重要的操作是选择（select）、投影（project）和连接（join）操作。

关系操作是一种集合操作，操作的对象和操作的输出结果都是集合。也就是说，操作的对象是一个或多个关系，操作的结果也是一个关系，是操作对象关系的一个子关系或新生成的关系。

下面介绍选择、投影和连接关系操作。

1. 选择

选择（selection）操作是在关系 R 中选择满足给定条件的元组集合的操作，记作

$$\delta_F(R)=\{t\,|\,t\in R\wedge F(t)='\mathrm{True}'\}$$

式中，F 表示选择条件，使用逻辑表达式形式，结果为 True 或 False。选择操作是对 R 中的每一个元组 t 在选择条件 F 上进行逻辑表达式计算，结果为 True 的元组为选择操作结果。

表 1—1 为常用的比较运算符，选择条件通常为属性名与常量或变量之间的逻辑表达式，根据表达式的结果对关系 R 中的元组进行过滤，选择出满足条件的输出元组。

表 1—1　　　　逻辑运算

查询条件	运算符	意义	示例
比较	=，>，<，>=，<=，!=，<>，!>，!<	比较大小	Cost>9000
确定范围	BETWEEN… AND，NOT BETWEEN…AND	判断值是否在范围内	Cost between 9000 and 12000
确定集合	IN，　NOT IN	判断值是否为列表中的值	Promotion_name in（'Big Promo'，'Super Savers'）
字符匹配	LIKE，NOT LIKE	判断值是否与指定的字符通配格式相符	Promotion_name like 'Big%'
空值	IS NULL，IS NOT NULL	判断值是否为空	Promotion_name IS NULL
非运算	¬	逻辑结果取反	¬Cost>9000
与运算	∧	合取，需要同时满足两个条件	Cost>9000 ∧ Promotion_name IS NULL
或运算	∨	析取，满足一个条件即为 True	Cost>9000 ∨ Promotion_name IS NULL

【例 1】　查询 promotion 表中 cost 大于 1 000 的元组。

$\delta_{cost>10000}$(promotion)

查询结果如图 1—6（A）所示。

【例 2】　查询 promotion 表中 promotion_name 为 Big Promo 的元组。

$\delta_{promotion\_name='BigPromo'}$(promotion)

查询结果如图 1—6（B）所示。

promotion_id	promotion_district_id	promotion_name	media_type	cost	start_date	end_date
1	110	High Roller Savings	Product Attachment	14435	1996/1/3	1996/1/6
3	110	Wallet Savers	Radio	12512	1996/2/2	1996/2/5
4	110	Weekend Markdown	In-Store Coupon	11256	1996/2/13	1996/2/15
5	110	Bag Stuffers	Sunday Paper, Radio	12275	1996/2/28	1996/3/1
7	110	Fantastic Discounts	Sunday Paper, Radio, TV	14278	1996/3/29	1996/4/2
8	110	Price Winners	Sunday Paper, Radio	14731	1996/4/10	1996/4/13
9	110	Dimes Off	Daily Paper	14065	1996/4/26	1996/4/29
12	110	Three for One	TV	14812	1996/6/6	1996/6/9
13	110	Price Winners	Cash Register Handout	11674	1996/6/19	1996/6/22
14	110	Big Promo	Street Handout	14945	1996/7/3	1996/7/7
16	110	Sale Winners	Sunday Paper, Radio	14615	1996/8/2	1996/8/3
17	110	Savings Galore	Cash Register Handout	13694	1996/8/16	1996/8/17
18	110	Super Savers	Daily Paper, Radio	12346	1996/8/27	1996/8/30
20	110	Sale Winners	Street Handout	11024	1996/9/26	1996/9/28

（A）

promotion_id	promotion_district_id	promotion_name	media_type	cost	start_date	end_date
14	110	Big Promo	Street Handout	14945	1996/7/3	1996/7/7

（B）

图 1—6　选择操作结果

2. 投影

投影（projection）操作是从关系 R 中选择出若干属性列组成新的关系，记作

$$\pi_A(R)=\{t[A] \mid t\in R\}$$

式中，A 为 R 中的属性列集合。

投影操作可以看作属性列上的选择操作，通过投影操作可以只输出关系 R 的部分属性子集。当投影指定属性列时，可以指定取消重复行来查询属性列中包含哪些不重复值。

【例 3】　查询 promotion 表中 promotion_name，media_type 和 cost。

$$\pi_{\text{promotion\_name, media\_type, cost}}(\text{promotion})$$

查询结果如图 1—7（A）所示，仅输出关系 R 中指定的三个属性列。

【例 4】　查询 promotion 表中 media_type 有哪些类型。

$$\pi_{\text{distinct(media\_type)}}(\text{promotion})$$

查询结果如图 1—7（B）所示，通过 distinct 指定输出属性列 media_type 中不重复的行，获得 media_type 中包含哪些类型的信息。

promotion_name	media_type	cost
High Roller Savings	Product Attachment	14435
Wallet Savers	Radio	12512
Weekend Markdown	In-Store Coupon	11256
Bag Stuffers	Sunday Paper, Radio	12275
Fantastic Discounts	Sunday Paper, Radio, TV	14278
Price Winners	Sunday Paper, Radio	14731
Dimes Off	Daily Paper	14065
Three for One	TV	14812
Price Winners	Cash Register Handout	11674
Big Promo	Street Handout	14945
Sale Winners	Sunday Paper, Radio	14615
Savings Galore	Cash Register Handout	13694
Super Savers	Daily Paper, Radio	12346
Sale Winners	Street Handout	11024

（A）

media_type
Product Attachment
Radio
In-Store Coupon
Sunday Paper, Radio
Sunday Paper, Radio, TV
Daily Paper
TV
Cash Register Handout
Street Handout
Daily Paper, Radio

（B）

图 1—7　选择操作结果

3. 连接

连接（join）操作是从两个关系中选取属性间满足一定条件的元组组成新的元组的操作，记作：

$$R\underset{A\theta B}{\bowtie}S=\{\widehat{t_r t_s} \mid t_r\in R\wedge t_s\in S\wedge t_r[A]\theta t_s[B]\}$$

式中，A 和 B 分别是 R 和 S 上对应的连接属性，θ 是比较运算符，连接操作从关系 R 和关系 S 中选择在属性 A 和属性 B 上满足比较运算符 θ 的元组组成新的元组，构成连接输出集合。

当 θ 为"＝"时，连接操作称为等值连接，记作：

$$R\underset{A=B}{\bowtie}S=\{\widehat{t_r t_s} \mid t_r\in R\wedge t_s\in S\wedge t_r[A]=t_s[B]\}$$

等值连接是数据库中最常用的连接方法。

自然连接（natural join）是指两个关系执行等值连接并且在连接结果集中去掉重复的属性列，记作（其中 U 代表 A 与 B 属性的并集）：

$$R\bowtie S=\{\widehat{t_r t_s}[U-B] \mid t_r\in R\wedge t_s\in S\wedge t_r[B]=t_s[B]\}$$

【例 5】 输出表 product 和 product_class 连接后的结果。

$$\text{product} \underset{\text{product.product\_class\_id=product\_class.product\_class\_id}}{\bowtie} \text{product\_class}$$

关系 product 和关系 product_class 按照条件 product. product_class_id＝product_class. product_class_id 将两个表中连接属性值相等的元组连接起来并输出。连接结果如图 1—8所示。

product_class_id	product_id	brand_name	product_name	SRP	net_weight
5	1	Washington	Washington Berry Juice	¥2.85	6.4
4	2	Washington	Washington Mango Drink	¥0.74	4.4
6	3	Washington	Washington Strawberry Drink	¥0.83	11.1
2	4	Washington	Washington Cream Soda	¥3.64	9.6
3	5	Washington	Washington Diet Soda	¥2.19	4.7
7	6	Washington	Washington Cola	¥1.15	13.8
2	7	Washington	Washington Diet Cola	¥2.61	17.0
1	8	Washington	Washington Orange Juice	¥2.59	7.0
8	9	Washington	Washington Cranberry Juice	¥2.42	5.1
6	10	Washington	Washington Apple Juice	¥1.42	7.1
3	11	Washington	Washington Apple Drink	¥3.51	19.0
5	12	Jeffers	Jeffers Oatmeal	¥1.54	6.9
4	13	Jeffers	Jeffers Corn Puffs	¥2.65	7.4
2	14	Jeffers	Jeffers Wheat Puffs	¥1.93	20.6
6	15	Jeffers	Jeffers Grits	¥2.29	20.2

⋈

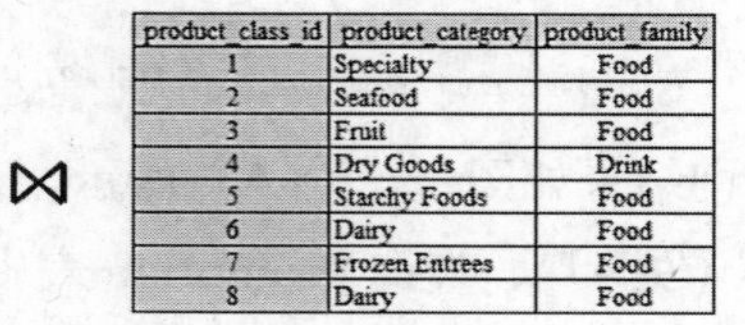

product_class_id	product_category	product_family
1	Specialty	Food
2	Seafood	Food
3	Fruit	Food
4	Dry Goods	Drink
5	Starchy Foods	Food
6	Dairy	Food
7	Frozen Entrees	Food
8	Dairy	Food

⇩

product_class_id	product_id	brand_name	product_name	SRP	net_weight	product_category	product_family
5	1	Washington	Washington Berry Juice	¥2.85	6.4	Starchy Foods	Food
4	2	Washington	Washington Mango Drink	¥0.74	4.4	Dry Goods	Drink
6	3	Washington	Washington Strawberry Drink	¥0.83	11.1	Dairy	Food
2	4	Washington	Washington Cream Soda	¥3.64	9.6	Seafood	Food
3	5	Washington	Washington Diet Soda	¥2.19	4.7	Fruit	Food
7	6	Washington	Washington Cola	¥1.15	13.8	Frozen Entrees	Food
2	7	Washington	Washington Diet Cola	¥2.61	17.0	Seafood	Food
1	8	Washington	Washington Orange Juice	¥2.59	7.0	Specialty	Food
8	9	Washington	Washington Cranberry Juice	¥2.42	5.1	Dairy	Food
6	10	Washington	Washington Apple Juice	¥1.42	7.1	Dairy	Food
3	11	Washington	Washington Apple Drink	¥3.51	19.0	Fruit	Food
5	12	Jeffers	Jeffers Oatmeal	¥1.54	6.9	Starchy Foods	Food
4	13	Jeffers	Jeffers Corn Puffs	¥2.65	7.4	Dry Goods	Drink
2	14	Jeffers	Jeffers Wheat Puffs	¥1.93	20.6	Seafood	Food
6	15	Jeffers	Jeffers Grits	¥2.29	20.2	Dairy	Food

图 1—8 连接操作结果

四、关系完整性约束

关系模型中有三类完整性约束：实体完整性、参照完整性和用户定义完整性。其中，实体完整性和参照完整性是关系模型必须满足的完整性约束条件，由关系系统自动支持；用户定义完整性是应用领域需要遵循的约束条件，主要表现为语义约束。

1. 实体完整性

实体完整性（entity integrity）是指若属性 A（单个属性或属性组）是基本关系 R 的主属性时需要满足 A 不能取空值。空值（NULL）是未赋值的数据，通常是指元组中的属性未赋值的状态。

基本关系中的主码不能取空值。主码起到唯一区分关系中实体的作用，不能取重复值，也不能赋空值。

如在关系数据库中创建表时对主码属性 ID 需要指定非空（NOT NULL）。

```
create table Test(ID int primary key not null,name char(10));
```

2. 参照完整性

参照完整性（referential integrity）用于定义实体之间的联系。实体之间的联系主要体现在不同关系的元组之间存在的引用联系。

如图 1—8 中关系 product_class 中的属性 product_class_id 为主码，关系 product 中的

属性 product_class_id 的取值需要引用 product_class 中的属性 product_class_id 的取值，即 product 中的属性 product_class_id 的取值必须是 product_class 中的属性 product_class_id 的一个唯一存在的值。在实际应用中，不仅多个关系之间可以存在引用关系，同一关系内部属性之间也可能存在引用关系，如职员表中"项目负责人"属性需要引用"职员姓名"属性，即项目负责人必须是当前的职员。

在关系数据库中，参照完整性约束通过建立关系间主码与外码之间的引用关系来创建。

假设 F 是基本关系 R 的一个或一组属性，但不是关系 R 的码，Ks 是基本关系 S 的主码，如果 F 和 Ks 之间存在引用关系，则称 F 是 R 的外码（foreign key），基本关系 R 为参照关系（referencing relation），基本关系 S 称为被参照关系（referenced relation）。如图 1—9 所示的参照关系中，product 表为参照表，product_class 为被参照表，product_class 表中的属性 product_class_id 为主码，product 表中的属性 product_class_id 为外码。

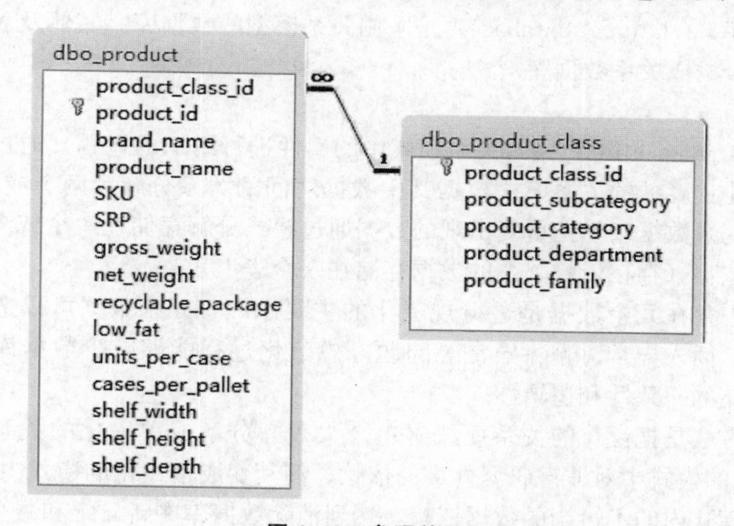

图 1—9　参照关系

3. 用户定义完整性

用户定义完整性（user-defined integrity）是针对某一具体关系数据库的约束条件，对数据需要满足的语义要求的定义。如属性 name 不能取空值，属性 address 可以取空值，性别取值只能为"Male"和"Female"，离职时间必须晚于入职时间等。

在数据库中定义了这些完整性约束后，数据库管理系统会对数据进行完整性检查，如插入新记录时检查该记录的主码是否为空，对有参照引用关系的记录检查外码是否在参照关系主码中存在，属性值是否满足用户定义完整性语义条件等，只有满足完整性约束条件的记录才能插入数据库，否则数据库拒绝插入当前记录。完整性约束机制保证了数据质量，避免无效或者错误的数据进入数据库中，从而减少在数据分析处理过程中"垃圾进，垃圾出"的问题。

五、关系数据库规范化

1. 关系模式和关系数据库

在关系数据库中，关系模式定义了实体型，关系则是实体值的集合。

关系模式（relation schema）是对关系的描述，表示为$R(U,D,DOM,F)$，其中：

- R 为关系名，可以由字母、数字、文字和符号组成；
- U 为组成关系的属性名集合，属性名命名规则同关系名，相同关系内部属性名不能重复，不同关系可以使用相同的属性名，实际应用中通常使用表名缩写加“_”作为前缀，以方便区分不同关系中相同的属性名；
- D 为属性组中属性所来自的域，域是具有相同数据类型的值的集合，如 int 表示整型数据集合，date 表示日期型数据集合；
- DOM 是属性向域的映像集合；
- F 为属性间数据依赖关系的集合，定义了关系内部属性与属性间的一种约束关系。

关系模式通常可以简记为$R(U)$或$R(A_1,A_2,\cdots,A_n)$。

在实际应用中，关系模式通常是稳定的，即关系模式定义后较少发生改变，但关系代表实现的数据，是动态变化的。

关系数据库（relational database）是采用关系模型的数据库。实体及表示实体之间联系的关系的集合构成关系数据库。

2. 规范化

规范化（normalization）是对关系模式中的属性进行组织的过程，通过规范化将非规范模式或规范化程度低的关系模式根据其中数据之间的关系分解为两个或多个规范模式，从而达到消除冗余数据（如把重复出现的数据通过模式分解存储在一个或多个表里）和确保有效的数据依赖（存在依赖关系的数据存储在一个表里）。

关系模式中存在冗余数据是进行规范化的主要原因，冗余数据可以造成存储空间浪费、更新异常、插入异常、删除异常等问题。规范化过程能够减少数据库和表的空间消耗，并确保存储的一致性和逻辑性。

规范化的方法是把泛化的关系模式（单个大表）分解成单一化的关系模式（多个小表），消除泛化的模式中对非键码属性集的依赖，使其变成单一化的模式中对键码的依赖，从而消除关系模式内的不恰当的数据依赖，达到消除数据库更新异常和减少数据冗余存储的目的。

通常按属性间依赖情况将关系规范化程度分为第一范式（1NF）、第二范式（2NF）、第三范式（3NF）、第四范式（4NF）和第五范式（5NF）。范式表示关系优化的级别，范式之间的关系为：

$$5NF \subset 4NF \subset 3NF \subset 2NF \subset 1NF$$

将一个低一级范式的关系模式通过模式分解（schema decomposition）转换为若干个高一级范式的关系模式的集合的过程称为规范化。

规范化的基础是数据依赖，数据依赖通过属性间值是否相等来定义数据间的联系，它是现实世界属性间相互联系的抽象表示，定义了数据的内在性质，体现了语义关系。在数据依赖中最重要的是函数依赖（Functional Dependency，FD），通过$y=f(x)$定义自变量x和因变量y之间的函数关系。称为x函数决定y，或者y函数依赖于x，记作$x \rightarrow y$。

函数依赖的形式化定义为：

函数依赖：设$R(U)$是定义在属性集U上的任一关系模式，X，Y为U的子集。若R的

任一个可能的关系 r 中的任意两个元组 s,t 满足在属性 X 上取值相等(即 $s[X]=t[X]$)则一定有 s,t 在属性 Y 上取值也相等(即 $s[Y]=t[Y]$)的条件,则称属性 X 函数确定属性 Y,或属性 Y 函数依赖于 X,记为 $X \rightarrow Y$。

在图 1—10（A）的关系 supplier 中，存在函数依赖 s_suppkey→（s_name，s_address，s_city，s_nation，s_region，s_phone）和 s_name→（s_suppkey，s_address，s_city，s_nation，s_region，s_phone）。

而在图 1—10（B）的关系 partsupp 中，ps_partkey 取相同的值 1，但 ps_suppkey，ps_availqty，ps_supplycost，ps_comment 的属性取不同的值，ps_partkey 不能函数确定ps_suppkey，ps_availqty，ps_supplycost，ps_comment 的属性。但属性组(ps_partkey，ps_suppkey）能够函数确定 partsupp 表中 ps_suppkey，ps_availqty，ps_supplycost，ps_comment 的属性，即（ps_partkey，ps_suppkey）→（ps_availqty，ps_supplycost，ps_comment）。对于关系 partsupp 的子关系 ps_part（ps_partkey，p_name，p_brand），存在函数依赖 ps_partkey→（p_name，p_brand）。

s_suppkey	s_name	s_address	s_city	s_nation	s_region	s_phone
1	Supplier#000000001	N kD4on9OM Ip...	PERU　0	PERU	AMERICA	27-989-741-2988
2	Supplier#000000002	89eJ5ksX3Imx	ETHIOPIA 1	ETHIOPIA	AFRICA	15-768-687-3665
3	Supplier#000000003	q1,G3Pj6OjIuUY...	ARGENTINA7	ARGENTINA	AMERICA	11-719-748-3364
4	Supplier#000000004	Bk7ah4CK8SYQTep	MOROCCO 4	MOROCCO	AFRICA	25-128-190-5944
5	Supplier#000000005	Gcdm2rJRzl	IRAQ　5	IRAQ	MIDDLE EAST	21-750-942-6364
6	Supplier#000000006	tQxuVm7	KENYA　2	KENYA	AFRICA	24-114-968-4951
7	Supplier#000000007	s,4TicNGB4uO6	UNITED KI0	UNITED KINGDOM	EUROPE	33-190-982-9759
8	Supplier#000000008	9Sq4bBH2FQEm...	PERU　6	PERU	AMERICA	27-147-574-9335
9	Supplier#000000009	1KhUgZegwM3ua7	IRAN　6	IRAN	MIDDLE EAST	20-338-906-3675
10	Supplier#000000010	Saygah3gYWM	UNITED ST9	UNITED STATES	AMERICA	34-741-346-9870

(A)

PS_PARTKEY	PS_SUPPKEY	PS_AVAILQTY	PS_SUPPLYCOST	PS_COMMENT	p_name	p_brand
1	2	3325	771.64	requests after the carefully ironic ideas ...	goldenrod lace spring peru powder	Brand#13
1	2502	8076	993.49	careful pinto beans wake slyly furiously ...	goldenrod lace spring peru powder	Brand#13
1	5002	3956	337.09	boldly silent requests detect. quickly re...	goldenrod lace spring peru powder	Brand#13
1	7502	4069	357.84	regular deposits are. furiously even pac...	goldenrod lace spring peru powder	Brand#13
2	3	8895	378.49	furiously even asymptotes are furiously r...	blush rosy metallic lemon navajo	Brand#13
2	2503	4969	915.27	even accounts wake furiously. idle instr...	blush rosy metallic lemon navajo	Brand#13
2	5003	8539	438.37	furiously even pinto beans serve about ...	blush rosy metallic lemon navajo	Brand#13
2	7503	3025	306.39	deposits according to the final, special f...	blush rosy metallic lemon navajo	Brand#13
3	4	4651	920.92	ironic, pending theodolites sleep slyly at...	dark green antique puff wheat	Brand#42
3	2504	4093	498.13	furiously final requests nag after the ev...	dark green antique puff wheat	Brand#42
3	5004	3917	645.4	ideas along the fluffily special deposits ...	dark green antique puff wheat	Brand#42
3	7504	9942	191.92	blithely silent accounts across the thinly...	dark green antique puff wheat	Brand#42

(B)

图 1—10　函数依赖关系

当 $Y \subseteq X$ 时，显然有 $X \rightarrow Y$ 成立，这种函数依赖称为平凡函数依赖；当 Y 不是 X 的子集时，有 $X \rightarrow Y$ 成立，这种函数依赖称为非平凡函数依赖。非平凡函数依赖定义了不同属性之间的数据依赖关系。

若 $X \rightarrow Y$ 成立，且 X 中不存在真子集 X' 使得 $X' \rightarrow Y$ 成立，则称 $X \rightarrow Y$ 为完全函数依赖，记作 $X \xrightarrow{F} Y$；否则，若 $X \rightarrow Y$，但 Y 不完全函数依赖于 X，则称 Y 对 X 部分函数依赖，记作 $X \xrightarrow{P} Y$。

对于图 1—10（B）中 partsupp 表，ps_partkey→（ps_partkey，ps_suppkey）是平凡函数依赖（{ps_partkey} ⊆ {ps_partkey，ps_suppkey}），而（ps_partkey，ps_suppkey）→（ps_availqty，ps_supplycost，ps_comment）则是非平凡函数依赖。（ps_partkey，ps_suppkey）→（ps_availqty，ps_supplycost，ps_comment）是完全函数依赖，但（ps_

partkey，ps_suppkey）→（p_name，p_brand）则是部分函数依赖，因为 ps_partkey→（p_name，p_brand），而 ps_partkey 是（ps_partkey，ps_suppkey）的真子集。

传递函数依赖：在 R（U）中，若 $X \to Y$，同时满足 Y 不是 X 的子集并且不存在 $Y \to X$ 时，有 $Y \to Z$ 且 Z 不是 Y 的子集，则称 Z 对 X 传递函数依赖，记作 $X \xrightarrow{\text{传递}} Z$。

在图 1—10（A）所示的 supplier 表中，存在 s_name→s_city，s_city→s_nation，s_nation→s_region，可以得到，s_name $\xrightarrow{\text{传递}}$ s_nation，s_name $\xrightarrow{\text{传递}}$ s_region。

函数依赖是语义范畴的概念，只能通过语义确定函数依赖关系。函数依赖能够确定码和依赖于码的属性的集合，确定最小依赖集，作为模式分解的依据。

按照函数依赖关系，图 1—10（A）可分解为三个具有最小依赖关系的子集：（<u>s_suppkey</u>，s_name，s_address，s_city，s_nation，s_region，s_phone），（<u>s_city</u>，s_nation）和（<u>s_nation</u>，s_region），其中 s_suppkey←→s_name，集合中下划线部分为码；图 1—10（B）可以分解为两个具有最小依赖关系的子集：（<u>ps_partkey，ps_suppkey</u>，ps_availqty，ps_supplycost，ps_comment）和（<u>ps_partkey</u>，p_name，p_brand）。

通过函数依赖能够确定如何通过模式分解将一个规范化级别低的关系转换为规范化级别较高的关系。通常企业级数据管理优化到第三范式，我们主要介绍第一、二、三范式的基本概念。

（1）第一范式（1NF）。

若关系 R 的每一个分量都是不可分的数据项，则 $R \in$ 1NF。

第一范式是使用关系模型的基础要求，如图 1—4 所示的表可以通过修改属性名的方式将嵌套属性转换为单一属性，从而满足 1NF 的要求；图 1—5 所示的 column family 存储模型也可以通过模式分解的方式将其嵌套属性结构分解为两个满足 1NF 要求的表。

（2）第二范式（2NF）。

若 $R \in$ 1NF，且每一个非主属性完全函数依赖于码，则 $R \in$ 2NF。

如果把每一个函数依赖看作具有主码的表，则不满足 2NF 的关系相当于“表中有表”，即一个函数依赖中包含着另一个函数依赖。

【例 6】 分析图 1—10（B）是否满足 2NF，如果不满足则对其优化，使其满足 2NF。

关系 partsupp 包含以下的函数依赖关系：

$$(\text{ps\_partkey}, \text{ps\_suppkey}) \xrightarrow{F} (\text{ps\_availqty}, \text{ps\_supplycost}, \text{ps\_comment})$$

$$\text{ps\_psrtkey} \xrightarrow{F} (\text{p\_name}, \text{p\_brand})$$

$$(\text{ps\_partkey}, \text{ps\_suppkey}) \xrightarrow{P} (\text{p\_name}, \text{p\_brand})$$

图 1—11（A）中实线表示完全函数依赖，虚线表示部分函数依赖。非主属性 p_name 和 p_brand 并不完全依赖于码（ps_partkey，ps_suppkey），因此关系 partsupp 不符合 2NF 定义，即 partsupp $\notin$ 2NF。

从逻辑关系看，partsupp 不符合 2NF 定义，相当于在一个关系中存储了两个实体集：PS 和 PART，PART 实体集的码是 ps_partkey，PART 实体集表示实体 part 的信息，PS 实体集的码是（ps_partkey，ps_suppkey），PS 实体集表示 part 和 supplier 之间的产品供应关系（联系），这两个实体集具有不同的含义，在现实世界业务流程中也有不同的时间顺序。对于新增的记录，PART 实体集中记录插入在先，PS 实体集随后才能插入该 PART 实体集与 supplier 实体之间的联系。而在 partsupp 定义的关系中，（ps_partkey，ps_suppkey）是码，意味着 PART 实体集的插入需要和 partsupp 关系实体的插入操作一起完成才能满足码非空的约束条件，从而产生插入操作异常。在记录删除操作中，PART 实体集中某个记录的删除导致（ps_partkey，ps_suppkey）码对应的 PS 联系记录也要一起删除，造成历史数据丢失的删除异常问题。每一个 PART 实体集的记录在 partsupp 中由于复合码定义而有多个重复的 ps_partkey 值，造成 PART 实体集对应的记录在 partsupp 关系中存储多份，当 PART 实体集对应的记录修改时需要对多份重复的数据进行同步修改，增加了修改操作的复杂性和代价。因此，不满足 2NF 的关系主要的问题是关系中包含了其他关系，造成不同实体集中的数据之间操作的异常，需要将关系分解为多个独立的关系，并创建关系之间的联系。

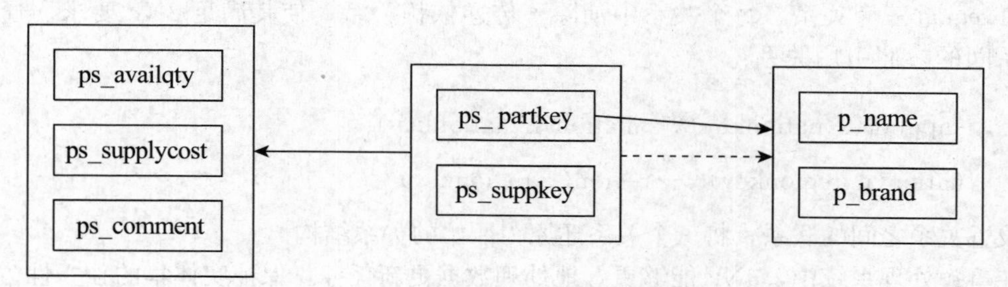

（A）partsupp中的函数依赖

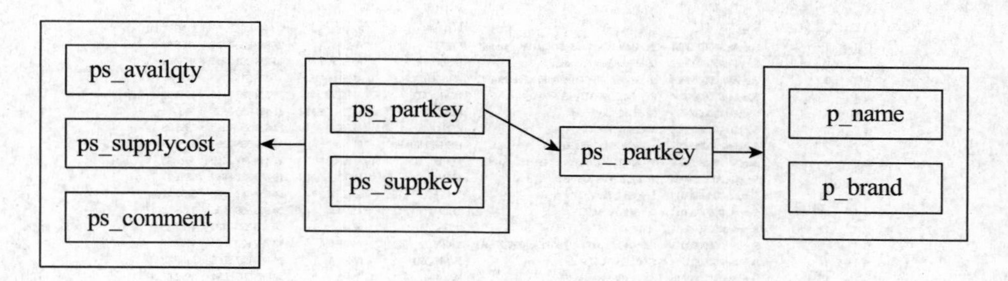

（B）分解为PS和PART两个关系的函数依赖

图 1—11　2NF 分解后的函数依赖关系

图 1—11（B）给出了将不满足 2NF 的关系 partsupp 分解为两个满足 2NF 的关系 PS 和 PART 的过程。分解后，关系 PS 中非主属性（ps_availqty，ps_supplycost，ps_comment）完全函数依赖于码（ps_partkey，ps_suppkey）。关系 PART 中非主属性（p_name，p_brand）完全函数依赖于码 ps_partkey。关系 PS 的 ps_partkey 是外键，与关系 PART 中的 ps_partkey 之间存在参照引用关系。

（3）第三范式（3NF）。

在图 1—10（A）所示的 supplier 表中存在传递依赖关系：s_name $\xrightarrow{\text{传递}}$ s_nation，s_name $\xrightarrow{\text{传递}}$ s_region，即 s_suppkey $\leftrightarrow$ s_name，s_name $\rightarrow$ s_city，s_city $\rightarrow$ s_nation，s_nation $\rightarrow$ s_region。非主属性 s_nation 和 s_region 传递依赖于码 s_name，这种传递依赖关系

同样产生关系中嵌套关系的问题，造成记录在插入、删除、修改时的异常问题。3NF 定义了非键码属性不函数依赖于任一非键码属性的约束，消除传递依赖所造成的数据管理问题。

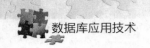

关系 R 中若不存在码 X、属性组 Y 及非主属性 Z（$Z \not\subseteq Y$）使得 $X \rightarrow Y$，$Y \rightarrow Z$ 成立，并且 $Y \nrightarrow X$，则称 $R \in$ 3NF。

在 3NF 定义中，X 是码，Y 是非码属性（$Y \nrightarrow X$），Z 是 Y 的非平凡函数依赖（$Y \rightarrow Z$，$Z \not\subseteq Y$），当存在 $X \xrightarrow{\text{传递}} Z$ 时，R 不满足 3NF 的定义，因此需要通过模式分解将 R 中包含的传递函数依赖关系分离出去。

在图 1—12（A）所示的关系 supplier 中，存在 s_suppkey $\xrightarrow{\text{传递}}$ n_name 和 s_suppkey $\xrightarrow{\text{传递}}$ r_name，因此不满足 3NF 要求，存在属性 n_name 和 r_name 在插入、删除、修改上的异常。通过模式分解将关系 supplier中的传递依赖关系分解出去，分解为 supplier，nation 和 region 三个关系，每个关系中消除了传递依赖关系，使其满足 3NF 要求。通过设置关系间的参照引用关系：

supplier(s_nationkey) $\xrightarrow{\text{参照}}$ nation(n_nationkey)

nation(n_regionkey) $\xrightarrow{\text{参照}}$ region(r_regionkey)

设置关系之间的联系，将三个关系还原为原始的关系结构。

在事务处理系统中，3NF 能够更好地处理数据更新任务，保证实体集的独立性。但满足 3NF 的关系增加了很多关系之间的连接操作，增加了查询处理的复杂性，降低了大数据查询处理时的性能。在分析型应用中，数据不更新或极少更新，适当地采用非规范化的

	S_SUPPKEY	S_NAME	S_ADDRESS	N_NAME	R_NAME	S_PHONE	S_ACCTBAL
1	1	Supplier#000000001	N kD4on9OM Ipw3,gf0JBoQDd7tgrzrddZ	PERU	AMERICA	27-918-335-1736	5755.94
2	2	Supplier#000000002	89eJ5ksX3ImxJQBvxObC,	ETHIOPIA	AFRICA	15-679-861-2259	4032.68
3	3	Supplier#000000003	q1,G3Pj6OjIuUYfUoH18BFTKP5aU9bEV3	ARGENTINA	AMERICA	11-383-516-1199	4192.4
4	4	Supplier#000000004	Bk7ah4CK8SYQTepEmvMkkgMwg	MOROCCO	AFRICA	25-843-787-7479	4641.08
5	5	Supplier#000000005	Gcdm2rJRzl5qlTVzc	IRAQ	MIDDLE EAST	21-151-690-3663	-283.84
6	6	Supplier#000000006	tQxuVm7s7CnK	KENYA	AFRICA	24-696-997-4969	1365.79
7	7	Supplier#000000007	s,4TicNGB4uO6PaSqNBUq	UNITED KINGDOM	EUROPE	33-990-965-2201	6820.35
8	8	Supplier#000000008	9Sq4bBH2FQEmaFOocY45sRTxo6yuoG	PERU	AMERICA	27-498-742-3860	7627.85
9	9	Supplier#000000009	1KhUgZegwM3ua7dsYmekYBsK	IRAN	MIDDLE EAST	20-403-398-8662	5302.37
10	10	Supplier#000000010	Saygah3gYWMp72i PY	UNITED STATES	AMERICA	34-852-489-8585	3891.91
11	11	Supplier#000000011	JfwTs,LZrV, M,9C	CHINA	ASIA	28-613-996-1505	3393.08
12	12	Supplier#000000012	aLIW q0HYd	INDIA	ASIA	18-179-925-7181	1432.69
13	13	Supplier#000000013	HK71HQyWoqRWOX8GI FpgAifW,2PoH	CANADA	AMERICA	13-727-620-7813	9107.22
14	14	Supplier#000000014	EXsnO5pTNj4iZRm	MOROCCO	AFRICA	25-656-247-5058	9189.82
15	15	Supplier#000000015	olXVbNBfVzRqgokr1T,le	INDIA	ASIA	18-453-357-6394	308.56

（A）不满足3NF的关系supplier

	S_SUPPKEY	S_NAME	S_ADDRESS	S_NATIONKEY	S_PHONE	S_ACCTBAL
1	1	Supplier#000000001	N kD4on9OM Ipw3,gf0JBoQDd7tgrzrddZ	17	27-918-335-1736	5755.94
2	2	Supplier#000000002	89eJ5ksX3ImxJQBvxObC,	5	15-679-861-2259	4032.68
3	3	Supplier#000000003	q1,G3Pj6OjIuUYfUoH18BFTKP5aU9bEV3	1	11-383-516-1199	4192.4
4	4	Supplier#000000004	Bk7ah4CK8SYQTepEmvMkkgMwg	15	25-843-787-7479	4641.08
5	5	Supplier#000000005	Gcdm2rJRzl5qlTVzc	11	21-151-690-3663	-283.84
6	6	Supplier#000000005	tQxuVm7s7CnK	14	24-696-997-4969	1365.79
7	7	Supplier#000000007	s,4TicNGB4uO6PaSqNBUq	23	33-990-965-2201	6820.35
8	8	Supplier#000000008	9Sq4bBH2FQEmaFOocY45sRTxo6yuoG	17	27-498-742-3860	7627.85
9	9	Supplier#000000009	1KhUgZegwM3ua7dsYmekYBsK	10	20-403-398-8662	5302.37
10	10	Supplier#000000010	Saygah3gYWMp72i PY	24	34-852-489-8585	3891.91
11	11	Supplier#000000011	JfwTs,LZrV, M,9C	18	28-613-996-1505	3393.08
12	12	Supplier#000000012	aLIW q0HYd	8	18-179-925-7181	1432.69
13	13	Supplier#000000013	HK71HQyWoqRWOX8GI FpgAifW,2PoH	3	13-727-620-7813	9107.22
14	14	Supplier#000000014	EXsnO5pTNj4iZRm	15	25-656-247-5058	9189.82
15	15	Supplier#000000015	olXVbNBfVzRqgokr1T,le	8	18-453-357-6394	308.56

	N_NATIONKEY	N_NAME	N_REGIONKEY
1	0	ALGERIA	0
2	1	ARGENTINA	1
3	2	BRAZIL	1
4	3	CANADA	1
5	4	EGYPT	4
6	5	ETHIOPIA	0
7	6	FRANCE	3
8	7	GERMANY	3
9	8	INDIA	2
10	9	INDONESIA	2

	R_REGIONKEY	R_NAME
1	0	AFRICA
2	1	AMERICA
3	2	ASIA
4	3	EUROPE
5	4	MIDDLE EAST

（B）满足3NF的关系supplier，nation，region

图 1—12　3NF 分解后的模式

设计，如将满足 3NF 的关系 supplier，nation，region 简化为不满足 3NF 的原始 supplier 模式能够简化关系数据库的模式设计复杂性，减少连接操作数量，提高查询处理性能。分析型处理中只读的特性使不满足 3NF 关系更新异常的问题对数据库的影响降到最低，但简化的模式设计减少了大数据分析处理时复杂的连接操作，能够显著地提高查询处理性能。

更高级别的规范化包括 BCNF，4NF，5NF，规范化的思想是逐步地消除数据依赖在不适合的部分，采用一个关系描述一个概念、一个实体或一个联系的设计原则，消除关系中物理的和逻辑的“表中有表”问题，实现概念的单一化。

应用系统数据库通常优化到 3NF，更高级别的 BCNF，4NF，5NF 在本书中不作讲解，感兴趣的读者可以参考相关的书籍。

案例分析

对关系模式 SSB（Star Schema Benchmark，星形模式基准）进行规范化分析，分析其属性为第几范式，对于不满足 3NF 的关系如何通过模式分解使其满足 3NF，分析当前关系模式设计与规范化模式设计在大数据分析处理时的优缺点。

关系模式 SSB 参照完整性约束，关系之间的主-外键参照引用结构如图 1—13 所示。

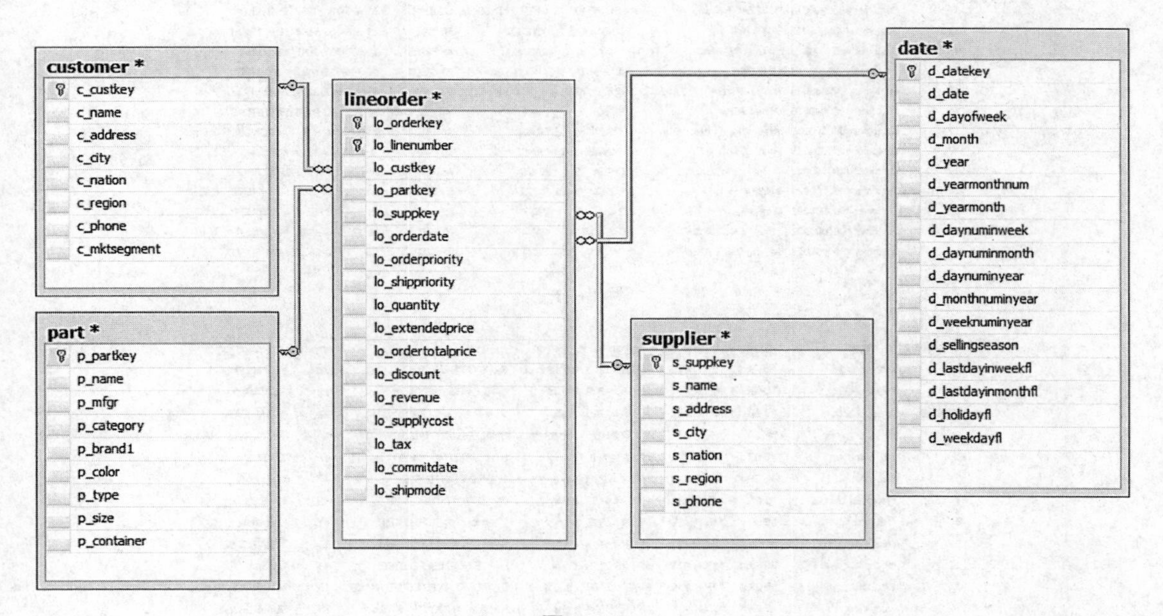

图 1—13

关系 lineorder 结构与数据如图 1—14 所示。

关系 customer 结构与数据如图 1—15 所示。

关系 part 结构与数据如图 1—16 所示。

关系 supplier 结构与数据如图 1—17 所示。

关系 date 结构与数据如图 1—18 所示。

lo_...	lo...	lo_custkey	lo_partkey	lo_suppkey	lo_orderdate	lo_orderpriority	lo_s...	lo_quantity	lo_extendedprice	lo_ordertotalprice	lo_discount	lo_revenue	lo_supplycost	lo_tax	lo_commitdate	lo_shi
1	1	7381	155190	4137	19960102	5-LOW	0	17	2116823	17366547	4	2032150	74711	2	19960212	TRUCK
1	2	7381	67310	815	19960102	5-LOW	0	36	4598316	17366547	9	4184467	76638	6	19960228	MAIL
1	3	7381	63700	355	19960102	5-LOW	0	8	1330960	17366547	10	1197864	99822	2	19960305	REG A
1	4	7381	2132	4711	19960102	5-LOW	0	28	2895564	17366547	9	2634963	62047	6	19960330	AIR
1	5	7381	24027	8123	19960102	5-LOW	0	24	2282448	17366547	10	2054203	57061	4	19960314	FOB
1	6	7381	15635	6836	19960102	5-LOW	0	32	4962016	17366547	7	4614674	93037	2	19960207	MAIL
2	1	15601	106170	5329	19961201	1-URGENT	0	38	4469446	4692918	0	4469446	70570	5	19970114	RAIL
3	1	24664	4297	9793	19931014	5-LOW	0	45	5405805	19384625	6	5081456	72077	0	19940104	AIR
3	2	24664	19036	8333	19931014	5-LOW	0	49	4679647	19384625	10	4211682	57301	0	19931220	RAIL
3	3	24664	128449	7045	19931014	5-LOW	0	27	3989088	19384625	7	3749742	88646	7	19931122	SHIP
3	4	24664	29380	3709	19931014	5-LOW	0	2	261876	19384625	1	259257	78562	6	19940107	TRUCK
3	5	24664	183095	8034	19931014	5-LOW	0	28	3298652	19384625	4	3166705	70685	0	19940110	FOB
3	6	24664	62143	8827	19931014	5-LOW	0	26	2873364	19384625	10	2586027	66308	2	19931218	RAIL
4	1	27356	88035	9060	19951011	5-LOW	0	30	3069090	3215178	3	2977017	61381	8	19951214	REG A
5	1	8897	108570	209	19940730	5-LOW	0	15	2367855	14465920	2	2320497	94714	4	19940831	AIR
5	2	8897	123927	1295	19940730	5-LOW	0	26	5072392	14465920	7	4717324	117055	8	19940925	FOB
5	3	8897	37531	4166	19940730	5-LOW	0	50	7342650	14465920	8	6755238	88111	3	19941013	AIR
6	1	11125	139636	2876	19920221	4-NOT SPECI	0	0	0	0	8	0	100537	3	19920515	TRUCK
7	1	7828	182052	8674	19960110	2-HIGH	0	12	1360860	25200418	7	1265599	68043	3	19960313	FOB
7	2	7828	145243	4536	19960110	2-HIGH	0	9	1159416	25200418	9	1066662	77294	8	19960302	SHIP
7	3	7828	94780	6528	19960110	2-HIGH	0	46	8163988	25200418	10	7347589	106486	7	19960327	MAIL
7	4	7828	163073	237	19960110	2-HIGH	0	28	3180996	25200418	3	3085566	68164	4	19960408	FOB

图 1—14

c_custkey	c_name	c_address	c_city	c_nation	c_region	c_phone	c_mktsegment
1	Customer#000000001	IVhzIApeRb	MOROCCO 7	MOROCCO	AFRICA	25-965-341-1659	BUILDING
2	Customer#000000002	XSTf4,NCwDVaWNe6tE	JORDAN 9	JORDAN	MIDDLE EAST	23-232-761-2042	AUTOMOBILE
3	Customer#000000003	MG9kdTD	ARGENTINA2	ARGENTINA	AMERICA	11-435-520-4452	AUTOMOBILE
4	Customer#000000004	XxVSJsL	EGYPT 1	EGYPT	MIDDLE EAST	14-437-566-5322	MACHINERY
5	Customer#000000005	KvpyuHCplrB84WgAi	CANADA 4	CANADA	AMERICA	13-296-241-7137	HOUSEHOLD
6	Customer#000000006	sKZz0CsnMD7mp4Xd0YrBvx	SAUDI ARA3	SAUDI ARABIA	MIDDLE EAST	30-770-327-3725	AUTOMOBILE
7	Customer#000000007	TcGe5gaZNgVePxU5kR	CHINA 3	CHINA	ASIA	28-170-926-3814	AUTOMOBILE
8	Customer#000000008	I0B10bB0AymmC, 0PrRYBC	PERU 2	PERU	AMERICA	27-616-968-9441	BUILDING
9	Customer#000000009	xKiAFTjUsCuxfele	INDIA 6	INDIA	ASIA	18-485-980-9051	FURNITURE
10	Customer#000000010	6LrEaV6KR6PLVcgl2ArL	ETHIOPIA 4	ETHIOPIA	AFRICA	15-494-349-6659	HOUSEHOLD
11	Customer#000000011	PkWS 3HlXqwTuz	UNITED KI0	UNITED KINGDOM	EUROPE	33-426-700-1652	BUILDING
12	Customer#000000012	9PWKuhzT	JORDAN 1	JORDAN	MIDDLE EAST	23-756-802-5346	HOUSEHOLD
13	Customer#000000013	nsXQu0oVjD7PM6	CANADA 5	CANADA	AMERICA	13-503-737-3465	BUILDING
14	Customer#000000014	KXkletMlL	ARGENTINA0	ARGENTINA	AMERICA	11-344-555-5447	FURNITURE
15	Customer#000000015	YtWggXoOLdwdo7b0y,BZaGU	UNITED KI1	UNITED KINGDOM	EUROPE	33-963-915-2277	HOUSEHOLD
16	Customer#000000016	cYiaeMLZSMA	IRAN 7	IRAN	MIDDLE EAST	20-190-682-2104	FURNITURE
17	Customer#000000017	izrh 6jdqtp2eqdtbkswDD8	BRAZIL 5	BRAZIL	AMERICA	12-901-150-4327	AUTOMOBILE
18	Customer#000000018	3txGO AiuFux3zT	FRANCE 1	FRANCE	EUROPE	16-512-443-4758	BUILDING
19	Customer#000000019	uc,3bHIx84H,wdrmLO	CHINA 5	CHINA	ASIA	28-606-162-4557	HOUSEHOLD
20	Customer#000000020	JrPk8Pq	RUSSIA 5	RUSSIA	EUROPE	32-142-619-2599	FURNITURE
21	Customer#000000021	XYmVpr9y	INDIA 8	INDIA	ASIA	18-574-107-9285	MACHINERY
22	Customer#000000022	QI6p41,FNs5k7RZoC	CANADA 1	CANADA	AMERICA	13-422-356-4998	MACHINERY
23	Customer#000000023	OdY W13N7Be3OC5Mpg	CANADA 3	CANADA	AMERICA	13-172-550-2622	HOUSEHOLD

图 1—15

p_partkey	p_name	p_mfgr	p_category	p_brand1	p_color	p_type	p_size	p_container
1	lace spring	MFGR#1	MFGR#11	MFGR#1121	goldenrod	PROMO BURNISHED COPPER	7	JUMBO PKG
2	rosy metallic	MFGR#4	MFGR#43	MFGR#4318	blush	LARGE BRUSHED BRASS	1	LG CASE
3	green antique	MFGR#3	MFGR#32	MFGR#3210	dark	STANDARD POLISHED BRASS	21	WRAP CASE
4	metallic smoke	MFGR#1	MFGR#14	MFGR#1426	chocolate	SMALL PLATED BRASS	14	MED DRUM
5	blush chiffon	MFGR#4	MFGR#45	MFGR#4510	forest	STANDARD POLISHED TIN	15	SM PKG
6	ivory azure	MFGR#2	MFGR#23	MFGR#2325	white	PROMO PLATED STEEL	4	MED BAG
7	blanched tan	MFGR#5	MFGR#51	MFGR#513	blue	SMALL PLATED COPPER	45	SM BAG
8	khaki cream	MFGR#1	MFGR#13	MFGR#1328	ivory	PROMO BURNISHED TIN	41	LG DRUM
9	rose moccasin	MFGR#4	MFGR#41	MFGR#4117	thistle	SMALL BURNISHED STEEL	12	WRAP CASE
10	moccasin royal	MFGR#2	MFGR#21	MFGR#2128	floral	LARGE BURNISHED STEEL	44	LG CAN
11	turquoise sandy	MFGR#3	MFGR#34	MFGR#3438	chocolate	STANDARD BURNISHED NICKEL	43	WRAP BOX
12	ivory olive	MFGR#3	MFGR#35	MFGR#3524	peru	MEDIUM ANODIZED STEEL	25	JUMBO CASE
13	blue olive	MFGR#5	MFGR#53	MFGR#5333	ghost	MEDIUM BURNISHED NICKEL	1	JUMBO PACK
14	seashell burnished	MFGR#1	MFGR#14	MFGR#1421	linen	SMALL POLISHED STEEL	28	JUMBO BOX
15	dark sky	MFGR#3	MFGR#34	MFGR#3438	navajo	LARGE ANODIZED BRASS	45	LG CASE
16	brown turquoise	MFGR#5	MFGR#54	MFGR#5415	deep	PROMO PLATED TIN	2	MED PACK
17	navy orange	MFGR#2	MFGR#21	MFGR#2124	burnished	ECONOMY BRUSHED STEEL	16	LG BOX
18	indian forest	MFGR#4	MFGR#42	MFGR#425	spring	SMALL BURNISHED STEEL	42	JUMBO PACK
19	forest floral	MFGR#4	MFGR#44	MFGR#4418	dodger	SMALL ANODIZED NICKEL	33	WRAP BOX
20	salmon dark	MFGR#5	MFGR#52	MFGR#529	bisque	LARGE POLISHED NICKEL	48	MED BAG
21	aquamarine firebrick	MFGR#2	MFGR#25	MFGR#2517	lemon	SMALL BURNISHED TIN	31	MED BAG
22	floral beige	MFGR#4	MFGR#44	MFGR#4421	medium	PROMO POLISHED BRASS	19	LG DRUM
23	bisque slate	MFGR#4	MFGR#41	MFGR#4137	firebrick	MEDIUM BURNISHED TIN	42	JUMBO JAR

图 1—16

s_suppkey	s_name	s_address	s_city	s_nation	s_region	s_phone
1	Supplier#000000001	N kD4on9OM Ip...	PERU 0	PERU	AMERICA	27-989-741-2988
2	Supplier#000000002	89eJ5ksX3Imx	ETHIOPIA 1	ETHIOPIA	AFRICA	15-768-687-3665
3	Supplier#000000003	q1,G3Pj6OjIuUY...	ARGENTINA7	ARGENTINA	AMERICA	11-719-748-3364
4	Supplier#000000004	Bk7ah4CK8SYQTep	MOROCCO 4	MOROCCO	AFRICA	25-128-190-5944
5	Supplier#000000005	Gcdm2rJRzl	IRAQ 5	IRAQ	MIDDLE EAST	21-750-942-6364
6	Supplier#000000006	tQxuVm7	KENYA 2	KENYA	AFRICA	24-114-968-4951
7	Supplier#000000007	s,4TicNGB4uO6	UNITED KI0	UNITED KINGDOM	EUROPE	33-190-982-9759
8	Supplier#000000008	9Sq4bBH2FQEm...	PERU 6	PERU	AMERICA	27-147-574-9335
9	Supplier#000000009	1KhUgZegwM3ua7	IRAN 6	IRAN	MIDDLE EAST	20-338-906-3675
10	Supplier#000000010	Saygah3gYWM	UNITED ST9	UNITED STATES	AMERICA	34-741-346-9870
11	Supplier#000000011	JfwTs,LZrV	CHINA 3	CHINA	ASIA	28-464-151-3439
12	Supplier#000000012	aLIW	INDIA 5	INDIA	ASIA	18-791-276-1263
13	Supplier#000000013	HK71HQyWoqR...	CANADA 8	CANADA	AMERICA	13-761-547-5974
14	Supplier#000000014	EXsnO5pTN	MOROCCO 0	MOROCCO	AFRICA	25-845-129-3851
15	Supplier#000000015	olXVbNBfVzRqg	INDIA 0	INDIA	ASIA	18-687-542-7601
16	Supplier#000000016	YjP5C55zHDXL7...	RUSSIA 5	RUSSIA	EUROPE	32-781-609-3107
17	Supplier#000000017	c2d,ESHRSkK3WYn	ROMANIA 6	ROMANIA	EUROPE	29-970-682-3487
18	Supplier#000000018	PGGVE5PWA	MOZAMBIQU0	MOZAMBIQUE	AFRICA	26-155-215-1315
19	Supplier#000000019	edZT3es,nBFD	UNITED ST3	UNITED STATES	AMERICA	34-396-526-5053
20	Supplier#000000020	iybAE,RmTymrZVY	CANADA 0	CANADA	AMERICA	13-957-234-8742
21	Supplier#000000021	81CavellcrJ0PQ...	BRAZIL 4	BRAZIL	AMERICA	12-902-614-8344
22	Supplier#000000022	okiiQFk 8lm6EV	EGYPT 6	EGYPT	MIDDLE EAST	14-806-545-9701

图 1—17

d_datekey	d_date	d_dayofweek	d_month	d_year	d_yearmonthnum	d_yearmonth	d_daynuminweek	d_daynuminmonth	d_daynuminyear	d_monthnuminyear	d_weeknuminyear	d_se
19920101	January 1, 1992	Thursday	January	1992	199201	Jan1992	5	1	1	1	1	Winte
19920102	January 2, 1992	Friday	January	1992	199201	Jan1992	6	2	2	1	1	Winte
19920103	January 3, 1992	Saturday	January	1992	199201	Jan1992	7	3	3	1	1	Winte
19920104	January 4, 1992	Sunday	January	1992	199201	Jan1992	1	4	4	1	1	Winte
19920105	January 5, 1992	Monday	January	1992	199201	Jan1992	2	5	5	1	1	Winte
19920106	January 6, 1992	Tuesday	January	1992	199201	Jan1992	3	6	6	1	1	Winte
19920107	January 7, 1992	Wednesday	January	1992	199201	Jan1992	4	7	7	1	2	Winte
19920108	January 8, 1992	Thursday	January	1992	199201	Jan1992	5	8	8	1	2	Winte
19920109	January 9, 1992	Friday	January	1992	199201	Jan1992	6	9	9	1	2	Winte
19920110	January 10, 1992	Saturday	January	1992	199201	Jan1992	7	10	10	1	2	Winte
19920111	January 11, 1992	Sunday	January	1992	199201	Jan1992	1	11	11	1	2	Winte
19920112	January 12, 1992	Monday	January	1992	199201	Jan1992	2	12	12	1	2	Winte
19920113	January 13, 1992	Tuesday	January	1992	199201	Jan1992	3	13	13	1	2	Winte
19920114	January 14, 1992	Wednesday	January	1992	199201	Jan1992	4	14	14	1	3	Winte
19920115	January 15, 1992	Thursday	January	1992	199201	Jan1992	5	15	15	1	3	Winte
19920116	January 16, 1992	Friday	January	1992	199201	Jan1992	6	16	16	1	3	Winte
19920117	January 17, 1992	Saturday	January	1992	199201	Jan1992	7	17	17	1	3	Winte
19920118	January 18, 1992	Sunday	January	1992	199201	Jan1992	1	18	18	1	3	Winte
19920119	January 19, 1992	Monday	January	1992	199201	Jan1992	2	19	19	1	3	Winte
19920120	January 20, 1992	Tuesday	January	1992	199201	Jan1992	3	20	20	1	3	Winte
19920121	January 21, 1992	Wednesday	January	1992	199201	Jan1992	4	21	21	1	4	Winte
19920122	January 22, 1992	Thursday	January	1992	199201	Jan1992	5	22	22	1	4	Winte

图 1—18

第 3 节　数据库系统结构

从数据库管理的角度看，数据库系统通常采用三级模式结构，即内模式、模式、外模式。如图 1—19 所示，内模式是存储模式，模式定义了数据的逻辑结构，外模式提供了用户视图。数据库系统通过三级模式实现各个模式的独立性，并通过二级映像机制保证了数据库的逻辑独立性和物理独立性。

一、内模式

内模式（internal schema）也称存储模式（storage schema），是数据库中数据物理结构和存储方式的描述，是数据在数据库内部的表示方式。包括数据的存储模型、访问方式、索引类型、压缩技术、存储结构等方面的设计与规定。

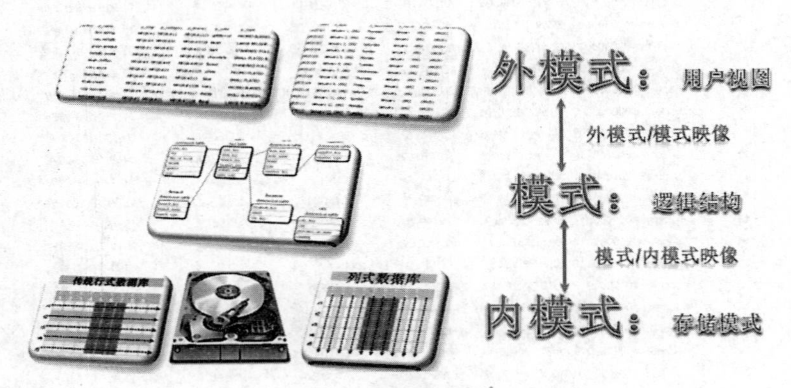

图 1—19　数据库系统的三级模式

例如，图 1—20 描述了关系数据存储的行存储与列存储模型。关系中的记录是关系中所有属性值的集合，如 R(Id，Name，Age)，行存储是将记录连续地存储在磁盘页面（页面是磁盘数据访问单位，通常大小为 4KB 或 8KB）中，能够一次性地访问记录全部的属性值。列存储是将关系的各个属性独立存储在磁盘文件中，相同的属性值连续存储和访问，但访问记录多个或全部属性时需要同时访问多个文件并将各独立的属性值组合为完整的记录。

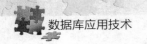

Relation

Id	Name	Age
101	Alice	22
102	Ivan	37
104	Peggy	45
105	Victor	25
108	Eve	19
109	Walter	31
112	Trudy	27
113	Bob	29
114	Zoe	42
115	Charlie	35

NSM representation

Page 1

101	Alice	22	102
Ivan	37	104	Peggy
	45	105	Victor
25	108	Eve	19

Page 2

109	Walter	31	112
Trudy	27	113	Bob
	29	114	Zoe
42	115	Charlie	35

DSM representation

Id	Name	Age
101	Alice	22
102	Ivan	37
104	Peggy	45
105	Victor	25
108	Eve	19
109	Walter	31
112	Trudy	27
113	Bob	29
114	Zoe	42
115	Charlie	35

图 1—20　行存储（NSM）与列存储（DSM）模型

在数据库的事务处理应用中，需要一次访问全部记录，行存储模型能够实现一次磁盘访问获得全部记录的属性值。在分析处理应用中，尤其是在大数据分析计算中，计算的对象通常是数据库中单个的属性列或极少部分的属性列，行存储模型需要从磁盘读取全部的记录并从中抽取少数查询相关的属性值，磁盘访问的利用率低，查询处理性能差；而采用列存储模型时，查询只需要访问查询相关属性对应的磁盘文件，不需要读取查询无关的属性列，磁盘访问利用率高，查询处理性能好。当前大数据分析领域中，无论是关系数据库平台还是 Hadoop 平台，都广泛采用列存储作为大数据分析处理的存储模型。

数据库通常会为关系中定义的主码自动创建聚簇索引（clustered index），即记录按主码的顺序物理存储，保持数据在逻辑上和物理上都能按主码的顺序访问，这种聚簇存储机制能够有效地提高查询性能。一个关系上只能创建一个聚簇索引。

索引是数据库中重要的性能优化技术，通过创建索引，数据库能够自动地执行索引查找，提高数据库的查询性能。关系数据库中常用的索引包括 B＋树索引和哈希索引：B＋树索引是一种多路查找树结构，最底层的是叶子节点，包含所有关键字和指向关键字在文件中位置的指针，关键字查找从根节点开始，如图 1—21（A）所示，依次访问下级节点，直至叶节点，最后通过叶节点中的记录指针从数据文件中访问关键字对应的记录；哈希索引则是通过哈希函数将键值映射到指定的桶中，如图 1—21（B）所示设置哈希函数为 $mod(x, 10)$，即对关键字 x 模 10（x 除以 10 取余），对应编号为 0～9 的桶，哈希值相同的关键字通过链表存储在一起，关键字通过哈希函数定位到哈希桶，然后在桶中顺序查找满足查询条件的关键字。B＋树索引在底层存储的是顺序的数据，比较适合进行范围查找，即只需要查找范围表达式的最小值后在叶节点上顺序访问，直到叶节点对应的数据超过最大值为止。而哈希查询适合于进行等值查找，通过哈希函数计算直接得到数据存储位置，在查找效率上比 B＋树索引要高，但不支持范围查找。

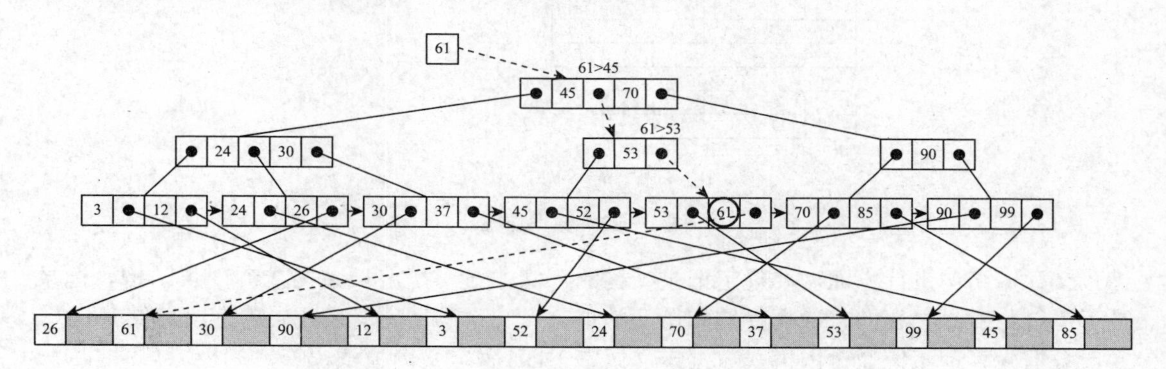

（A）B+树索引

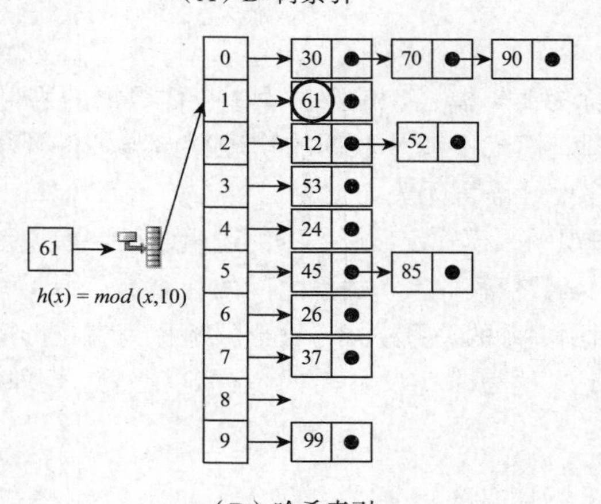

（B）哈希索引

图 1—21　B＋树索引和哈希索引

数据压缩是大数据存储时重要的存储优化技术，通过数据压缩将原始数据用较小的数据形式表示，节省数据存储空间，降低查询处理时的磁盘访问数量，提高查询处理性能。图 1—22（A）是字典表编码压缩示意图，当数据中包含大量重复的字符串时，为字符串创建字典表，为每一个字符串分配一个唯一的较短编码，然后用较短编码代替原始较长的数据。图 1—22（B）为行程编码（RLE）压缩方法，当数据序列中存在大量连续的值时，

利用将原始数据记录为（值，值的行程（重复次数））的方法缩减冗余数据的存储。在当前大数据计算时代，数据压缩技术是提高查询处理性能的重要技术方法，尤其在列存储中能够提供较高的压缩比。

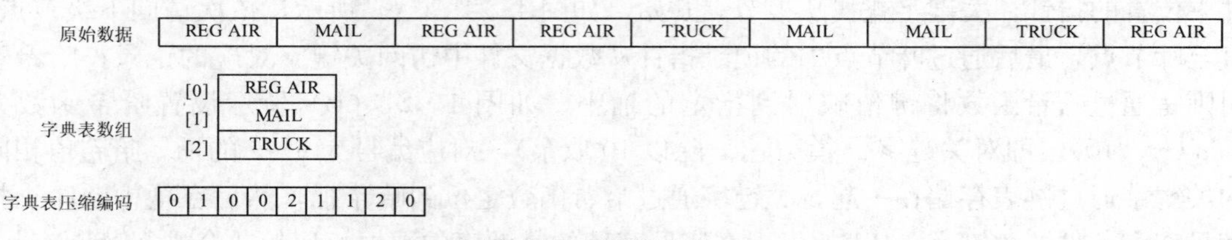

（A）字典表编码压缩

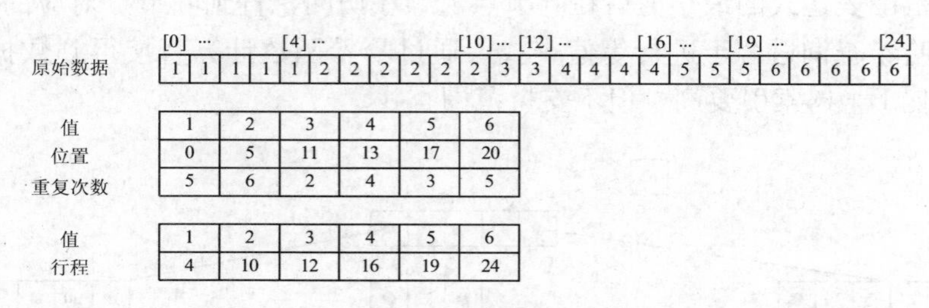

（B）行程编码（RLE）压缩

图 1—22　数据压缩

在存储结构设计方面需要规定记录结构的存储方式，如定长结构或者变长结构，记录是否可以跨磁盘页存储，数据存储和访问的单位，关系采用磁盘表或者内存表存储等。

数据库管理系统通过内模式数据定义语言 DDL 来定义内模式。

二、模式

模式（schema）又称为逻辑模式，是数据库中全体数据的逻辑结构和特征的描述，是所有用户的公共数据视图。模式不涉及数据的物理存储与硬件环境细节，与具体的应用、应用开发工具及高级程序设计语言无关。

模式是数据库的逻辑视图。模式定义了数据的逻辑结构，如关系由哪些属性组成，各个属性的数据类型、值域、函数依赖关系，关系之间的联系等。图 1—23 描述了一个由 8 个表组成的具有复杂的参照引用关系的关系模式，被形象地称为雪花形模式。模式的定义由数据库管理系统提供的模式定义语言来定义，模式也确定了查询处理时表间连接操作的执行逻辑。

三、外模式

外模式（external schema）又称为用户模式，是数据库用户和应用程序的数据视图。

外模式通常是模式的子集，通过提供不同的外模式为用户提供满足不同需求、安全性等级的数据视图。数据库管理系统通过定义外模式为具有不同权限的数据库用户提供相同数据的不同数据视图，并赋予不同的访问权限，保证数据库的安全性。通过定义外模式也能够向用户屏蔽复杂的模式设计，简化用户对数据库的访问。

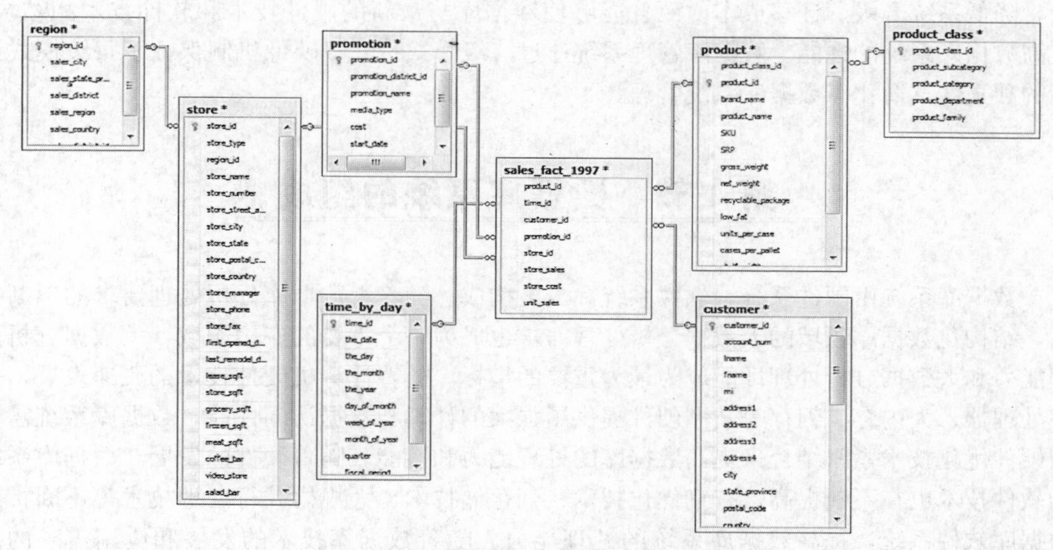

图 1—23　模式（雪花形模式）

四、数据库的二级映像与数据独立性

1. 外模式/模式映像

模式是对数据全局逻辑结构的描述，外模式是对数据局部逻辑结构的描述。一个模式可以对应多个外模式，数据库管理系统通过外模式/模式映像定义了外模式之间的对应关系，通常采用定义视图（view）的方式。

当模式发生改变时，如增加新的关系，对原有关系进行模式分解、增加新属性、修改属性等操作时，数据库管理系统对外模式/模式映像进行修改，从而保证外模式保持不变。应用程序通过外模式间接访问模式，模式的变化被外模式所屏蔽，保证数据和应用程序的逻辑独立性，简称数据的逻辑独立性。

2. 模式/内模式映像

模式/内模式映像定义了数据全局逻辑结构与存储结构之间的对应关系。该映像通常包含在模式的描述中，说明逻辑记录和属性在内部如何表示，如关系的物理存储模型采用行存储还是列存储，使用内存表还是磁盘表，使用什么样的索引结构，是否采用压缩技术等。当数据库的存储结构改变时，如存储模型从行存储改为列存储，增加或删除索引，使用压缩技术等，由数据库管理系统对模式/内模式映像进行相应的修改，模式保持不变，对上层的应用程序不产生影响。模式/内模式映像保证了数据与程序的物理独立性，简称数据的物理独立性。

综上所述，内模式的设计通常要结合物理存储层面的优化技术，与硬件的特性紧密结合；模式的设计是数据逻辑建模层面上的优化技术，通过规范化理论优化数据的逻辑组织结构；外模式的设计一方面通过定义用户、应用程序视图提供一个屏蔽了内部复杂物理、逻辑结构的数据视图，另一方面也通过外模式的定义限制用户、应用程序对数据库敏感数据的访问，提高了数据库的安全性。大数据分析处理在性能、处理能力等方面带来新的挑战，数据库技术也在不断变革发展，新的技术不断扩充到数据库系统之中，因此数据库系统的物理独立性与逻辑独立性对数据库应用来说非常重要，它保证了应用程序的稳定运行，降低系统升级、迁移成本，而且能够使数据库与最新的硬件技术和软件技术相结合，提高数据库系统的性能。数据库管理系统通过三级模式、二级映像机制保证了每级模式设计的独立性，简化了数据库系统管理。

第4节　数据库系统的组成

数据库系统由硬件系统、软件系统和人员构成。随着大数据库分析处理要求的不断提高，结构化数据库领域的大数据分析处理需求也成为一个重要的应用领域，大数据分析处理能力和大数据分析处理性能成为最为重要的指标。随着计算机硬件技术的飞速发展，多核处理器、大内存、闪存等新型硬件提供了强大的计算和数据访问性能，数据库系统需要与硬件优化技术紧密结合来提高数据库的处理能力和性能。随着硬件的发展，数据库系统的软件技术也在不断提高，查询优化技术、列存储技术、大规模并行处理技术等不断扩展数据库软件系统，提高数据库系统的处理能力。随着数据库技术的发展和应用需求的变化，数据库的用户特征也在发生变化，数据库管理员对数据库系统进行维护，是保证数据库系统可靠、高效运行的基础，但随着云计算的成熟和普及，传统的数据库管理员功能逐渐被云服务功能所取代；数据库的用户群体也随着web应用的发展而不断壮大，需要数据库系统提高并发用户处理能力和数据库安全管理能力。

一、数据库硬件平台

数据库是结构化的大数据管理平台，需要管理海量数据，并在海量数据的基础上提供高性能的查询处理能力，因此数据库系统的性能始终是重要的技术指标，对硬件平台的性能提出较高的要求。数据库系统对硬件平台的要求主要体现在计算性能和数据访问性能两个方面。

1. 计算性能

数据库系统需要提供海量数据的高性能查询处理能力，并服务于大量的并发共享访问用户，需要硬件平台提供强大的并行计算能力。当前处理器的发展趋势是多核/众核并行处理技术，即在一块CPU或协处理器上提供几十个到上千个计算核心，支持几十个到几百个并行处理的任务。当前具有代表性的处理器技术包括通用多核处理器和众核协处理器，如图1—24（A）所示。通用多核处理器中包含十几个处理核心，能够支持几十个并行处理线程。协处理器包括NVIDIA公司的GPGPU（通用图形处理器）和Intel公司的Phi协处理器，能够支持几百个至上千个处理核心和线程，具有强大的并行计算能力，主要应用于高性能计算平台。数据库的硬件平台逐渐转移到多核/众核计算平台，能够通过硬件强大的并行计算能力提升数据库的性能。

2. 数据访问性能

数据库的查询处理以对海量数据的访问为基础，数据库性能主要取决于对数据的访问性能。高性能存储设备和高速通信技术的发展提供了高性能数据访问的基础。在图1—24（B）中，大容量内存已经成为新的硬件平台特征，当前主流的处理器能够支持几百GB至TB级的内存，企业级的核心数据已经能够实现完全内存高性能处理。闪存逐渐取代硬盘成为大容量高性能存储介质，并在高性能计算领域广泛采用。硬盘性能的提升相对缓慢，但其存储容量的不断提升和价格的不断下降使其成为性价比较高的存储设备，仍然是大数据分析领域最重要的存储设备。网络技术的发展提供了良好的远程数据访问能力，提高了集群处理时的通信性能。当前的千兆网提供100MB/s的通信能力（1Gbps＝125MB/s），高性能计算领域中的InfiniBand高速网络技术则能够提供40Gbps的通信能力，相当于5GB/s的网络通信能力，高速网络技术的通信性能已经超过本地硬盘访问速度，为大数据大规模集群并行处理提供了强大的通信性能保障。

（A）通用多核处理器，GPGPU，Phi协处理器

（B）内存，闪存，硬盘，InfiniBand高速网络

图1—24　硬件技术

3. 数据库平台

当前数据库技术的发展趋势是硬件与软件相结合的一体化数据库平台。小型的或者部门级的数据库可以部署在桌面级数据库平台，使用PC机或工作站提供数据库系统功能，通常配置有1～2个处理器，十几GB到几十GB内存，几百GB至TB级硬盘存储能力。中小企业级数据库系统部署在专用服务器平台，通常配置有2～4个处理器，几十GB到几百GB内存，TB级硬盘存储能力。近年来推出的数据库一体机概念是软硬件一体化设计的高性能数据库系统平台，通常配置有十几个服务器，几十个处理器，TB级内存或闪存，几百TB的硬盘存储能力，能够满足大型企业或数据中心的数据处理需求。随着软硬件技术的成熟，云计算在一些领域逐渐取代了专用的硬件平台，成为新兴的大数据计算平台，数据库系统也在通过云计算扩展其数据处理能力，降低数据库系统的软硬件成本。参见图1—25。

随着新硬件技术的不断发展和大数据分析需求的不断扩展，传统的数据库技术与新兴的软硬件技术相结合，也在不断地扩展其功能和处理能力，满足大数据分析处理需求。

二、数据库软件

数据库系统的软件平台主要包括（见图1—26）：

1. 操作系统

数据库系统的应用范围十分广泛，包括桌面端、服务器端以及新兴的移动端。数据库系统需要在操作系统之上运行，通过操作系统的接口程序访问计算机硬件资源，对执行任务进行调度。成熟的数据库系统需要支持不同的操作系统平台，如Windows操作系统、UNIX操作系统、MAC操作系统以及Linux操作系统等。

图 1—25　数据库平台

图 1—26　数据库系统软件平台

2. 数据库管理系统

数据库管理系统负责数据库的建立、使用、维护、系统配置、数据处理、接口管理等功能。如图 1—26 所示，代表性的数据库管理系统包括传统的面向事务处理的 Oracle，IBM DB2，SQL Server 数据库，面向分析处理的 Teradata，Vertica，Sybase，新兴的高性能内存数据库 SAP HANA，开源数据库 MySQL，PostgreSQL 等。数据库应用领域广泛，数据库衍生出不同的产品，面向不同的应用领域，从数据处理的类型可以分为联机事务处理（OLTP）数据库和联机分析处理（OLAP）数据库，从存储模型类型可以分为行存储数据库和列存储数据库，从存储设备类型可以分为磁盘数据库和内存数据库等，当前数据库技术发展的一个趋势是软件与硬件技术相结合、不同应用领域相结合。数据库一体机是一种新兴的产品系统，它将数据库平台与先进硬件平台一体化部署和优化配置，将高性能事务处理、大数据分析处理、高性能内存计算及商务智能等功能集成在统一的平台，实现一站式数据库服务。

3. 高级语言开发工具

数据库是面向不同应用程序的共享数据访问平台，是一种基础软件。高级语言开发工具用于开发面向数据库的应用系统，如当前代表性的 JAVA，Python，C＋＋等高级语言及其开发工具。

4. 数据库应用系统

数据库应用系统是以数据库为基础的应用软件，是面向应用领域和特定功能的应用软件系统。数据库应用系统包括各种 BI（商业智能）系统、ERP（企业资源管理）系统、MIS（管理信息系统）以及各种数据库应用软件。

三、数据库人员

在数据库系统的运行和应用过程中需要不同层面的人员，主要包括：数据库管理员、系统分析员和数据库设计人员、应用开发人员和最终用户。

1. 数据库管理员

数据库管理员（Database Administrator，DBA）是数据库系统中最重要的人员。DBA 的职能是监视和管理数据库系统的运行，配置数据库系统的参数，决定数据库系统的存储结构和存取策略，管理数据库系统用户访问权限，解决数据库系统运行故障，优化数据库系统性能等。

数据库管理员需要对数据库系统技术有深入的了解，具有丰富的经验解决系统问题和各种软件、硬件故障，对数据库系统性能调优，保证大型系统可靠、稳定、安全运行。

数据库管理员的人力成本很高，是大型系统运行必不可少的因素。当前云计算应用模式简化了数据库管理员的部分职能，通过服务方式提供可靠的数据库支持。

2. 系统分析员和数据库设计人员

系统分析员根据应用系统的需求分析和规范确定系统的软、硬件配置，并参与数据库系统的设计工作。

数据库设计人员负责数据库中数据结构、数据库各级模式的设计工作，完成数据库的整体设计。

3. 应用开发人员

应用开发人员负责应用程序开发、调试和系统部署工作。应用开发人员通过标准的数据库访问接口实现对数据库的访问和查询处理，实现应用系统功能模块。应用开发人员主要访问数据库的外模式，不需要了解数据库的物理结构和逻辑结构。

4. 最终用户

数据库系统的最终用户是指通过应用系统使用数据库的终端用户。用户通过应用系统界面访问数据库，完成应用操作，不需要了解数据库。随着互联网的普及和电子商务、电子政务等信息化技术的广泛使用，数据库应用系统除了面对较少的内部用户，更要面对大量的通过互联网访问的终端用户，因此对数据库应用系统的高并发处理能力提出较高的要求，对数据库系统的性能，如实时查询处理能力、高并发查询处理能力等方面则提出了更高的要求。

第5节 大数据时代的数据库技术

在大数据时代，关系数据库面临更多的挑战。

从数据的量级来看，计算机上的数据量不断增长，当前数据处理已进入 PB 和 EB 阶段。

1Byte=8 bit

1KB=1 024Bytes

1MB=1 024KB=1 048 576Bytes

1GB=1 024MB=1 048 576KB=1 073 741 824Bytes

1TB=1 024GB=1 048 576MB=1 099 511 627 776Bytes

1PB=1 024TB=1 048 576GB=1 125 899 906 842 624Bytes

1EB=1 024PB=1 048 576TB=1 152 921 504 606 846 976Bytes

1ZB=1 024EB=1 180 591 620 717 411 303 424Bytes

1YB=1 024ZB=1 208 925 819 614 629 174 706 176Bytes

1DB=1024YB=1 237 940 039 285 380 274 899 124 224Bytes

1NB=1024DB=1 267 650 600 228 229 401 496 703 205 376Bytes

信息是对社会活动的描述，人类社会在发展中积累了大量的数据。工业革命以后，文字为载体的信息量大约每十年翻一番；1970 年以后，信息量大约每三年翻一番；如今全球总信息量大约每两年翻一番。随着互联网、物联网、社交网络、移动计算等技术的广泛应用，信息量增长速度将进一步加快，2014 年全球被创建和复制的数据总量为 2.8ZB。IDC 研究表明，包含结构化和非结构化的大数据正在以每年 60%的增长率持续增长，根据麦肯锡全球研究院（MGI）的预测，2020 年全球数据使用量预计将达到 35ZB。医疗卫生、地理信息、社交网络、传感器、物联网、电子商务、影视娱乐、科学研究等领域，每天都在创造巨量的数据。Google 公司通过 MapReduce 软件，每个月处理的数据量超过 400PB，百度存储数据量达数百 PB，每天处理几十 PB，Facebook 每天生成 300TB 日志数据，淘宝网每天产生约 60TB 数据，每天扫描计算量达到 900TB。这些飞速积聚的数据超出了现有数据处理技术的能力，对于数据库技术尤其是一个巨大的挑战。

维基百科中对大数据（Big Data）的定义是“大数据是指无法在一定时间内用常规软件工具对其内容进行抓取、管理和处理的数据集合”，也就是说，大数据是个相对的概念，超出当前处理能力的数据是大数据，随着计算机技术的发展和数据处理能力的提高，大数据所对应的数据量级也必将不断提高。

2001 年国际著名的信息技术研究和分析公司 Gartner（前身为 META Group）指出数据增长的挑战和机遇有三个方向：量（volume，数据大小）、速（velocity，数据输入输出的速度）与多变（variety，多样性），合称“3V”或“3Vs”。从此以后，3V 成为大数据的特征。2012 年 Gartner 公司将大数据的定义更新为①：“大数据是大量、高速并且/或多

① http：//en. wikipedia. org/wiki/Bigdata.

变的信息资产，它需要新型的处理方式去促成更强的决策能力、洞察力与优化处理。”新的大数据定义放松了对数据类型多样性的要求，垂直领域内的大量、高速数据处理也包含在大数据范畴内。IBM 公司在 3V 之外定义了第 4 个 V：真实性（veracity），强调真实性是当前企业亟须考虑的重要维度，需要利用数据融合和先进的数学方法进一步提升数据的质量，从而创造更高价值。

2007 年，已故的图灵奖得主吉姆·格雷（Jim Gray）在他最后一次演讲中描绘了数据密集型科研“第四范式”的愿景。第一范式是实验归纳，是以实验方法为基础，通过科学归纳寻找因果关系的实验科学；第二范式是模型推演，是以演绎方法为主，通过理论总结和理论概括进行合乎逻辑的理论性总结的理论科学；第三范式是仿真模拟，是通过对科学问题进行计算模拟和科学计算来预测的计算科学；第四范式就是密集数据分析，是由传统的假设驱动向基于科学数据探索方法的转换，是一种以数据为中心的新型数据密集型科学。

Gartner 公司 2014 年发布的技术成熟度（Hype Cycle）曲线如图 1—27 所示，描述了技术发展周期的规律。

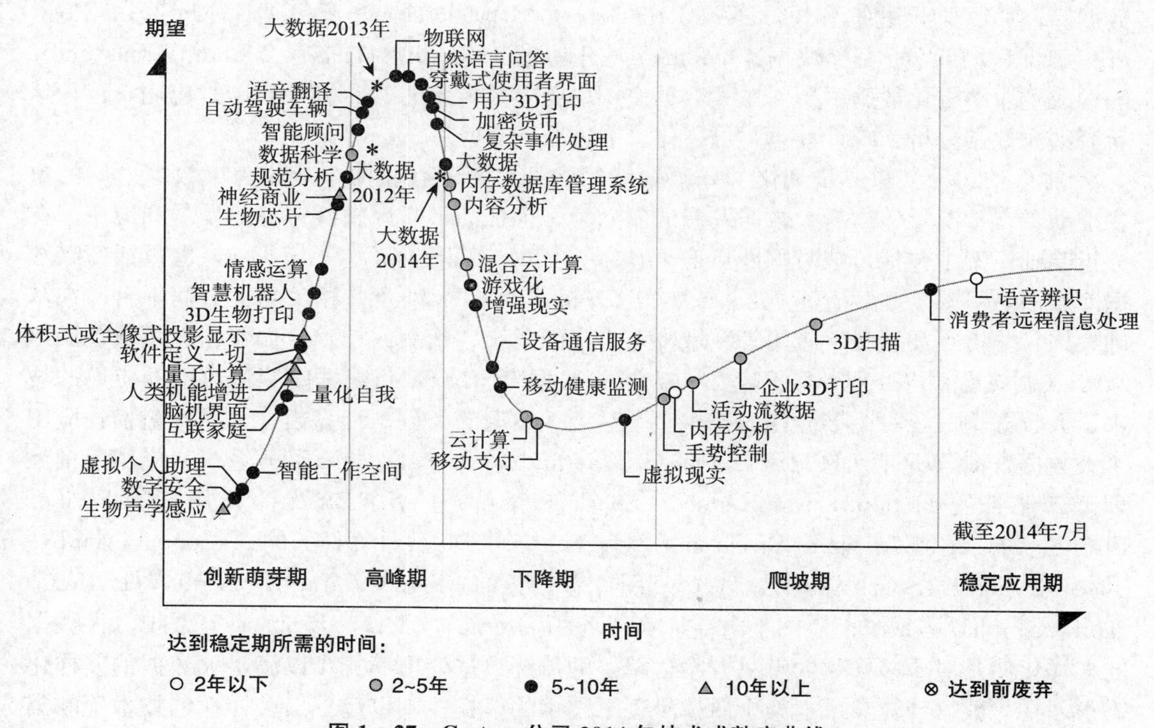

图 1—27　Gartner 公司 2014 年技术成熟度曲线

资料来源：http：//www. gartner. com/newsroom/id/2819918.

横轴表示技术的成熟度，纵轴表示技术的关注度。每项技术的发展过程可以分为五个阶段：创新萌芽期、高峰期、下降期、爬坡期和稳定应用期。

- **创新萌芽期和高峰期**：创新萌芽期和高峰期属于理论研究阶段，新的技术理论从出现到快速成长，并很快到达巅峰，在学术和产业领域吸引了大量的研究者。在这个阶段的工作以基础理论研究为主，突破大量理论难题、成果大量涌现。
- **下降期**：在快速发展期的顶端，基础理论逐渐成熟，研究成果的总量很多，理论探

索空间逐渐压缩。学术界对该项技术的关注程度逐渐降低，但该项技术在产业上的应用并未成熟，新技术在学术领域的受关注程度进入下降期。

● **爬坡期**：新技术在产业领域逐渐得到应用并取得成功，产业界的研究推动技术进一步走向成熟，形成一个新的关注高峰，并带动新技术持续稳定地发展。

● **稳定应用期**：随着基本产业技术的成熟，新技术从研究进入稳定应用期。

图1—27中的大数据在2012年进入快速发展期，2013年接近快速发展期的顶峰，2014年逐渐进入下降期。在当前阶段，大数据的推动力量逐渐由学术界转向产业界，大数据理论转化为大数据相关的系统、产品及应用平台，与实际应用结合越来越紧密。在这个阶段，一方面是大数据应用走向成熟，另一方面大数据研究中的一些泡沫成分也将被挤出，大数据的定位更加清晰、明确，大数据走下神坛成为继“信息高速公路”之后的又一个基础产业，如推动分析即服务（AaaS）的新型云计算。

大数据打破了原有的以数据库技术为核心的单一技术路线，在不同的领域采用不同的技术构建了大数据生态系统。图1—28给出了大数据全景（Big Data Landscape）中的几个典型分类。图1—28（A）大数据基础框架中，结构化数据处理平台包括传统的关系型数据库，如商业化数据库Oracle，SQL Server，IBM DB2，开源数据库MySQL，PostgreSQL以及新兴的内存数据库Memsql，开源的Hadoop，HBase，Mahout，Cassandra等构成了非结构化数据平台。在大数据应用层既包括传统的BI（商业智能）应用，也包括新兴的大数据分析、统计计算、可视化、数据服务等应用。

图1—28（B）进一步细化了开源软件的类别。随着互联网企业成为大数据发展的重要推动者，开源软件成为大数据发展的驱动力，也推动了开源软件自身的发展和应用。在分析基础框架中包括传统数据库厂商Oracle，IBM，Microsoft，Teradata，也包括新兴数据库厂商SAP，互联网企业Google、统计分析平台SAS以及其相关的大数据平台。在基础架构、分析、数据源、应用等领域都有丰富的系统、产品或技术，如数据库领域扩展出MPP（大规模并行处理）数据库、NewSQL数据库、NoSQL数据库等适应不同应用的技术，大数据构成了一个多样化的技术生态系统。典型的大数据计算模式与系统包括：应用于大数据查询分析计算的HBase，Hive，Cassandra，Impala，Shark等系统；应用于批处理计算任务的Hadoop，MapReduce，Spark等系统；应用于流式计算任务的Scribe，Flume，Storm，S4，Spark Streaming等系统；应用于迭代计算任务的HaLoop，iMapReduce，Twister，Spark等系统；应用于图计算任务的Pregel，Giraph，Trinity，PowerGraph，GraphX等系统；应用于内存计算任务的Dremel，HANA，Spark等系统。大数据的多样化使其对应多样化的解决方案，单一的传统数据处理模式难以满足大数据的多样化需求，在大数据计算技术框架中总体呈现了技术的多样性，也呈现出多样性的技术不断集成与融合的发展趋势。

在图1—28（C）的大数据全景3.0版中，越来越多的技术进入大数据生态系统，大数据应用领域和市场被进一步细分。大数据并未与传统的技术割裂，而是不断地与现有技术相融合，例如关系数据库与Hadoop技术相融合使结构化数据和非结构化数据处理平台相统一。传统的IBM和HP等解决方案提供商以及Oracle，Teradata，SQL Server，SAP HANA等数据库厂商以数据库为基础，融合Hadoop技术，形成融合的数据库——Hadoop双栈解决方案，将结构化数据处理和非结构化数据处理融合为统一的平台。

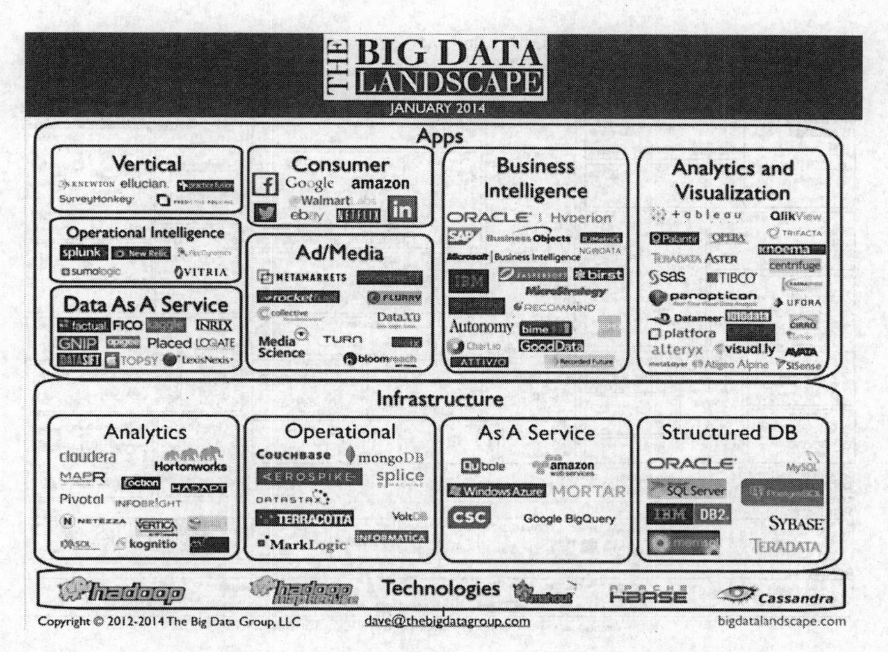

资料来源：http：//www. cmswire. com/cms/big-data/this-picture-tells-the-big-data-story-024404. php.

（A）

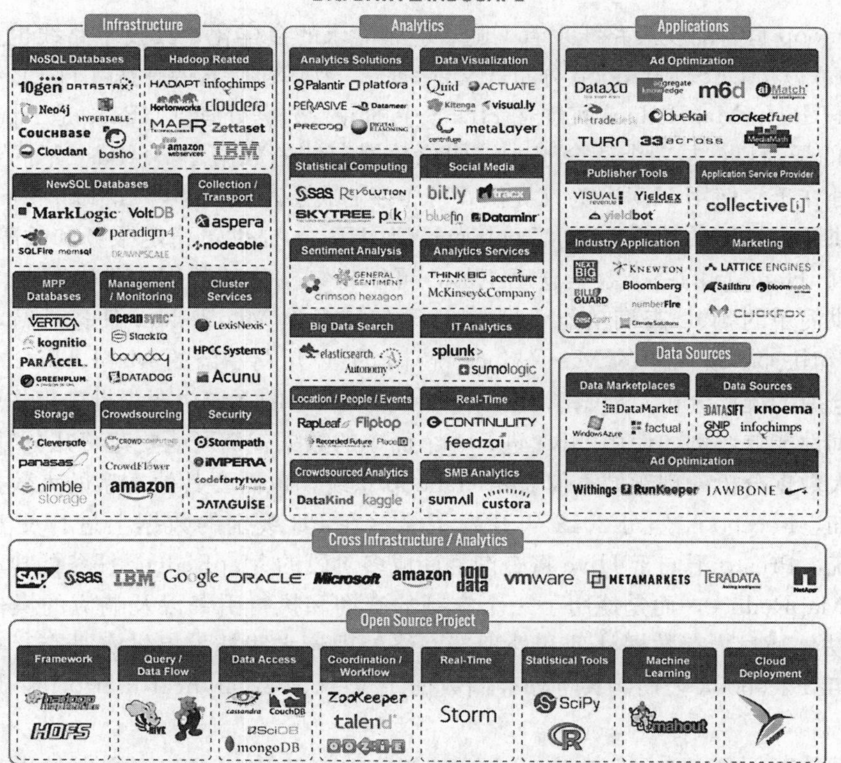

资料来源：http：//www. hexanika. com/big-data-experts-cloud-computing-experts/.

（B）

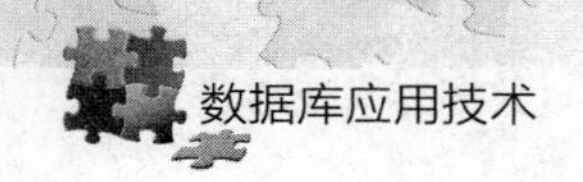

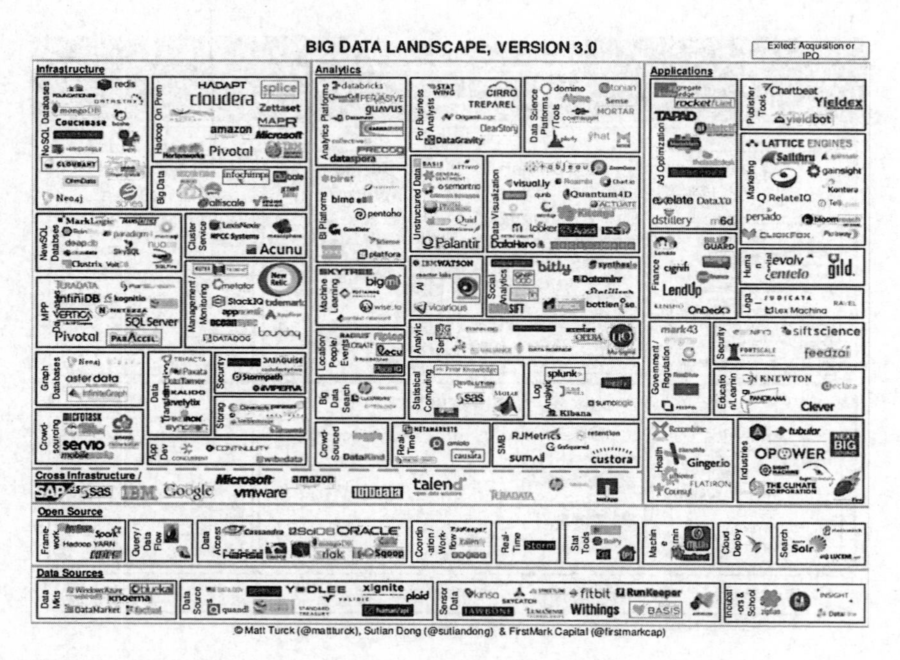

资料来源：http：//www. ongridventures. com/2012/10/23/the-big-data-landscape/.

(C)

图 1—28　大数据全景

从 Hadoop 自身的发展路线来看，随着应用需求的多样化，其技术路线也呈多样化特点。Hadoop 以 HDFS（Hadoop 分布式文件系统）为基础，支持高达几百 PB 级的数据存储，通过 Hadoop MapReduce 实现在 HDFS 上的并行数据处理。HBase 是 Apache 的 Hadoop 项目的子项目，是一个适合于非结构化数据存储的数据库，HBase 不同于传统关系数据库之处在于它使用 HDFS 为其提供高可靠性的底层存储支持，Hadoop MapReduce 为 HBase 提供了高性能的计算能力，Zookeeper 为 HBase 提供了稳定服务和故障切换机制。Hive 是基于 Hadoop 的一个数据仓库工具，可以将结构化的数据文件映射为一张数据库表，并提供简单的 SQL 查询功能，将 SQL 语句转换为 MapReduce 任务运行，可以通过类 SQL 语句快速实现简单的 MapReduce 统计，不必开发专门的 MapReduce 应用，十分适合数据仓库的统计分析。但基于 Hadoop MapReduce 的系统主要为批处理作业系统，实时交互查询性能差，例如使用 Hive 进行一个简单的数据查询可能要花费几分钟到几小时。因此，在大数据分析处理领域不仅需要 Hadoop 系统，也需要其他类型的大数据分析处理系统。例如，Facebook 公司 2012 年开发了能够在 PB 级别的数据上进行交互式查询的 Presto 系统，Presto 不同于 Hive 将查询翻译成多阶段的 MapReduce 任务的执行模式，也没有使用 MapReduce，而是使用了一个定制的查询和执行引擎以及响应的操作符来支持 SQL 的语法，通过内存数据处理和处理端网络处理流水线技术提供实时交互查询处理能力。2013 年 Facebook 公司购买了列存储数据库 Vertica Analytical Platform，用于预测和决策支持。

从上面的案例可以看到，以 Hadoop 和 MapReduce 为代表的大数据处理技术的优势是高可扩展性，能够很好地满足大数据数据量巨大的需求，但在实时交互查询性能方面存在很大的不足，MPP 数据库以及近年兴起的 SQL-on-Hadoop 技术能够更好地适应实时交互式查询处理领域。

小结

数据库是计算机系统中重要的系统软件，也是数据处理的“操作系统”，它提供了大数据存储、管理和分析处理的平台。虽然关系型数据库面向结构化的数据处理任务，但是通过数据库技术与多媒体、非结构化数据管理等技术的不断融合，关系数据库、NoSQL 数据库、NewSQL 数据库等传统和新兴的技术构建了一个数据处理的基础平台，提供多样化的数据分析处理技术。

参考文献

[1] http：//en. wikipedia. org/wiki/Data.

[2] 王珊，萨师煊．数据库系统概论（第五版）．北京：高等教育出版社，2014.

[3] Marcin Zukowski. Balancing Vectorized Query Execution with Bandwidth-Optimized Storage. [PhD thesis]，Netherlands：CWI，2009.

[4] https：//technet. microsoft. com/zh-cn/library/ms187875（v=sql. 105）. aspx.

第2章

关系数据库标准语言SQL

本章要点与学习目标

SQL是结构化查询语言（Structured Query Language）的简称，是关系数据库的标准语言。SQL是一种通用的、功能强大的数据库查询和程序设计语言，用于存取数据以及查询、更新和管理关系数据库系统，几乎所有关系数据库系统都支持SQL，而且一些非关系数据库也支持类似SQL或与SQL部分兼容的查询语言，如Hive SQL，SciDB AQL等。SQL同样得到其他领域的重视和采用，如人工智能领域的数据检索。

本章的学习目标是掌握SQL语言的基本语法与使用技术，能够面向企业级数据库进行管理和数据处理，实现基于SQL的数据分析处理。

第1节　SQL概述

SQL语言是一种数据库查询和程序设计语言，是高级的非过程化编程语言，允许用户在高层数据结构上工作。SQL语言不要求用户指定对数据的存放方法，也不需要用户了解具体的数据存放方式，这种特性保证了具有完全不同底层结构的数据库系统可以使用相同的SQL查询语言作为数据输入与管理的接口。SQL语言基本上独立于数据库本身以及使用的计算机系统、网络、操作系统，基于SQL的DBMS产品可以运行在从个人机、工作站到基于局域网、小型机和大型机的各种计算机系统上，具有良好的可移植性。数据库和各种产品都使用SQL作为共同的数据存取语言和标准的接口，使不同数据库系统之间的互操作有了共同的查询操作语言基础，能够实现异构系统、异构操作系统之间的共享与移植。SQL语句可以嵌套，这使它具有极大的灵活性和强大的功能。

一、SQL的产生与发展

SQL语言起源于1974年IBM公司圣约瑟研究实验室研制的大型关系数据库管理系统SYSTEM R中使用的SEQUEL语言（由Boyce和Chamberlin提出），后来在SEQUEL的基础上发展了SQL语言。20世纪80年代初，美国国家标准化协会（ANSI）开始着手制定SQL标准，最早的ANSI标准于1986年完成，称为SQL86。标准的出台使SQL作为标准的关系数据库语言的地位得到加强。SQL标准几经修改和完善，目前的SQL标准是 1992 年制定的 SQL92，它的全名是“International Standard ISO/IEC 9075：1992，Database Language SQL”。SQL99 则进一步扩展为框架、SQL 基础部分、SQL 调用接口、SQL 永久存储模块、SQL 宿主语言绑定、SQL 外部数据的管理和 SQL 对象语言绑定等多个部分。SQL2003 包含了 XML 相关内容，自动生成列值（column values）。SQL2006 定义了结构化查询语言与 XML（包含 XQuery）的关联应用，2006 年 Sun 公司将以结构化查询语言基础的数据库管理系统嵌入 JavaV6。

二、SQL 语言结构

结构化查询语言包含 6 个部分：

（1）数据定义语言（Data Definition Language，DDL）。

DDL 语句包括动词 CREATE 和 DROP。在数据库中创建新表或删除表（CREAT TABLE 或 DROP TABLE）；表创建或删除索引（CREATE INDEX 或 DROP INDEX）等。

（2）数据操作语言（Data Manipulation Language，DML）。

DML 语句包括动词 INSERT，UPDATE 和 DELETE。分别用于插入、修改和删除表中的元组。

（3）事务处理语言（Transaction Control Language，TCL）。

TCL 语句能确保被 DML 语句影响的表的所有行能够得到可靠的更新。TCL 语句包括 BEGIN TRANSACTION，COMMIT 和 ROLLBACK。

（4）数据控制语言（Data Control Language，DCL）。

DCL 语句通过 GRANT 或 REVOKE 获得授权，分配或取消单个用户和用户组对数据库对象的访问权限。

（5）数据查询语言（Data Query Language，DQL）。

DQL 用于在表中查询数据。保留字 SELECT 是 DQL（也是所有 SQL）用得最多的动词，其他 DQL 常用的保留字有 WHERE，ORDER BY，GROUP BY 和 HAVING。

（6）指针控制语言（Cursor Control Language，CCL）。

CCL 语句用于对一个或多个表单独行的操作。例如 DECLARE CURSOR，FETCH INTO 和 UPDATE WHERE CURRENT。

三、SQL 语言特点

（1）统一的数据操作语言：SQL 集数据定义 DDL、数据操纵 DML 和数据控制 DCL 于一体，可以完成数据库中的全部工作。

（2）高度非过程化：与“面向过程”的语言不同，SQL 进行数据操作时只提出要“做什么”，不必描述“怎么做”，也不需要了解存储路径。数据存储路径的选择及数据操作的过程由数据库系统自动完成，既减轻了用户的负担，又提高了数据的独立性。

（3）面向集合的操作：SQL 采用集合操作方式，即数据操作的对象是元组的集合，即关系操作的对象是关系，关系操作的输出也是关系。

（4）使用方式灵活：SQL 既可以以交互语言方式独立使用，也可以作为嵌入式语言嵌入 C，C++，FORTRAN，JAVA 等主语言中使用。两种语言的使用方式相同，为用户提供了方便和灵活性。

（5）语法简洁，表达能力强，易于学习：在 ANSI 标准中，只包含了 94 个英文单词，核心功能只用 9 个动词，语法接近英语口语，易于学习。

- 数据查询：SELECT。
- 数据定义：CREATE，DROP，ALTER。
- 数据操纵：INSERT，DELETE，UPDATE。
- 数据控制：GRANT，REVOKE。

四、SQL 数据类型

SQL 语言中的五种数据类型包括：字符型、文本型、数值型、逻辑型和日期型。

1. 字符型

字符型用于字符串存储，根据字符串长度与存储长度的关系可分为两大类：CHAR(n) 和 VARCHAR(n)，n 必须是一个介于 1 和 8 000 之间的数值。

CHAR(n) 采用固定长度存储，当字符串长度小于宽度时尾部自动增加空格。VARCHAR(n) 按照字符串实际长度存储，字符串需要加上表示字节长度值的前缀，当 n 不超过 255 时使用一个字节前缀数据，当 n 超过 255 时使用两个字节前缀数据。当字符串长度超过 CHAR(n) 或 VARCHAR(n) 的最大长度时，按 n 对字符串截断填充。

图 2—1 给出了字符串‘（空串，长度为 0）’，‘Hello’，‘Hello World’，‘Hello WorldCup’在 CHAR(12) 或 VARCHAR(12) 中的存储空间分配。CHAR(12) 无论存储多长的字符串其长度都为 12，VARCHAR(12) 长度比实际字符串长度增加 1 个前缀数据字节，不同长度的字符串存储时实际使用的空间为 $n+1$ 个字节。CHAR(n) 会浪费一定的存储空间，但对于数据长度变化范围较小的数据来说存储和访问简单；VARCHAR(n) 在字符串长度变化范围较大时存储效率较高，但在存储管理和访问上较为复杂。

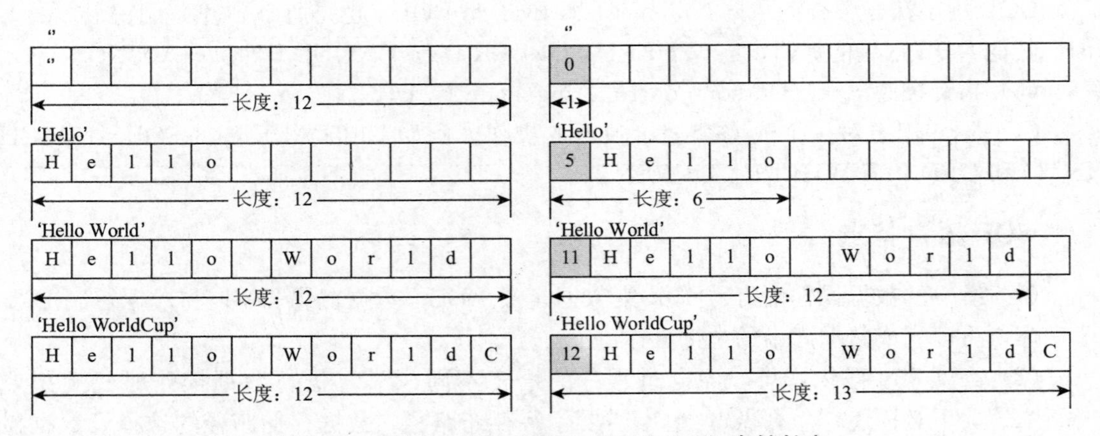

图 2—1　CHAR（12）和 VARCHAR（12）存储长度

NCHAR(n) 和 NVARCHAR(n) 数据类型采用 Unicode 标准字符集，Unicode 标准用两个字节为一个存储单位。

2. 文本型

文本型数据 TEXT 中可以存放 $2^{31}-1$ 个字符，用于存储较大的字符串，如 HTML FORM 的多行文本编辑框（TEXTAREA）中收集的文本型信息。

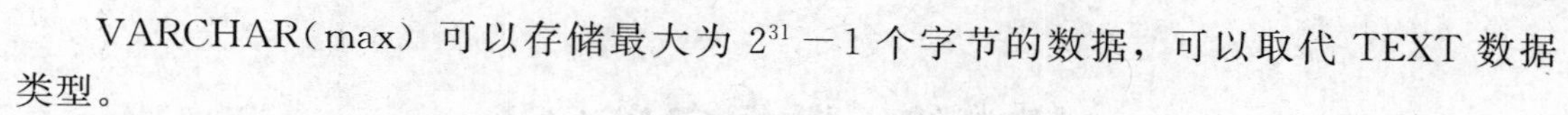

VARCHAR(max) 可以存储最大为 $2^{31}-1$ 个字节的数据，可以取代 TEXT 数据类型。

3. 数值型

数值型包括：整数 INT、小数 NUMERIC、货币 MONEY。

整型包括：BIGINT，INT，SMALLINT 和 TINYINT。为了节省空间，应该尽可能使用最小的整型数据。值域和存储空间如表 2—1 所示。

表 2—1　**BIGINT，INT，SMALLINT 和 TINYINT 值域及存储空间**

数据类型	范围	存储
BIGINT	-2^{63}（即－9 223 372 036 854 775 808）到 $2^{63}-1$（即 9 223 372 036 854 775 807）	8 字节
INT	-2^{31}（即－2 147 483 648）到 $2^{31}-1$（即 2 147 483 647）	4 字节
SMALLINT	-2^{15}（即－32 768）到 $2^{15}-1$（即 32 767）	2 字节
TINYINT	0 到 255	1 字节

NUMERIC 型数据用于表示一个数的整数部分和小数部分。NUMERIC[(*p*[,*s*])]中，*p* 表示总位数，范围是 1～38，默认为 18；*s* 表示小数位数，默认为 0，满足 $0\leqslant s\leqslant p$。NUMERIC 型数据使用最大精度时可以存储从 $-10^{38}+1$ 到 $10^{38}-1$ 范围内的数。DECIMAL 与 NUMERIC 用法相同。

货币型数据包括：MONEY 和 SMALLMONEY。MONEY 和 SMALLMONEY 数据类型精确到它们所代表的货币单位的万分之一，各自的值域及存储空间如表 2—2 所示。

表 2—2　**MONEY 和 SMALLMONEY 值域及存储空间**

数据类型	范围	存储
MONEY	－922 337 203 685 477.580 8 到 922 337 203 685 477.580 7	8 字节
SMALLMONEY	－214 748.364 8 到 214 748.364 7	4 字节

4. 逻辑型

逻辑型 BIT 只能取两个值：0 或 1，用于表示逻辑结果。

5. 日期型

日期型数据包含多种数据类型，其中常用的有 DATETIME 和 SMALLDATETIME。

一个 DATETIME 型的字段可以存储的日期范围是从 1753 年 1 月 1 日第一毫秒到 9999 年 12 月 31 日最后一毫秒，存储长度为 8 字节。

SMALLDATETIME 型数据与 DATETIME 型数据的使用相同，只不过它能表示的日期和时间范围比 DATETIME 型数据小，而且不如 DATETIME 型数据精确。一个 SMALLDATETIME 型的字段能够存储从 1900 年 1 月 1 日到 2079 年 6 月 6 日的日期，它只能精确到秒，存储长度为 4 字节。

第 2 节　数据定义 SQL

SQL 的数据定义功能包括模式、表、视图和索引。SQL 标准通常不提供修改模式、修改视图和修改索引定义的操作，用户可以通过先删除原对象再重新建立的方式修改这些对象。表 2—3 为数据定义 SQL 命令。

表 2—3　　数据定义 SQL 命令

操作对象	操作方式		
	创建	删除	修改
模式	CREATE SCHEMA	DROP SCHEMA	
表	CREATE TABLE	DROP TABLE	ALTER TABLE
索引	CREATE INDEX	DROP INDEX	
视图	CREATE VIEW	DROP VIEW	

一、模式定义

命令：CREATE SCHEMA

功能：创建一个新模式。模式是形成单个命名空间的数据库实体的集合，模式中包含表、视图、索引、权限定义等对象。

语法：

```
CREATE SCHEMA schema_name [AUTHORIZATION username] [schema_element [...]]
CREATE SCHEMA AUTHORIZATION username[schema_element[...]]
```

SQL 命令描述：

模式名 schema_name 省略时使用用户名作为模式名，用户名 username 省略时使用执行命令的用户名，只有超级用户才能创建不属于自己的模式。模式成员 schema_element 定义了要在模式中创建的对象，包含 CREATE TABLE，CREATE VIEW 和 GRANT 命令创建的对象，其他对象可以在创建模式后独立创建。

模式是数据库的命名空间，模式内的对象命名唯一，但可以与其他模式内的对象重名。当创建模式的用户需要被删除时，可以通过转让模式的所有权实现用户与模式的分离，避免因删除用户而导致的数据丢失问题。

SQL 命令示例：

【例 1】　创建一个模式 SSB 并且在模式里面创建表和视图。

```
CREATE SCHEMA SSB
    CREATE TABLE part(p_partkey int, p_name varchar(22),
                      p_category varchar(7))
    CREATE VIEW part_view AS
        SELECT p_name, p_category FROM part WHERE p_partkey<200;
```

上面的 SQL 命令与以下三个 SQL 命令等价：

```
CREATE SCHEMA SSB;
CREATE TABLE SSB.part(p_partkey int,p_name varchar(22),
                      p_category varchar(7));
CREATE VIEW SSB.part_view AS
    SELECT p_name,p_category FROM part WHERE p_partkey<200;
```

首先创建模式 SSB，然后创建以 SSB 为前缀的表 part 和视图 part_view。

当删除模式时，需要首先将模式内的对象删除，然后才能将模式删除。即删除模式 SSB 时需要首先删除表 part 和视图 part_view，然后才能删除模式 SSB：

```
DROP TABLE SSB.part;
DROP VIEW SSB.part_view;
DROP SCHEMA SSB;
```

二、表定义

命令： CREATE TABLE

功能： 创建一个基本表。

语法：

```
CREATE TABLE [database_name.[schema_name].|schema_name.]table_name
             (<column_name><type_name>[constraint_name]
             [,<column_name><type_name>[constraint_name]]
             ......
             [,<table_constraint>]);
```

SQL 命令描述：

基本表是关系的物理实现。表名 table_name 定义了关系的名称，相同的模式中表名不能重复，不同的模式或数据库之间表名可以相同。列名 column_name 是属性的标识，表中的列名不能相同，不同表的列名可以相同。当不同表的列名相同时，需要使用“表名.列名”来标识相同名称的列，当列名不同时，不同表的列可以直接通过列名访问，因此在数据仓库中通常采用表名缩写通过下划线与列名组成复合列名的命名方式来唯一标识不同的列，如 part 表的 name 列命名为“p_name”，supplier 表的 name 列命名为“s_name”，通过表名缩写前缀来区分不同表中的列。

数据类型 type_name 规定了列的取值范围，需要根据列的数据特点定义适合的数据类型，既要避免因数据类型值域过小引起的数据溢出问题，也要避免因数据类型值域过大导致的存储空间浪费问题。在大数据存储时，数据类型的宽度决定了数据存储空间，需要合理地根据应用的特征选择适当的数据类型。

列级完整性约束 constraint_name 包括：

- 列是否可以取空值：

  [NULL | NOT NULL]

如 SalesPersonID int NULL 表示列 SalesPersonID 可以取空值。

- 列是否为主键/唯一键：

{PRIMARY KEY | UNIQUE}[CLUSTERED | NONCLUSTERED]

如 EmployeeID int PRIMARY KEY CLUSTERED 表示列 EmployeeID 为主键并创建聚集索引。

- 列是否为外码：

REFERENCES [schema_name.] referenced_table_name[(ref_column)]

如 SalesPersonID int NULL REFERENCES SalesPerson (SalesPersonID) 表示列 SalesPersonID 是外键，参照表 SalesPerson 中的列 SalesPersonID。

表级约束 table_constraint 是为表中的列所定义的约束。当表中使用多个属性的复合主键时，主键的定义需要使用表级约束。列级参照完整性约束也可以表示为表级参照完整性约束。

【例 2】 通过表级约束定义表。

```
CREATE TABLE PARTSUPP
    (PS_PARTKEY   integer,
    PS_SUPPKEY   integer,
    PS_AVAILQTY   integer,
    PS_SUPPLYCOST   Decimal,
    PS_COMMENT   varchar(199),
    PRIMARY KEY(PS_PARTKEY,PS_SUPPKEY),
    —使用表级约束定义复合主键
    FOREIGN KEY(PS_PARTKEY)REFERENCES PART(P_PARTKEY),
    —使用表级约束定义参照完整性约束
    FOREIGN KEY(PS_SUPPKEY)REFERENCES SUPPLIER(S_SUPPKEY));
```

使用列级约束定义完整性约束时只需要定义参照的表及列，而使用表级约束定义完整性约束时则需要定义外键及参照的表和列。

SQL 命令示例：

【例 3】 定义 SSB 数据库中的各个表，见图 2—2。

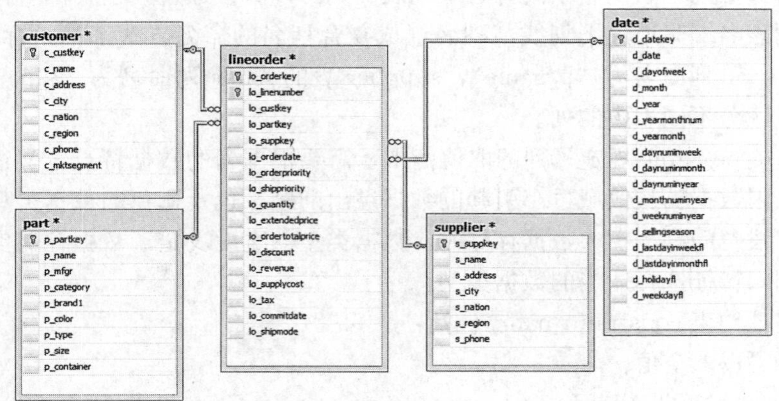

图 2—2

(1) 创建 part 表。

```
CREATE TABLE part(
  p_partkey       integer        NOT NULL,
  p_name          varchar(22)    NOT NULL,
  p_mfgr          varchar(6)     NOT NULL,
  p_category      varchar(7)     NOT NULL,
  p_brand1        varchar(9)     NOT NULL,
  p_color         varchar(11)    NOT NULL,
  p_type          varchar(25)    NOT NULL,
  p_size          integer        NOT NULL,
  p_container     varchar(10)    NOT NULL,
PRIMARY KEY(p_partkey)
);
```

（2）创建 supplier 表。

```
CREATE TABLE supplier(
  s_suppkey       integer        NOT NULL,
  s_name          varchar(25)    NOT NULL,
  s_address       varchar(25)    NOT NULL,
  s_city          varchar(10)    NOT NULL,
  s_nation        varchar(15)    NOT NULL,
  s_region        varchar(12)    NOT NULL,
  s_phone         varchar(15)    NOT NULL,
PRIMARY KEY(s_suppkey)
);
```

（3）创建 customer 表。

```
CREATE TABLE customer(
  c_custkey       integer        NOT NULL,
  c_name          varchar(25)    NOT NULL,
  c_address       varchar(25)    NOT NULL,
  c_city          varchar(10)    NOT NULL,
  c_nation        varchar(15)    NOT NULL,
  c_region        varchar(12)    NOT NULL,
  c_phone         varchar(15)    NOT NULL,
  c_mktsegment    varchar(10)    NOT NULL,
PRIMARY KEY(c_custkey)
);
```

（4）创建 date 表。

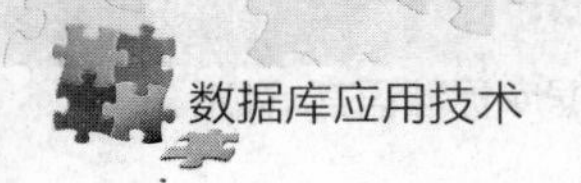


```
CREATE TABLE date(
    d_datekey           integer         NOT NULL,
    d_date              varchar(19)     NOT NULL,
    d_dayofweek         varchar(10)     NOT NULL,
    d_month             varchar(10)     NOT NULL,
    d_year              integer         NOT NULL,
    d_yearmonthnum      integer         NOT NULL,
    d_yearmonth         varchar(8)      NOT NULL,
    d_daynuminweek      integer         NOT NULL,
    d_daynuminmonth     integer         NOT NULL,
    d_daynuminyear      integer         NOT NULL,
    d_monthnuminyear    integer         NOT NULL,
    d_weeknuminyear     integer         NOT NULL,
    d_sellingseason     varchar(13)     NOT NULL,
    d_lastdayinweekfl   varchar(1)      NOT NULL,
    d_lastdayinmonthfl  varchar(1)      NOT NULL,
    d_holidayfl         varchar(1)      NOT NULL,
    d_weekdayfl         varchar(1)      NOT NULL,
PRIMARY KEY(d_datekey)
);
```

（5）创建 lineorder 表。

```
CREATE TABLE lineorder(
    lo_orderkey         integer         NOT NULL,
    lo_linenumber       integer         NOT NULL,
    lo_custkey          integer         NOT NULL,
    lo_partkey          integer         NOT NULL,
    lo_suppkey          integer         NOT NULL,
    lo_orderdate        integer         NOT NULL,
    lo_orderpriority    varchar(15)     NOT NULL,
    lo_shippriority     varchar(1)      NOT NULL,
    lo_quantity         integer         NOT NULL,
    lo_extendedprice    integer         NOT NULL,
    lo_ordertotalprice  integer         NOT NULL,
    lo_discount         integer         NOT NULL,
    lo_revenue          integer         NOT NULL,
    lo_supplycost       integer         NOT NULL,
    lo_tax              integer         NOT NULL,
    lo_commitdate       integer         NOT NULL,
```

```
  lo_shipmode                varchar(10)          NOT NULL,
PRIMARY KEY(lo_orderkey,lo_linenumber),
FOREIGN KEY(lo_custkey)REFERENCES customer(c_custkey),
FOREIGN KEY(lo_partkey)REFERENCES part(p_partkey),
FOREIGN KEY(lo_suppkey)REFERENCES supplier(s_suppkey),
FOREIGN KEY(lo_orderdate)REFERENCES date(d_datekey)
);
```

命令：ALTER TABLE

功能：修改基本表。

语法：

```
ALTER TABLE<table_name>
        [ADD<column_name><type_name>[constraint_name]]
        [ADD<table_constraint>]
        [DROP<column_name>]
        [DROP<constraint_name>]
        [ALTER COLUMN<column_name>[type_name]|[NULL| NOT NULL]];
```

SQL命令描述：

修改基本表，其中ADD子句用于增加新的列（列名、数据类型、列级约束）和新的表级约束条件；DROP子句用于删除指定的列或者指定的完整性约束条件；ALTER TABLE子句用于修改原有的列定义，包括列名、数据类型等。

SQL命令示例：

【例4】 完成下面的表修改操作。

```
ALTER TABLE lineorder ADD lo_surrkey int;
```

-- SQL命令解析：增加一个int类型的列lo_surrkey。

```
ALTER TABLE lineorder ALTER COLUMN lo_quantity SMALLINT;
```

-- SQL命令解析：将lo_quantity列的数据类型修改为SMALLINT。

```
ALTER TABLE lineorder ALTER COLUMN lo_orderpriority varchar(15)NULL;
```

-- SQL命令解析：将lo_orderpriority列的NOT NULL约束修改为NULL约束。

```
ALTER TABLE lineorder DROP COLUMN lo_shippriority;
```

-- SQL命令解析：删除表中的列lo_shippriority。

```
ALTER TABLE lineorder
ADD CONSTRAINT FK_S
FOREIGN KEY(lo_suppkey)REFERENCES supplier(s_suppkey);
```

-- SQL命令解析：在lineorder表中增加一个外键约束。CONSTRAINT关键字定义约束的名称FK_S，然后定义表级参照完整性约束条件。

命令执行约束：

在列的修改操作中，如果数据宽度由小变大时可以直接在原始数据上修改，如果数据宽度由大变小或者改变数据类型时，通常需要先清除掉数据库中该列的内容然后才能修改。在这种情况下，可以通过临时列完成列数据类型修改时的数据交换。如修改列数据类型时先增加一个与被修改的列类型一样的列作为临时列，然后将要修改列的数据复制到临时列并置空要修改的列，然后修改该列的数据类型，再从临时列将数据经过数据类型转换后复制回被修改的列，最后删除临时列。

当数据库中存储了大量数据时，表结构的修改会产生较高的列数据更新代价，因此需要在基本表的设计阶段全面考虑列的数量、数据类型和数据宽度，尽量避免对列的修改。

命令：DROP TABLE

功能：删除一个基本表。

语法：

```
DROP TABLE<table_name>[RESTRICT | CASCADE];
```

SQL 命令描述：

RESTRICT：缺省选项，表的删除有限制条件。删除的基本表不能被其他表的约束所引用，如 FOREIGN KEYXQGK，不能有视图、触发器、存储过程及函数等依赖于该表的对象，如果存在，需要首先删除这些对象或者解除与该表的依赖后才能删除该表。

CASCADE：无限制条件，表删除时相关对象一起删除。

SQL 命令示例：

【例 5】 删除表 part。

```
DROP TABLE part;
```

不同的数据库对 DROP TABLE 命令有不同的规定，有的数据库不支持 RESTRICT | CASCADE 选项，如 SQL Server，在删除表时需要手动删除与表相关的对象或解除删除表与其他表的依赖关系。对于依赖于基本表的对象，如索引、视图、存储过程和函数、触发器等对象，不同的数据库在删除基本表时采取的策略有所不同，通常来说，删除基本表后索引会自动删除，视图、存储过程和函数在不删除时也会失效，触发器和约束引用在不同数据库中有不同的策略。

三、索引定义

基本表上的查询操作是一个顺序数据扫描的过程，当表中的数据量较大时，顺序访问的代价很高，当查询的选择率（即查询的数据占全部数据的比例）较低时，大量的顺序扫描为无用的操作，查询执行效率较低。索引是依赖于基本表的数据结构，为基本表中的索引列创建适合查找的索引结构，查询时先在索引上查找，然后再通过索引中记录的地址定位到基本表中对应的记录，以加快查找速度。

命令：CREATE INDEX

功能：创建索引。

语法：

```
CREATE[UNIQUE][CLUSTERED|NONCLUSTERED]INDEX index_name
  ON<object>(column_name[ASC|DESC][,... n]);
```

SQL 命令描述：

命令为数据库对象 object（表或视图）创建索引，索引可以建立在一列或多个列上，各列通过逗号分隔，ASC 表示升序，DESC 表示降序。

UNIQUE 表示索引的每一个索引值对应唯一的数据记录。

CLUSTER 表示建立的索引是聚簇索引。聚簇索引按索引列（或多个列）值的顺序组织数据在表中的物理存储顺序，一个基本表上只能创建一个聚簇索引，SQL Server 默认为主键创建聚簇索引。

索引需要占用额外的存储空间，基本表更新时索引也需要同步进行更新，数据库管理员需要权衡索引优化策略，有选择地创建索引来达到以较低的存储和更新代价实现加速查询性能的目的。索引建立后，数据库系统在执行查询时会自动选择适合的索引作为查询存取路径，不需要用户指定索引的使用。

SQL 命令示例：

【例 6】　为 supplier 表的 s_name 列创建唯一索引，为 s_nation 列和 s_city 列创建复合索引，其中 s_nation 为升序，s_city 为降序。

```
CREATE UNIQUE INDEX s_name_Inx ON supplier(s_name);
CREATE INDEX s_n_c_Inx ON supplier(s_nation ASC, s_city DESC);
```

在创建唯一索引时，要求唯一索引的列中不能有重复值，即唯一索引列应该是候选码。

查询：select * from supplier where s_name='Supplier#000000728';

在创建索引之前和之后执行时的执行计划不同，无索引时采用顺序扫描查找，建立索引后在索引列上的查找先在索引中进行查找，然后再从原始表中定位索引中查找到的记录（见图 2—3）。

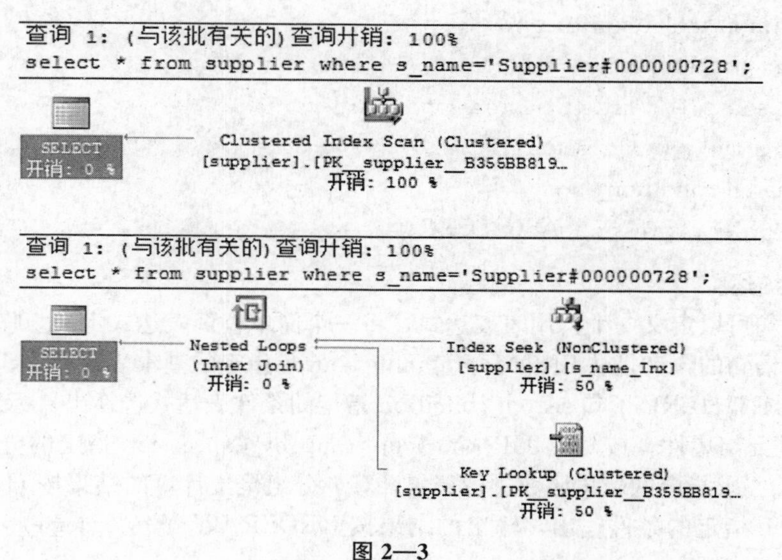

图 2—3

命令： DROP INDEX

功能： 删除索引。

语法：

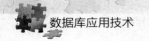

```
DROP INDEX [index_name ON<object>]
              [table_or_view_name. index_name];
```

SQL 命令描述：

当索引过多或建立不当时，数据频繁的增、删、改会产生较高的索引维护代价，降低查询效率。用户可以删除不必要的索引来优化数据库性能。删除索引时索引名可以使用两种指定方法：index_name ON<object>和 table_or_view_name. index_name，指示索引依赖的表名和索引名。

SQL 命令示例：

【例 7】 删除基本表 supplier 上的索引 s_n_c_Inx 和 s_name_Inx。

```
DROP INDEX supplier. s_n_c_Inx;
DROP INDEX s_name_Inx ON supplier;
```

第 3 节　数据查询 SQL

查询是数据库的核心操作，SQL 提供 SELECT 语句进行数据查询。SELECT 语句具有丰富的功能，在不同的数据库系统中语法各有不同，比较有代表性的格式如下所示：

命令： SELECT

功能： 查询。

语法：

```
[WITH<common_table_expression>]
SELECT select_list[INTO new_table]
[FROM table_source][WHERE search_condition]
[GROUP BY group_by_expression]
[HAVING search_condition]
[ORDER BY order_expression[ASC|DESC]]
```

SQL 命令描述：

WITH 语句可以定义一个公用表表达式，将一个简单查询表达式定义为临时表使用。

SELECT 语句的含义是从 FROM 子句 table_source 指定的基本表、视图、派生表或公用表表达式中按 WHERE 子句 search_condition 指定的条件表达式选择出目标列表达式 select_list 指定的元组属性，按 GROUP BY 子句 group_by_expression 指定的分组列进行分组，并按 select_list 指定的聚集函数进行聚集计算，分组聚集计算的结果按 HAVING子句 search_condition 指定的条件输出，输出的结果按 ORDER BY 子句 order_expression 指定的列进行排序。

SELECT 命令可以是单表查询，可以是多表查询和嵌套查询，也可以是通过集合操作将多个查询的结果组合，或在查询中使用派生表进行查询，下面分别对不同的查询执行方式进行分析和说明。

一、单表查询

单表查询是针对一个表的查询操作，主要包括选择、投影、聚集、分组、排序等关系操作，其中 FROM 子句指定查询的表名。

1. 投影操作

选择输出表中全部或部分指定的列。

（1）查询全部的列。

查询全部的列时，select_list 可以用 * 或表中全部列名来表示。

SQL 命令示例（示例表为 SSB. part）：

【例 8】　查询 part 表中全部的记录。

```
SELECT * FROM part;
```

或

```
SELECT p_partkey, p_name, p_mfgr, p_category, p_brand1, p_color, p_type, p_size,
        p_container
FROM part;
```

当表中列数量较多时，* 能够更加快捷地指代全部的列。

（2）查询指定的列。

通过在 select_list 中指定输出列的名称和顺序定义查询输出的列。

【例 9】　查询 part 表中 p_name，p_brand1 和 p_container 列。

```
SELECT p_name, p_brand1, p_container FROM part;
```

在查询执行时，从表 part 中取出一个元组，按 select_list 中指定输出列的名称和顺序取出属性 p_name，p_brand1 和 p_container 的值，组成一个新的元组输出。列输出的顺序可以与表中列存储的顺序不一致。

在行存储数据库中，各个列的属性顺序地存储在一起，虽然查询中可能只输出少数的列，但需要访问全部的元组才能输出指定的少数列，如图 2—4（A）所示，投影操作不能减少从磁盘访问数据的代价。而列存储是将各列独立存储，查询可以只读取访问的列，如图 2—4（B）所示，数据的磁盘访问效率更高。

（3）查询表达式列。

SELECT 子句中的目标列表达式既可以是表中的列，也可以是列表达式，表达式可以是列的算术/字符串表达式、字符串常量、函数等，可以灵活地输出原始列或派生列。

SQL 命令示例（示例表为 FoodMart. customer）：

【例 10】　查询 customer 表中 lname，fname，birthdate 列，并输出出生年份、年龄、更新时间等信息。

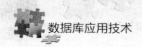

lace spring	MFGR#1121	JUMBO PKG

p_partkey	p_name	p_mfgr	p_category	p_brand1	p_color	p_type	p_size	p_container
1	lace spring	MFGR#1	MFGR#11	MFGR#1121	goldenrod	PROMO BURNISH	7	JUMBO PKG
2	rosy metallic	MFGR#4	MFGR#43	MFGR#4318	blush	LARGE BRUSHED	1	LG CASE
3	green antique	MFGR#3	MFGR#32	MFGR#3210	dark	STANDARD POLIS	21	WRAP CASE
4	metallic smoke	MFGR#1	MFGR#14	MFGR#1426	chocolate	SMALL PLATED B	14	MED DRUM
5	blush chiffon	MFGR#4	MFGR#45	MFGR#4510	forest	STANDARD POLIS	15	SM PKG
6	ivory azure	MFGR#2	MFGR#23	MFGR#2325	white	PROMO PLATED S	4	MED BAG
7	blanched tan	MFGR#5	MFGR#51	MFGR#513	blue	SMALL PLATED C	45	SM BAG
8	khaki cream	MFGR#1	MFGR#13	MFGR#1328	ivory	PROMO BURNISH	41	LG DRUM
9	rose moccasin	MFGR#4	MFGR#41	MFGR#4117	thistle	SMALL BURNISHE	12	WRAP CASE
10	moccasin royal	MFGR#2	MFGR#21	MFGR#2128	floral	LARGE BURNISHE	44	LG CAN
11	turquoise sandy	MFGR#3	MFGR#34	MFGR#3438	chocolate	STANDARD BURN	43	WRAP BOX
12	ivory olive	MFGR#3	MFGR#35	MFGR#3524	peru	MEDIUM ANODIZ	25	JUMBO CASE
13	blue olive	MFGR#5	MFGR#53	MFGR#5333	ghost	MEDIUM BURNISH	1	JUMBO PACK
14	seashell burnished	MFGR#1	MFGR#14	MFGR#1421	linen	SMALL POLISHED	28	JUMBO BOX
15	dark sky	MFGR#3	MFGR#34	MFGR#3438	navajo	LARGE ANODIZED	45	LG CASE

（A）行存储时的投影操作

p_partkey	p_name	p_mfgr	p_category	p_brand1	p_color	p_type	p_size	p_container
1	lace spring	MFGR#1	MFGR#11	MFGR#1121	goldenrod	PROMO BURNISHED COPPER	7	JUMBO PKG
2	rosy metallic	MFGR#4	MFGR#43	MFGR#4318	blush	LARGE BRUSHED BRASS	1	LG CASE
3	green antique	MFGR#3	MFGR#32	MFGR#3210	dark	STANDARD POLISHED BRASS	21	WRAP CASE
4	metallic smoke	MFGR#1	MFGR#14	MFGR#1426	chocolate	SMALL PLATED BRASS	14	MED DRUM
5	blush chiffon	MFGR#4	MFGR#45	MFGR#4510	forest	STANDARD POLISHED TIN	15	SM PKG
6	ivory azure	MFGR#2	MFGR#23	MFGR#2325	white	PROMO PLATED STEEL	4	MED BAG
7	blanched tan	MFGR#5	MFGR#51	MFGR#513	blue	SMALL PLATED COPPER	45	SM BAG
8	khaki cream	MFGR#1	MFGR#13	MFGR#1328	ivory	PROMO BURNISHED TIN	41	LG DRUM
9	rose moccasin	MFGR#4	MFGR#41	MFGR#4117	thistle	SMALL BURNISHED STEEL	12	WRAP CASE
10	moccasin royal	MFGR#2	MFGR#21	MFGR#2128	floral	LARGE BURNISHED STEEL	44	LG CAN
11	turquoise sandy	MFGR#3	MFGR#34	MFGR#3438	chocolate	STANDARD BURNISHED NICKEL	43	WRAP BOX
12	ivory olive	MFGR#3	MFGR#35	MFGR#3524	peru	MEDIUM ANODIZED STEEL	25	JUMBO CASE
13	blue olive	MFGR#5	MFGR#53	MFGR#5333	ghost	MEDIUM BURNISHED NICKEL	1	JUMBO PACK
14	seashell burnished	MFGR#1	MFGR#14	MFGR#1421	linen	SMALL POLISHED STEEL	28	JUMBO BOX
15	dark sky	MFGR#3	MFGR#34	MFGR#3438	navajo	LARGE ANODIZED BRASS	45	LG CASE

（B）列存储时的投影操作

图 2—4 行存储和列存储投影操作的数据访问方式

```
SELECT lname, fname, birthdate FROM customer;
```

-- SQL 查询解析：输出表中原始的列信息，其中姓名分别存储为 lname 和 fname 两列，存储有出生日期信息但没有年龄信息。

```
SELECT fname+''+lname, YEAR(birthdate)FROM customer;
```

-- SQL 查询解析：将字符型的 lname 和 fname 列进行字符串连接操作，输出以空格间隔的姓名格式的表达式，并通过日期函数 YEAR 计算出用户出生年份。由于输出的是表达式派生列，因此输出默认的列名为空。

```
SELECT fname+''+lname AS fullname, (2015-YEAR(birthdate))AS age FROM customer;
```

-- SQL 查询解析：在列表达式后通过 AS 命令增加一个列别名，标识表达式派生列，将通过构造日期表达式计算出用户在 2015 年时的年龄。

```
SELECT fname+''+lname AS fullname, (2015-YEAR(birthdate))AS age, 2015 AS up-
datetime FROM customer;
```

-- SQL 查询解析：增加一个常量输出列，标识当前年份 2015。

如图 2—5 所示，列表达式在查询时实时生成列表达式结果并输出，扩展了表中数据的应用范围。如表中只存储出生日期，出生年份和年龄通过列表达式实时计算输出，避免将年龄实际存储在表中所导致的每年数据更新代价。

	lname	fname	birthdate
1	Nowmer	Sheri	1961-08-26 00:00:00.000
2	Whelply	Derrick	1915-07-03 00:00:00.000
3	Derry	Jeanne	1910-06-21 00:00:00.000
4	Spence	Michael	1969-06-20 00:00:00.000
5	Gutierrez	Maya	1951-05-10 00:00:00.000

	(无列名)	(无列名)
1	Sheri Nowmer	1961
2	Derrick Whelply	1915
3	Jeanne Derry	1910
4	Michael Spence	1969
5	Maya Gutierrez	1951

	fullname	age
1	Sheri Nowmer	54
2	Derrick Whelply	100
3	Jeanne Derry	105
4	Michael Spence	46
5	Maya Gutierrez	64

	fullname	age	updatetime
1	Sheri Nowmer	54	2015
2	Derrick Whelply	100	2015
3	Jeanne Derry	105	2015
4	Michael Spence	46	2015
5	Maya Gutierrez	64	2015

图 2—5 查询表达式列输出

（4）投影出列中不同的成员。

列中取值既可以各不相同，也允许存在重复值。对于候选码属性，列中的取值必须各不相同，在此基础上才能建立唯一索引或主键索引。非码属性中存在重复值，通过 DISTINCT 命令可以输出指定列中不重复取值的成员。

SQL 命令示例（示例表为 SSB. supplier）：

【例 11】 输出 supplier 表中 s_region 列中的不同成员。

```
SELECT s_region FROM supplier;
```

-- SQL 命令解析：输出 s_region 列中全部的取值，包括了重复的取值。

```
SELECT DISTINCT s_region FROM supplier;
```

-- SQL 命令解析：通过 DISTINCT 短语指定列 s_region 只输出不同取值的成员，列中的每个取值只输出一次。

结果见图 2—6。

图 2—6

码属性上的 DISTINCT 成员数量与表中记录行数相同，非码属性上的 DISTINCT 成员数量小于等于表中记录行数。通过对列 DISTINCT 取值的分析，用户可以了解数据的分布情况。

2. 选择操作

选择操作是通过 WHERE 子句的条件表达式对表中记录进行筛选，输出查询结果。常用的条件表达式可以分为六类，如表 2—4 所示。

表 2—4　　条件表达式

查询条件	查询条件运算符
比较大小	=，>，<，>=，<=，!=，<>，NOT+比较运算符
范围判断	BETWEEN AND，NOT BETWEEN AND
集合判断	IN，NOT IN
字符匹配	LIKE，NOT LIKE
空值判断	IS NULL，IS NOT NULL
逻辑运算	AND，OR，NOT

（1）比较大小。

比较运算符对应具有大小关系的数值型、字符型、日期型等数据上的比较操作，通常是列名+比较操作符+常量或变量的格式，在实际应用中可以与包括函数的表达式共同使用。

SQL 命令示例（示例表为 FoodMart. customer）：

【例 12】 输出 customer 表中满足条件的记录。

```
SELECT total_children FROM customer WHERE total_children>2;
```

-- SQL 命令解析：输出 customer 表中 total_children>2 记录的 total_children 列。

```
SELECT lname FROM customer WHERE lname>'t';
```

-- SQL 命令解析：输出 customer 表中 lname>'t'记录的 lname 列。lname 是字符型属性，表达式以字典序为标准对字符型数据进行比较。

```
SELECT birthdate FROM customer WHERE birthdate>'1950-01-01';
```

-- SQL 命令解析：输出 customer 表中 birthdate>'1950-01-01'记录的 birthdate 列。birthdate 为 datetime 数据类型，表达式中的日期常量需要满足数据库日期数据类型的格式，在SQL Server中的日期常量表示为'1950-01-01'。

```
SELECT birthdate FROM customer WHERE 2015-YEAR(birthdate)>40;
```

--SQL命令解析：输出customer表中年龄超过40岁的用户的birthdate列。用户年龄通过表达式2015-YEAR（birthdate）计算得到。

```
SELECT total_children, num_cars_owned FROM customer
WHERE total_children>num_cars_owned;
```

--SQL命令解析：输出customer表中孩子数量超过汽车数量的记录。total_children>num_cars_owned是两个列表达式之间的比较操作。

（2）范围判断。

范围操作符BETWEEN AND和NOT BETWEEN AND用于判断元组条件表达式是否在或不在指定范围之内。C BETWEEN a AND b 等价于 $C>=a$ AND $C<=b$。

SQL命令示例（示例表为FoodMart.customer）：

【例13】 输出customer表中指定范围之间的记录。

```
SELECT * FROM customer WHERE total_children BETWEEN 2 AND 4;
```

--SQL命令解析：输出customer表中total_children数量介于2和4之间的记录。

```
SELECT * FROM customer WHERE total_children>=2 AND total_children<=4;
```

--SQL命令解析：total_children>=2 AND total_children<=4等价于BETWEEN 2 AND 4。

```
SELECT * FROM customer WHERE lname BETWEEN' C' AND' H';
```

--SQL命令解析：输出customer表中lname介于'C'和'H'之间的记录，支持字符型数据上的范围操作。

```
SELECT * FROM customer
WHERE birthdate BETWEEN' 1970-01-01' AND' 1980-01-01';
```

--SQL命令解析：输出customer表中birthdate介于'1970-01-01'和'1980-01-01'之间的记录，支持日期型数据上的范围操作。

（3）集合判断。

集合判断操作符IN和NOT IN用于判断表达式是否在指定集合范围之内。集合判断操作符 C IN（a，b，c）等价于 $C=a$ OR $C=b$ OR $C=c$。集合操作符中使用时更加简洁方便。

SQL命令示例（示例表为FoodMart.customer）：

【例14】 输出customer表中集合之内的记录。

```
SELECT * FROM customer WHERE total_children IN(1,4);
```

--SQL命令解析：输出total_children数量为1和4的记录。

```
SELECT * FROM customer WHERE lname IN('Chin','Hill');
```

-- SQL 命令解析：输出 lname 为'Chin'和'Hill'的记录。

```
SELECT * FROM customer WHERE birthdate IN('1944-10-25','1956-04-26','1970-09-21');
```

-- SQL 命令解析：输出 birthdate 为'1944-10-25','1956-04-26'和'1970-09-21'的记录。

当条件列为不同的数据类型时，IN 集合中常量的数据类型应该与查询列数据类型格式保持一致。

（4）字符匹配。

字符匹配操作符用于字符型数据上的模糊查询，其语法格式为：

```
match_expression[NOT]LIKE pattern[ESCAPE escape_character]
```

match_expression 为需要匹配的字符表达式。pattern 为匹配字符串，可以是完整的字符串，也可以是包含通配符%和_的字符串，其中：

- %表示任意长度的字符串。
- _表示任意单个字符。

ESCAPE escape_character 表示 escape_character 为换码字符，换码符后面的字符为普通字符。

SQL 命令示例（示例表为 FoodMart. customer）：

【例 15】 输出 customer 表中模糊查询的结果。

```
SELECT * FROM customer WHERE lname LIKE 'C%n';
```

-- SQL 命令解析：输出 customer 表中 lname 中以 C 开头，最后一个字母为 n 的记录。

```
SELECT * FROM customer WHERE lname LIKE '%i%n%';
```

-- SQL 命令解析：输出 customer 表中 lname 中包含字母 i 和 n 的记录且字母 i 在字母 n 之前。

```
SELECT * FROM customer WHERE lname LIKE 'Pa_';
```

-- SQL 命令解析：输出 customer 表中 lname 中以 Pa 开头，最后一个字母为任意字符的记录。

```
SELECT * FROM customer WHERE lname LIKE '_h%n_';
```

-- SQL 命令解析：输出 customer 表中 lname 中第二个字母为 h，其后包含倒数第二个字母为 n 的记录。

```
SELECT * FROM customer WHERE lname LIKE 'Chow\_Wang ' ESCAPE '\';
```

-- SQL 命令解析：输出 customer 表中 lname 中取值为 Chow_Wang 的记录，其中_为普通字符，不是通配符，由 \ 表示其后的_为普通字符。

（5）空值判断。

在数据库中，空值一般表示数据未知、不适用或将在以后添加数据。空值不同于空白或零值。图 2—7 所示的 mi 列中既包含了空白字符串（''，长度为 0 的字符串）也包含了空值。空值用 NULL 表示，在查询中判断空值时，需要在 WHERE 子句中使用 IS NULL 或 IS NOT NULL，不能使用“＝NULL”。

	customer_id	account_num	lname	fname	mi	address1	address2	address3	address4	city	state_province	postal_code	country
1	1934	16438760757	Taylor	Jorge		5656 Via Del Monte	NULL	NULL	NULL	Sedro Woolley	WA	92172	USA
2	6372	50353931188	Hunt	Donald		1740 Calpine Place	NULL	NULL	NULL	Puyallup	WA	14841	USA
3	910	98972472548	Netz	Jonathan		8991 Olivera	NULL	NULL	NULL	Redmond	WA	51300	USA
4	912	99002566933	Collins	William	NULL	782 Veale Avenue	NULL	NULL	NULL	Oakland	CA	44542	USA
5	914	99018182754	Marsh	Hazel	NULL	8391 Olivera	NULL	NULL	NULL	Metchosin	BC	70721	Canada
6	919	99112381935	Chrisman	Dorothy	NULL	9032 Santa Fe	NULL	NULL	NULL	La Cruz	Sinaloa	93184	Mexico
7	920	99116405248	Taryle	Walter	NULL	2237 Boca Raton Court	NULL	NULL	NULL	Shawnee	BC	66491	Canada
8	922	99119865298	Tribble	Christopher	NULL	9846 Powell Drive	NULL	NULL	NULL	Long Beach	CA	19964	USA
9	923	99132890105	Skapinok	Nick	NULL	1596 Bryce Dr	NULL	NULL	NULL	Lynnwood	WA	72836	USA
10	926	99172179102	Koeber	Millard	NULL	9245 Escobar	NULL	NULL	NULL	Burien	WA	93584	USA

图 2—7

SQL 命令示例（示例表为 FoodMart. customer）：

【例 16】　输出 customer 表中 mi 列取值为空（非空）的列。

```
SELECT * FROM customer WHERE mi IS NULL;
```

-- SQL 命令解析：输出 customer 表中 mi 列为空值的记录。

```
SELECT * FROM customer WHERE mi IS NOT NULL;
```

-- SQL 命令解析：输出 customer 表中 mi 列不是空值的记录。

（6）复合条件表达式。

逻辑运算符 AND 和 OR 可以连接多个查询条件，实现在表上按照多个条件表达式的复合条件进行查询。AND 的优化级高于 OR，可以通过括号改变逻辑运算符的优化级。

SQL 命令示例（示例表为 FoodMart. customer）：

【例 17】　输出 customer 表中满足复合条件的记录。

```
SELECT * FROM customer
WHERE mi IS NULL AND gender='F' OR total_children>2;
```

-- SQL 命令解析：输出 customer 表中 mi 列为空值并且性别为女的客户记录或者孩子数量大于 2 个的客户记录。

```
SELECT * FROM customer
WHERE mi IS NULL AND(gender='F'OR total_children>2);
```

-- SQL 命令解析：输出 customer 表中 mi 列为空值并且至少满足性别为女或者孩子数量大于 2 两个条件之一的客户记录。

图 2—8 中分别列出了上述两个复合条件表达式中不同的 AND 与 OR 执行顺序对应的查询结果集示意图。“mi IS NULL AND gender='F' OR total_children>2”复合查询可以看作查询条件 mi IS NULL 与 gender='F'的交集与查询条件 total_children>2 的并集。“mi IS NULL AND（gender='F' OR total_children>2）”则是查询条件 gender='F'与 total_children>2 的并集与查询条件 mi IS NULL 的交集。当查询条件中包含多个由 AND 和 OR 连接的表达式时，需要适当地使用括号保证查询条件执行顺序的正确性。

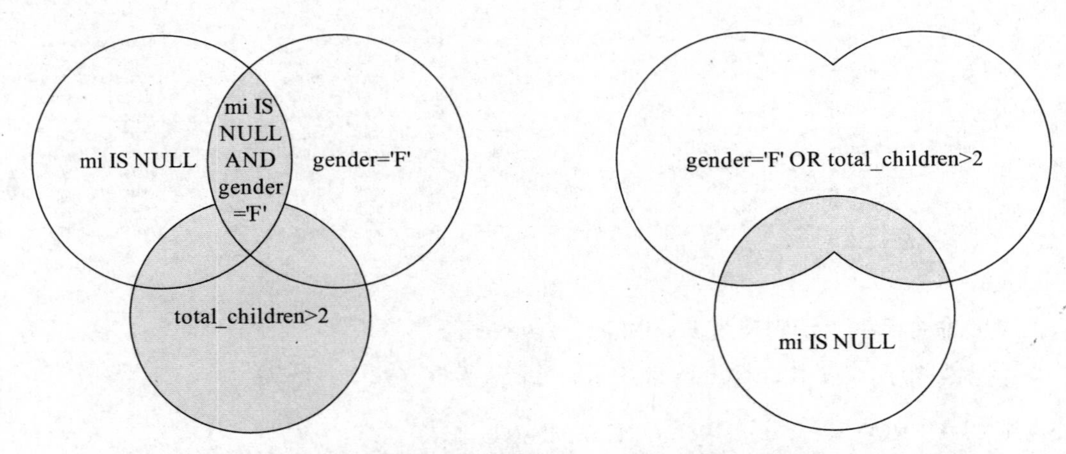

图 2—8　复合条件表达式中不同 AND 与 OR 逻辑操作符对应的不同结果集

3. 聚集操作

选择和投影操作查询对应的是元组操作，查看的是记录的明细。数据库的聚集函数提供了对列中数据总量的统计方法，为用户提供对数据总量的计算方法。SQL 提供的聚集函数主要包括：

COUNT(*)	统计元组的个数
COUNT([DISTINCT | ALL]<column_name>)	统计一列中不同值的个数
SUM([DISTINCT | ALL]<expression>)	计算表达式的总和
AVG([DISTINCT | ALL]<expression>)	计算表达式的平均值
MAX([DISTINCT | ALL]<expression>)	计算表达式的最大值
MIN([DISTINCT | ALL]<expression>)	计算表达式的最小值

当指定 DISTINCT 短语时，聚集计算时只计算计算列中不重复值记录，缺省（ALL）时聚集计算对列中所有的值进行计算。聚集计算的对象可以是表中的列，也可以是包含函数的表达式。

SQL 命令示例（示例表为 FoodMart. customer）：

【例 18】　对 customer 表进行聚集计算。

```
SELECT COUNT(*)FROM customer;
```

-- SQL 命令解析：统计 customer 表中记录的总数。

```
SELECT COUNT(mi)FROM customer;
```

-- SQL 命令解析：统计 customer 表中 mi 的元组数。当 COUNT 函数指定列时，列中的空值不进行计数，只统计非空值的记录数量而不是 COUNT（*）所对应的表中记录数量。

```
SELECT COUNT(DISTINCT mi)FROM customer;
```

-- SQL 命令解析：统计 customer 表中 mi 列中不重复值的个数。

```
SELECT COUNT(DISTINCT mi)FROM customer WHERE mi!='';
```

-- SQL 命令解析：统计 customer 表中非空和非空白字符（''，长度为0的字符）的记录数量。

```
SELECT SUM(total_children)FROM customer;
```

-- SQL 命令解析：统计 customer 表中 total_children 的总和。

```
SELECT AVG(total_children)FROM customer;
```

-- SQL 命令解析：统计 customer 表中 total_children 的平均值。

```
SELECT MAX(total_children)FROM customer;
```

-- SQL 命令解析：统计 customer 表中 total_children 的最大值

```
SELECT MIN(total_children)FROM customer;
```

-- SQL 命令解析：统计 customer 表中 total_children 的最小值。

```
SELECT AVG(2015-YEAR(birthdate))FROM customer;
```

-- SQL 命令解析：统计 customer 表中通过 birthdate 列计算出的平均年龄。

4. 分组操作

GPOUP BY 语句将查询记录集按指定的一列或多列进行分组，然后对相同分组的记录进行聚集计算。分组操作扩展了聚集函数的应用范围，将一个汇总结果细分为若干个分组上的聚集计算结果，为用户提供更多维度、更细粒度的分析结果。

SQL 命令示例（示例表为 FoodMart. customer）：

【例 19】　对 customer 表进行分组聚集计算。

```
SELECT COUNT(*)AS amount FROM customer;
```

-- SQL 命令解析：统计 customer 表中记录的总数。

```
SELECT gender,COUNT(*)AS amount FROM customer GROUP BY gender;
```

-- SQL 命令解析：按性别 gender 列分组统计 customer 表中客户记录的数量。

```
SELECT education,gender,COUNT(*)AS amount
FROM customer GROUP BY education,gender ORDER BY education,gender;
```

-- SQL 命令解析：按教育程度 education 和性别 gender 列分组统计 customer 表中客户记录的数量。

图 2—9 给出了三个 SQL 命令按不同的维度分组聚集计算的结果，为用户展示了一个维度由少到多、粒度由粗到细的聚集计算过程。

当需要对分组聚集计算的结果进行过滤输出时，需要使用 HAVING 短语指定聚集结果的筛选条件，HAVING 短语的筛选条件是聚集计算表达式构成的条件表达式。

	amount
1	10281

	gender	amount
1	F	5097
2	M	5184

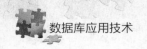

	education	gender	amount
1	Bachelors Degree	F	1277
2	Bachelors Degree	M	1342
3	Graduate Degree	F	281
4	Graduate Degree	M	258
5	High School Degree	F	1499
6	High School Degree	M	1540
7	Partial College	F	494
8	Partial College	M	496
9	Partial High School	F	1546
10	Partial High School	M	1548

图 2—9

SQL 命令示例（示例表为 FoodMart. customer）：

【例 20】 对 customer 表进行分组聚集计算，并输出分组中记录数量超过 1 000 的分组结果。

```
SELECT education, gender, COUNT( * )AS amount
FROM customer
GROUP BY education, gender
HAVING COUNT( * )>1000
ORDER BY education, gender;
```

-- SQL 命令解析：HAVING 短语中的 COUNT（*）>1000 作为分组聚集计算结果的过滤条件，对分组聚集结果进行筛选。

```
SELECT education, gender,
        COUNT( * )AS amount, AVG(total _ children)AS avg _ children
FROM customer
GROUP BY education, gender
HAVING sum(num _ cars _ owned)>2000
ORDER BY education, gender;
```

-- SQL 命令解析：HAVING 短语中可以使用输出目标列中没有的聚集函数表达式。如 HAVING sum（num_cars_owned）>2000 短语中 sum（num_cars_owned）>2000 并不是查询输出的聚集函数表达式，只用于对分组聚集计算结果进行筛选。

5. 排序操作

SQL 中的 ORDER BY 子句用于对查询结果按照指定的属性顺序排列，排序属性可以是多个，DESC 短语表示降序，默认为升序（ASC）。

SQL 命令示例（示例表为 FoodMart. customer）：

【例 21】 对 customer 表进行分组聚集计算，并输出分组中记录数量超过 1 000 的分组结果。

```
SELECT education, gender, COUNT( * )AS amount
FROM customer
GROUP BY education, gender
ORDER BY education ASC, gender DESC;
```

-- SQL 命令解析：对查询结果按分组属性排序，第一排序属性为 education 升序，第二排序属性为 gender 降序。

```
SELECT education, gender, COUNT( * )AS amount
FROM customer
GROUP BY education, gender
ORDER BY COUNT( * );
```

-- SQL 命令解析：对分组聚集结果按聚集计算结果升序排列。

```
SELECT education, gender, COUNT( * )AS amount
FROM customer
GROUP BY education, gender
ORDER BY amount;
```

-- SQL 命令解析：当聚集表达式设置别名时，可以使用别名作为排序属性名，指代聚集表达式。

二、连接查询

连接操作通过连接表达式将两个以上的表连接起来进行查询处理。连接操作是数据库中最重要的关系操作，包括等值连接、自然连接、非等值连接、自身连接、外连接和复合条件连接等不同的类型。

1. 等值连接、自然连接、非等值连接

在两表连接的 SQL 命令中需要指定连接表的名称和连接列的名称，以及连接列需要满足的连接条件（连接谓词）。连接表名通常为 FROM 子句中的表名列表，连接条件为 WHERE 子句中的连接表达式，其格式为：

[<table_name1>.]<column_name1><operator>[<table_name2>.]<column_name2>

其中，比较运算符 operator 主要为=，>，<，>=，<=，!=（<>）等比较运算符。当比较运算符为=时称为等值连接，使用其他不等值运算符时的连接称为非等值连接。

在 SQL 语法中，只要连接列满足连接条件表达式即可执行连接操作，在实际应用中，连接列通常具有可比性，需要满足一定的语义条件。当两个表上存在主-外键参照完整性引用约束时，通常执行两个表的主-外键上的连接条件。

SQL 命令示例（示例表为 FoodMart. customer）：

【例 22】　执行 customer_simple 表和 sales_simple（表结构如图 2—10 所示）上的等值连接操作。

首先创建两个简单表用于连接示例：

```
SELECT customer_id, store_sales INTO sales_simple FROM sales_fact_1997;
SELECT customer_id, lname, fname, gender, education INTO customer_simple
FROM customer;
```

	customer_id	store_sales
1	1965	5.84
2	1965	5.38
3	1965	7.95
4	1965	4.26
5	1965	4.62
6	1965	14.24
7	1965	9.81
8	1965	12.76

	customer_id	lname	fname	gender	education
1	1	Nowmer	Sheri	F	Partial High School
2	2	Whelply	Derrick	M	Partial High School
3	3	Derry	Jeanne	F	Bachelors Degree
4	4	Spence	Michael	M	Partial High School
5	5	Gutierr...	Maya	F	Partial College
6	6	Damstra	Robert	F	Bachelors Degree
7	7	Kanag...	Rebe...	F	Partial High School
8	8	Brunner	Kim	M	Bachelors Degree

图 2—10

```
SELECT F. * ,C. *
FROM sales_simple F, customer_simple C
WHERE F. customer_id=C. customer_id;
```

-- SQL 命令解析：在 SQL 命令的 FROM 子句中列出连接表 customer_simple 和 sales_simple，并为 customer_simple 和 sales_simple 设置别名 C 和 F。连接条件是两个表连接列上的等值条件 F. customer_id=C. customer_id，在输出目标列中使用 F. * 和 C. * 表示 customer_simple 和 sales_simple 表中全部的列为输出属性。在图 2—11 的输出结果中输出连接表对应的全部列，包括取值相同的连接列 F. customer_id 和 C. customer_id。

	customer_id	store_sales	customer_id	lname	fname	gender	education
1	1965	5.84	1965	Marques	Steven	F	High School Degree
2	1965	5.38	1965	Marques	Steven	F	High School Degree
3	1965	7.95	1965	Marques	Steven	F	High School Degree
4	1965	4.26	1965	Marques	Steven	F	High School Degree
5	1965	4.62	1965	Marques	Steven	F	High School Degree
6	1965	14.24	1965	Marques	Steven	F	High School Degree
7	1965	9.81	1965	Marques	Steven	F	High School Degree
8	1965	12.76	1965	Marques	Steven	F	High School Degree

图 2—11

```
SELECT F. * ,C. *
FROM sales_simple F INNER JOIN customer_simple C
ON F. customer_id=C. customer_id;
```

-- SQL 命令解析：等值连接操作还可以采用内连接的语法结构表示。内连接语法如下所示：

```
<table_name1>INNER JOIN<table_name2>
ON[<table_name1>.]<column_name1>=[<table_name2>.]<column_name2>
```

SQL 命令示例：

【例 23】 执行 customer_simple 表和 sales_simple 表上的自然连接操作。

```
SELECT F.customer_id, F.store_sales, C.lname, C.fname, C.gender, C.education
FROM sales_simple F, customer_simple C
WHERE F.customer_id=C.customer_id;
```

-- SQL命令解析：在等值连接中去掉重复的属性即为自然连接。等值连接可以使用通配符 * 表示连接表中全部的列，自然连接需要在SQL命令中指定输出的列，两个表的连接属性只需要输出一个。

在SQL命令的WHERE子句中，连接条件可以和其他选择条件组成复合条件，对连接表进行筛选后连接。

SQL命令示例：

【例24】　执行customer_simple表和sales_simple表上带有谓词条件的连接操作。

```
SELECT F.customer_id, F.store_sales, C.lname, C.fname, C.gender, C.education
FROM sales_simple F, customer_simple C
WHERE F.customer_id=C.customer_id
      AND F.store_sales BETWEEN 4 AND 8
      AND C.education in('Bachelors Degree', 'Graduate Degree');
```

-- SQL命令解析：customer_simple表按education in（'Bachelors Degree','Graduate Degree'）选择条件进行筛选，sales_simple表按store_sales BETWEEN 4 AND 8条件筛选，然后将两个筛选过的表中的记录按连接条件F.customer_id=C.customer_id进行连接输出。

通过连接操作，可以按F表的属性对C表进行分组聚集计算。

SQL命令示例：

【例25】　执行customer_simple表和sales_simple表上的分组聚集计算。

```
SELECT C.education, AVG(F.store_sales)
FROM sales_simple F, customer_simple C
WHERE F.customer_id=C.customer_id
  AND C.gender='F'
  GROUP BY C.education;
```

-- SQL命令解析：在sales_simple F表和customer_simple C表连接的基础上按C.education进行分组，对F.store_sales求均值。FROM子句中的多个表名和WHERE子句中的连接条件定义了表间的连接关系，如命令中深灰底色部分，然后可以像单表查询一样在连接表上执行各类SQL命令，当表间列名有重复时通过“表名．列”名引用不同表中的列。

2. 自身连接

表与自己进行的连接操作称为表的自身连接，简称自连接（self join）。使用自连接可以将自身表的一个镜像当作另一个表来对待，通常采用为表取两个别名的方式实现自连接。

SQL 命令示例：

【例 26】 统计 customer 表中 lname 和 fname 相同的客户的数量。

```
SELECT COUNT( * )FROM customer c1,customer c2
WHERE c1. lname=c2. fname;
```

--SQL 命令解析：自连接通常将一个表的不同列作为连接条件，在 FROM 子句为相同的表设置不同的别名，然后通过别名进行连接操作。

我们可以通过以下 SQL 命令查看 lname 与 fname 相同的客户记录信息（结果见图 2—12）。

```
SELECT c1. customer_id, c1. lname, c1. fname, c2. customer_id, c2. lname, c2. fname
FROM customer c1,customer c2
WHERE c1. lname=c2. fname;
```

	customer_id	lname	fname	customer_id	lname	fname
1	5901	Bryan	Dana	14	Rutledge	Bryan
2	9294	Bryan	Sabrina	14	Rutledge	Bryan
3	9703	Bryan	William	14	Rutledge	Bryan
4	1061	Walter	Verla	15	Cavestany	Walter
5	3443	Walter	Jon	15	Cavestany	Walter
6	6512	Walter	Sue Ann	15	Cavestany	Walter
7	6936	Walter	Louis	15	Cavestany	Walter
8	2423	Daniel	Terry	18	Wolter	Daniel
9	6987	Charles	Ben	27	Macaluso	Charles
10	7645	Charles	Epifanio	27	Macaluso	Charles

图 2—12

3. 外连接

在通常的连接操作中，两个表中满足连接条件的记录才能作为连接结果记录输出。当需要不仅输出连接记录，还要输出不满足连接条件的记录时，可以通过外连接将不满足连接条件的记录对应的连接属性值置为 NULL，表示表间记录完整的连接信息。

左外连接列出左边关系的所有元组，在右边关系没有满足连接条件的记录时右边关系属性设置空值；右外连接列出右边关系的所有元组，在左边关系中没有满足连接条件的记录时左边关系属性设置为空值。

SQL 命令示例：

【例 27】 输出 sales_simple 表与 customer_simple 表左连接与右连接的结果。

```
SELECT F. * ,C. * FROM sales_simple F LEFT OUTER JOIN customer_simple C
ON F. customer_id=C. customer_id;
```

--SQL 命令解析：执行 sales_simple 表与 customer_simple 表的左外连接操作时，列出左边关系 sales_simple 的全部记录 210 429 条，右边关系 customer_simple 列出与 sales_simple 的全部记录匹配的记录。由于 sales_simple 表通过外键与 customer_simple 表主键建立了参照完整性约束关系，sales_simple 表中的每一条记录在 customer_simple 表中都存在满足连接关系的记录，因此左外连接操作中没有空值属性。

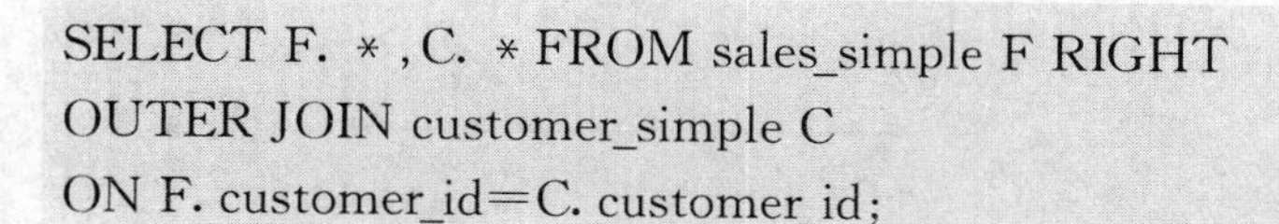

```
SELECT F. * ,C. * FROM sales_simple F RIGHT
OUTER JOIN customer_simple C
ON F. customer_id=C. customer_id;
```

--SQL 命令解析：执行 sales_simple 表与 customer_simple 表的右外连接操作时，列出右边关系 customer_simple 的全部记录，左边关系 sales_simple 列出与 customer_simple 的全部记录匹配的记录。sales_simple 表中的外键 customer_id 只对应 customer_simple 表中的部分主键，因此右边关系 customer_simple 表中存在与左边关系 sales_simple 表中记录没有连接关系的记录，连接记录左边关系的属性设置为空值，如图 2—13 所示。

结果　消息

210422	7607	11.73	7607	Thoml...	Ruth	F	Bachelors Degree
210423	7607	11.32	7607	Thoml...	Ruth	F	Bachelors Degree
210424	7607	4.05	7607	Thoml...	Ruth	F	Bachelors Degree
210425	7607	5.40	7607	Thoml...	Ruth	F	Bachelors Degree
210426	7607	3.57	7607	Thoml...	Ruth	F	Bachelors Degree
210427	7607	9.63	7607	Thoml...	Ruth	F	Bachelors Degree
210428	7607	11.10	7607	Thoml...	Ruth	F	Bachelors Degree
210429	7607	10.36	7607	Thoml...	Ruth	F	Bachelors Degree

	customer_id	store_sales	customer_id	lname	fname	gender	education
210426	7607	3.57	7607	Thoml...	Ruth	F	Bachelors Degree
210427	7607	9.63	7607	Thoml...	Ruth	F	Bachelors Degree
210428	7607	11.10	7607	Thoml...	Ruth	F	Bachelors Degree
210429	7607	10.36	7607	Thoml...	Ruth	F	Bachelors Degree
210430	NULL	NULL	7162	Thomp...	Shirley	M	Bachelors Degree
210431	NULL	NULL	8513	Borow...	Jesse	F	High School Degree
210432	NULL	NULL	46	Sims	Rose	F	Graduate Degree
210433	NULL	NULL	69	Walsh	Jean	M	Partial High School

图 2—13

4. 多表连接

连接操作可以是两表连接，也可以是多表连接。一个位于中心的表与多个表之间的多表连接称为星形连接，对应星形模式。多表连接是数据库的重要技术，表连接顺序对于查询执行性能有重要的影响，也是查询优化技术的重要研究内容。

SQL 命令示例：

【例 28】　在星形和雪花形模式的数据库中（见图 2—14）执行连接操作。

```
SELECT c_name, p_name, s_name, d_date, lo_quantity
FROM customer, part, supplier, date, lineorder
WHERE lo_custkey=c_custkey
    AND lo_partkey=p_partkey
    AND lo_suppkey=s_suppkey
    AND lo_orderdate=d_datekey;
```

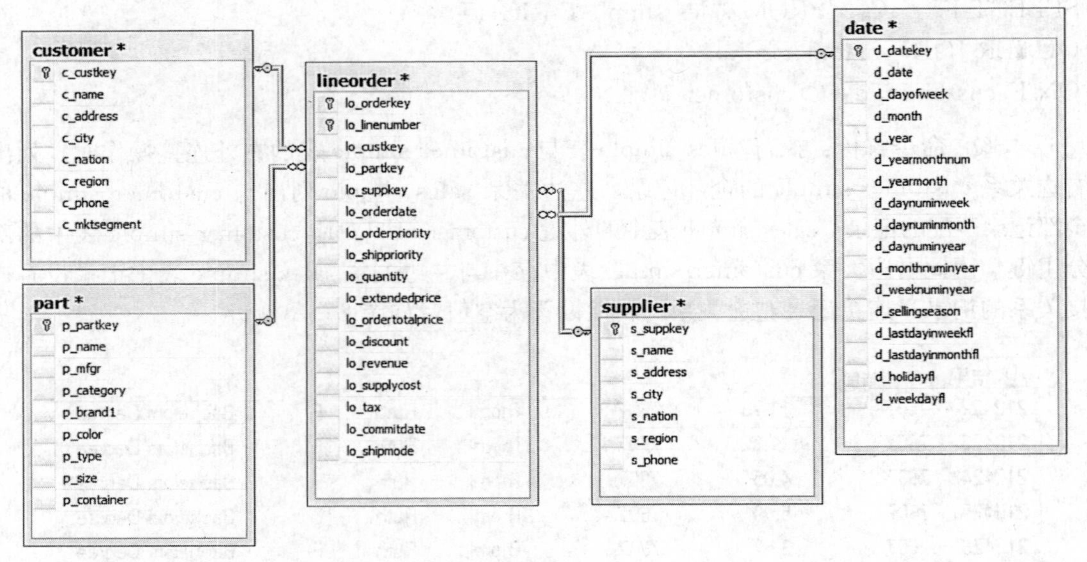

图 2—14

-- SQL 命令解析：星形模式 SSB 中 lineorder 表与 4 个表间建立有参照完整性约束条件，lineorder 表分别与 customer 表、part 表、supplier 表和 date 表通过主-外键进行连接。SQL 命令中 FROM 子句包含 5 个连接表名，WHERE 子句中包含 lineorder 表与 4 个表基于主-外键的连接条件，分别对应 4 个表间连接关系。若使用 INNER JOIN 语法，则 SQL 命令如下所示：

```
SELECT c_name, p_name, s_name, d_date, lo_quantity
FROM lineorder INNER JOIN customer ON lo_custkey=c_custkey
INNER JOIN part ON lo_partkey=p_partkey
INNER JOIN supplier ON lo_suppkey=s_suppkey
INNER JOIN date ON lo_orderdate=d_datekey;
```

雪花形模式中包含更多的连接表，而且连接条件分布在多个表间（如图 2—15 所示）。多表连接 SQL 命令如下：

```
SELECT r. sales_region, s. store_name, t. the_date, pr. media_type,
        c. fname, p. product_name, pc. product_category, sf. store_sales
FROM region r, store s, time_by_day t, promotion pr, sales_fact_1997 sf,
      customer c, product p, product_class pc
WHERE s. region_id=r. region_id
   AND sf. store_id=s. store_id
   AND sf. time_id=t. time_id
   AND sf. promotion_id=pr. promotion_id
   AND sf. customer_id=c. customer_id
   AND sf. product_id=p. product_id
   AND p. product_class_id=pc. product_class_id;
```

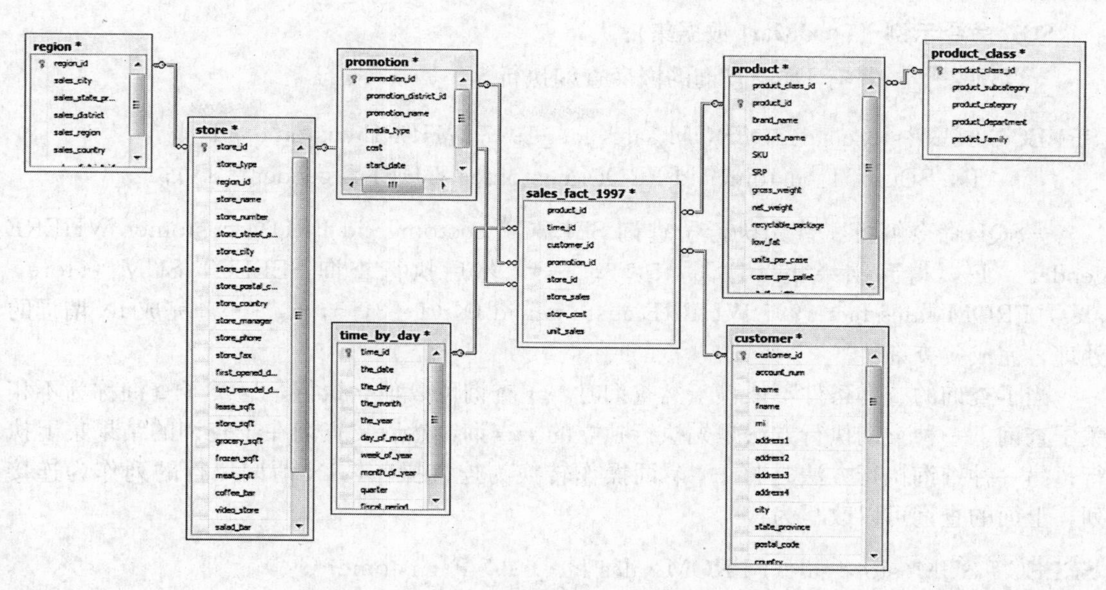

图 2—15

-- SQL 命令解析：由于表间存在同名列，因此需要通过“表名．列名”表示指定的列，在 SQL 命令的 FROM 子句中为每一个连接表设置别名，简化表名引用。按表间的参照完整性约束条件，在 WHERE 子句中依次设置主-外键列之间的连接条件，FROM 子句中的表名与 WHERE 子句中与该表的连接条件相对应。

三、嵌套查询

在 SQL 语言中，一个 SELECT-FROM-WHERE 语句称为一个查询块。当一个查询块嵌套在另一个查询块的 WHERE 子句时构成了查询嵌套结构，称这种查询为嵌套查询（nested query）。

在图 2—16 的示例中，子查询 SELECT C. customer_id FROM customer_simple C WHERE C. gender='F'；嵌套在父查询中，子查询的结果相当于父查询中 IN 表达式的集合。

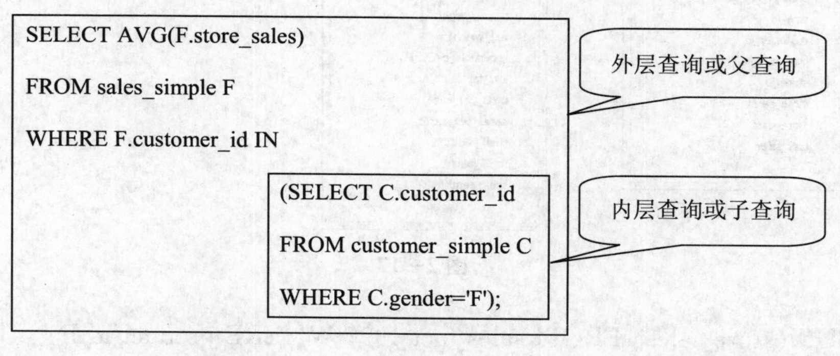

图 2—16

1. 包含 IN 谓词的子查询

当子查询的结果是一个集合时，通过 IN 谓词实现父查询 WHERE 子句中向子查询集合的谓词嵌套判断。

SQL 命令示例（FoodMart 数据集）：

【例 29】 带有 IN 子查询的嵌套查询执行。

```
SELECT SUM(store_sales) FROM sales_fact_1997 WHERE customer_id
        IN(SELECT customer_id FROM customer WHERE gender='F');
```

-- SQL 命令解析：首先执行子查询 SELECT customer_id FROM customer WHERE gender='F'，得到结果集（1，3，5，6，…）；然后执行查询 SELECT SUM（store_sales）FROM sales_fact_1997 WHERE customer_id IN（1，3，5，6，…），完成 IN 谓词的处理，完成父查询。

当子查询的查询条件不依赖于父查询时，子查询可以独立执行，这类子查询称为不相关子查询。一种查询执行方法是先执行独立的子查询，然后父查询在子查询的结果集上执行；另一种查询执行方法是将 IN 谓词操作转换为连接操作，IN 谓词执行的列作为连接列，上面的查询可以改写为：

```
SELECT SUM(store_sales) FROM sales_fact_1997 F, customer C
WHERE F. customer_id=C. customer_id AND C. gender='F';
```

-- SQL 命令解析：嵌套查询中父查询访问 sales_fact_1997 表，子查询访问 customer 表，将子查询对应的 customer 表提升到父查询的 FROM 子句中；IN 操作符对应 F. customer_id 和 C. customer_id 集合，将 IN 操作符改写为 F. customer_id=C. customer_id 的连接条件，其他谓词条件，如 C. gender='F'作为普通的选择条件谓词。

【例 30】 在图 2—17 所示的雪花形连接表中查询 product_category 为'Seafood'的 store_sales 销售总额。

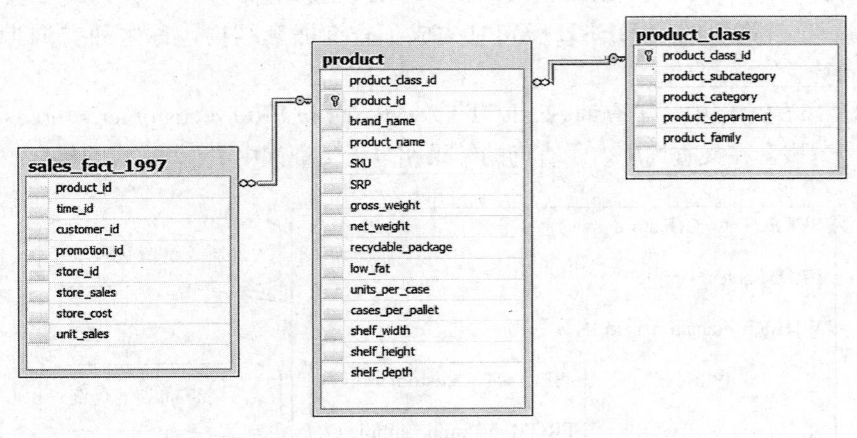

图 2—17

```
SELECT SUM(store_sales) FROM sales_fact_1997 WHERE product_id IN
      (SELECT product_id FROM product WHERE product_class_id IN
      (SELECT product_class_id FROM product_class
              WHERE product_category='Seafood'));
```

-- SQL 命令解析：三个表之间的连接关系为 sales_1997 $\xrightarrow{\text{product\_id}}$ product $\xrightarrow{\text{product\_class\_id}}$

product_class，查询的谓词条件为最远端表 product_class 上的 product_category='Seafood'，需要将谓词结果投影到连接列 product_class_id 上，生成集合（2，24）传递给 product 表，在 product 表上生成谓词条件 product_class_id IN（2，24），投影在连接列 product_id 上，生成连接列结果集（215，216，526，…）传递给 sales_fact_1997 表，最后转换为 sales_fact_1997 表上的谓词条件 product_id IN（215，216，526，…），完成在父查询中的处理。

当前嵌套子查询可以转换为连接查询：

```
SELECT SUM(store_sales)
FROM sales_fact_1997 F, product P, product_class PC
WHERE F.product_id=P.product_id AND P.product_class_id=PC.product_class_id
AND product_category='Seafood';
```

-- SQL 命令解析：IN 嵌套子查询实现连接列结果集的逐级向上传递，通过对连接列的逐级过滤完成查询处理。上面的连接查询中深灰底部分实现三个表之间的连接操作，然后可以将连接表上的谓词操作看作连接后的单表上的谓词操作。

当子查询的查询条件依赖父查询时，子查询需要迭代地从父查询获得数据才能完成子查询上的处理，这类子查询称为相关子查询，整个查询称为相关嵌套查询。

2. 带有比较运算符的相关子查询

在相关子查询中，外层父查询提供内层子查询执行时的谓词变量，由外层父查询驱动内层子查询的执行。

SQL 命令示例（FoodMart 数据集）：

【例 31】　带有比较运算符的相关子查询。查询性别为女的客户中，销售额超过该客户平均销售额 1.5 倍的那些商品销售记录总数。判断下面四个 SQL 命令哪一个是正确的。

命令一：

```
SELECT COUNT(*) FROM sales_fact_1997, customer
WHERE sales_fact_1997.customer_id=customer.customer_id AND gender='F'
      AND store_sales>
      (SELECT 1.5*AVG(store_sales) FROM sales_fact_1997
            WHERE sales_fact_1997.customer_id=customer.customer_id);
```

-- SQL 命令解析：内层查询 FROM 子句中不包含 customer 表，因此内层查询中的 customer.customer_id 需要从外层查询传递进来。外层父查询执行 sales_fact_1997 与 customer 表的连接操作，根据谓词 gender='F'对 customer 表进行过滤，满足条件的 customer.customer_id 传入内层子查询，触发内层查询条件 sales_fact_1997.customer_id=customer.customer_id，完成内层查询的聚集计算，然后内存查询聚集计算结果再返回上层查询，对 store_sales 过滤后聚集计算。外层查询迭代地产生 customer_id，传递给内层查询，内层查询根据传入的 customer_id，完成内层聚集计算，将结果返回外层查询，外层查询完成聚集计算，再产生下一个 customer_id，循环执行内、外层查询之间的迭代处理过程，直至外层查询处理完全部的 customer_id。

命令二：

```
SELECT COUNT(*) FROM sales_fact_1997,customer
WHERE sales_fact_1997.customer_id=customer.customer_id AND store_sales>
      (SELECT 1.5*AVG(store_sales) FROM sales_fact_1997
                      WHERE sales_fact_1997.customer_id=customer.customer_id
                             AND gender='F');
```

-- SQL 命令解析：外层查询中的 gender='F'可以下推到内层查询，外层查询将 customer_id 传入内层查询，内层查询完成 gender='F'条件的判断，触发聚集计算，然后将聚集计算结果返回外层查询，完成与 store_sales 的比较后进行计数。上述两个 SQL 命令等价，执行结果相同。

命令三：

```
SELECT COUNT(*) FROM sales_fact_1997 WHERE store_sales>
      (SELECT 1.5*AVG(store_sales) FROM sales_fact_1997,customer
                      WHERE sales_fact_1997.customer_id=customer.customer_id
                             AND gender='F');
```

-- SQL 命令解析：内层查询 FROM 子句中包含了内层查询访问的全部的表，不需要从外层查询获得数据，子查询为不相关子查询，内层查询独立聚集计算的结果作为一个常量传递给外层查询使用。嵌套查询等价于以下两个查询的串行执行：

```
SELECT 1.5*AVG(store_sales)FROM sales_fact_1997,customer
WHERE sales_fact_1997.customer_id=customer.customer_id AND gender='F';
```

查询结果为 9.823 50。

```
SELECT COUNT(*)FROM sales_fact_1997 WHERE store_sales>9.82350
```

SQL 命令不能表达相关子查询需要表示的语义。

命令四：

```
SELECT COUNT(*) FROM sales_fact_1997,customer
WHERE sales_fact_1997.customer_id=customer.customer_id
      AND gender='F'AND store_sales>
      (SELECT 1.5*AVG(store_sales) FROM sales_fact_1997);
```

-- SQL 命令解析：由于内层查询中不包含与外层查询相关的属性条件，内层查询与外层查询不相关，SQL 命令等价于以下两个串行执行的 SQL 命令：

```
SELECT 1.5*AVG(store_sales) FROM sales_fact_1997;
```

得到结果 9.800 55。

```
SELECT COUNT(*) FROM sales_fact_1997,customer
WHERE sales_fact_1997.customer_id=customer.customer_id
      AND gender='F'AND store_sales>9.80055;
```

结果见图 2—18。

图 2—18

相关子查询的执行过程是一个迭代处理的过程，通常很难分解为独立执行的查询语句。

3. 带有 ANY 或 ALL 谓词的子查询

当子查询返回的结果是多值的，比较运算符包含两种语义：与多值的全部结果（ALL）比较，或与多值的某个结果（ANY）比较。使用 ANY 或 ALL 谓词时必须同时使用比较运算符，其语义如下：

●＞/＞＝/＜/＜＝/！＝/＝ANY：大于/大于等于/小于/小于等于/不等于/等于结果中某个值。

●＞/＞＝/＜/＜＝/！＝/＝ALL：大于/大于等于/小于/小于等于/不等于/等于结果中所有值。

SQL 命令示例（FoodMart 数据集）：

【例 32】　统计销售额比来自客户 Jeanne 的任意记录额度大的销售记录的数量。

```
SELECT COUNT(*) FROM sales_fact_1997 WHERE store_sales>ANY
(SELECT store_sales FROM sales_fact_1997, customer
WHERE sales_fact_1997.customer_id=customer.customer_id AND fname='Jeanne');
```

--SQL 命令解析：内层查询返回客户 Jeanne 的所有 store_sales 值，外层查询判断 store_sales 是否满足大于内层查询 store_sales 值中任意一个的条件，并对满足条件的记录进行计数。

```
SELECT COUNT(*) FROM sales_fact_1997 WHERE store_sales>
(SELECT MIN(store_sales) FROM sales_fact_1997, customer
WHERE sales_fact_1997.customer_id=customer.customer_id AND fname='Jeanne');
```

--SQL 命令解析：＞ANY 等价于大于多值结果集中的最小值，上述两个 SQL 命令等价。

【例 33】　统计销售额比来自客户 Jeanne 的全部记录额度大的销售记录的数量。

```
SELECT COUNT( * ) FROM sales_fact_1997 WHERE store_sales>ALL
(SELECT store_sales FROM sales_fact_1997, customer
WHERE sales_fact_1997. customer_id=customer. customer_id AND fname='Jeanne');
```

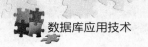

-- SQL 命令解析：内层查询返回用户 Jeanne 的所有 store_sales 值，外层查询判断 store_sales 是否满足大于内层查询 store_sales 全部值的条件，并对满足条件的记录进行计数。

```
SELECT COUNT( * ) FROM sales_fact_1997 WHERE store_sales>
(SELECT MAX(store_sales) FROM sales_fact_1997, customer
WHERE sales_fact_1997. customer_id=customer. customer_id AND fname='Jeanne');
```

-- SQL 命令解析：>ALL 等价于大于多值结果集中的最大值，上述两个 SQL 命令等价。

4. 带有 EXIST 谓词的子查询

带有 EXIST 谓词的子查询不返回任何数据，只产生逻辑结果 TRUE 或 FALSE。

SQL 命令示例（FoodMart 数据集）：

【例 34】 统计 customer 表中在 sales_fact_1997 中存在销售记录的客户数量。

SELECT COUNT （ * ） FROM customer；

结果如下：

	(无列名)
1	10281

-- SQL 命令解析：统计客户总数。

```
SELECT COUNT( * ) FROM customer WHERE EXISTS
(SELECT * FROM sales_fact_1997
WHERE sales_fact_1997. customer_id=customer. customer_id);
```

结果如下：

	(无列名)
1	7902

-- SQL 命令解析：判断外层查询的每一条记录的 customer_id 值是否在内层查询中存在满足 sales_fact_1997. customer_id=customer. customer_id 条件的记录，如果存在则外层查询进行计数。

```
SELECT COUNT( * ) FROM customer WHERE NOT EXISTS
(SELECT * FROM sales_fact_1997
WHERE sales_fact_1997. customer_id=customer. customer_id);
```

结果如下：

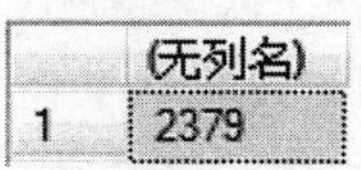

	(无列名)
1	2379

-- SQL 命令解析：判断外层查询的每一条记录的 customer_id 值是否在内层查询中不存在满足 sales_fact_1997. customer_id=customer. customer_id 条件的记录，如果不存在则

外层查询进行计数。后两个查询分别统计了存在和不存在销售记录的 customer 数量，统计结果之和与 customer 表中记录总数相等。

四、集合查询

当多个查询的结果集具有相同的列和数据类型时，查询结果集之间可以进行集合的并（UNIOIN）、交（INTERSECT）和差（EXCEPT）操作。

SQL 命令示例（FoodMart 数据集）：

【例 35】　输出 customer 表中有 3 个以上孩子的女性或者有一辆车的银牌会员的客户 ID。

```
SELECT customer_id FROM customer
  WHERE gender='F' AND total_children>3
UNION
SELECT customer_id FROM customer
  WHERE member_card='Silver' AND num_cars_owned=1;
```

-- SQL 命令解析：将 UNION 连接的两个子查询的结果集合并，两个结果集中的重复元组自动去掉。

```
SELECT customer_id FROM customer
  WHERE gender='F' AND total_children>3
UNION ALL
SELECT customer_id FROM customer
  WHERE member_card='Silver' AND num_cars_owned=1;
```

-- SQL 命令解析：将 UNION 连接的两个子查询的结果集合并，保留两个结果集中重复的元组。

```
SELECT customer_id FROM customer
  WHERE (gender='F' AND total_children>3)
          OR(member_card='Silver' AND num_cars_owned=1);
```

-- SQL 命令解析：将两个子查询转换为用 OR 连接的复合谓词，查询结果集小于 UNION ALL 查询的元组数量，与 UNION 查询结果集相同。

【例 36】　输出 customer 表中有 3 个以上孩子的女性并且有一辆车的银牌会员的客户 ID。

```
SELECT customer_id FROM customer
  WHERE gender='F' AND total_children>3
INTERSECT
SELECT customer_id FROM customer
  WHERE member_card='Silver' AND num_cars_owned=1;
```

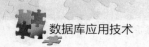

-- SQL 命令解析：3 个以上孩子的女性子查询结果集与有一辆车的银牌会员子查询的结果集执行交集运算，生成满足两个集合条件的查询结果集。

交集子查询等价于子查询条件的与运算：

```
SELECT customer_id FROM customer
  WHERE(gender='F' AND total_children>3)
AND(member_card='Silver' AND num_cars_owned=1);
```

【例 37】 输出 customer 表中有 3 个以上孩子的女性但不满足有一辆车的银牌会员的客户 ID。

```
SELECT customer_id FROM customer
WHERE gender='F' AND total_children>3
EXCEPT
SELECT customer_id FROM customer
WHERE member_card='Silver' AND num_cars_owned=1;
```

-- SQL 命令解析：第一个子查询的结果集与第二个子查询的结果集做集合差操作，从第一个结果集中去掉存在于第二个结果集中的元组。差操作查询等价于通过 NOT EXISTS 语句从表中排除掉满足第二个子查询条件记录的嵌套查询，如下所示：

```
SELECT customer_id FROM customer C1
WHERE gender='F' AND total_children>3 AND
NOT EXISTS(
SELECT customer_id FROM customer C2
WHERE C1. customer_id=C2. customer_id
AND member_card='Silver' AND num_cars_owned=1);
```

【例 38】 输出有一辆车的银牌会员及销售成本 store_cost 小于 0. 2 的客户 ID。

```
SELECT customer_id FROM customer
WHERE member_card='Silver' AND num_cars_owned=1
UNION
SELECT customer_id FROM sales_fact_1997 WHERE store_cost<0. 2;
```

-- SQL 命令解析：集合操作连接的子查询可以使用相同的表，也可以使用不同的表，需要满足查询结果集具有相同的结构和语义。

五、基于派生表查询

当子查询出现在 FROM 子句中，子查询起到临时派生表的作用，成为主查询的临时表对象。

SQL 命令示例（FoodMart 数据集）：

【例 39】 输出平均销售额大于 7 的客户的名字和销售总额。

```
SELECT lname, C_sales. SUM_sales FROM customer C,
(SELECT customer_id, SUM(store_sales)
FROM sales_fact_1997 GROUP BY customer_id HAVING AVG(store_sales)>7)
AS C_sales(customer_id, SUM_sales)
WHERE C. customer_id=C_sales. customer_id;
```

-- SQL 命令解析：子查询 SELECT customer_id，SUM（store_sales）FROM sales_fact_1997 GROUP BY customer_id HAVING AVG（store_sales）>7 作为临时派生表需要分配一个别名，并且在别名中命名表中的列名，如 AS C_sales（customer_id，SUM_sales），然后临时表可以像基本表一样参与其他的 SQL 命令。

派生表的功能也可以通过定义公用表表达式来实现。公用表表达式用于指定临时命名的结果集，将子查询定义为公用表表达式，在使用时要求公用表表达式后面紧跟着使用公用表表达式的 SQL 命令，如下面 SQL 命令所示：

```
WITH C_sales(customer_id, SUM_sales)
AS
(
  SELECT customer_id, SUM(store_sales)
  FROM sales_fact_1997
  GROUP BY customer_id
  HAVING AVG(store_sales)>7
)
SELECT lname, C_sales. SUM_sales
FROM customer C, C_sales
WHERE C. customer_id=C_sales. customer_id;
```

第 4 节　数据更新 SQL

数据更新的操作包含对表中记录的增、删、改操作，对应的 SQL 命令分别为 INSERT，DELETE 和 UPDATE。

一、插入数据

SQL 命令中插入语句包括两种类型：插入一个新元组，插入查询结果。插入查询结果时可以一次插入多条元组。

1. 插入元组

命令： INSERT INTO VALUES

功能： 在表中插入记录。

语法：

```
INSERT INTO<table_name>[column_list]
VALUES({DEFAULT | NULL |expression}[,...,n]);
```

SQL 命令描述：

INSERT 语句的功能是向指定的表 table_name 中插入元组，column_list 指出插入元组对应的属性，可以与表中列的顺序不一致，没有出现的属性赋空值，需要保证没有出现的属性不存在 NOT NULL 约束，不然会出错。当不使用 column_list 时需要插入全部的属性值。VALUES 子句按 column_list 顺序为表记录各个属性赋值。

SQL 命令示例（FoodMart 数据集）：

【例 40】 在 customer 表中插入新记录。

```
INSERT INTO customer(customer_id, lname, fname, city)
VALUES(10282,'JACK','ROSE','New York');
```

结果见图 2—19。

结果 | 消息

	customer_id	account_num	lname	fname	mi	address1	address2	address3	address4	city	state_province	postal_code
10274	10274	87406808733	Brinlee	Candy	R.	1371 Vancouver Way	NULL	NULL	NULL	Torrance	CA	31692
10275	10275	87406889200	Wells	Robert	J.	7485 Lacassie Ave.	NULL	NULL	NULL	Lebanon	OR	67929
10276	10276	87412865200	Bouvier	Shaneen	NULL	9234 Carmel Drive	NULL	NULL	NULL	Victoria	BC	21802
10277	10277	87439274191	Ross	Fran	NULL	5603 Blackridge Drive	NULL	NULL	NULL	Lake Oswego	OR	52724
10278	10278	87448420500	Calahoo	Myreda	NULL	263 La Orinda Pl.	NULL	NULL	NULL	N. Vancouver	BC	71758
10279	10279	87453135848	Ayers	Mary	V.	6885 Auburn	NULL	NULL	NULL	Lincoln Acres	CA	42550
10280	10280	87458639740	Aiello	Ernest	J.	5077 Bannock Ct.	NULL	NULL	NULL	Puyallup	WA	27746
10281	10281	87460163235	Cartney	Samuel	K.	4609 Parkway Drive	NULL	NULL	NULL	Vancouver	BC	63699
10282	10282	NULL	JACK	ROSE	NULL	NULL	NULL	NULL	NULL	New York	NULL	NULL

图 2—19

-- SQL 命令解析：在 customer 表中插入一个新记录，对指定的列 customer_id，lname，fname，city 分别赋值 10282，'JACK'，'ROSE'，'New York'，其余未指定列自动赋空值 NULL。

在 INSERT 命令中需要保证 VALUES 子句中值的顺序与 INTO 子句中列的顺序相对应，不指定列顺序时需要按表定义的列顺序输入完整的 VALUES 值。

2. 插入子查询结果

语法：

```
INSERT INTO<table_name>[column_list]
SELECT…FROM…;
```

SQL 命令描述：

将子查询的结果批量地插入表中。要求预先建立记录插入的目标表，然后通过子查询选择记录，批量插入目标表，子查询的列与目标表的列相对应。

【例 41】 将 customer 表按城市分组计数的结果插入表 cust_test 中。

```
CREATE TABLE cust_test(city VARCHAR(50),cust_count INT);
INSERT INTO cust_test
SELECT city,COUNT(*) FROM customer GROUP BY city ORDER BY city;
```

-- SQL命令解析：首先建立目标表cust_test，包含一个字符型的city列和一个int型的计数列。然后通过子查询SELECT city,COUNT(*)FROM customer GROUP BY city ORDER BY city;产生查询结果集，通过INSERT INTO语句将子查询的结果集插入目标表cust_test中。

SELECT…INTO new_table也提供了类似的将子查询结果插入目标表的功能。

SELECT…INTO new_table命令不需要预先建立目标表，查询根据选择列表中的列和从数据源选择的行，在指定的新表中插入记录。

【例42】 将customer表customer_id，lname，city插入到新表cust_test1中。

```
SELECT customer_id,lname,city INTO cust_test1 FROM customer;
```

-- SQL命令解析：系统自动创建表cust_test1，表中包含与customer_id，lname，city一致的列。

【例43】 将customer表按城市分组计数的结果插入表cust_test2中。

```
SELECT city,COUNT(*) AS cust_count INTO cust_test2
FROM customer GROUP BY city ORDER BY city;
```

-- SQL命令解析：因为查询中包含聚集表达式，因此需要为聚集结果列赋一个别名AS cust_count，作为目标表中的列名。

二、修改数据

修改操作又称为更新操作。

命令：UPDATE

功能：修改表中元组的值。

语法：

```
UPDATE<table_name>
SET<column_name>=<expression>[<column_name>=<expression>]
[FROM{<table_source>}[,...,n]]
[WHERE<search_condition>];
```

SQL命令描述：

UPDATE语句的功能是更新表中满足WHERE子句条件的记录中由SET指定的属性值。

【例44】 将customer表中customer_id为10282记录的gender属性设置为'M'。

```
UPDATE customer SET gender='M' WHERE customer_id=10282;
```

-- SQL命令解析：修改指定单个记录属性值时，WHERE条件通常使用码属性上的等值条件来确定到指定的记录。

【例 45】 将 customer 表中年收入在＄70K～＄90K 之间，孩子数量大于 2 并且会员卡为 Bronze 的客户的会员卡升级为 Silver。

```
UPDATE customer SET member_card='Silver'
WHERE yearly_income='$70K-$90K'
      AND num_children_at_home>2
      AND member_card='Bronze';
```

-- SQL 命令解析：在 WHERE 子句中定义筛选条件，然后对满足条件的记录按 SET 子句进行属性修改。

【例 46】 将 customer 表中 1997 年销售总额超过 800 的客户的 member_card 改为 Golden。

```
UPDATE customer SET member_card='Golden'
FROM
      (SELECT customer_id, SUM(store_sales) AS sum_cust
      FROM sales_fact_1997
      GROUP BY customer_id
      HAVING SUM(store_sales)>800) AS cust_sum
WHERE customer. customer_id=cust_sum. customer_id;
```

-- SQL 命令解析：在典型的电子商务应用中，通常需要根据销售额来自动更新用户的状态。查询中对销售表按 customer_id 分组汇总销售总额，并对销售总额超过 800 的用户的 member_card 状态更新为 Golden。查询的关键是通过派生表与基本表连接并完成基于连接表的更新操作。

UPDATE 命令可以用于修改基本表数据，增加查询需要的信息。

【例 47】 在日期表中增加是否节假日列并增加数据。

```
ALTER TABLE time_by_day ADD holiday_flag char(1);
```

-- SQL 命令解析：修改日期表 time_by_day，增加一个日期标识列，由'T'或'F'标识是否假日。

```
UPDATE time_by_day SET holiday_flag='F';
```

-- SQL 命令解析：将 holiday_flag 初始化为'F'。

```
UPDATE time_by_day SET holiday_flag='T'
WHERE the_date IN('1997-01-01','1997-05-01','1997-06-01','1997-10-01');
```

-- SQL 命令解析：将 1997 年的 1 月 1 日、5 月 1 日、6 月 1 日、10 月 1 日记录的 holiday_flag 标识为'T'。可按日期逐年标识假日，也可对各年假日按月—日批量修改。

```
UPDATE time_by_day SET holiday_flag='T'
WHERE month_of_year=10 AND day_of_month=1;
```

-- SQL 命令解析：将日期表中 10 月 1 日全部标识为假日。

```
UPDATE time_by_day SET holiday_flag='T'
WHERE month_of_year=5 AND day_of_month=1;
```

-- SQL 命令解析：将日期表中 5 月 1 日全部标识为假日。

其余以此类推。此处略。

三、删除数据

删除操作用于将表中满足条件的记录删除。

命令： DELETE

功能： 删除表中元组。

语法：

```
DELETE
FROM<table_name>
[WHERE<search_condition>];
```

SQL 命令描述：

DELETE 语句的功能是删除表中的记录，当不指定 WHERE 条件时删除表中全部记录，指定 WHERE 条件时按条件删除记录。

【例 48】 删除 cust_test 表中全部记录。

```
DELETE FROM cust_test ;
```

-- SQL 命令解析：删除指定表中全部记录，如果要删除表，使用 DROP TABLE cust_test 命令。

【例 49】 删除 customer 表中 customer_id 为 10282 全部记录。

```
DELETE FROM cust_test WHERE customer_id=10282;
```

-- SQL 命令解析：按主键等值条件删除表中指定的一条记录。

【例 50】 删除 sales_fact_1997 表中对应的 customer 表中 state_province 为'CA' 的记录。

```
DELETE FROM sales_fact_1997
FROM customer_test ct
INNER JOIN sales_fact_1997 sf ON ct. customer_id=sf. customer_id
WHERE ct. state_province='CA';
```

-- SQL 命令解析：DELETE FROM 指定了删除记录的表，后面的 FROM 指定内连接表和 WHERE 子句定义的在连接表上的删除条件。或者通过 IN 子查询判断删除记录的表中记录是否满足 customer 表中 state_province='CA'条件对应的 customer_id 范围。

```
DELETE FROM sales_fact_1997
WHERE customer_id IN
        (SELECT customer_id
        FROM customer_test
        WHERE state_province='CA');
```

在具有参照完整性约束关系的表中，删除被参照表记录之前要先删除参照表中对应的记录，然后才能删除被参照表中的记录，实现级联删除，满足约束条件。

第5节　视图的定义和使用

视图是数据库从一个或多个基本表导出的虚表，视图中只存储视图的定义，但不存放视图对应的实际数据。当访问视图时，通过视图的定义实时地从基本表中读取数据。定义视图为用户提供了基本表上多样化的数据子集，但不会产生数据冗余以及不同数据复本导致的数据不一致问题。视图在定义后可以和基本表一样被查询、删除，也可以在视图上定义新的视图。由于视图并不实际存储数据，视图的更新操作有一定的限制。

一、定义视图

1. 创建视图

命令： CREATE VIEW

功能： 创建一个视图。

语法：

```
CREATE VIEW<view_name>[(column_name[,...,n])]
AS<select_statement>
[WITH CHECK OPTION];
```

SQL 命令描述：

子查询 select_statement 可以是任意的 SELECT 语句，WITH CHECK OPTION 表示对视图进行 UPDATE，INSERT 和 DELETE 操作时要保证更新、插入或删除的行满足视图定义中的谓词条件，即子查询中的条件表达式。

在视图定义时，视图属性列名省略默认视图由子查询中 SELECT 子句目标列中的各字段组成；当子查询的目标列是聚集函数或表达式、多表连接中同名列或者使用新的列名时需要指定组成视图的所有列名。

SQL 命令示例（FoodMart 数据集）：

【例 51】　创建视图 cust_sales。

```
CREATE VIEW cust_sales(
            customer_id, fullname, gender, education, store_sales, store_units, store_cost)
AS
SELECT C. customer_id, C. fullname, C. gender, C. education,
       F. store_sales, F. unit_sales, F. store_cost
FROM customer C, sales_fact_1997 F
WHERE C. customer_id=F. customer_id;
```

-- SQL 命令解析：因为 customer 和 sales_fact_1997 表中有重名的列 customer_id，所以必须在创建视图时列出视图中全部的列名，与子查询 SELECT 的列名列表一致。

【例 52】　创建性别销售视图 gender_sales，按性别统计各项销售额总量。

```
CREATE VIEW gender_sales(gender, sum_sales, sum_units, sum_cost)
AS
SELECT gender, SUM(store_sales), SUM(unit_sales), SUM(store_cost)
FROM customer C, sales_fact_1997 F
WHERE C. customer_id=F. customer_id
GROUP BY gender;
```

-- SQL 命令解析：当聚集表达式列有别名时，定义视图时可以不用定义视图的列名，上述 SQL 命令等价于：

```
CREATE VIEW gender_sales
AS
SELECT gender, SUM(store_sales) AS sum_sales,
SUM(unit_sales) AS sum_units, SUM(store_cost) AS sum_cost
FROM customer C, sales_fact_1997 F
WHERE C. customer_id=F. customer_id
GROUP BY gender;
```

2. 删除视图

命令： DROP VIEW

功能： 删除指定的视图。

语法：

```
DROP VIEW<view_name>;
```

SQL 命令描述：

删除指定的视图。视图定义在一个或多个基本表上，当视图依赖的基本表被删除时，数据库并不自动删除依赖基本表的视图，但视图已失效，需要通过视图删除命令手动删除失效的视图。当视图依赖的基本表结构发生改变时，可以通过修改视图的定义维持视图不变，从而为用户提供一个统一的视图访问，消除因数据库结构变化而导致的用户应用失效。

【例 53】 删除视图 gender_sales。

```
DROP VIEW gender_sales;
```

二、应用视图

数据库是用户的共享数据，不同的用户对应不同的子集，视图机制提供了一种为不同用户在相同的基本表上定义不同的虚拟数据子集的能力，使不同的用户可以访问与自己相关的数据子集而不增加数据库冗余的数据存储代价。

复杂的数据库模式导致查询 SQL 命令中产生较复杂的连接操作子句，相似的查询具有公共的表连接 SQL 命令子句，可以为相似的多表连接查询命令创建多表连接视图，代替 SQL 命令中复杂的多表连接命令子句，简化查询命令的书写。

【例 54】 创建 SSB 五个表连接视图（见图 2—20）。

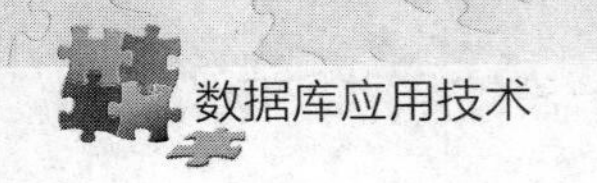

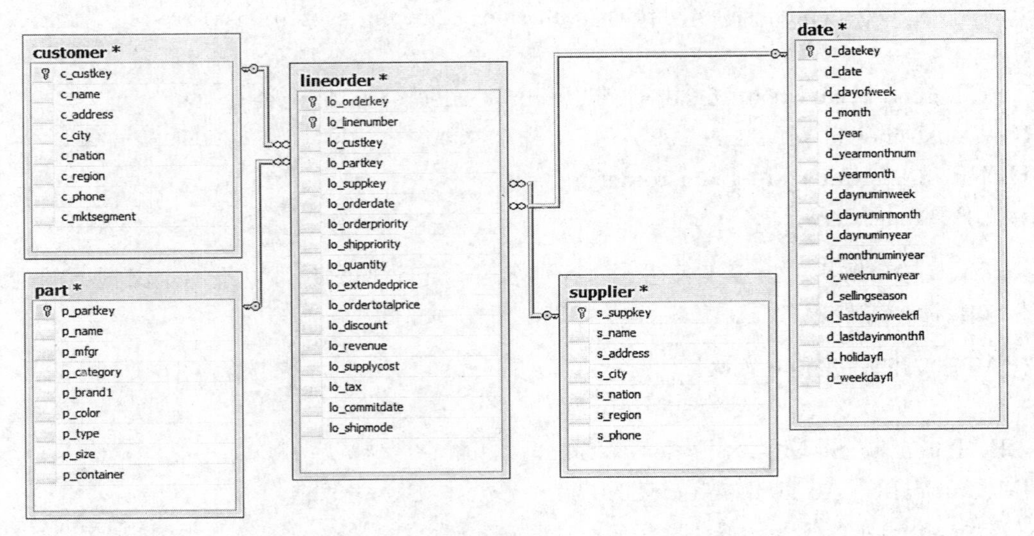

图 2—20

```
CREATE VIEW SSB_tables
AS
SELECT customer. * , part. * , supplier. * , date. * , lineorder. *
FROM customer, part, supplier, date, lineorder
WHERE lo_custkey=c_custkey
        AND lo_partkey=p_partkey
        AND lo_suppkey=s_suppkey
        AND lo_orderdate=d_datekey;
```

-- SQL 命令解析：各个表的列名没有重复，在定义视图时可以在子查询中用 * 指代表中全部列，视图中也不必定义列名。定义视图后，可以将五个表看作一个连接视图，复杂的多表查询命令可以改写为在虚拟的单表上简单查询。如下面 SQL 命令中深灰底部分代表表连接子句，可以由定义的多表连接视图代替：

```
SELECT d_year, c_nation, SUM(lo_revenue-lo_supplycost) AS profit
FROM date, customer, supplier, part, lineorder
WHERE lo_custkey=c_custkey
        AND lo_suppkey=s_suppkey
        AND lo_partkey=p_partkey
        AND lo_orderdate=d_datekey
        AND c_region='AMERICA'
        AND s_region='AMERICA'
        AND(p_mfgr='MFGR#1'OR p_mfgr='MFGR#2')
GROUP BY d_year, c_nation
ORDER BY d_year, c_nation;
```

SQL命令改写为基于视图的单表查询。

```
SELECT d_year, c_nation, SUM(lo_revenue-lo_supplycost) AS profit
FROM SSB_tables
WHERE c_region='AMERICA'
        AND s_region='AMERICA'
        AND(p_mfgr='MFGR#1'OR p_mfgr='MFGR#2')
GROUP BY d_year, c_nation
ORDER BY d_year, c_nation;
```

视图的作用可以归纳为以下几点：

（1）简化用户操作。数据库的结构通常较为复杂，查询通常涉及较多的表和表间复杂的连接操作。用户只有在掌握数据库模式设计和表间各种约束的情况下才能顺利地写出正确的SQL查询命令，增加了数据库的应用难度。

通过视图机制可以为用户定义简单的虚拟表，屏蔽复杂的数据库结构和表间连接操作，简化用户SQL命令书写，降低数据库应用的难度。

（2）为用户提供多样化视图。不同用户对数据有不同的关注点和应用需求，通过视图机制为不同用户在相同的数据库上创建多样化的视图，满足不同用户的不同需求。

（3）视图机制实现逻辑独立性。在数据库设计的三级模式、两级映射机制中，视图作为用户数据视图提供外模式访问，模式代表了数据库的逻辑设计，可能在系统运行过程中发生改变，如将用户表customer（customer_id，name，gender，education，region）中的region属性通过模式分解划分为customer_info（customer_id，name，gender，education，region_id）和region（region_id，name，description，postal_code）表，提高数据库的存储效率，然后通过视图为用户应用程序提供与模式分解前一样的数据视图：

```
CREATE VIEW customer(customer_id, name, gender, education, region)
AS
SELECT C. customer_id, C. name, C. gender, C. education, R. region
FROM customer_info C, region R
WHERE C. region_id=R. region_id;
```

（4）视图提高数据保护。数据库中很多列存储着重要的信息，如customer表中有关用户隐私的name，address，phone，birthdate等，不同的用户应该对数据有不同的访问密级，普通用户只能访问非私密的公有属性，只有高级用户才能访问全部的属性。利用视图机制可以为不同级别的数据定义不同的视图，访问不同密级的属性，从而在数据访问视图上将用户与底层数据隔离，提高数据的安全性。

第6节 数据处理函数

SQL中包含丰富的内建函数，函数使用的语法为：

```
SELECT function(column_name)FROM table_name;
```

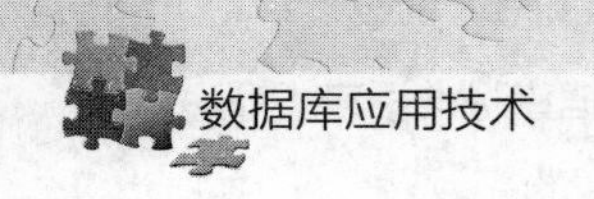

或

```
SELECT function();
```

SQL 函数种类繁多，包括数学运算、比较、日期解析与操纵、高级字符串操纵等。在分析处理应用中，比较典型的函数应用包括数据抽取、转换、排列、聚集计算等。

一、数据抽取函数

字符串函数可以解析、替换、操纵字符型值。在处理原始字符数据时，如何可靠地提取出有意义的信息是数据处理的重要内容。

1. LEN () 函数

LEN () 函数用于返回一个代表字符串长度的整型值。字符串类型的列通常记录的长度是变化的，通过 LEN () 函数可以统计字符串类型列中数据长度的变化，为表结构的设计提供参考。

【例 55】 分析 customer 表中 lname 列字符串长度的变化。

```
SELECT LEN(lname)FROM customer;
```

-- SQL 命令解析：查询 customer 表中 lname 列的字符串长度。

```
SELECT MAX(LEN(lname)),MIN(LEN(lname)),AVG(LEN(lname))
FROM customer;
```

-- SQL 命令解析：查看 customer 表中 lname 列的最大长度、最小长度和平均长度。

通过查询得到最大长度为 18，最小长度为 2，平均长度为 6，而定义表时 lname 的长度为 50，存在存储浪费问题，可以将列宽度修改为 20。

```
ALTER TABLE customer ALTER COLUMN lname varchar(20);
```

2. CHARINDEX ()，LEFT ()，RIGHT () 和 SUBSTRING () 函数

CHARINDEX () 函数用于寻找在一个字符串中某子字符串第一次出现的位置。如函数名所示，这个函数返回一个整型值，表示某子字符串的第一个字符在整个字符串中的位置索引。

LEFT () 函数和 RIGHT () 函数用于按从左到右/从右到左的顺序返回特定数量的字符。

SUBSTRING () 函数能够从字符串的一个位置开始，往右数若干字符，返回一个特定长度的子字符串。

```
SELECT CHARINDEX('sh','Washington');          —返回 3
SELECT LEFT('李小明',1);                       —返回'李'
SELECT RIGHT('李小明',2);                      —返回'小明'
SELECT SUBSTRING('$30K-$50K',8,4);            —返回'$50K'
```

【例 56】 customer 表中 address1 列存储如图 2—21 示例的地址信息，第一部分是门牌号，通过空格与后面的街道名分隔，通过字符串函数输出门牌号。

	customer_id	account_num	lname	fname	mi	address1	address2	address3	address4	city	state_province
1	1	87462024688	Nowmer	Sheri	A.	2433 Bailey Road	NULL	NULL	NULL	Tlaxiaco	Oaxaca
2	2	87470586299	Whelply	Derrick	I.	2219 Dewing Avenue	NULL	NULL	NULL	Sooke	BC
3	3	87475757600	Derry	Jeanne	NULL	7640 First Ave.	NULL	NULL	NULL	Issaquah	WA
4	4	87500482201	Spence	Michael	J.	337 Tosca Way	NULL	NULL	NULL	Burnaby	BC
5	5	87514054179	Gutierrez	Maya	NULL	8668 Via Neruda	NULL	NULL	NULL	Novato	CA
6	6	87517782449	Damstra	Robert	F.	1619 Stillman Court	NULL	NULL	NULL	Lynnwood	WA
7	7	87521172800	Kanagaki	Rebecca	NULL	2860 D Mt. Hood Circle	NULL	NULL	NULL	Tlaxiaco	Oaxaca

图 2—21

```
SELECT LEFT(address1,CHARINDEX('',address1)-1) AS addressNo,address1
FROM customer;
```

结果见图 2—22。

	addressNo	address1
1	2433	2433 Bailey Road
2	2219	2219 Dewing Avenue
3	7640	7640 First Ave.
4	337	337 Tosca Way
5	8668	8668 Via Neruda
6	1619	1619 Stillman Court
7	2860	2860 D Mt. Hood Circle
8	6064	6064 Brodia Court

图 2—22

-- SQL 命令解析：根据 address1 数据存储格式，通过 CHARINDEX（''，address1）定位到门牌号后面的空格位置，然后通过 LEFT 函数从字符串初始位置取到第一个空格之前位置，抽取门牌号数据。

二、日期转换函数

GETDATE（）函数用于获取系统日期，日期格式如：2015-03-01 09:22:11.433。

DAY（），MONTH（）和 YEAR（）函数用于从日期型数据中抽取日、月、年信息。如：

```
SELECT GETDATE(),YEAR(GETDATE()),MONTH(GETDATE()),
       DAY(GETDATE());
```

结果为：

2015-03-01 09:24:51.5272015　31

DATEADD（）函数用于在日期/时间值上加上日期单位间隔。日期单位包括 YEAR，MONTH，QUARTER，DAY，WEEK，HOUR，MINUTE 等，函数示例如表 2—5 所示。

表 2—5　　DATEADD（）函数示例

函数示例	函数结果
SELECT DATEADD (YEAR,90,GETDATE());	2105-03-01 09:38:17.640
SELECT DATEADD (QUARTER,90,GETDATE());	2037-09-01 09:38:17.640
SELECT DATEADD (MONTH,90,GETDATE());	2022-09-01 09:38:17.640
SELECT DATEADD (DAYOFYEAR,90,GETDATE());	2015-05-30 09:38:17.640

续前表

函数示例	函数结果
SELECT DATEADD (DAY,90,GETDATE());	2015-05-30 09:38:17.640
SELECT DATEADD (WEEK,90,GETDATE());	2016-11-20 09:38:17.640
SELECT DATEADD (WEEKDAY,90,GETDATE());	2015-05-30 09:38:17.640
SELECT DATEADD (HOUR,90,GETDATE());	2015-03-05 03:38:17.640
SELECT DATEADD (MINUTE,90,GETDATE());	2015-03-01 11:08:17.640
SELECT DATEADD (SECOND,90,GETDATE());	2015-03-01 09:39:47.640

DATEDIFF（）函数根据起始日期、时间间隔和最终日期，返回两个日期之间的差值。如下 SQL 命令计算 2015-10-01 与 1949-10-01 之间相隔的年数、月数和天数。

```
SELECT DATEDIFF(YEAR,'10-01-1949','10-01-2015');     —返回 66
SELECT DATEDIFF(MONTH,'10-01-1949','10-01-2015');    —返回 792
SELECT DATEDIFF(DAY,'10-01-1949','10-01-2015');      —返回 24106
```

【例 57】 根据 birthdate 计算 customer 表中客户的年龄。

```
SELECT birthdate,
YEAR(GETDATE())－YEAR(birthdate)AS AGE0,
DATEDIFF(YEAR,birthdate,GETDATE())AS AGE1,
DATEDIFF(DAY,birthdate,GETDATE())/365 AS AGE2
FROM customer;
```

结果见图 2—23。

	birthdate	AGE0	AGE1	AGE2
1	1961-08-26 00:00:00.000	54	54	53
2	1915-07-03 00:00:00.000	100	100	99
3	1910-06-21 00:00:00.000	105	105	104
4	1969-06-20 00:00:00.000	46	46	45
5	1951-05-10 00:00:00.000	64	64	63
6	1942-10-08 00:00:00.000	73	73	72
7	1949-03-27 00:00:00.000	66	66	65
8	1922-08-10 00:00:00.000	93	93	92
9	1979-06-23 00:00:00.000	36	36	35

图 2—23

-- SQL 命令解析：表达式 YEAR(GETDATE())－YEAR(birthdate)与 DATEDIFF(YEAR,birthdate,GETDATE())等价，计算出两个日期的年份，然后年份相减作为年龄。这种计算方法可能会产生年龄上 1 岁的误差，如 birthdate 为 1961-08-26，当前日期为 2015-03-01，年份差值为 54，但客户还未满 54 岁。表达式 DATEDIFF(DAY,birthdate,GETDATE())/365 计算出两个日期之间的天数，然后除以 365 天，取整的结果表示客户的实际年龄。

在用户数据中，年龄是很重要的信息，存储实际年龄值则需要每年年龄增 1，如通过 UPDATE 命令“UPDATE customer SET AGE＝AGE＋1;”每年统一修改年龄值。当表中存储用户的出生日期时，用户的年龄可以通过函数表达式实时计算，简化数据管理。

三、数据转换函数

在大数据集上进行聚集计算时可能产生数据溢出问题，即聚集计算列的数据类型宽度小于聚集计算结果所需要的数据宽度，这是分析型数据处理在大数据分析计算时比较典型的问题。

在大数据分析处理时，聚集函数表达式默认与聚集列使用相同的数据类型，当聚集计算结果超过数据类型值域时，需要通过数据类型转换函数将聚集函数表达式转换为值域更大的数据类型。数据类型转换可以通过 CAST（）和 CONVERT（）函数来实现。

CAST（）函数的参数是一个表达式，它包括用 AS 关键字分隔的源值和目标数据类型。

例如，在 SSB 数据集中，在 1GB 的数据集中 lineorder 表中有 600 万条记录，查询"SELECT SUM（lo_revenue）FROM lineorder;"的聚集函数表达式在计算时产生数据溢出。

通过 CAST 转换函数将 lo_revenue 转换为值域更大的 bigint 实现聚集计算。

【例 58】 对 lineorder 表的 lo_revenue 列汇总求和。

```
SELECT SUM(CAST(lo_revenue AS bigint))FROM lineorder;
```

在使用平均值 AVG 聚集函数时，在数据上的计算默认为整型结果，当需要精确到小数位时，需要采用数据转换函数将数据类型从整型转换为小数型。

【例 59】 对 lineorder 表的 lo_revenue 列汇总求均值。

```
SELECT AVG(CAST(lo_revenue AS bigint))FROM lineorder;
```

-- SQL 命令解析：lo_revenue 为 bigint 类型，AVG 结果也为 bigint 类型。

```
SELECT CAST(AVG(CAST(lo_revenue AS real))
AS decimal(10,2))FROM lineorder;
```

-- SQL 命令解析：使用 CAST 函数将 AVG 函数计算结果转换为带有两位小数位的 decimal（10，2）类型。

CONVERT（）函数和 CAST（）函数的功能相同，只是语法不同。

【例 60】 使用 CONVERT 函数对 lineorder 表的 lo_extendedprice * lo_quantity 列汇总求均值。

```
SELECT CONVERT(numeric(15,2),
        AVG(CONVERT(real,lo_extendedprice * lo_quantity))) AS revenue
FROM lineorder;
```

【例 61】 计算 lineorder 表中实际销售价格总和。

```
SELECT lo_extendedprice,lo_quantity,lo_discount,
        1-CONVERT(decimal(4,2),lo_discount)/100 AS discount
FROM lineorder;
```

结果见图 2—24。

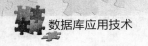

	lo_extendedprice	lo_quantity	lo_discount	discount
1	2116823	17	4	0.960000
2	4598316	36	9	0.910000
3	1330960	8	10	0.900000
4	2895564	28	9	0.910000
5	2282448	24	10	0.900000
6	4962016	32	7	0.930000
7	4469446	38	0	1.000000
8	5405805	45	6	0.940000

图 2—24

-- SQL 命令解析：lo_discount 列中存储的是 0～17 之间的整数，代表折扣额度。在进行聚集计算时需要将 lo_discount 转换为百分比折扣，即小于等于 1 的小数。首先将lo_discount 转换为带有小数位的 decimal 类型，然后通过函数表达式 1－CONVERT（decimal（4，2），lo_discount）/100 计算出百分比类型的 lo_discount 值，再进行聚集计算。

```
SELECT CONVERT (numeric(18,2),SUM(lo_extendedprice * lo_quantity *
                (1-CONVERT(decimal(4,2),lo_discount)/100)))
FROM lineorder;
```

-- SQL 命令解析：聚集计算结果通过转换函数 CONVERT（numeric（18，2），SUM...）转换为适当宽度的带有小数位的结果。

四、排列函数

ROW_NUMBER（）函数根据作为参数传递给这个函数的 ORDER BY 子句的值，返回一个顺序递增的整数值。如果 ROW_NUMBER 的 ORDER BY 的值和结果集中的顺序相匹配，返回值将是递增的，以升序排列。

RANK（）函数保留列中行的位置序号，对于每个重复的值，该函数会跳过下面与其相邻的值，将下一个不重复的值保留在正确的位置上。

DENSE_RANK（）函数的工作方式与 RANK（）函数相同，但它不会跳过相邻重复值的顺序号。图 2—25 的 SQL 命令示例使用 FoodMart. customer 表。

```
SELECT customer_id
    ,lname
    ,ROW_NUMBER() OVER
    (ORDER BY lname) AS
RowNum
    FROM customer
    ORDER BY lname;
```

结果如下：

```
SELECT customer_id
    ,lname
    ,RANK() OVER
    (ORDER BY lname) AS
RowNum
    FROM customer
    ORDER BY lname;
```

结果如下：

```
SELECT customer_id
    ,lname
    ,DENSERANK() OVER
    (ORDER BY lname) AS
RowNum
    FROM customer
    ORDER BY lname;
```

结果如下：

	customer_id	lname	RowNum
1	2724	Abahamdeh	1
2	3872	Abalos	2
3	6979	Abbassi	3
4	4881	Abbate	4
5	9163	Abbey	5
6	5356	Abbott	6
7	6049	Abbott	7
8	8273	Abbott	8
9	8288	Abbott	9
10	8862	Abbott	10
11	278	Abbott	11
12	1972	Abbruzzese	12

(A)

	customer_id	lname	RowNum
1	2724	Abahamdeh	1
2	3872	Abalos	2
3	6979	Abbassi	3
4	4881	Abbate	4
5	9163	Abbey	5
6	5356	Abbott	6
7	6049	Abbott	6
8	8273	Abbott	6
9	8288	Abbott	6
10	8862	Abbott	6
11	278	Abbott	6
12	1972	Abbruzzese	12

(B)

	customer_id	lname	RowNum
1	2724	Abahamdeh	1
2	3872	Abalos	2
3	6979	Abbassi	3
4	4881	Abbate	4
5	9163	Abbey	5
6	5356	Abbott	6
7	6049	Abbott	6
8	8273	Abbott	6
9	8288	Abbott	6
10	8862	Abbott	6
11	278	Abbott	6
12	1972	Abbruzzese	7

(C)

图 2—25

【例 62】　查询 sales_fact_1997 表中按 customer_id 对 store_sales 求和后查询结果的 RANK 排列。

第一个 SQL 命令按 customer_id 对 store_sales 求和，按 store_sales 汇总值排列，结果见图 2—26（A）。第二个 SQL 命令通过 RANK（）函数对汇总列按别名 sales 指定 RANK（）函数，但系统不支持对聚集列上的 RANK（）函数应用。第三个 SQL 命令先将分组聚集操作的 SQL 命令创建为视图，然后对视图中的 sales 列应用 RANK（）函数，输出了正确 RANK 标识的结果（见图 2—26（B））。

命令一：

```
SELECT customer_id,
SUM(store_sales) AS sales
FROM sales_fact_1997
GROUP BY customer_id
ORDER BY sales;
```

命令二：

```
SELECT customer_id,
SUM(store_sales)
AS sales,
RANK() OVER
(ORDER BY sales)
AS RowNum
FROM sales_fact_1997
GROUP BY customer_id
ORDER BY sales;
```

执行结果是列名'sales'无效。

命令三：

```
CREATE VIEW rank_sales(customer_id, sales)
AS
SELECT customer_id,
SUM(store_sales) AS sales
FROM sales_fact_1997
GROUP BY customer_id;
SELECT customer_id, sales,
RANK() OVER(ORDER BY sales) AS rownum
FROM rank_sales
ORDER BY sales;
```

	customer_id	sales
1	2655	0.57
2	4245	0.77
3	1294	0.81
4	707	0.96
5	5	1.08
6	7504	1.14
7	5800	1.20
8	8080	1.32
9	4329	1.38
10	8147	1.46
11	8024	1.53
12	8689	1.55

(A)

	customer_id	sales	RowNum
1	2655	0.57	1
2	4245	0.77	2
3	1294	0.81	3
4	707	0.96	4
5	5	1.08	5
6	7504	1.14	6
7	5800	1.20	7
8	8080	1.32	8
9	4329	1.38	9
10	8147	1.46	10
11	8024	1.53	11
12	8689	1.55	12

(B)

图 2—26

在分析查询中，通常按分组聚集结果集的聚集列进行排名，但 SQL 命令中不直接支持对聚集函数列上的 RANK（）函数应用，在这种情况下可以通过定义视图的方式将聚集表达式列转换为虚拟列，应用 RANK（）函数。

五、统计函数

除 SUM，AVG，MAX，MIN，COUNT 等常用的聚集函数外，SQL 还支持统计函数，统计函数格式和用法如表 2—6 所示。

表 2—6　　统计函数

统计函数	统计函数说明
STDEV（[ALL | DISTINCT] expression)	返回指定表达式中所有值的标准偏差。
STDEVP（[ALL | DISTINCT] expression)	返回指定表达式中所有值的总体标准偏差。
VAR（[ALL | DISTINCT] expression)	返回指定表达式中所有值的样本方差。
VARP（[ALL | DISTINCT] expression)	返回指定表达式中所有值的总体方差。

注：ALL 是默认值，对所有值应用该函数。DISTINCT 指定每一个唯一值。Expression 是精确数值或近似数值数据类型类别（bit 数据类型除外）的表达式，不允许使用聚合函数和子查询。函数只可用于数值列，空值将被忽略。

【例 63】 计算 sales_fact_1997 表中按 store_sales 的平均值、标准偏差、总体标准偏差、样本方差和总体方差。

```
SELECT
        AVG(store_sales) AS avg_sales,
        STDEV(store_sales) AS stedv_sales,
        STDEVP(store_sales) AS stdevp_sales,
        VAR(store_sales) AS var_sales,
        VARP(store_sales) AS varp_sales
FROM sales_fact_1997;
```

结果见图 2—27。

	avg_sales	stedv_sales	stdevp_sales	var_sales	varp_sales
1	6.5337	3.45907746473468	3.45906924561665	11.9652169070353	11.965160045971

图 2—27

六、聚合分组

在分析处理任务中，GROUP BY 子句中的多个分组属性可以看作多个聚合计算维度，如图 2—27 所示，三个分组属性 {a，b，c} 构成一个三维聚合计算空间，包含：2^3 个聚合分组：{a，b，c}，{a，b}，{a，c}，{b，c}，{a}，{b}，{c}，{}，代表三个分组属性所构成的所有可能的分组方案（见图 2—28）。

SQL 的 GROUP BY 子句支持按照简单分组、上卷分组和 CUBE 分组方式进行聚合计算。

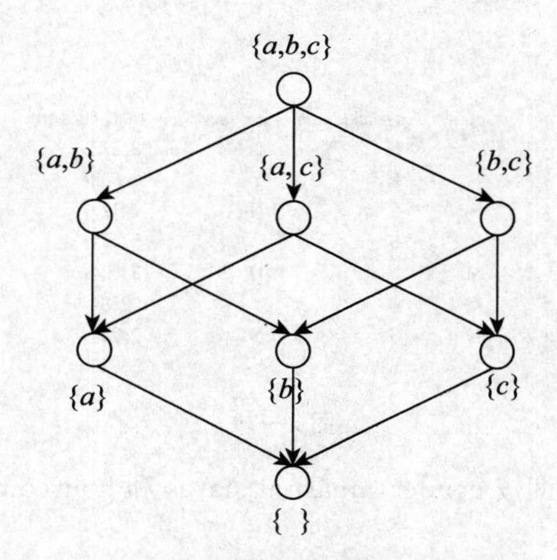

图 2—28　聚合维度

```
GROUP BY<group by spec>
    <simple group by item>:直接按分组属性列表进行分组
    |<rollup spec>:按分组属性列表的上卷轴分组
    |<cube spec>:按分组属性列表的数据立方体分组
```

例如：

```
SELECT a,b,c,SUM(<expression>)
FROM T
GROUP BY ROLLUP(a,b,c);
```

查询按（*a*，*b*，*c*），（*a*，*b*）和（*a*）值的每个唯一组合生成一个带有小计的行。还将计算一个总计行。

查询：

```
SELECT a,b,c,SUM(<expression>)
FROM T
GROUP BY CUBE(a,b,c);
```

针对<*a*，*b*，*c*>中表达式的所有排列输出一个分组。生成的分组数等于（2^n），其中n=分组子句中的表达式数。

【例 64】 输出 customer 表中 total_children 按 gender，marital_status 和 houseowner 三个属性的聚合结果。

（1）简单 GROUP BY 分组。

```
SELECT gender, marital_status, houseowner,
SUM(total_children)Num_children
FROM customer C, sales_fact_1997 F
WHERE C.customer_id=F.customer_id
GROUP BY gender, marital_status, houseowner;
```

结果见图 2—29。

	gender	marital_status	houseowner	Num_children
1	F	M	N	31677
2	F	M	Y	109087
3	F	S	N	74127
4	F	S	Y	57271
5	M	M	N	34904
6	M	M	Y	92584
7	M	S	N	73084
8	M	S	Y	59625

图 2—29

-- SQL 命令解析：查询按 gender，marital_status 和 houseowner 三个属性直接进行分组聚集计算。

（2）ROLLUP GROUP BY 分组。

```
SELECT gender, marital_status, houseowner,
SUM(total_children)Num_children
FROM customer C, sales_fact_1997 F
WHERE C.customer_id=F.customer_id
GROUP BY ROLLUP(gender, marital_status, houseowner);
```

结果见图 2—30。

	gender	marital_status	houseowner	Num_children
1	F	M	N	31677
2	F	M	Y	109087
3	F	M	NULL	140764
4	F	S	N	74127
5	F	S	Y	57271
6	F	S	NULL	131398
7	F	NULL	NULL	272162
8	M	M	N	34904
9	M	M	Y	92584
10	M	M	NULL	127488
11	M	S	N	73084
12	M	S	Y	59625
13	M	S	NULL	132709
14	M	NULL	NULL	260197
15	NULL	NULL	NULL	532359

图 2—30

-- SQL 命令解析：查询以 gender，marital_status 和 houseowner 三个属性为基础，以 gender 为上卷轴由粗到细进行多个分组属性聚集计算。

（3）CUBEGROUP BY 分组。

```
SELECT gender, marital_status, houseowner,
SUM(total_children)Num_children
FROM customer C, sales_fact_1997 F
WHERE C. customer_id=F. customer_id
GROUP BY CUBE(gender, marital_status, houseowner);
```

结果见图 2—31。

	gender	marital_status	houseowner	Num_children
1	F	M	N	31677
2	M	M	N	34904
3	NULL	M	N	66581
4	F	S	N	74127
5	M	S	N	73084
6	NULL	S	N	147211
7	NULL	NULL	N	213792
8	F	M	Y	109087
9	M	M	Y	92584
10	NULL	M	Y	201671
11	F	S	Y	57271
12	M	S	Y	59625
13	NULL	S	Y	116896
14	NULL	NULL	Y	318567
15	NULL	NULL	NULL	532359
16	F	NULL	N	105804
17	F	NULL	Y	166358
18	F	NULL	NULL	272162
19	M	NULL	N	107988
20	M	NULL	Y	152209
21	M	NULL	NULL	260197
22	F	M	NULL	140764
23	M	M	NULL	127488
24	NULL	M	NULL	268252
25	F	S	NULL	131398
26	M	S	NULL	132709
27	NULL	S	NULL	264107

图 2—31

-- SQL 命令解析：查询以 gender，marital_status 和 houseowner 三个属性为基础，为

每一个分组属性组合进行分组聚集计算。

基于基础关系操作：选择（select）、投影（project）、连接（join）、分组（group）、聚集（aggregate）的查询是数据库分析处理的基础。分组操作 GROUP BY 定义了对数据聚集分析的维度，而分组属性之间的语义关系构成了聚集分析的路径关系和空间联系，为用户提供一个更加全面的数据分析视角。GROUP BY ROLLUP ｜ CUBE 命令相当于按一定维度语义逻辑组织的聚集分析命令集合，为用户提供更加全面的相邻维度分析结果。

案例分析

使用 SSB 数据库作为案例数据库，完成以下几个任务：

（1）调试并执行 SSB 数据库的 13 个测试查询，通过数据类型转换函数解决聚集计算结果溢出问题。

13 个测试查询如表 2—7 所示。

表 2—7　SSB 查询

```
Q1.1
select sum(lo_extendedprice*lo_discount) as
revenue
  from lineorder, date
  where lo_orderdate = d_datekey
    and d_year = 1993
    and lo_discount between1 and 3
    and lo_quantity < 25;

Q1.2
select sum(lo_extendedprice*lo_discount) as
revenue
  from lineorder, date
  where lo_orderdate = d_datekey
    and d_yearmonth = 199401
    and lo_discount between4 and 6
    and lo_quantity between 26 and 35;

Q1.3
select sum(lo_extendedprice*lo_discount) as
revenue
  from lineorder, date
  where lo_orderdate = d_datekey
    and d_weeknuminyear = 6
    and d_year = 1994
    and lo_discount between 5 and 7
    and lo_quantity between 26 and 35;

Q2.1
select sum(lo_revenue), d_year, p_brand1
  from lineorder, date, part, supplier
  where lo_orderdate = d_datekey
    and lo_partkey = p_partkey
    and lo_suppkey = s_suppkey
    and p_category = 'MFGR#12'
    and s_region = 'AMERICA'
  group by d_year, p_brand1
  order by d_year, p_brand1;

Q2.2
select sum(lo_revenue), d_year, p_brand1
  from lineorder, date, part, supplier
  where lo_orderdate = d_datekey
    and lo_partkey = p_partkey
    and lo_suppkey = s_suppkey
    and p_brand1between 'MFGR#2221
      and 'MFGR#2228'
    and s_region = 'ASIA'
  group by d_year, p_brand1
  order by d_year, p_brand1;

Q2.3
select sum(lo_revenue), d_year, p_brand1
  from lineorder, date, part, supplier
  where lo_orderdate = d_datekey
    and lo_partkey = p_partkey
    and lo_suppkey = s_suppkey
    and p_brand1= 'MFGR#2239'
    and s_region = 'EUROPE'
  group by d_year, p_brand1
  order by d_year, p_brand1;

Q3.1
select c_nation, s_nation, d_year,
sum(lo_revenue) as revenue
  from customer, lineorder, supplier, date
  where lo_custkey = c_custkey
    and lo_suppkey = s_suppkey
    and lo_orderdate = d_datekey
    and c_region = 'ASIA'
    and s_region = 'ASIA'
    and d_year >= 1992 and d_year <= 1997
      group by c_nation, s_nation, d_year
      order by d_year asc, revenue desc;

Q3.2
select c_city, s_city, d_year, sum(lo_revenue)
as revenue
  from customer, lineorder, supplier, date
  where lo_custkey = c_custkey
    and lo_suppkey = s_suppkey
    and lo_orderdate = d_datekey
    and c_nation = 'UNITED STATES'
    and s_nation = 'UNITED STATES'
    and d_year >= 1992 and d_year <= 1997
      group by c_city, s_city, d_year
      order by d_year asc, revenue desc;

Q3.3
select c_city, s_city, d_year, sum(lo_revenue)
as revenue
  from customer, lineorder, supplier, date
  where lo_custkey = c_custkey
    and lo_suppkey = s_suppkey
    and lo_orderdate = d_datekey
    and (c_city='UNITED KI1'
      or c_city='UNITED KI5')
    and (s_city='UNITED KI1'
      or s_city='UNITED KI5')
    and d_year >= 1992 and d_year <= 1997
      group by c_city, s_city, d_year
      order by d_year asc, revenue desc;

Q3.4
select c_city, s_city, d_year, sum(lo_revenue)
as revenue
  from customer, lineorder, supplier, date
  where lo_custkey = c_custkey
    and lo_suppkey = s_suppkey
    and lo_orderdate = d_datekey
    and (c_city='UNITED KI1'
      or c_city='UNITED KI5')
    and (s_city='UNITED KI1'
      or s_city='UNITED KI5')
    and d_yearmonth = 'Dec1997'
      group by c_city, s_city, d_year
      order by d_year asc, revenue desc;

Q4.1
select d_year, c_nation,
  sum(lo_revenue - lo_supplycost) as profit
  from date, customer, supplier, part, lineorder
  where lo_custkey = c_custkey
    and lo_suppkey = s_suppkey
    and lo_partkey = p_partkey
    and lo_orderdate = d_datekey
    and c_region = 'AMERICA'
    and s_region = 'AMERICA'
    and (p_mfgr = 'MFGR#1'
      or p_mfgr = 'MFGR#2')
      group by d_year, c_nation
      order by d_year, c_nation;

Q4.2
select d_year, s_nation, p_category,
  sum(lo_revenue - lo_supplycost) as profit
  from date, customer, supplier, part, lineorder
  where lo_custkey = c_custkey
    and lo_suppkey = s_suppkey
    and lo_partkey = p_partkey
    and lo_orderdate = d_datekey
    and c_region = 'AMERICA'
    and s_region = 'AMERICA'
    and (d_year = 1997 or d_year = 1998)
    and (p_mfgr = 'MFGR#1'
      or p_mfgr = 'MFGR#2')
      group by d_year, s_nation, p_category
      order by d_year, s_nation, p_category;

Q4.3
select d_year, s_city, p_brand1,
  sum(lo_revenue - lo_supplycost) as profit
  from date, customer, supplier, part, lineorder
  where lo_custkey = c_custkey
    and lo_suppkey = s_suppkey
    and lo_partkey = p_partkey
    and lo_orderdate = d_datekey
    and s_nation = 'UNITED STATES'
    and (d_year = 1997 or d_year = 1998)
    and p_category = 'MFGR#14'
      group by d_year, s_city, p_brand1;
      order by d_year, s_city, p_brand1;
```

资料来源：http：//www. cs. umb. edu/～poneil/StarSchemaB. PDF。

(2) 为每一组查询创建一个视图，视图定义多表连接，将查询改写为基于视图的查询，体会通过视图简化用户查询命令书写的作用。

(3) 原始数据中 lo_discount 的值域为 [0, 10]，lo_tax 的值域为 [0, 8]，如图 2—32 所示。Q1 组的聚集表达式 lo_extendedprice * lo_discount 计算结果为错误的。要求修改 SQL 命令以保证 lo_discount 值的使用正确。

1) 通过数据类型转换函数改写查询 Q1 组，将 lo_discount 转换为 (1－lo_discount/100) 的正确表达式，输出查询正确结果

2) 设置视图，定义一个百分比形式的 discount 列，替代原始列完成正确的查询计算。

3) 通过更新 lo_discount 值的方式设置百分比形式的 lo_discount，完成正确的 SQL 查询命令。

lo_...	lo...	lo_custkey	lo_partkey	lo_suppkey	lo_orderdate	lo_orderpriority	lo_s...	lo_quantity	lo_extendedprice	lo_ordertotalprice	lo_discount	lo_revenue	lo_supplycost	lo_tax	lo_commitdate	lo_shi
1	1	7381	155190	4137	19960102	5-LOW	0	17	2116823	17366547	4	2032150	74711	2	19960212	TRUCK
1	2	7381	67310	815	19960102	5-LOW	0	36	4598316	17366547	9	4184467	76638	6	19960228	MAIL
1	3	7381	63700	355	19960102	5-LOW	0	8	1330960	17366547	10	1197864	99822	2	19960305	REG A
1	4	7381	2132	4711	19960102	5-LOW	0	28	2895564	17366547	9	2634963	62047	6	19960330	AIR
1	5	7381	24027	8123	19960102	5-LOW	0	24	2282448	17366547	10	2054203	57061	4	19960314	FOB
1	6	7381	15635	6836	19960102	5-LOW	0	32	4962016	17366547	7	4614674	93037	2	19960207	MAIL
2	1	15601	106170	5329	19961201	1-URGENT	0	38	4469446	4692918	0	4469446	70570	5	19970114	RAIL
3	1	24664	4297	9793	19931014	5-LOW	0	45	5405805	19384625	6	5081456	72077	0	19940104	AIR
3	2	24664	19036	8333	19931014	5-LOW	0	49	4679647	19384625	10	4211682	57301	0	19931220	RAIL
3	3	24664	128449	7045	19931014	5-LOW	0	27	3989088	19384625	7	3749742	88646	7	19931122	SHIP
3	4	24664	29380	3709	19931014	5-LOW	0	2	261876	19384625	1	259257	78562	6	19940107	TRUCK
3	5	24664	183095	8034	19931014	5-LOW	0	28	3298652	19384625	4	3166705	70685	0	19940110	FOB
3	6	24664	62143	8827	19931014	5-LOW	0	26	2873364	19384625	10	2586027	66308	2	19931218	RAIL
4	1	27356	88035	9060	19951011	5-LOW	0	30	3069090	3215178	3	2977017	61381	8	19951214	REG A
5	1	8897	108570	209	19940730	5-LOW	0	15	2367855	14465920	2	2320497	94714	4	19940831	AIR
5	2	8897	123927	1295	19940730	5-LOW	0	26	5072392	14465920	7	4717324	117055	8	19940925	FOB
5	3	8897	37531	4166	19940730	5-LOW	0	50	7342650	14465920	8	6755238	88111	3	19941013	AIR
6	1	11125	139636	2876	19920221	4-NOT SPECI	0	0	0	0	8	0	100537	3	19920515	TRUCK
7	1	7828	182052	8674	19960110	2-HIGH	0	12	1360860	25200418	7	1265599	68043	3	19960313	FOB
7	2	7828	145243	4536	19960110	2-HIGH	0	9	1159416	25200418	9	1066662	77294	8	19960302	SHIP
7	3	7828	94780	6528	19960110	2-HIGH	0	46	8163988	25200418	10	7347589	106486	7	19960327	MAIL
7	4	7828	163073	237	19960110	2-HIGH	0	28	3180996	25200418	3	3085566	68164	4	19960408	FOB

图 2—32

SQL 是关系数据库的标准语言，SQL 语言以其简洁的语法和强大的功能被广为接受和应用。SQL 的命令不多，但语法有很多不同的应用方式，能够表达非常复杂的逻辑。随着企业级数据规模的不断增长，SQL 的数据分析处理需求不断提高，需要通过 SQL 完成大数据集上的复杂分析处理任务，对 SQL 的灵活运用能力提出较高的要求。

SQL 不仅是关系数据库的数据操作语言，其他数据处理领域派生出很多的类 SQL 语言，如数据仓库中用于 OLAP 分析的多维数据分析 MDX (Multi Dimensional eXpressions) 语言，科学计算大数据 SciDB 数据库使用的数组语言 AQL (Array Query Language)，基于 Hadoop 构建的数据仓库分析系统 HIVE 使用的 Hive SQL 语言，从语法结构上都与 SQL 语言有一定的相似性或兼容性，因此 SQL 语言代表了数据处理的语言标准，也是大数据处理时代重要的基础知识。举例如下：

MDX 查询命令：

```
SELECT
{[Measures].[Internet Sales Amount],[Measures].[Internet Total Product Cost]}
ON COLUMNS,
```

{[Date].[Calendar].[Calendar Year].&[2007],[Date].[Calendar].[Calendar Year].&[2008]}

ON ROWS

FROM[Adventure Works]

SQL 中对两表内联可以写成:

select * from dual a, dual b where a. key=b. key;

Hive 中两表等值连接操作:

select * from dual a join dual b on a. key=b. key;

SciDB 中数组 A<c, d>[I, J]与数组 B<e, f>[I, J]之间的连接操作:

select * from A, B where A. c=B. e and A. d=B. f

参考文献

[1] http://en.wikipedia.org/wiki/Data.

[2] 王珊，萨师煊．数据库系统概论（第五版）．北京：高等教育出版社，2014.

[3] Marcin Zukowski. Balancing Vectorized Query Execution with Bandwidth-Optimized Storage. [PhD thesis], Netherlands: CWI, 2009.

[4] https://technet.microsoft.com/zh-cn/library/ms187875(v=sql.105).aspx.

第3章

数据库实践案例

本章要点与学习目标

本章以 SQL Server 2012 为平台，通过案例介绍数据库导入导出功能的实现、SQL 查询处理客户端的使用以及基于第三方 SQL 工具的数据库查询处理平台的使用方法。

通过案例实践向读者介绍数据库典型的 ETL（抽取、转换、加载）功能，实现将 Excel 数据、Access 数据、平面文件数据加载到数据库的功能。通过 SQL 查询操作案例介绍 SQL Server 2012 查询处理引擎的使用方法，SQL 命令调试及通过性能监视器分析 SQL 执行计划的功能。通过第三方基于 JDBC 的跨平台数据库管理工具 DbVisualizer 实现对不同数据库的管理、访问和查询处理。

本章的学习目标是通过案例实践掌握数据库完整的数据处理过程和思想，以 SQL Server 2012 和开源数据库 MySQL 为例介绍了创建数据库、导入数据、SQL 查询处理及 SQL 查询可视化工具的操作方法，掌握数据库管理系统相关功能的使用。

第 1 节　SQL Server 2012 安装

本节介绍 SQL Server 2012 的安装过程。SQL Server 2012 不仅是一个数据库，而且是一个以数据库为中心的综合的数据管理与分析处理平台，包括数据库引擎、Analysis Service（分析服务）、Intergration Service（集成服务）、Reporting Service（报告服务）等服务组件，与当前的数据库一体机技术相结合提供基于数据库平台的各个软件层次。

下面以 Windows 7 平台上的数据库安装过程为例介绍 SQL Server 2012 数据库的安装步骤。

（1）运行 SQL Server 2012 安装程序，在 SQL Server 安装中心对话框中选择安装项，执行全新 SQL Server 独立安装或向现有安装添加功能命令（见图 3—1）。

（2）安装程序首先进行安装程序支持规则验证，通过验证后按“确定”按钮进入产品密钥验证。输入安装的 SQL Server 2012 版本对应的序列号，在本例中我们选择 Enterprise 版本，主要使用数据库引擎、Analysis Service 及 Integration Service 功能（见

图 3—2）。

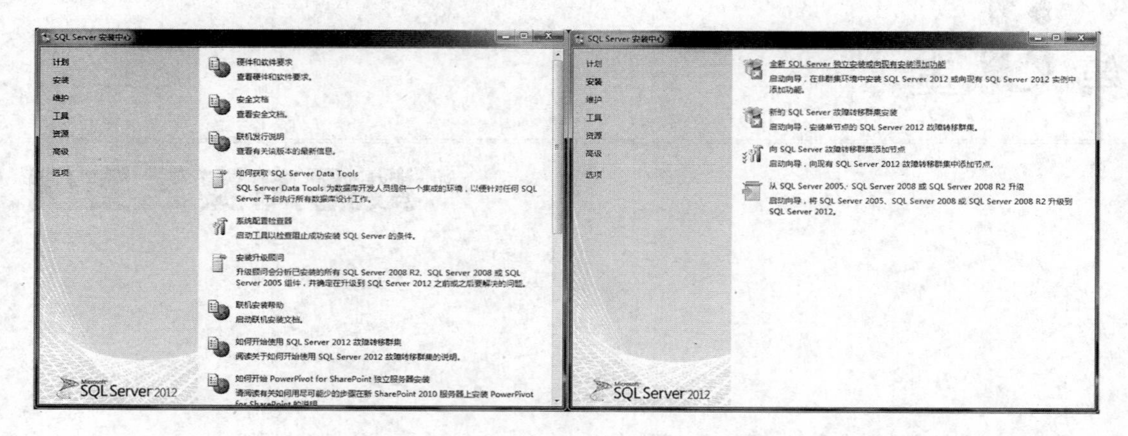

图 3—1

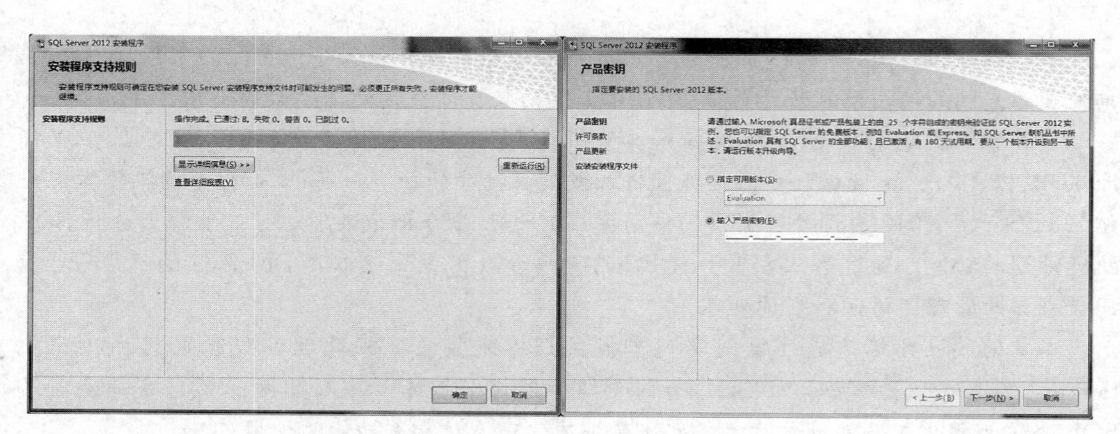

图 3—2

（3）输入正确的安装序列号后，确认接受许可条款。安装程序进行产品更新，检查系统是否满足安装需求（见图 3—3）。

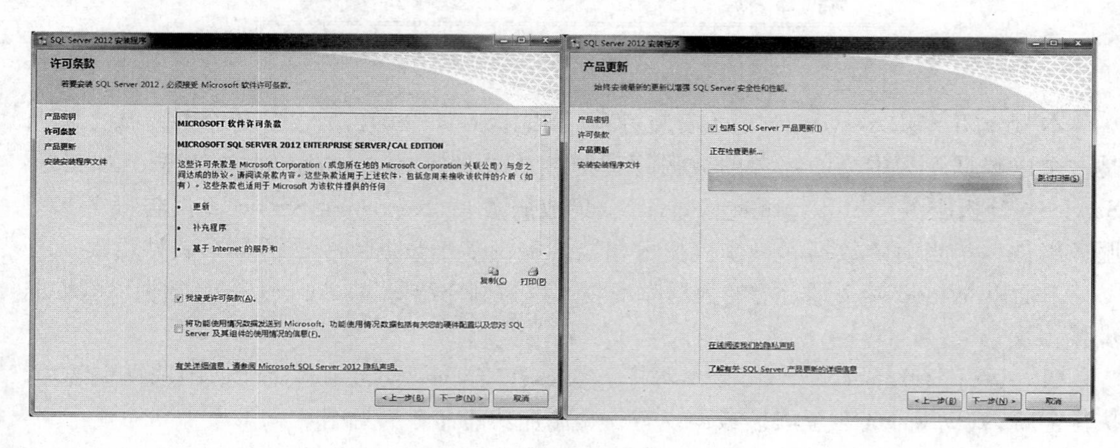

图 3—3

（4）系统检查后确定要执行的产品更新，系统自动下载更新包并安装更新程序（见图 3—4）。

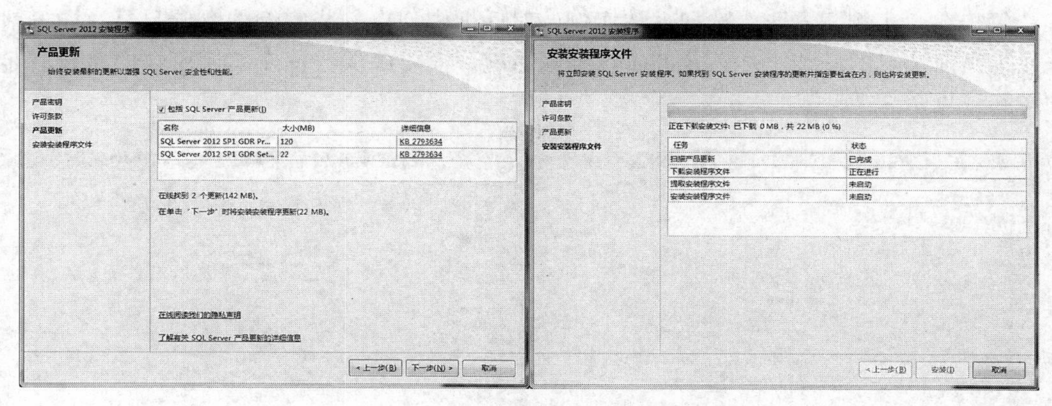

图 3—4

(5) 完成系统更新后进入 SQL Server 2012 安装。选择安装角色 SQL Server 功能安装，安装 SQL Server 数据库引擎服务、Analysis Services、Reporting Services、Integration Services 等功能（见图 3—5）。

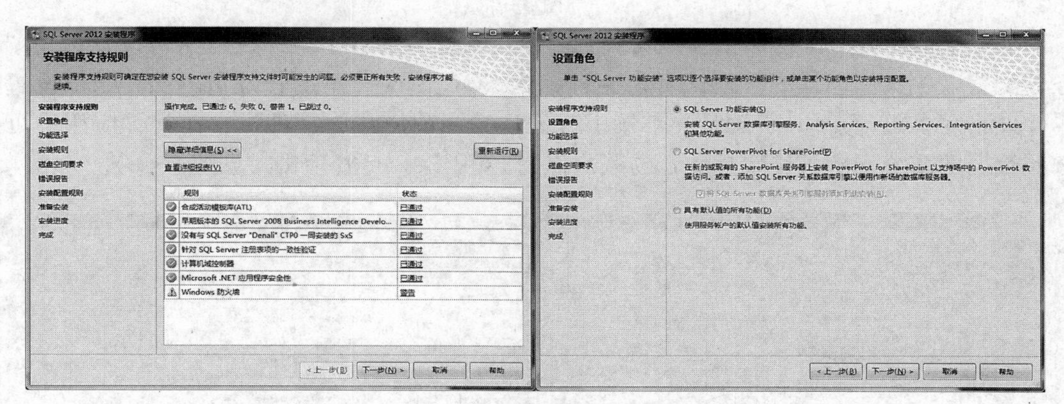

图 3—5

(6) 在功能选择对话框中选择要安装的功能，本例中选择数据库引擎服务、Analysis Services、SQL Service Data Tools（数据 1 工具）、Integration Services 以及相应的客户端工具等。安装程序对安装规则进行检查，检验系统是否满足安装规则要求（见图 3—6）。

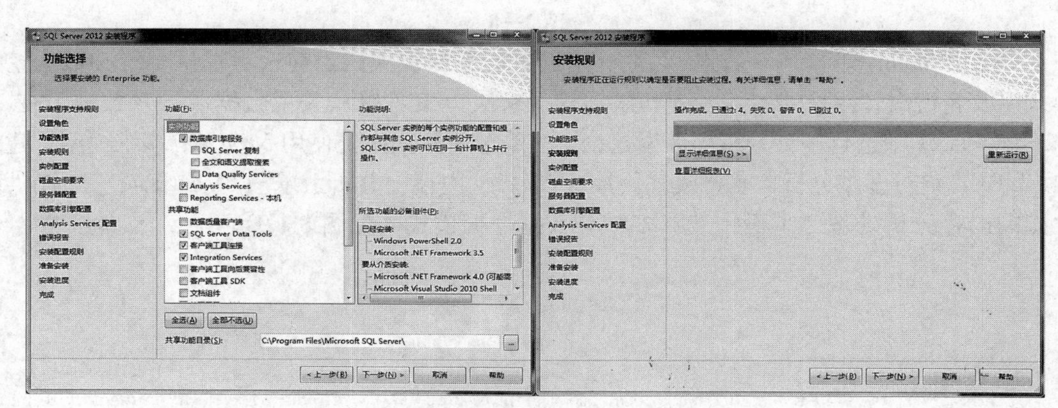

图 3—6

（7）在“实例配置”中选择默认实例，对话框中列出安装实例的存储目录。向导对话框显示当前选定的安装组件需要的磁盘空间情况，需要确保数据库实例所在的磁盘有足够的空间（见图 3—7）。

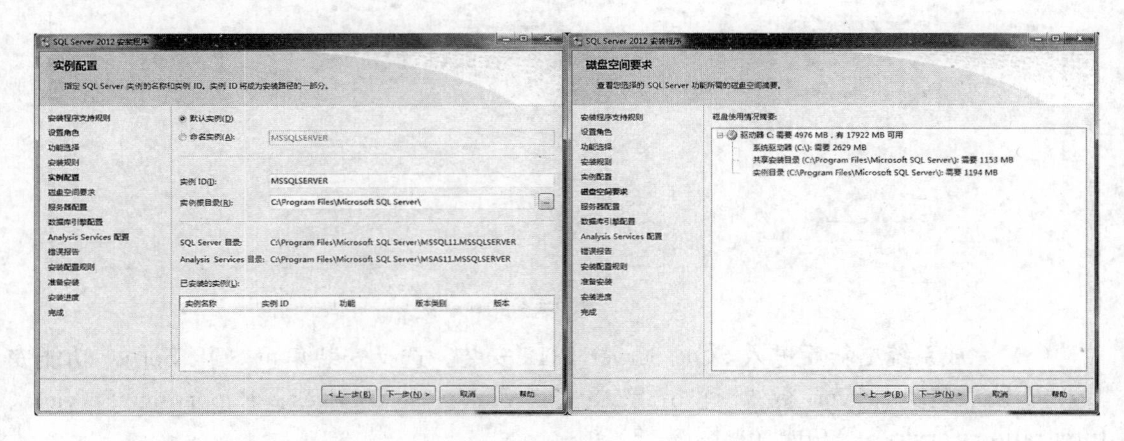

图 3—7

（8）安装向导继续对服务器进行配置，可以对安装的各个服务进行密码设置。在“服务器配置”中我们选择混合模式身份验证，为 SQL Server 系统管理员（sa）账户设置密码，并指定 SQL Server 管理员。本例中我们选择当前用户为管理员，在实际应用中可以按照数据库系统安全策略选择适合的账户作为 SQL Server 管理员（见图 3—8）。

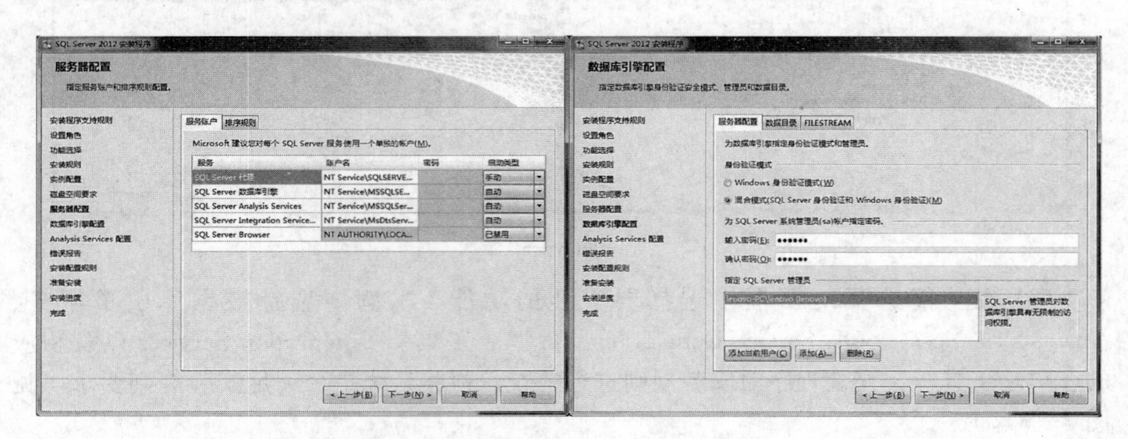

图 3—8

（9）在 Analysis Services 配置对话框中设置服务器模式。当前选项提供多维和数据挖掘模式以及表格模式两种类型，多维和数据挖掘解决方案可以从关系数据源导入数据，在 Analysis Service 中进行多维分析和数据挖掘。多维分析模式主要使用 MOLAP 多维模型构建多维 CUBE，进行多维分析；表格模式使用 xVelocity 内存中分析引擎[①]（VertiPaq）来提供高性能的内存分析处理。本例中选择多维和数据挖掘模式（见图 3—9）。

① http://blogs.technet.com/b/dataplatforminsider/archive/2012/03/08/introducing-xvelocity-in-memory-technologies-in-sql-server-2012-for-10-100x-performance.aspx.

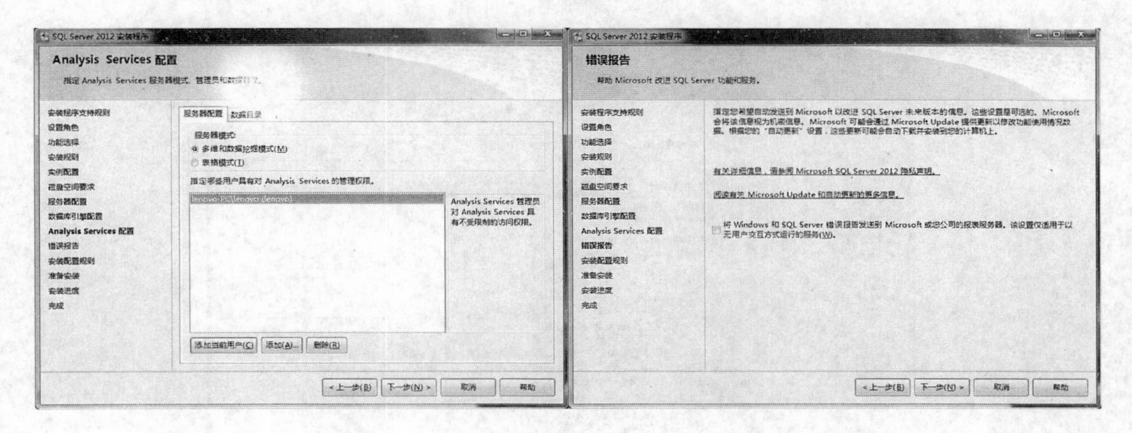

图 3—9

（10）安装向导对安装配置规则进行检查，满足安装规则要求后进入安装对话框，在对话框窗口中列出所选择的安装组件信息（见图 3—10）。

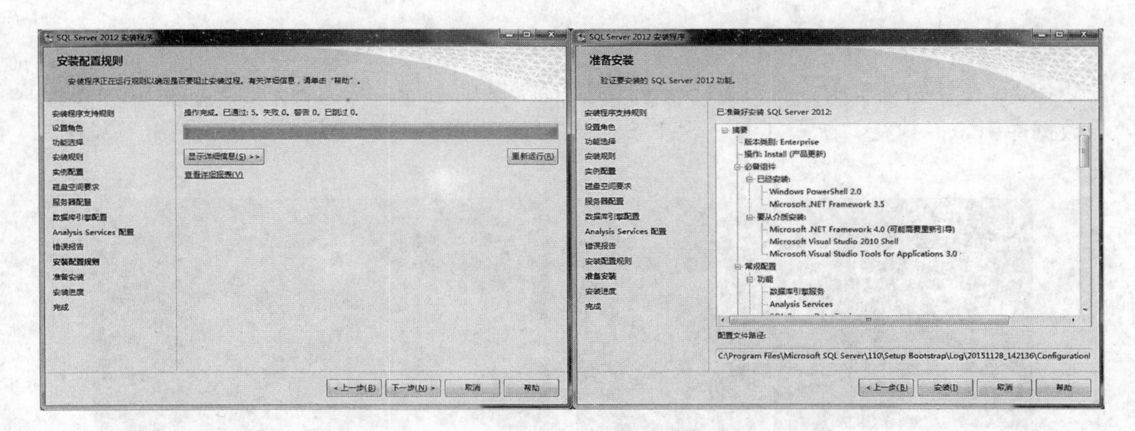

图 3—10

（11）启动安装进程，下载安装文件后运行安装程序（见图 3—11）。

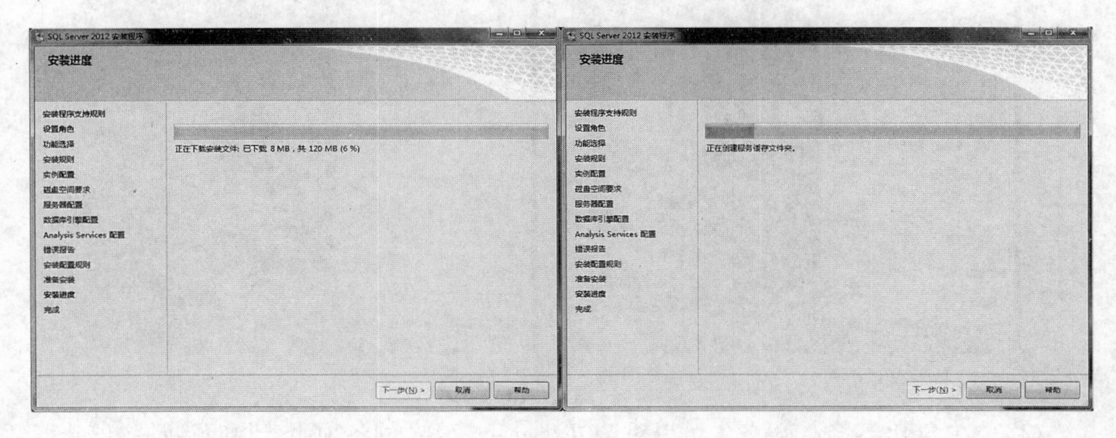

图 3—11

（12）完成安装后显示完成对话框，列出所选组件的安装状态（见图 3—12）。

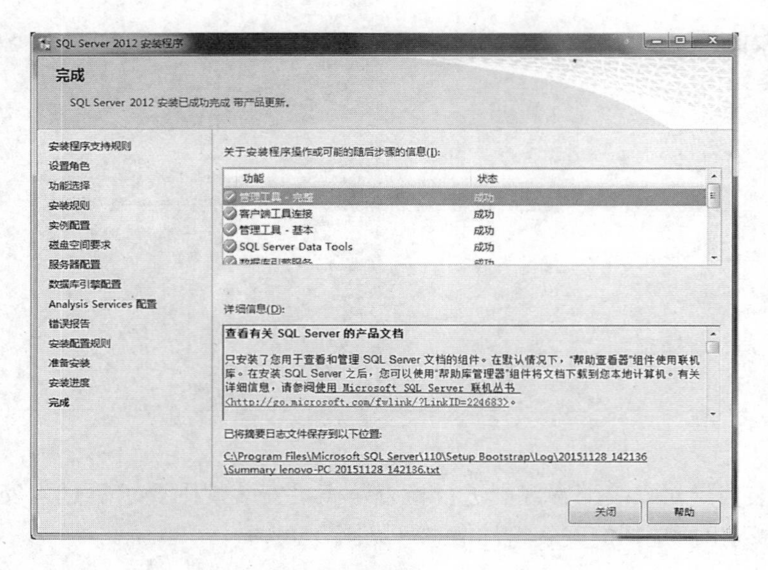

图 3—12

(13) 在开始菜单中查看 SQL Server 2012 已安装的组件，SQL Server Management Studio 为数据库引擎。执行“配置工具—SQL Server 配置管理器”，查看数据库配置情况（见图 3—13）。

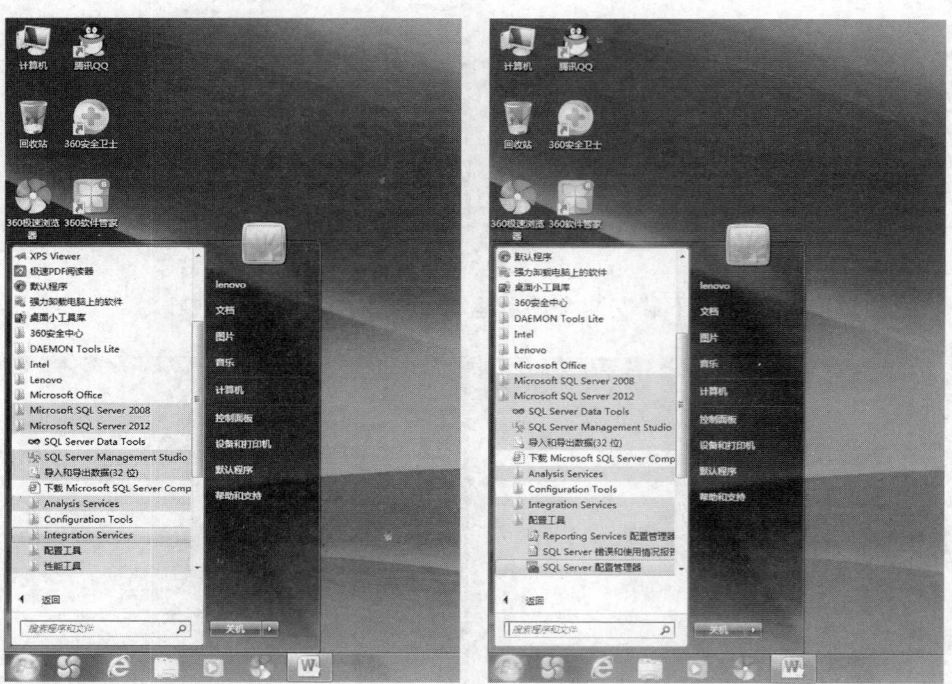

图 3—13

(14) 在 SQL Server 服务中可以对 SQL Server 2012 的各项服务执行启动、停止、暂停、重新启动等操作，使用数据库引擎及 Analysis Services 时需要确保相应的服务处于启动状态（见图 3—14）。

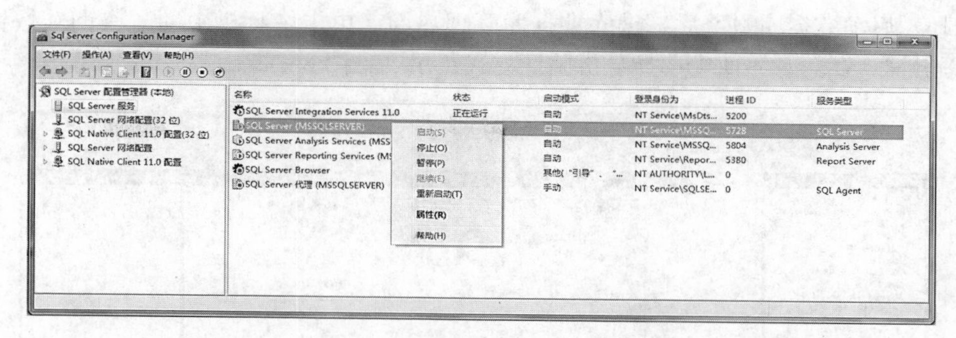

图 3—14

(15) 运行开始菜单中的 SQL Server Management Studio，启动数据库引擎（见图 3—15）。

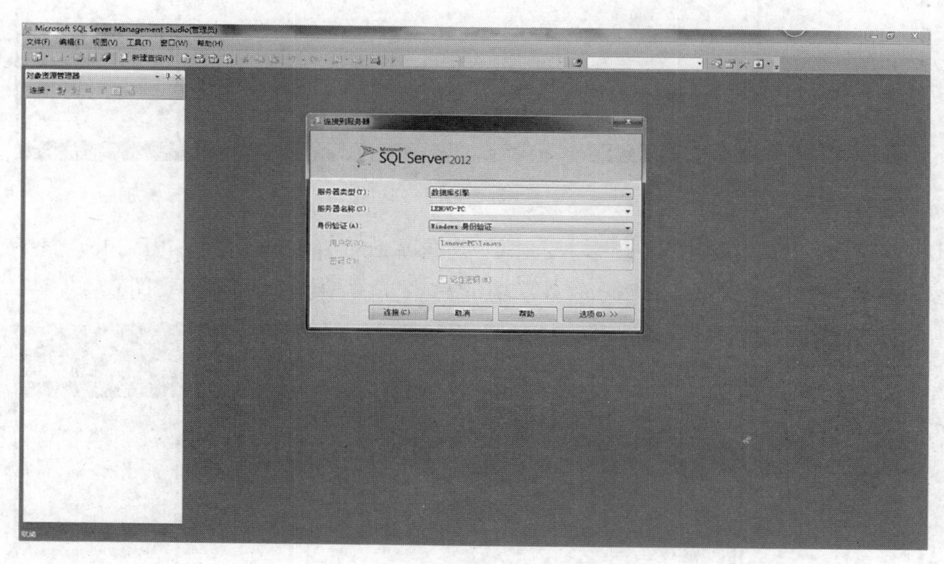

图 3—15

在服务器类型中可以选择启动数据库引擎服务器、Analysis Services 或其他安装的服务器；在身份验证中可以选择 Windows 身份验证或者 SQL Server 身份验证方式，通过不同的账户登录数据库服务器（见图 3—16）。

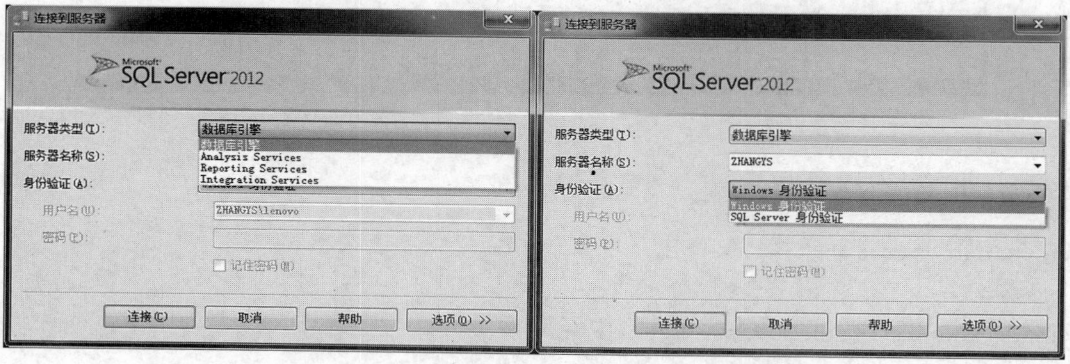

图 3—16

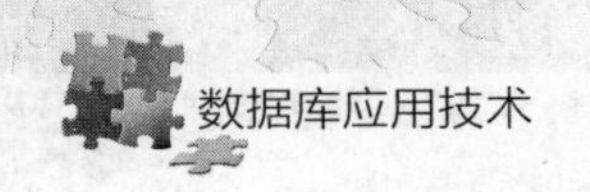

（16）启动数据库引擎后，进入数据库管理界面。单击工具栏中的"查询"按钮连接数据库引擎，在登录界面中选择身份验证方式登录（见图 3—17）。

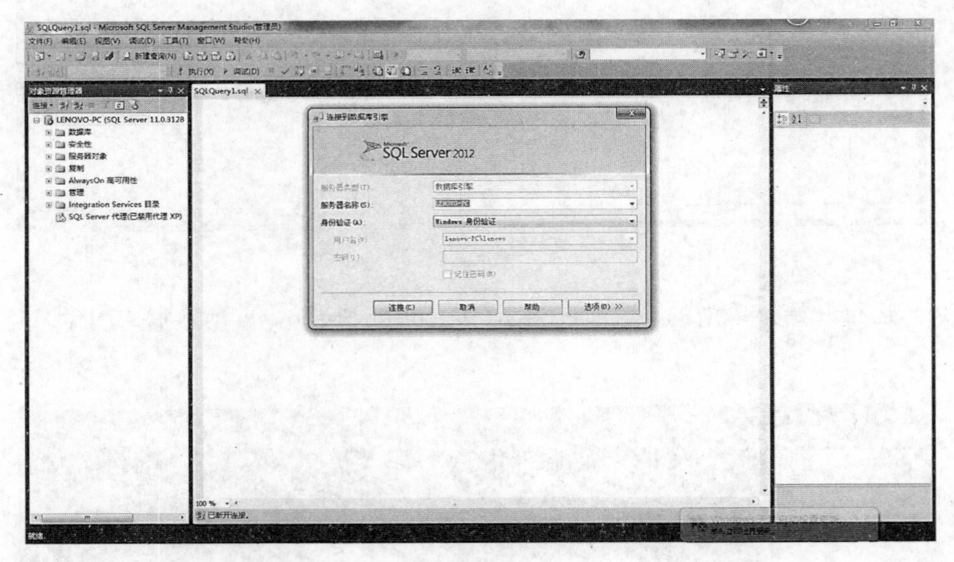

图 3—17

（17）在查询窗口中创建数据库 test，在数据库 test 中创建表 TestTable，插入 3 条记录后显示表中记录内容，验证数据库引擎功能是否正常执行（见图 3—18）。

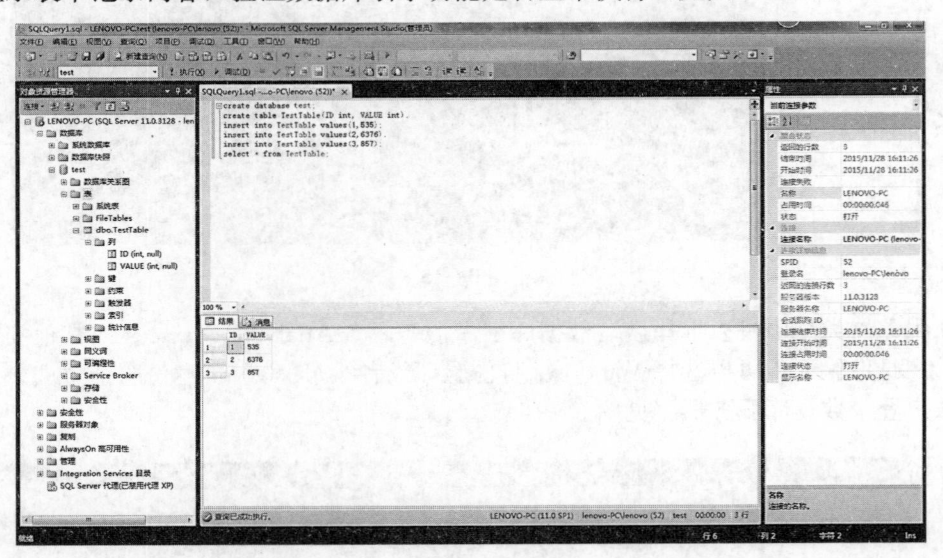

图 3—18

数据库验证命令如下：

```
create database test;
use test;
create table TestTable(ID int, VALUE int);
insert into TestTable values(1,535);
```

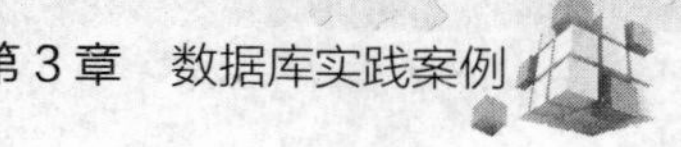

```
insert into TestTable values(2,6376);
insert into TestTable values(3,857);
select * from TestTable;
```

第2节　数据库导入导出实践案例

数据库的数据导入导出工具能够实现数据库与不同数据源之间的数据导入或导出操作。在 SQL Server 2012 中，数据的导入是指从其他数据源将数据复制到 SQL Server 数据库中；数据的导出是指将 SQL Server 中的数据复制到其他数据源中。SQL Server 中支持的其他数据源包括同版本或低版本的 SQL Server 数据库、Excel、Access、通过 OLE DB 或 ODBC 连接的数据源、纯文本文件等。在数据导入或导出时需要选择数据源、目标数据源、指定复制的数据和执行方式等步骤。下面分别以 Excel 文件、Access 文件、文本数据文件为例介绍 SQL Server 2012 中的数据导入导出功能的使用。

一、Excel 文件与 SQL Server 2012 的导入导出功能

1. 从 Excel 文件导入到 SQL Server 2012 数据库中

从福布斯网站上下载并整理历年福布斯中国 400 富豪榜[①]数据，以 Excel 格式存储（见图 3—19）。

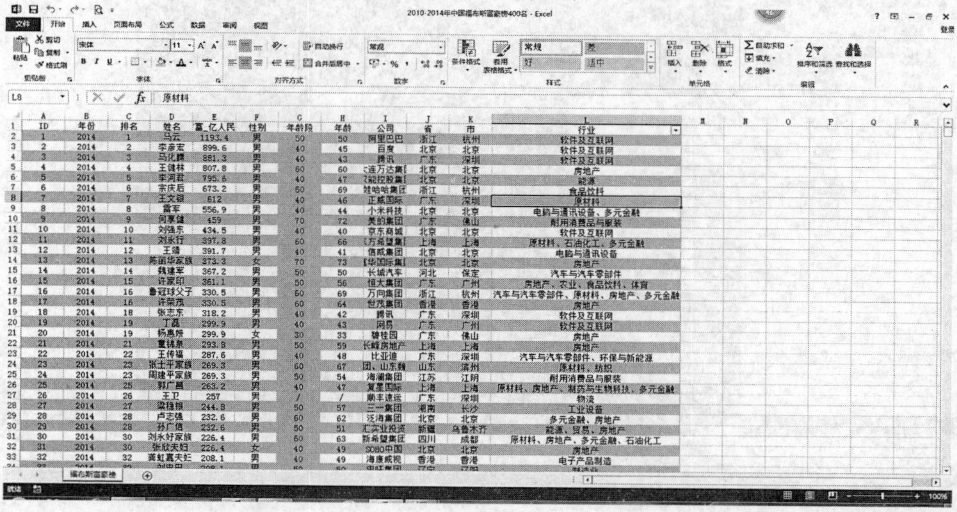

图 3—19

下面举例说明将 Excel 格式数据文件导入 SQL Server 2012 数据库中的执行步骤：

（1）在 SQL Server 2012 数据库中创建目标数据库。

在 SQL Server Management Studio 对象资源管理器的“数据库”对象上单击右键，执行“新建数据库”命令，创建“福布斯中国 400 富豪榜”数据库（见图 3—20）。

① http://www.forbeschina.com/list/billionaires/2014.

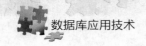

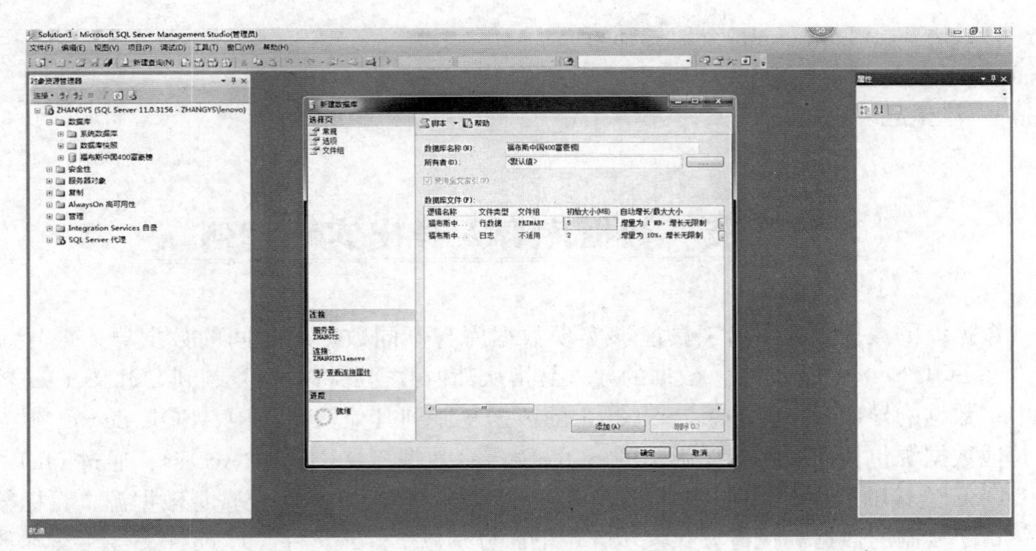

图 3—20

(2) 启动导入数据向导。

在“福布斯中国 400 富豪榜”数据库对象上单击右键，选择“任务—导入数据”命令，启动 SQL Server 导入和导出向导（见图 3—21）。

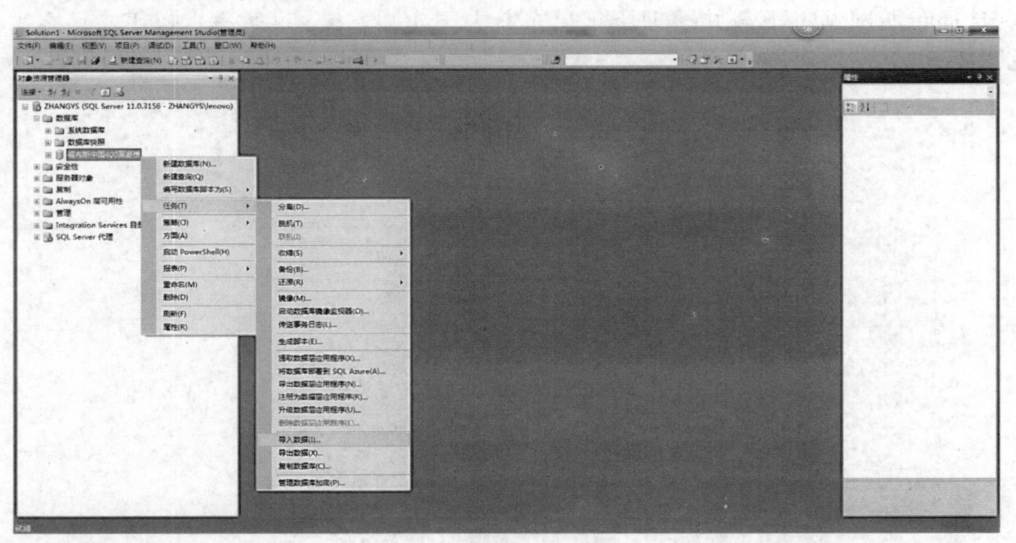

图 3—21

(3) 选择数据库源。

在 SQL Server 导入和导出向导中首先选择 Microsoft Excel 数据源，选择文件路径，指定 Excel 版本。选择“首行包含列名称”则指定 Excel 中首行为列名，自动建立表结构（见图 3—22）。

(4) 选择目标数据源。

选择目标数据源为本地数据库连接 SQL Server Native Client，选择数据库“福布斯中国 400 富豪榜”。

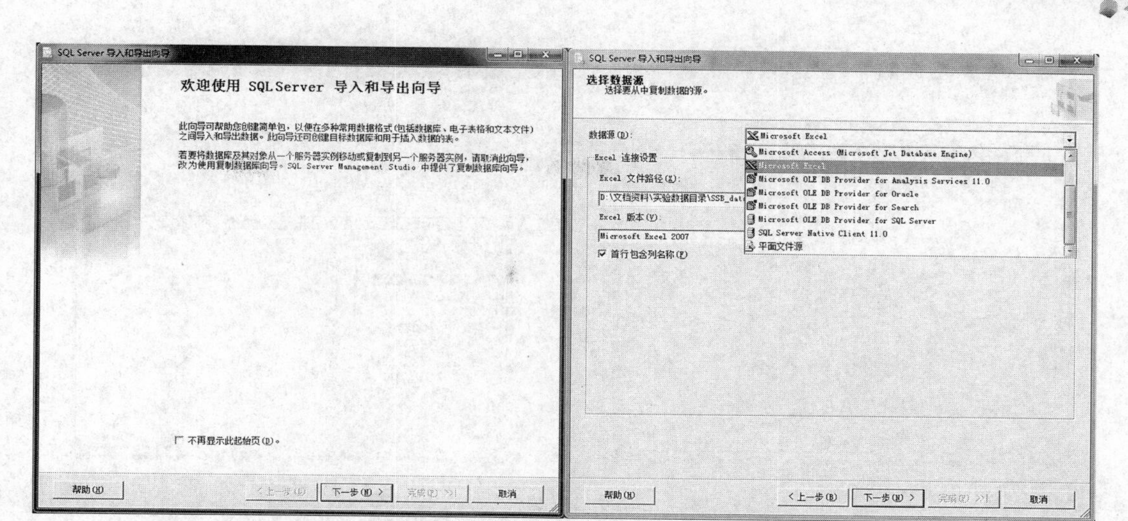

图 3—22

（5）指定复制数据。

选择“复制一个或多个表或视图的数据”选项，复制 Excel 中指定 sheet 中的全部数据（见图 3—23）。

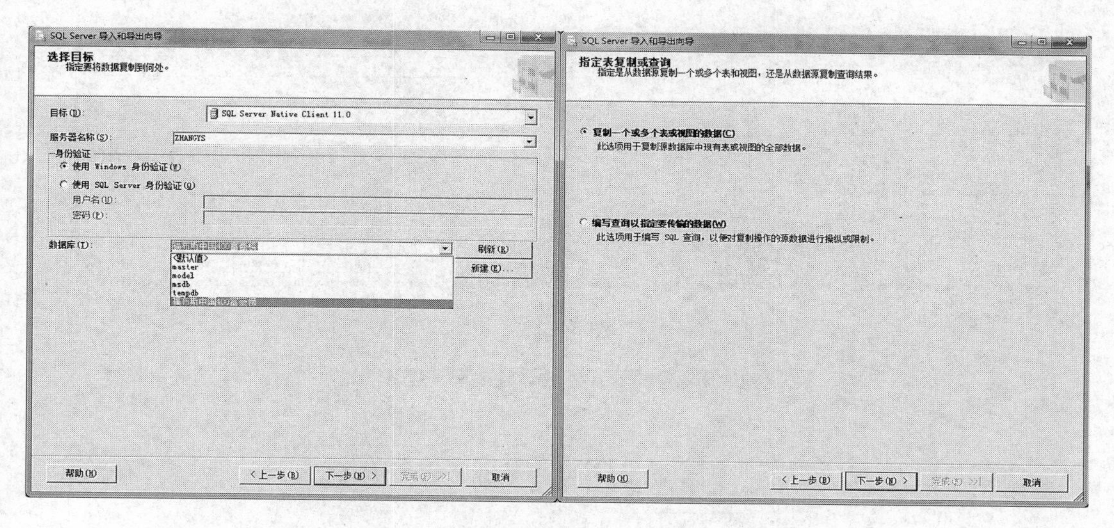

图 3—23

选择 Excel 中要复制的 sheet“福布斯富豪榜＄”，目标表名修改为“福布斯富豪榜”。单击“编辑映射”按钮，修改 SQL Server 数据库中表的定义。

（6）设置目标表的列映射属性。

在列映射对话框中可以修改目标表的列名、数据类型、宽度、可否为空等表结构信息。Excel 中默认的文本列宽度为 255，在此修改为合理的宽度以节省存储空间，同时修改数值型列的类型，将整数型的列从默认的 float 类型修改为 int 类型（见图 3—24）。

设置数据转换时的出错处理方式，此处选择忽略。

可以保存导入包，用于数据的重新导入（见图 3—25）。

导入成功执行后将 Excel 中的数据导入 SQL Server 数据库（见图 3—26）。

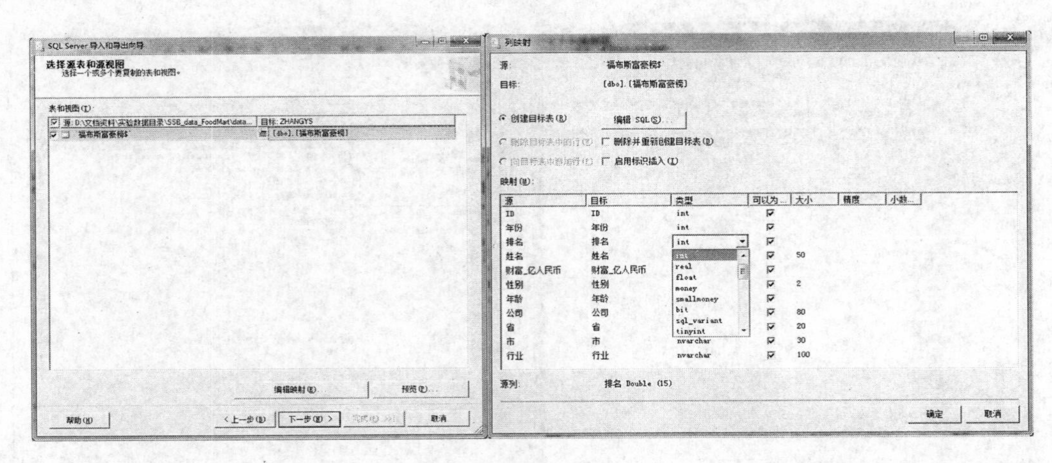

图 3—24

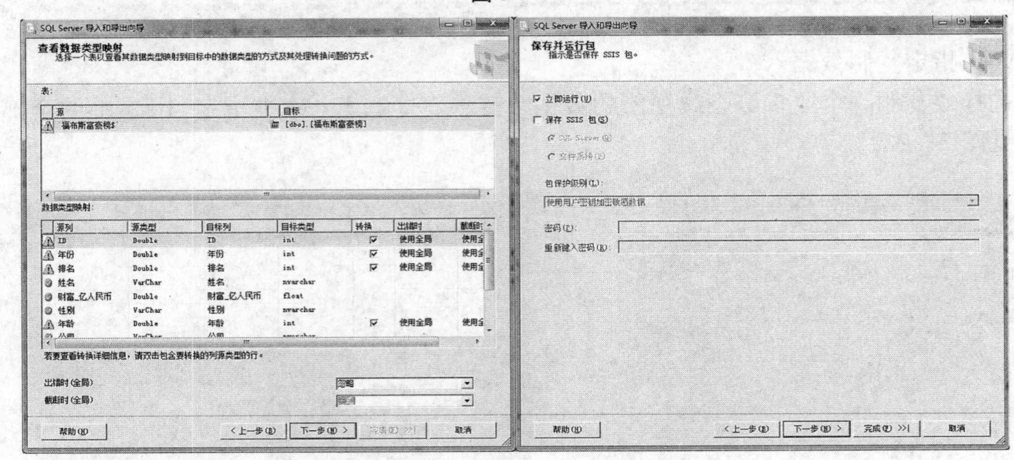

图 3—25

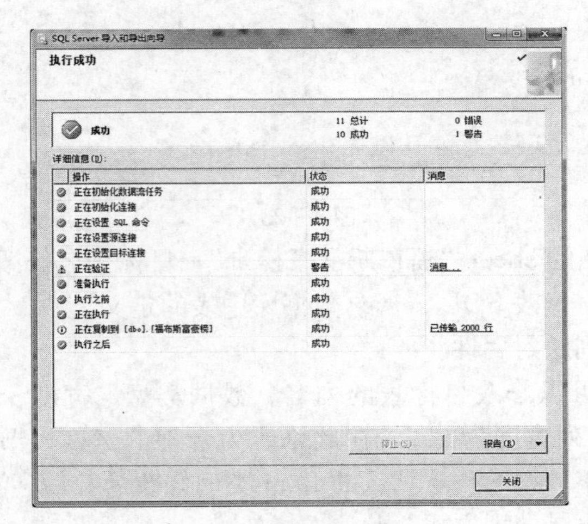

图 3—26

（7）在数据库中查看导入数据。

在 SQL Server 数据库中查看导入表“福布斯富豪榜”，通过 SQL 命令对数据进行查询分析（见图 3—27）。

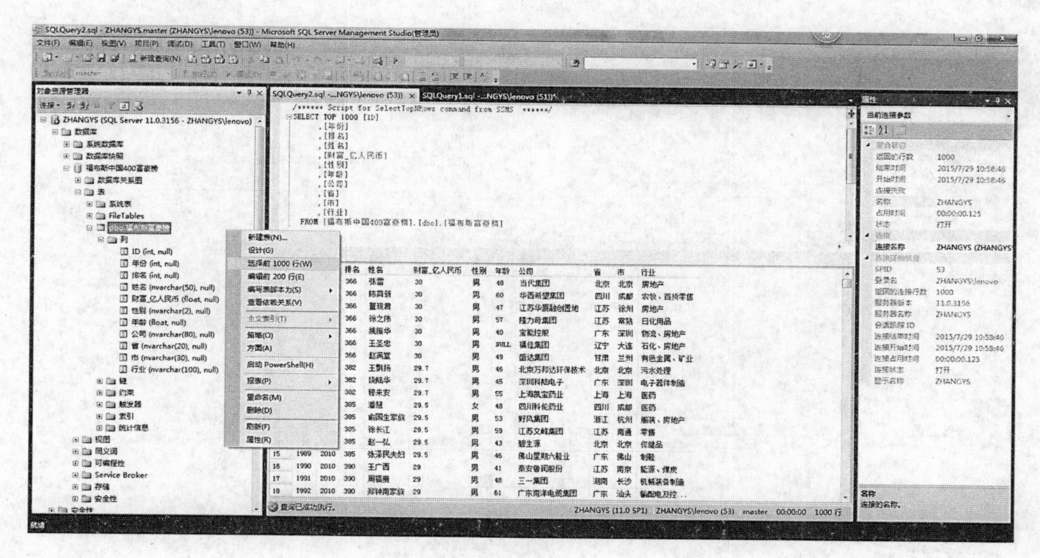

图 3—27

2. 从 SQL Server 2012 数据库导出到 Excel 文件

从 SQL Server 2012 数据库导出到 Excel 文件与导入过程类似，具体执行步骤如下：

(1) 选择数据库"任务—导出数据"。

启动 SQL Server 导入与导出向导（见图 3—28）。

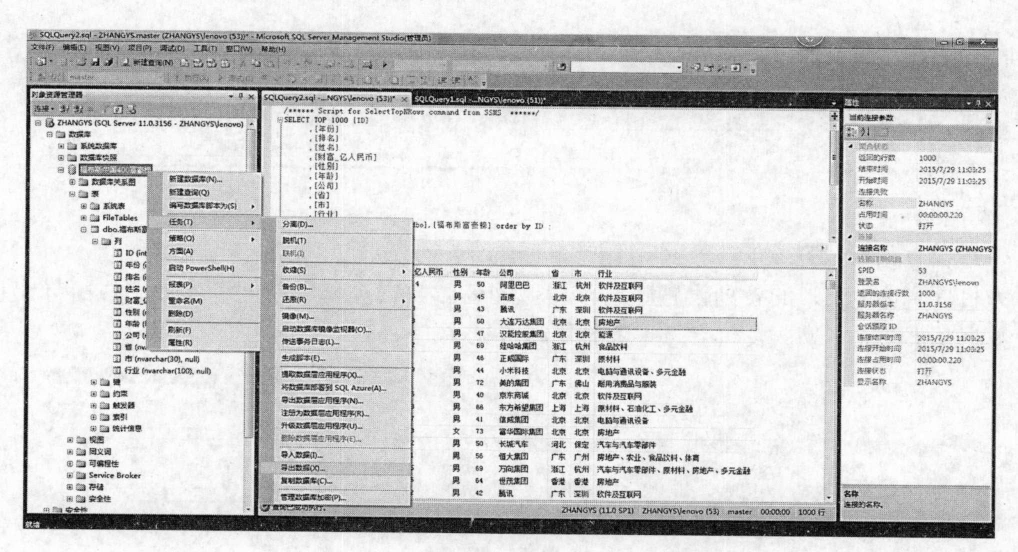

图 3—28

(2) 选择数据源和目标。

选择数据源为 SQL Server 数据库，选择目标为 Excel，指定复制数据的 Excel 文件路径（见图 3—29）。

(3) 选择源与目标表。

在数据源中选择要复制的表，在目标中选择 sheet 或者指定新的 sheet 名称（见图 3—30）。

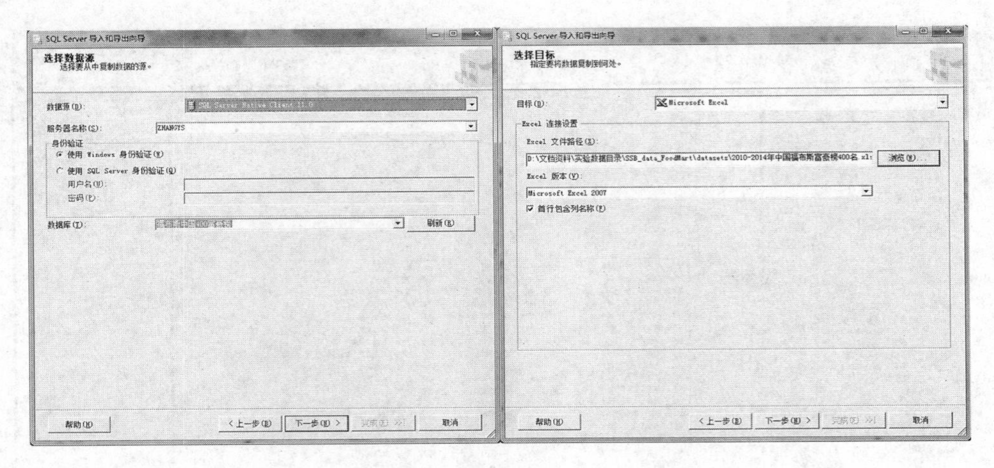

图 3—29

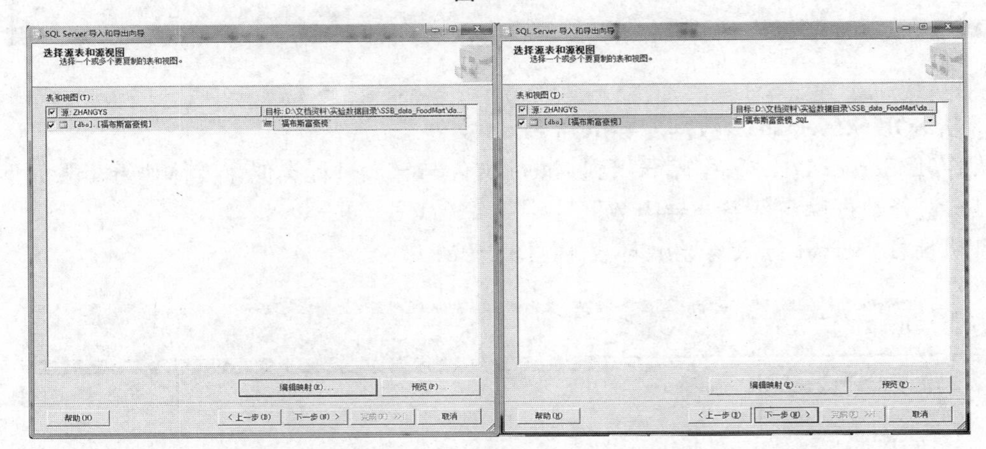

图 3—30

(4) 设置目标列映射。

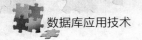

为目标 sheet 表中的各列设置映射，设置列名、数据类型、精度等参数。执行导出包，完成数据从 SQL Server 表向 Excel 表的复制（见图 3—31）。

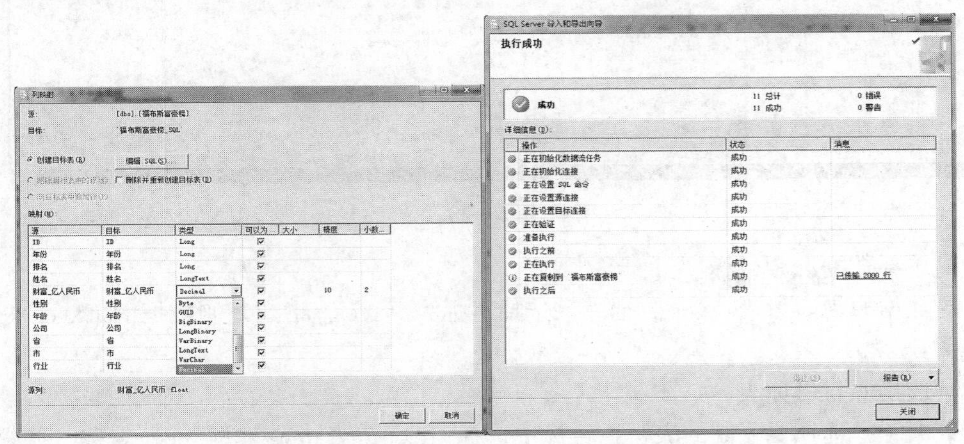

图 3—31

查看 Excel 中复制数据所在的 sheet，确认复制任务完成（见图 3—32）。

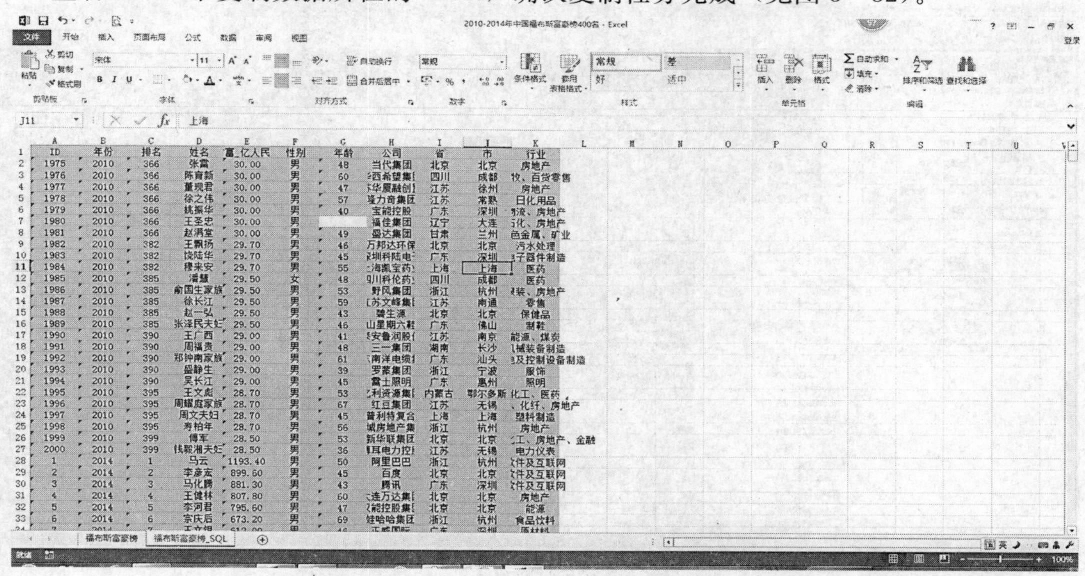

图 3—32

二、Access 文件与 SQL Server 2012 的导入导出功能

1. 从 Access 文件导入到 SQL Server 2012 数据库

Access 数据库的结构与 SQL Server 类似，有完整的表结构和数据，可以实现从 Access 数据库中将指定的表导入 SQL Server 数据库中，下面以 FoodMart 数据库为例介绍从 Access 文件导入 SQL Server 2012 数据库的操作步骤（见图 3—33）。

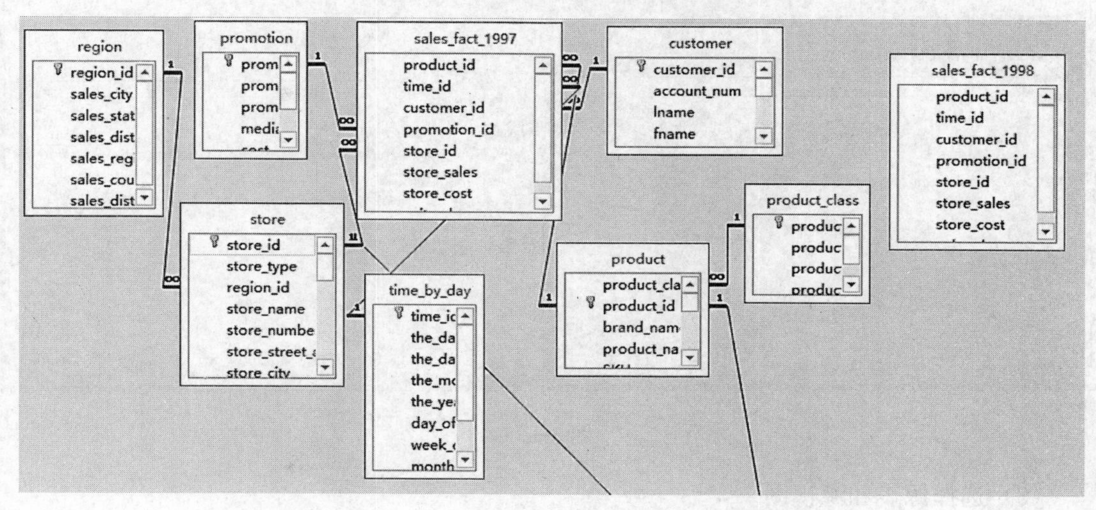

图 3—33

（1）在 SQL Server 2012 数据库中创建目标数据库。

在 SQL Server Management Studio 对象资源管理器的“数据库”对象上单击右键，执行“新建数据库”命令，创建“FoodMart”数据库（见图 3—34）。

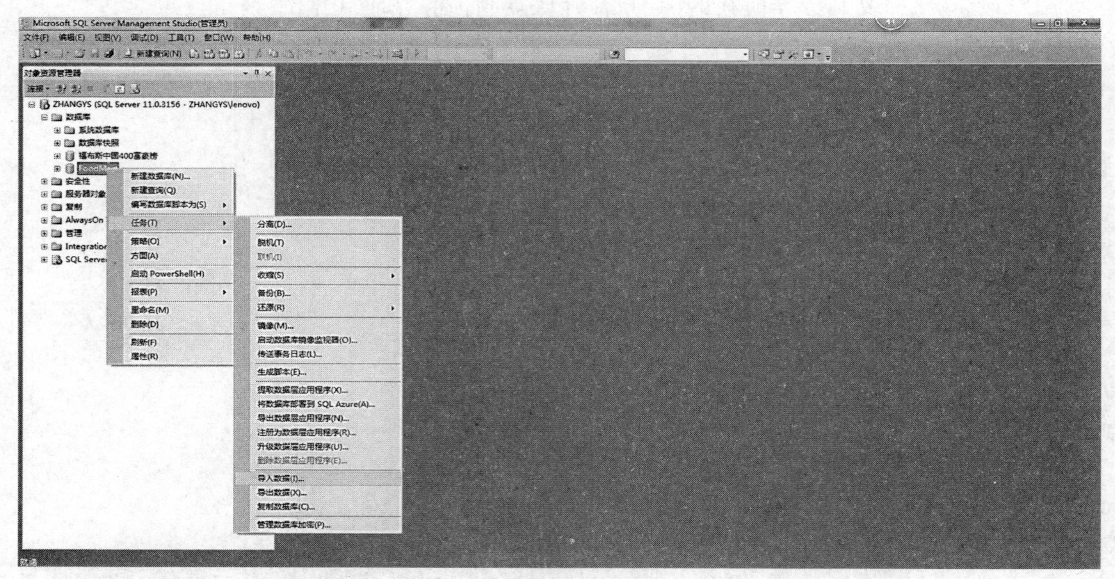

图 3—34

（2）设置数据源和目标。

在 SQL Server 导入和导出向导中选择 Access 数据源，指定源数据 Access 文件的路径。选择目标数据库为 SQL Server 中新建的 FoodMart 数据库（见图 3—35）。

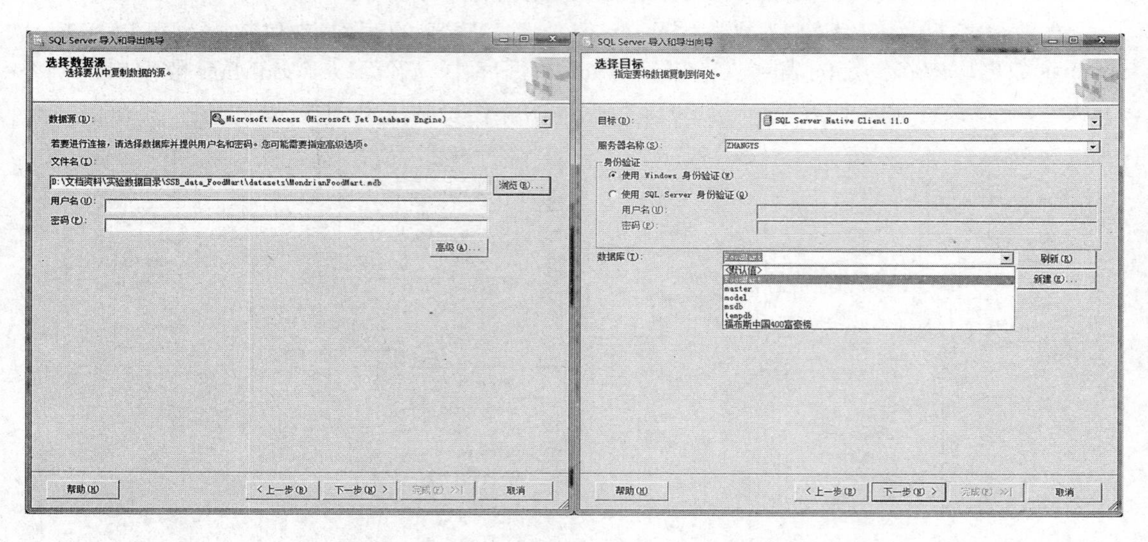

图 3—35

（3）选择源表和源视图。

导入的对象可以是 Access 中的表和视图。根据 Access 数据库结构选择销售数据 sales_fact_1997 及其相关的 customer，product，product_class，store，region，promotion，time_by_day 等表，成功执行导入包后将 Access 中的表复制到 SQL Server 数据库中（见图 3—36）。我们要将 Access 数据库中的表 sales_fact_1997 和 sales_fact_1998 进行合并，因此先导入 sales_fact_1997 表，并将其对应的 SQL Server 中的表名修改为 sales_fact。

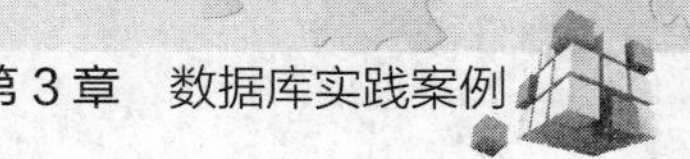

图 3—36

（4）向数据库中表中追加数据。

将 Access 数据库中 sales_fact_1998 表中的数据追加到 FoodMart 数据库中 sale_fact 表中。再次在 FoodMart 数据库上启动导入数据向导（见图 3—37）。

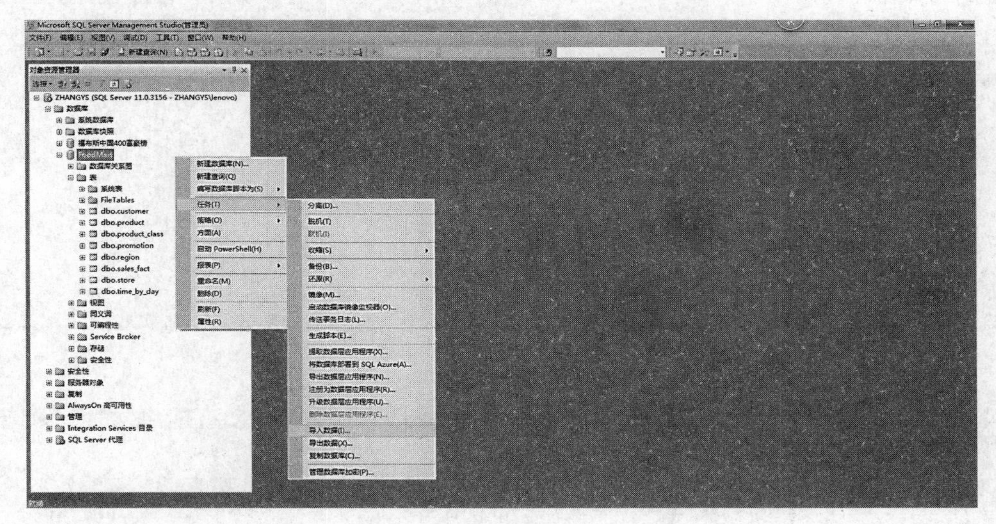

图 3—37

（5）选择源数据表和追加的目标数据表。

在 SQL Server 导入和导出向导中选择源表 sales_fact_1998，选择目标数据库 FoodMart 中的 sales_fact，将数据追加到目标表中（见图 3—38）。

2. 从 SQL Server 2012 数据库导出到 Access 文件中

通过 SQL Server 导入和导出向导选择 SQL Server 数据源和 Access 目标数据库（见图 3—39）。

选择 SQL Server 中合并的表 sales_fact，导出到 Access 数据库中，设置表名为“sales_fact_19971998”，执行导出包，实现数据从 SQL Server 表向 Access 表的复制操作（见图 3—40）。

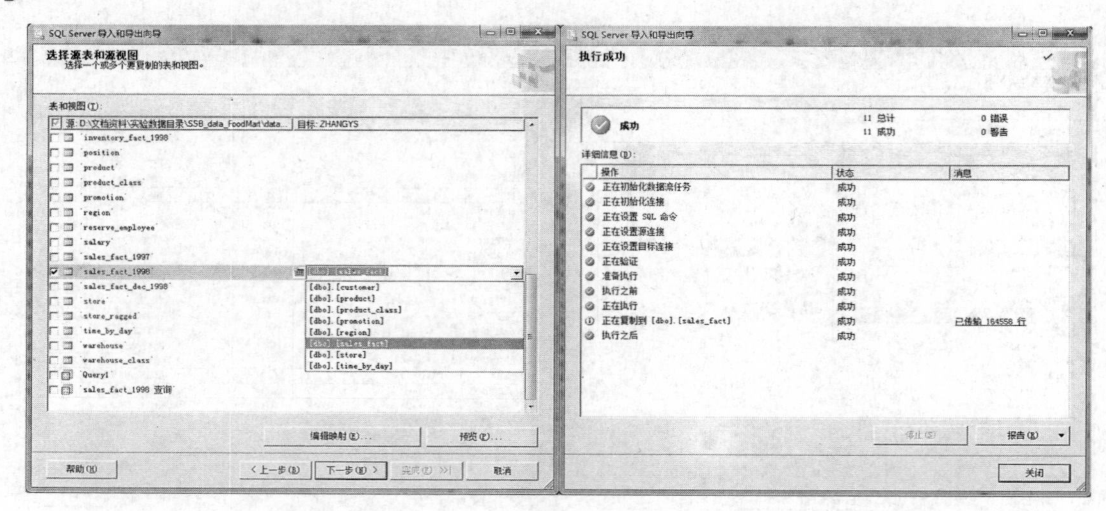

图 3—38

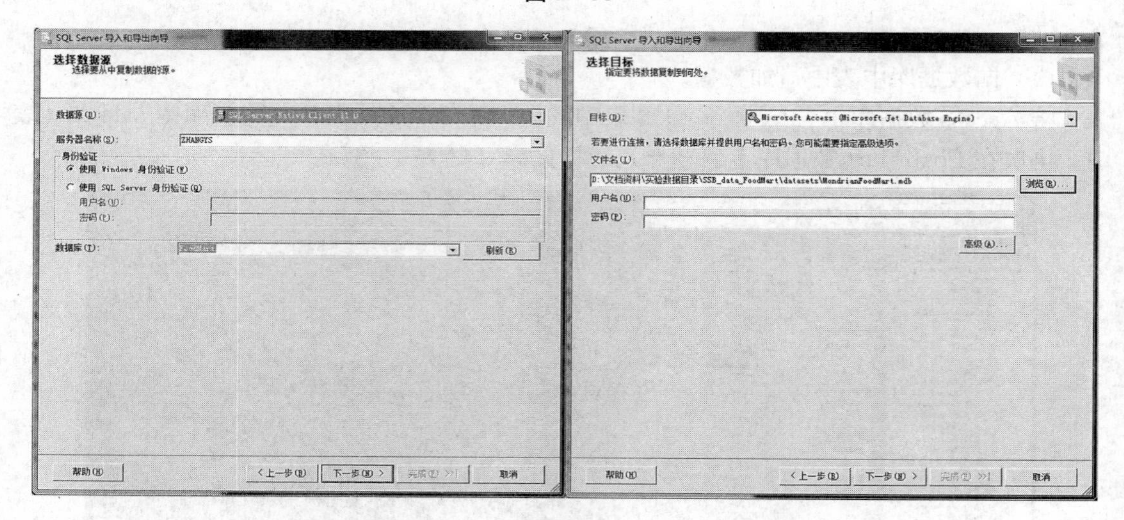

图 3—39

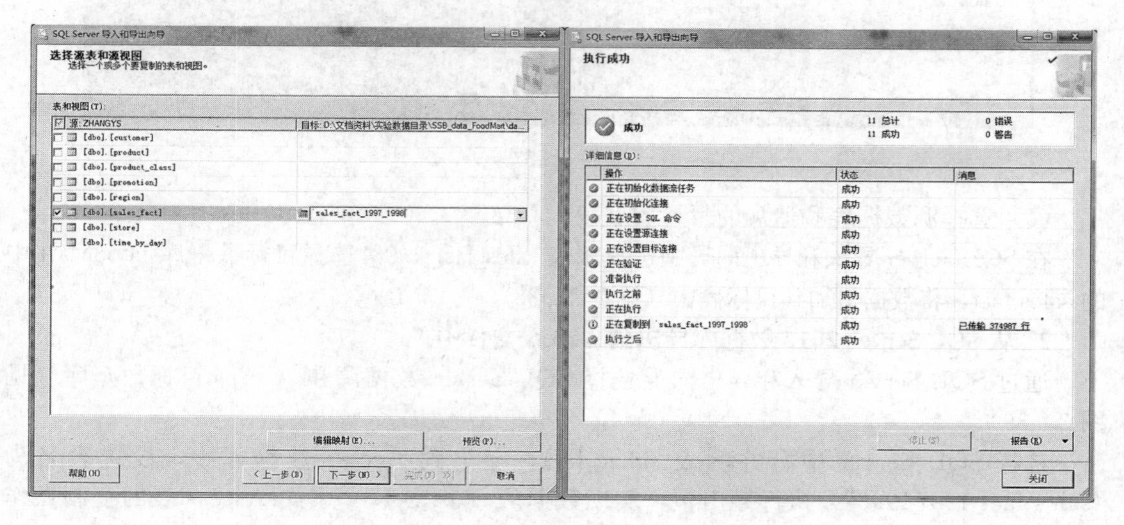

图 3—40

三、平面数据文件与 SQL Server 2012 的导入导出功能

1. 从平面数据文件导入到 SQL Server 2012 数据库中

由于平面数据文件中只包含数据，不包含结构信息（见图 3—41），因此需要事先在 SQL Server 中创建表结构。下面以创建 SSB 数据库为例，演示从平面数据文件中导入数据的过程。

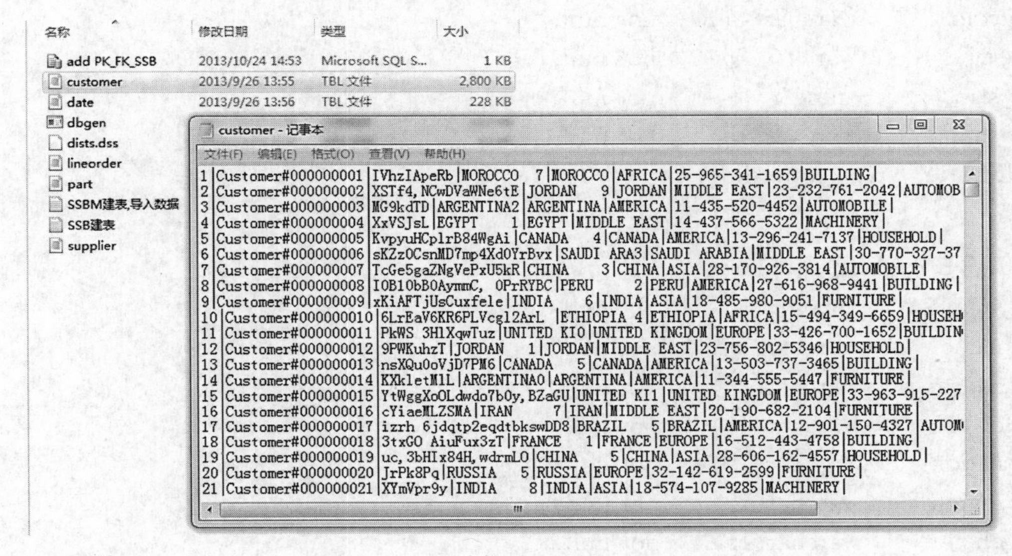

图 3—41

（1）在 SQL Server 2012 数据库中创建目标数据库。

在 SQL Server Management Studio 对象资源管理器的“数据库”对象上单击右键，执行“新建数据库”命令，创建“SSB”数据库。

在 SSB 数据库中创建相应的表，如图 3—42 所示。

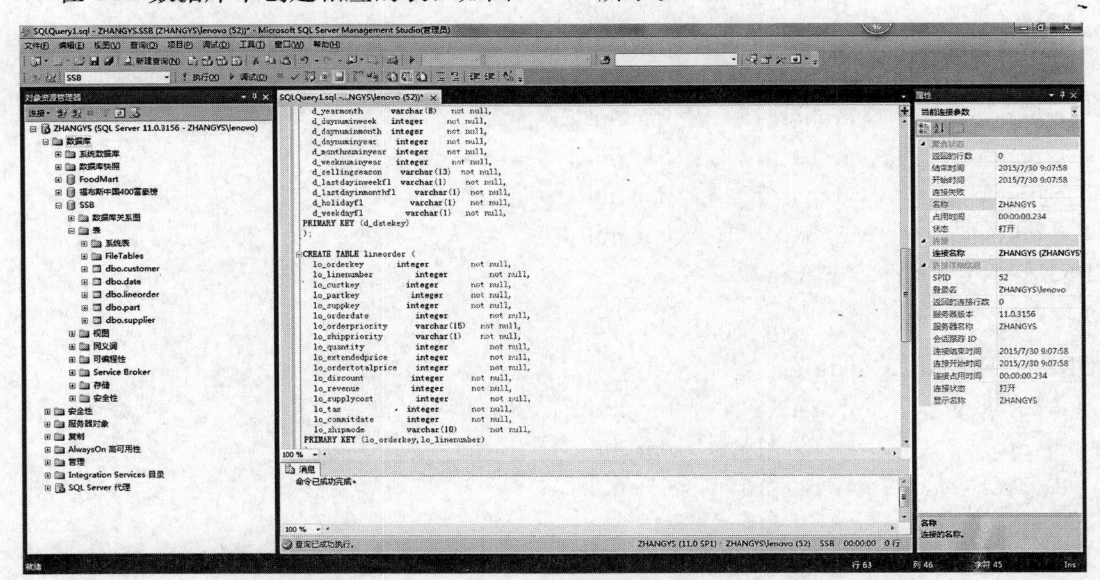

图 3—42

```
CREATE TABLE part (
   p_partkey      integer         not null,
   p_name         varchar(22)     not null,
   p_mfgr         varchar(6)      not null,
   p_category     varchar(7)      not null,
   p_brand1       varchar(9)      not null,
   p_color        varchar(11)     not null,
   p_type         varchar(25)     not null,
   p_size         integer         not null,
   p_container    varchar(10)     not null,
PRIMARY KEY (p_partkey)
);
CREATE TABLE supplier (
   s_suppkey      integer         not null,
   s_name         varchar(25)     not null,
   s_address      varchar(25)     not null,
   s_city         varchar(10)     not null,
   s_nation       varchar(15)     not null,
   s_region       varchar(12)     not null,
   s_phone        varchar(15)     not null,
PRIMARY KEY (s_suppkey)
);
CREATE TABLE customer (
   c_custkey        integer         not null,
   c_name           varchar(25)     not null,
   c_address        varchar(25)     not null,
   c_city           varchar(10)     not null,
   c_nation         varchar(15)     not null,
   c_region         varchar(12)     not null,
   c_phone          varchar(15)     not null,
   c_mktsegment     varchar(10)     not null,
PRIMARY KEY (c_custkey)
);
CREATE TABLE date (
   d_datekey        integer         not null,
   d_date           varchar(19)     not null,
   d_dayofweek      varchar(10)     not null,
   d_month          varchar(10)     not null,
   d_year           integer         not null,
```

```
  d_yearmonthnum    integer       not null,
  d_yearmonth       varchar(8)    not null,
  d_daynuminweek    integer       not null,
  d_daynuminmonth   integer       not null,
  d_daynuminyear    integer       not null,
  d_monthnuminyear  integer       not null,
  d_weeknuminyear   integer       not null,
  d_sellingseason   varchar(13)   not null,
  d_lastdayinweekfl varchar(1)    not null,
  d_lastdayinmonthfl varchar(1)   not null,
  d_holidayfl       varchar(1)    not null,
  d_weekdayfl       varchar(1)    not null,
PRIMARY KEY (d_datekey)
);
CREATE TABLE lineorder (
  lo_orderkey       integer       not null,
  lo_linenumber     integer       not null,
  lo_custkey        integer       not null,
  lo_partkey        integer       not null,
  lo_suppkey        integer       not null,
  lo_orderdate      integer       not null,
  lo_orderpriority  varchar(15)   not null,
  lo_shippriority   varchar(1)    not null,
  lo_quantity       integer       not null,
  lo_extendedprice  integer       not null,
  lo_ordertotalprice integer      not null,
  lo_discount       integer       not null,
  lo_revenue        integer       not null,
  lo_supplycost     integer       not null,
  lo_tax            integer       not null,
  lo_commitdate     integer       not null,
  lo_shipmode       varchar(10)   not null,
PRIMARY KEY (lo_orderkey, lo_linenumber)
);
```

(2) 通过 SQL Server 导入和导出向导导入各表数据。

在数据源中选择平面文件源，在“常规”选项卡中选择文件路径；在“列”选项卡中选择列分隔符为竖线，通过预览窗口查看数据是否被正确分隔为记录属性（见图 3—43）。

在“高级”选项卡中可以查看各列属性。需要注意的是默认各列输入为字符串，宽度（OutputColumnWidth）为 50，当输入字符串宽度超过默认值时可能会产生错误，需要将对应列宽度调整为正确的宽度。最后，在“预览”选项卡中可以设置跳过的数据行数，用于筛选数据，预览窗口可以查看输入数据内容。如图 3—44 所示。

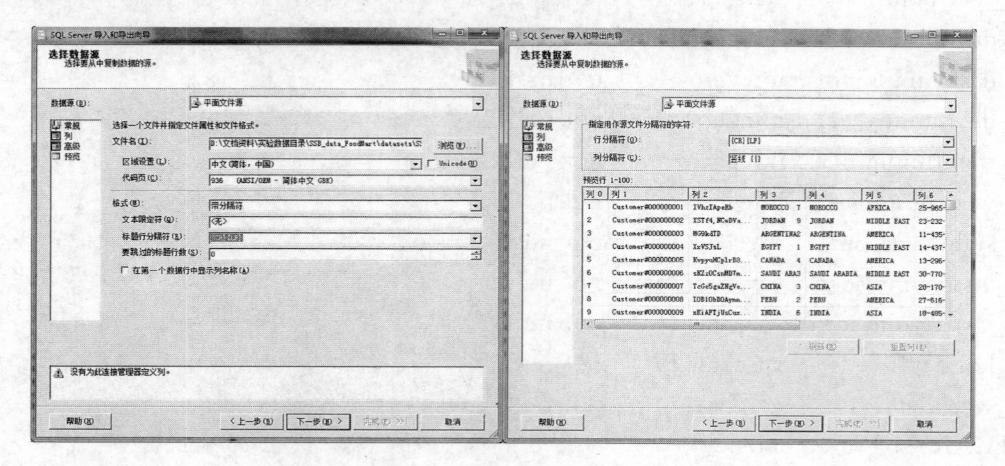

图 3—43

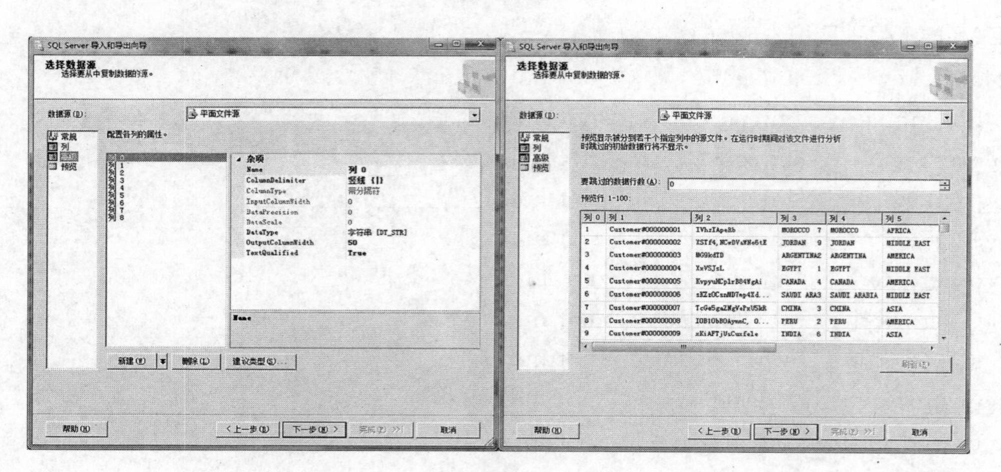

图 3—44

选择目标数据库 SSB，选择目标表 customer（见图 3—45）。

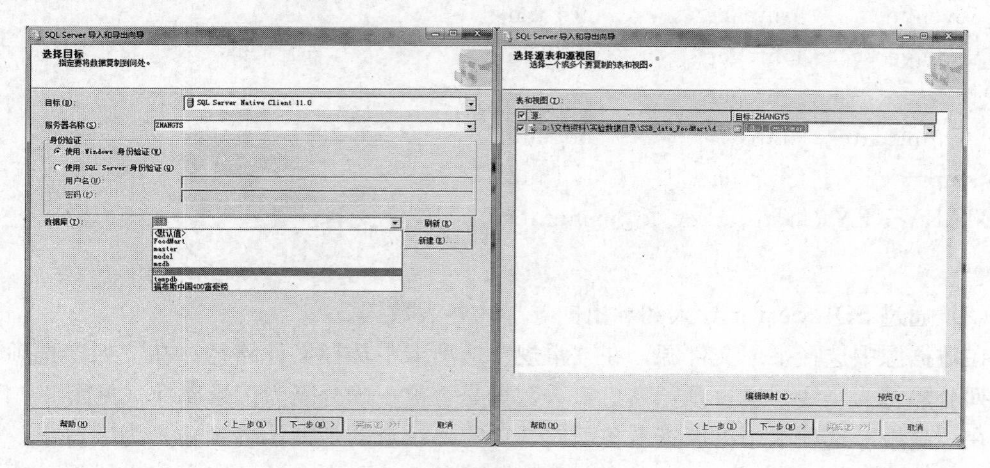

图 3—45

通过“编辑映射”按钮进入列映射对话框，为源列选择表中的目标列（见图3—46）。源列的顺序和目标列可以不一致，也可以忽略源表中的列实现只加载部分列的功能。

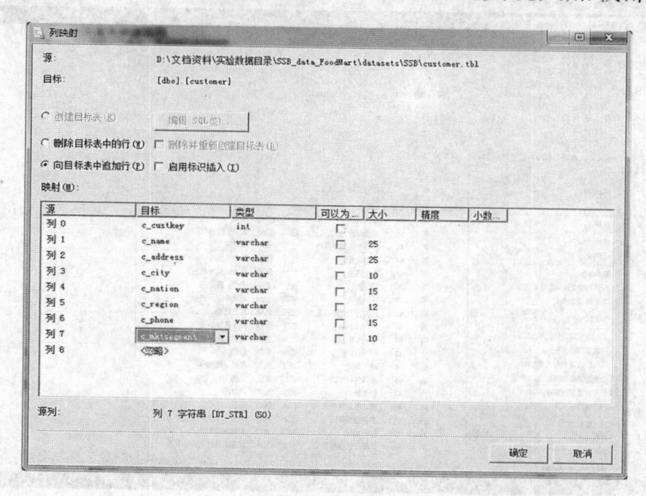

图 3—46

平面文件导入时作为字符串读入，通过列映射转换为表中列对应的数据类型，通过执行导入包完成数据从平台文件复制到数据库表的操作（见图3—47）。其他各表采用同样的方法导入。

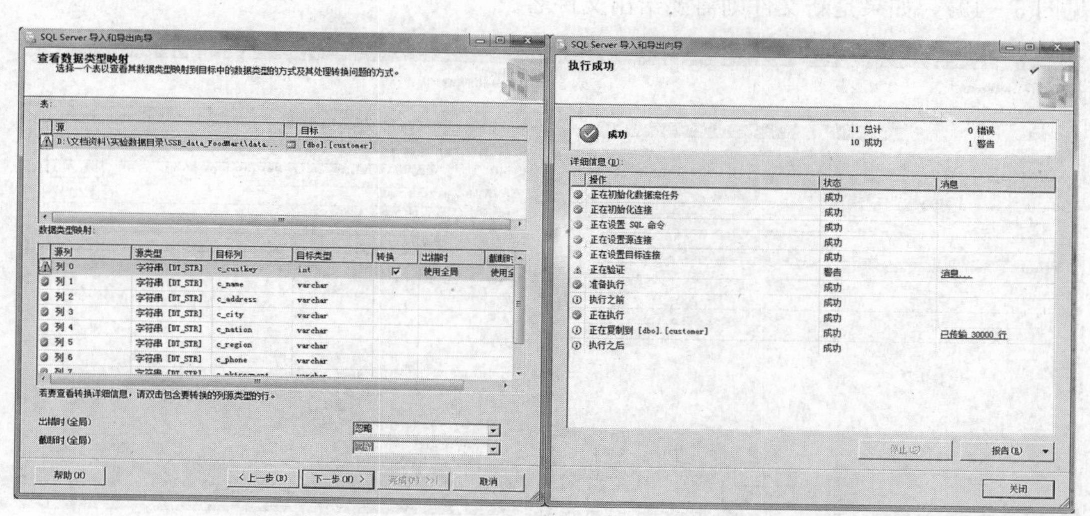

图 3—47

2. 通过SQL Server导入和导出向导将数据库表导出为平面数据文件

平面数据文件结构简单，可以作为不同数据库系统以及不同操作系统平台之间交换的数据文件。下面的操作实现将SQL Server数据库中“福布斯富豪榜”表导出为平面数据文件，具体操作步骤如下：

（1）启动导出向导。

选择“福布斯富豪榜”数据库，执行“任务—导出数据”，通过SQL Server导入和导出向导完成将数据表导出为平面数据文件的任务（见图3—48）。

图 3—48

（2）设置数据源和目标。

在数据源中选择源数据库，在目标中选择“平面文件目标”，设置导出平面文件路径（见图 3—49），如果是新文件则需要给出文件名。

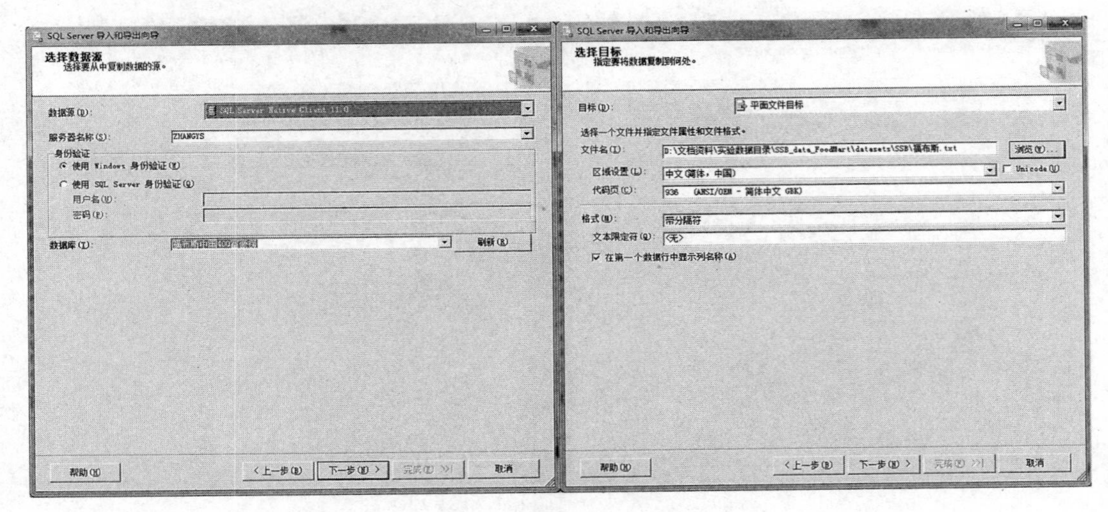

图 3—49

（3）输出设置。

可以直接复制一个或多个表或视图数据，也可以通过 SQL 命令将操作后的数据输出为平面文件。在平面文件目标对话框中选择源表，选择平面文件的行分隔符和列分隔符，本例中选择竖线作为列分隔符（见图 3—50）。

（4）列映射。

通过“编辑映射”查看源与目标列对应的数据类型及大小等结构信息。执行导出包，完成数据导出操作。具体见图 3—51。

查询导出平台文件，数据库中的表导出为以竖线分隔的平面数据（见图 3—52）。

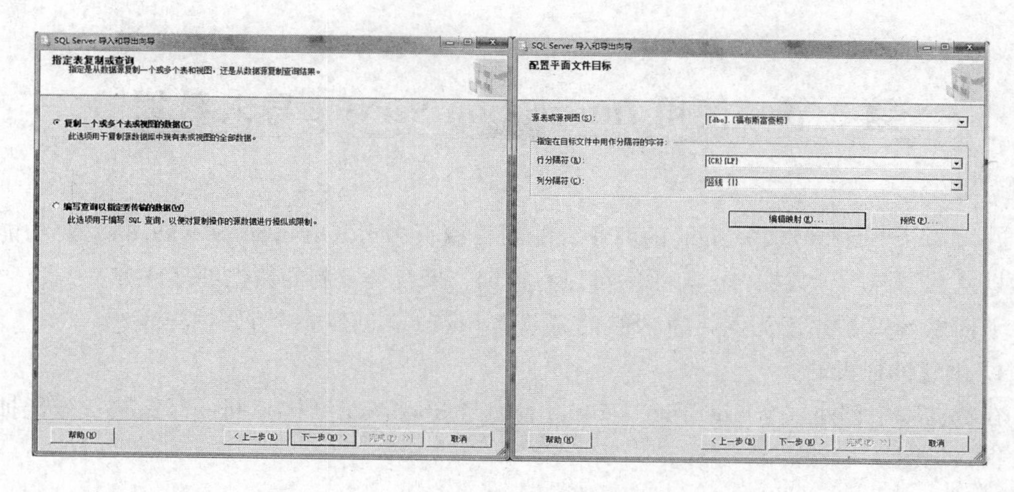

图 3—50

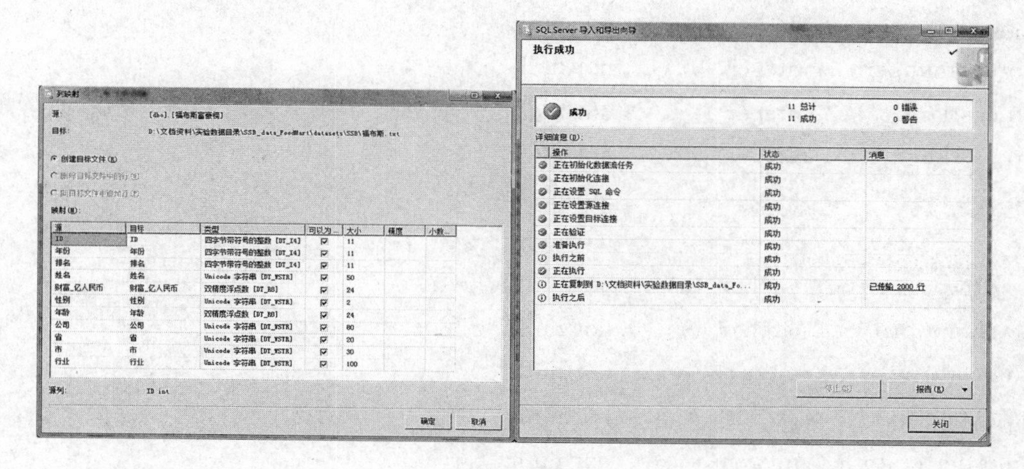

图 3—51

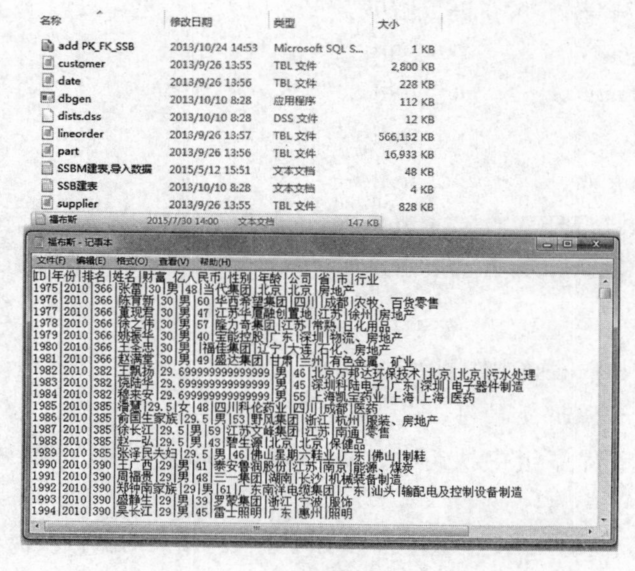

图 3—52

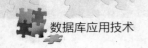

第3节 使用 Integration Service 导入数据

在 Visual Studio 2010 Shell 的商业智能项目模板中 Integration Service 的主要功能是将数据从数据源转到数据目的，中间可以有查询、聚合等定制的数据处理任务。

下面以 SSB 数据库为例，为 SSB 的订单表 lineitem 创建一个1%抽样表。

1. 创建抽样表

在数据库中创建一个 lineorder_sample 表，与 lineorder 结构相同，存储按百分比抽样的数据（见图 3—53）。

```
CREATE TABLE lineorder_sample (
  lo_orderkey        integer       not null,
  lo_linenumber      integer       not null,
  lo_custkey         integer       not null,
  lo_partkey         integer       not null,
  lo_suppkey         integer       not null,
  lo_orderdate       integer       not null,
  lo_orderpriority   varchar(15)   not null,
  lo_shippriority    varchar(1)    not null,
  lo_quantity        integer       not null,
  lo_extendedprice   integer       not null,
  lo_ordertotalprice integer       not null,
  lo_discount        integer       not null,
  lo_revenue         integer       not null,
  lo_supplycost      integer       not null,
  lo_tax             integer       not null,
  lo_commitdate      integer       not null,
  lo_shipmode        varchar(10)   not null,
PRIMARY KEY (lo_orderkey, lo_linenumber)
);
```

2. 通过 Integration Services 创建数据导入项目

（1）创建 Integration Service 项目。

在 SQL Server 2012 程序组中执行“SQL Server Data Tools”命令，启动 Visual Studio 2010 Shell（见图 3—54）。

选择“新建项目”，在商业智能模板中包含了商业智能相关的项目模板（见图 3—55）。

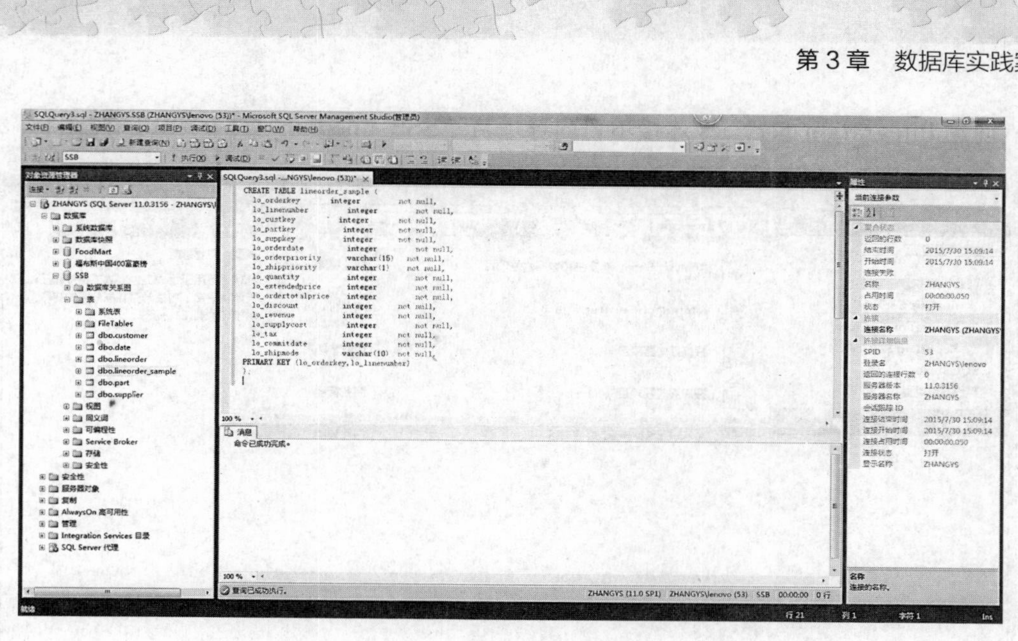

图 3—53

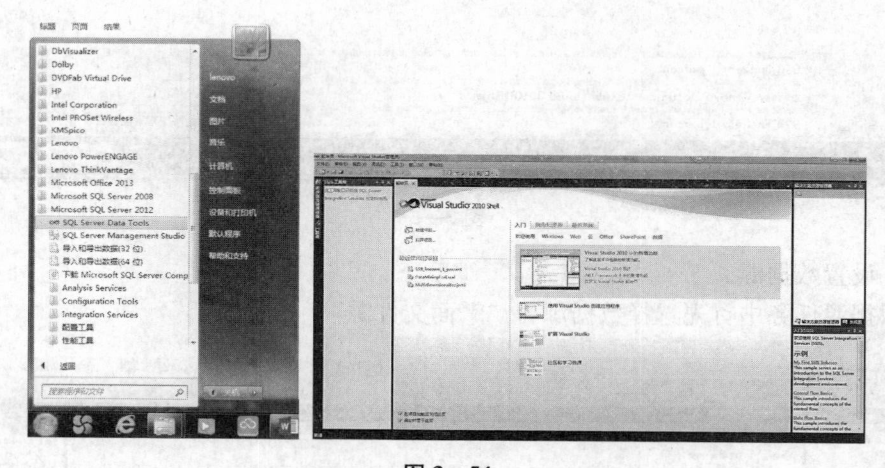

图 3—54

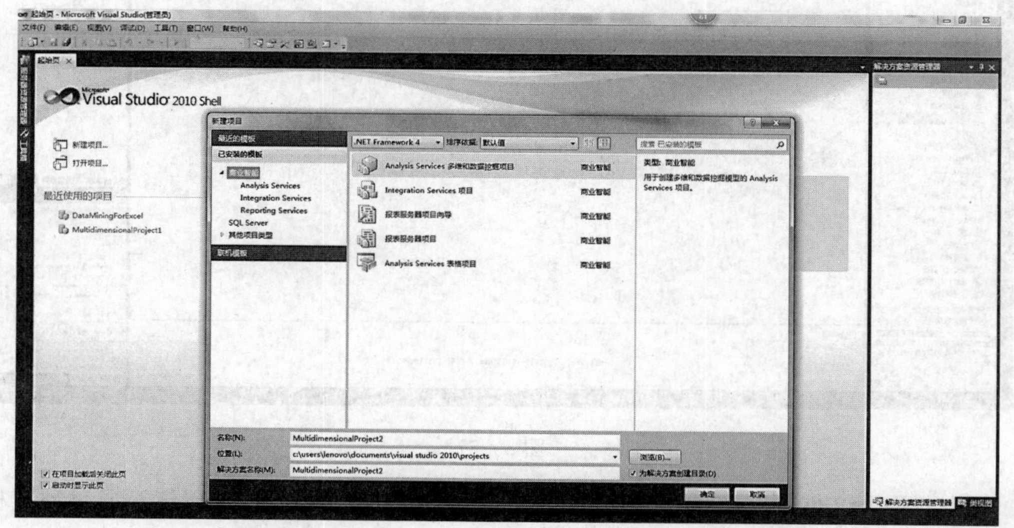

图 3—55

创建 Integration Services 连接项目向导项目“SSB_lineitem_1_percent”（见图 3—56）。

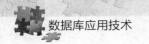

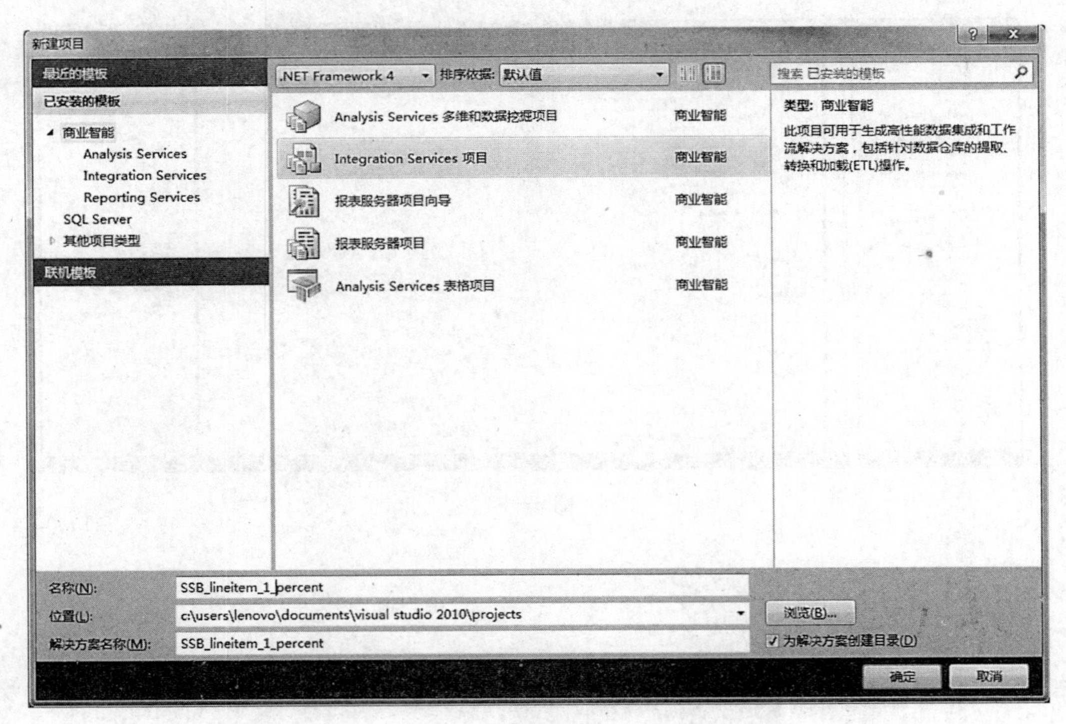

图 3—56

（2）设置数据源。

在数据源任务中首先选择数据源为“平面文件源”（见图 3—57）。

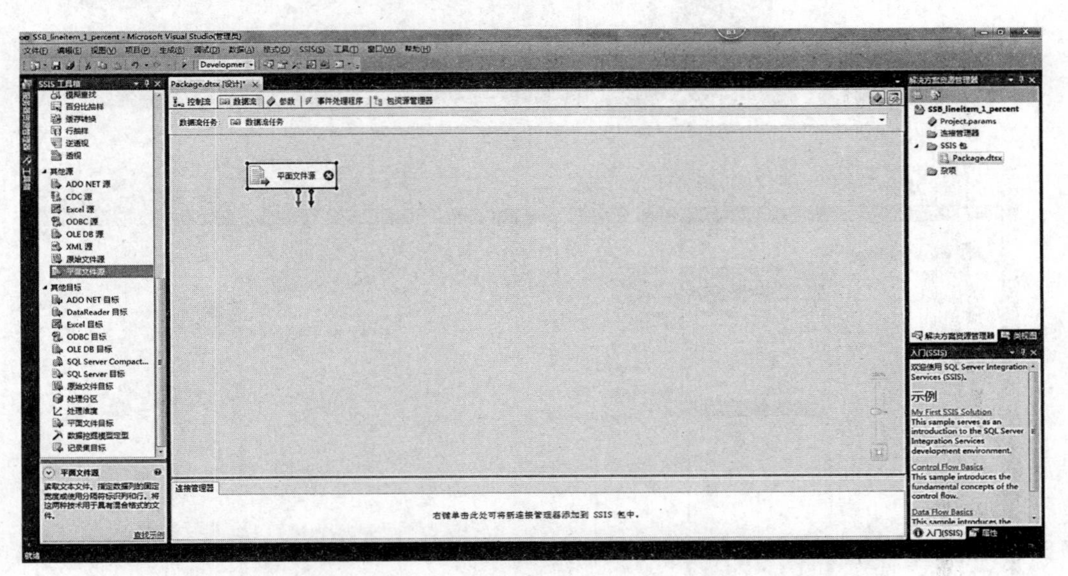

图 3—57

双击“平面文件源”控件，设置数据源属性，设置文件路径、分隔符，通过预览检查数据读取是否正确（见图 3—58）。

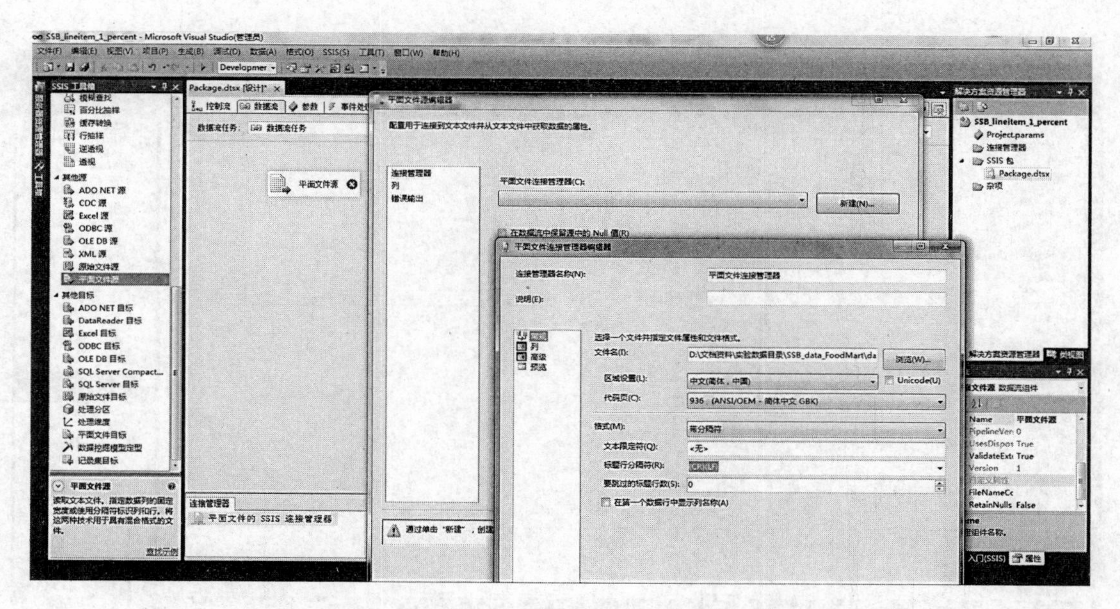

图 3—58

在平面文件源编辑器“列”对话框中设置平面文件可以使用的外部列（见图 3—59）。

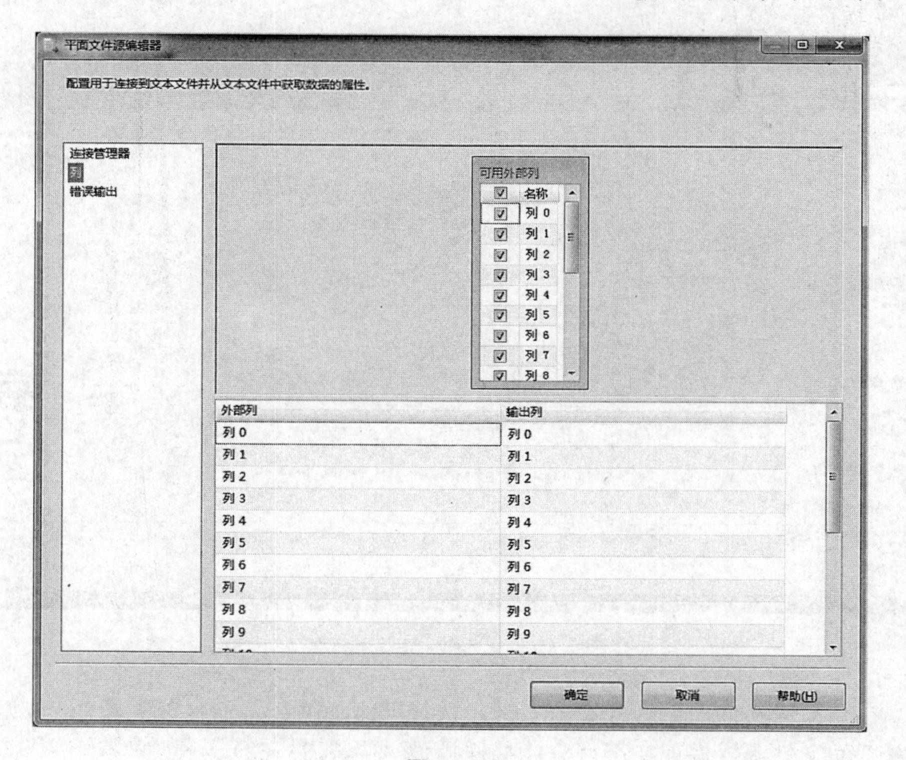

图 3—59

（3）设置百分比抽样。

拖入“百分比抽样”控件，实现对平面文件输入数据的百分比抽样（见图 3—60）。

双击“百分比抽样”控件，设置行百分比，示例中设置为 1%（见图 3—61）。

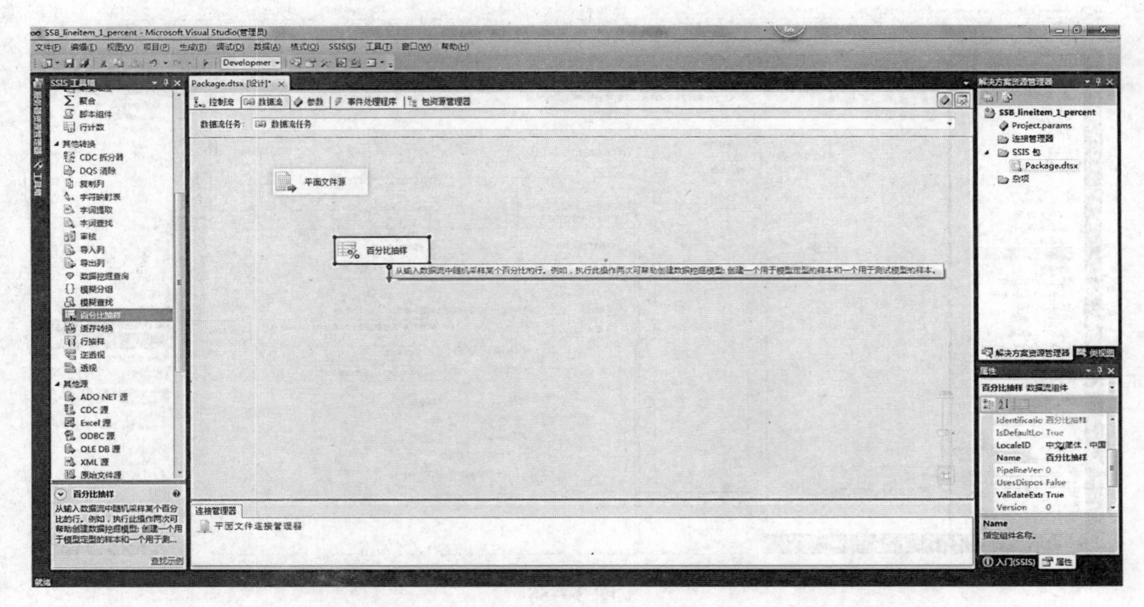

图 3—60

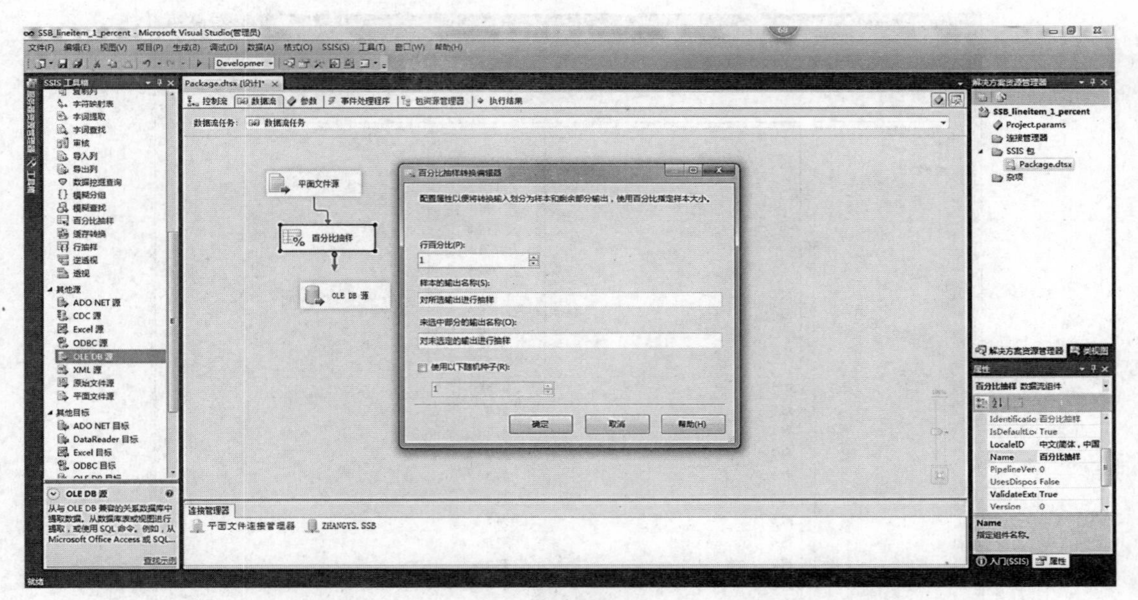

图 3—61

在“平面文件源”控件单击右键，选择“添加路径”命令（见图 3—62）。

设置平面文件源控件连接至百分比抽样控件（见图 3—63）。

在随后弹出的“选择输入输出”对话框中选择输出为平面文件源输出，建立从平面文件源到百分比抽样的输出路径（见图 3—64）。

设置后，数据流任务视图中显示从“平面文件源”控件到“百分比抽样”控件的路径（见图 3—65）。

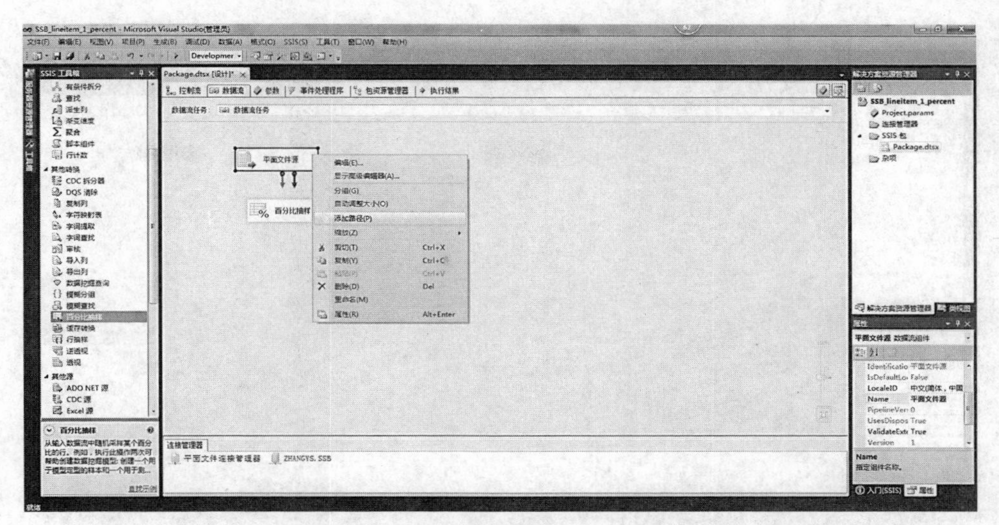

图 3—62

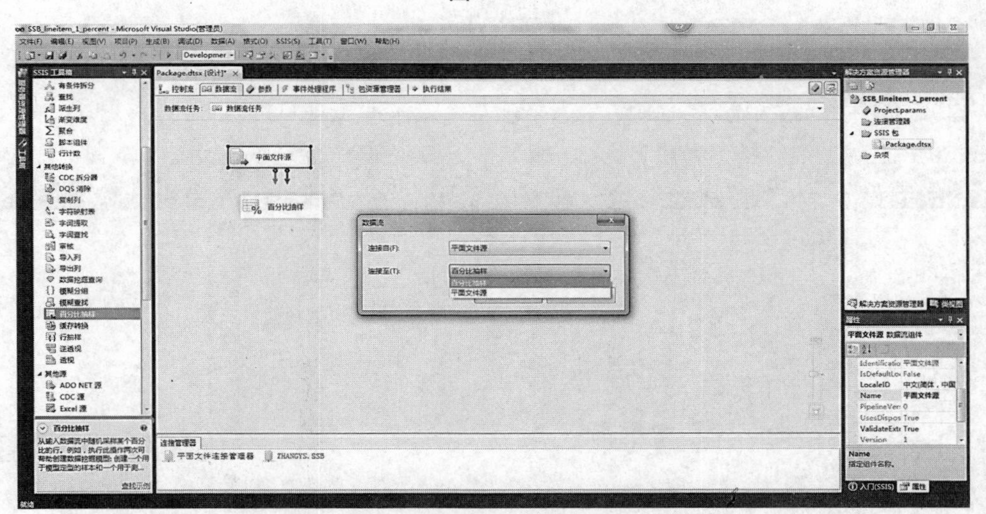

图 3—63

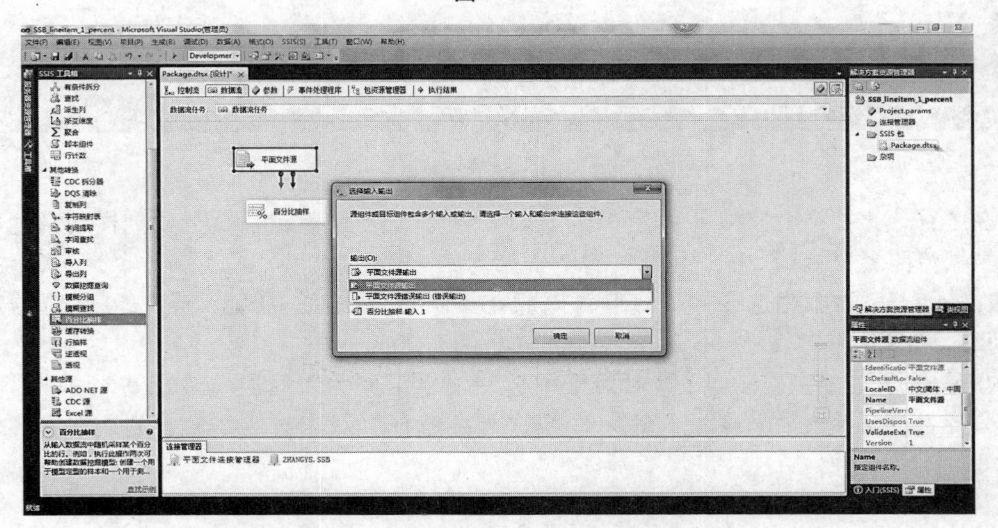

图 3—64

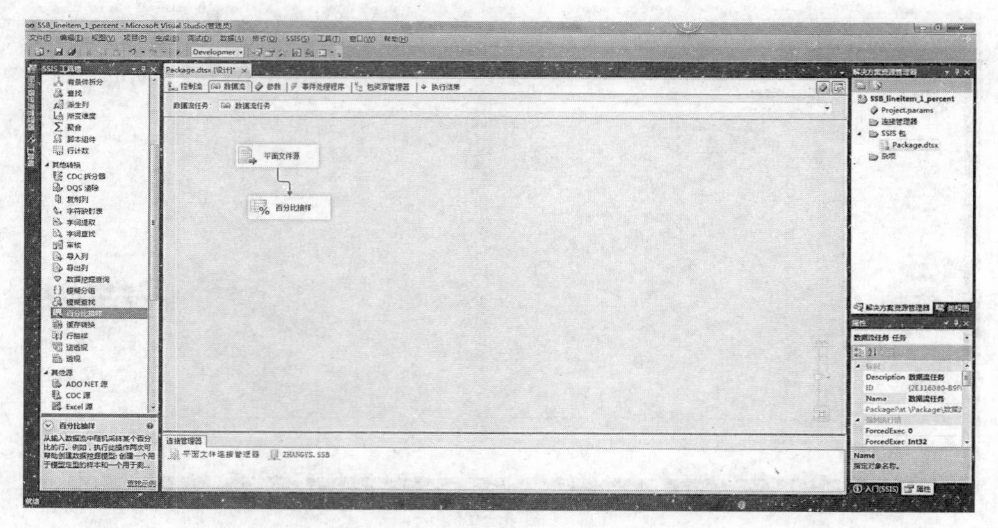

图 3—65

（4）设置目标数据。

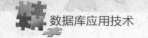

从工具箱中拖入“OLE DB 源”，设置导入目标数据源（见图 3—66）。

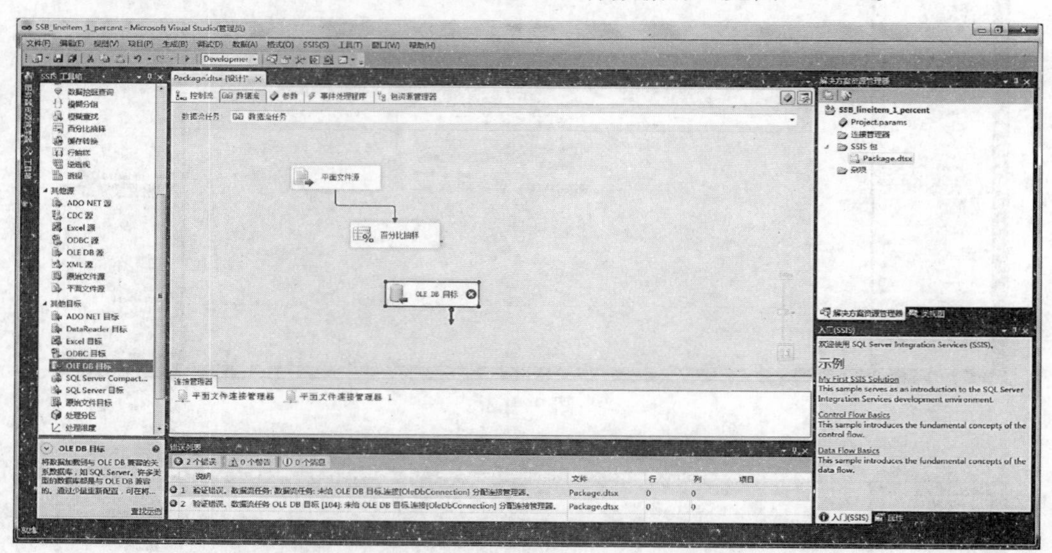

图 3—66

在“百分比抽样”控件上右键单击“添加路径”命令，设置从百分比抽样到目标数据库的数据流路径（见图 3—67）。

在连接至下拉框中选择 OLE DB 源对象，设置百分比抽样输出到 OLE DB 源的数据流路径（见图 3—68）。

在弹出的“选择输入输出”对话框中选择输出对象为“对所选输出进行抽样”，确定百分比抽样输出为抽样数据，也可以根据需要选择“对未选定的输出进行抽样”（见图 3—69）。

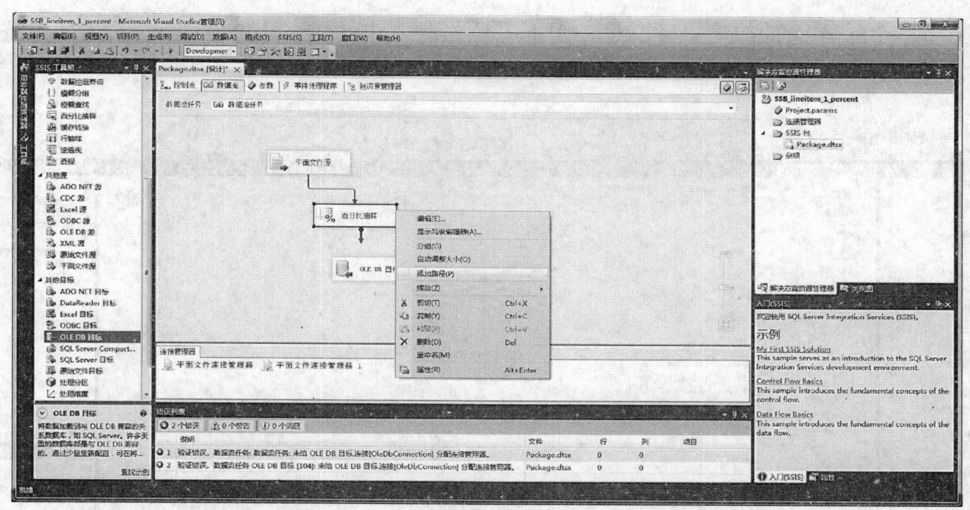

图 3—67

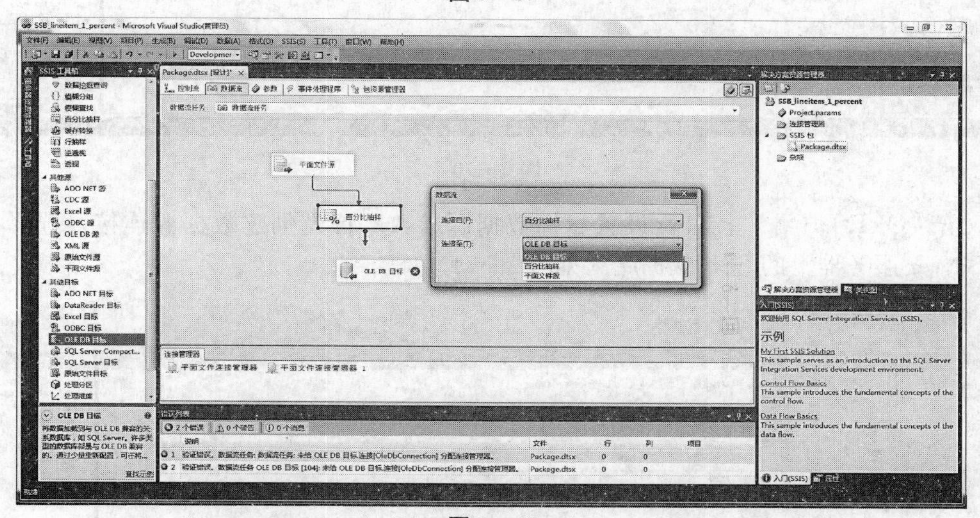

图 3—68

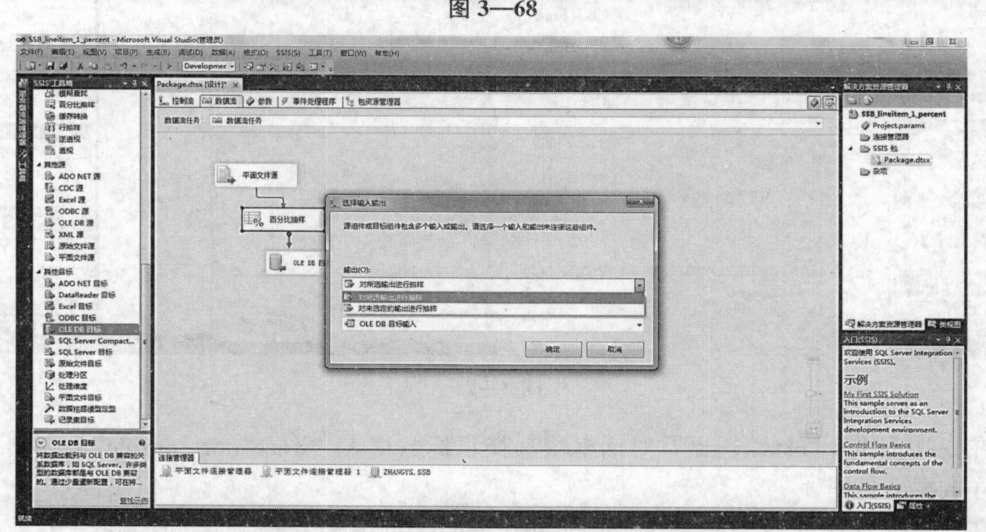

图 3—69

建立从“百分比抽样”控件到“OLE DB 目标”控件之间的数据流路径（见图 3—70）。

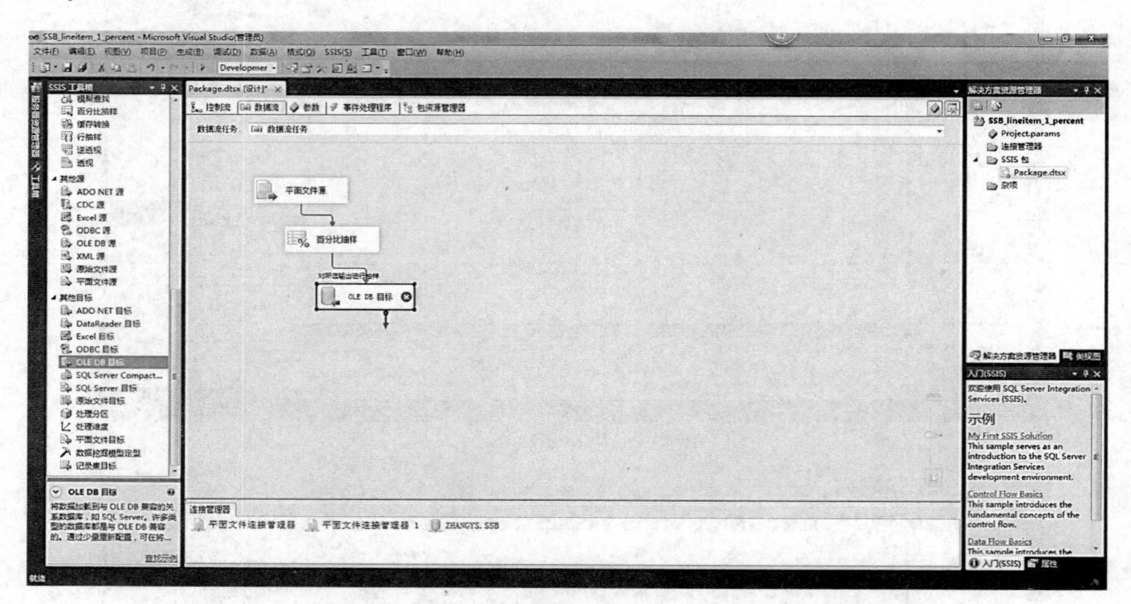

图 3—70

双击“OLE DB 源”控件，设置目标数据源参数。首先创建数据源连接，选择当前 SQL Server 服务器上的 SSB 数据库（见图 3—71）。

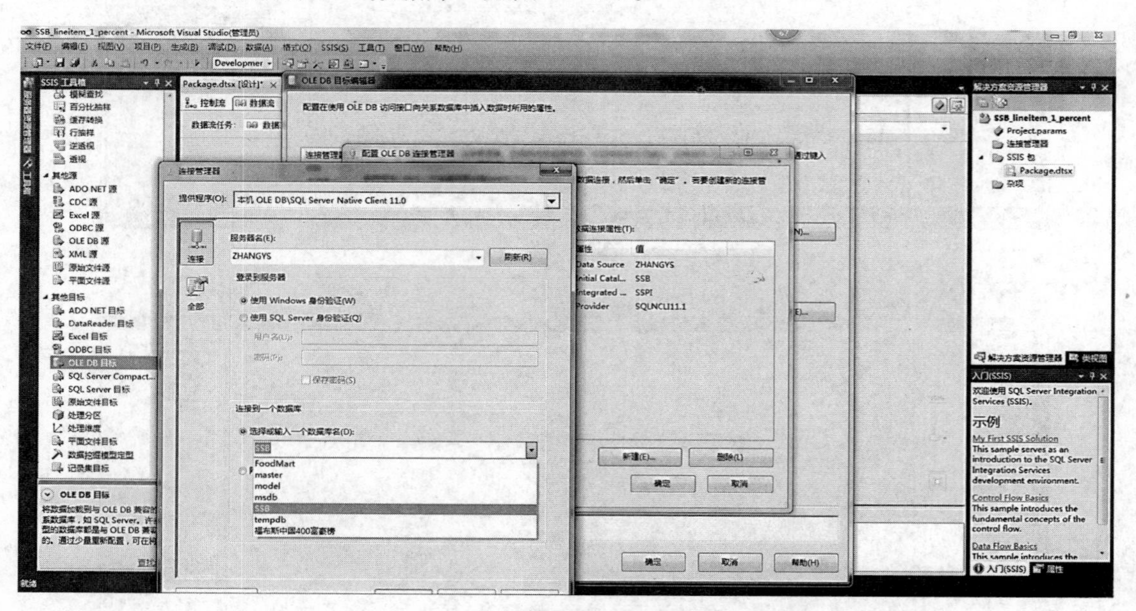

图 3—71

在“OLE DB 目标编辑器”对话框中选择目标数据表“lineorder_sample”，存储百分比抽样数据（见图 3—72）。

在列映射对话框中设置输入列与 lineorder_sample 表目标列之间的映射关系（见图 3—73）。

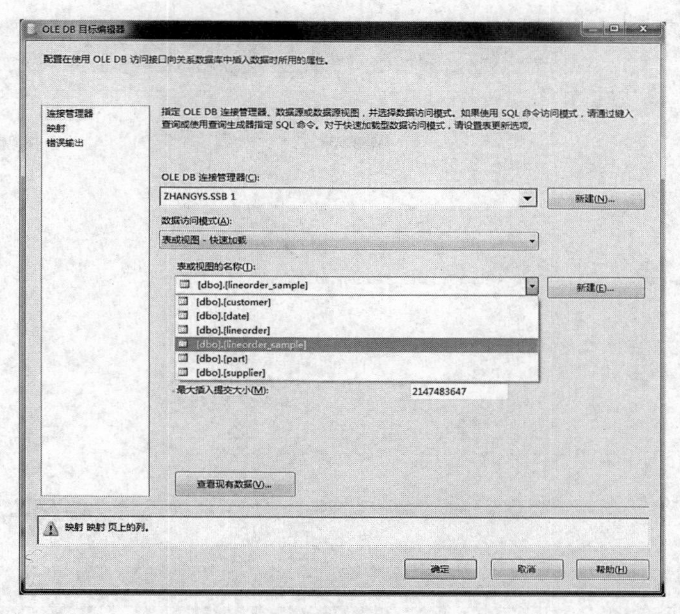

图 3—72

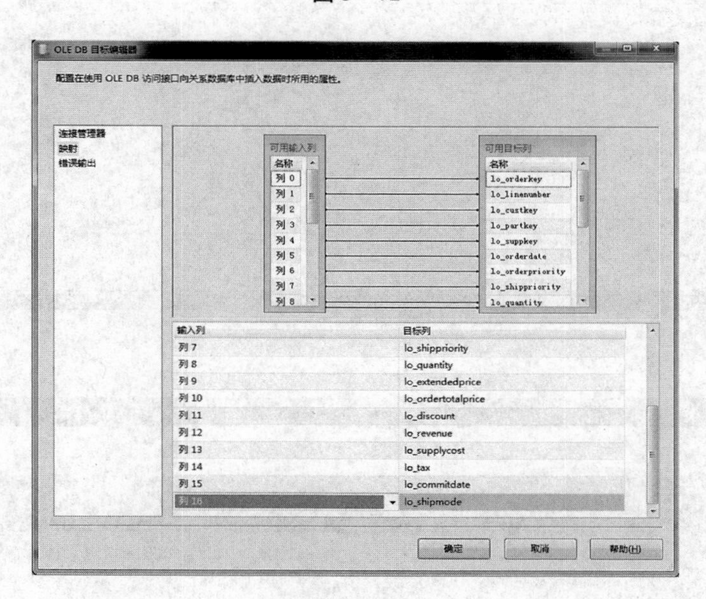

图 3—73

设置完毕后，由于部分列存在目标列宽度小于源列宽度的问题，控件上显示警告信息，提示可能产生数据截断（见图 3—74）。

（5）完成抽样数据导入。

单击工具栏上的 ▶ 按钮，执行数据流任务。“百分比抽样”控件上显示从平面数据源读取的记录数量，经过百分比抽样，在“OLE DB 目标”控件上显示抽样后复制到目标数据表中的记录数量（见图 3—75）。

执行完数据源任务后，共有 59 341 行记录从原始的 6 001 215 行记录中被抽取到数据库中，完成抽样数据加载任务（见图 3—76）。

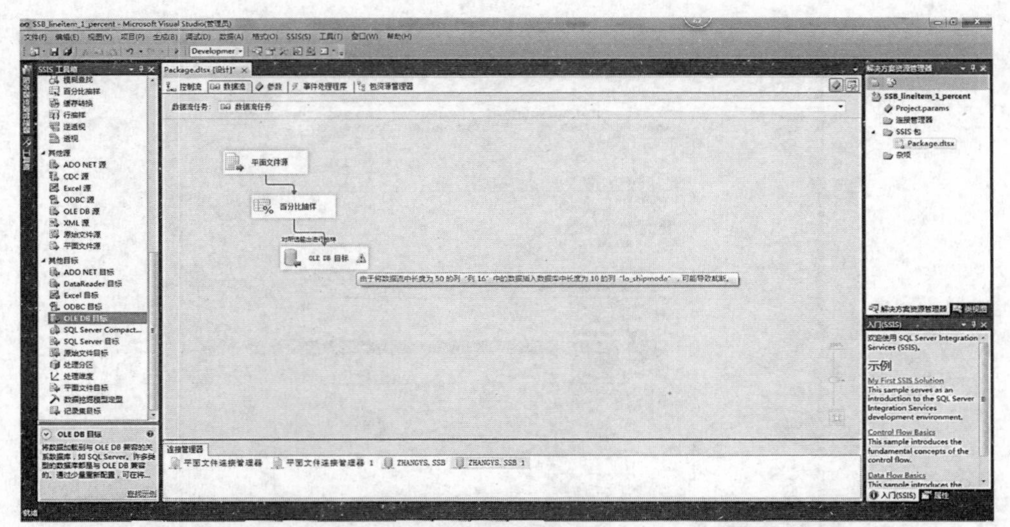

图 3—74

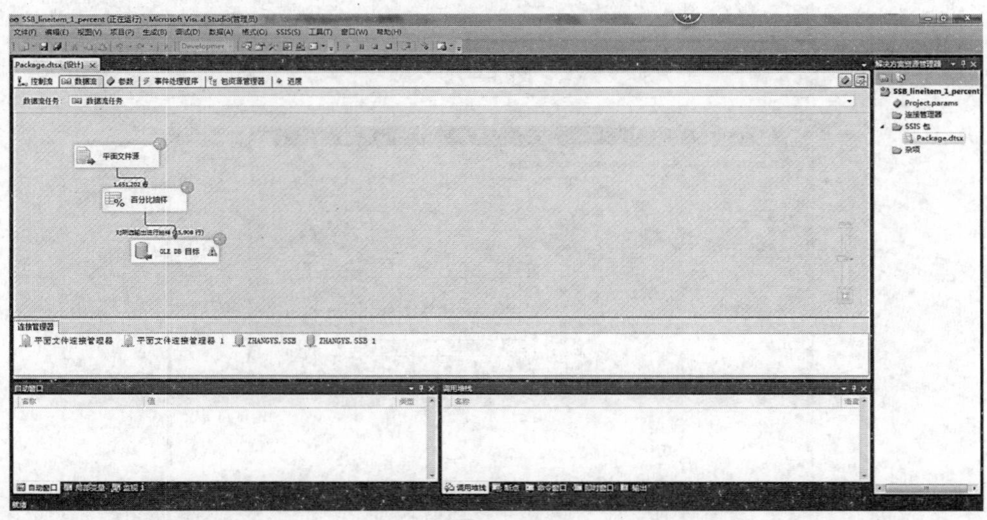

图 3—75

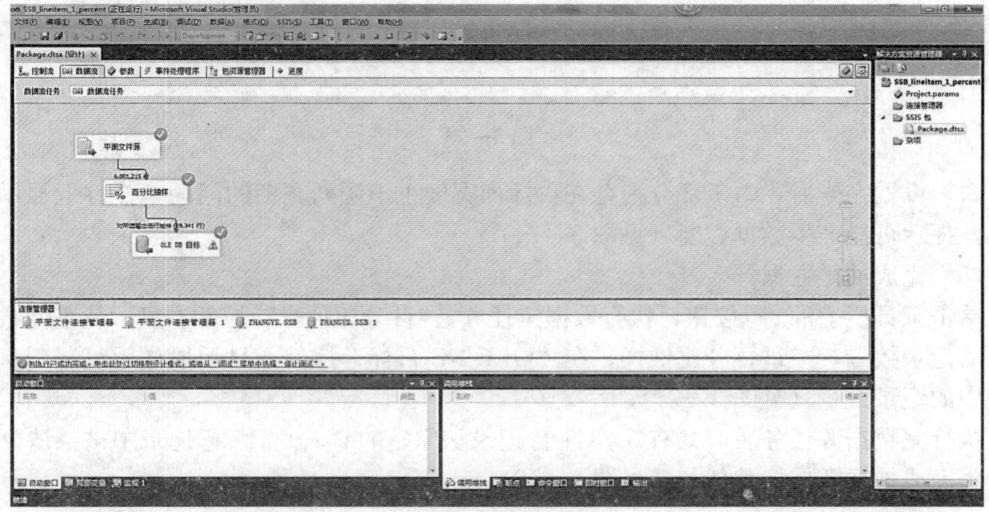

图 3—76

在数据库服务器端查看 lineorder_sample 中加载的抽样数据（见图 3—77）。

lo_orderkey	lo_linenumber	lo_custkey	lo_partkey	lo_suppkey	lo_orderdate	lo_orderprio...	lo_shippriority	lo_quantity	lo_exten...
1	2	7381	67310	815	19960102	5-LOW	0	36	4598316
3	4	24664	29380	3709	19931014	5-LOW	0	2	261876
7	4	7828	163073	237	19960110	2-HIGH	0	28	3180996
34	2	12202	89414	4507	19980721	3-MEDIUM	0	22	3087502
37	1	17224	22630	4337	19920603	3-MEDIUM	0	40	6210520
37	2	17224	126782	5741	19920603	3-MEDIUM	0	39	7054242
39	1	16354	2320	8089	19960920	3-MEDIUM	0	44	5378208
39	4	16354	20590	4472	19960920	3-MEDIUM	0	32	4833888
67	2	11323	20193	5526	19961219	4-NOT SPECI	0	0	0
69	5	16898	92070	6612	19940604	4-NOT SPECI	0	0	0
96	2	21556	135390	1738	19940417	2-HIGH	0	30	4276170
98	4	20896	167180	1130	19940925	1-URGENT	0	10	1247180
100	1	29401	[illegible]	1567	19980228	4-NOT SPECI	0	0	0
101	1	5600	118282	9271	19960317	3-MEDIUM	0	49	6371372
103	1	5821	194658	7783	19960620	4-NOT SPECI	0	0	0
103	2	5821	10426	3769	19960620	4-NOT SPECI	0	0	0
130	5	7393	69130	6913	19920508	2-HIGH	0	31	3407303
131	3	18550	189021	4371	19940608	3-MEDIUM	0	4	444008
134	1	1240	641	1770	19920501	4-NOT SPECI	0	0	0
164	4	157	17526	4730	19921021	5-LOW	0	32	4619264
164	6	157	108896	671	19921021	5-LOW	0	27	5143203
164	7	157	3037	3452	19921021	5-LOW	0	23	2162069
167	2	23881	171555	3068	19930104	4-NOT SPECI	0	0	0
192	1	16514	97017	5958	19971125	5-LOW	0	23	2332223
192	4	16514	196400	9144	19971125	5-LOW	0	2	299280
195	2	27085	93847	8410	19931228	3-MEDIUM	0	41	7547444
197	3	6503	155829	2809	19950407	2-HIGH	0	17	3204194
198	1	22045	56061	1454	19980102	4-NOT SPECI	0	0	0
198	2	22045	15229	2988	19980102	4-NOT SPECI	0	0	0

图 3—77

第 4 节 SQL 查询命令执行

数据库中的 SQL 查询命令可以有多种执行方式：SQL Server 查询执行引擎、Excel 数据库可视化操作前端工具或者基于 JDBC 的数据库管理工具等。本节通过案例实践，介绍数据库典型的查询处理方式，让读者能够在实践中灵活使用数据库查询处理工具完成查询处理任务。

一、SQL Server 2012 查询执行

在 SQL Server 2012 中 SQL 命令可以通过 SQL Server Management Studio 中的数据库引擎查询来执行。

在 SQL Server Management Studio 工具栏单击，连接数据库引擎（见图 3—78）。

图 3—78

选择身份验证方式，连接到数据库引擎（见图 3—79）。

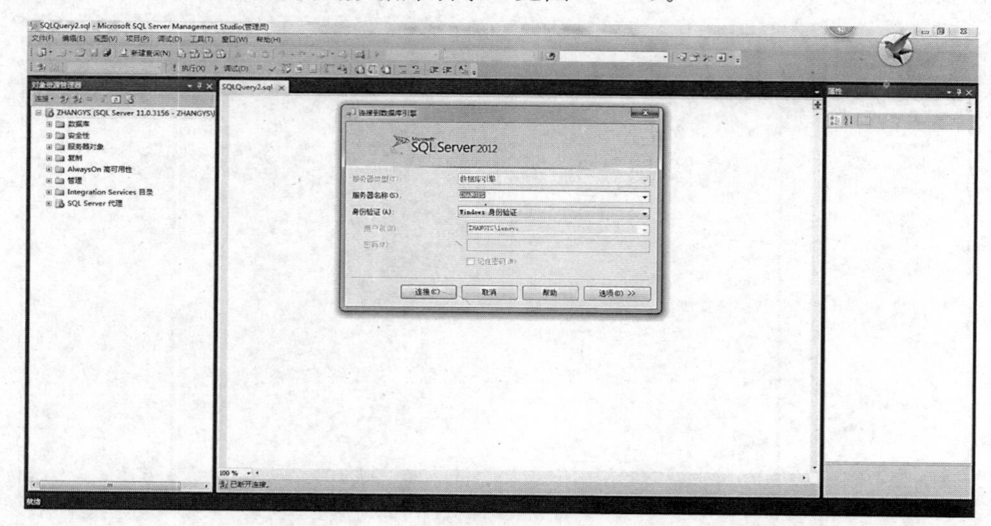

图 3—79

连接数据库引擎后，在工具栏下拉框中选择操作的数据库，系统默认连接系统数据库 master。在打开的 SQL 命令窗口中可以输入 SQL 命令，通过工具栏“执行”按钮运行（见图 3—80）。系统支持执行鼠标选定的 SQL 语句。

图 3—80

【例 1】 为 SSB 数据库的 lineorder 表建立与 customer，date，part，supplier 表的主-外键参照引用关系。

在查询窗口中输入如下命令：

```
alter table lineorder
add constraint FK_lo_customer foreign key (lo_custkey) references customer (c_custkey);
alter table lineorder
add constraint FK_lo_date foreign key (lo_orderdate) references date (d_datekey);
```

```
alter table lineorder
add constraint FK_lo_part foreign key (lo_partkey) references part (p_partkey);
alter table lineorder
add constraint FK_lo_supplier foreign key (lo_suppkey)
    references supplier (s_suppkey);
```

单击“执行”按钮运行四个 SQL 命令，完成后消息窗口显示命令执行成功信息。在表 lineorder 对象的“键”图标下显示建立的四个外键对象（见图 3—81）。

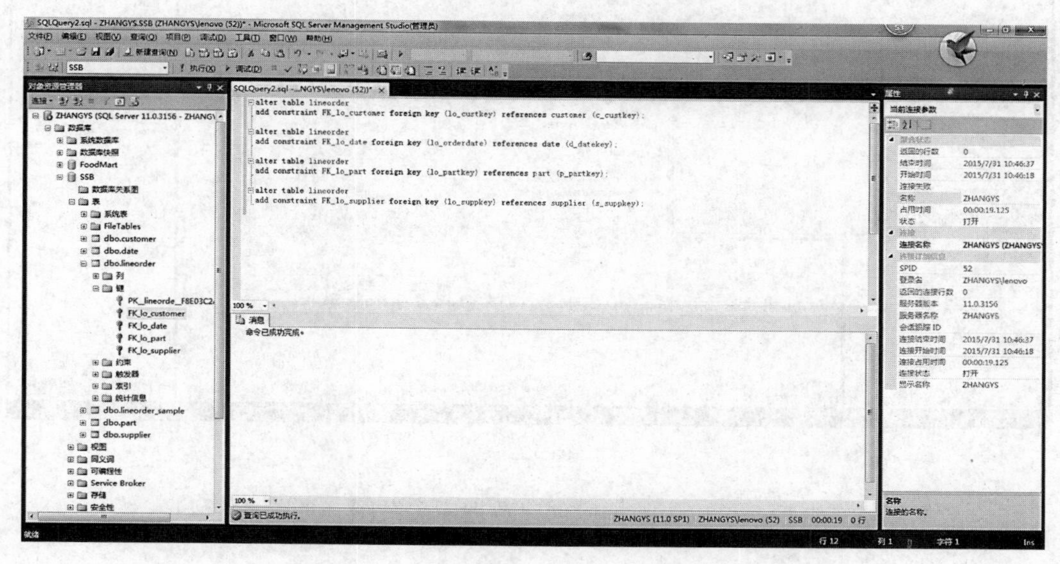

图 3—81

可以通过数据库关系图查看各表之间的关系。在 SSB 数据库关系图图标上单击右键，选择“新建数据库关系图”命令（见图 3—82）。

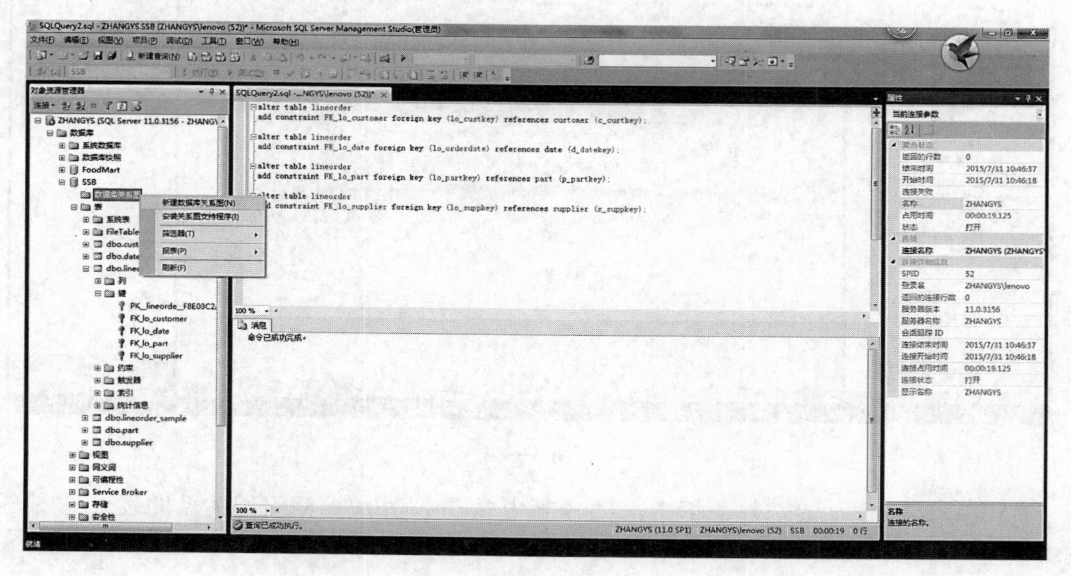

图 3—82

系统需要为数据库指定所有者之后才能创建数据库关系图。选择 SSB 数据库对象，单击右键属性命令，在“文件”选项中单击“所有者”文本框后面的按钮，在弹出的“选择数据库所有者”对话框中通过“浏览”按钮查找数据库用户对象，本例中选择 sa 用户作为 SSB 数据库的所有者（见图 3—83）。

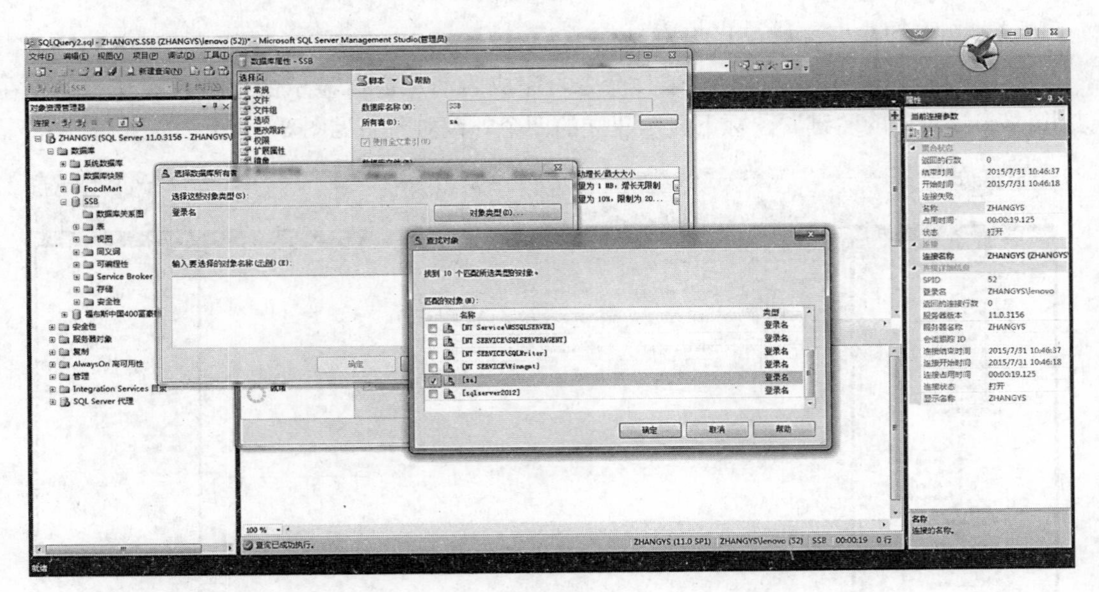

图 3—83

指定数据库所有者后，可以为数据库创建数据库关系图（见图 3—84）。

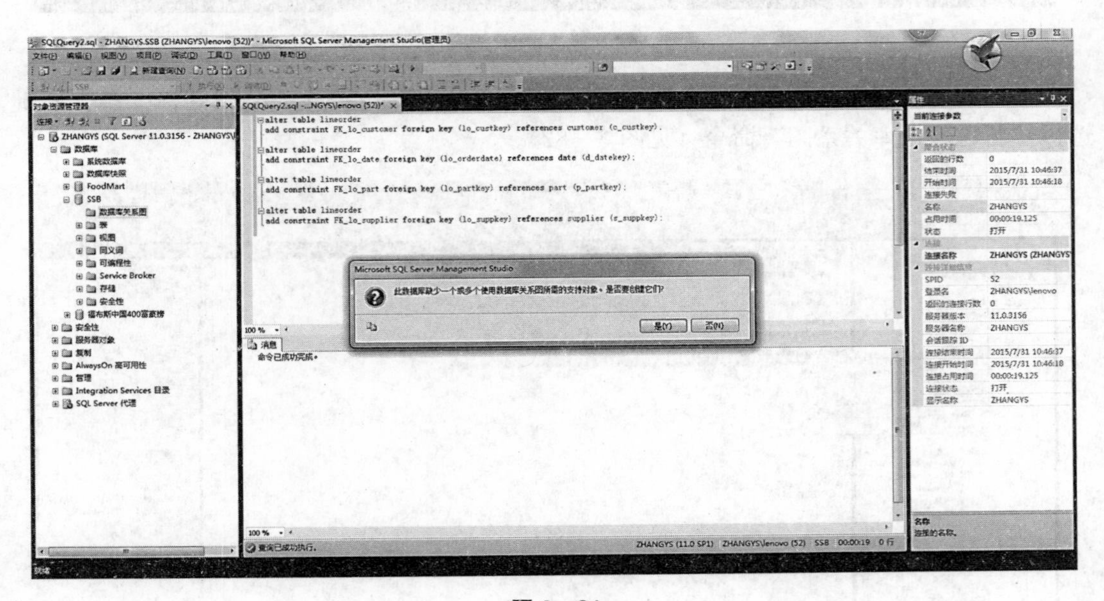

图 3—84

首先，在“添加表”对话框中选择 SSB 中具有主-外键参照引用关系的表（见图 3—85）。

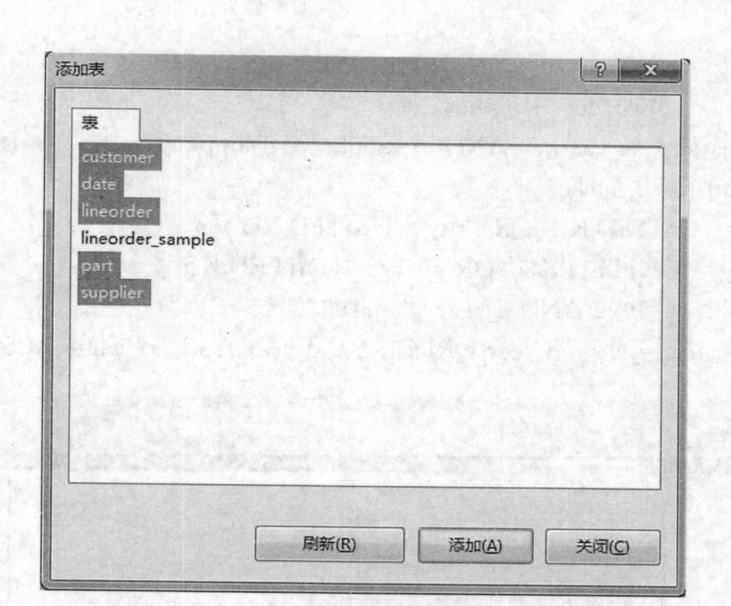

图 3—85

数据库自动为各个表按照设置的主-外键参照引用关系建立数据库关系图，箭头表示从外键所在的表向主键所在的表的参照引用关系（见图 3—86）。

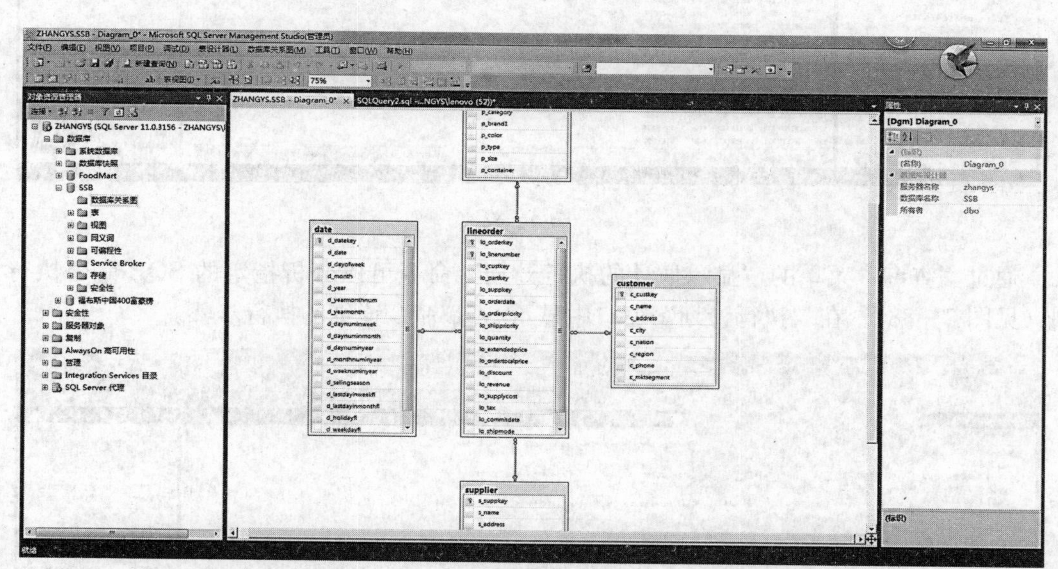

图 3—86

【例 2】　SQL 查询命令执行、分析、优化与设计。

下面以 SQL 命令为例，在数据库引擎窗口中输入 SQL 命令，系统保留关键字显示为蓝色，函数名显示为粉色，表名、列名显示为绿色，逻辑操作符显示为灰色，字符串显示为红色，数值显示为黑色，颜色显示有助于用户检查 SQL 命令中的语法错误。SQL 命令通过“执行”按钮运行，查询结果显示在下面的窗口中，结果窗口显示 SQL 命令执行的结果集，窗口下部的状态栏显示 SQL 命令执行状态、执行时间以及结果集行数。消息窗口中显示 SQL 命令执行的系统消息。具体见图 3—87。

```
SELECT c_city, s_city, d_year, SUM(lo_revenue) AS revenue
FROM customer, lineorder, supplier, date
WHERE lo_custkey=c_custkey AND lo_suppkey=s_suppkey
  AND lo_orderdate=d_datekey
  AND (c_city='UNITED KI1' OR c_city='UNITED KI5')
  AND (s_city='UNITED KI1' OR s_city='UNITED KI5')
  AND d_year >= 1992 AND d_year <= 1997
GROUP BY c_city, s_city, d_year ORDER BY d_year ASC, revenue DESC;
```

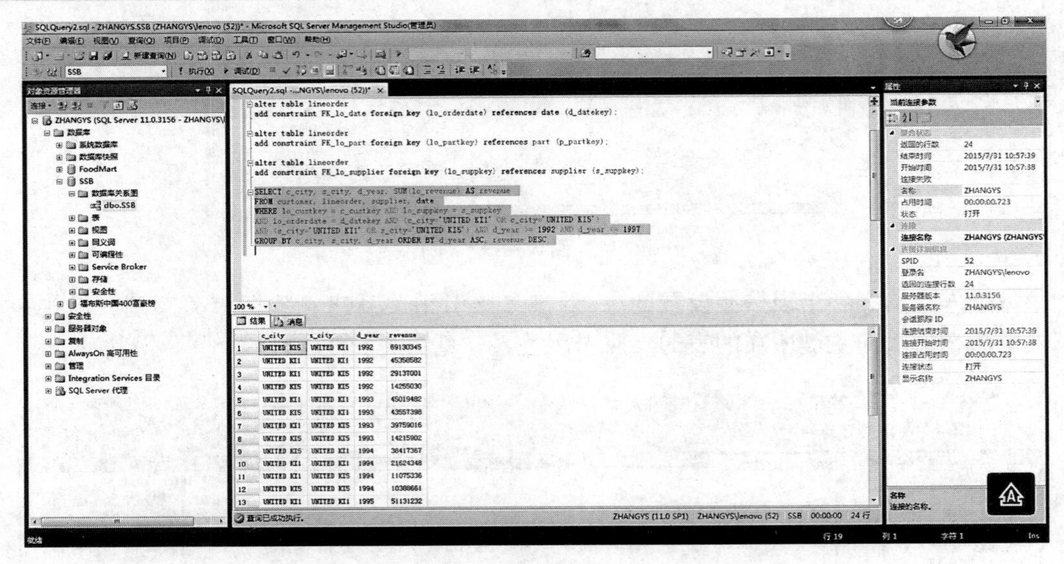

图 3—87

通过"查询"菜单的"显示估计的执行计划"命令可以分析指定的 SQL 命令执行计划（见图 3—88）。在"执行计划"窗口中显示 SQL 命令详细的执行步骤。

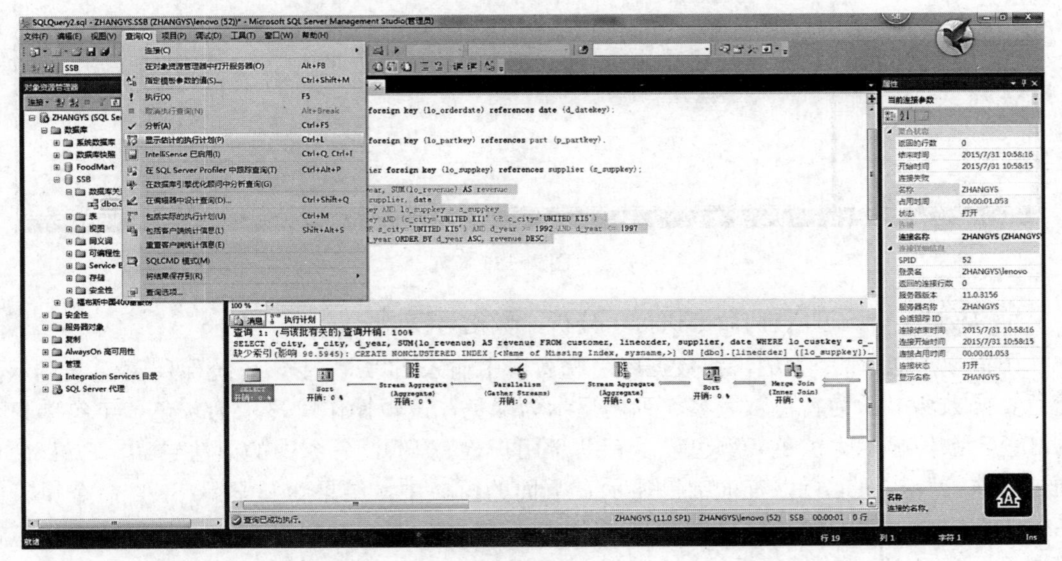

图 3—88

将鼠标置于查询执行计划节点上显示该执行计划节点的详细信息，如操作名称、估算的I/O代价、估算的操作代价、估算的CPU代价、估算的行数及记录大小等信息，还包括输出数据列表、操作符对应的数据结构等（见图3—89）。图形化的查询执行计划有助于用户了解数据库内部的SQL查询执行过程和原理，理解数据库查询性能优化技术。

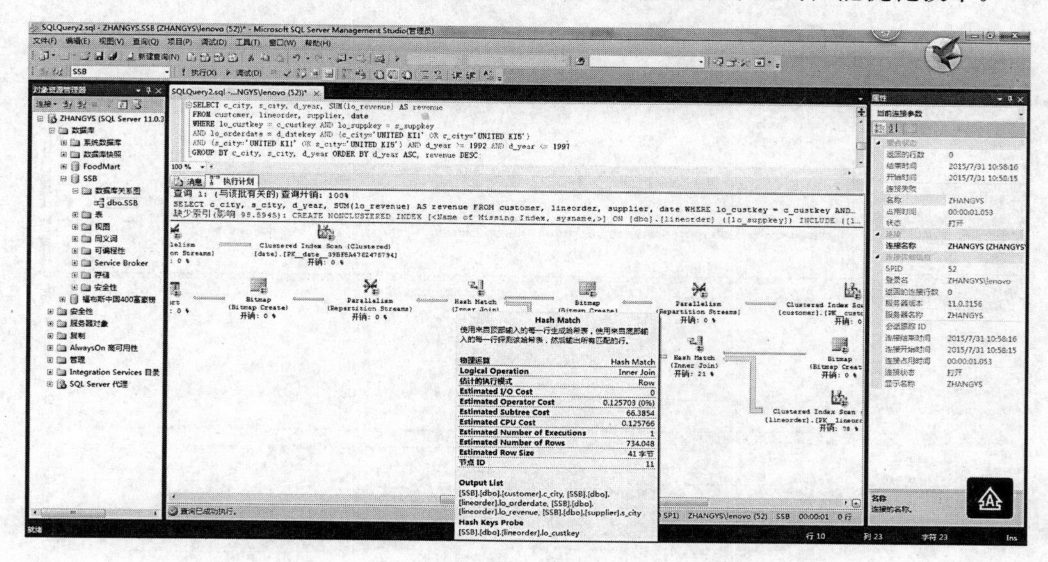

图3—89

“查询”菜单中的命令“在数据库引擎优化顾问中分析查询”用于分析查询执行计划，并给出查询优化建议和报告，用于用户改进数据库查询处理性能。

在“数据库引擎优化顾问”窗口中选择优化的数据库和表（见图3—90）。

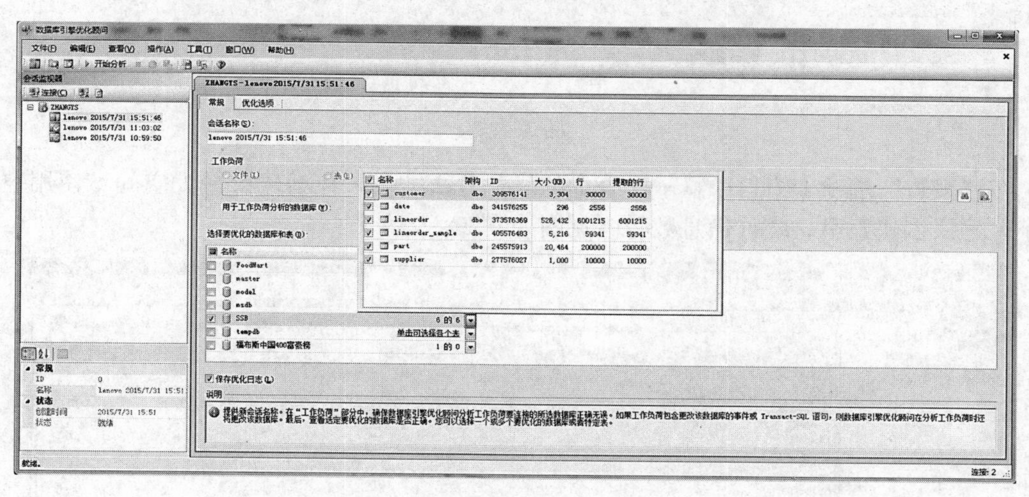

图3—90

在“优化选项”中包含相关的优化选项，如索引的类型、是否使用分区策略及在数据库中保留物理设计结构的策略（见图3—91）。

单击工具栏上的“开始分析”按钮，“进度”选项卡窗口显示分析过程，“建议”选项卡窗口给出相关的性能优化建议，如根据查询创建相应的索引来加速查询性能等策略（见图3—92）。

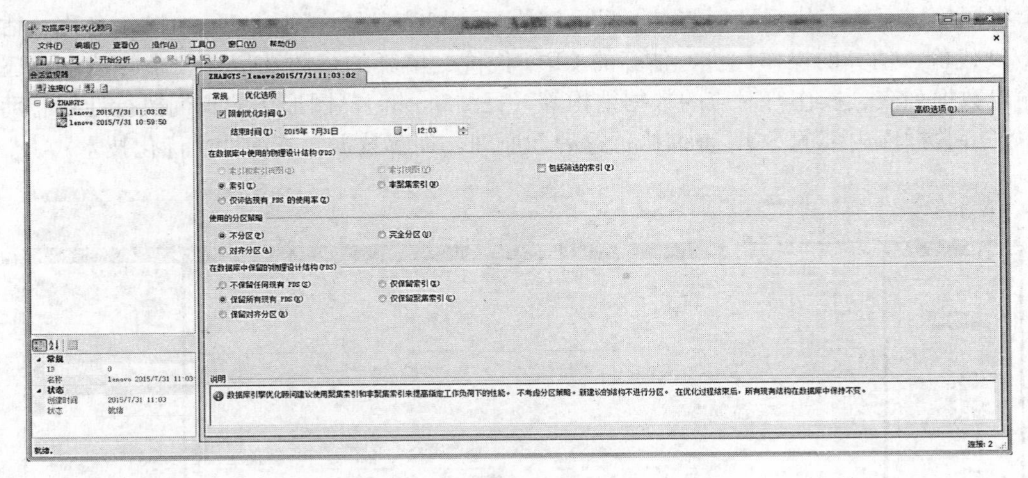

图 3—91

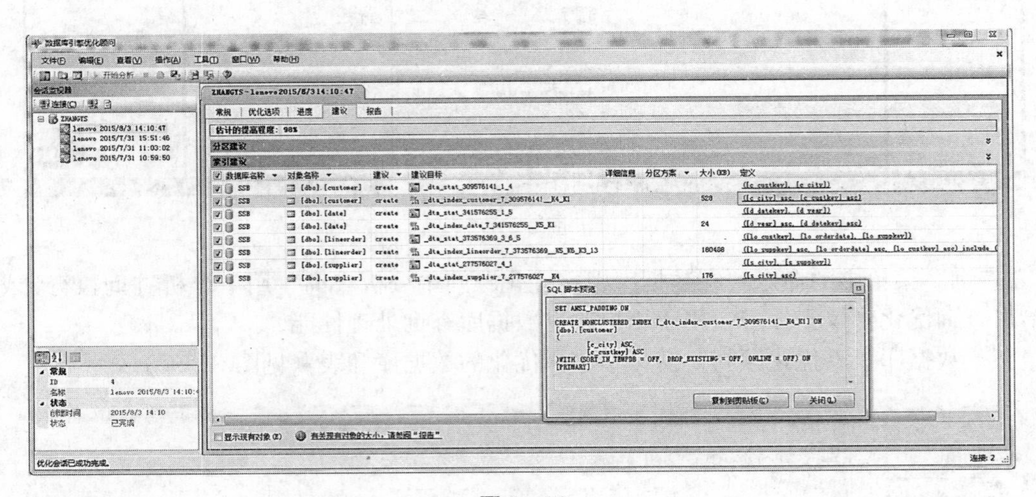

图 3—92

在“报告”选项卡窗口中显示对查询的优化分析结果，包括建议最大空间、使用空间大小，建议创建索引、统计信息数等（见图 3—93）。

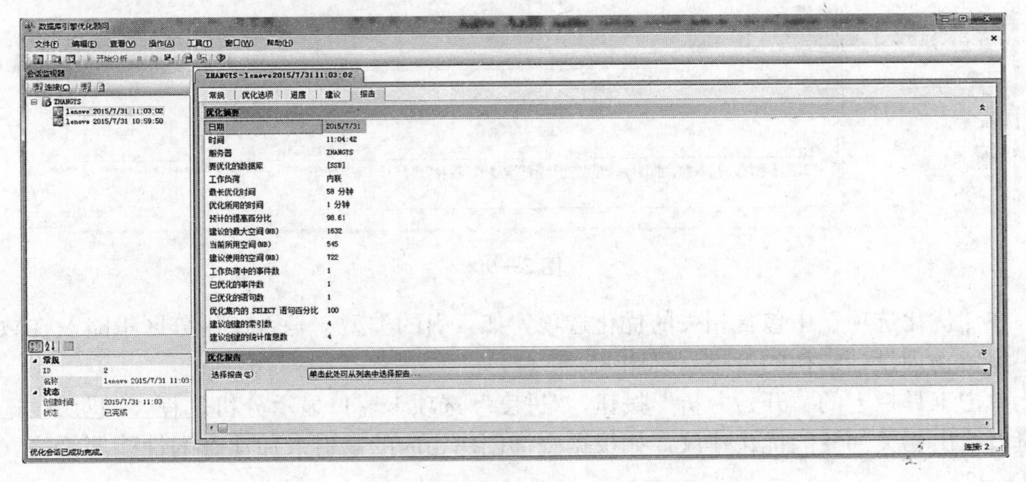

图 3—93

通过选择报告下拉框可以选择具体的报告内容，详细分析查询相关的性能优化策略（见图3—94）。

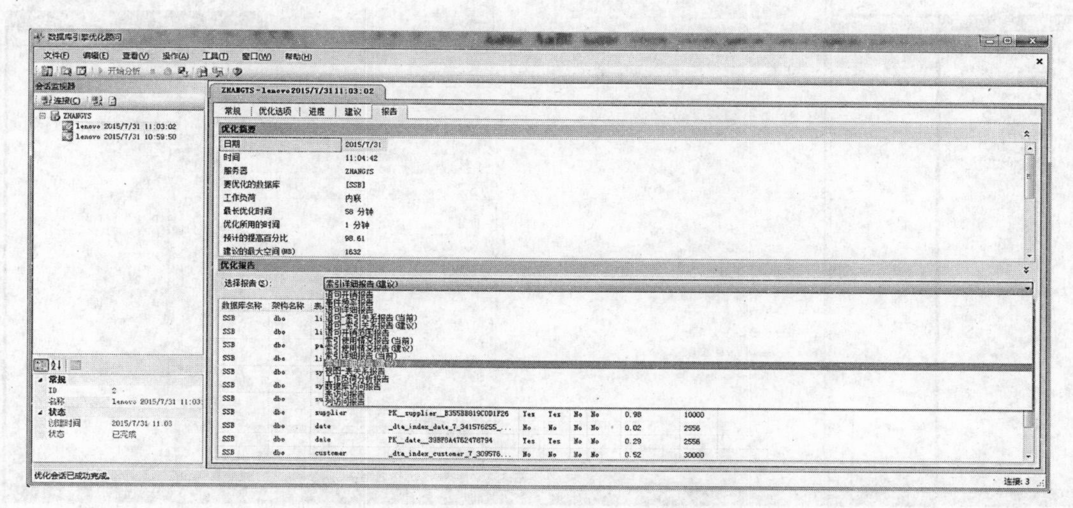

图3—94

【例3】　使用查询设计器构建SQL命令。

SQL Server Management Studio提供了查询设计器，用于帮助用户通过可视化操作构造SQL命令。

执行“查询”菜单中的“在编辑器中设计查询”命令，启动查询设计器（见图3—95）。

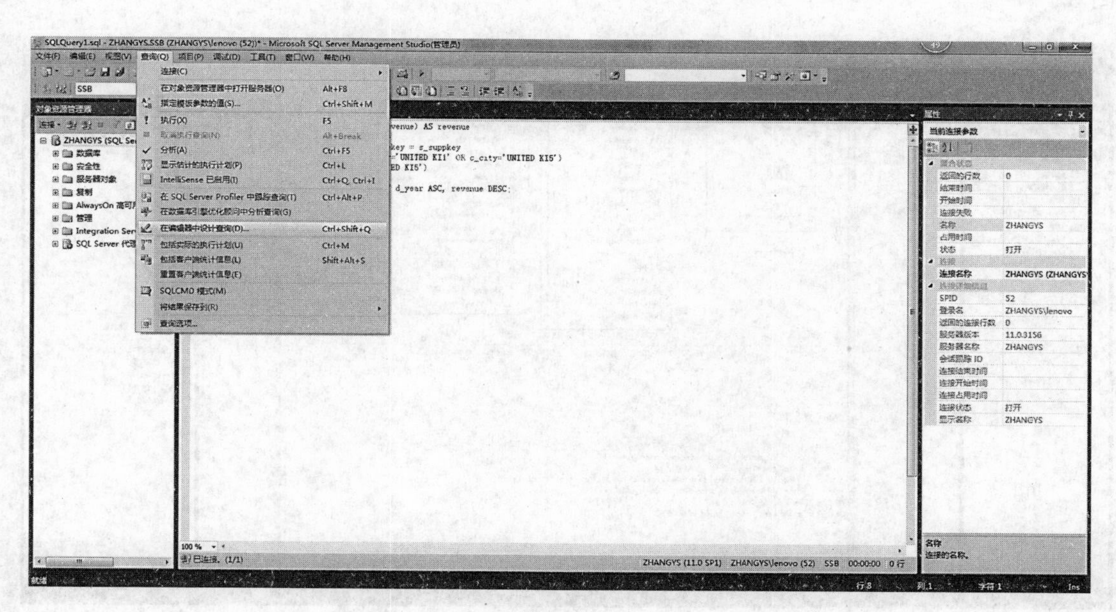

图3—95

在查询设计器中，通过“添加表”对话框选择查询相关的表customer，lineorder，date，系统根据数据库设置的主-外键参照引用关系自动建立表之间的连接关系，并生成相应的INNER JOIN语句（见图3—96）。

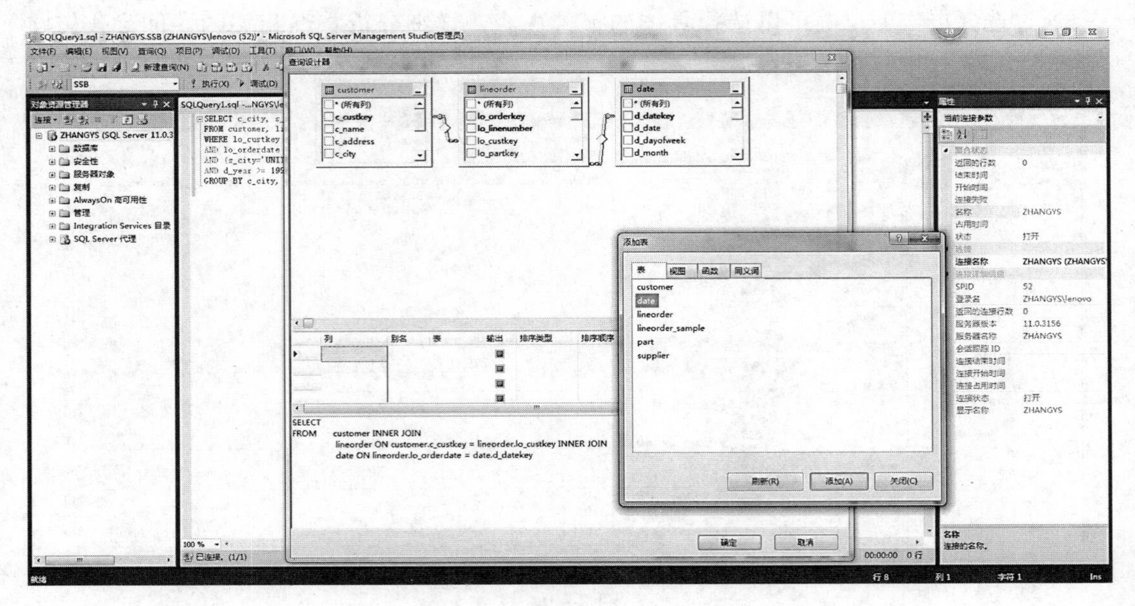

图 3—96

在“查询设计器”的表窗口中选择查询相关的列 c_nation，lo_revenue，lo_discount，d_year，在下方的列窗口中设置各列是否输出，排序类型为升序、降序还是未排序，排序顺序，筛选器条件等。通过一系列鼠标可视化操作后在窗口下方生成 SQL 命令，排序及筛选列在表中显示相应的图标（⇅ 和 ▽）标识该列在 SQL 命令中的使用方式。具体见图 3—97。

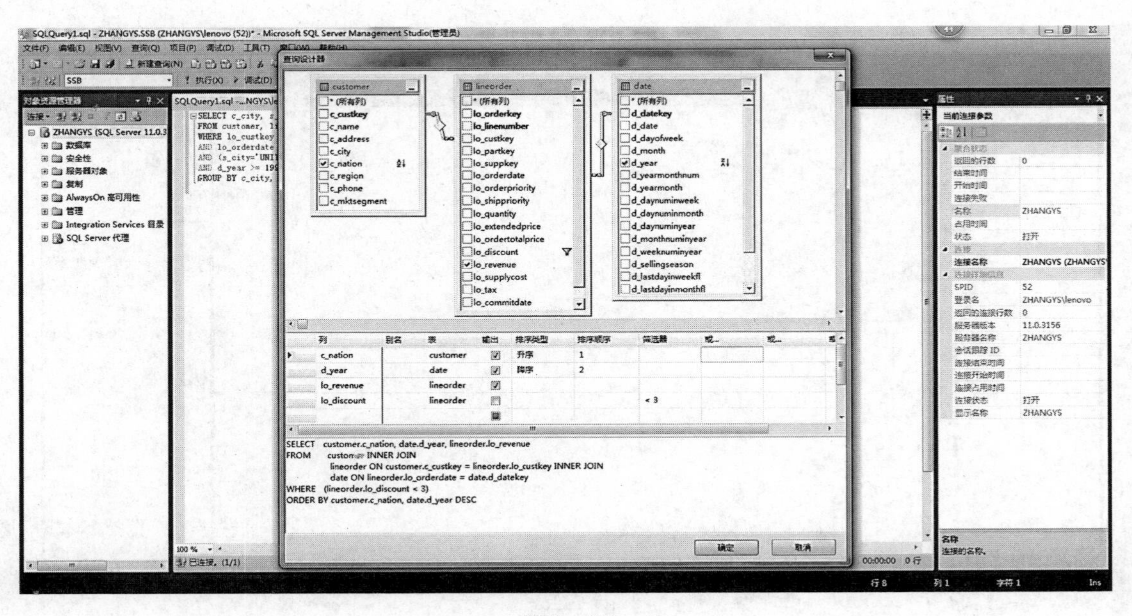

图 3—97

单击“确定”按钮，在查询窗口中生成相应的 SQL 命令，执行后查看查询执行结果（见图 3—98）。

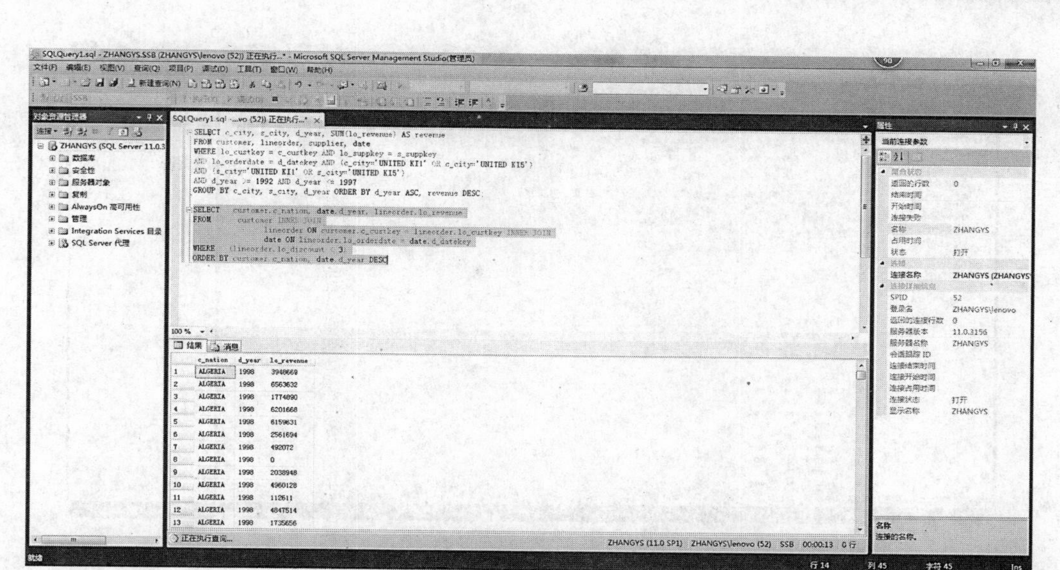

图 3—98

当查询中包含扩展的 SQL 操作，如分组（GROUP BY）和聚集（SUM，AVERAGE，COUNT 等）操作时，可以在生成的 SQL 命令的基础上手工修改，如增加 GROUP BY customer. c_nation，date. d_year 和 COUNT（lineorder. lo_revenue）AS RowNum 语句，将查询构造成复杂的分析查询。手工修改 SQL 命令后，表中相应的列分别显示分组 (≡ 与聚集∑操作符号（见图 3—99）。

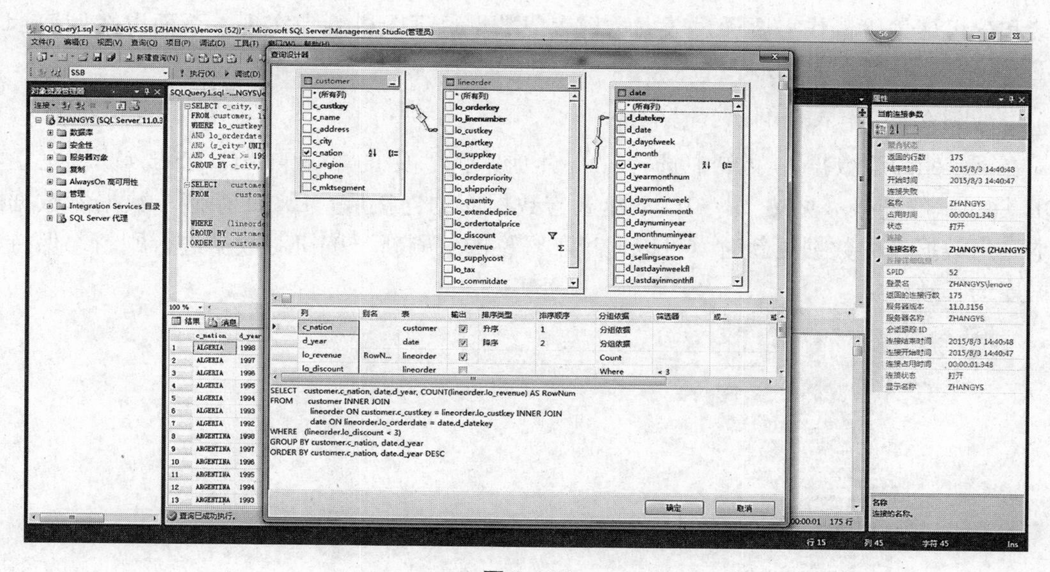

图 3—99

单击“确定”按钮在查询命令窗口中生成 SQL 命令，执行后查看查询执行结果（见图 3—100）。

SQL Server Management Studio 的查询引擎提供了丰富的 SQL 查询功能，如智能输入、语法分析、查询执行、查询分析、查询执行计划分析等功能，为用户使用 SQL 命令编辑和分析提供了丰富的功能。

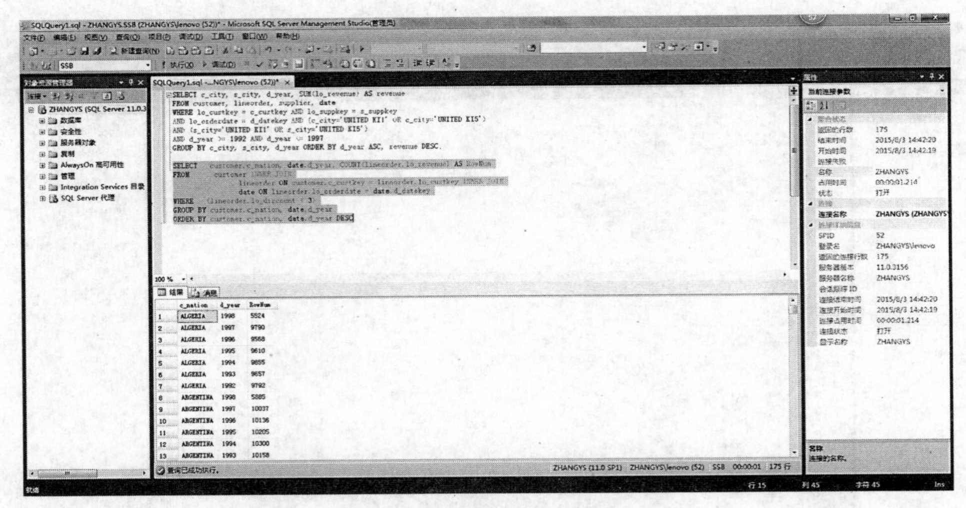

图 3—100

二、Excel 数据库可视化操作

除使用 SQL Server Management Studio 查询引擎作为 SQL 命令执行端之外，也可以使用 Excel 作为 SQL 命令执行客户端，以可视化操作的方式进行数据分析。

使用 Excel 进行查询处理的基本步骤包括：建立与 SQL Server 的连接，加载数据，查询处理，数据库端数据更新时 Excel 端刷新数据等。Excel 主要执行单表上的查询处理，连接和分组聚集等操作需要通过数据透视表或数据透视图机制来实现。下面以案例演示基于 Excel 的数据库查询处理。

【例 4】 单表查询。

在 Excel 的“数据”菜单中选择“自其他来源”中的“来自 SQL Server”，建立与 SQL Server 的连接（见图 3—101）。建立与数据库的连接后，Excel 存储了数据库数据的复本，当数据库的数据更新时，可以通过工具栏的“刷新”按钮对数据进行刷新，保持与数据库的一致性。

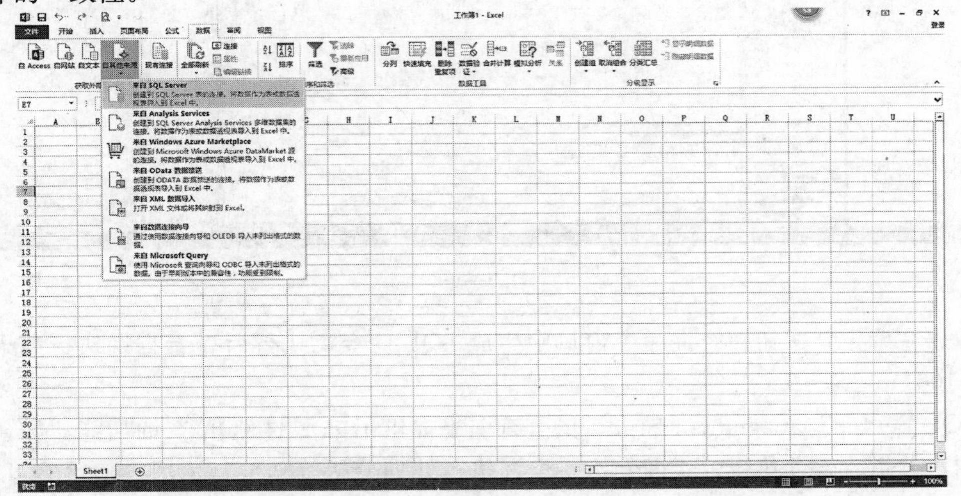

图 3—101

在“数据连接向导”中输入服务器名称，本地服务器可以使用 localhost 代替具体的服务器名称（见图 3—102）。

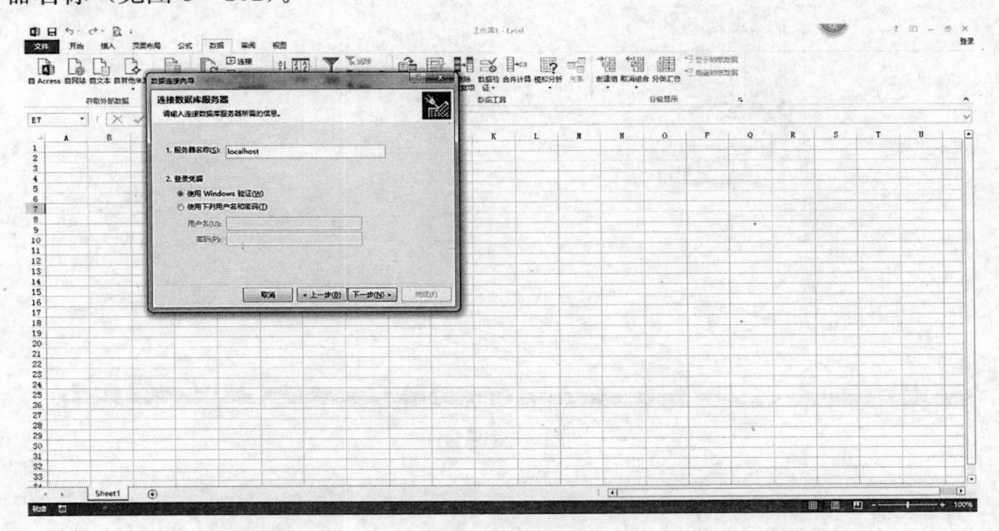

图 3—102

建立与 SQL Server 数据库服务器的连接后，选择数据库，选择要导入的指定的表（见图 3—103）。

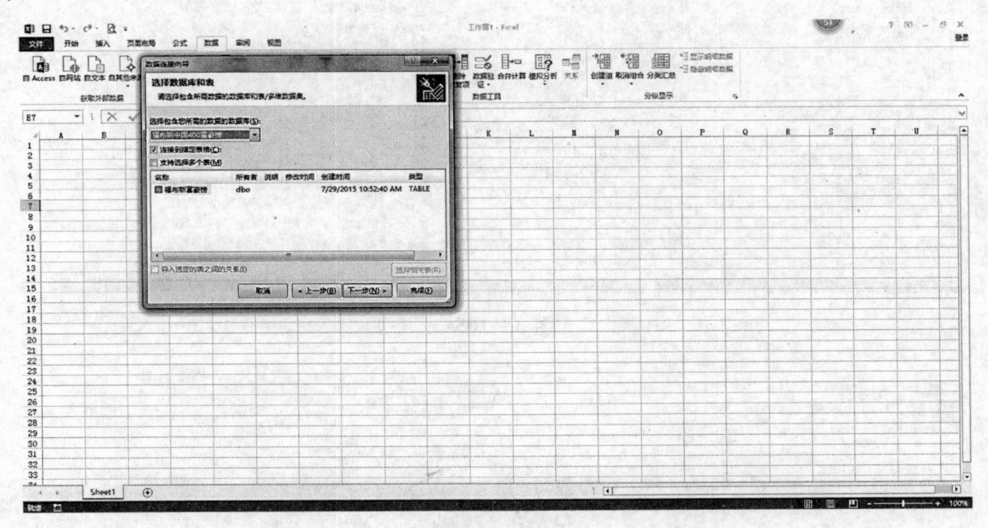

图 3—103

数据导入时可以选择不同的方式，“表”表示将表中数据导入 Excel 的 Sheet 中；“数据透视表”表示数据导入为数据透视表，支持 Excel 上的多维分析；“数据透视图”表示数据导入为数据透视图，可以通过图表方式显示查询结果；“仅创建连接”表示只为数据库创建连接。本例中选择导入表（见图 3—104）。

数据被从 SQL Server 数据库表中导入 Excel 的 Sheet 中，可以在 Excel 中完成查询处理任务（见图 3—105）。

数据库中的筛选操作可以转换为 Excel 上的自动筛选操作，通过可视化方式完成查询任务（见图 3—106）。

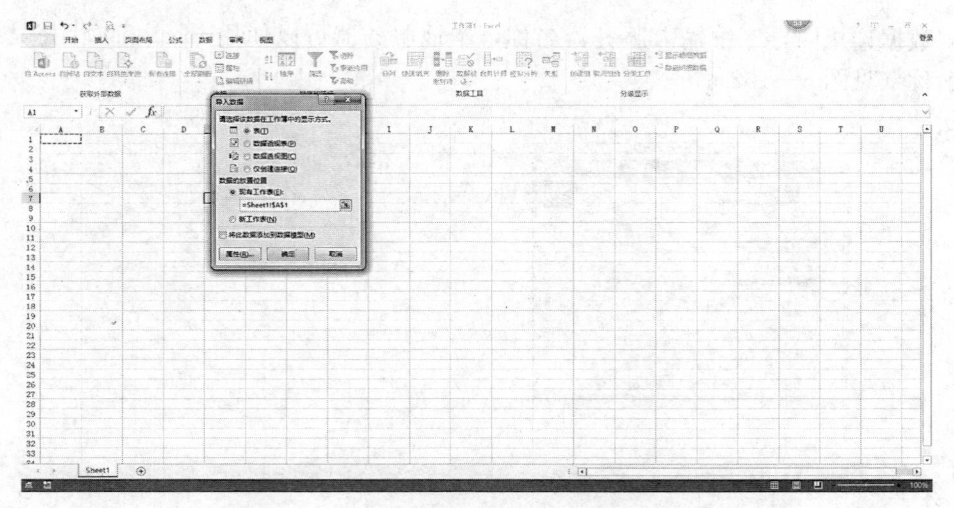

图 3—104

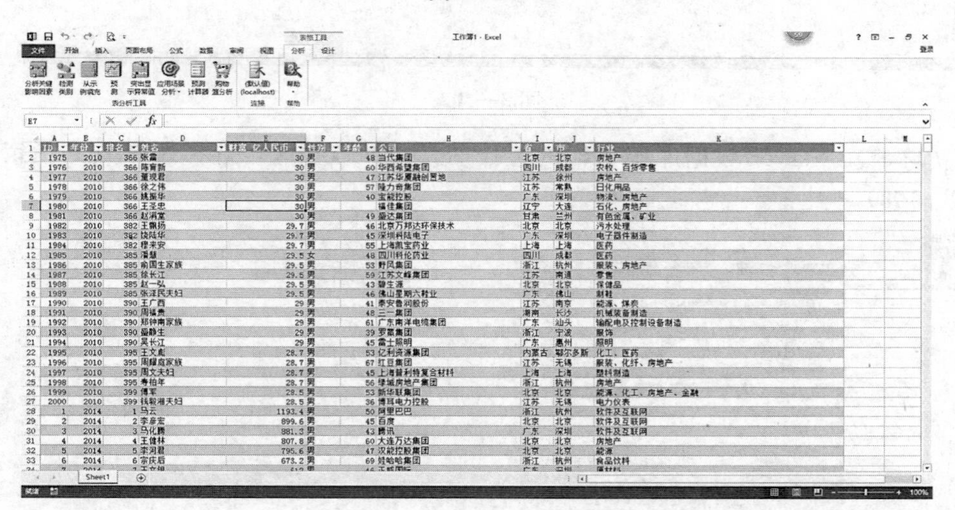

图 3—105

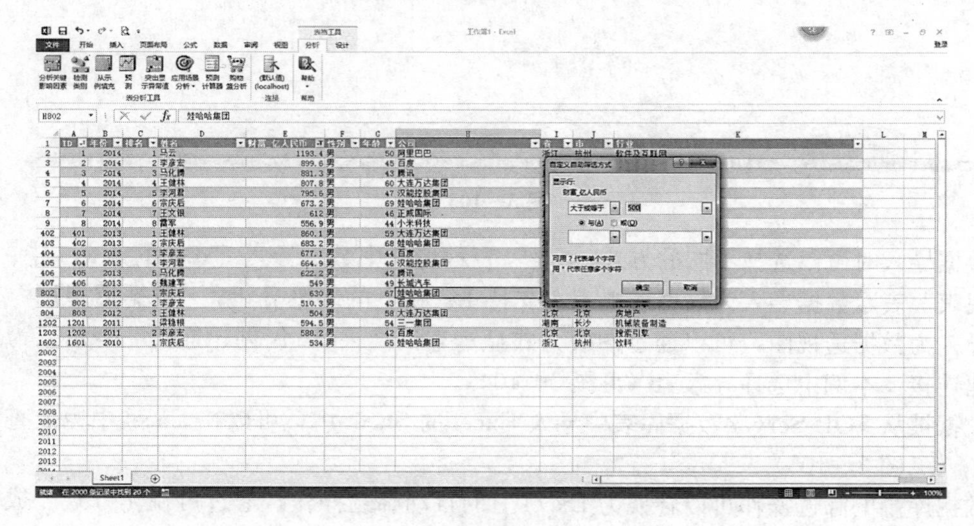

图 3—106

【例 5】 导入多表。

当查询涉及多个连接表属性列时，需要在 Excel 中导入多表。

通过数据连接向导建立 Excel 与 SQL Server 的连接。选择数据库后单击“支持选择多个表”复选框，导入多表结构。在如图 3—107 所示的数据库表对象窗口中选择查询需要的表，可以选择多个。

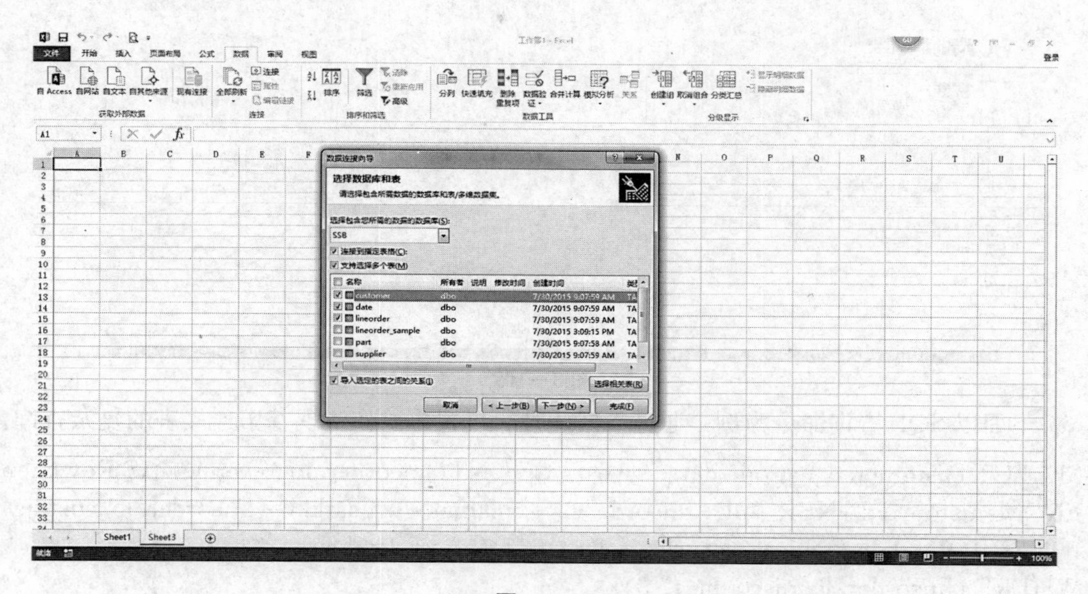

图 3—107

导入多表时选择“表”显示方式，则多个表分别导入不同的 Sheet 中；当数据导入后执行基于连接操作的查询时，需要将多表导入为“数据透视表”或“数据透视图”方式，通过数据透视表或数据透视图完成查询处理任务（见图 3—108）。

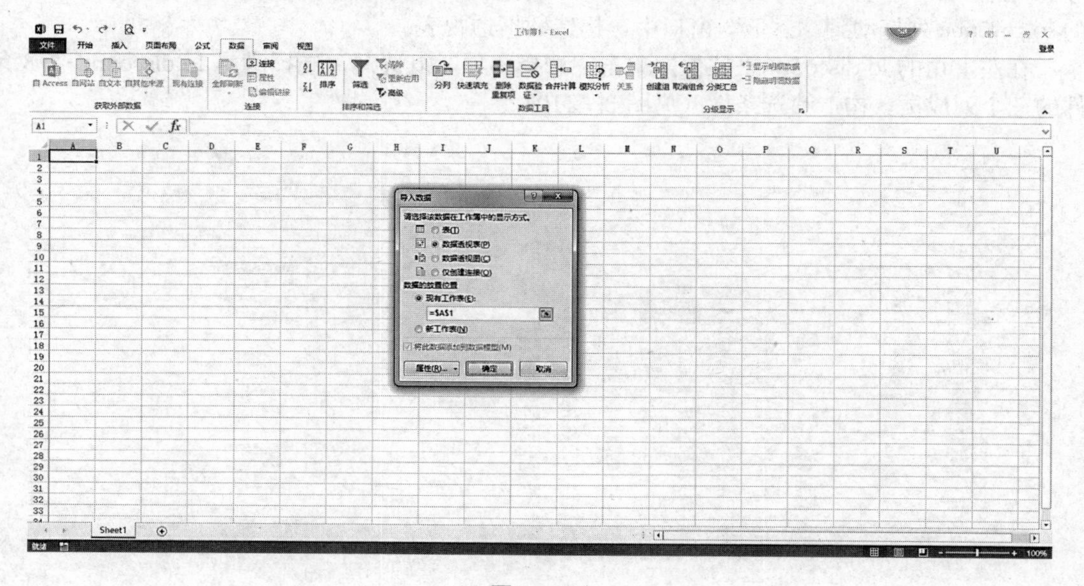

图 3—108

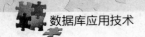

数据库中选择的多表在 Excel 中构建为数据透视表，字段窗口中列出指定的表和表中字段；“筛选器”“列”“行”“∑值”对应数据透视表筛选列、分组列和聚集列（见图 3—109）。

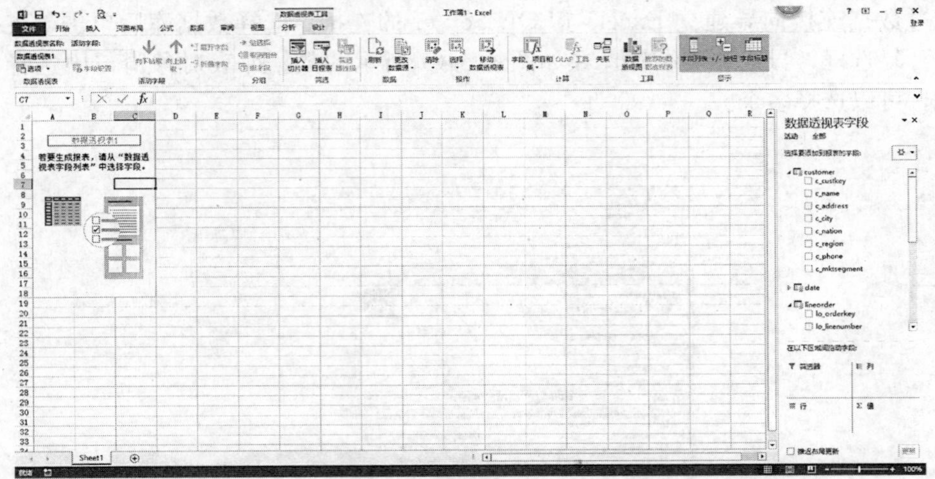

图 3—109

下面以 SQL 查询命令为例，通过数据透视表可视化操作实现基于连接表的复杂查询。

```
SELECT customer. c_nation, date. d_year, COUNT(lineorder. lo_revenue) AS RowNum
FROM customer INNER JOIN lineorder ON customer. c_custkey=lineorder. lo_custkey
INNER JOIN date ON lineorder. lo_orderdate=date. d_datekey
WHERE (lineorder. lo_discount < 3)
GROUP BY customer. c_nation, date. d_year
ORDER BY customer. c_nation, date. d_year DESC
```

将 customer 表中的 c_nation 列拖动到“行”窗口中，将 date 表中的 d_year 列拖动到“列”窗口中，将 lineorder 表中的 lo_discount 列拖动到“筛选器”窗口中，将 lineorder 表中的 lo_revenue 列拖动到“∑值”窗口中，构造数据透视表。

在左上角的 lo_discount 下拉框中单击“选择多项”复选框，选择满足 lo_discount < 3 条件的三个列成员，构造筛选条件（见图 3—110）。

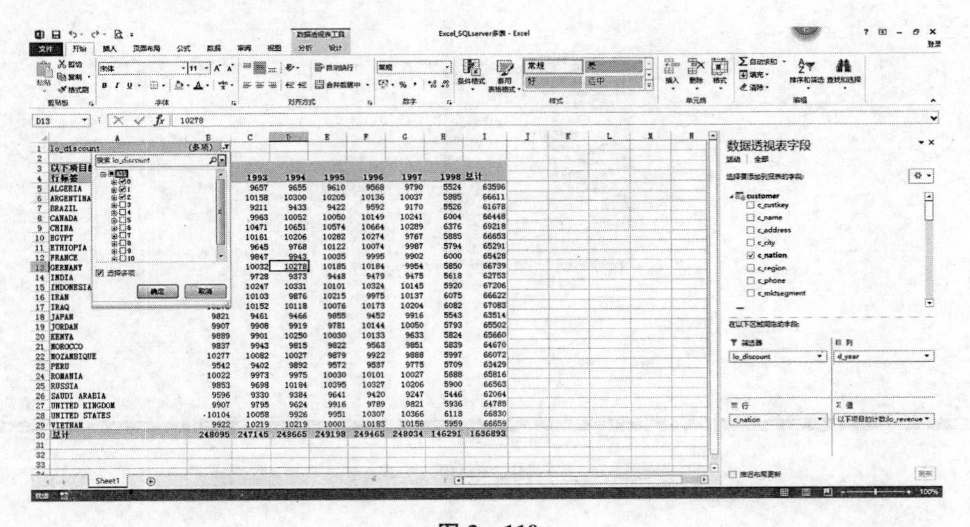

图 3—110

在“∑值”窗口中单击 lo_revenue 字段，选择“值字段设置”命令（见图 3—111）。

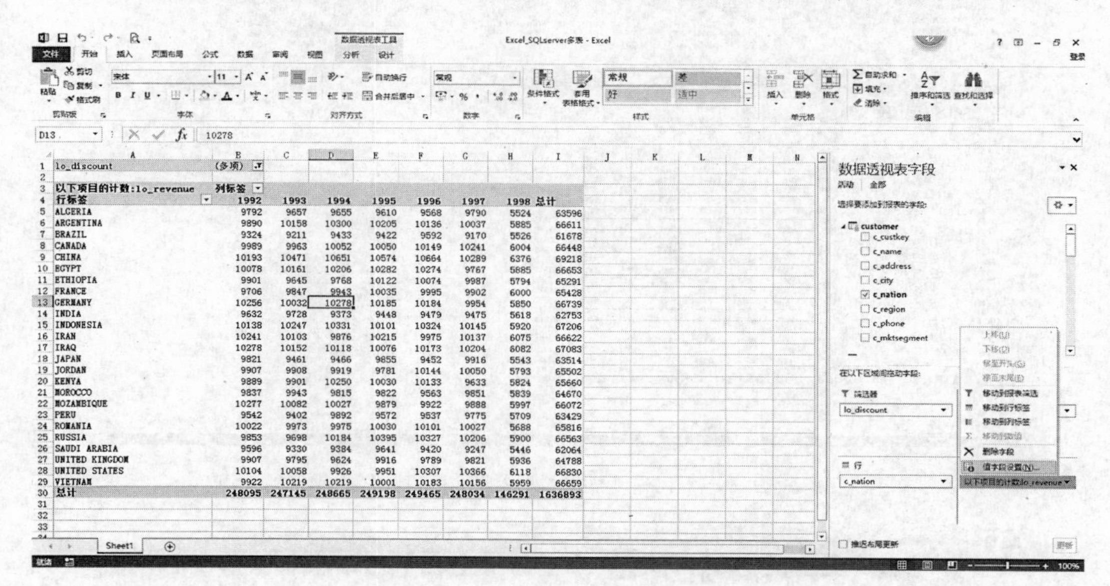

以下项目的计数:lo_revenue 行标签	1992	1993	1994	1995	1996	1997	1998	总计
ALGERIA	9792	9657	9655	9610	9568	9790	5524	63596
ARGENTINA	9890	10158	10300	10205	10136	10037	5885	66611
BRAZIL	9324	9211	9433	9422	9592	9170	5526	61678
CANADA	9989	9963	10052	10050	10149	10241	6004	66448
CHINA	10193	10471	10651	10574	10664	10289	6376	69218
EGYPT	10078	10161	10206	10282	10274	9767	5885	66653
ETHIOPIA	9901	9645	9768	10122	10074	9987	5794	65291
FRANCE	9706	9847	9943	10035	9995	9902	6000	65428
GERMANY	10256	10032	10278	10185	10184	9954	5850	66739
INDIA	9632	9728	9373	9448	9479	9475	5618	62753
INDONESIA	10138	10247	10331	10101	10324	10145	5920	67206
IRAN	10241	10103	9876	10215	9975	10137	6075	66622
IRAQ	10278	10152	10118	10076	10173	10204	6082	67083
JAPAN	9821	9461	9466	9855	9452	9916	5543	63514
JORDAN	9907	9908	9919	9781	10144	10050	5793	65502
KENYA	9889	9901	10250	10030	10133	9633	5824	65660
MOROCCO	9837	9943	9815	9822	9563	9851	5839	64670
MOZAMBIQUE	10277	10082	10027	9879	9922	9888	5997	66072
PERU	9542	9402	9892	9572	9537	9775	5709	63429
ROMANIA	10022	9973	9975	10030	10101	10027	5688	65816
RUSSIA	9853	9698	10184	10395	10327	10206	5900	66563
SAUDI ARABIA	9596	9330	9384	9641	9420	9247	5446	62064
UNITED KINGDOM	9907	9795	9624	9916	9789	9821	5936	64788
UNITED STATES	10104	10058	9926	9951	10307	10366	6118	66830
VIETNAM	9922	10219	10219	10001	10183	10156	5959	66659
总计	248095	247145	248665	249198	249465	248034	146291	1636893

图 3—111

在“值字段设置”对话框中选择值字段汇总方式为“计数”，在“值显示方式”选项卡中选择“无计算”，对满足筛选条件的记录进行计数聚集操作（见图 3—112）。

图 3—112

设置完毕后，Excel 数据透视表显示为对应 SQL 命令执行结果（见图 3—113）。可以通过鼠标拖动操作改变行与列分组字段，增加或修改聚集计算列或聚集计算方式，实现多维分析处理任务。

在数据透视表的基础上可以增加数据透视图，以直观的图表形式显示查询结果。

选择“插入”菜单中的“数据透视图”命令，为数据透视表插入数据透视图（见图 3—114）。

在“插入图表”对话框中选择图表类型（见图 3—115）。

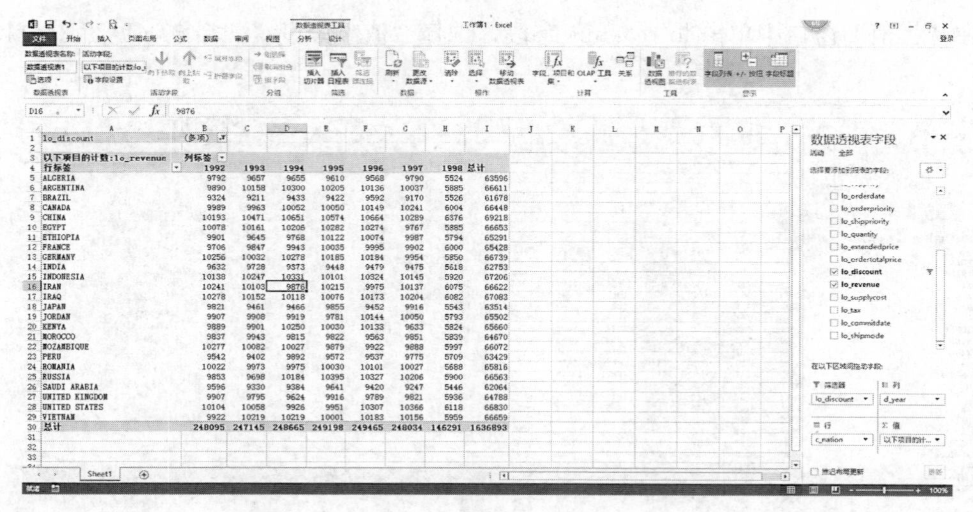

图 3—113

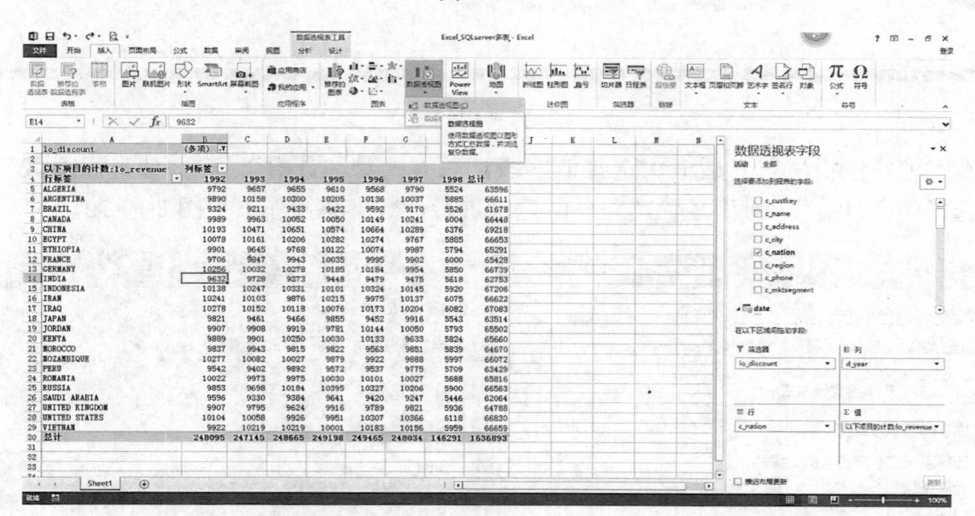

图 3—114

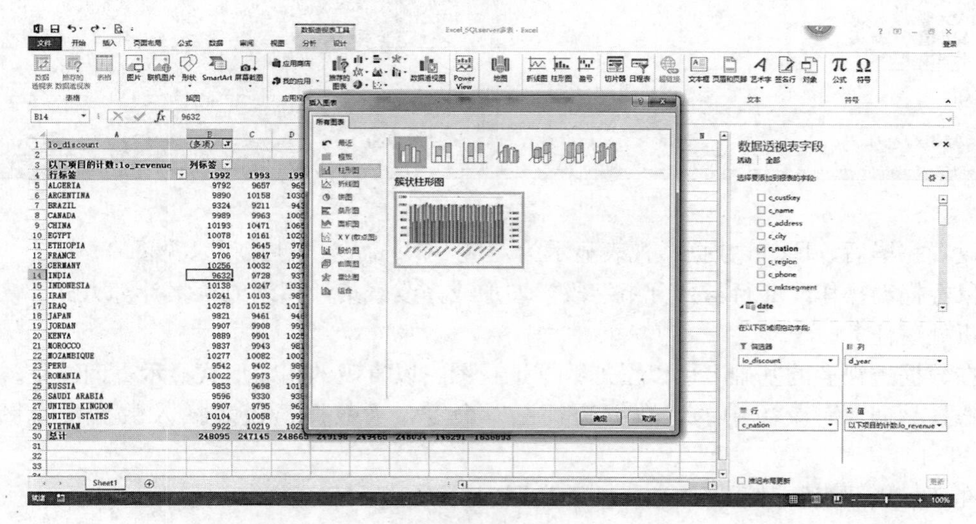

图 3—115

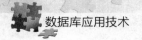

生成数据透视图（见图 3—116）。其中，筛选器 lo_discount、行/列分组器 c_nation 和 d_year 都可以进行编辑，更改分组或筛选条件，更新图表显示内容。

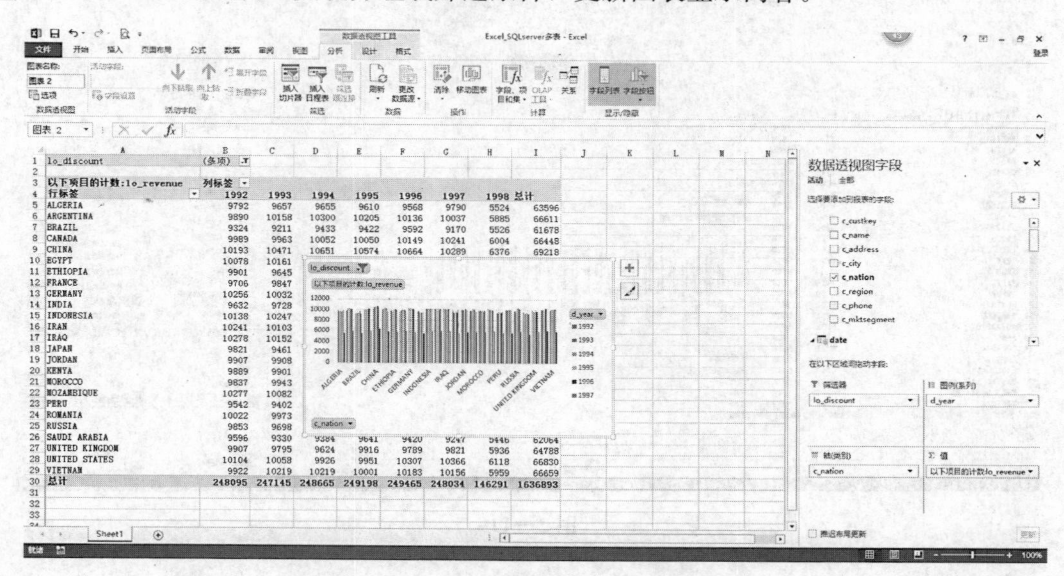

图 3—116

通过“d_year”按钮可以更改分组列成员，选择查询指定的成员显示在图表上（见图 3—117）。

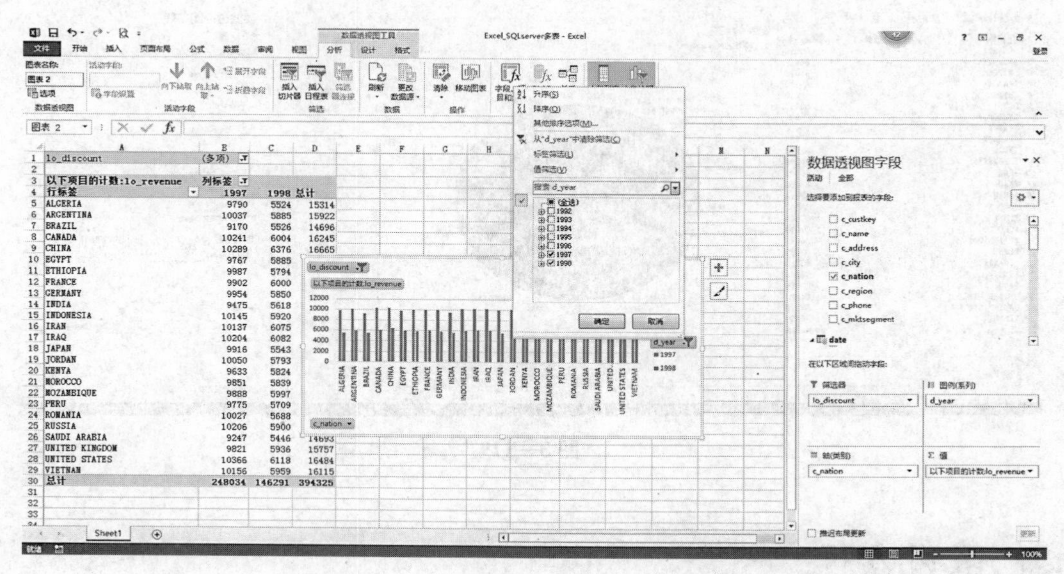

图 3—117

当需要一维分组属性时，可以将“列”窗口中的分组列删除。单击“列”窗口的属性名，选择“删除字段”去掉“列”分组属性（见图 3—118）。

可以通过“设计”菜单对数据透视图进行更改，选择适合的图表类型。如本例中按 c_nation进行聚集计算，将图表更改为饼形图（见图 3—119）。

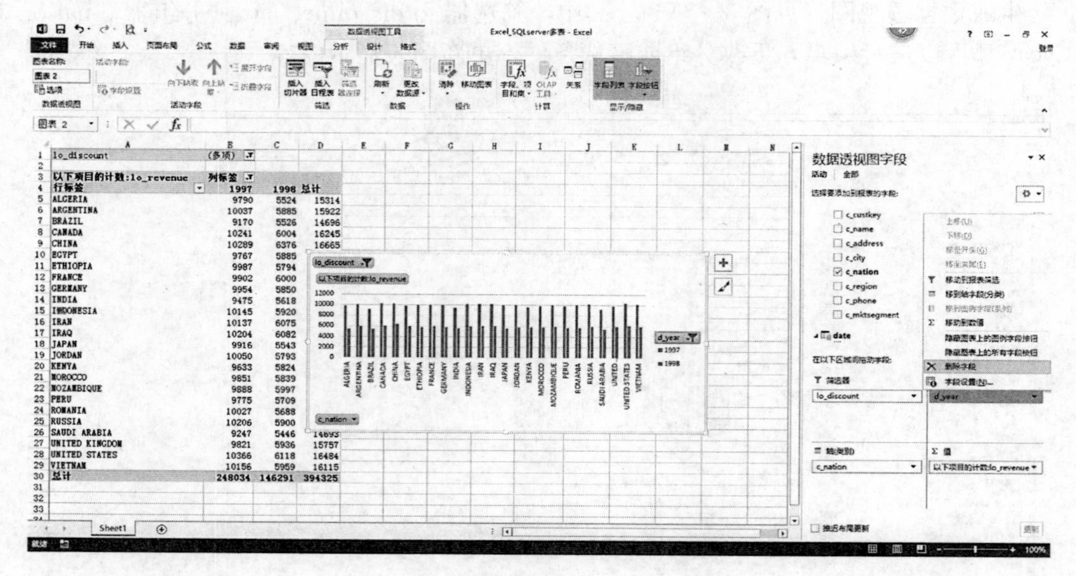

图 3—118

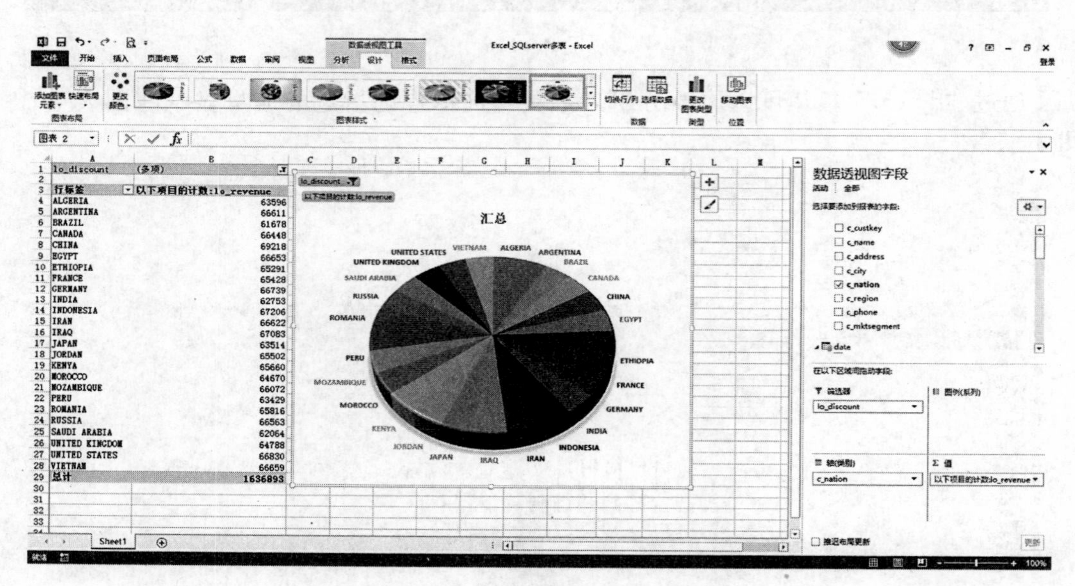

图 3—119

案例分析

通过 Excel 数据透视表实现 SSB 数据库 13 个测试查询，与 SQL 命令执行结果进行对比，体会相同数据不同查询处理方法的特点和优缺点。

Excel 可以作为 SQL Server 的前端显示工具，通过数据库连接导入数据库中的表，通过 Excel 的数据操作工具、数据透视表、数据透视图等功能提供可视化的数据库分析工具，典型的 SQL 命令可以通过 Excel 前端的可视化操作完成，降低了用户学习 SQL 的门槛，方便用户灵活地使用数据库完成查询处理任务。

三、DbVisualizer 数据库管理工具

在实际应用中经常需要访问不同数据源的数据库，需要一种基于第三方的数据库管理工具来连接不同的数据库。DbVisualizer 是一种支持主要数据库并且支持不同平台的数据库管理和维护工具。DbVisualizer 通过 JDBC 的驱动程序同时连接不同类型、不同平台的数据库，可以浏览数据库结构，查看数据库对象的详细特征，以图形方式显示数据库信息，并支持 SQL 脚本执行。

【例 6】　安装 DbVisualizer。

（1）下载 DbVisualizer。

在 DbVisualizer 网站①下载最新版本的安装程序，需要注意选择相应的操作系统安装程序，对于没有配置 JAVA 虚拟机的计算机可直接下载 With Java VM 的安装程序（见图 3—120）。

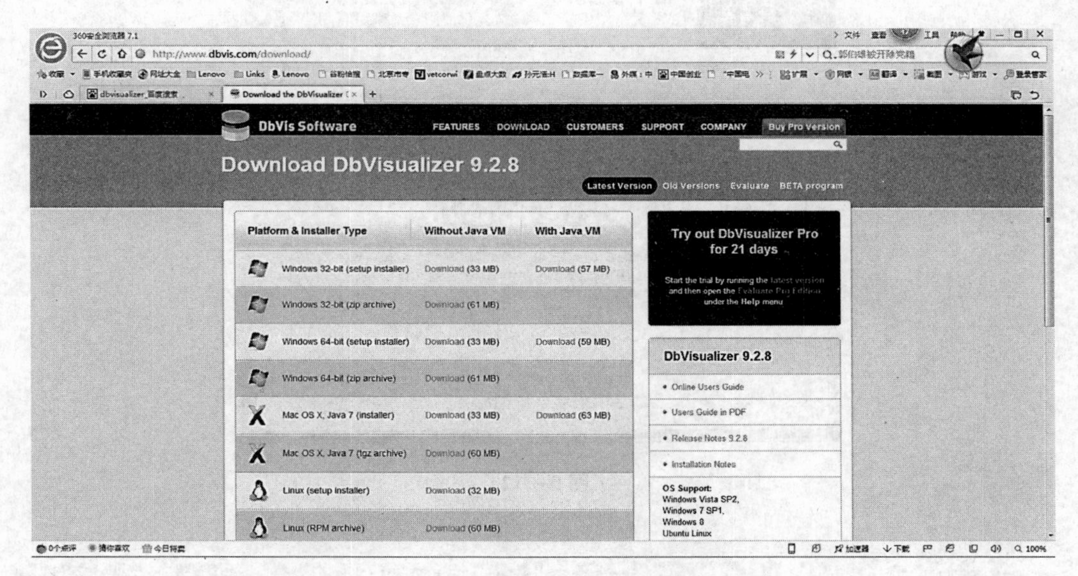

图 3—120

DbVisualizer 具有丰富的功能，可以将查询结果可视化，起到数据透视表的作用（见图 3—121）。

（2）安装 DbVisualizer。

运行 DbVisualizer 安装程序，启动安装向导（见图 3—122）。

接受软件安装许可协议。在 DbVisualizer 中已集成了主流数据库的 JDBC 驱动程序，可以直接配置与相应数据库的连接。如图 3—123 所示。

执行安装向导，完成 DbVisualizer 的安装（见图 3—124）。

当要访问的数据库没有相应的 JDBC 驱动程序时，需要人工从网站下载数据库驱动程序，并在 DbVisualizer 中进行驱动程序的配置。例如，可以通过 Microsoft 网站下载 SQL Server JDBC 驱动程序供 DbVisualizer 使用（见图 3—125）。

---

① http://www.dbvis.com/download/.

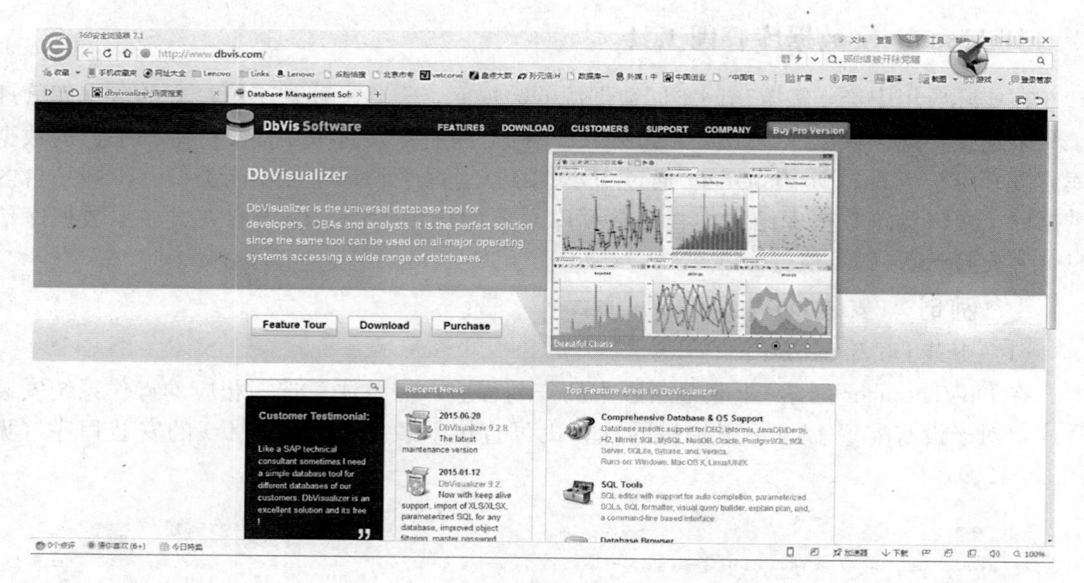

图 3—121

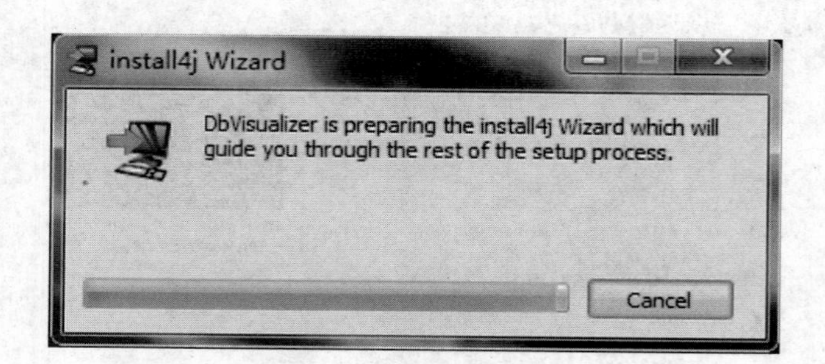

图 3—122

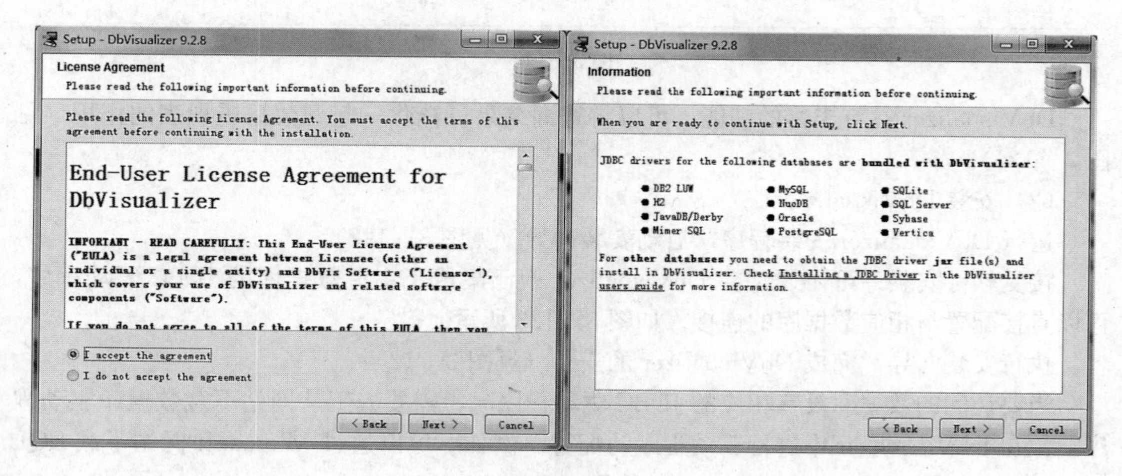

图 3—123

下载 JDBC 驱动程序时按操作系统平台选择适当的版本和相关的文件（见图 3—126）。

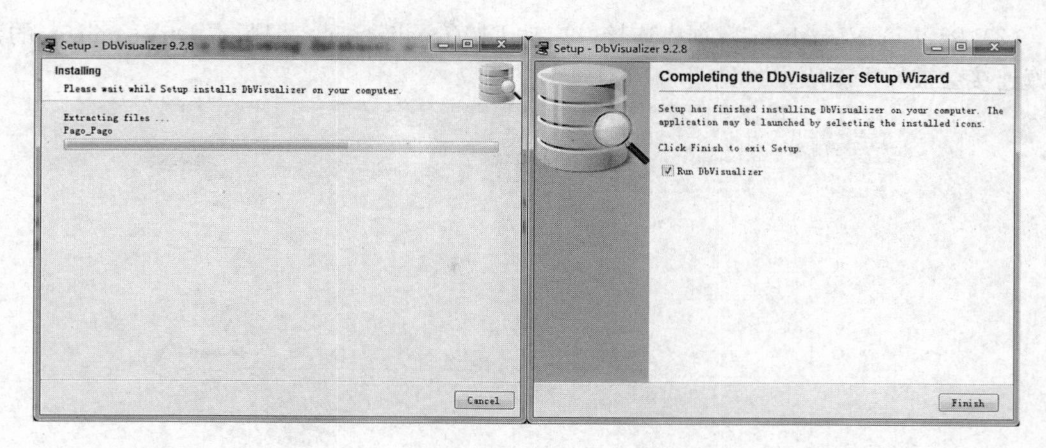

图 3—124

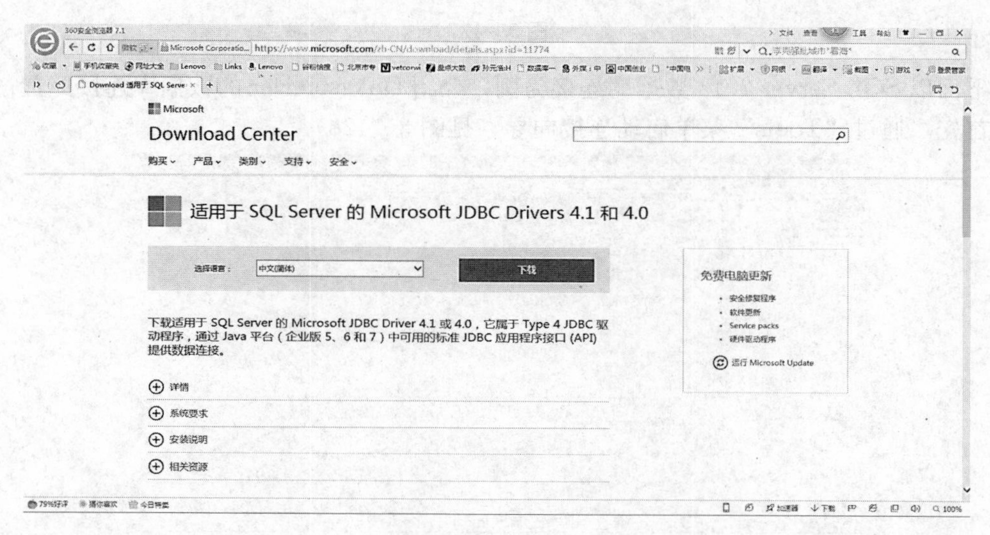

图 3—125

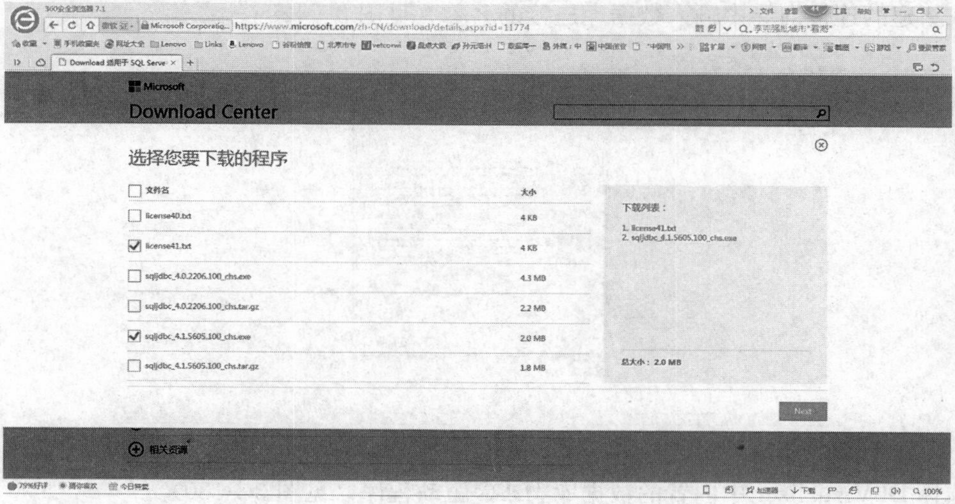

图 3—126

（3）配置 DbVisualizer 数据库连接。启动 DbVisualizer 时，旧版本 DbVisualizer 的数据库连接会被导入新版本（见图 3—127）。

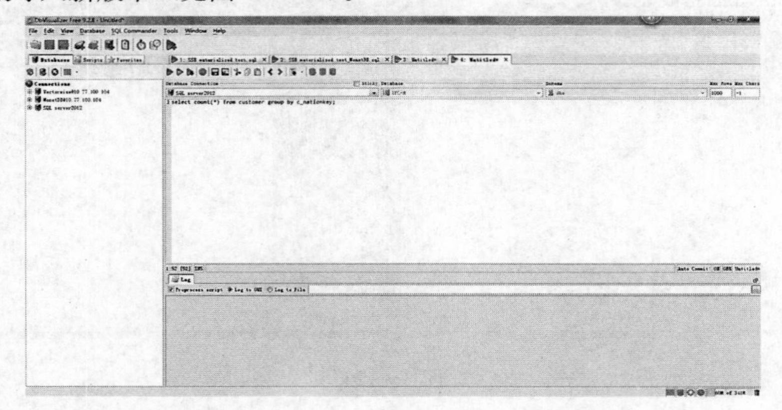

图 3—127

下面以 SQL Server 2012 数据库连接为例，介绍 DbVisualizer 的数据库连接配置过程。首先，通过“Tools”菜单启动连接向导（见图 3—128）。

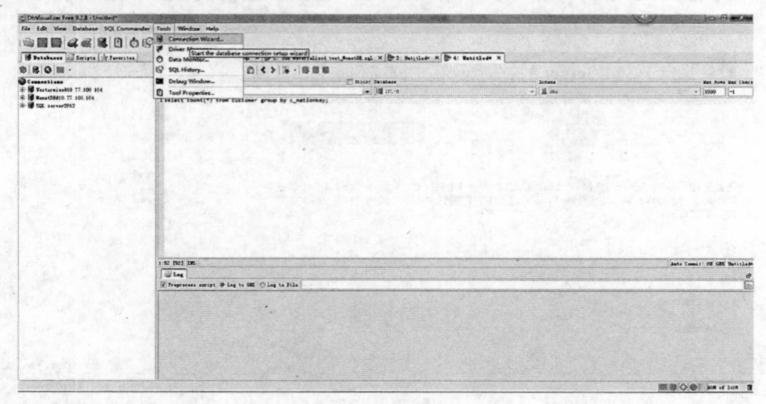

图 3—128

在新建的连接向导中输入数据库连接的名称（见图 3—129）。

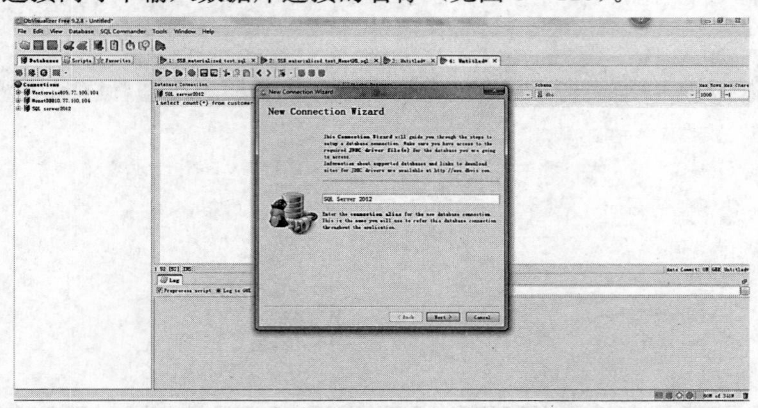

图 3—129

选择 DbVisualizer 中内置的数据库 JDBC 驱动程序（见图 3—130）。

创建数据库连接，可以通过“Ping Server”按钮测试数据库是否连通（见图 3—131）。

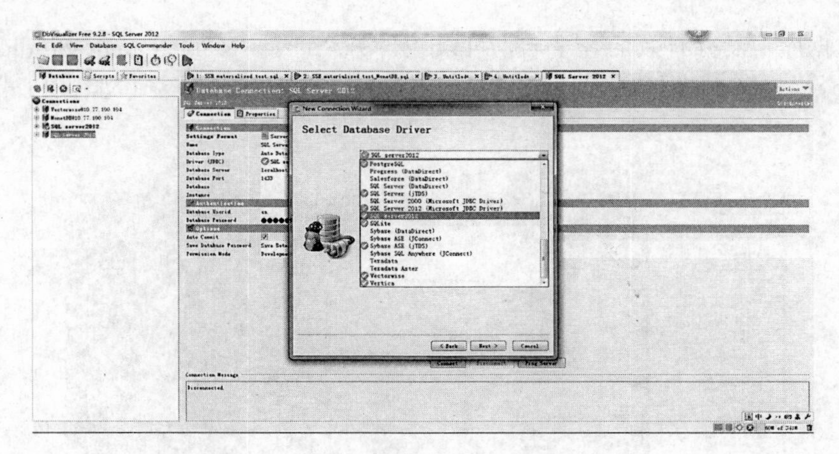

图 3—130

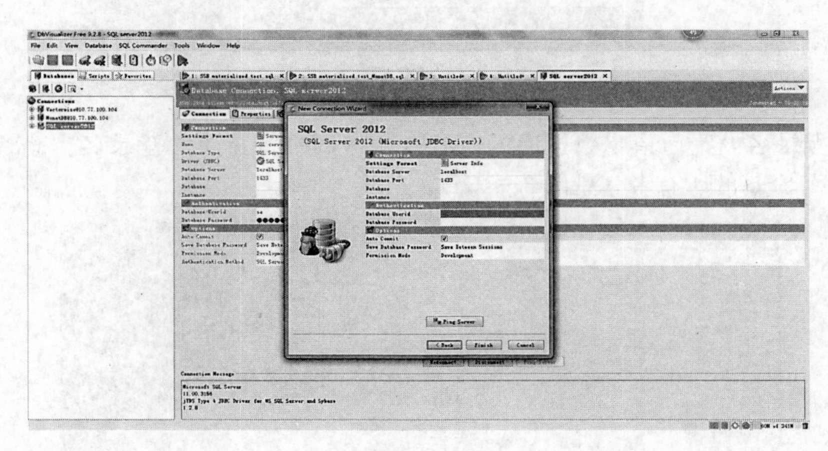

图 3—131

数据库连接中需要指定 Database Server，可以通过 IP 地址、服务器名指定，本地服务器可以用 localhost 指定。SQL Server 默认的 Database Port（数据库端口）为 1433，不同数据库的端口号不相同。Database（数据库）可以不指定，默认连接数据库服务器中的全部数据库。Database Userid 为数据库连接的用户名，Database Password 为数据库连接密码。用户名和密码对应数据库中的一个有效登录名。具体如图 3—132 所示。

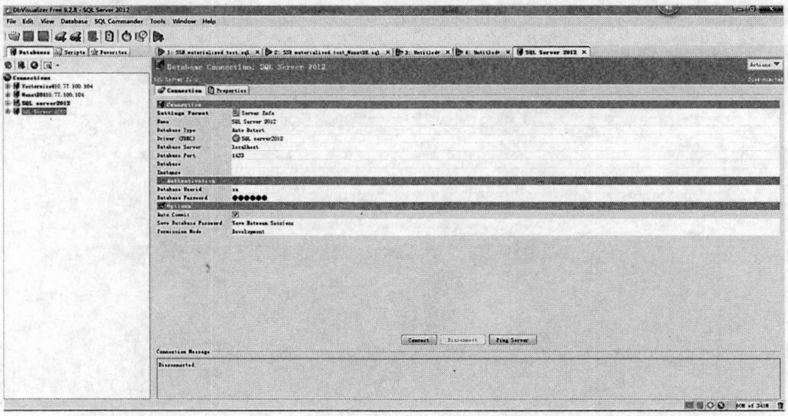

DbVisualizer Free 9.2.8 - SQL Server 2012
File Edit View Database SQL Commander Tools Window Help
Database Scripts Favorites
Connections
Vectorwise@10.77.100.104
MonetDB@10.77.100.104
SQL server2012
Database Connection: SQL Server 2012
Connection Properties
Settings Format: Server Info
Name: SQL Server 2012
Database Type: Auto Detect
Driver (JDBC): SQL server2012
Database Server: localhost
Database Port: 1433
Database
Instance
Database Userid: sa
Database Password: ●●●●●●
Auto Commit
Save Database Password: Save Between Sessions
Permission Mode: Development
Connect Disconnect Ping Server
Connection Message
Disconnected

图 3—132

如果数据库中没有有效的登录名，可以在 SQL Server Management Studio 中的"安全性—登录名"对象中创建一个新的登录名，通过 SQL Server 身份验证模式设置密码（见图 3—133）。

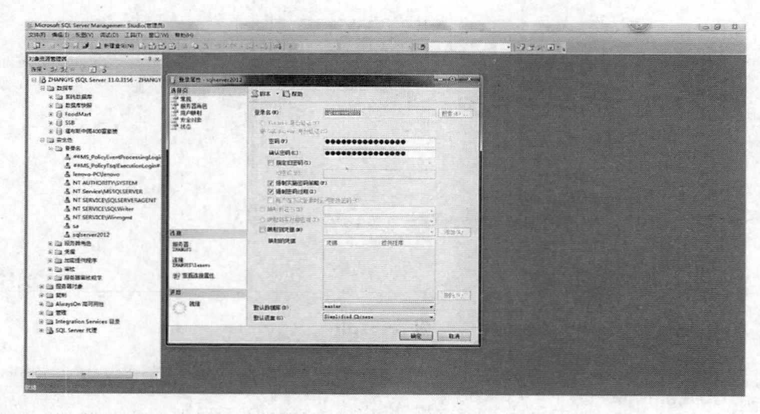

图 3—133

然后将登录名设置为指定数据库的所有者。本例中将新建的登录名"sqlserver2012"设置为数据库 SSB 的所有者（见图 3—134）。

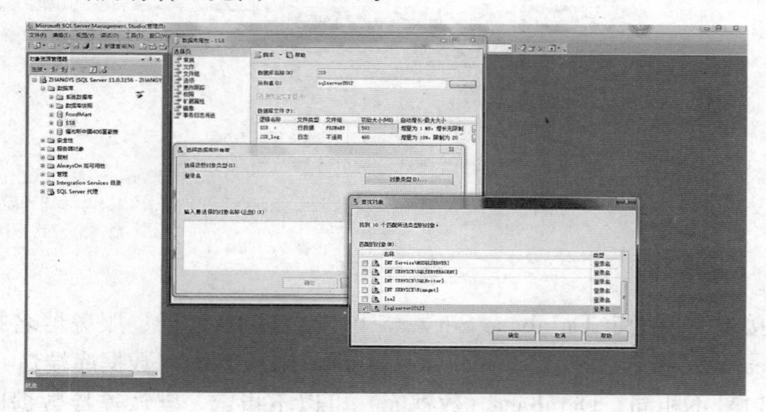

图 3—134

在 DbVisualizer 中通过用户账户"sqlserver2012"连接数据库，并访问 SSB 数据库中的表（见图 3—135）。

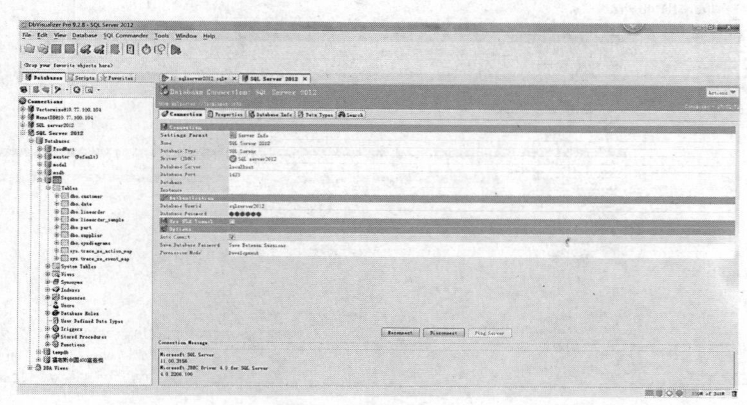

图 3—135

【例 7】　DbVisualizer 数据管理和查询处理。

DbVisualizer 中可以显示数据库连接的各种属性（见图 3—136）。

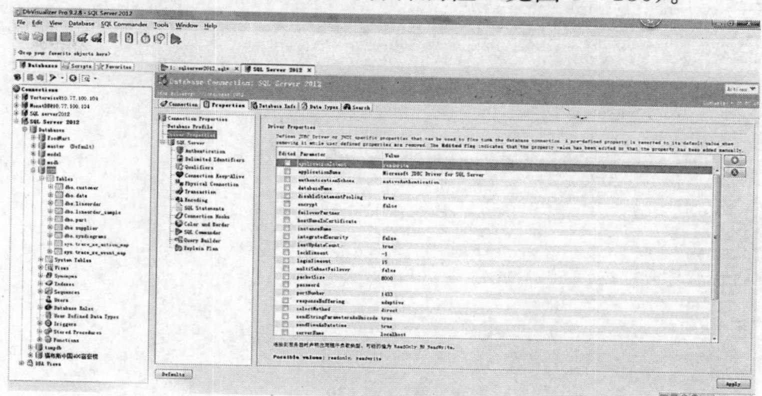

图 3—136

显示数据库连接信息，如 JDBC 驱动程序版本，支持的功能及各种函数信息（见图 3—137）。

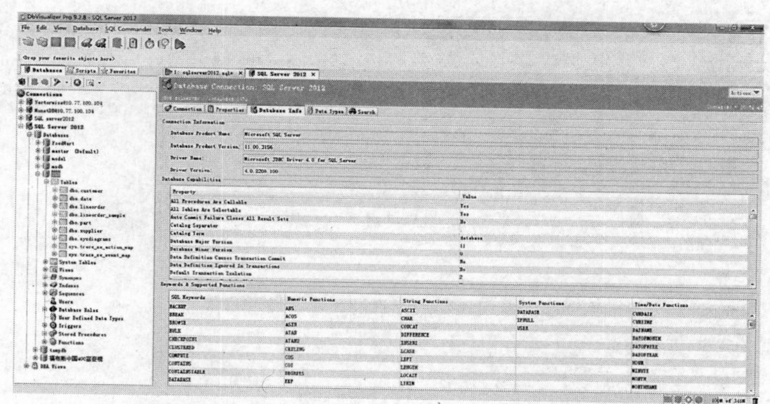

图 3—137

显示 SQL 数据类型与 JDBC 数据类型之间的对应关系（见图 3—138）。

Supported Data Types

Type Name	JDBC Type	Max Size	Min. Decimals	Max. Decimals	Nulls Allowed	Case Sensitive	Unsigned	Auto Increment	Create Parameters	Literal Prefix	Literal Suffix
bigint	BIGINT (-5)	19	0	0	✓						
bigint identity	BIGINT (-5)	19	0	0				✓			
binary	BINARY (-2)	8,000	0	0	✓				length	0x	
bit	BIT (-7)	1	0	0	✓						
char	CHAR (1)	8,000	0	0	✓				length	'	'
date	DATE (91)	10	0	0	✓					'	'
datetime	TIMESTAMP (93)	23	3	3	✓					'	'
datetime2	TIMESTAMP (93)	27	0	7	✓				scale	'	'
datetimeoffset	N/A (-155)	34	0	7	✓				scale	'	'
decimal	DECIMAL (3)	38	0	38	✓				precision, scale		
decimal() identity	DECIMAL (3)	38	0	0				✓	precision		
float	DOUBLE (8)	53	0	0	✓						
image	LONGVARBINARY (-4)	2,147,483,647	0	0	✓					0x	
int	INTEGER (4)	10	0	0	✓						
int identity	INTEGER (4)	10	0	0				✓			
money	DECIMAL (3)	19	4	4	✓					$	
nchar	N/A (-15)	4,000	0	0	✓				length	N'	'
ntext	N/A (-16)	1,073,741,823	0	0	✓					N'	'
numeric	NUMERIC (2)	38	0	38	✓				precision, scale		
numeric() identity	NUMERIC (2)	38	0	0				✓	precision		
nvarchar	N/A (-9)	4,000	0	0	✓				max length	N'	'
real	REAL (7)	24	0	0	✓						
smalldatetime	TIMESTAMP (93)	16	0	0	✓					'	'
smallint	SMALLINT (5)	5	0	0	✓						
smallint identity	SMALLINT (5)	5	0	0				✓			
smallmoney	DECIMAL (3)	10	4	4	✓					$	
sql_variant	N/A (-150)	8,000	0	0	✓						
sysname	N/A (-9)	128	0	0						N'	'
text	LONGVARCHAR (-1)	2,147,483,647	0	0	✓					'	'
time	TIME (92)	16	0	7	✓				scale	'	'
timestamp	BINARY (-2)	8	0	0						0x	

图 3—138

DbVisualizer 还可以显示数据库中表相应的各部分信息，如模式信息（见图 3—139）。

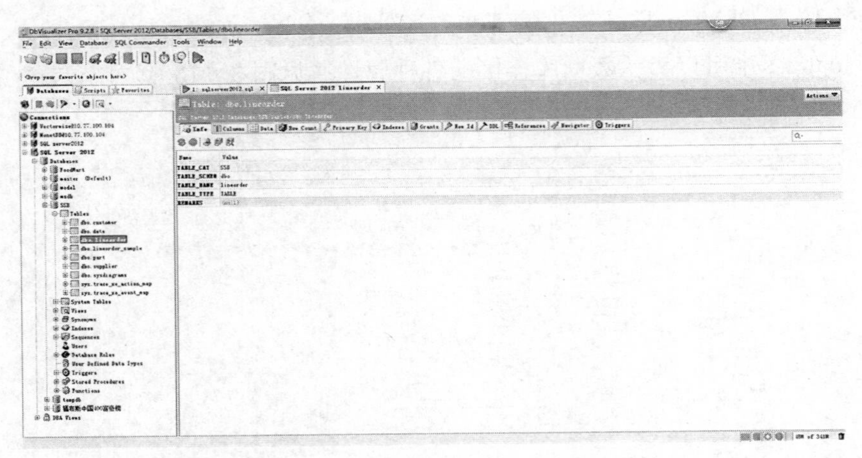

图 3—139

显示表各列的描述信息（见图 3—140）。

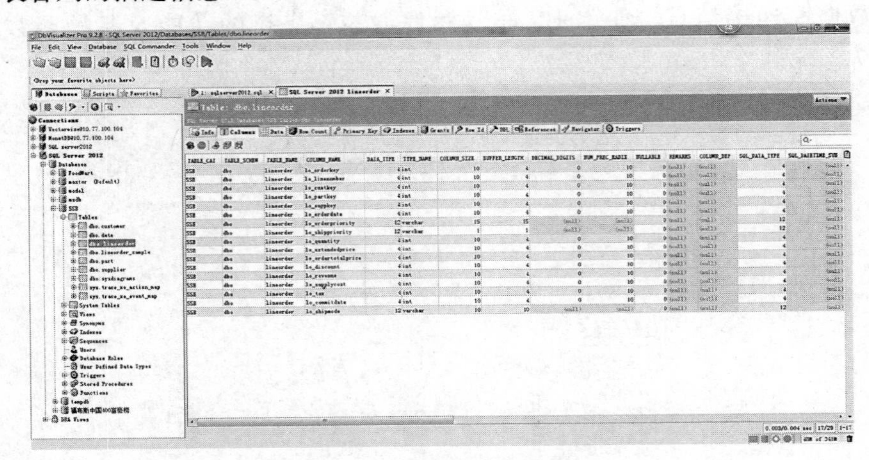

图 3—140

显示表中的数据（见图 3—141）。

Table: dbo.lineorder

#	lo_orderkey	lo_linenumber	lo_custkey	lo_partkey	lo_suppkey	lo_orderdate	lo_orderpriority	lo_shippriority	lo_quantity	lo_extendedprice	lo_ordertotalprice	lo_discount	lo_revenue
1	1	1	7381	155190	4137	19960102	5-LOW	0	17	2116823	17366547	4	2032150
2	1	2	7381	67310	815	19960102	5-LOW	0	36	4598316	17366547	9	4184467
3	1	3	7381	63700	355	19960102	5-LOW	0	8	1330960	17366547	10	1197864
4	1	4	7381	2132	4711	19960102	5-LOW	0	28	2895564	17366547	9	2634963
5	1	5	7381	24027	8123	19960102	5-LOW	0	24	2282448	17366547	10	2054203
6	1	6	7381	15635	6836	19960102	5-LOW	0	32	4962016	17366547	7	4614674
7	2	1	15601	106170	5329	19961201	1-URGENT	0	38	4469446	4692918	0	4469446
8	3	1	24664	4297	9793	19931014	5-LOW	0	45	5405805	19384625	6	5081456
9	3	2	24664	19036	8333	19931014	5-LOW	0	49	4679647	19384625	10	4211682
10	3	3	24664	128449	7045	19931014	5-LOW	0	27	3989088	19384625	6	3749742
11	3	4	24664	29380	3709	19931014	5-LOW	0	2	261876	19384625	1	259257
12	3	5	24664	183095	8034	19931014	5-LOW	0	28	3299652	19384625	4	3166705
13	3	6	24664	62143	8827	19931014	5-LOW	0	26	2873364	19384625	10	2586027
14	4	1	27356	88035	9060	19951011	5-LOW	0	30	3069090	3215178	3	2977017
15	5	1	8897	108570	209	19940730	5-LOW	0	15	2367855	14465920	2	2320497
16	5	2	8897	123927	1295	19940730	5-LOW	0	26	5072392	14465920	7	4717324
17	5	3	8897	37531	4186	19940730	5-LOW	0	50	7342650	14465920	8	6755238
18	6	1	11125	139638	2876	19920221	4-NOT SPECI	0	0	0	0	8	0
19	7	1	7828	182052	8874	19960110	2-HIGH	0	12	1360860	25200418	7	1265599
20	7	2	7828	145243	4536	19960110	2-HIGH	0	9	1159416	25200418	8	1066662
21	7	3	7828	94780	6528	19960110	2-HIGH	0	46	8163988	25200418	10	7347589
22	7	4	7828	163073	237	19960110	2-HIGH	0	28	3180996	25200418	3	3085566
23	7	5	7828	151894	9498	19960110	2-HIGH	0	38	7394382	25200418	8	6802831
24	7	6	7828	79251	3973	19960110	2-HIGH	0	35	4309875	25200418	6	4047522
25	7	7	7828	157238	5405	19960110	2-HIGH	0	5	647615	25200418	4	621710
26	32	1	26012	82704	7497	19950716	2-HIGH	0	28	4722760	20866075	5	4486622
27	32	2	26012	197921	2827	19950716	2-HIGH	0	32	6480544	20866075	2	6331333
28	32	3	26012	41161	3629	19950716	2-HIGH	0	2	221032	[illegible]	[illegible]	[illegible]

Max Rows: 1000 Max Chars: -1 Pattern: n/a

Number of rows limited by Max Rows

0.002/0.084 sec 1000/17 1-29

图 3—141

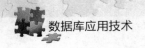

显示表中记录行数（见图 3—142）。

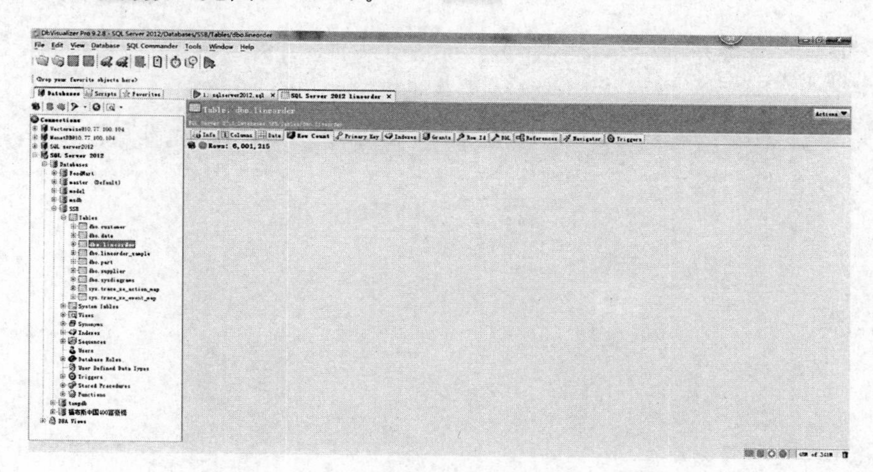

图 3—142

显示表的主键信息（见图 3—143）。

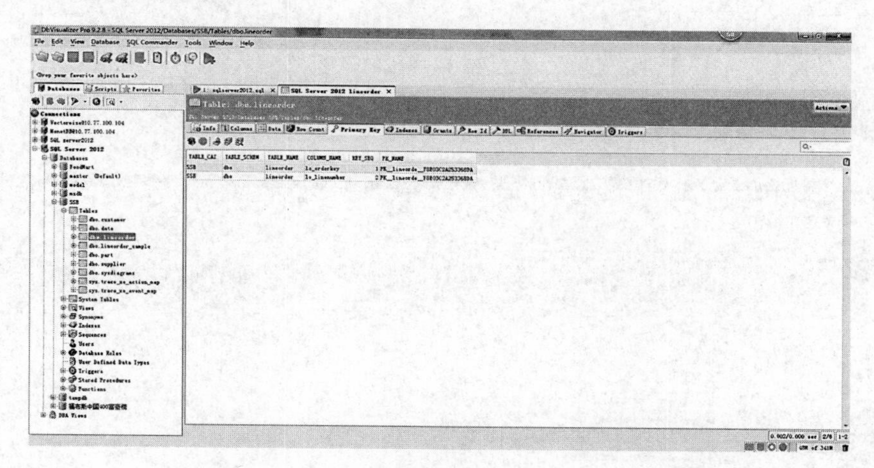

图 3—143

显示表的索引信息（见图 3—144）。

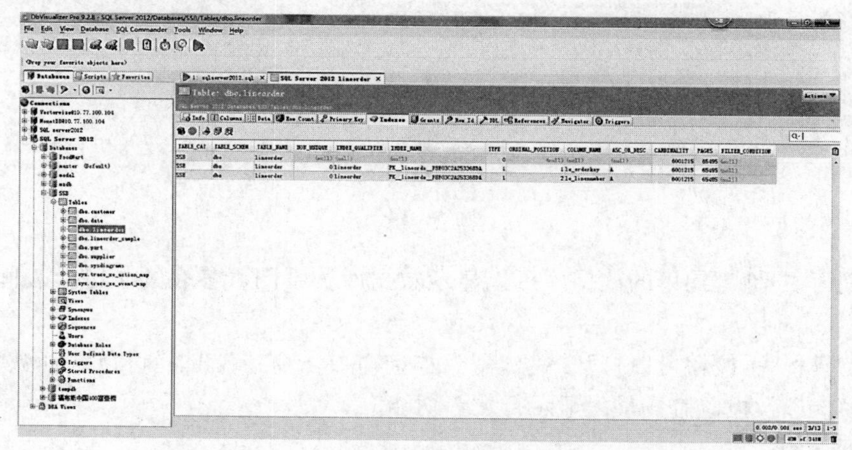

图 3—144

显示表的访问权限信息（见图 3—145）。

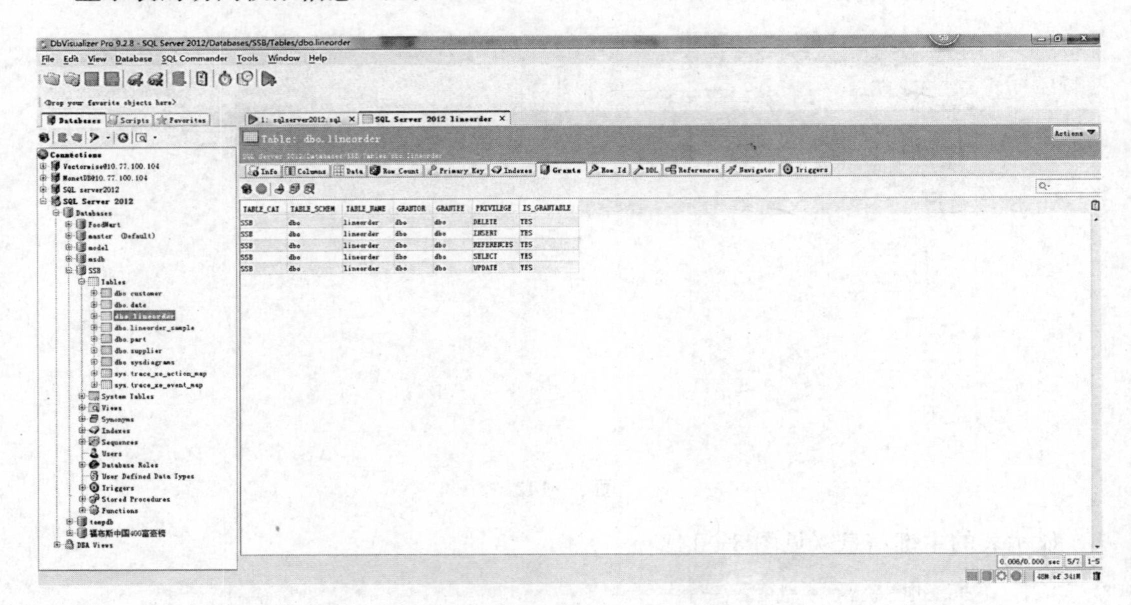

图 3—145

显示表的定义信息，即 SQL 表定义命令（见图 3—146）。

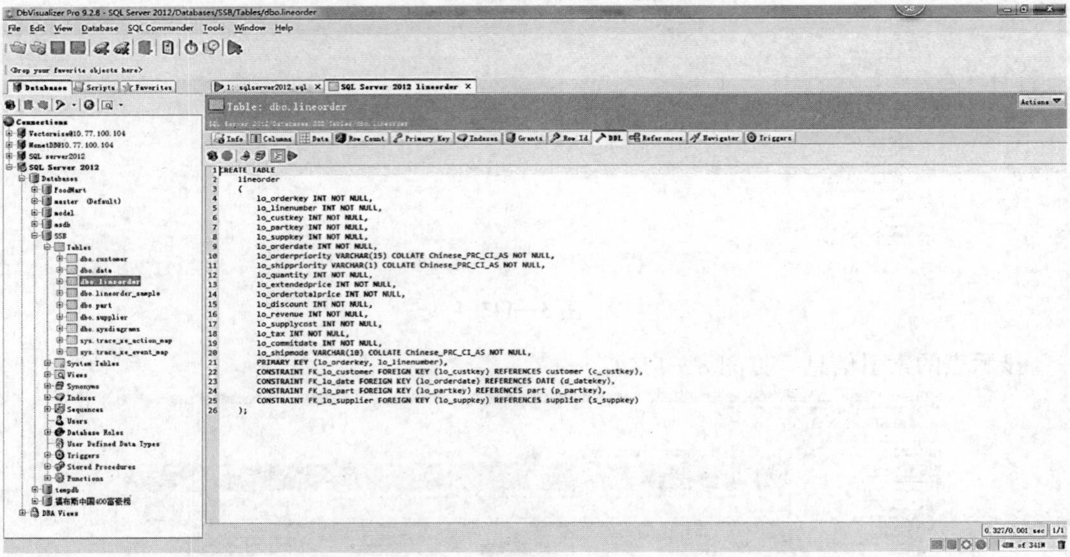

```
CREATE TABLE
    lineorder
    (
        lo_orderkey INT NOT NULL,
        lo_linenumber INT NOT NULL,
        lo_custkey INT NOT NULL,
        lo_partkey INT NOT NULL,
        lo_suppkey INT NOT NULL,
        lo_orderdate INT NOT NULL,
        lo_orderpriority VARCHAR(15) COLLATE Chinese_PRC_CI_AS NOT NULL,
        lo_shippriority VARCHAR(1) COLLATE Chinese_PRC_CI_AS NOT NULL,
        lo_quantity INT NOT NULL,
        lo_extendedprice INT NOT NULL,
        lo_ordertotalprice INT NOT NULL,
        lo_discount INT NOT NULL,
        lo_revenue INT NOT NULL,
        lo_supplycost INT NOT NULL,
        lo_tax INT NOT NULL,
        lo_commitdate INT NOT NULL,
        lo_shipmode VARCHAR(10) COLLATE Chinese_PRC_CI_AS NOT NULL,
        PRIMARY KEY (lo_orderkey, lo_linenumber),
        CONSTRAINT FK_lo_customer FOREIGN KEY (lo_custkey) REFERENCES customer (c_custkey),
        CONSTRAINT FK_lo_date FOREIGN KEY (lo_orderdate) REFERENCES DATE (d_datekey),
        CONSTRAINT FK_lo_part FOREIGN KEY (lo_partkey) REFERENCES part (p_partkey),
        CONSTRAINT FK_lo_supplier FOREIGN KEY (lo_suppkey) REFERENCES supplier (s_suppkey)
    );
```

图 3—146

对于创建主-外键约束的数据库可以显示数据库关系图、各表的主键及表间参照引用关系（见图 3—147）。

单击工具栏按钮可以打开 SQL 命令查询窗口，窗口工具栏可以选择数据库连接、数据库、模式以及设置查询最大显示行数等功能。

以查询为例：

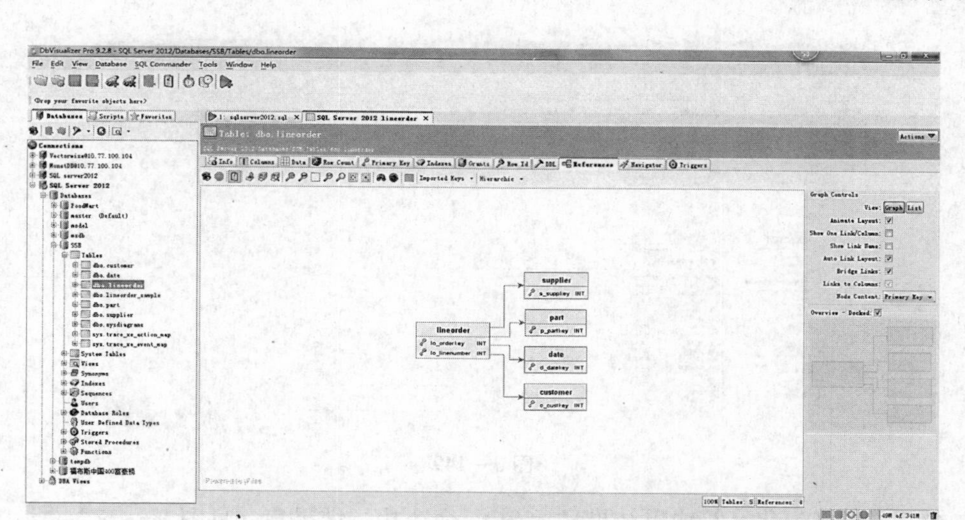

图 3—147

```
SELECT customer. c_nation, COUNT(lineorder. lo_revenue) AS RowNum
FROM customer INNER JOIN
         lineorder ON customer. c_custkey=lineorder. lo_custkey INNER JOIN
         date ON lineorder. lo_orderdate=date. d_datekey
WHERE (lineorder. lo_discount < 3)
GROUP BY customer. c_nation
ORDER BY customer. c_nation
```

SQL 命令关键字显示为蓝色。SQL 命令执行后，Log 窗口显示 SQL 命令执行信息，如查询结果返回的行数，查询执行时间，查询执行状态等信息（见图 3—148）。

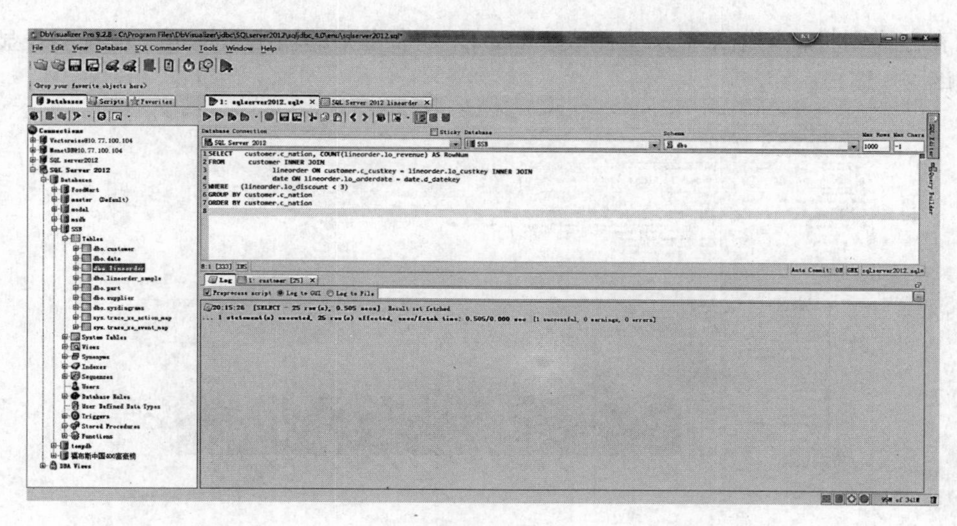

图 3—148

查询结果显示窗口可以通过表格、文本、图表方式显示 SQL 命令执行结果。表格方式以类似 Excel 方式显示 SQL 命令结果集（见图 3—149）。

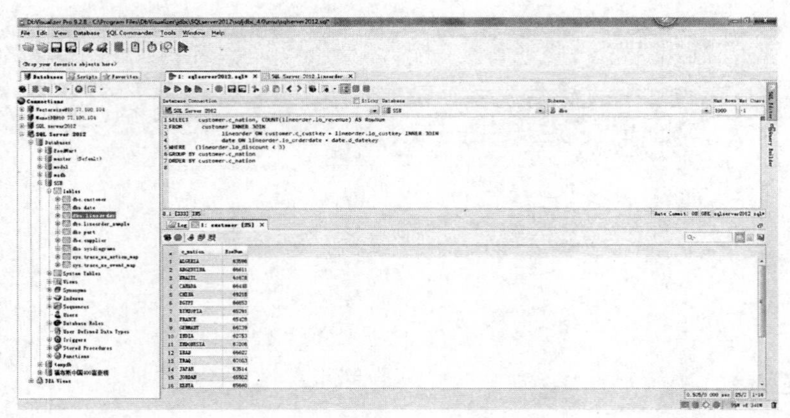

图 3—149

文本方式以格式化字符输出结果显示 SQL 命令执行结果集（见图 3—150）。

File Edit View Database SQL Commander Tools Window Help

SQL Server 2012

```
1 SELECT   customer.c_nation, COUNT(lineorder.lo_revenue) AS RowNum
2 FROM     customer INNER JOIN
3              lineorder ON customer.c_custkey = lineorder.lo_custkey INNER JOIN
4              date ON lineorder.lo_orderdate = date.d_datekey
5 WHERE    (lineorder.lo_discount < 3)
6 GROUP BY customer.c_nation
7 ORDER BY customer.c_nation
8
```

```
1 c_nation        RowNum
2 --------------  ------
3 ALGERIA         63596
4 ARGENTINA       66611
5 BRAZIL          61678
6 CANADA          66448
7 CHINA           69218
8 EGYPT           66653
9 ETHIOPIA        65295
10 FRANCE         65428
11 GERMANY        66739
12 INDIA          62753
13 INDONESIA      67206
14 IRAN           66622
15 IRAQ           67083
16 JAPAN          63514
17 JORDAN         65502
18 KENYA          65660
19 MOROCCO        64670
20 MOZAMBIQUE     66072
21 PERU           63429
```

图 3—150

图表方式则将查询结果显示为图表。SELECT 命令中的输出属性可以设置图表显示方式（见图 3—151）。

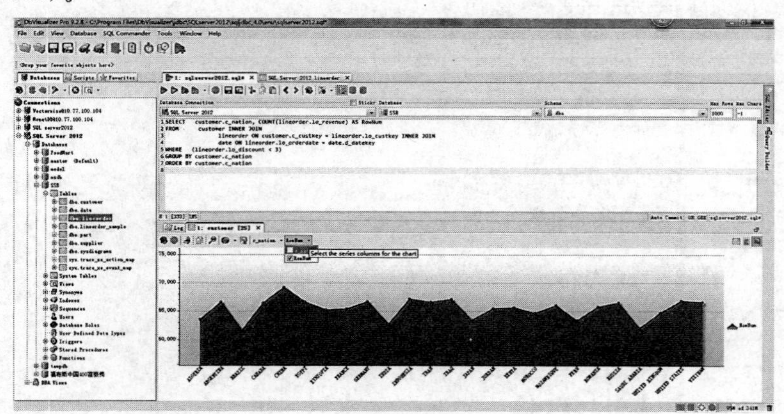

图 3—151

可以更改图表类型，为 SQL 命令执行结果集选择适合的图表，将查询结果可视化（见图 3—152）。

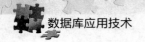

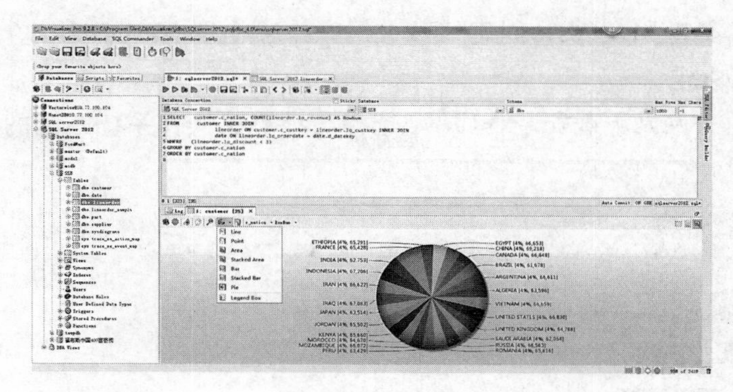

图 3—152

DbVisualizer 是一种基于 JDBC 的数据库管理工具，可以提供对不同数据库、不同操作系统平台上数据库的统一管理和访问，支持 SQL 命令在各个数据库上的执行，并通过丰富的前端功能支持 SQL 命令的执行和 SQL 查询的可视化。

第 5 节 MySQL 数据库实践案例

MySQL 是一个开源的关系型数据库管理系统，由瑞典 MySQL AB 公司开发，目前属于 Oracle 旗下公司。MySQL 是当前最流行的关系型数据库管理系统之一，广泛应用在 WEB 应用中。MySQL 使用标准化的 SQL 语言访问数据库。MySQL 提供 TCP/IP，ODBC 和 JDBC 等多种数据库连接方式。MySQL 支持多种存储引擎，能够支持事务处理、内存处理、大规模数据存储、历史记录存储、高冗余集群存储等多种存储类型。MySQL 分为社区版和商业版，由于其体积小、速度快、总体拥有成本低，尤其是开放源码的特点，一般中小型网站的开发都选择 MySQL 作为网站数据库。由于其社区版的性能卓越，搭配 PHP 和 Apache 可组成良好的开发环境。MySQL 能够支持大型的数据库，可以处理拥有上千万条记录的大型数据库，因此也被大型互联网企业广泛应用。MySQL 数据库的体系结构见图 3—153。

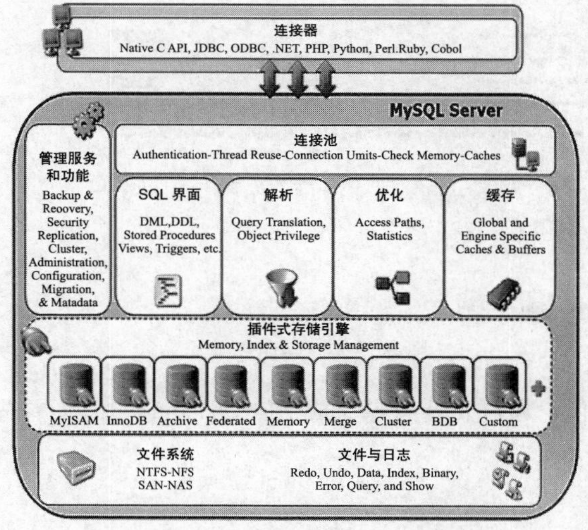

图 3—153 MySQL 数据库的体系结构

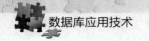

【例 8】 安装 MySQL，创建 SSB 数据库并通过 DbVisualizer 进行查询处理。

（1）安装 MySQL。

从 MySQL 官方网站下载安装程序①，选择与计算机操作系统匹配的 MySQL 安装程序（见图 3—154）。

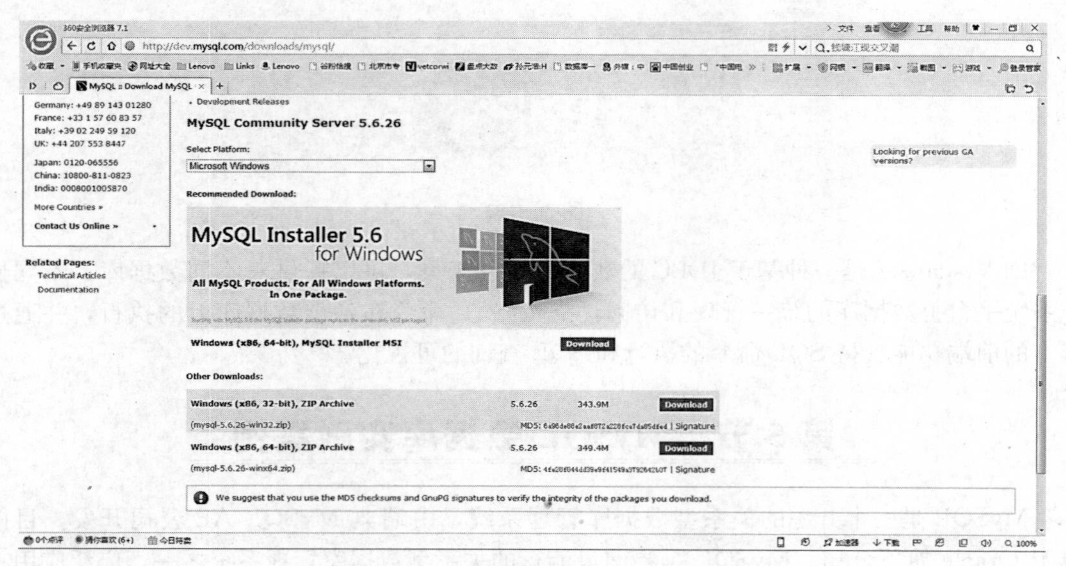

图 3—154

选择安装方式（在线安装或下载后本地安装），下载对应的安装包（见图 3—155）。

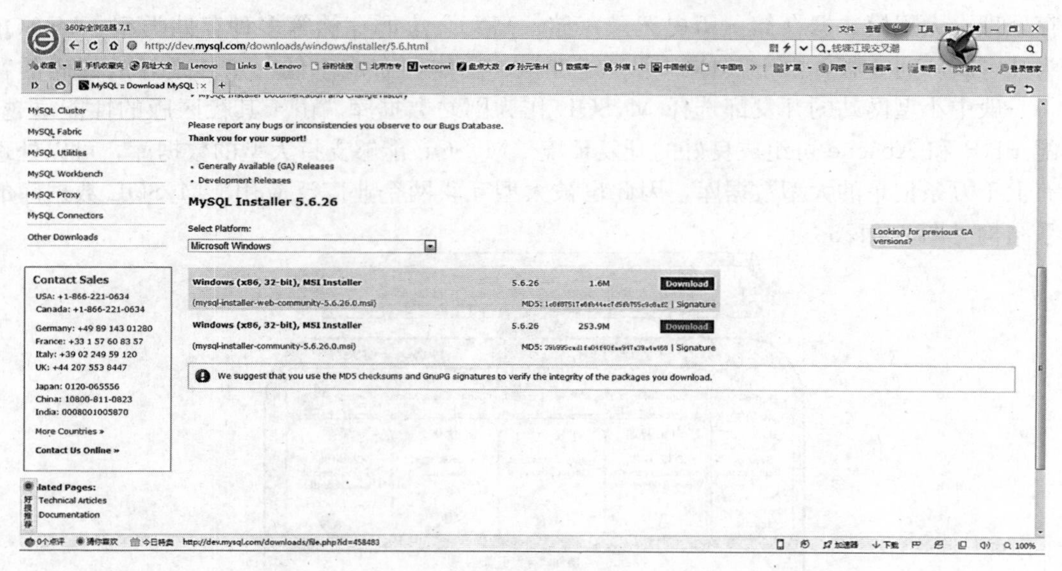

图 3—155

运行 MySQL 安装包，通过安装向导完成 MySQL 安装过程。首先接受软件安装许可协议（见图 3—156）。

---

① http：//www. mysql. com/downloads/.

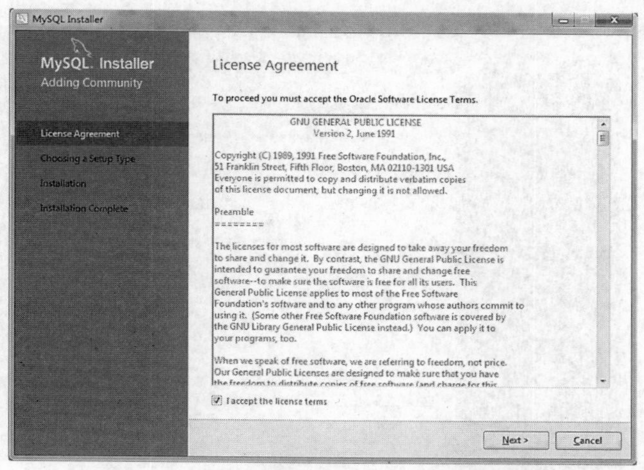

图 3—156

选择安装类型。MySQL 提供开发者模式、服务器模式、客户端模式、全部功能模式、用户定制功能模式安装，本例中选择服务器模式安装（见图 3—157）。

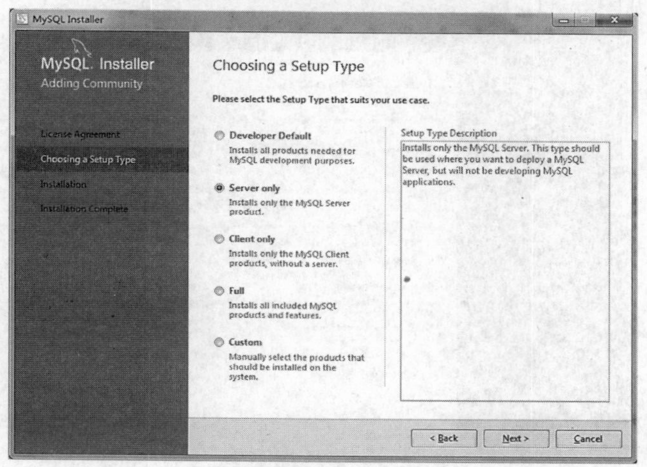

图 3—157

安装向导执行安装过程（见图 3—158）。

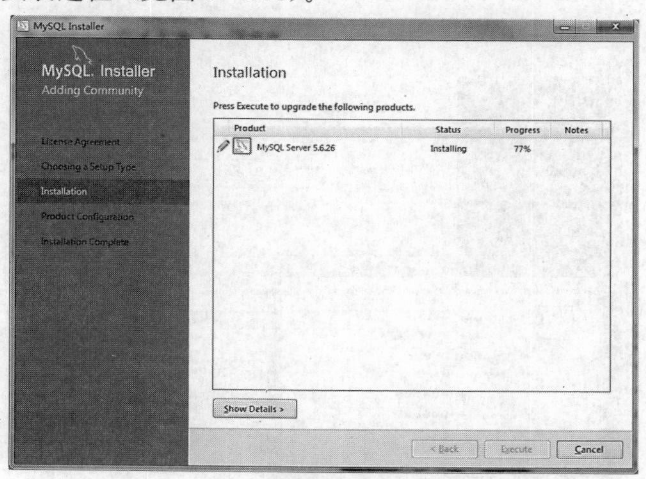

图 3—158

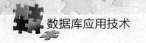

MySQL Server 安装完毕后，进入配置过程（见图 3—159）。

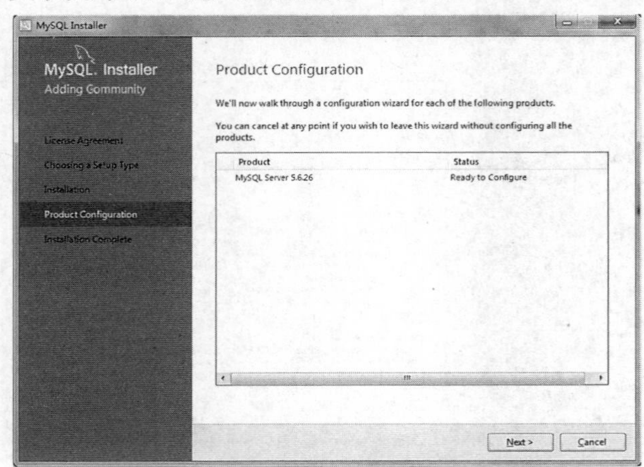

图 3—159

选择配置类型为 Server Machine 服务器，设置 TCP/IP 默认端口号和开放防火墙端口以提供网络访问（见图 3—160）。

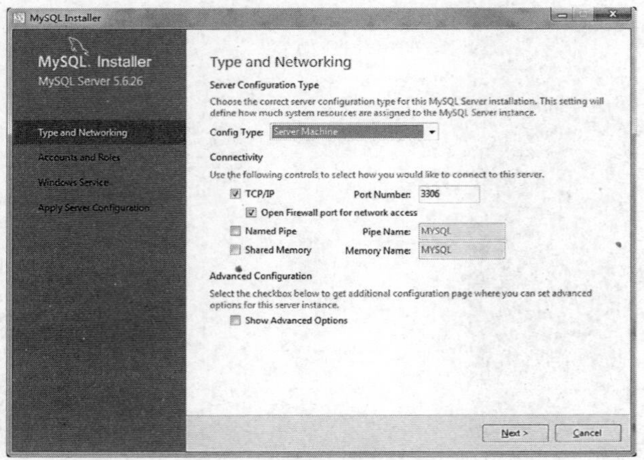

图 3—160

设置 MySQL Root 用户密码，可以在此增加 MySQL 用户，设置用户角色和密码（见图 3—161）。

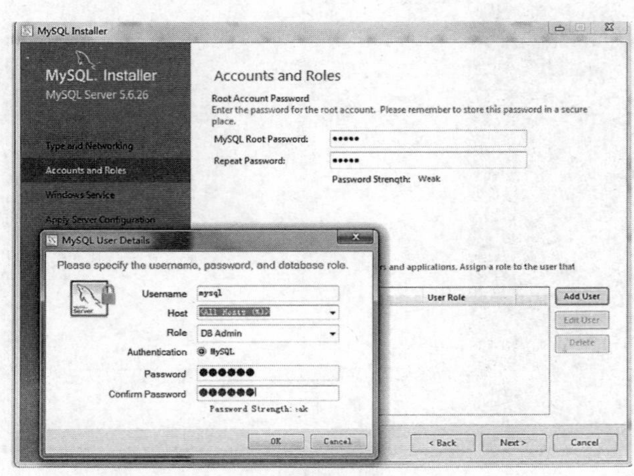

图 3—161

将 MySQL 配置为 Windows 服务，设置为系统启动时开启 MySQL 服务模式（见图 3—162）。

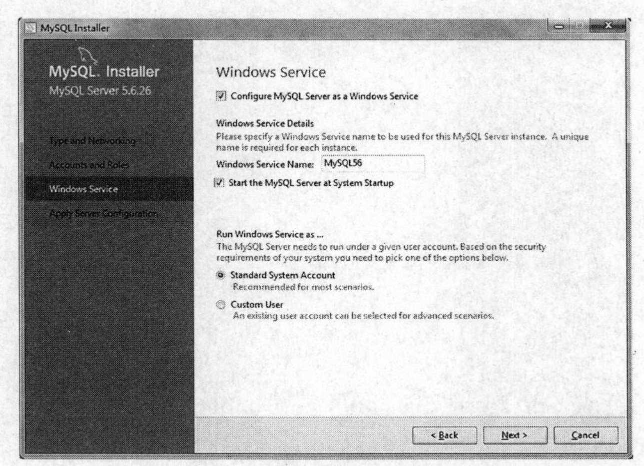

图 3—162

进行应用服务器配置（见图 3—163）。

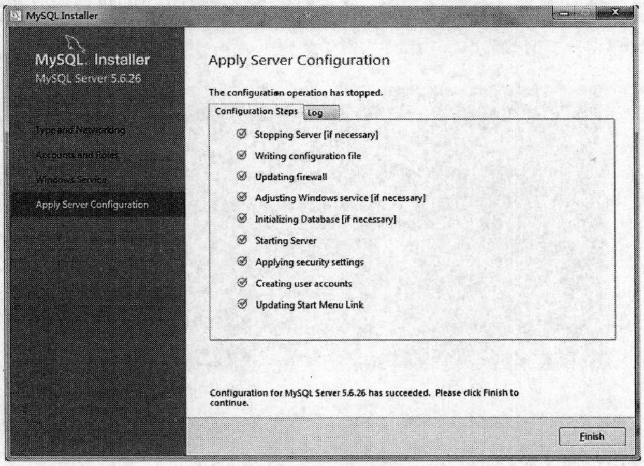

图 3—163

完成 MySQL 服务器配置任务（见图 3—164）。

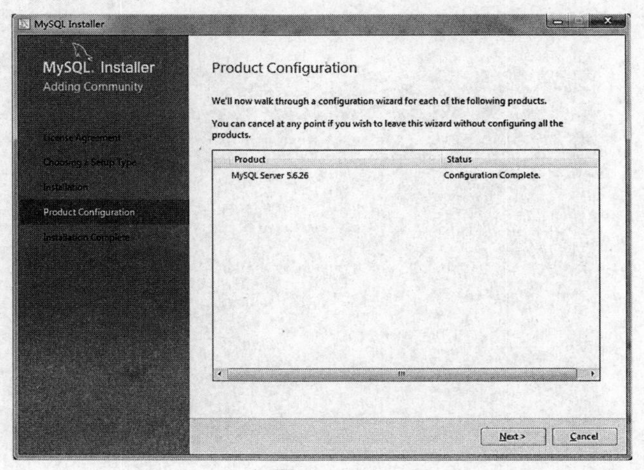

图 3—164

完成 MySQL 安装过程（见图 3—165）。

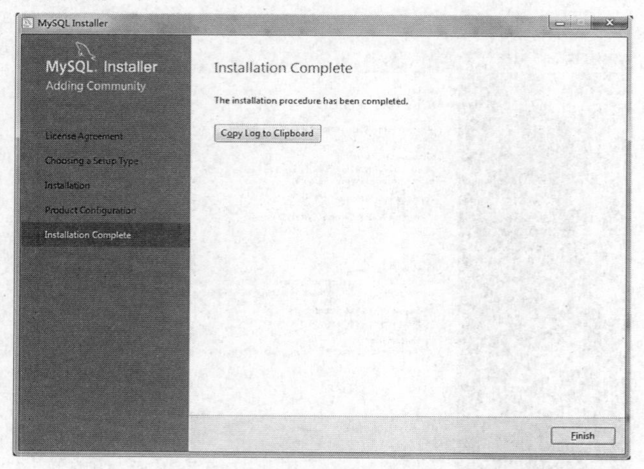

图 3—165

（2）创建数据库。

通过 MySQL 5.6 Command Line Client 运行 MySQL 数据库。首先需要输入 Root 密码，启动 MySQL 数据库（见图 3—166）。

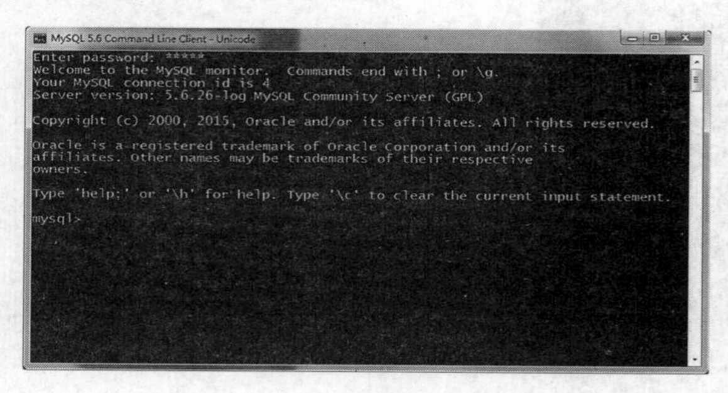

图 3—166

查看安装的 MySQL 版本号和系统时间。通过命令“select version()，current_date();”查看 MySQL 版本号和系统时间；通过命令“show databases;”查看当前 MySQL 服务器中已有的数据库(见图 3—167)。

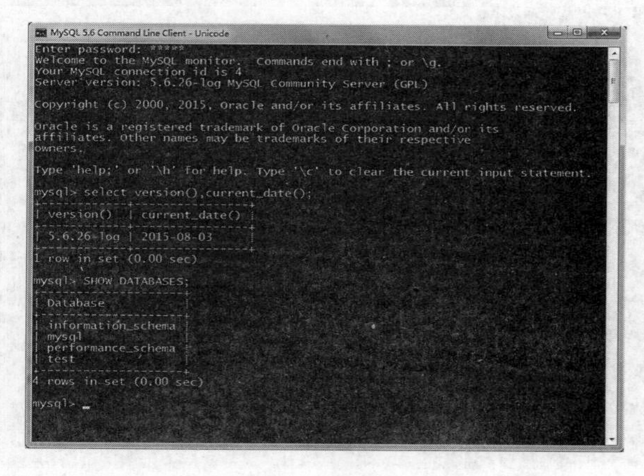

图 3—167

创建 MySQL 数据库，导入 SSB 数据。

通过命令"create database mysql_demo"创建新的数据库，通过命令"use mysql_demo;"打开创建的数据库（见图 3—168）。

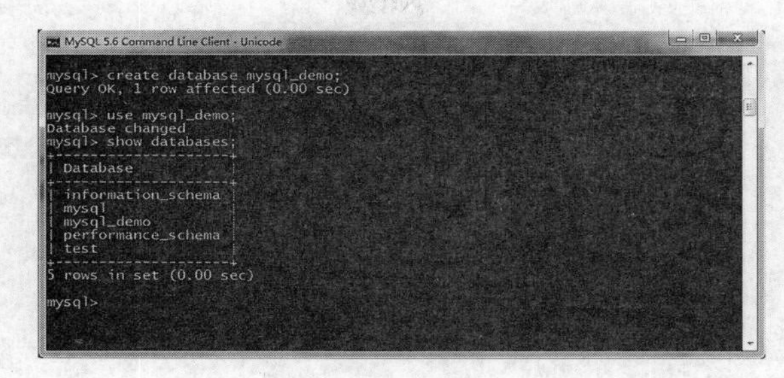

图 3—168

（3）导入 SSB 数据。

在 DbVisualizer 中创建 MySQL 数据库连接。通过连接向导建立新的 MySQL 连接（见图 3—169）。

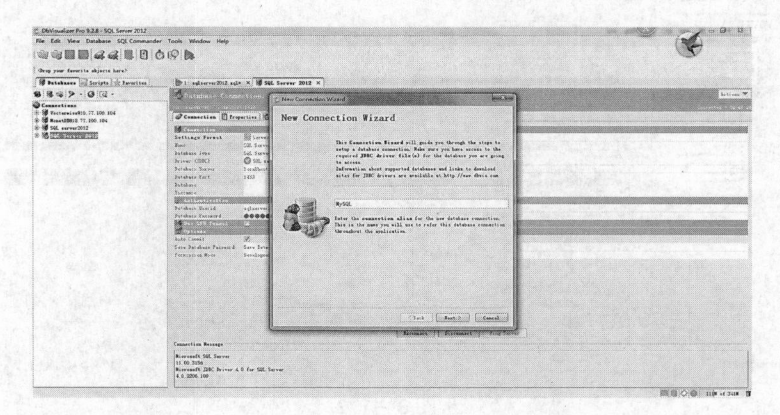

图 3—169

选择 DbVisualizer 内置的 MySQL 数据库驱动程序（见图 3—170）。

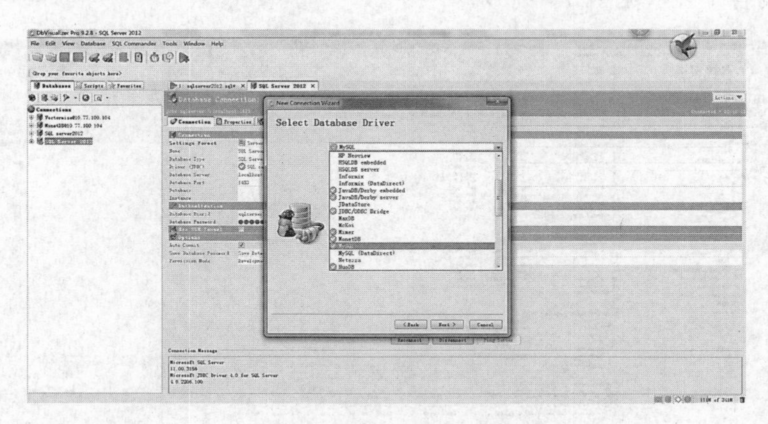

图 3—170

输入 MySQL 数据库账号，测试 MySQL 数据库是否连通（见图 3—171）。

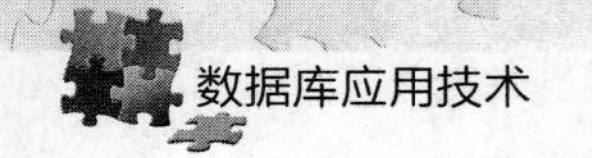

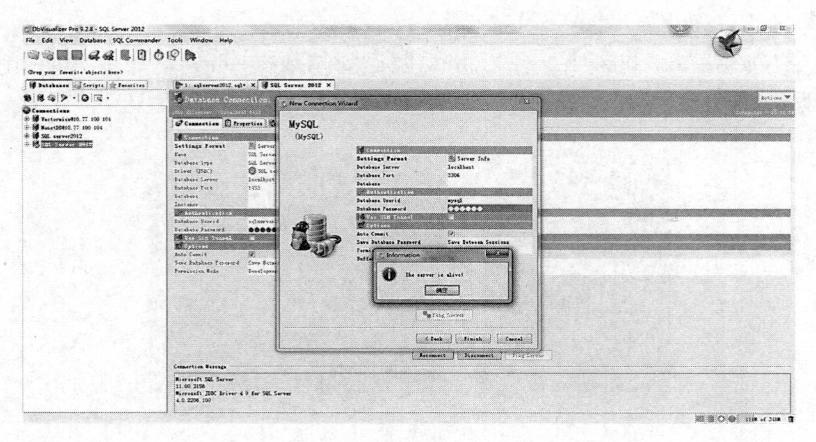

图 3—171

连接 MySQL 数据库服务器，当前 mysql_demo 数据库中表对象为空（见图 3—172）。

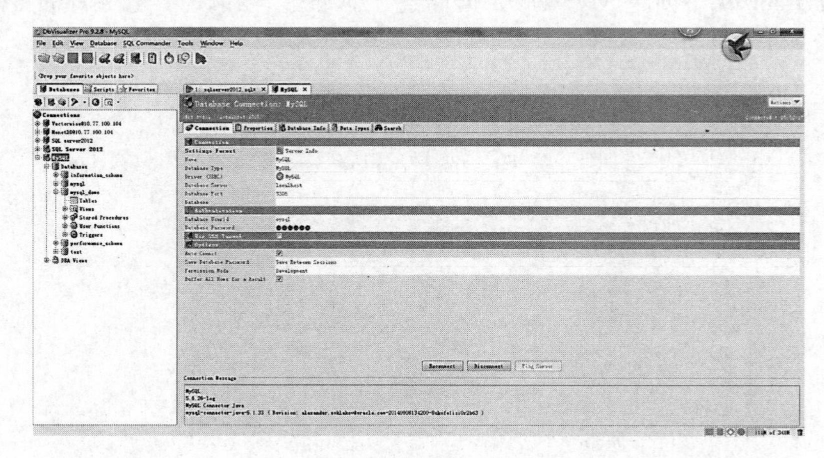

图 3—172

打开 SQL 连接窗口，复制创建 SSB 表的各个 SQL 命令，运行查询，在 MySQL 中创建 SSB 相关的各个表（见图 3—173）。

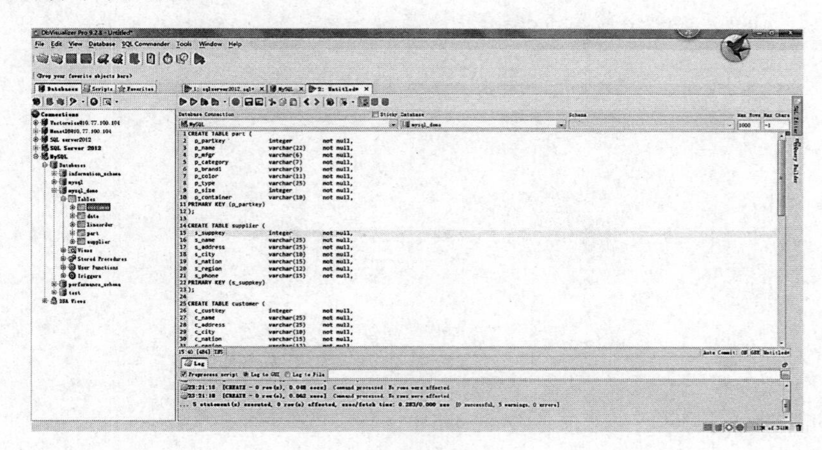

图 3—173

将 SSB 各表对应的数据文件复制到指定的目录下（本例为 D：\）（见图 3—174）。

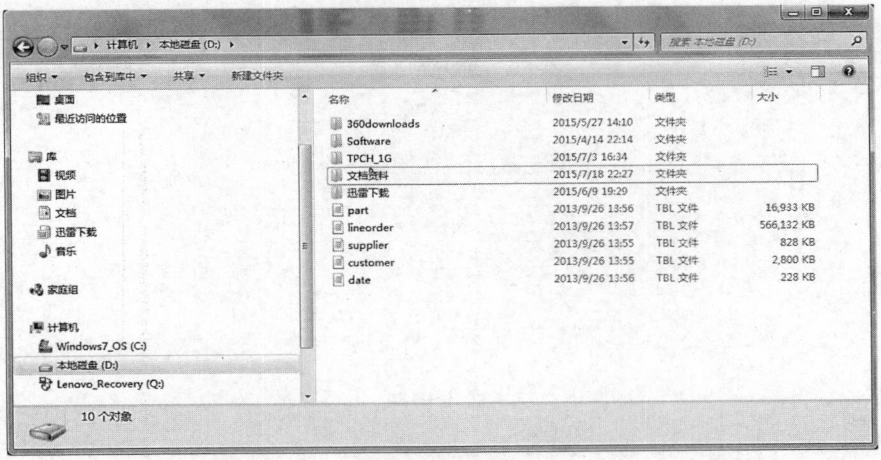

图 3—174

在 MySQL Command Line Clinet 窗口中执行数据加载命令，将数据文件加载到 MySQL 数据库对应的表中。数据加载命令如下：

```
load data local infile "D:/part. tbl" into table part FIELDS TERMINATED BY '|';
load data local infile "D:/date. tbl" into table date FIELDS TERMINATED BY '|';
load data local infile "D:/customer. tbl" into table customer FIELDS TERMINATED BY '|';
load data local infile "D:/supplier. tbl" into table supplier FIELDS TERMINATED BY '|';
load data local infile "D:/lineorder. tbl" into table lineorder FIELDS TERMINATED BY '|';
```

命令成功执行后显示导入记录行数（见图 3—175）。

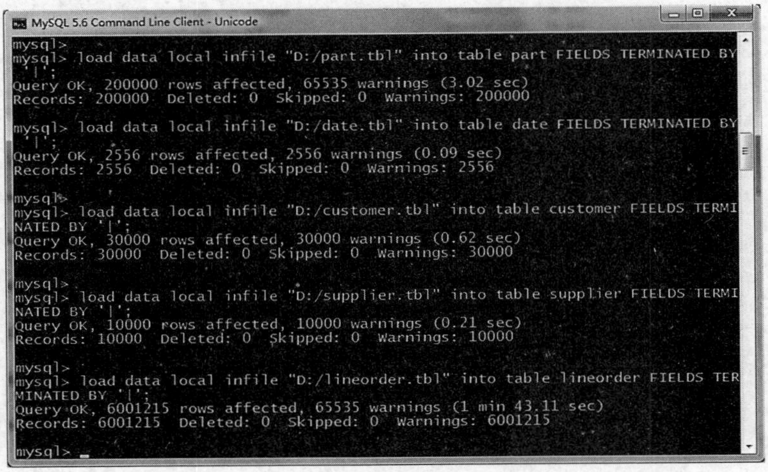

```
MySQL 5.6 Command Line Client - Unicode
mysql>
mysql> load data local infile "D:/part.tbl" into table part FIELDS TERMINATED BY
 '|';
Query OK, 200000 rows affected, 65535 warnings (3.02 sec)
Records: 200000  Deleted: 0  Skipped: 0  Warnings: 200000

mysql> load data local infile "D:/date.tbl" into table date FIELDS TERMINATED BY
 '|';
Query OK, 2556 rows affected, 2556 warnings (0.09 sec)
Records: 2556  Deleted: 0  Skipped: 0  Warnings: 2556

mysql>
mysql> load data local infile "D:/customer.tbl" into table customer FIELDS TERMI
NATED BY '|';
Query OK, 30000 rows affected, 30000 warnings (0.62 sec)
Records: 30000  Deleted: 0  Skipped: 0  Warnings: 30000

mysql>
mysql> load data local infile "D:/supplier.tbl" into table supplier FIELDS TERMI
NATED BY '|';
Query OK, 10000 rows affected, 10000 warnings (0.21 sec)
Records: 10000  Deleted: 0  Skipped: 0  Warnings: 10000

mysql>
mysql> load data local infile "D:/lineorder.tbl" into table lineorder FIELDS TER
MINATED BY '|';
Query OK, 6001215 rows affected, 65535 warnings (1 min 43.11 sec)
Records: 6001215  Deleted: 0  Skipped: 0  Warnings: 6001215

mysql> _
```

图 3—175

完成 MySQL 数据加载后，在 DbVisualizer 的 mysql_demo 数据库 Tables 对象中显示各个表，双击 customer 表对象可以查看表中记录（见图 3—176）。

在 SQL 命令窗口中复制为 lineorder 表创建主-外键约束的命令，建立表间参照完整性引用关系（见图 3—177）。

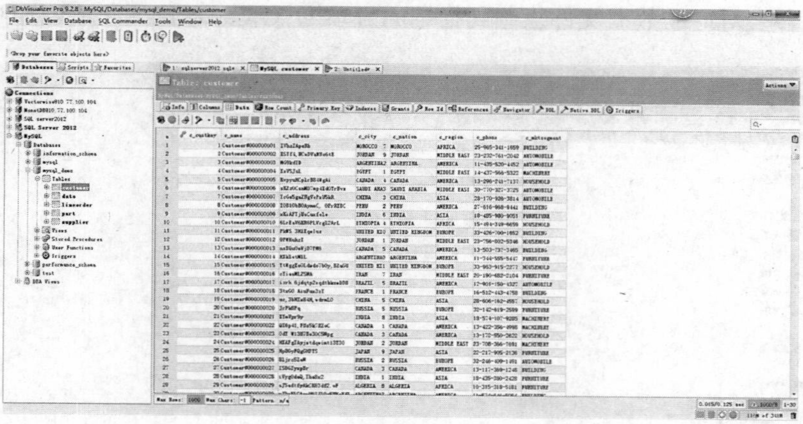

图 3—176

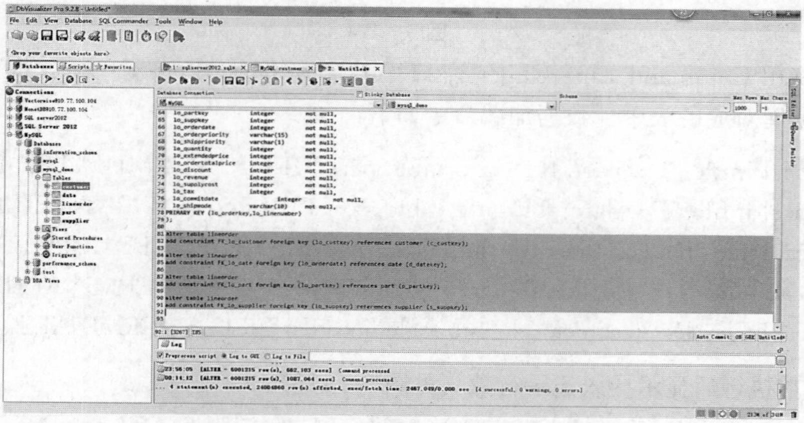

```
64   lo_partkey          integer         not null,
65   lo_suppkey          integer         not null,
66   lo_orderdate        integer         not null,
67   lo_orderpriority    varchar(15)     not null,
68   lo_shippriority     varchar(1)      not null,
69   lo_quantity         integer         not null,
70   lo_extendedprice    integer         not null,
71   lo_ordertotalprice  integer         not null,
72   lo_discount         integer         not null,
73   lo_revenue          integer         not null,
74   lo_supplycost       integer         not null,
75   lo_tax              integer         not null,
76   lo_commitdate               integer         not null,
77   lo_shipmode         varchar(10)     not null,
78 PRIMARY KEY (lo_orderkey,lo_linenumber)
79 );
80
81 alter table lineorder
82 add constraint FK_lo_customer foreign key (lo_custkey) references customer (c_custkey);
83
84 alter table lineorder
85 add constraint FK_lo_date foreign key (lo_orderdate) references date (d_datekey);
86
87 alter table lineorder
88 add constraint FK_lo_part foreign key (lo_partkey) references part (p_partkey);
89
90 alter table lineorder
91 add constraint FK_lo_supplier foreign key (lo_suppkey) references supplier (s_suppkey);
92
93
```

```
23:56:05  [ALTER - 6001215 row(s), 682.103 secs]  Command processed
00:14:12  [ALTER - 6001215 row(s), 1087.064 secs]  Command processed
... 4 statement(s) executed, 24004860 row(s) affected, exec/fetch time: 2487.049/0.000 sec  [4 successful, 0 warnings, 0 errors]
```

图 3—177

查看表 lineorder 的 References 选项卡，可以看到 lineorder 与 part，date，customer，supplier 表之间的参照引用关系（见图 3—178）。

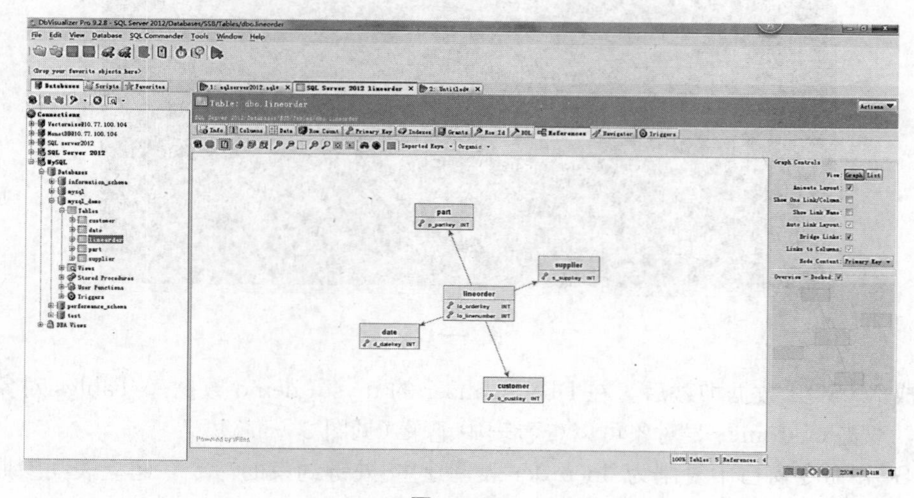

图 3—178

在 SQL 命令窗口中输入测试查询：

```
SELECT customer. c_nation, date. d_year, COUNT(lineorder. lo_revenue) AS RowNum
FROM customer INNER JOIN
        lineorder ON customer. c_custkey=lineorder. lo_custkey INNER JOIN
        date ON lineorder. lo_orderdate=date. d_datekey
WHERE(lineorder. lo_discount < 3)
GROUP BY customer. c_nation, date. d_year;
```

执行后显示查询结果（见图 3—179）。

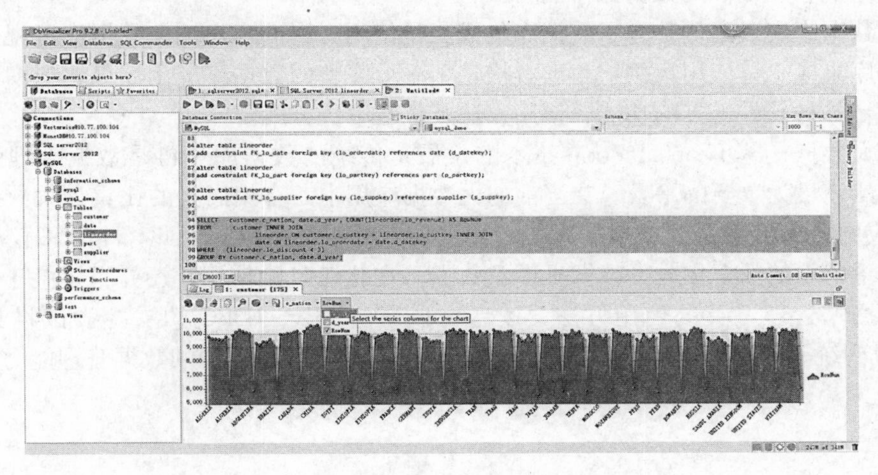

图 3—179

在企业级数据分析应用中，数据多源化是一个普遍存在的问题。基于 JDBC 的跨平台数据库管理工具 DbVisualizer 能够将不同的数据库集成到一个统一的数据库管理平台之上，简化数据管理和查询处理任务。当前一些大数据分析系统，如 Hive 也提供 JDBC 连接[①]，从而支持将数据库和 Hive 等大数据分析工具集成到一个数据库管理工具中，为用户提供统一的数据管理平台（见图 3—180）。

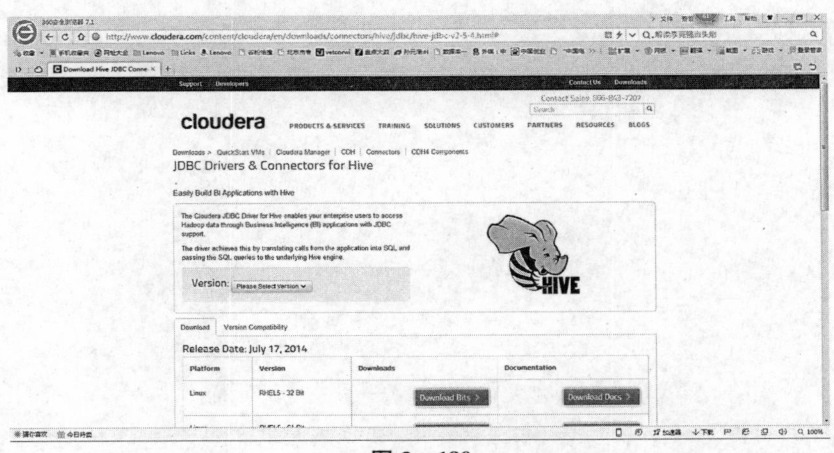

图 3—180

① http://www.cloudera.com/content/cloudera/en/downloads/connectors/hive/jdbc/hive-jdbc-v2-5-4.html#.

小结

数据库是一个综合的数据管理系统，以查询处理引擎为核心构造了一个功能丰富的软件栈，既需要各种数据库外围程序提供数据管理服务，也为用户提供了丰富的应用和访问功能。与大数据技术的生态系统类似，数据库自身也构成一个小型软件生态系统，数据集成工具为数据库多源数据集成提供了支持，查询处理引擎提供了核心的数据存储和管理功能，数据库管理平台提供了异构数据库的集成及访问能力，数据库客户端及可视化工具则为用户提供了直观方便的数据操作能力。

本章数据库实践案例整合了数据库集成工具使用、查询客户端、数据库可视化操作及异构数据库集成工具使用案例，为读者构建了一个完整的数据库应用场景，帮助读者理解数据库平台各种软件工具的功能、使用方法及综合解决方案。

随着大数据、SQL on Hadoop 技术的发展，传统的数据库不再是数据管理的唯一平台，但仍然是最为重要的平台。在当前的大数据应用中，有相当大的比重是大数据平台上的 SQL 应用，SQL 成为连接数据库与大数据技术的一个桥梁。因此，本章不仅介绍了数据库生态系统中的数据集成、数据操作及数据可视化工具的使用，还介绍了基于 JDBC 的跨平台数据库管理工具的使用方法，读者可以通过 Hive JDBC 的支持尝试将数据库与 Hive 集成到统一的数据管理平台，实现数据库与大数据交叉平台的数据管理能力。

第 4 章

数据仓库和 OLAP

本章要点与学习目标

数据库早期的主要应用领域是航空订票和账务处理等事务性数据处理领域，这种应用类型称为联机事务处理（On-Line Transaction Processing，OLTP），查询处理的对象通常以记录为单位，需要索引来加速其记录查找性能，需要复杂事务管理机制保证事务的正确性。随着企业数据量的不断积累，从数据分析中挖掘价值成为数据库的另一个重要功能，需要数据库能够在海量数据上支持高响应性的分析处理，即联机分析处理（On-Line Analytical Processing，OLAP）。OLTP 处理的对象是数据库中少量的记录个体，操作以插入、删除、更新等操作为主，处理的对象通常为完整的记录。OLAP 处理的对象则是数据库中大量的记录，操作以只读性查询为主，查询处理通常以少量列上的聚集计算为主，不需要 OLTP 数据库中复杂的事务处理等机制，但对数据库的存储访问性能和复杂的查询处理性能要求较高。分析处理不同于传统的事务处理数据库的特性推动了数据仓库的诞生，并且成为另一个重要的数据库应用领域。

本章的学习目标是了解数据仓库的基本概念、体系结构和模式特点，掌握数据仓库与数据库之间的区别与联系；掌握 OLAP 的概念和特点，了解 OLAP 的典型技术和设计思想，并通过代表性的基准（Benchmark）案例分析了解数据仓库和 OLAP 系统的基本需求。

第 1 节　数据仓库

一、数据仓库的概念

从数据仓库技术的发展历程来看，数据仓库是伴随着数据库技术从事务处理为中心向以分析处理为中心的转变而产生的，数据仓库最初的目标是为操作型数据库系统过渡到决策支持系统提供一种工具或面向整个企业的数据集成环境。数据仓库需要解决的问题包括如何从传统的操作型处理系统中抽取与决策主题相关的数据，如何通过转换把分散的、不一致的业务数据转换成集成的、统一的数据等。数据仓库不是单一的产品或技术，而是一个为提供决策支持和联机分析而将数据集成的、统一的环境。

数据仓库之父 W. H. Inmon 在 1991 年出版的《建立数据仓库》(*Building the Data Warehouse*) 一书中所提出的定义被广泛接受——数据仓库（data warehouse）是一个面向主题的、集成的、不可更新的、反映历史变化的数据集合，用于支持企业或组织的决策分析处理。

数据仓库的主要功能是组织企业业务系统的联机事务处理（OLTP）长年累积的业务数据，通过数据仓库优化的存储体系结构，通过系统的数据抽取、转换、清洗等数据集成功能来支持企业报表处理、联机分析处理（OLAP）、数据挖掘（data mining）等功能，从而支持决策支持系统（Decision Support System，DSS），帮助决策者从企业海量数据中快速分析出有价值的信息，帮助企业制定决策及快速响应企业外在环境变化，帮助企业构建商业智能（Business Intelligence，BI）。

二、数据仓库的特征

数据仓库中的数据具备下面四个基本特征。

1. 面向主题

主题可以看做某宏观分析领域所涉及的分析对象。相对于 OLTP 应用中按数据进行组织的方法，数据仓库是在较高的逻辑层次上对企业数据进行综合、分类并进行分析处理。面向主题的数据组织方式是在企业较高层次上对分析对象的数据的完整、一致的描述，以达到统一组织分析对象所涉及的各项数据以及数据之间联系的目的。

数据仓库中的数据是面向分析主题进行组织的，去除了面向应用系统的数据结构，只保留与分析主题相关的数据结构，从而使数据仓库将分析主题相关的数据紧密结合起来。与数据库采用基于二维表的关系模型存储数据不同，数据仓库采用多维数据模型存储面向主题的数据，数据仓库可以看做面向某个分析主题的多维数据集合，由事实数据和相关维属性数据构成，在关系数据库中可以存储为事实表和一系列维表。在采用关系数据库的数据仓库系统中，维表和事实表之间具有主-外键参照引用关系，面向主题的数据库模式通过主-外键参照关系构成一个连通图，没有孤立的节点。

2. 数据仓库是集成的

数据仓库不是在业务数据库系统上的分析查询处理，而是面向数据分析主题构建的多维数据集合。数据从前端业务系统中抽取出面向数据仓库主题的数据并通过一定的清洗、转换等过程将数据集成到数据仓库中。数据仓库的数据可能来自不同类型的数据源，来自不同的业务系统，甚至来自企业外部，首先需要解决不同来源原始数据的一致性问题，然后将原始数据的结构按分析主题的结构进行转换，使其适合多维分析处理任务，支持商务智能和决策分析处理，根据数据仓库的应用需求可能还需要对数据进行一定的综合和计算，既需要保留原始的细节数据，也需要存储不同粒度的综合数据。

3. 数据仓库是不可更新的

数据仓库面向分析处理任务而设计，数据为历史数据，通常不进行数据修改操作。在数据仓库体系结构中，操作型数据通常位于前端业务系统数据库中，支持对数据实时的插入、删除、修改操作，而用于分析主题的稳定的历史数据则定期加载到数据仓库中，一旦数据进入数据仓库通常不允许被修改并且会长期保存，支持在只读数据上的分析处理任

务。也就是说，数据仓库的负载中有大量的查询操作，但修改和删除操作极少，通常只需要定期进行数据加载和刷新，只有当数据仓库中存储的数据超出存储期限时才会被从数据仓库中移除。

数据仓库中的数据不可更新的特点一方面是分析任务面向历史数据的特点决定的，另一方面也使得数据仓库在存储模型、查询处理模型方面能够更好地面向大数据分析处理任务而优化，如采用适合分析处理性能的列存储模型而不是适合更新处理性能的行存储模型、采用适合分析处理的反规范化设计而不是适合事务处理的规范化设计等，并且将数据库中复杂的事务处理等机制剥离或简化，提高数据仓库系统的效率和性能。

数据仓库与操作型数据库相分离的设计思想简化了数据仓库实现技术，但周期性的数据加载机制造成了分析处理的数据滞后于业务数据的问题，难以保证分析处理的实时性。当前产业界和学术界新的趋势是 OLTP 与 OLAP 相融合，即单一的数据库系统同时支持事务处理任务和分析处理任务，从而达到实时分析处理的目标。当前数据仓库技术一个新的发展趋势是支持“insert-only”类型的更新功能，支持实时分析处理能力。

4. 数据仓库随时间而变化

操作型数据库与数据仓库构成二级数据存储体系，操作型数据库通常覆盖较短时间的数据，事务处理的对象主要是最新的数据。而数据仓库则需要覆盖几年甚至十几年的数据，需要不断地将操作型数据更新到数据仓库中。数据仓库中的数据在不断积累的同时也随着数据存储期限的增长需要将超过存储期限的数据从数据仓库中删除或转移到后备数据存储系统中，保持数据仓库中一定规模的分析处理数据集。随着数据仓库中数据的追加，综合数据也需要随之刷新或重新综合以反映数据仓库中不同粒度数据的变化。

三、数据仓库的体系结构

数据仓库的体系结构如图 4—1 所示，由数据源、数据仓库集成工具、数据仓库服务器、OLAP 服务器、元数据和前台分析工具组成。

（1）数据源。数据仓库是集成的多维数据集，面向分析主题而组织，随着企业业务范围的不断扩展，来自不同平台的多源数据集成越来越重要。来自业务系统数据库的结构化数据是数据仓库数据集成的重要来源，数据仓库需要解决来自不同数据库系统、不同平台、不同数据模式的异构数据集成问题。随着互联网、电子商务、社交网络等技术的发展，数据仓库的数据主题需要集成来自半结构化和非结构化数据源的数据，将传统的基于结构化数据的数据仓库扩展为大数据时代具有普遍联系的大数据仓库（Big Data Warehouse）。数据仓库具有不同的主题，随着数据仓库应用的不断丰富，数据仓库的 OLAP 服务也可以成为新的数据仓库集成数据源，实现数据仓库之间的动态多维数据集成。

（2）数据仓库集成工具。包括数据抽取、清洗、转换、装载和维护等工具，简称 ETL 工具。传统的数据仓库 ETL 工具主要面向结构化的数据库，数据转换主要涉及结构、语义等方面，如针对不同数据库、不同数据源的数据访问驱动程序，为保证数据质量而对抽取数据进行消除不一致性、统一单位等数据清洗操作，将清洗后的数据按照数据仓库的主题进行组织的转换操作，将数据装入数据仓库的加载操作等。数据仓库的 ETL 工

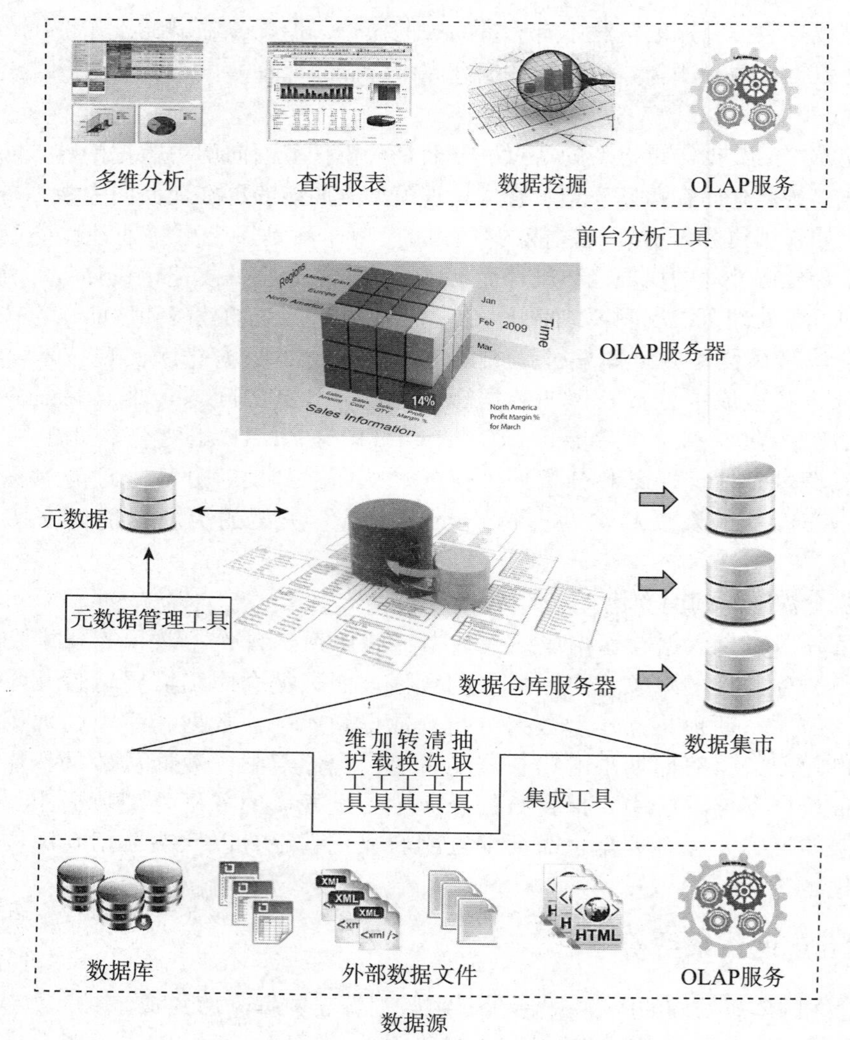

图 4—1　数据仓库的体系结构

具还负责建立元数据，记录数据的来源、转换过程、数据处理方法等信息，可以实现自动的数据装载处理。

随着互联网上的非结构化数据越来越多地成为数据仓库新的数据来源，对非结构化数据的操作更为复杂和耗时，普通的 ETL 工具难以胜任，当前流行的 MapReduce 技术可以作为海量非结构化数据和结构化的数据仓库之间的 ETL 处理平台，从大量稀疏的非结构化数据中提取出有价值的多维分析数据，通过数据仓库平台为用户提供高性能的多维分析处理能力。

(3) 数据仓库服务器。作为数据仓库中数据的存储管理、存储访问和查询处理引擎。数据仓库服务器通常为关系数据库，为 OLAP 服务器和前台分析工具提供数据服务接口。数据仓库服务器主要面向分析型数据的存储和访问，近年主要的趋势是采用列存储数据库引擎来提高数据存储效率和查询处理性能。数据集市是存储在主数据仓库的数据的子集或聚集数据集，属于部门级数据仓库，主要用于具体企业部门的分析处理。

（4）OLAP服务器。为前台分析工具提供多维数据视图，通常支持多维查询语言（Multi-Dimensional Expressions，MDX），支持多维数据的定义、操作和多维数据视图访问。

根据OLAP实现技术可以分为ROLAP，MOLAP，HOLAP等。

1）ROLAP（Relational OLAP，关系OLAP）。ROLAP采用关系数据库存储和管理数据，提供聚集计算、查询优化等功能，OLAP提供的多维数据访问转换为关系数据库上的关系操作，通过物化视图、聚集表等技术提供不同粒度的数据存储。ROLAP能够支持海量数据存储管理，数据仓库的存储能力和多维查询处理性能主要由关系数据库引擎的性能决定。ROLAP的主要问题是查询处理性能较差，需要通过索引、列存储、内存数据库、多核并行计算、数据库集群等技术来提高多维查询处理性能。

2）MOLAP（Multi dimensional OLAP，多维OLAP）。MOLAP采用多维数组存储数据，其存储模型与多维数据模型直接对应，可以对多维数据直接定位和计算，不需要索引，具有较高的多维查询处理性能，但多维数组存储通常对应非常稀疏的存储，存储效率较低，需要数据压缩技术来提高存储效率，MOLAP通常难以支持大数据存储。MOLAP需要预先构建多维数据存储，当数据更新时需要重构多维数据存储模型，更新代价巨大。

3）HOLAP（Hybrid OLAP，混合型OLAP）。HOLAP是一种将ROLAP和MOLAP结合起来的OLAP技术，通常将细节数据存储在关系数据库中，发挥ROLAP可扩展性好的优点，将综合数据存储在MOLAP中，发挥MOLAP多维计算性能高的优点，提高OLAP的综合性能。

（5）元数据。元数据是数据仓库中的描述性信息，包括对数据仓库和数据集市定义的描述和数据装载的描述、安全性和用户的描述、业务逻辑描述、数据源的描述、ETL规则描述、报表元数据、接口数据格式元数据、指标描述元数据等信息。

（6）前台分析工具。包括报表工具、OLAP多维分析工具、数据挖掘工具、多维分析结果可视化工具以及集成的OLAP服务等工具。报表工具和数据挖掘工具既可用于数据仓库也可以用于OLAP服务器，OLAP工具则主要针对OLAP服务器的数据分析处理。随着企业分析处理需求的增长，数据分析可视化工具发挥了越来越重要的作用，近年来互联网企业的大数据分析常常以可视化地图方式为用户提供直观的分析结果，数据仓库产品也提供了基于地图的报表服务。

数据仓库对应的是分析型数据，数据库对应的是操作型数据，二者主要的区别如表4—1所示。

表4—1　　操作型数据库和数据仓库的区别

特征	操作型数据库	数据仓库
应用场景	日常事务处理	决策分析处理
数据	代表当前时刻的详细数据	代表当前和历史数据及汇总数据
数据集成	基于应用程序	基于主题
数据访问	少量数据上的读写模式	海量数据上的只读分析处理模式
更新类型	实时更新	定期更新，insert-only更新
数据模型	规范化模型	反规范化模型，多维数据模型
查询语言	SQL	MDX，SQL
目标	支持日常事务操作	支持决策分析操作

传统的面向 OLTP 应用的数据库可以看做一种以存储为中心的数据库，关键技术在于优化以事务为单位的数据更新操作，通过行存储、索引、并发控制、事务管理、日志等机制保证数据的可靠和高效更新。面向 OLAP 应用的数据仓库则可以看做一种以计算为中心的特殊数据库，关键技术在于优化海量数据上的分析处理性能，通过列存储、索引、面向硬件特性的查询优化技术等支持海量数据上的高性能分析处理。

四、数据仓库的实现技术

数据仓库实现技术的核心问题是存储和计算。数据仓库需要在企业海量的增量数据的基础上提供高性能的复杂多维分析计算的能力，因此数据仓库实现技术的关键因素包括面向大数据的高可扩展性存储技术、高性能查询处理技术、数据更新性能及实时数据分析处理技术等。

从当前数据仓库实现技术的发展来看，传统的数据库不断采用新技术来提高数据库的查询处理性能，如列存储、内存数据库、GPU 计算、MPP 集群并行、数据库一体机等技术；基于新兴 Hadoop 平台的 NoSQL 数据仓库技术，如 Facebook Hive，Hadapt，Facebook Presto 等，提供了 PB 级数据仓库解决方案；数据库—Hadoop 数据通道与集成技术将数据库的高性能与 Hadoop 集群的高可扩展性结合起来，未来的数据仓库实现技术呈现出多样化的趋势。

下面对当前一些具有代表性的数据仓库实现技术做简要的介绍。

1. 列存储技术

传统的数据库采用行存储技术，即一条记录的各个属性连续地存储在一起。在分析型处理中往往只对数据库中少量的属性进行计算，行存储模型需要顺序地访问全部数据才能获得查询所需要的少量数据，如图 4—2（A）所示，因此数据访问代价高、效率低。当前分析型数据库主要采用列存储技术，如图 4—2（B）所示，每个属性独立存储，查询执行时只需要访问查询指定的列，其余与查询不相关的属性不需要访问，从而减少了查询访问的数据量，提高了查询性能。

列存储将相同类型的数据存储在一起，在采用数据压缩技术时能够获得较高的压缩比，通常能够达到 1：20 以上，进一步提高了数据库在查询处理时的数据访问性能。列存储已经成为当前分析型数据库事实上的存储模型标准，面向数据仓库应用的数据库产品几乎都支持列存储模型，基于 Hadoop 的大数据分析平台也采用列存储模型来提高查询处理性能。

2. 内存数据库

随着硬件技术的发展，内存容量越来越大，价格越来越低，当前主流 CPU 能够支持 TB 级内存，高端服务器能够支持 12TB～18TB 的内存容量。内存数据库是一种以内存为存储设备的高性能数据库系统，通过面向内存的优化技术达到较高的性能，支持实时分析处理，从而使数据仓库摆脱物化视图、索引等存储和维护代价极高的查询优化技术，并实现对实时数据的实时分析计算能力。

内存数据库已成为当前高性能数据库技术发展的前沿技术，新兴的内存数据库系统或产品，如 Vectorwise，SAP HANA，MonetDB 等已成为数据库分析处理性能的标杆，传统的数据库厂商，如 Oracle，IBM，Microsoft SQL Server 也推出内存数据库产品或技术。与此同时，内存计算也成为大数据分析平台的新兴技术，如 Redis，Spark，Facebook Presto 等通过内存存储引擎来提供高性能的数据分析处理能力。

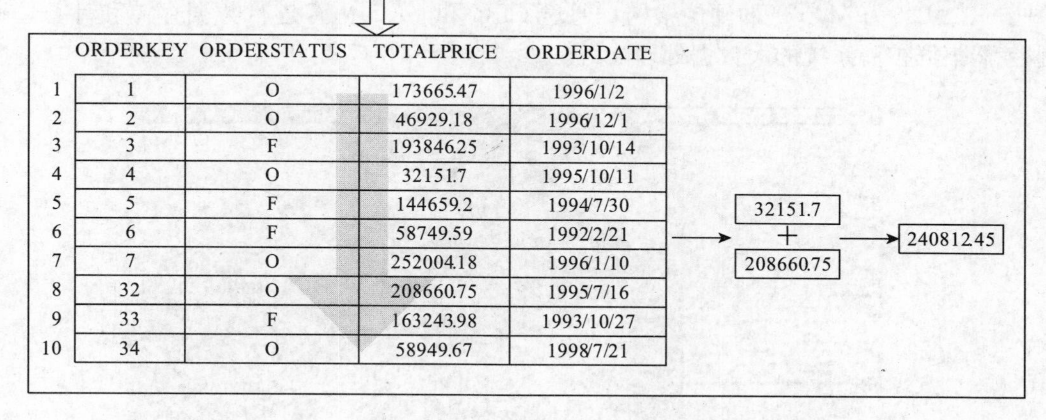

（A）行存储数据访问

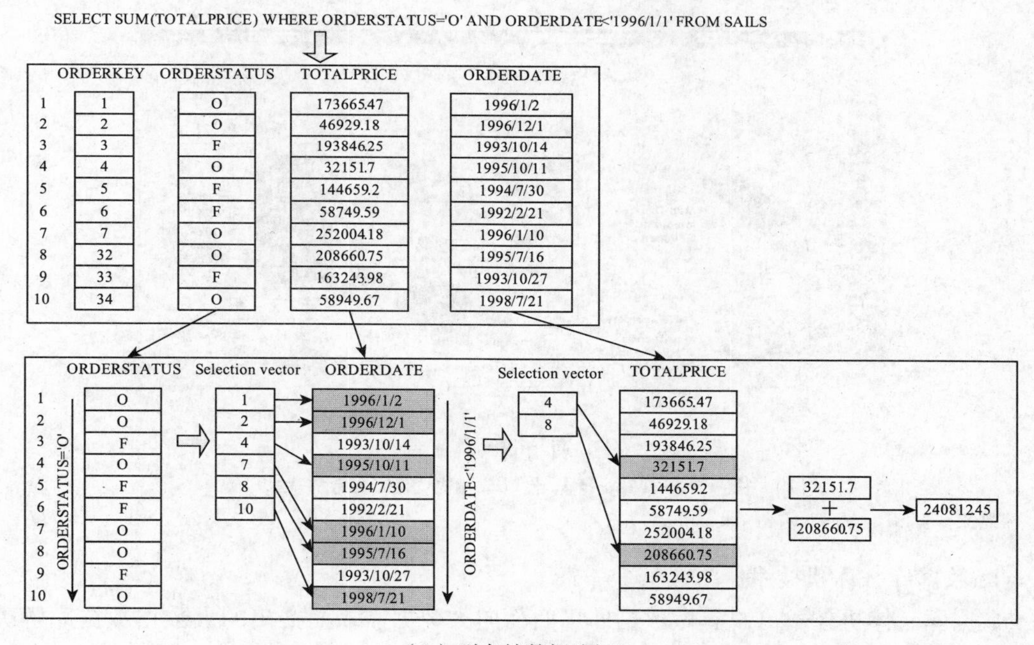

（B）列存储数据访问

图4—2　行存储与列存储数据访问

随着对数据仓库实时响应能力需求的提高，内存数据仓库将成为企业核心数据的高性能实时分析处理平台。

3. GPU计算技术

现代GPU集成了众多的处理单元和较大的显存容量，具有强大的并行计算能力，在计算性能方面超过多核CPU。当前高性能OLAP技术的一个新动态是使用GPU作为高性能数据仓库平台，为计算密集型的数据仓库负载提供更强大的处理能力。

Map-D是一个基于GPU计算的大数据分析及可视化平台，Map-D的内存数据库能迅速处理图形密集的地图、图表以及其他通过海量数据制成的可视化效果。图4—3（A）为

Map-D的tweets分析及可视化平台，整个过程都在GPU存储内完成，延迟仅在毫秒内。图4—3（B）为Map-D的硬件架构，通过CPU和GPU内存进行数据存储和计算，通过服务器集群扩展系统的大数据处理能力。

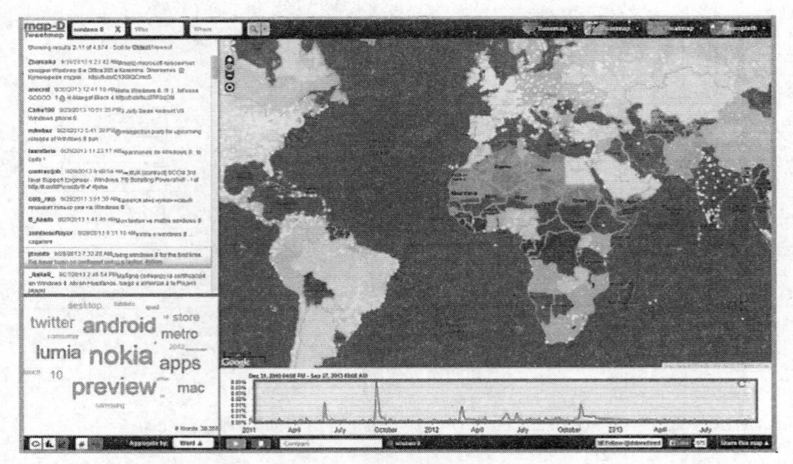

（A）Map-D tweets分析及可视化平台

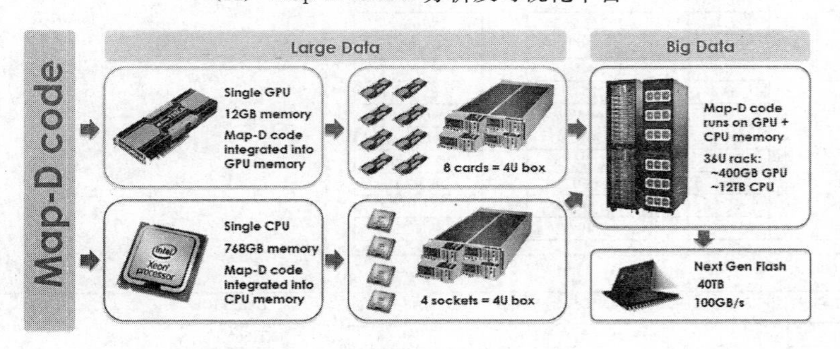

（B）Map-D计算平台

图4—3　Map-D基于GPU的大数据分析平台

资料来源：http：//www.mapd.com/.

4. 数据库一体机技术

数据库一体机技术可以看做数据库厂商面向大数据需求而推出的大数据数据库解决方案，即Database on Big Data。

数据库一体机与大数据技术的硬件架构设计思想类似，采用x86服务器集群分布式并行模式，处理大规模数据存储与计算。数据库一体机厂商通常采用软硬件一体化、系统性的整体调优，同时利用新兴硬件技术提高性能，如Oracle ExaData采用InfiniBand和PCIe Flash Cache提高网络数据传输和数据访问性能，IBM Netezza采用FPGA（现场可编程门阵列）技术在接近数据源的地方尽早地将多余的数据从数据流中过滤掉以提高CPU、内存、网络的效率。

数据库一体机与大数据技术最本质的区别在于软件架构。数据库一体机的核心是SQL体系，包括SQL优化引擎、索引、锁、事务、日志、安全、管理以及大数据存储访问等在内的完整而庞大的技术体系。数据库一体机通常采用AMPP（Asymmetric Massively Parallel Processing，非对称性大规模并行处理）架构，结合了SMP（对称多处理）和

MPP（大规模并行处理）的优点，在以机柜为单位的硬件平台中提供了少量高端服务器支持复杂事务及复杂分析处理，提供大量中低端或专用服务器提供海量数据存储访问能力，提高了系统的可扩展性。

图 4—4（A）显示了 Oracle Exadata 数据库一体机的硬件结构。系统平台由高端数据库服务器和低端存储服务器构成，由高速 InfiniBand 网络连接各个服务器，通过 PCIe flash 存储卡提供高性能存储访问和数据缓存支持，通过 SmartScan 将数据过滤操作下推到存储服务器，提高存储服务器上的数据访问性能。图 4—4（B）显示了 IBM Netezza 系统结构。两个高性能数据库服务器采用主—备工作模式，响应用户的 BI 请求；S-Blades 智能处理节点由标准的刀片服务器和一块 Netezza 特有的数据库加速卡构成，FPGA 卡负责数据的解压缩、投影、过滤等将计算推近数据源的简单操作，CPU 负责数据的聚合、连接、汇总等复杂操作，形成流水线操作，Netezza 内部经过深度定制的网络协议提供了高速网络互联能力。数据库一体机是将最新的存储技术、处理器技术、网络技术进行整体性优化的硬件平台，提供了强大的性能、可扩展性并优化整体能耗水平，满足大数据高性能处理需求。

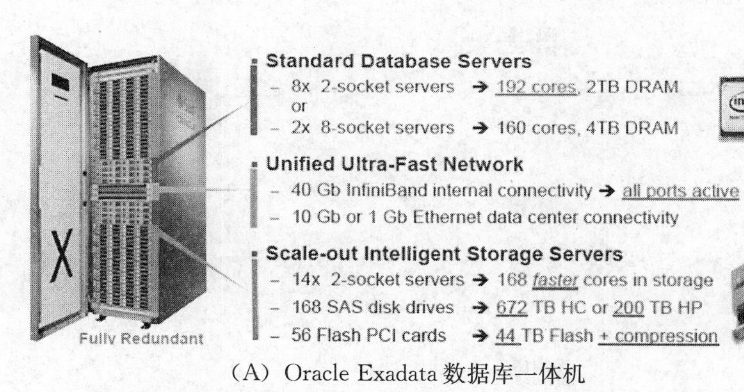

（A）Oracle Exadata 数据库一体机

（B）IBM Netezza 数据库一体机

图 4—4　数据库一体机

除硬件优化配置外，数据库一体机也实现了数据库软件与硬件的优化配置，实现数据库、数据仓库、OLAP 服务器、BI 工具等软件的优化配置，从而提供开箱即用的能力，为企业提供完整的解决方案。

5. NoSQL 数据仓库技术

（1）MapReduce 大数据分析处理平台。

MapReduce 是一种大规模并行计算编程模型，用于实现大数据集（大于 1TB）上的并行计算。其中，映射（Map）函数用来把一组键值对映射成一组新的键值对，指定并发的归约（Reduce）函数，用来保证所有映射的键值对中的每一个共享相同的键组。如图 4—5 所示，Map 节点将输入的数据映射为不同的组，各个 Map 节点的数据分组通过 Reduce 节点进行归并。MapReduce 集群采用中低端服务器集群进行大规模并行处理，把对数据集的大规模操作分发给网络上的每个节点处理，多复本文件存储机制和任务调度机制保证在发生节点故障时调度分配新的节点接管出错节点的计算任务。MapReduce 的主要用途是在大规模集群上的自动批处理任务执行，主要特点是大规模并行计算和自动容错能力。

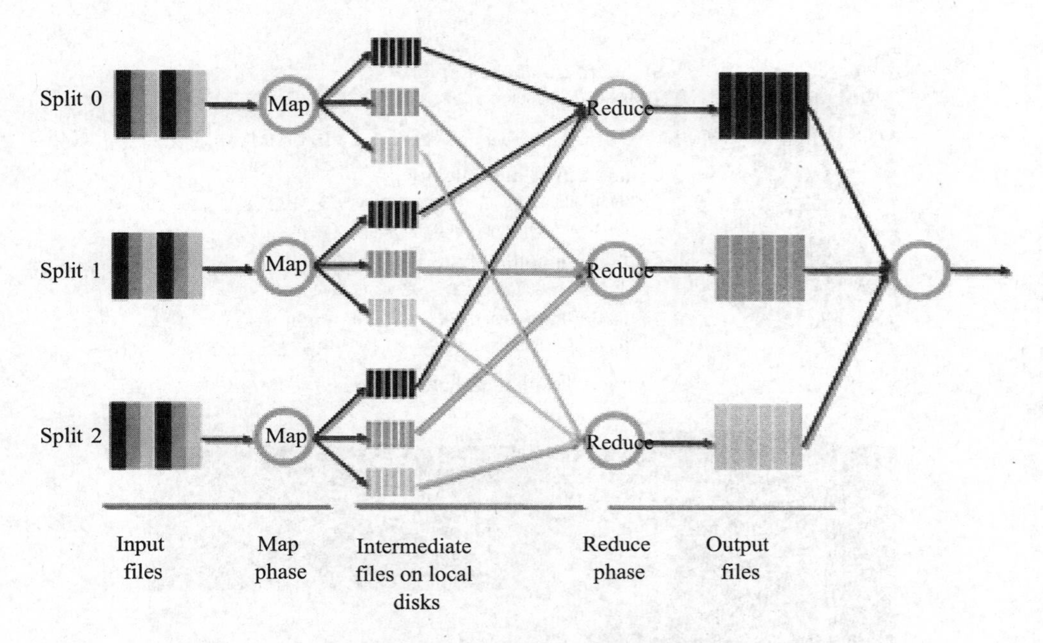

图 4—5　MapReduce 计算框架

资料来源：http：//blog. sqlauthority. com/2013/10/09/big-data-buzz-words-what-is-mapreduce-day-7-of-21/.

Hadoop 是基于 MapReduce 技术的开源项目，已经成为当前大数据分析的基础平台。

（2）Hive 数据仓库基础构架。

Hive 是 Facebook 建立在 Hadoop 上的数据仓库基础构架。Hive 提供了用来进行数据抽取、转化、加载的 ETL 工具；Hive 定义了类 SQL 查询语言（称为 HiveQL），为用户提供 SQL-on-Hadoop 的查询处理能力；HQL 语言也允许熟悉 MapReduce 开发的开发者自定义的 Map 和 Reduce 函数来处理内建的 Mapper 和 Reducer 无法完成的复杂的分析工作。Hive 虽然面向数据仓库负载，但 Hive 构建在基于静态批处理的 Hadoop 之上，而 Hadoop 通常都有较高的延迟并且在作业提交和调度的时候需要大量的开销（见图 4—6）。

因此，Hive并不能在大规模数据集上实现低延迟快速的查询，如实时OLAP应用。

与数据库查询处理过程不同，Hive将用户的HiveQL语句通过解释器转换为MapReduce作业提交到Hadoop集群上，Hadoop监控作业执行过程，然后返回作业执行结果给用户。Hive的最佳使用场合是大数据集的批处理作业，例如，网络日志分析。

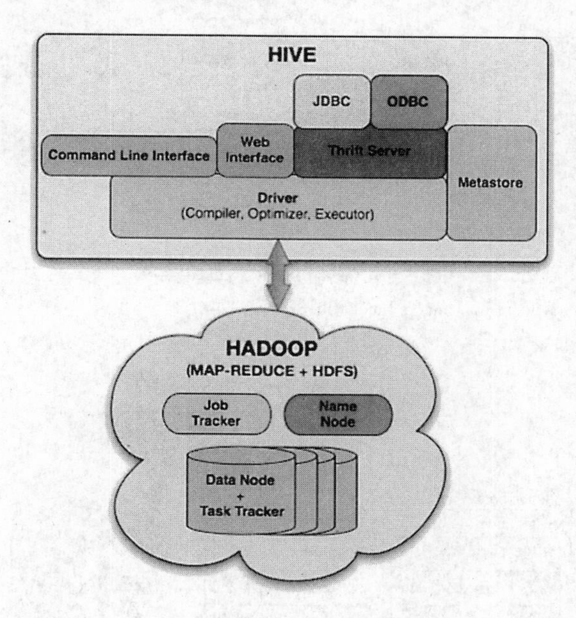

图4—6 Hive架构

资料来源：http：//www. cubrid. org/blog/dev-platform/platforms-for-big-data/.

（3）Presto大数据分布式查询引擎。

Presto是Facebook推出的一个大数据的分布式SQL查询引擎，可以实现对250PB以上的数据进行快速的交互式分析。Presto查询引擎采用Master-Slave架构，由一个Coordinator节点、一个Discovery Server节点和多个Worker节点组成，Discovery Server通常内嵌于Coordinator节点中。Coordinator负责解析SQL语句，生成执行计划，分发执行任务给Worker节点执行。Worker节点负责实际执行查询任务。Worker节点启动后向Discovery Server服务注册，Coordinator从Discovery Server获得可以正常工作的Worker节点。如果配置了Hive Connector，需要配置一个Hive MetaStore服务为Presto提供Hive元信息，Worker节点与HDFS交互读取数据。Facebook Presto架构如图4—7所示。

Facebook Presto是一个交互式的查询引擎，其低延迟查询性能主要通过完全基于内存的并行计算等内存优化技术实现。

（4）Hadapt大数据分析平台。

HadoopDB是一个MapReduce和传统关系型数据库的结合方案，以达到充分利用关系数据库的性能和Hadoop的自动容错、高可扩展的特性。HadoopDB于2009年由耶鲁大学教授Abadi提出，继而商业化为Hadapt。如图4—8所示，HadoopDB使用关系数据库作为DataNode，节点上的数据库起到Hadoop中的分布式存储HDFS的作用，通过Databse Connector实现Hadoop任务与数据库节点之间的通信。Data Loader的作用是将数据合理划分，从HDFS转移到节点中的本地文件系统。SQL to MapReduce to SQL（SMS）

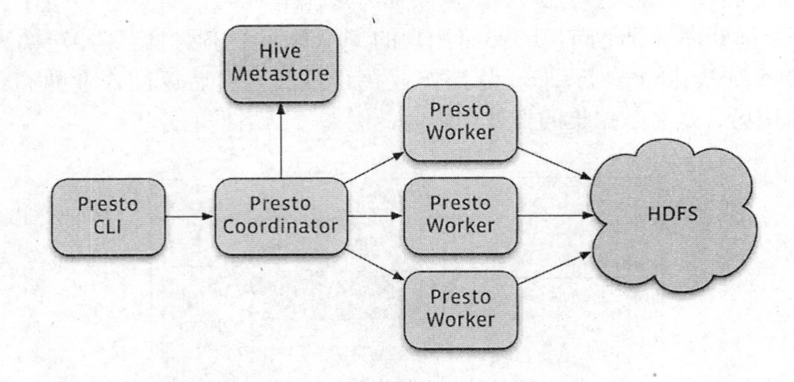

图 4—7 Facebook Presto 架构

资料来源：http：//www. oschina. net/p/facebook-presto.

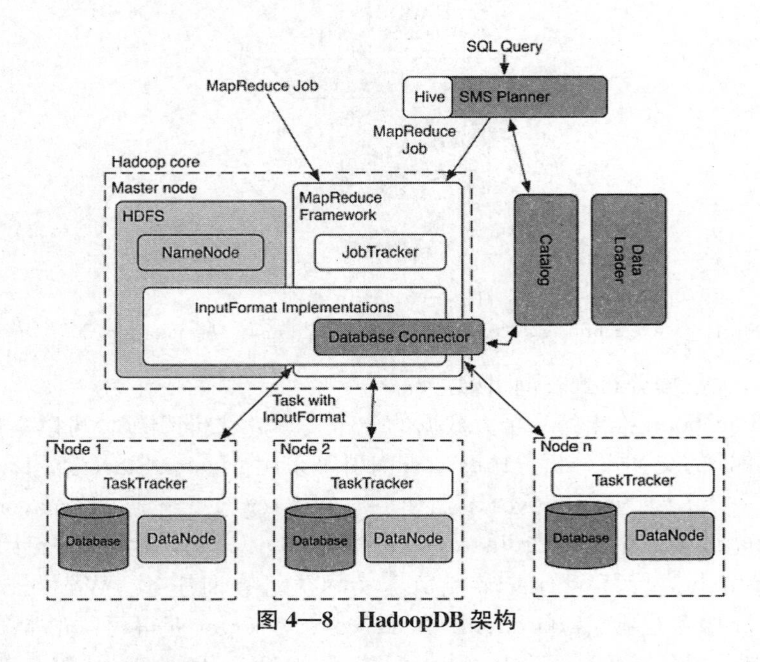

图 4—8 HadoopDB 架构

资料来源：Azza Abouzeid，Kamil Bajda-Pawlikowski，Daniel J. Abadi，Alexander Rasin，Avi Silberschatz. HadoopDB：An Architectural Hybrid of MapReduce and DBMS Technologies for Analytical Workloads. PVLDB 2（1）：922－933（2009）.

Planner 的作用是将 HiveQL 转化为特定执行计划，在 HadoopDB 中执行，尽可能地将操作推向节点上的关系数据库引擎上执行，以此提高执行效率。

HadoopDB 的商业版 Hadapt 是个自适应分析平台，为 Apache Hadoop 开源项目带来了 SQL 实现。Hadapt 允许进行基于 SQL 大数据集的交互分析，支持交互式的查询。Hadapt 由可以自定义分析的 Hadapt Development Kit™（HDK）和 Tableau 软件集成，Hadapt 2.0 是 Hadoop 工业上第一个交互式大数据分析系统。Hadapt 的体系结构如图 4—9 所示。

（5）数据仓库与 Hadoop 集成系统。

大数据时代的数据仓库面对的不仅是传统的结构化数据处理任务，而且包含了海量非

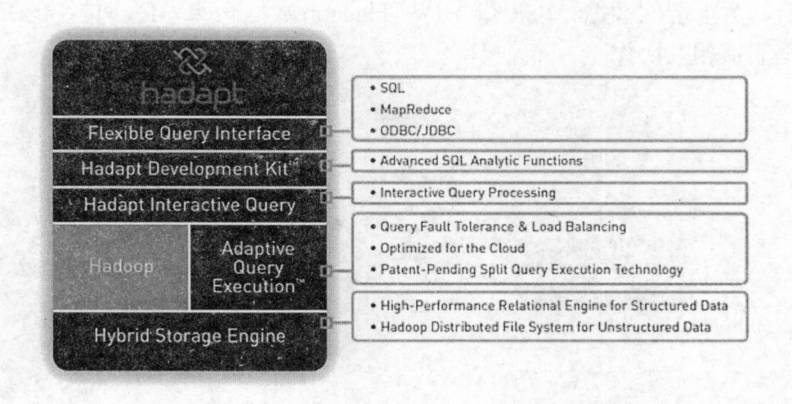

图 4—9 Hadapt 体系结构

资料来源：http：//hadapt. com/product/.

结构化数据处理任务。对于非结构化数据源，Hadoop 是理想的数据处理平台，可以完成对非结构化数据的 ETL 过程，并根据业务逻辑对数据进行清洗和聚集。如图 4—10 左图中（1）→（2）→（5）对应非结构化数据经过 Hadoop 上的 ETL 过程进入数据仓库，由数据仓库完成多维分析、数据挖掘、报表以及数据可视化工作。当一些分析任务需要直接访问原始数据时，可以通过（3）编写 MapReduce 程序在 Hadoop 平台上完成分析处理任务。（5）的分析处理任务依赖于数据仓库系统所提供的功能，而（3）的分析处理任务由用户自定义完成，不依赖于数据仓库系统所提供的固有功能。

传统的数据仓库有丰富的 BI 软件支持，而 Hadoop 生态系统中还缺乏完善的 BI 支持。对于 Hadoop 与数据仓库集成的系统来说，如图 4—10 中右图所示，Hadoop 集成到传统的数据仓库中使数据仓库的数据来源从结构化数据扩展到统一数据（Unified Data）管理，Hadoop 负责数据的抽取、存储、清洗和聚集，数据的处理和分析展示由数据仓库平台及其上丰富的 BI 软件所支持。

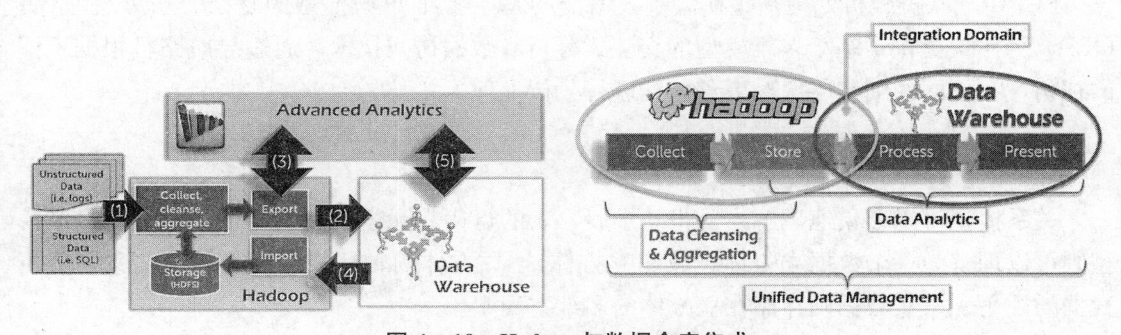

图 4—10 Hadoop 与数据仓库集成

资料来源：http：//rationalintelligence. com/wplog/？ p=44.

传统的数据库技术，如图 4—11 中左图所示，如关系数据库（RDBMS）、企业数据仓库（EDW）、并行数据库（MPP）对应传统的结构化数据源和 BI 系统；新数据源，如 web 日志、电子邮件、传感器、社交媒体等，由 Hadoop 平台提供企业级应用。图 4—11 中的右图显示了 Hadoop 作为一个平行的数据仓库平台成为新数据源（包括结构化和非结构化数据源）的

数据仓库平台，为上层的数据集市提供支持。Hadoop 数据仓库平台与传统的 EDW 数据仓库平台通过数据通道相互协作。

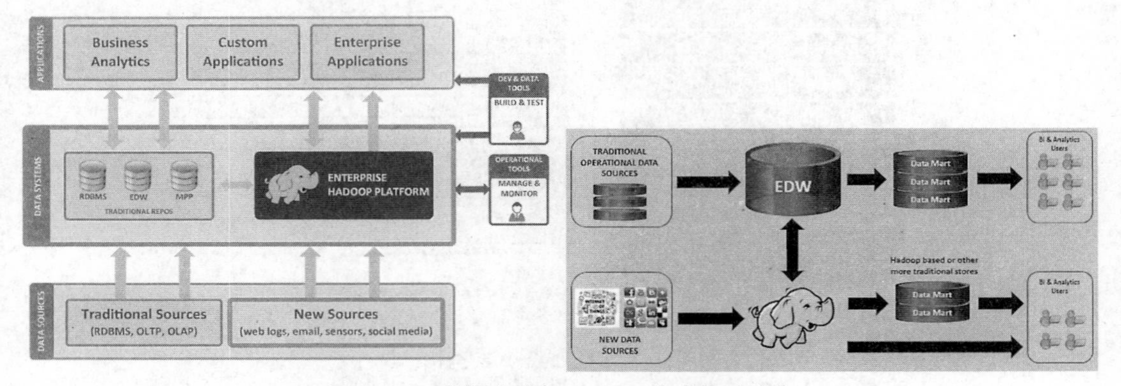

图 4—11　数据仓库与 Hadoop 集成体系结构

资料来源：http：//hortonworks. com/blog/hadoop-and-the-data-warehouse-when-to-use-which；http：//blogs. sas. com/content/sascom/2014/10/13/adopting-hadoop-as-a-data-platform/.

随着大数据应用的不同发展，Hadoop 技术及其他新兴的大数据分析处理技术逐渐成为大数据数据仓库的新平台。传统数据仓库具有完善的理论和丰富的软硬件支持，在结构化数据分析处理领域仍然起着重要的作用，新兴的 Hadoop 数据仓库平台一方面补充了传统数据仓库对非结构化数据处理技术的空白，另一方面通过廉价的开源大规模并行计算模式降低了数据仓库的成本，为企业提供更多的价值。

第 2 节　OLAP

OLAP（联机分析处理）是在海量数据上的基于多维数据模型的复杂分析处理技术。OLAP 为用户提供了基于多维模型的交互式分析和数据访问技术，通过导航路径根据不同的视角，在不同的细节层次对事务数据进行分析处理。

一、多维数据模型

关系模型可以形象地理解为一张二维表，表的行代表元组，表的列代表属性。多维模型则可以理解为一个数据立方体（或超立方体），立方体的轴代表维度，维度定义了分析数据的视角，事实数据则存储在立方体的多维空间中。

图 4—12 是一个三维数据立方体示例，三个维度分别为时间维、产品维和供应商维，事实数据数量和销售收入存储在三维空间中，每一个小立方体代表三个维度上的销售事实，虚线立方体表示在这三个维度上没有销售事实。图中深色的立方体表示时间维在 2014 年 3 月 14 日，产品维在电冰箱，供应商维在旗舰店三个维度上的销售事实数据为“数量：10，销售收入：25 000”，代表 2014 年 3 月 14 日在旗舰店销售电冰箱 10 台，销售收入 25 000 元。

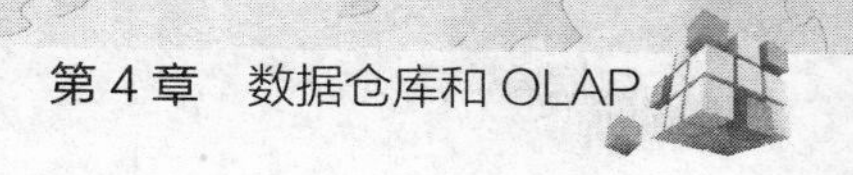

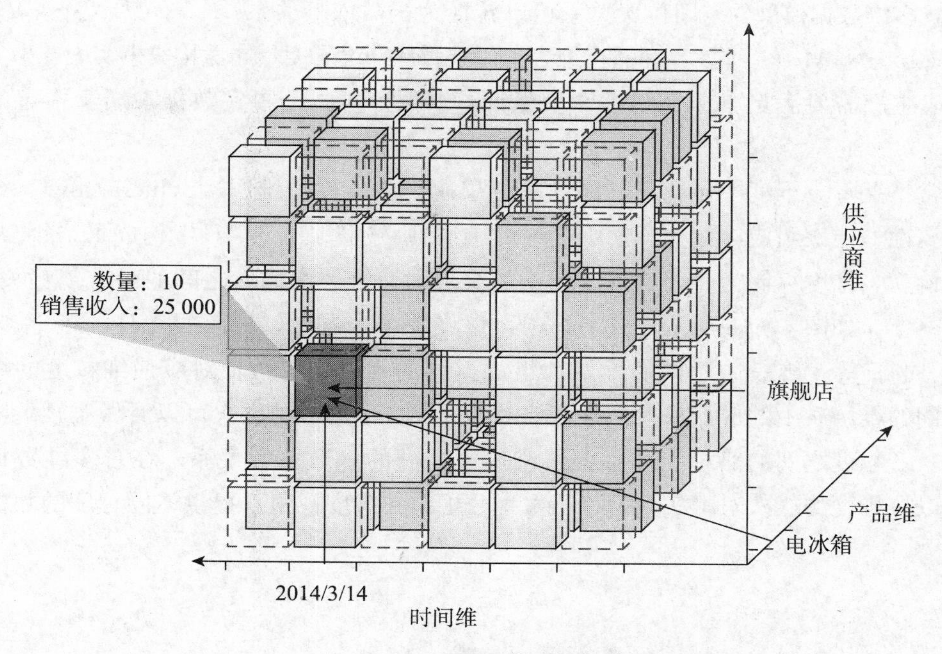

图4—12　三维销售数据立方体

多维数据模型可以表示为：$M=(D_1, D_2, \cdots, D_n, M_1, M_2, \cdots, M_m)$，其中$M$代表多维数据集，$D_i$（$1\leqslant i\leqslant n$）表示$n$个维度，$M_j$（$1\leqslant j\leqslant m$）表示$m$个度量。

多维数据模型最直观的存储模型是多维数组，即：$M[D_1][D_2]\cdots[D_n]$，其中M为包含$M_1, M_2, \cdots, M_m$度量属性的结构体。

采用多维数组模型存储多维数据时，需要$|D_1|\times|D_2|\times\cdots\times|D_n|$个数组单元，每个多维坐标对应多维空间中唯一的位置，多维数据上的访问可以转换为按照多维数组下标的直接数据访问。当每个维的成员数量较多时，直接构建的多维数组非常庞大。如在SSB测试基准中销售事实数据有6 000 000条记录，维表customer有30 000条客户记录，维表supplier有2 000条供应商记录，维表part有200 000条商品记录，则采用多维数组存储时需要30 000×2 000×200 000=12 000 000 000 000个存储单元，远远超过实际的销售事实数据6 000 000条记录，实际数据存储占比为0.000 5‰。因此，当多维数据空间中的数据较为稀疏时，多维数组存储的空间利用率较低。这时可以将多维数据模型转换为关系模型，将维存储为维表，事实存储为事实表，多维模型转换为下面的关系模式：

　　销售（供应商，产品，时间，数量，销售收入）

采用关系模型存储时，只需要存储存在的事实数据，不需要像多维数组存储一样为不存在的事实数据预留空间，因此当数据非常稀疏时，关系存储的效率优于多维数组存储。在多维数组存储中，事实数据的数组下标代表在各维上的取值，因此不需要显式存储事实数据的维属性值；在关系存储中则需要将事实数据在各维上的取值作为复合键值存储在事实数据中，多维数据模型的空间位置关系可以转换为函数依赖关系：$(D_1, D_2, \cdots, D_n) \rightarrow (M_1, M_2, \cdots, M_m)$。维属性存储在维表中，维属性外键与度量属性构成事实表，事实表外键与维表主键需要满足参照完整性约束条件，以保证每一个事实数据隶属于指定的多维空间。

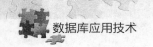

通常情况下，维度中包含了不同的聚集层次结构，称为维层次（hierarchy）。维层次由维度属性的层次组成，例如日期维度中的维属性“年”“月”“日”构成了“年-月-日”层次结构，当维度存储为关系数据库的中的维表时，维层次属性之间的函数依赖关系为：日→月→年。如图 4—13 所示，日期维中可以设置多个层次，如年-月-日、年-季节-月-日、年-周-日等，维表中不同的维属性组成不同的维层次，维轴对应最细粒度的维度成员，不同的维层次中的成员映射到维度上的不同成员子集。维层次可以看做维轴的不同划分粒度，各粒度之间的路径定义了各层维属性之间的函数依赖关系。在对多维数据分析时，可以按维度的层次对事实数据进行聚集分析，在维度视角下提供不同粒度的数据分析处理能力。

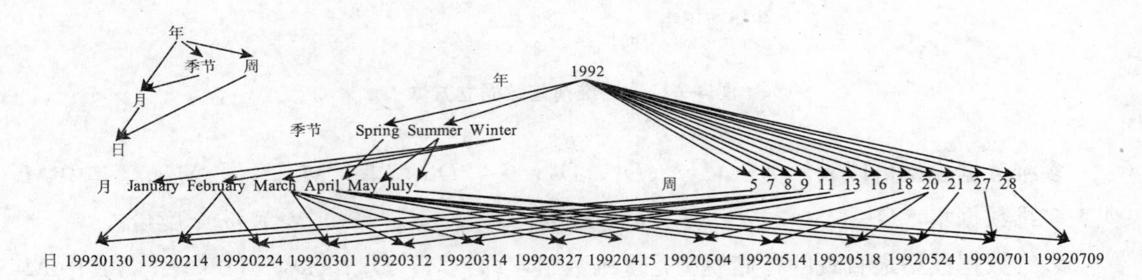

图 4—13 维层次结构

二、OLAP 操作

OLAP 是一种多维数据操作。常见的 OLAP 操作包括切片（slicing）、切块（dicing）、上卷（roll-up）、下钻（drill-down）、旋转（pivot）等操作。切片和切块操作是从立方体中分离出部分数据用于分析的操作；上卷和下钻操作对应数据的聚合操作，上卷操作增加数据聚合程度，从层次结构中清除细节层次，下钻操作则降低数据聚合程度，向层次结构中增加新的细节层次；旋转操作对应着数据视图布局的改变，通过旋转立方体从新的视角安排立方体的数据视图布局。

1. 切片和切块操作

切片是在一个或多个维度上取特定的成员值所对应的数据立方体子集，通过切片操作减少立方体的维数。例如在图 4—14 所示的三维立方体中，在产品维上取值为“微波炉”时，切片为时间维和供应商维上的二维平面，在产品维上取值“微波炉”并且时间维上取值为“2014/3/14”时，切片为一维柱面。切块是切片的一般化形式，在维属性上通过一些约束条件所生成的数据立方体子集。

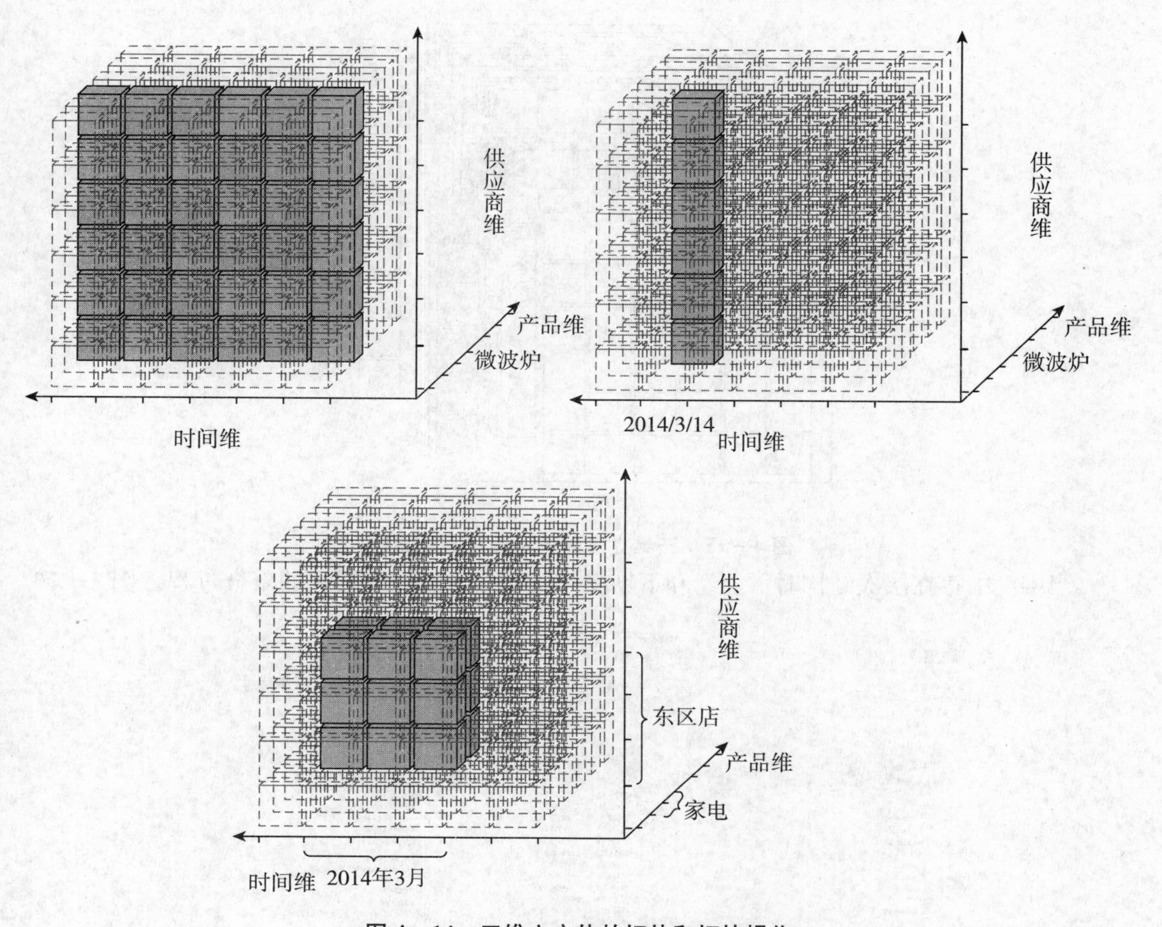

图4—14　三维立方体的切片和切块操作

在多维数组存储模型中，切片操作是在一个（或多个）维上取一个最细粒度成员时所对应的多维数据子集，切块操作则是在维度上选择一个层次时所对应的多维数据子集。

在关系存储模型中，切片操作是在一个（或多个）维表中选择单个主键值所对应的事实数据子集，切块操作则是在维表上按范围语句选择的维表主键集合所对应的事实数据子集。

2. 上卷和下钻操作

上卷操作是数据聚合程度由低到高的过程，而下钻操作则是数据聚合程度由高到低的过程。在图4—15所示的三维立方体中存在四种聚合程度：

G_0＝｛时间，供应商，产品｝

G_1＝｛｛时间，供应商｝，｛时间，产品｝，｛供应商，产品｝｝

G_2＝｛｛时间｝，｛供应商｝，｛产品｝｝

G_3＝｛｝

聚合程度G_0代表最细粒度数据，由整个基础数据立方体构成。聚合程度G_1代表二维聚合数据，将一个维上的数据全部投影到另外两个维的切片上。G_2代表一维聚集数据，将二维切片投影到另一个维上。G_3将整个基础数据立方体聚合在一起。

在图4—15中，从G_0向G_3的聚合过程是上卷操作，维度逐级减少；而从G_3向G_0的聚合过程是下钻操作，维度逐级增加。

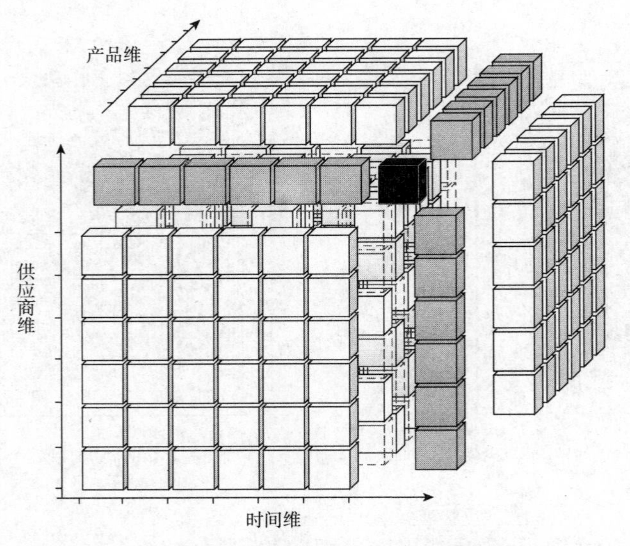

图 4—15　三维立方体的上卷和下钻操作

当维度中存在层次结构时，上卷和下钻操作还对应了沿着维层次的聚合过程。图 4—16

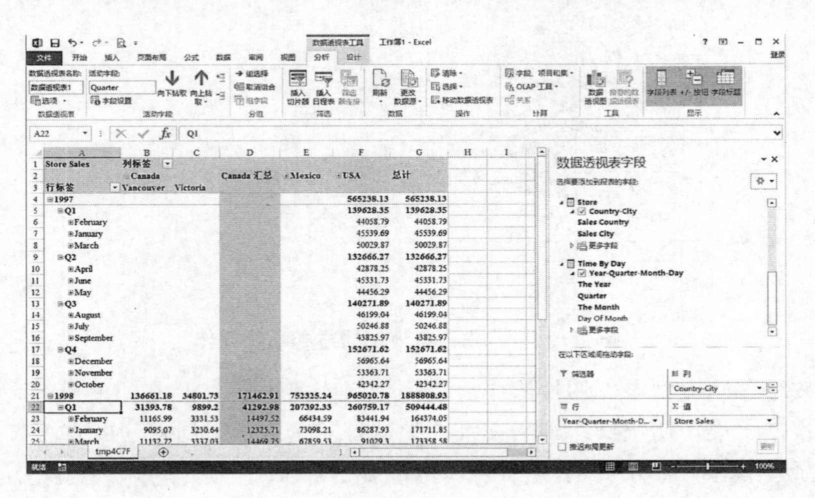

(A)

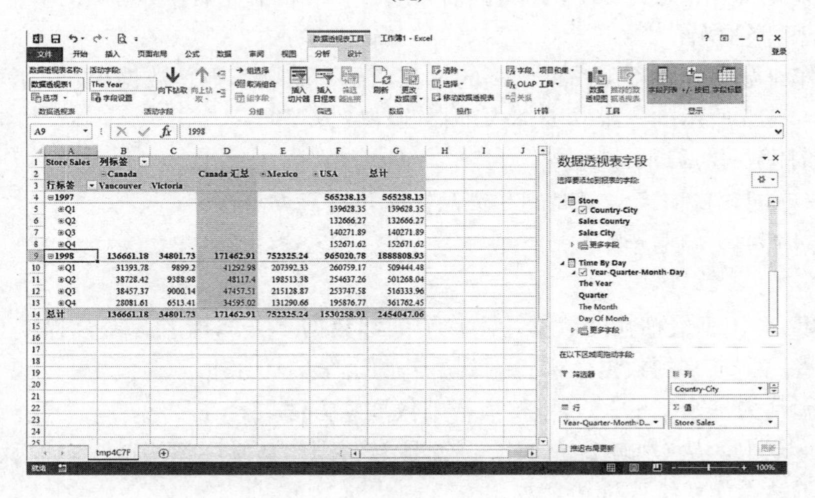

(B)

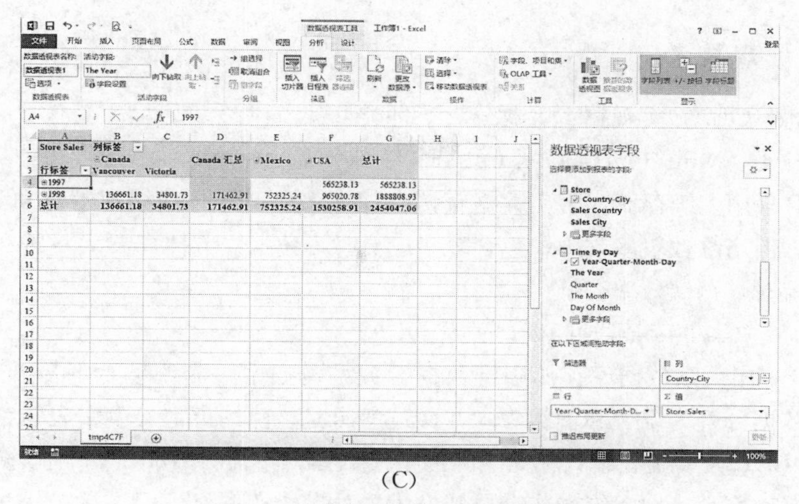

(C)

图 4—16　沿维层次的上卷和下钻操作

为使用 SQL Server 2012 Analysis Service 在 Excel 分析中多维数据集 FoodMart 数据透视表中的上卷和下钻操作过程。时间维上创建了“Year-Quarter-Month-Day”层次结构，将时间维层次依次折叠的过程对应了上卷操作，而将时间维层次依次展开的过程则对应了下钻操作。

3. 旋转操作

旋转操作是一种多维数据视图布局控制操作，通过改变数据视图的视角重新安排数据立方体，为用户展现相同数据的不同数据视图。图 4—17 为二维和三维表格的旋转操作示例。二维表格的两个维度可以共同显示在水平轴或垂直轴，或者分别显示在水平轴和垂直轴，维度的顺序可以改变。三维表格需要通过嵌套二维表格来展示，图 4—17 显示了三个维度在水平轴和垂直轴布局调整带来的数据视图的旋转效果。通过旋转操作，用户可以选择更清晰的数据视图或者从不同的角度观察数据。

Store Sales	列标签			
行标签	⊞Canada	⊞Mexico	⊞USA	总计
⊞1997			565238.13	565238.13
⊞1998	171462.91	752325.24	965020.78	1888808.93
总计	171462.91	752325.24	1530258.91	2454047.06

Store Sales	列标签		
行标签	⊞1997	⊞1998	总计
⊞Canada		171462.91	171462.91
⊞Mexico		752325.24	752325.24
⊞USA	565238.13	965020.78	1530258.91
总计	565238.13	1888808.93	2454047.06

旋转二维表格

Store Sales	列标签			
行标签	⊞Baking Goods	⊞Bathroom Products	⊞Beer and Wine	⊞Bread
⊞Canada	5125.82	4333.16	4508.72	4965.33
⊞1998	5125.82	4333.16	4508.72	4965.33
⊞Mexico	21561.73	18533.35	19062.72	22458.09
⊞1998	21561.73	18533.35	19062.72	22458.09
⊞USA	42713.56	35565.2	37883.81	45285.5
⊞1997	15446.69	13028.87	14029.08	16455.43
⊞1998	27266.87	22536.33	23854.73	28830.07
总计	69401.11	58431.71	61455.25	72708.92

Store Sales	列标签		
行标签	⊞1997	⊞1998	总计
⊞Canada		171462.91	171462.91
⊞Baking Goods		5125.82	5125.82
⊞Bathroom Products		4333.16	4333.16
⊞Beer and Wine		4508.72	4508.72
⊞Bread		4965.33	4965.33
⊞Breakfast Foods		4754.92	4754.92
⊞Candles		491.33	491.33
⊞Candy		4677.39	4677.39
⊞Canned Anchovies		734.41	734.41
⊞Canned Clams		685.2	685.2
⊞Canned Oysters		686.38	686.38
⊞Canned Sardines		390.13	390.13

旋转三维表格

图 4—17　旋转操作

多维数据集的维度定义了数据访问视角，维层次定义了维的聚合粒度，维度以及维度上的维层次定义了一个多维数据导航路径，对事实数据在不同的细节层次上进行分析处理。导航路径转换为一系列查询，查询结果为多维数据集。

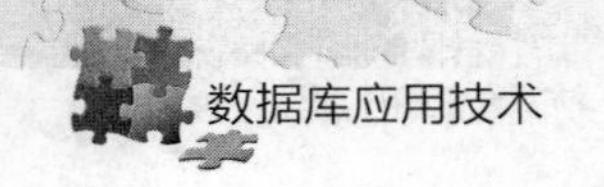

三、OLAP 实现技术

如前所述，OLAP 实现技术主要分为三种类型：

- MOLAP（Multidimensional OLAP，多维 OLAP）。

MOLAP 采用多维存储，事实数据直接存储在多维数组中，多维操作可以直接执行，查询性能高，但当维数较多或维中包含较多成员时，数据立方体需要大量的存储单元，当数据较为稀疏时，存储效率较低。

- ROLAP（Relational OLAP，关系 OLAP）。

ROLAP 采用关系数据库存储多维数据。关系模型中没有维度、度量、层次的概念，需要将多维数据分解为维表和事实表，并通过参照完整性约束定义事实表与维表之间的多维关系。ROLAP 在事实表中只存储实际的事实数据，不需要 MOLAP 预设多维空间的存储代价，存储效率高，但多维操作需要转换为关系操作实现。由于连接操作相对于多维数据直接访问性能较低，ROLAP 经常使用反规范化（denormalization）技术减少连接操作，并通过物化视图技术将典型 OLAP 查询的聚合数据实体化以减少连接代价。ROLAP 需要在关系数据库服务器和 OLAP 客户端之间设置专用的多维引擎（multidimensional engine）来构造 OLAP 查询，并将其转换为关系数据库服务器上执行的 SQL 命令。

- HOLAP（Hybrid OLAP，混合型 OLAP）。

HOLAP 是一种混合结构，目标是综合 ROLAP 管理大量数据的存储效率优势和 MOLAP 系统查询速度优势。HOLAP 将大部分数据存储在关系数据库中以避免稀疏数据存储问题，将用户最常访问的数据存储在多维数据系统中，系统透明地实现在多维数据系统和关系数据库中的访问。

四、OLAP 存储模型设计

数据仓库可以使用三种存储模型表示多维数据结构：MOLAP，ROLAP 和 HOLAP，在存储模型上主要为多维结构存储和关系存储，两种存储模型在数据组织、存储效率、查询处理性能、查询优化技术等方面有很大的不同。

1. MOLAP

MOLAP 采用多维数组存储数据立方体，每个维度的成员映射为维坐标，事实数据为按多维坐标存储的数据单元。多维查询可以看做将各个维度上的查询条件映射到各个维坐标轴上，并通过维坐标直接访问事实数据进行聚集计算。

多维存储模型是数据仓库数据的最简单表示形式，其物理存储与多维数据的逻辑存储结构一一对应，多维查询命令可以直接转换为多维数组上的直接数据访问，不需通过复杂的 SQL 查询来模拟 OLAP 操作，通过 MDX 语言支持多维查询命令。

MDX（MultiDimensionaleXpressions）是由 Microsoft，Hyperion 等公司提出的多维查询表达式，是所有 OLAP 高级分析所采用的核心查询语言。类似 SQL 查询，每个 MDX 查询都要求有数据请求（SELECT 子句）、数据来源（FROM 子句）和筛选（WHERE 子句）。这些关键字以及其他关键字提供了各种工具，用来从多维数据集析取数据特定部分。MDX 还提供了可靠的函数集，用来对所检索的数据进行操作，同时还具有用户定义函数扩展MDX的能力。图4—18在定义的多维数据集上通过MDX语言指定查询多维数据集Demo中的度量属性Lo_Quantity，多维查询结果显示在行d_Year和列c_Region维属性所确定的二维表中，其语法结构如下：

```
on columns:列轴
on rows:行轴
[层次].[层]:[Customer].[区域层次].[c_Region]
FROM[多维数据集]:指定多维数据集
WHRER():筛选查询中的数据
```

该MDX查询对应的SQL命令为：

```
SELECT c_region, d_year, SUM(lo_quantity)
FROM date, customer, lineorder
WHERE lo_custkey=c_custkey AND lo_orderdate=d_datekey
GROUP BY c_region, d_year;
```

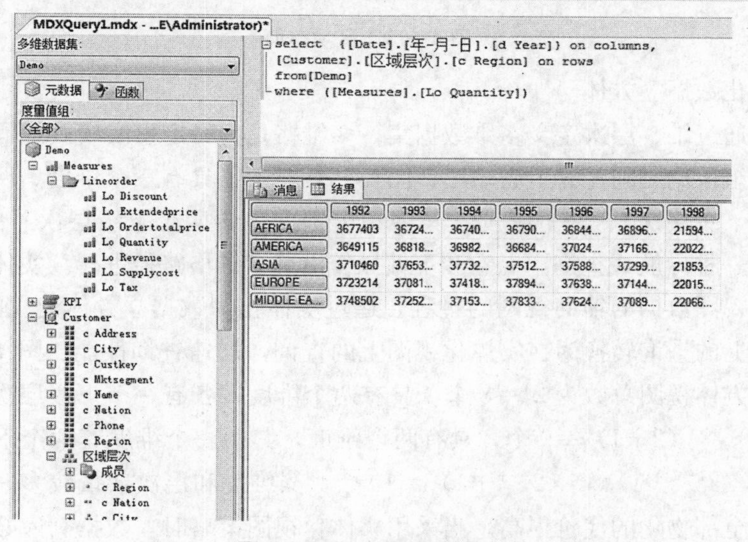

图4—18　MDX查询示例

数据立方体根据各个维度的长度预先构建，当维度发生变化时需要重构数据立方体，对于维度动态变化的数据仓库应用而言其数据立方体重构代价很高。多维存储的主要问题是数据立方体可能很大但实际的事实数据非常稀疏，多维存储的效率很低，浪费了系统存储空间并增加了数据访问时间。

对稀疏存储的数据立方体存储访问典型的解决方案包括以下几种类型：

(1) 立方体分区。

将多维立方体划分为多个子立方体，每个子立方体称为区块（chunk）。这些小型数据区块可以快速加载到内存中。在多维立方体的区块划分过程中可以划分出稀疏区块和稠密区块，稠密区块是指区块中多数单元块包含数据，反之则称为稀疏区块。如图4—19所示，左图中原始数据立方体包含6×6×6个事实数据单元，在数据立方体中很多事实数据单元为空，右图将原始数据立方体划分为 3×3×3 个区块，浅色的区域为稀疏区块，深色的区块为稠密区块。稠密区块可以采用 MOLAP 方式存储，加速区块上的访问性能，稀疏区块采用 ROLAP 方式存储，提高数据存储效率；频繁访问的区块以 MOLAP 方式存储，不频繁访问的区块以 ROLAP 方式存储。

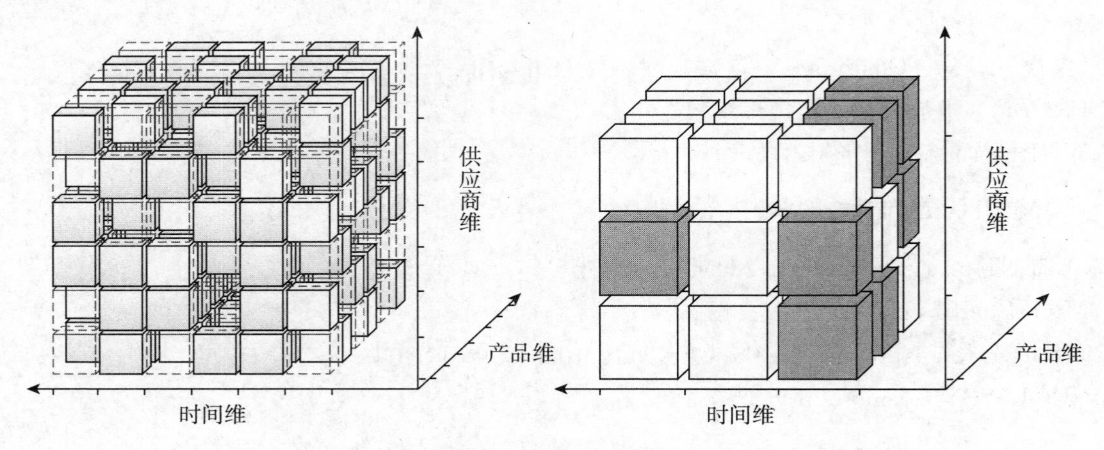

图 4—19　区块存储

（2）实体化数据立方体。

数据仓库通过维、层次定义多维数据集。多维格是为特定事实模式编码有效分组的依据集合，为分组依据之间建立上卷顺序。图 4—20 显示了具有三个维度、两个维度（每个维度包含一个下级层次）、两个维度（其中一个维度包含两个下级层次）的多维格结构。OLAP 访问是一种导航式查询，上卷和下钻操作沿着多维格路径进行。实体化视图是选择一组聚合主要视图数据的辅助视图的过程，通过实体化为数据立方体建立的辅助立方体，将在多维空间上的查询转换为在实体化视图上的查询，加速查询性能。图 4—20 中，具有三个维度的立方体视图总数为 $2^3=8$ 个，具有两个维度，各有一个下级层次的立方体视图总数为（2＋1）×（2＋1）＝9 个，具有两个维度，其中一个维度有两个下级层次的立方体视图总数为 $(2^{1-1}+1)\times(2^{3-1}+1)=10$ 个，当维度和层次数量较多时，实体化视图的总数很大，全部物化的代价很高。当采用实体化视图策略时，数据仓库数据的更新导致实体化视图的重新计算，实体化视图的更新代价同样较高。相对于稀疏存储的数据立方体，实体化视图以较大的粒度聚合数据，数据稀疏度降低，多维查询可能在实体化视图的基础上沿上卷路径进行再次聚合，起到替代原始数据立方体的作用。

实体化视图能够加速 OLAP 查询性能，但需要付出额外的存储空间和视图维护代价，在实际应用中需要根据查询负载的特点，通过实体化视图代价模型选择最佳的实体化视图，提高系统的综合性能。

2. ROLAP

ROLAP 采用关系数据库存储多维数据，使用关系模型表示多维数据。关系模型的结构是二维数据，主要关系操作是选择、投影、连接、分组、聚集。多维数据模型的数据分为维度和事实，每一个维度存储为一个维度表，事实存储为事实表，多维操作切片和切块操作相当于在关系中按切片或切块的维度范围在维度表中选择满足条件的维表记录并与事

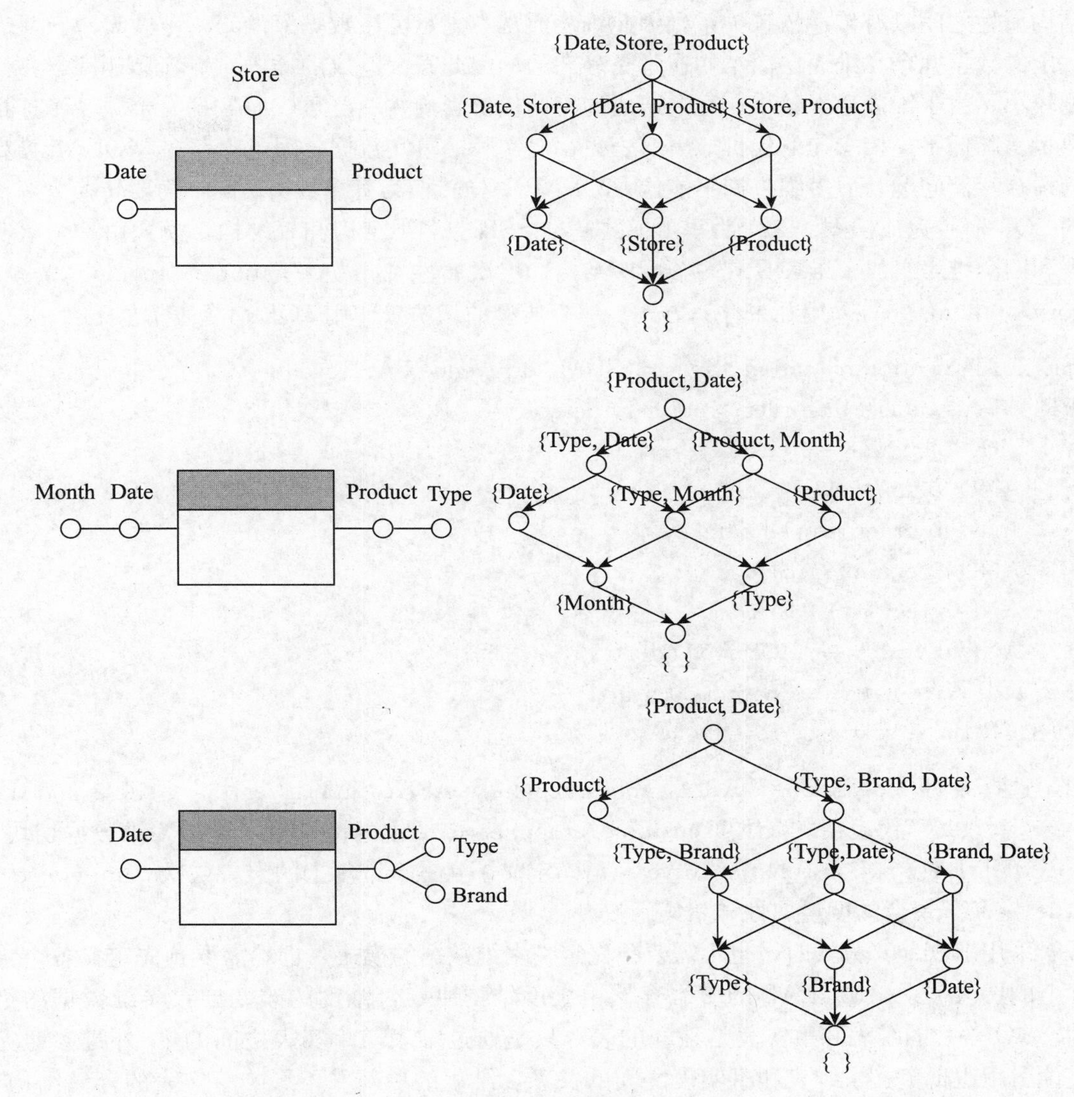

图 4—20　多维格

实表连接后投影出所需要的度量属性进行分组聚集计算。

在 ROLAP 中，维表和事实表的定义如下：

维表：又称为维度表，每个维表对应一个维度，每个维表具有一个主键，维表主键通常为代理键（1，2，3……自然数列），维表由主键和一组在不同聚合层次描述维度的属性组成。

事实表：所有维度确定的多维事实数据存储为事实表。事实表主键由引用维度的外键集合组成，事实表由维表外键和表示事实的度量属性组成。

多维数据代表一个数据仓库的主题，对应关系数据库中一个事实表、多个维表的星形模式以及若干星形模式的变形。

（1）星形模式（star schema）。

星形模式的特点是由一个事实表和多个维表构成，也可以由多个事实表共享具有相同层次结构的维表。维度的层次由维表中表示层次结构的属性构成，在同一个维表中的层次

结构属性之间具有传递依赖关系，因此维表通常不满足关系数据库的第三范式要求，具有一定的数据冗余。维表层次结构通常是静态的，因此冗余造成的插入、更新和删除异常影响较小，由于维表通常较小，冗余造成的存储代价影响并不严重，而数据冗余减少了连接数量，降低了连接操作的代价。事实表只存储实际的事实数据，因此不存在MOLAP模型的稀疏存储问题，但多维查询不能像MOLAP一样转换为直接数据访问，而要转换为等价的SQL命令完成。图4—21为星形模式基准SSB的多维结构和表结构，模式由一个事实表和四个维表组成，维表具有多个层次结构，层次属性“city”“nation”“region”“category”“month”等采用冗余存储方式。一个典型的切块操作用SQL命令表示如下：

```
SELECT c_nation, s_nation, d_year, SUM(lo_revenue) AS revenue
FROM customer, lineorder, supplier, date
WHERE lo_custkey=c_custkey
    AND lo_suppkey=s_suppkey
    AND lo_orderdate=d_datekey
    AND c_region='ASIA'
    AND s_region='ASIA'
    AND d_year >= 1992 AND d_year <= 1997
GROUP BY c_nation, s_nation, d_year
ORDER BY d_year asc, revenue desc;
```

选择条件“c_region='ASIA' and s_region='ASIA' and d_year >= 1992 and d_year <= 1997”代表在三个维度customer,supplier,date上的范围所对应的多维数据切块，“GROUP BY c_nation,s_nation,d_year”语句定义了在三个维度上的聚集层次，sum (lo_revenue)定义了聚合的度量属性和聚集函数。

采用ROLAP方式时，也不需要预先定义多维数据的模式，也不需要预先定义各个维度上的层次关系。MOLAP的多维存储由维度结构决定，维度的改变导致多维数据的重构；ROLAP的维表和事实表是独立的表，只是通过维表与事实表之间的主-外键参照完整性引用逻辑定义了维表和事实表之间的关系，维表的更新并不影响事实表的存储结构，数据维护成本更低，而且关系存储更加适合实际应用中稀疏的大数据存储需求。

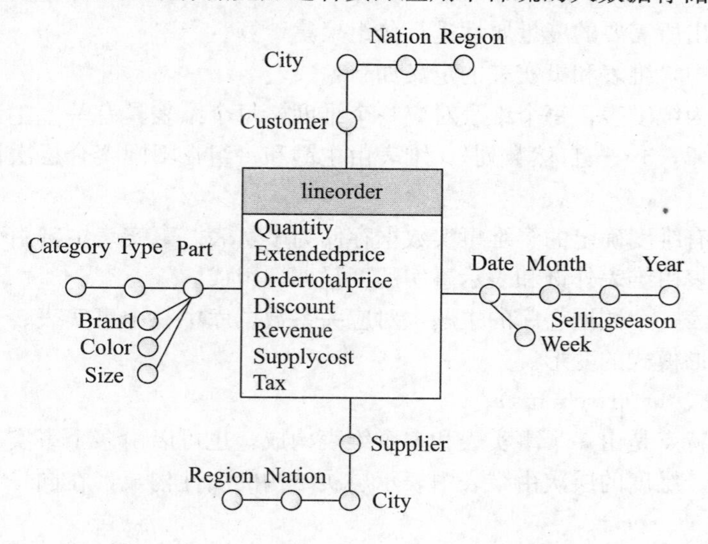

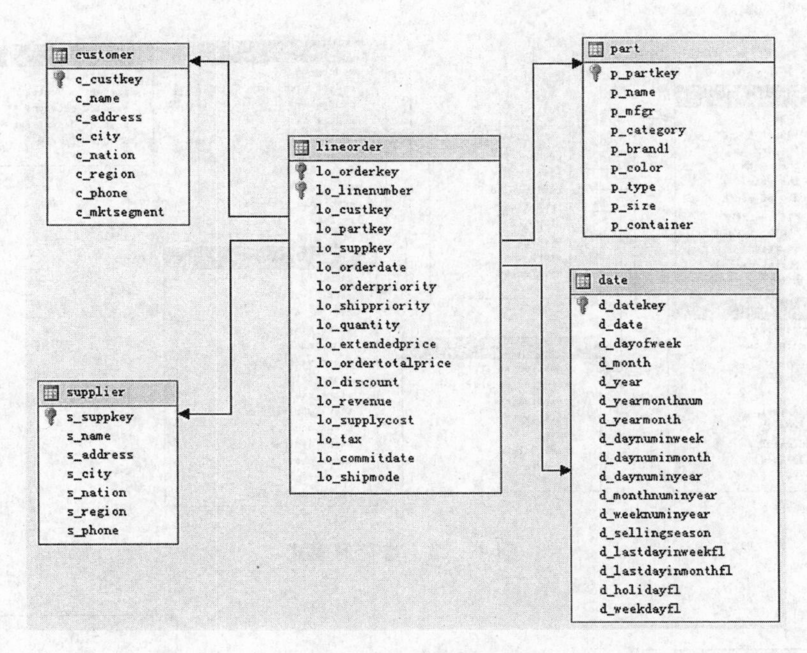

图 4—21 星形模式

（2）雪花形模式（snow-flake schema）。

星形模式的主要特点是维表中表示层次的属性之间存在函数依赖关系，星形模式的这种冗余存储在一定的应用场景中能够更快地进行查询处理，但在另一些应用场景中，需要对维表规范化处理以满足应用的需求。

雪花形模式是通过将星形模式一个或多个维度表分解为多个独立的维表来达到从维表中删除部分或全部传递函数依赖关系而得到的模式。维表的特点如下：

- 维表分为主要维表和辅助维表。
- 主要维表的键在事实表中被引用，是事实表的第一级维表。
- 函数依赖于主要维表主键（通常是代理键）的属性子集构成辅助维表。
- 主要维表包含重构函数依赖的属性子集所需要的外键，每个外键引用一个辅助维表。

图 4—22 为 FoodMart 雪花形模式示例，其中维表“time_by_day”“customer”“store”“promotion”“product”为主要维表，维表“product_class”为辅助维表，“product_class_id”为辅助维表“product_class”在维表“product”中的外键。

雪花形模式规范化了星形模式的维表，降低了数据存储所需要的磁盘空间，但雪花形模式的查询涉及更多的表间连接操作，导致关系数据库所生成的查询执行计划更加复杂，查询所需要的时间更长，对关系数据库的性能提出了更高的要求。

（3）扩展模式。

1）具有聚合数据的星座模式。当数据仓库中存在面向某个或某些维度层次的实体化聚合视图时，具有多个事实表的模式称为星座模式。星座模式中的实体化聚合视图关联维表中的特定层次，如图 4—23 所示，星座模式中事实表“sales_fact_1998”与实体化聚集视图共享维层次表“Quarter”和“State”，不需要为实体化聚合视图复制额外的维表。如果维表“Date”和“Store”没有对维表采用雪花形模式，则需要一定的冗余技术创建实体

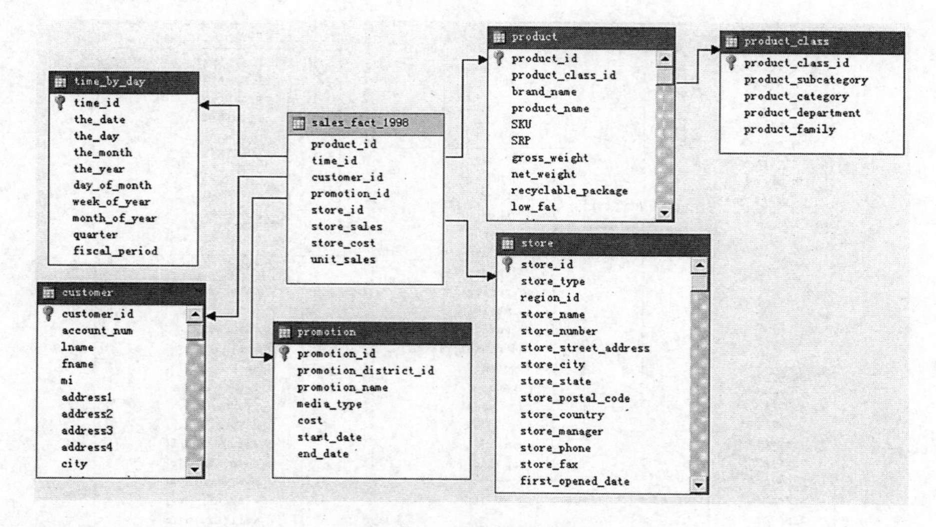

图 4—22 雪花形模式

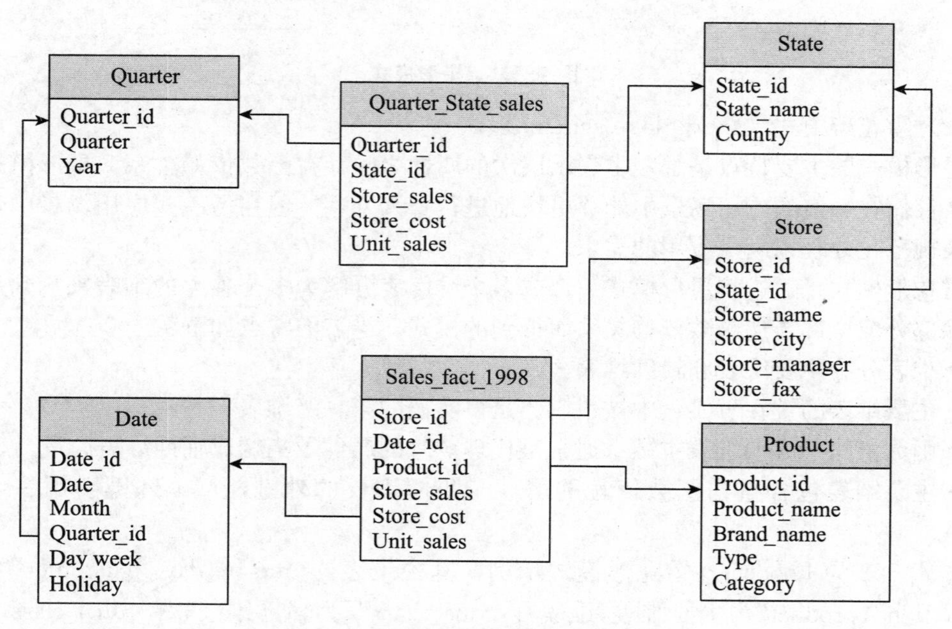

图 4—23 星座模式

化聚合视图“Quarter_State_sales”的关联维表。

2）星群模式。多个数据仓库主题共享全部或部分维表的模式称为星群模式。如图 4—24 所示，销售事实“Store_Sales”和“Store_Returns”共享大部分维表。对于行存储模型，事实表的宽度决定了查询 I/O 的数据总量，图 4—24 所示的两个事实表可以看做一个宽事实表面向“Sales”和“Returns”两个主题的垂直分片，缩小事实表的宽度，从而使面向不同主题的计算产生较少的 I/O 代价。当数据库采用列存储时，面向不同主题的查询只涉及宽事实表中相关的列，无关事实表列不会产生额外的 I/O 代价。列存储数据库技术能够更好地支持将星群模式转换为星形模式时的查询处理性能。

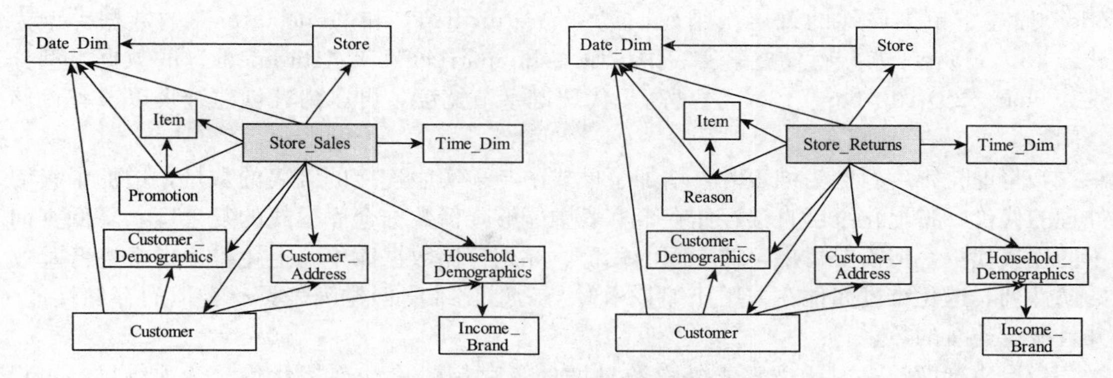

图 4—24 TPC-DS 星群模式

3）跨维度属性。跨维度属性定义了两个或多个属于不同维度层次结构的维度属性之间的多对多关联。图 4—25 所示的 TPC-H 模式中维表 PART 和 SUPPLIER 具有跨维度属性表 PARTSUPP，PARTSUPP 中记录了维表 PART 和 SUPPLIER 相关联的维属性。

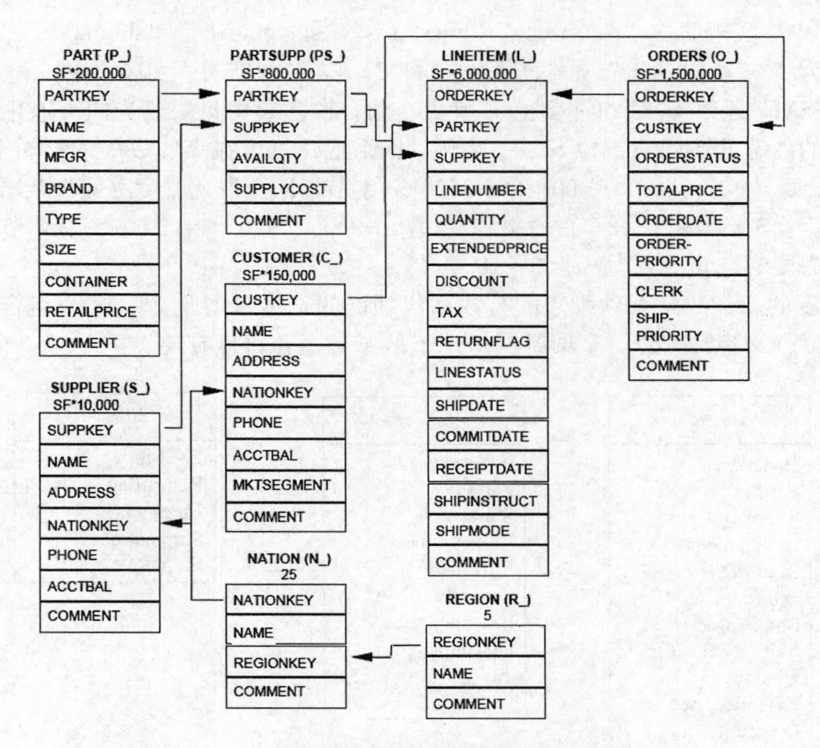

图 4—25 TPC-H 模式

4）共享层次结构。图 4—25 所示的 TPC-H 模式中维表 SUPPLIER 和 CUSTOMER 包含部分共享层次“nation-region”，在雪花形模式中将共享层次存储为共享表，可以同时被多个维表访问，并作为各个维表的维层次。

5）退化维度。退化维度是只包含一个属性的维层次结构。在模式设计时，退化维度可以直接存储到事实表中，并在事实表复合主键中包含退化维度属性；当退化维度属性的基数（即不重复值的个数）很小且单个属性的长度比代理键长度大时，也可以为退化维度创建维表。如 TPC-H 事实表中的属性“returnflag”“linestatus”“shipinstruct”“shipm-

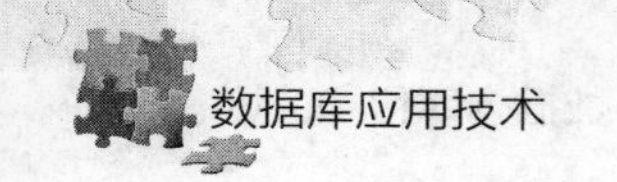

ode”描述了单个属性的维层次结构，其中“returnflag”和“linestatus”的数据类型为char（1），适合于直接存储在事实表中，而“shipinstruct”和“shipmode”的数据类型分别为char（25）和char（10），宽度高于代理键字节宽度，可以为其创建维表以节省存储空间。

当将退化维度存储为维表时，增加了模式中与事实表连接的维表的数量，增加了查询处理的代价。将退化维度直接存储在事实表中能够降低数据仓库模式的复杂度，降低查询中的连接代价，但需要付出存储空间的代价。在列存储数据库中，退化维度通常为低基数的属性列，退化维度属性在采用压缩技术时与为退化维度创建维表具有类似的存储性能，并且减少连接的数量。

当退化维度较多时，事实表外键数量增加了存储代价和连接代价。杂项维度（junk dimension）是解决退化维度的一个解决方案。杂项维度包含一组退化维度，杂项维度不包含属性之间的任何函数依赖，所有可能的组合值都是有效的，这些组合值使用唯一的主键，杂项维度将多个退化维表缩减为一个辅助维表，事实表中只使用一个外键与多个退化维度关联。

TPC-H中事实表属性“returnflag”“linestatus”“shipinstruct”“shipmode”为退化维度，其基数分别为3，2，4，7，杂项维表总共有3×2×4×7=168个元组，如图4—26所示，杂项维表为FSSM，元组为四个退化维度属性组合值，事实表中只需要为四个退化维度保留一个2字节长的外键FSSMkey。以SF=1为例，四个退化维度在事实表中的存储空间总量为：S1=（1+1+25+10）×6 000 000=222 000 000字节，四个退化维度存储为杂项维度时的存储空间总量为：S2=168×（2+1+1+25+10）+2×6 000 000=12 006 552字节，两种退化维度存储所需要的空间倍数为S1/S2=18.49倍。

杂项维度的基数决定杂项维表的行数和代理键的宽度（本例中168个组合值只需要2字节的short int类型存储），杂项维度适用于低基数退化维度存储。

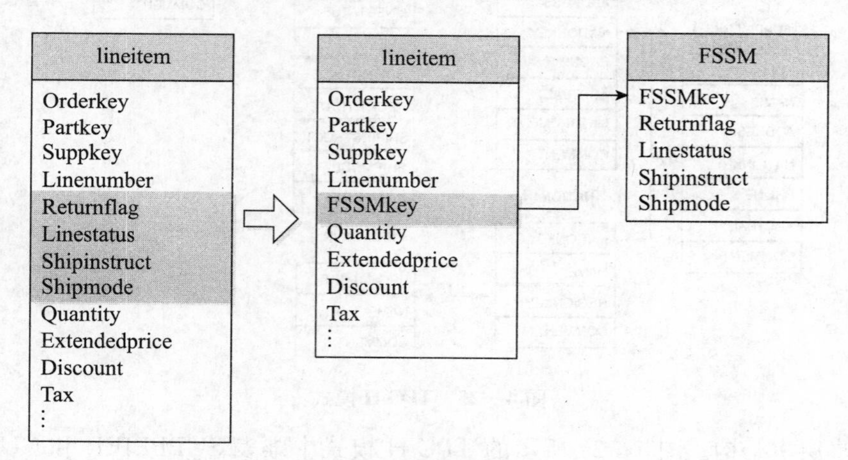

图4—26　杂项维度

6）代理键。代理键是指采用连续的自然数列作为数据仓库的主键，代理键是数据仓库中标准的用法。其主要优点如下：

- 维表使用代理键为主键能够降低主键的字节宽度，降低事实表中存储的维表外键属性的宽度，降低事实表的数据总宽度。
- 代理键为简单数据类型，在执行事实表与维表之间的连接操作时数据访问和键值比较操作更快。

• 代理键不包含任何语义信息，能够与数据的逻辑修改操作分离。

• 代理键是顺序结构，能够代表维表中元组的位置关系，在内存列存储数据库中，代理键能够表示为数组下标，从而直接映射为维表记录的存储地址，简化连接操作。

• 当需要保留维表属性修改版本时，可以为修改后的维表分配新的代理键值，从而实现多版本管理。

代理键的缺点主要包括：

• 当维度包含自然序列主键时，如不连续的自然数列，代理键除了能够实现键值位置映射功能外的其他功能与原始主键类似，增加了额外的键列存储代价。

• 原始主键中包含实体完整性检测技术用于保证维表记录不重复，使用代理键后仍然需要保留原始主键属性上的实体完整性检测机制，增加了额外的UNIQUE索引代价。

• 在数据仓库的ETL过程中，需要维表增加或强制转换原始主键为代理键。

• 在维表更新时需要保证记录的代理键值稳定，尤其是维表记录删除时需要通过一定的机制保证维表记录的代理键仍然连续。

代理键是一种简化的主键，它消除了业务系统数据库中主键所代表的语义信息，提高了存储和查找效率，同时，在数据仓库的只读性应用模式中，代理键能够较好地保持其自然序列的特点，与列存储、内存存储等技术相结合能够实现代理键与存储地址的直接映射，实现事实表中的外键直接映射到维表存储地址，简化连接操作。从多维数据模型的角度来看，代理键可以看做MOLAP模型中维度存储为维表时对应的维度坐标。

第3节 数据仓库案例分析

事务处理性能委员会（Transaction Processing Performance Council，TPC）是由数十家会员公司创建的非营利组织，TPC的成员主要是计算机软硬件厂家，它的功能是制定商务应用基准程序（Benchmark）的标准规范、性能和价格度量，并管理测试结果的发布。TPC只给出基准程序的标准规范（Standard Specification），任何厂家或其他测试者都可以根据规范，最优地构造出自己的系统（测试平台和测试程序）。

当前TPC推出了五套各领域的基准程序（见图4—27）：事务处理-OLTP，包括TPC-C和TPC-E；决策支持，包括TPC-H，TPC-DS，TPC-DI；可视化，包括TPC-VMS；大数据，包括TPCx-HS；公共规范，包括TPC-Energy，TPC-Pricing。其中，TPC-H是一个即席查询（ad-hoc query）和决策支持基准，TPC-DS是最新的决策支持基准，TPC-DI是数据集成ETL基准。

TPC基准是数据库产业界重要的性能测试基准，代表了典型的数据库应用场景，本节以产业界和学术界重要的性能测试基准为例，描述并分析企业级数据仓库的模式特点和查询特征，有助于读者将数据库和数据仓库的理论与数据仓库应用实践结合起来。

一、TPC-H

TPC-H是TPC组织于1999年在TPC-D基准的基础上发展而来的面向决策支持的性能测试基准。TPC-H面向商业模式的即席查询和复杂的分析查询，TPC-H检测在标准数据集和指定规模的数据量下，执行一系列指定条件下的查询时决策支持系统的性能。

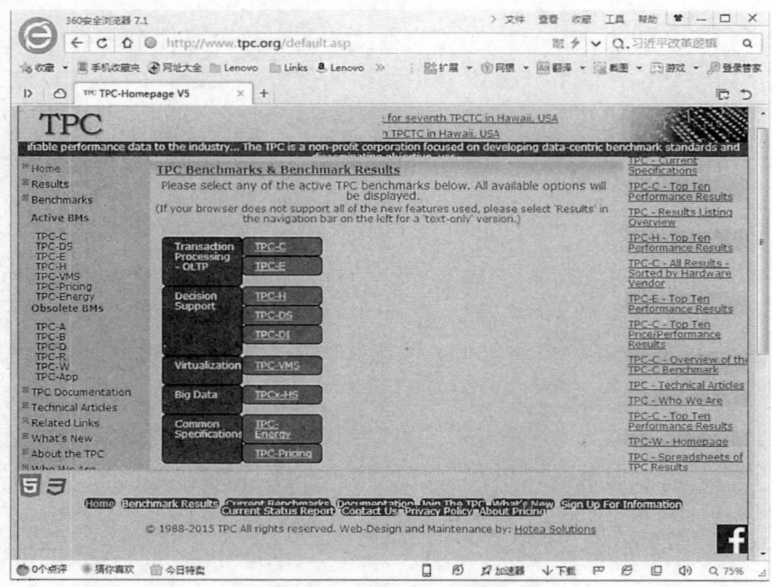

图 4—27 TPC 性能测试基准

资料来源：http：//www. tpc. org/default. asp.

1. TPC-H 模式特点

TPC-H 由 8 个表组成，各表结构如表 4—2 如示。

表 4—2　　TPC-H 各表定义

PART			
Column Name	Datatype Requirements	Cardinality	Comment
P_PARTKEY	identifier		SF * 200 000 are populated
P_NAME	variable text，size 55		
P_MFGR	fixed text，size 25	5	
P_BRAND	fixed text，size 10	25	
P_TYPE	variable text，size 25	150	
P_SIZE	integer	50	
P_CONTAINER	fixed text，size 10	40	
P_RETAILPRICE	decimal		
P_COMMENT	variable text，size 23		
Primary Key：P_PARTKEY			
SUPPLIER			
Column Name	Datatype Requirements	Cardinality	Comment
S_SUPPKEY	identifier		SF * 10 000 are populated
S_NAME	fixed text，size 25		
S_ADDRESS	variable text，size 40		
S_NATIONKEY	Identifier	25	Foreign Key to N_NATIONKEY
S_PHONE	fixed text，size 15		
S_ACCTBAL	decimal		
S_COMMENT	variable text，size 101		
Primary Key：S_SUPPKEY			

PARTSUPP

Column Name	Datatype Requirements	Cardinality	Comment
PS_PARTKEY	Identifier		Foreign Key to P_PARTKEY
PS_SUPPKEY	Identifier		Foreign Key to S_SUPPKEY
PS_AVAILQTY	integer		
PS_SUPPLYCOST	Decimal		
PS_COMMENT	variable text, size 199		

Primary Key: PS_PARTKEY, PS_SUPPKEY

CUSTOMER

Column Name	Datatype Requirements	Cardinality	Comment
C_CUSTKEY	Identifier		SF * 150 000 are populated
C_NAME	variable text, size 25		
C_ADDRESS	variable text, size 40		
C_NATIONKEY	Identifier	25	Foreign Key to N_NATIONKEY
C_PHONE	fixed text, size 15		
C_ACCTBAL	Decimal		
C_MKTSEGMENT	fixed text, size 10	5	
C_COMMENT	variable text, size 117		

Primary Key: C_CUSTKEY

ORDERS

Column Name	Datatype Requirements	Cardinality	Comment
O_ORDERKEY	Identifier		SF * 1 500 000 are sparsely populated
O_CUSTKEY	Identifier		Foreign Key to C_CUSTKEY
O_ORDERSTATUS	fixed text, size 1	3	
O_TOTALPRICE	Decimal		
O_ORDERDATE	Date		
O_ORDERPRIORITY	fixed text, size 15	5	
O_CLERK	fixed text, size 15	1 000	
O_SHIPPRIORITY	Integer	1	
O_COMMENT	variable text, size 79		

Primary Key: O_ORDERKEY

LINEITEM

Column Name	Datatype Requirements	Cardinality	Comment
L_ORDERKEY	identifier		Foreign Key to O_ORDERKEY

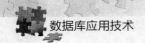

L_PARTKEY	identifier		Foreign key to P_PARTKEY, first part of the compound Foreign Key to (PS_PARTKEY, PS_SUPPKEY) with L_SUPPKEY
L_SUPPKEY	Identifier		Foreign key to S_SUPPKEY, second part of the compound Foreign Key to (PS_PARTKEY, PS_SUPPKEY) with L_PARTKEY
L_LINENUMBER	integer		
L_QUANTITY	decimal		
L_EXTENDEDPRICE	decimal		
L_DISCOUNT	decimal		
L_TAX	decimal		
L_RETURNFLAG	fixed text, size 1	3	
L_LINESTATUS	fixed text, size 1	2	
L_SHIPDATE	date		
L_COMMITDATE	date		
L_RECEIPTDATE	date		
L_SHIPINSTRUCT	fixed text, size 25	4	
L_SHIPMODE	fixed text, size 10	7	
L_COMMENT	variable text size 44		
Primary Key: L_ORDERKEY, L_LINENUMBER			
NATION			
Column Name	Datatype Requirements	Cardinality	Comment
N_NATIONKEY	identifier		25 nations are populated
N_NAME	fixed text, size 25	25	
N_REGIONKEY	identifier		Foreign Key to R_REGIONKEY
N_COMMENT	variable text, size 152		
Primary Key: N_NATIONKEY			
REGION			
Column Name	Datatype Requirements	Cardinality	Comment
R_REGIONKEY	identifier		5 regions are populated
R_NAME	fixed text, size 25	5	
R_COMMENT	variable text, size 152		
Primary Key: R_REGIONKEY			

在数据库中创建表的 SQL 命令如表 4—3 所示。

表 4—3

```
CREATE TABLE PART (
  P_PARTKEY   integer,
  P_NAME   varchar(55),
  P_MFGR   char(25),
  P_BRAND   char(10),
  P_TYPE   varchar(25),
  P_SIZE   integer,
  P_CONTAINER char(10),
  P_RETAILPRICE decimal,
  P_COMMENT   varchar(23));

CREATE TABLE SUPPLIER (
  S_SUPPKEY   integer,
  S_NAME   char(25),
  S_ADDRESS varchar(40),
  S_NATIONKEY   integer,
  S_PHONE   char(15),
  S_ACCTBAL   decimal,
  S_COMMENT varchar(101));

CREATE TABLE PARTSUPP (
  PS_PARTKEY   integer,
  PS_SUPPKEY   integer,
  PS_AVAILQTY   integer,
  PS_SUPPLYCOST decimal,
  PS_COMMENT varchar(199));

CREATE TABLE CUSTOMER (
  C_CUSTKEY   integer,
  C_NAME   varchar(25),
  C_ADDRESS varchar(40),
  C_NATIONKEY   integer,
  C_PHONE   char(15),
  C_ACCTBAL   Decimal,
  C_MKTSEGMENT char(10),
  C_COMMENT varchar(117) );

CREATE TABLE REGION (
  R_REGIONKEY integer,
  R_NAME   char(25),
  R_COMMENT varchar(152));

CREATE TABLE ORDERS (
  O_ORDERKEY   integer,
  O_CUSTKEY   integer,
  O_ORDERSTATUS char(1),
  O_TOTALPRICE decimal,
  O_ORDERDATE   date,
  O_ORDERPRIORITY char(15),
  O_CLERK   char(15),
  O_SHIPPRIORITY integer,
  O_COMMENT   varchar(79));

CREATE TABLE LINEITEM (
  L_ORDERKEY   integer,
  L_PARTKEY integer,
  L_SUPPKEY   integer,
  L_LINENUMBER integer,
  L_QUANTITY   decimal,
  L_EXTENDEDPRICE decimal,
  L_DISCOUNT   decimal,
  L_TAX   decimal,
  L_RETURNFLAG   char(1),
  L_LINESTATUS   char(1),
  L_SHIPDATE   date,
  L_COMMITDATE   date,
  L_RECEIPTDATE   date,
  L_SHIPINSTRUCT   char(25),
  L_SHIPMODE   char(10),
  L_COMMENT   varchar(44));

CREATE TABLE NATION (
  N_NATIONKEY integer,
  N_NAME   char(25),
  N_REGIONKEY   integer,
  N_COMMENT   varchar(152));
```

图 4—28 显示了 TPC-H 各个表之间的主-外键参照关系以及各个事实表、维表上的层次关系。其中，NATION-REGION 为共享层次表；PARTSUPP 为跨维度属性表；CUS-

TOMER，PART，SUPPLIER 为三个维表；ORDERS 和 LINEITEM 为主从式事实表，其中包含退化维度属性，ORDERS 为订单事实，LINEITEM 为订单明细项事实，每一个订单记录包含若干个订单明细项记录，订单表的 O_ORDERKEY 为主键，订单明细表的 L_ORDERKEY 为复合主键第一关键字，订单记录与订单明细项记录之间保持偏序关系，即订单表的 O_ORDERKEY 顺序与订单明细表中的 L_ORDERKEY 顺序保持一致。

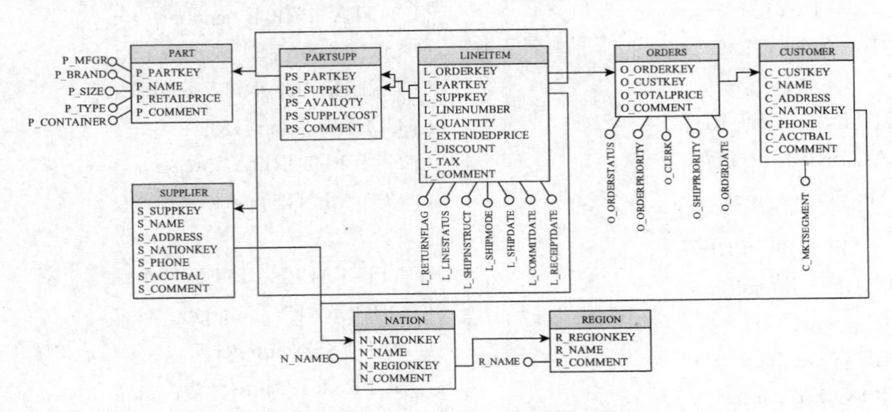

图 4—28　TPC-H 模式及层次结构

2. TPC-H 数据生成器

TPC-H 模式为 3NF，与业务系统的模式结构类似，可以将 TPC-H 看做一个电子商务的订单系统，由订单表、订单项表以及买家表、卖家表和产品表组成。TPC-H 是一种雪花形模式，查询处理时需要将多个表连接在一起，查询计划较为复杂，因此一直作为分析型数据库的性能测试基准。

TPC-H 提供了数据生成器 dbgen，可发生成指定的数据集大小。数据集大小用 SF（Scale Factor）代表，SF＝1 时，事实表 LINEITEM 包含 6 000 000 行记录。各表的记录数量为：LINEITEM［SF × 6 000 000］，ORDERS［SF × 1 500 000］，PARTSUPP［SF×800 000］，SUPPLIER［SF×10 000］，PART［SF×200 000］，CUSTOMER［SF×150 000］，NATION［25］，REGION［5］。

在 Windows 平台的 CMD 窗口中运行 dbgen 程序，可以按指定的 SF 大小生成相应的数据文件。查询 dbgen 参数的命令为“dbgen-h”，如图 4—29 所示，生成 SF＝1 的 customer 数据文件的命令为“dbgen-s 1-T c”，命令执行后生成数据文件“customer. tbl”，文件内容为用“｜”分隔的文本数据行。

生成 SF＝1 的 TPC-H 各表数据文件的命令为：

```
dbgen-s 1-T c
dbgen-s 1-T P
dbgen-s 1-T s
dbgen-s 1-T S
dbgen-s 1-T n
dbgen-s 1-T r
dbgen-s 1-T O
dbgen-s 1-T L
```

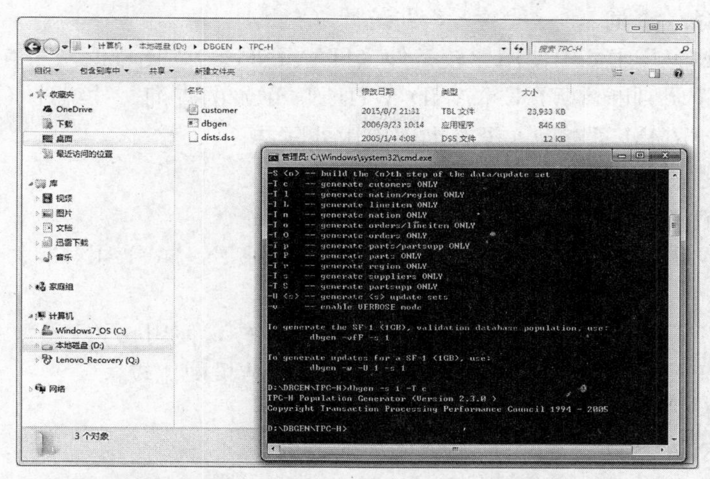

图 4—29　TPC-H 数据生成器 dbgen 的使用

3. TPC-H 查询特点

TPC-H 是一种雪花形模式，采用双事实表结构，事实表 ORDERS 和 LINEITEM 是一种主从式事实结构，即 ORDERS 表存储的是订单事实的汇总信息，而 LINEITEM 表存储的是订单的细节信息，查询需要在 ORDERS 表和 LINEITEM 表连接的基础上才能给出完整的事实数据信息。因此，星形连接（LINEITE ⋈ PART ⋈ SUPPLIER，PARTSUPP ⋈ PART ⋈ SUPPLIER）、雪花形连接（LINEITME ⋈ SUPPLIER ⋈ NATION ⋈ REGION，ORDERS ⋈ CUSTOMER ⋈ NATION ⋈ REGION）、多级连接（LINEITEM ⋈ ORDERS ⋈ CUSTOMER）等是 TPC-H 查询优化的关键问题。

TPC-H 的 22 个查询如下：

Q1　统计查询

Q2　WHERE 条件中，使用子查询（=）

Q3　多表关联统计查询，并统计（SUM）

Q4　WHERE 条件中，使用子查询（EXISTS），并统计（COUNT）

Q5　多表关联查询（=），并统计（SUM）

Q6　条件（BETWEEN AND）查询，并统计（SUM）

Q7　带有 FROM 子查询，从结果集中统计（SUM）

Q8　带有 FROM 多表子查询，从结果集中的查询列上带有逻辑判断（WHEN THEN ELSE）的统计（SUM）

Q9　带有 FROM 多表子查询，查询表中使用函数（EXTRACT），从结果集中统计（SUM）

Q10　多表条件查询（>=，<），并统计（SUM）

Q11　在 GROUP BY 中使用比较条件（HAVING>），比较值从子查询中查出

Q12　带有逻辑判断（WHEN AND/WHEN OR）的查询，并统计（SUM）

Q13　带有 FROM 子查询，子查询中使用外联结

Q14　使用逻辑判断（WHEN ELSE）的查询

Q15　使用视图和表关联查询

Q16　在 WHERE 子句中使用子查询，使用 IN/NOT IN 判断条件，并统计（COUNT）

Q17　在 WHERE 子句中使用子查询，使用<比较，使用 AVG 函数

Q18　在 WHERE 子句中使用 IN 条件从子查询结果中比较

Q19　多条件比较查询

Q20　WHERE 条件子查询（三层）

Q21　在 WHERE 条件中使用子查询，使用 EXISTS 和 NOT EXISTS 判断

Q22　在 WHERE 条件中使用判断子查询和 IN，NOT EXISTS，并统计（SUM，COUNT）查询结果

从 SQL 命令的结构来看，除了复杂多表连接优化技术之外，TPC-H 查询中有很多复杂分组聚集计算，以及子查询嵌套命令。下面以 TPC-H 中部分代表性的查询为例分析查询的特点。[①]

（1）价格摘要报告查询（Q1）。

Q1 查询相当于摘要报表功能，报告已经付款的、已运送的和返回的生意的数量。

1）商业问题描述。价格摘要报告查询提供了给定日期运送的所有行的价格摘要报告，这个日期在数据库包含的最大的运送日期的 60～120 天以内。查询列出了扩展价格、打折的扩展价格、打折的扩展价格加税、平均数量、平均扩展价格和平均折扣的总和。这些统计值根据 RETURNFLAG 和 LINESTATUS 进行分组，并按照 RETURNFLAG 和 LINESTATUS 的升序排列。每一组都给出所包含的行数。

- 查询功能定义：Q1 为单表查询，主要应用聚集函数进行分析计算。

```
select
    l_returnflag,
    l_linestatus,
    sum(l_quantity)as sum_qty,
    sum(l_extendedprice) as sum_base_price,
    sum(l_extendedprice * (1 - l_discount)) as sum_disc_price,
    sum(l_extendedprice * (1 - l_discount) * (1+l_tax)) as sum_charge,
    avg(l_quantity) as avg_qty,
    avg(l_extendedprice) as avg_price,
    avg(l_discount) as avg_disc,
    count( * ) as count_order
```

① http：//wenku. baidu. com/link? url = kSmacgVg6WYoKLmW9IfvhKkbtkMot2vZSnan4JvZFjKUOdKE6x-bW6oswDgHZlyNsW6prL9B81urREW63YQDflU9BBv8jm-RmUa-3ul00xi.

```
from
    lineitem
where
    l_shipdate <= date '1998-12-01'-interval '[DELTA]' day (3)
group by
    l_returnflag,
    l_linestatus
order by
    l_returnflag,
    l_linestatus;
```

2）替换参数。下面的替换参数的值在查询执行时产生，用来形成可执行查询文本：

DELTA 在区间［60，120］内随机选择。

注意：1998-12-01 是数据库中定义的最大的最可能的运送日期。这个查询将包括这个日期减去 DELTA 天得到的日期之前的所有被运送的行。目的是选择 DELTA 的值以便表中 95%～97%的行被扫描。

3）示例查询。查询执行时使用下面的替换参数值，产生下面的输出数据：

替换参数值：

- DELTA＝90；
- “date '1998-12-01'-interval'[DELTA]'day(3)”在 SQL Server 中需要改写为“DATEADD(day,-[DELTA],'1998-12-01')”。
- 确认查询的输出数据，见图 4—30。

	l_returnflag	l_linestatus	sum_qty	sum_base_price	sum_disc_price	sum_charge	avg_qty	avg_price	avg_disc	count_order
1	A	F	37734107	56586554400.7293	53758257134.869	55909065222.8276	25.522005	38273.1297346212	0.0499852958384592	1478493
2	N	F	991417	1487504710.38	1413082168.0541	1469649223.19437	25.516471	38284.4677608483	0.0500934266742146	38854
3	N	O	74476040	111701729697.741	106118230307.605	110367043872.5	25.502226	38249.1179889085	0.0499965860536695	2920374
4	R	F	37719753	56568041380.8996	53741292684.6042	55889619119.8315	25.505793	38250.8546260994	0.0500094058301891	1478870

图 4—30

（2）订单优先权检查查询（Q4）。

Q4 查询可以让用户了解订单优先权系统工作得如何，并给出顾客满意度的一个估计值。

1）商业问题描述。订单优先权检查查询计算给定的某一年的某一季度的订单的数量，在每个订单中至少有一行由顾客在它的提交日期之后收到。查询按照优先权的升序列出每一优先权的订单的数量。

2）查询函数定义：Q2 包含子查询，由 EXISTS 子查询提供嵌套的谓词判断。

```
select
    o_orderpriority,
    count( * ) as order_count
from  orders
where
    o_orderdate >= date '[DATE]'
```

```
    and o_orderdate < date '[DATE]' + interval '3' month
    and exists (
    select
        *
    from
        lineitem
    where
        l_orderkey=o_orderkey
    and l_commitdate < l_receiptdate
)
group by
    o_orderpriority
order by
    o_orderpriority;
```

3）替换参数。下面的替换参数的值在查询执行时产生，形成可执行查询文本：

DATE是在1993年1月和1997年10月之间随机选择的一个月的第一天。

4）示例查询。查询执行时使用下面的替换参数值，产生下面的输出数据：

替换参数值：

- DATE=1993-07-01；
- 查询条件“o_orderdate >= date '[DATE]' and o_orderdate < date '[DATE]' + interval '3' month”在SQL Server 2012中需要改为“o_orderdate >= '1993-07-01' and o_orderdate < dateadd(month,3,'1993-07-01');”。
- 查询确认的输出数据，见图4—31。

	o_orderpriority	order_count
1	1-URGENT	10594
2	2-HIGH	10476
3	3-MEDIUM	10410
4	4-NOT SPECIFIED	10556
5	5-LOW	10487

图4—31

（3）预测收入变化查询（Q6）。

Q6查询确定收入增加的数量，这些增加的收入是在给定的一年中在指定的百分比范围内消除了折扣产生的。这类“what if”查询可以用来寻找增加收入的途径。

1）商业问题。预测收入变化查询考虑了指定的一年中折扣在DISCOUNT－0.01和DISCOUNT＋0.01之间的已运送的所有订单。查询列出了把l_quantity小于quantity的订单的折扣消除之后总收入增加的数量。潜在的收入增加量等于具有合理的折扣和数量的订单的［l_extendedprice * l_discount］的总和。

2）查询函数定义：Q3主要应用RANGE谓词构造查询条件。

```
select
	sum(l_extendedprice * l_discount) as revenue
from
	lineitem
where
	l_shipdate >= date '[DATE]'
	and l_shipdate < date '[DATE]' + interval '1' year
	and l_discount between[DISCOUNT] - 0.01 and[DISCOUNT] + 0.01
	and l_quantity <[QUANTITY];
```

3）替换参数。下面的替换参数的值在查询时产生，以形成可执行查询文本：

- DATE是从［1993，1997］中随机选择的一年的1月1日；
- DISCOUNT在区间［0.02，0.09］中随机选择；
- QUANTITY在区间［24，25］中随机选择。

4）示例查询。查询执行时使用下面的替换参数值，产生下面的输出数据：

替换参数值：

- DATE=1994-01-01；
- DISCOUNT=0.06；
- QUANTITY=24；
- 查询条件“l_shipdate < date '[DATE]' + interval '1' year”在SQL Server 2012中需要修改为“l_shipdate < DATEADD(year,1,'1994-01-01');”。
- 查询确认的输出数据，见图4—32。

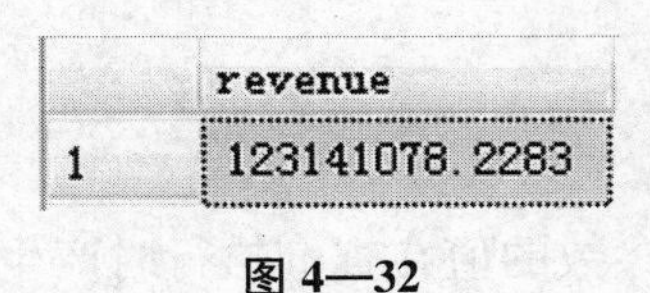

	revenue
1	123141078.2283

图4—32

（4）货运量查询（Q7）。

Q7查询确定在两国之间货运商品的量以帮助重新谈判货运合同。

1）商业问题描述。Q7查询得到在1995年和1996年间，零件从一国供应商运送给另一国的顾客，两国货运项目总的折扣收入。查询结果列出供应商国家、顾客国家、年度、那一年的货运收入，并按供应商国家、顾客国家和年度升序排列。

2）查询函数定义：查询中包括子查询，相同表通过不同别名复用。

```
select
	supp_nation,
	cust_nation,
	l_year, sum(volume) as revenue
from (
select
	n1.n_name as supp_nation,
```

```
      n2. n_name as cust_nation,
      extract(year from l_shipdate) as l_year,
      l_extendedprice * (1-l_discount) as volume
from
      supplier, lineitem, orders, customer, nation n1, nation n2
where
      s_suppkey=l_suppkey
      and o_orderkey=l_orderkey
      and c_custkey=o_custkey
      and s_nationkey=n1. n_nationkey
      and c_nationkey=n2. n_nationkey
      and (
            (n1. n_name='[NATION1]' and n2. n_name='[NATION2]')
            or (n1. n_name='[NATION2]' and n2. n_name='[NATION1]')
            )
      and l_shipdate between date '1995-01-01' and date '1996-12-31'
      ) as shipping
group by
      supp_nation,
      cust_nation,
      l_year
order by
      supp_nation,
      cust_nation,
      l_year;
```

3）替代函数。下面的替代参数的值在查询执行时产生，用来建立可执行查询文本：

- NATION1 是在表定义 N_NAME 值的列表中的任意值；
- NATION2 是在表定义 N_NAME 值的列表中的任意值，且必须和上一条中 NATION1 的值不同。

4）示例查询。查询执行时用以下值来作为替代参数，产生以下的输出数据：

替代参数的值：

- NATION1=FRANCE；
- NATION2=GERMANY；
- 查询中“extract(year from l_shipdate)”在 SQL Server 2012 中需要修改为“year(l_shipdate);”。
- 查询确认输出数据，见图 4—33。

	supp_nation	cust_nation	l_year	revenue
1	FRANCE	GERMANY	1995	54639732.7336
2	FRANCE	GERMANY	1996	54633083.3076
3	GERMANY	FRANCE	1995	52531746.6697
4	GERMANY	FRANCE	1996	52520549.0224

图 4—33

（5）返回项目报告查询（Q10）。

Q10查询标记那些可能对运送给他们的零件有问题的顾客。

1）商业问题。Q10查询根据在一个季度中那些有返回零件的顾客中对收入产生影响，造成损失的前20名。这个查询只考虑在特定季节中订购的零件。查询结果列出顾客姓名、地址、国别、电话、账册、意见信息和收入损失。按收入损失降序排列。收入损失定义为对所有具有资格的项目（l_extendedprice ＊（1－l_discount））的和。

2）查询函数定义：查询主要体现为多表连接操作，返回前20个选中行。

```
select
    c_custkey,
    c_name,
    sum(l_extendedprice * (1－l_discount)) as revenue,
    c_acctbal,
    n_name,
    c_address,
    c_phone,
    c_comment
from
    customer,
    orders,
    lineitem,
    nation
where
    c_custkey＝o_custkey
    and l_orderkey＝o_orderkey
    and o_orderdate >= date '[DATE]'
    and o_orderdate < date '[DATE]' + interval '3' month
    and l_returnflag='R'
    and c_nationkey＝n_nationkey
group by
    c_custkey,
    c_name,
    c_acctbal,
    c_phone,
    n_name,
    c_address,
    c_comment
order by
    revenue desc;
```

3）替代参数。下面的替代参数的值在查询执行时产生，用来建立可执行查询文本：

- DATE是位于1993年1月到1994年12月中任一月的一个日期。

4）查询确认。查询执行时用以下值来作为替代参数，产生以下的输出数据：

替代参数的值：

- DATA＝1993-10-01；
- 在 select 后加 TOP 20 输出查询前 20 条记录；
- “o_orderdate < date ′［DATE］′ ＋ interval ′3′ month” 在 SQL Server 2012 中需要修改为“DATEADD（month，3，′1993-10-01′）；”。
- 查询确认输出数据，见图 4—34。

	c_custkey	c_name	revenue	c_acctbal	n_name	c_address	c_phone	c_comment
1	57040	Customer#000057040	734235.2455	632	JAPAN	Eioyzjf4pp	22-895-641-3466	requests sleep blithely about ...
2	143347	Customer#000143347	721002.6948	2557	EGYPT	1aReFYv,Kw4	14-742-935-3718	fluffily bold excuses haggle f...
3	60838	Customer#000060838	679127.3077	2454	BRAZIL	64EaJ5vMAHWJ1BOxJklpN...	12-913-494-9813	furiously even pinto beans int...
4	101998	Customer#000101998	637029.5667	3790	UNITED KINGDOM	01c9CILnNtfOQYmZj	33-593-865-6378	accounts doze blithely! entici...
5	125341	Customer#000125341	633508.086	4983	GERMANY	S29ODD6bceU8QSuuEJznkNaK	17-582-695-5962	quickly express requests wake ...
6	25501	Customer#000025501	620269.7849	7725	ETHIOPIA	W556MXuoiaYCCZamJI,...	15-874-808-6793	quickly special requests sleep...
7	115831	Customer#000115831	596423.8672	5098	FRANCE	rFeBbEEyk dl ne7zV5fD...	16-715-386-3788	carefully bold excuses sleep a...
8	84223	Customer#000084223	594998.0239	528	UNITED KINGDOM	nAVZCs6BaWap rrM27N 2...	33-442-824-8191	pending, final ideas haggle fi...
9	54289	Customer#000054289	585603.3918	5583	IRAN	vXCxoCsUOBad5JQI ,oobkZ	20-834-292-4707	express requests sublate blith...
10	39922	Customer#000039922	584878.1134	7321	GERMANY	Zgy4s5012GKN4pLDPBU8m...	17-147-757-8036	even pinto beans haggle. slyly...
11	6226	Customer#000006226	576783.7606	2230	UNITED KINGDOM	8gPu8,NPGkfyQQ0hcIYUG...	33-657-701-3391	quickly final requests against...
12	922	Customer#000000922	576767.5333	3869	GERMANY	Az9RFaut7NkPnc5zSD2Pw...	17-945-916-9648	boldly final requests cajole b...
13	147946	Customer#000147946	576455.132	2030	ALGERIA	iANyZHjqhyy7AjahOpTrYyhJ	10-886-956-3143	furiously even accounts are bl...
14	115640	Customer#000115640	569341.1933	6436	ARGENTINA	Vtgfia9qI 7EpHgecU1X	11-411-543-4901	final instructions are slyly a...
15	73606	Customer#000073606	568656.8578	1785	JAPAN	xuBOTro5yChDfOCrjkd2ol	22-437-653-6966	furiously bold orbits about th...
16	110246	Customer#000110246	566842.9815	7763	VIETNAM	7KzflgX MDOq7sOkI	31-943-426-9837	dolphins sleep blithely among ...
17	142549	Customer#000142549	563537.2368	5085	INDONESIA	ChqEoK43OysjdHbtKCp6d...	19-955-562-2398	regular, unusual dependencies ...
18	146149	Customer#000146149	557254.9865	1791	ROMANIA	s87fvzFQpU	29-744-164-6487	silent, unusual requests detec...
19	52528	Customer#000052528	556397.3509	551	ARGENTINA	NFztyTOR1OUOJ	11-208-192-3205	unusual requests detect. slyly...
20	23431	Customer#000023431	554269.536	3381	ROMANIA	HgiVOphqhaIa9aydNoIlb	29-915-458-2654	instructions nag quickly. furi...

图 4—34

（6）货运模式和命令优先查询（Q12）。

Q12 查询决定选择相对便宜的货运模式是否会因为使消费者更多地在合同日期之后收到货物而对紧急优先命令产生负面影响。

1）商业问题描述。此查询得到顾客在某一年通过船运模式收到的项目，项目的数目属于在两个特别的船运模式下 l_receiptdate 超过 l_commitdate 的订单。只有在 l_commitdate 之前实际货运的项目才被考虑。项目被分为两部分，一类优先级为 URGENT，HIGH，另一类为不是 URGENT 或 HIGH。

2）查询函数定义：查询中包含 CASE 命令应用，通过 CASE 命令将查询结果分类。

```
select
    l_shipmode,
    sum(case
        when o_orderpriority ='1- URGENT'
            or o_orderpriority ='2- HIGH'
        then 1
        else 0
    end) as high_line_count,
    sum(case
        when o_orderpriority <> '1- URGENT'
            and o_orderpriority <> '2- HIGH'
```

```
            then 1
            else 0
        end) as low_line_count
from
        orders, lineitem
where
        o_orderkey=l_orderkey
        and l_shipmode in ('[SHIPMODE1]', '[SHIPMODE2]')
        and l_commitdate < l_receiptdate
        and l_shipdate < l_commitdate
        and l_receiptdate >= date '[DATE]'
        and l_receiptdate < date '[DATE]' + interval '1' year
group by
        l_shipmode
order by
        l_shipmode;
```

3）替代参数。下面的替代参数的值必须被产生和用来建立可执行查询文本：

• SHIPMODE1 是在表定义 Modes 值的列表中的任意值；

• SHIPMODE2 是在表定义 Modes 值的列表中的任意值，且必须有别于 SHIPMODE1；

• DATE 是从 1993 年到 1997 年中任一年的 1 月 1 日，用于表示一个完整的年度。

4）示例查询。查询执行时用以下值来作为代替参数，产生以下的输出数据：

替代参数的值：

• SHIPMODE1=MAIL；

• SHIPMODE2=SHIP；

• DATE=1994-01-01；

• 查询条件"l_receiptdate < date '[DATE]' + interval '1' year"在 SQL Server 2012 中需要修改为"DATEADD(year,1,'1994-01-01');"。

• 查询确认输出数据，见图 4—35。

	l_shipmode	high_line_count	low_line_count
1	MAIL	6202	9324
2	SHIP	6200	9262

图 4—35

（7）头等（Q15）。

Q15 查询决定头等供应商以便给予奖励，给予更多订单，或是给予特别认证。

1）商业问题。此查询找到在一个季节或一年内能为总收入贡献最多的供应商。若持平，则按供应商号排列。

2）查询函数定义：查询中应用视图管理技术，通过定义的视图作临时表执行查询。

```
create view revenue (supplier_no, total_revenue) as
    select
        l_suppkey,
        sum(l_extendedprice * (1-l_discount))
    from
        lineitem
    where
        l_shipdate >= date '[DATE]'
        and l_shipdate < date '[DATE]' + interval '3' month
    group by
        l_suppkey;
select
    s_suppkey,
    s_name,
    s_address,
    s_phone,
    total_revenue
from
    supplier, revenue
where
    s_suppkey=supplier_no
    and total_revenue=(
        select
            max(total_revenue)
        from
            revenue
    )
order by
    s_suppkey;
drop view revenue;
```

3）替代参数。以下替代参数的值在查询执行时产生，用来建立可执行的查询文本：

- DATE 是从 1993 年 1 月到 1997 年 10 月中任一月的 1 日，表示一个季节或一年的起始日期。

4）示例查询。查询执行时用以下值来作为替代参数，产生以下的输出数据：

替代参数的值：

- DATE=1996-01-01；
- 查询条件 “l_shipdate < date '[DATE]' + interval '3' month”在 SQL Server 2012 中需要修改为“DATEADD(month,3,'1996-01-01');”。
- 查询确认输出数据，见图 4—36。

	s_suppkey	s_name	s_address	s_phone	total_revenue
1	8449	Supplier#000008449	Wp34zim9qYFbVctdW	20-469-856-8873	1772627.2087

图 4—36

（8）小量订单收入查询（Q17）。

Q17 查询计算出如果没有小量订单，平均年收入将损失多少。由于大量商品的货运，这将降低管理费用。

1）商业问题描述。此查询考虑零件给定品牌和给定包装类型，决定在一个七年数据库的所有订单中这些订单零件的平均项目数量（过去的和未决的）。如果这些零件中少于平均数 20%的订单不再被接纳，那平均一年会损失多少呢？

2）查询函数定义：查询主要应用子查询完成对指定范围零件平均值的计算作为查询条件。

```
select
    sum(l_extendedprice)/7.0 as avg_yearly
from
    lineitem, part
where
     p_partkey=l_partkey
     and p_brand='[BRAND]'
     and p_container='[CONTAINER]'
     and l_quantity < (
          select
               0.2 * avg(l_quantity)
          from
               lineitem
          where
               l_partkey=p_partkey
     );
```

3）替代参数。以下替代参数的值在查询时产生，用来建立可执行的查询文本：

• BRAND='Brand＃MN'，M 和 N 是两个字母，代表两个数值，相互独立，取值在 1～5 之间。

• CONTAINER 是在表定义中 Containers 字符串列表中的任意取值。

4）示例查询。查询执行时用以下值来作为替代参数，且必须产生以下的输出数据：

替代参数的值：

• BRAND=Brand＃23；

• CONTAINER=MED BOX。

• 查询确认输出数据，见图 4—37。

	avg_yearly
1	348406.054285714

图 4—37

（9）潜在零件促进查询（Q20）。

Q20 查询确定在某一国能对某一零件商品提供更有竞争力价格的供应商。

1）商业问题。Q20 查询确定那些对得到零件有过剩的供应商，超过供应商在某一年中货运给给定国的某一零件的 50%则为过剩。只考虑符合一定命名习惯的零件。

2）查询函数定义：查询应用嵌套子查询作为条件。

```
select
    s_name,
    s_address
from
    supplier, nation
where
    s_suppkey in (
        select
            ps_suppkey
        from
            partsupp
        where
            ps_partkey in (
                select
                    p_partkey
                from
                    part
                where
                    p_name like '[COLOR]%'
            )
            and ps_availqty > (
                select
                    0.5 * sum(l_quantity)
                from
                        lineitem
                    where
                        l_partkey=ps_partkey
                        and l_suppkey=ps_suppkey
                        and l_shipdate >= date('[DATE]')
                        and l_shipdate < date('[DATE]') + interval'1' year
                )
            )
            and s_nationkey=n_nationkey
            and n_name='[NATION]'
order by
    s_name;
```

3）替代参数。

- COLOR 为产生 P_NAME 的值的列表中的任意值；
- DATE 为在 1993 年至 1997 年的任一年的 1 月 1 日；
- NATION 为 N_NAME 的值的列表中的任意值。

4）示例查询。

查询执行时用以下值来作为替代参数，产生以下的输出数据：

替代参数的值：

- COLOR＝forest；
- DATE＝1994-01-01；
- NATION＝CANADA；
- 查询条件“l_shipdate < date('[DATE]') + interval '1' year”在 SQL Server 2012 中修改为“l_shipdate < dateadd(year,1,'1994 - 01 - 01');”。
- 查询确认输出数据，见图 4—38。

	s_name	s_address
1	Supplier#000000020	iybAE,RmTymrZVYaFZva2SH,j
2	Supplier#000000091	YV45D7TkfdQanOOZ7q9QxkyGUapU1oOWU6q3
3	Supplier#000000197	YC2Acon6kjY3zj3Fbxs2k4Vdf7XOcd2F
4	Supplier#000000226	83qOdU2EYRdPQAQhEtn GRZEd
5	Supplier#000000285	Br7e1nnt1yxrw6ImgpJ7YdhFDjuBf
6	Supplier#000000378	FfbhyCxWvcPrO8ltp9
7	Supplier#000000402	i9Sw4DoyMhzhKXCH9By,AYSgmD
8	Supplier#000000530	0qwCMwobKY OcmLyfRXlagA8ukENJv,
9	Supplier#000000688	D fw5ocppmZpYBBIPI718hCihLDZ5KhKX
10	Supplier#000000710	f19YPvOyb QoYwjKC,oPycpGfieBAcwKJo
11	Supplier#000000736	l6i2nMwVuovfKnuVgaSGK2rDy65DlAFLegiL7
12	Supplier#000000761	zlSLelQUj2XrvTTFnv7WAcYZGvvMTx882d4

图 4—38

（10）全球销售机会查询（Q22）。

此查询确定消费者可能购买的地理分布。

1）商业问题描述。此查询计算在国家代码特定的范围之内，比平均水平更持肯定态度但还没下七年订单的消费者数量。此查询也反映一般人的态度。国家代码是 c_phone 的前两个字母。

2）查询函数定义：查询中使用字符串函数，应用子查询作为查询条件。

```
select
    cntrycode,
    count( * ) as numcust,
    sum(c_acctbal) as totacctbal
from (
    select
        substring(c_phone from 1 for 2) as cntrycode,
        c_acctbal
    from
    customer
where
    substring(c_phone from 1 for 2) in
        ('[I1]','[I2]','[I3]','[I4]','[I5]','[I6]','[I7]')
    and c_acctbal > (
        select
            avg(c_acctbal)
        from
            customer
        where
            c_acctbal > 0.00
            and substring (c_phone from 1 for 2) in
            ('[I1]','[I2]','[I3]','[I4]','[I5]','[I6]','[I7]')
    )
    and not exists (
        select
            *
        from
            orders
        where
            o_custkey=c_custkey
    )
) as custsale
group by
    cntrycode
order by
    cntrycode;
```

3）替代参数。

- I1，…，I7，是在表定义 NATION 国家代码的可能值中不重复的任意值。

4）示例查询。查询使用以下值来作为替代参数，产生以下的输出数据：

- I1=13
- I2=31
- I3=23

- I4＝29
- I5＝30
- I6＝18
- I7＝17

● 查询命令“substring (c_phone from 1 for 2)”在 SQL Server 2012 中需要修改为“substring (c_phone,1,2);”。

● 查询确认输出数据，见图 4—39。

	cntrycode	numcust	totacctbal
1	13	888	6737272
2	17	860	6455138
3	18	963	7231205
4	23	892	6701003
5	29	948	7158401
6	30	909	6807990
7	31	922	6806224

图 4—39

二、SSB

SSB 星形模式基准是面向数据仓库星形模式的性能测试基准。SSB 来源于 TPC-H，通过对 TPC-H 模式的修改实现将一个面向业务系统的 3NF 模式转换为面向数据仓库应用的星形模式。

1. SSB 模式特点

SSB 由一个事实表 LINEORDER 和四个维表 PART，SUPPLIER，CUSTOMER 和 DATE 组成，相对于 TPC-H 创建了一个独立的日期维以助于按日期维的不同层次进行多维分析。SSB 是一个标准的星形模式，TPC-H 中的共享维层次 NATION 和 REGION 由于其较小且不会改变，SSB 将 NATION 和 REGION 物化到维表 SUPPLIER 和 CUSTOMER 中，增加了部分存储消耗但有效地减少了表连接的数量，降低了数据库查询执行计划的复杂性。表 4—3 为 SSB 各表定义。

表 4—3　　SSB 各表定义

LINEORDER Table Layout(SF * 6 000 000 are populated)			
Column Name	Datatype Requirements	Cardinality	Comment
ORDERKEY	numeric		(int up to SF 300)
LINENUMBER	numeric		1 - 7
CUSTKEY	numeric identifier		foreign key reference to C_CUSTKEY
PARTKEY	identifier		foreign key reference to P_PARTKEY
SUPPKEY	numeric identifier		foreign key reference to S_SUPPKEY
ORDERDATE	identifier		foreign key reference to D_DATEKEY

ORDERPRIORITY	fixed text, size 15	5	Priorities: 1 - URGENT, etc
SHIPPRIORITY	fixed text, size 1	7	
QUANTITY	numeric		1 - 50 (for PART)
EXTENDEDPRICE	numeric		MAX about 55 450 (for PART)
ORDTOTALPRICE	numeric		MAX about 388 000 (for ORDER)
DISCOUNT	numeric 0 - 10		(for PART)-- (Represents PERCENT)
REVENUE	numeric		(for PART: (extendedprice * (100-discount))/100)
SUPPLYCOST	numeric		(for PART, cost from supplier, max=?)
TAX	Numeric 0 - 8		(for PART)
COMMITDATE	identifier		Foreign Key reference to D_DATEKEY
SHIPMODE	fixed text, size 10	7	(Modes: REG AIR, AIR, etc.)
Compound Primary Key: ORDERKEY, LINENUMBER			

PART Table Layout(200 000 * ⌊1+log2SF⌋populated)

Column Name	Datatype Requirements	Cardinality	Comment
PARTKEY	identifier		
NAME	variable text, size 22		(Not unique per PART but never was)
MFGR	fixed text, size 6	5	(MFGR#1 - 5, CARD=5)
CATEGORY	fixed text, size 7	25	('MFGR#'||1 - 5||1 - 5: CARD=25)
BRAND1	fixed text, size 9	1000	(CATEGORY||1 - 40: CARD=1000)
COLOR	variable text, size 11	94	
TYPE	variable text, size 25	150	
SIZE	numeric 1～50	50	
CONTAINER	fixed text(10)	40	
Primary Key: PARTKEY			

SUPPLIER Table Layout(SF * 2 000 are populated)

Column Name	Datatype Requirements	Cardinality	Comment
SUPPKEY	identifier		
NAME	fixed text, size 25		'Supplier'||SUPPKEY
ADDRESS	variable text, size 25		
CITY	fixed text, size 10	250	(10/nation: nation_prefix||(0 - 9))
NATION	fixed text(15)	25	(25 values, longest UNITED KINGDOM)
REGION	fixed text, size 12	5	(5 values: longest MIDDLE EAST)
PHONE	fixed text, size 15		(many values, format: 43 - 617 - 354 - 1222)
Primary Key: SUPPKEY			

CUSTOMER Table Layout(SF * 30 000 are populated)			
Column Name	Datatype Requirements	Cardinality	Comment
CUSTKEY	numeric identifier		
NAME	variable text, size 25		'Customer'||CUSTKEY
ADDRESS	variable text, size 25		
CITY	fixed text, size 10	250	(10/nation: nation_prefix||(0-9))
NATION	fixed text(15)	25	(25 values, longest UNITED KINGDOM)
REGION	fixed text, size 12	5	(5 values: longest MIDDLE EAST)
PHONE	fixed text, size 15		(many values, format: 43-617-354-1222)
MKTSEGMENT	fixed text, size 10	5	(longest is AUTOMOBILE)
Primary Key: CUSTKEY			

DATE Table Layout(7 years of days: 7366 days)			
Column Name	Datatype Requirements	Cardinality	Comment
DATEKEY	identifier		unique id -- e. g. 19980327
DATE	fixed text, size 18		longest: December 22, 1998
DAYOFWEEK	fixed text, size 8	7	Sunday, Monday, ..., Saturday
MONTH	fixed text, size 9	12	January, ..., December
YEAR	unique value	7	1992-1998
YEARMONTHNUM	numeric		(YYYYMM)-- e. g. 199803
YEARMONTH	fixed text, size 7		Mar1998 for example
DAYNUMINWEEK	numeric	7	1-7
DAYNUMINMONTH	numeric	31	1-31
DAYNUMINYEAR	numeric	366	1-366
MONTHNUMINYEAR	numeric	12	1-12
WEEKNUMINYEAR	numeric	53	1-53
SELLINGSEASON	text, size 12	5	(Christmas, Summer, ...)
LASTDAYINWEEKFL	1 bit	2	
LASTDAYINMONTHFL	1 bit	2	
HOLIDAYFL	1 bit	2	
WEEKDAYFL	1 bit	2	
Primary Key: DATEKEY			

在数据库中创建SSB各表的SQL命令参见第3章，此处略。

图4—40显示了SSB模式及维层次结构。事实表LINEORDER有三个退化维度ORDERPRIORITY，SHIPPRIORITY和SHIPMODE，四个维表的外键以及若干度量属性；CUSTOMER和SUPPLIER维表有相同的维层次结构CITY-NATION-REGION，PART

表包含了层次结构 BRAND1-CATEGORY 和其他层次，DATE 维表中包含了丰富的日期属性，以及不同的日期层次，能够提供不同日期层次路径的数据分析视角。

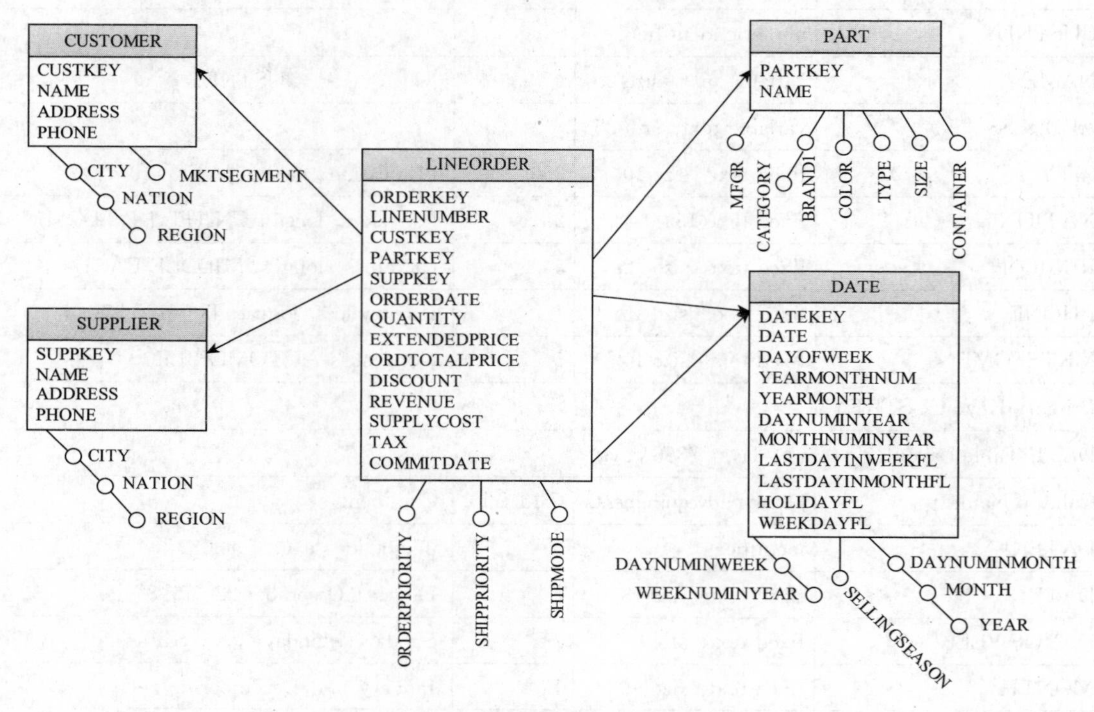

图 4—40　SSB 模式及层次结构

2. SSB 查询特点

SSB 查询相对于 TPC-H 查询更加符合数据仓库多维分析处理的特点，13 个查询分为四组，分别面向一维、二维、三维和四维分析处理任务，对应典型的多维切块操作，每组查询中选择率由高到低，模拟多维分析中的上卷、下钻操作，分别测试数据库在不同复杂度的查询命令、不同的数据集大小下的查询处理性能。具体的 SSB 查询命令参见本书第 2 章表 2—7。

SSB 查询的 FF（Filter Factor，过滤因子或选择率）如表 4—4 所示。在数据库的关系操作中，查询的性能受选择率、分组属性宽度、连接表大小等因素影响。在 SSB 的每组查询中，选择率由高到低，在每个维上的选择率相对于 OLTP 查询负载要高很多，如1/7，6/7，1/5 等，选择率越高则哈希连接中的哈希表越大，哈希连接的代价越高，OLAP 导航式操作的特点决定了常用的上卷、下钻等多维操作通常需要在变化的选择率上执行一组查询，需要在数据库的优化技术中解决不同选择率下的性能问题。分组集大小决定了多维连接的记录需要聚合在多少个单元中，在多核以及集群并行计算中，基于可分布式聚集函数的 OLAP 查询通常采用水平分片、并行聚集、全局归并的并行 OLAP 技术，分组集的大小决定了局部聚集结果集的大小，分组集越小则局部计算结果的存储和全局归并的代价越低。SSB 查询的分组集最大值为 800，非常适合并行 OLAP 计算。

在以磁盘数据库为引擎的数据仓库系统中，实时查询处理的性能较差，通常采用物化 CUBE 的方法预先计算出不同的物化视图供 OLAP 使用。在内存计算时代，内存存储和内存计算的性能远远高于磁盘数据库系统，但在内存容量相对磁盘偏小和价格相对磁盘偏

高的情况下，通常不使用存储空间消耗极大的物化视图、索引等技术，而是通过实时计算满足用户的OLAP查询需求。在面向终端用户的OLAP中，查询结果集通常为用户可以直接查看的较小结果集，并不需要计算作为公共用户物化视图的高基数查询结果集，因此在内存OLAP应用场景中，实时计算的OLAP查询通常面向较细的粒度或层次，主要是供用户直接浏览的分组集较小的查询任务，与SSB的查询特点相似。

表4—4　　SSB查询选择率

查询	事实表选择率	维表选择率				综合选择率	结果集行数
		DATE	PART	SUPPLIER	CUSTOMER		
Q1.1	0.47＊3/11	1/7				0.019	1
Q1.2	0.2＊3/11	1/84				0.000 65	1
Q1.3	0.1＊3/11	1/364				0.000 075	1
Q2.1			1/25	1/5		1/125＝0.008 0	280
Q2.2			1/125	1/5		1/625＝0.001 6	56
Q2.3			1/1 000	1/5		1/5 000＝0.000 20	7
Q3.1		6/7		1/5	1/5	6/175＝0.034	150
Q3.2		6/7		1/25	1/25	6/4 375＝0.001 4	600
Q3.3		6/7		1/125	1/125	6/109 375＝0.000 055	24
Q3.4		1/84		1/125	1/125	1/1 312 500＝0.000 000 76	4
Q4.1			2/5	1/5	1/5	2/125＝0.016	35
Q4.2		2/7	2/5	1/5	1/5	4/875＝0.004 6	100
Q4.3		2/7	1/25	1/25	1/5	2/21 875＝0.000 091	800

SSB查询的SQL命令能够较好地转换为MDX命令，与上层的BI应用更好地衔接。

小结

数据仓库是结构化大数据以分析处理为主的数据库技术，可以做以数据库为基础平台的结构化大数据分析处理应用平台，是多维分析OLAP和商业智能BI的基础平台。相对于通用的数据库技术，数据仓库具有自身的特点，更加强调面向主题的数据组织与存储优化技术。与SQL关系操作对应，OLAP是数据仓库上的多维操作，其语义对应多维数据集上的上卷、下钻、切片、切块、旋转等操作。OLAP的实现技术包括基于关系数据库操作的ROLAP和基于多维数据存储模型的MOLAP以及结合ROLAP和MOLAP的HOLAP技术等，从当前大数据分析处理技术的发展趋势来看，基于关系操作的ROLAP在大数据处理时具有更好的存储效率因而得到广泛的应用。

企业数据仓库应用十分复杂，本章以工业界和学术界普遍使用的基准（TPC-H，SSB）为例，分析企业面向决策分析的数据库的模式特点、数据特点、查询负载特点和查询实现特点，帮助读者直观了解企业级数据库应用的特点，更深入地理解数据仓库的应用

和 OLAP 查询处理技术。

参考文献

[1] 王珊，萨师煊．数据库系统概论（第五版）. 北京：高等教育出版社，2014.
[2] 王珊，李翠平，李盛恩．数据仓库与数据分析教程. 北京：高等教育出版社，2012.
[3] Meikel Poess, Bryan Smith, Lubor Kollar and Paul Larson. TPC-DS, Taking Decision Support Benchmarking to the Next Level. ACM SIGMOD. New York: ACM Press, 2002: 582 - 587.
[4] TPC Benchmark™ DS (TPC-DS): The New Decision Support Benchmark Standard. http://www.tpc.org/tpcds/default.asp, 2014 - 11 - 27.
[5] TPC-H is an ad-hoc, decision support benchmark. http://www.tpc.org/tpch/default.asp, 2014 -11 -27.
[6] Pat O'Neil, Betty O'Neil, Xuedong Chen. Star Schema Benchmark. http://www.cs.umb.edu/~poneil/StarSchemaB.PDF, 2009 - 06 - 03.
[7] http://www.mapd.com/.
[8] http://blog.sqlauthority.com/2013/10/09/big-data-buzz-words-what-is-mapreduce-day-7-of-21/.
[9] http://www.cubrid.org/blog/dev-platform/platforms-for-big-data/.
[10] http://www.oschina.net/p/facebook-presto.
[11] Azza Abouzeid, Kamil Bajda-Pawlikowski, Daniel J. Abadi, Alexander Rasin, Avi Silberschatz: HadoopDB: An Architectural Hybrid of MapReduce and DBMS Technologies for Analytical Workloads. PVLDB 2 (1): 922 - 933 (2009).
[12] http://hadapt.com/product/.
[13] http://rationalintelligence.com/wp_log/? p=44.
[14] http://hortonworks.com/blog/hadoop-and-the-data-warehouse-when-to-use-which/.
[15] http://blogs.sas.com/content/sascom/2014/10/13/adopting-hadoop-as-a-data-platform/.
[16] Meikel Poess, Bryan Smith, Lubor Kollar and Paul Larson, "TPC-DS, Taking Decision Support Benchmarking to the Next Level", ACM SIGMOD 2002, pp. 582 - 587.
[17] http://www.tpc.org/tpcds/default.asp.

第5章

数据仓库和 OLAP 实践案例

本章要点与学习目标

本章以 SQL Server 2012 和 Analysis Service 为基础平台，以星形模型数据集（SSB）和雪花形模型数据集（FoodMart）为例，介绍 OLAP 分析多维数据建模方法、OLAP 查询分析处理技术以及 OLAP 分析处理可视化技术等，使读者通过案例实践掌握 OLAP 完整的设计、配置与应用过程，学习使用数据库和 OLAP 分析平台对企业级数据进行分析处理的技能。

本章的学习目标是为企业级数据库 SSB 和 FoodMart 创建多维数据模型，在 Analysis Service 中创建多维分析模型，掌握事实表与维表的创建方法，掌握度量属性的设计、维层次的设计，掌握多维分析处理技术，掌握基于 Excel 数据透视表的多维数据分析和可视化技术。

第1节　基于 SSB 数据库的 OLAP 案例实践

SSB①（Star Schema Benchmark，星形模式基准）是当前学术界广泛采用的数据仓库存储模型，它是由一个事实表和四个维表构成的星形存储结构，并且附加了四个查询模板，13 个典型的 OLAP 查询任务，每个查询模板中有 3～4 个相似的查询，选择率由高到低，可以模拟多维数据的上卷、下钻操作，可以作为 OLAP 性能分析的基准，也是数据仓库典型的应用案例。

本节以 SSB 数据集为例，基于 Microsoft Analysis Service 平台，通过应用案例介绍数据仓库的模式设计，多维数据集的创建方法，构建维度和度量，进行多维分析处理以及多维数据分析处理的数据可视化技术。

一、分析数据库中的多维数据集

1. 模式结构分析

查询数据库 SSB 中的多维数据集对应的 lineorder，customer，supplier，date，part

① http：//www.cs.umb.edu/～poneil/StarSchemaB.PDF.

表是否完备。在“数据库关系图”中新建关系图，选择对应的表生成数据库关系图。

SSB数据库以lineorder表为中心，通过外键与customer，supplier，date，part表构成一个逻辑的星形结构，由customer，supplier，date，part表构成一个四维的事实数据空间。在数据库中体现为事实表通过外键与各个维表建立参照完整性引用关系。

如图5—1所示，如果五个表在关系图中存在连接的边，则说明多维数据集的事实表和四个维表之间的参照引用关系已建立。若关系图中存在不连接的边，则检查事实表lineorder中的外键是否已定义（图5—1中黑色虚线框内为定义的四个外键），若无则通过alter table命令为事实表创建与各维表之间的外键约束。

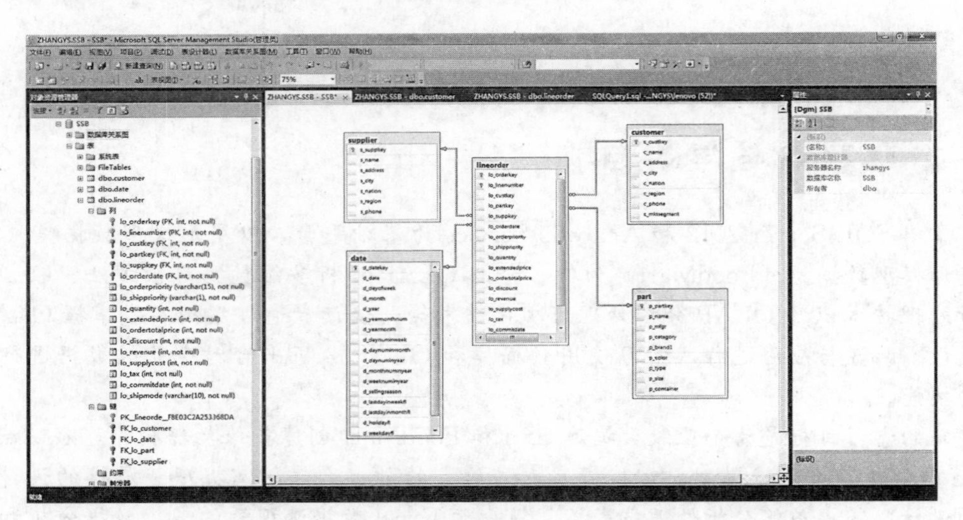

图5—1

```
alter table lineorder add constraint fk_lineorder_customer
    foreign key (lo_custkey) references customer(c_custkey);
alter table lineorder add constraint fk_lineorder_part
    foreign key (lo_partkey) references part(p_partkey);
alter table lineorder add constraint fk_lineorder_supplier
    foreign key (lo_suppkey) references supplier(s_suppkey);
alter table lineorder add constraint fk_lineorder_date
    foreign key(lo_orderdate) references date(d_datekey);
```

多维数据集中各维表应该创建主键，事实表中创建外键，事实表通过外键与维表形成多维数据关系。

2. 维层次结构分析

星形模式为简化数据库结构，维表中的层次属性通常不进行3NF分解，而是物化在一个统一的维表中，这样维表中的属性之间存在传递依赖关系，是构建维层次的基础。

Customer维表中的属性c_city，c_nation，c_region在语义上为传递依赖关系，构成c_custkey→c_city→c_nation→c_region层次。Supplier维表具有类似的层次：s_suppkey→s_city→s_nation→s_region。维表part的属性中没有明显的语义层次（见图5—2），需要通过进一步验证找到属性之间的函数依赖关系，确定维层次结构。

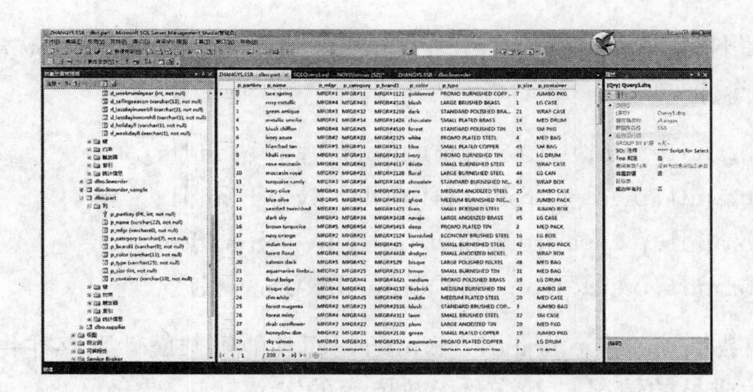

图 5—2

首先，通过下面的 SQL 命令计算出候选维属性中成员的个数。

```
select count(distinct p_brand1)
    as brand, count(distinct p_mfgr)
    as mfgr, count(distinct p_category)
    as category, count(distinct p_color)
    as color, count(distinct p_type)
    as type,  count(distinct p_size) as size from part;
```

结果如图 5—3 所示。

	brand	mfgr	category	color	type	size
1	1000	5	25	92	150	50

图 5—3

然后，对可能具有函数依赖关系的属性进行验证。p_brand1 与 p_category 可能存在函数依赖关系，则下面 SQL 命令验证了每一个 p_brand1 成员唯一确定一个 p_category 成员，满足函数依赖关系 p_brand1→p_category。

```
select distinct p_brand1, p_category from part order by p_brand1;
select distinct p_brand1 from part order by p_brand1;
```

结果见图 5—4。

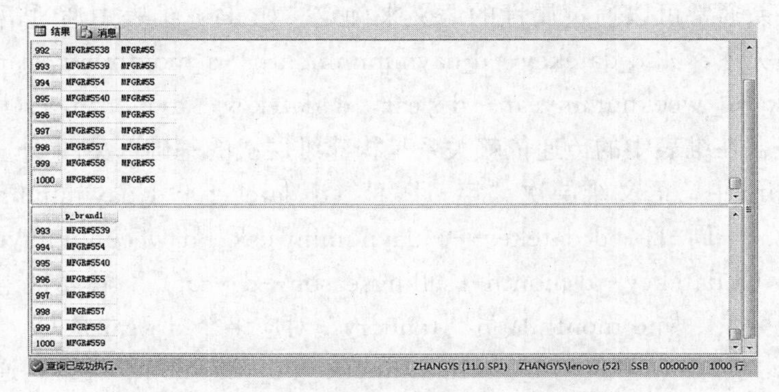

图 5—4

对候选层次属性 p_brand1－p_mfgr，p_brand1－p_color，p_brand1－p_type，p_brand1-p_size 进行验证。

```
select distinct p_brand1, p_mfgr from part order by p_brand1;
select distinct p_brand1, p_color from part order by p_brand1;
select distinct p_brand1, p_type from part order by p_brand1;
select distinct p_brand1, p_size from part order by p_brand1;
```

其中，存在函数依赖关系 p_brand1→p_mfgr，而其他候选属性则存在一个 p_brand1 成员对应多个其他属性成员的情况，不符合函数依赖的定义。

结果见图 5—5。

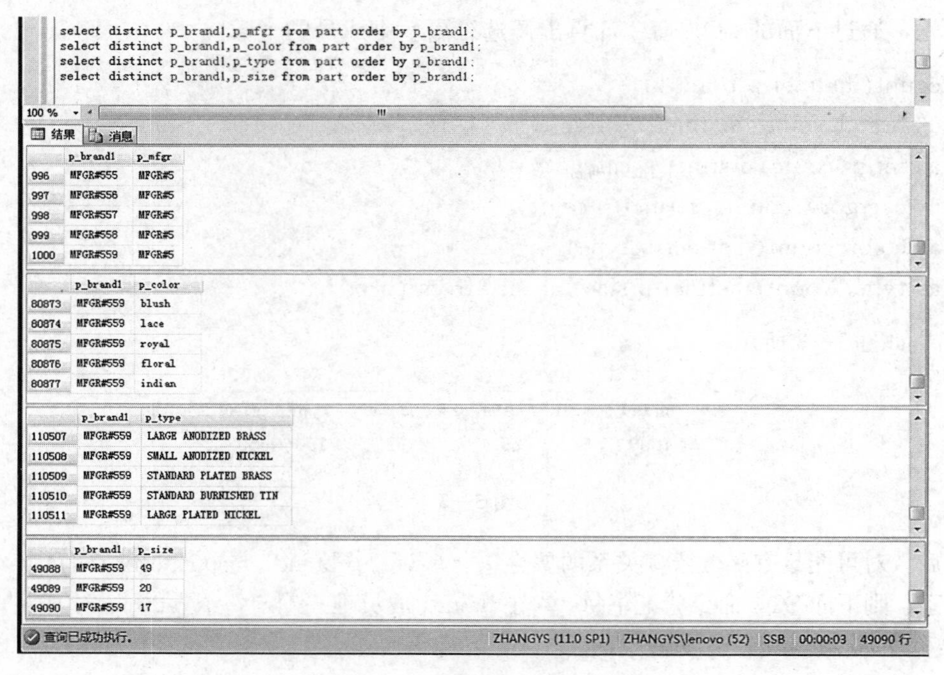

图 5—5

经过进一步对 part 维表属性间的验证，发现存在函数依赖关系 p_category→p_mfgr。

因此，维表 part 中的维层次为 p_partkey→p_brand1→p_category→p_mfgr。

传递依赖关系通常可以通过属性的语义来确定。如 date 维表中通过语义分析可以确定一些传递依赖关系，如 d_datekey→d_daynuminmonth→d_month→d_year，d_datekey→d_daynuminweek→d_weeknuminyear→d_year，d_datekey→d_month→sellingseason→d_year 等。这些包含在维表中的传递依赖关系是构建维层次的基础（见图 5—6）。

在日期维 date 中，语义维层次“年-月-日（d_datekey→d_daynuminmonth→d_month→d_year）”“年-周-日（d_datekey→d_daynuminweek→d_weeknuminyear→d_year）”“年-季节-月-日（d_datekey→d_month→sellingseason→d_year）”各属性组之间并不具有严格的函数依赖关系，如 d_month 成员“January”对应多个 d_year 成员。在 date 维表属性中，d_datekey 与 d_date 等价，d_yearmonthnum 与 d_yearmonth 等价，通过函数依赖关系确定的维层次为：d_datekey/d_date→d_yearmonthnum/d_yearmonth→d_year。但由于

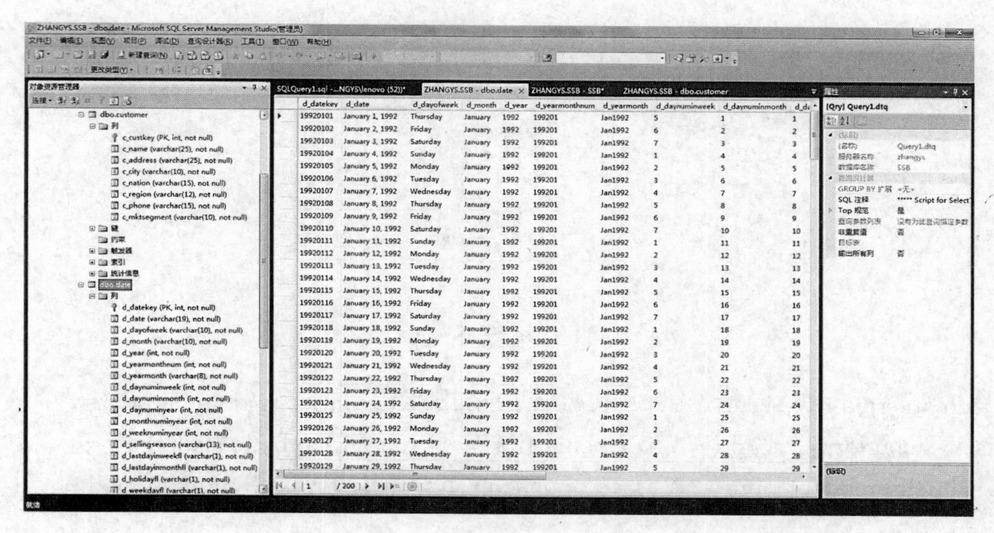

图 5—6

日期维的特殊性，我们在进行月度、季节或周统计时往往需要跨年度的统计方式，因此 date 维中的语义维层次比函数依赖维层次具有更多的应用需求。

日期维 date 中的维属性 d_lastdayinweekfl，d_lastdayinmonthfl，d_holidayfl，d_weekdayfl 为状态属性（取值为 0 和 1），标识日期是否为周末、月末、假日、工作日，对日期类别进一步划分，对于分析假日经济、周末经济等主题具有良好的支持。

3. 事实表结构分析

通过 lineorder 表示例数据可以看到，lo_discount 和 lo_tax 分别表示折扣和税率，采用整数类型数据（见图 5—7），而在查询处理时需要转换为小数型数据。

	lo_orderkey	lo_linenumber	lo_orderpriority	lo_shippriority	lo_discount	lo_tax	lo_shipmode
1	1	1	5-LOW	0	4	2	TRUCK
2	1	2	5-LOW	0	9	6	MAIL
3	1	3	5-LOW	0	10	2	REG AIR
4	1	4	5-LOW	0	9	6	AIR
5	1	5	5-LOW	0	10	4	FOB
6	1	6	5-LOW	0	7	2	MAIL

图 5—7

在查询执行时需要通过数据转换函数 CONVERT 将原始的整型数据转换为浮点型数据参与计算。

```
select lo_discount, convert(float, lo_discount)/100 as lo_discounting,
       lo_tax, convert(float, lo_tax)/100 as lo_taxing
from lineorder;
```

结果见图 5—8。

在 OLAP 分析处理时，维属性成员的数量及维属性成员取值的分布情况是多维操作的重要信息。通过下面的分组聚集 SQL 命令可以统计事实表中退化维度属性 lo_orderpriority，lo_shippriority，lo_shipmode 取值的分布情况，利用同样的方法可以分析维表各维属性取值分布情况。

```
select lo_discount, convert(float, lo_discount)/100 as lo_discounting,
       lo_tax, convert(float, lo_tax)/100 as lo_taxing
from lineorder;
```

100 %

结果 | 消息

	lo_discount	lo_discounting	lo_tax	lo_taxing
1	4	0.04	2	0.02
2	9	0.09	6	0.06
3	10	0.1	2	0.02
4	9	0.09	6	0.06
5	10	0.1	4	0.04
6	7	0.07	2	0.02

图 5—8

```
select lo_orderpriority, count( * ) as amount from lineorder group by lo_orderpriority;
select lo_shippriority, count( * ) as amount from lineorder group by lo_shippriority;
select lo_shipmode, count( * ) as amount from lineorder group by lo_shipmode;
```

结果见图 5—9。

```
select lo_orderpriority, count(*) as amount from lineorder group by lo_orderpriority;
select lo_shippriority, count(*) as amount from lineorder group by lo_shippriority;
select lo_shipmode, count(*) as amount from lineorder group by lo_shipmode;
```

100 %

结果 | 消息

	lo_orderpriority	amount
1	1-URGENT	1201581
2	2-HIGH	1202490
3	3-MEDIUM	1194959
4	4-NOT SPECI	1199524
5	5-LOW	1202661

	lo_shippriority	amount
1	0	6001215

	lo_shipmode	amount
1	AIR	858104
2	FOB	857324
3	MAIL	857401
4	RAIL	856484
5	REG AIR	856868
6	SHIP	858036
7	TRUCK	856998

查询已成功执行。 ZHANGYS (11.0 SP1) ZHANGYS\lenovo (52) SSB 00:00:05 13 行

图 5—9

二、创建 Analysis Service 数据源

为数据库 SSB 创建 Analysis Service 项目。从开始菜单的 Microsoft SQL Server 2012 程序组中执行 SQL Server Data Tools，启动项目管理（见图 5—10）。

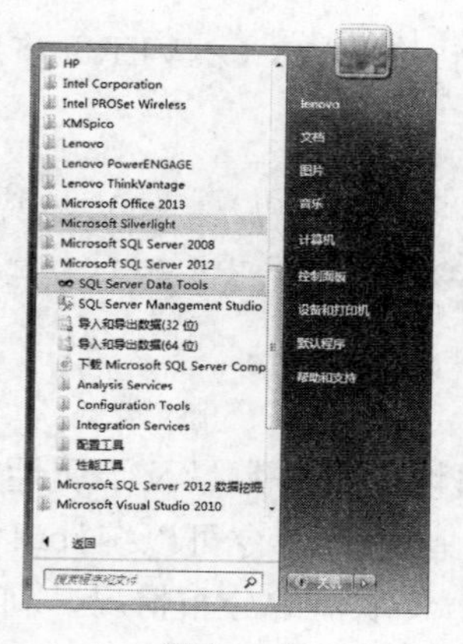

图 5—10

在 Microsoft Visual Studio 管理窗口中执行“新建项目”命令，在新建项目对话框中选择“Analysis Service 多维和数据挖掘项目”，输入项目名称 SSB（见图 5—11）。

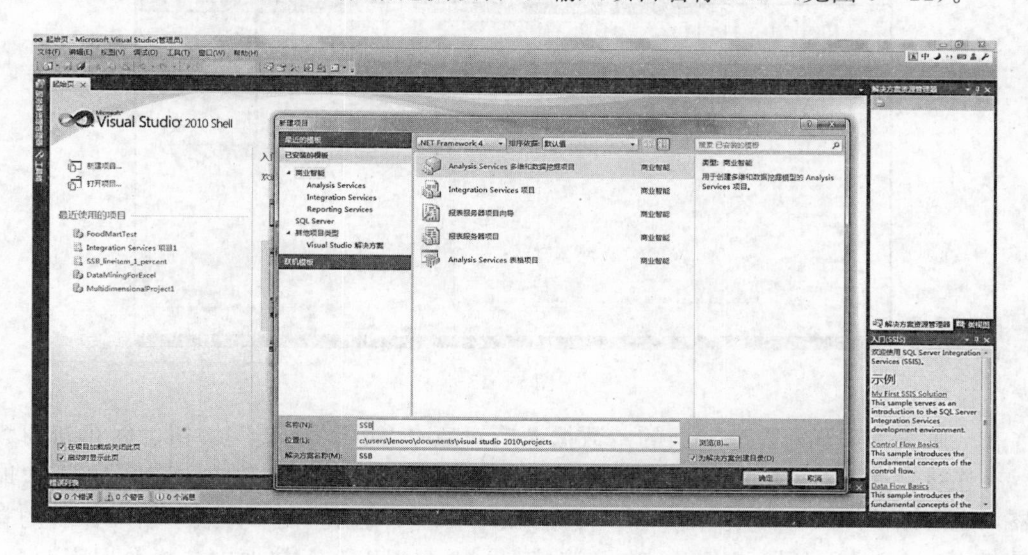

图 5—11

在创建的 SSB 多维数据项目窗口右侧的“解决方案资源管理器”窗口中显示 SSB 项目目录，需要分别配置“数据源”“数据源视图”“多维数据集”“维度”。

在数据源上单击右键，选择“新建数据源”，在数据源向导中单击“下一步”进入数据源设置界面（见图 5—12）。

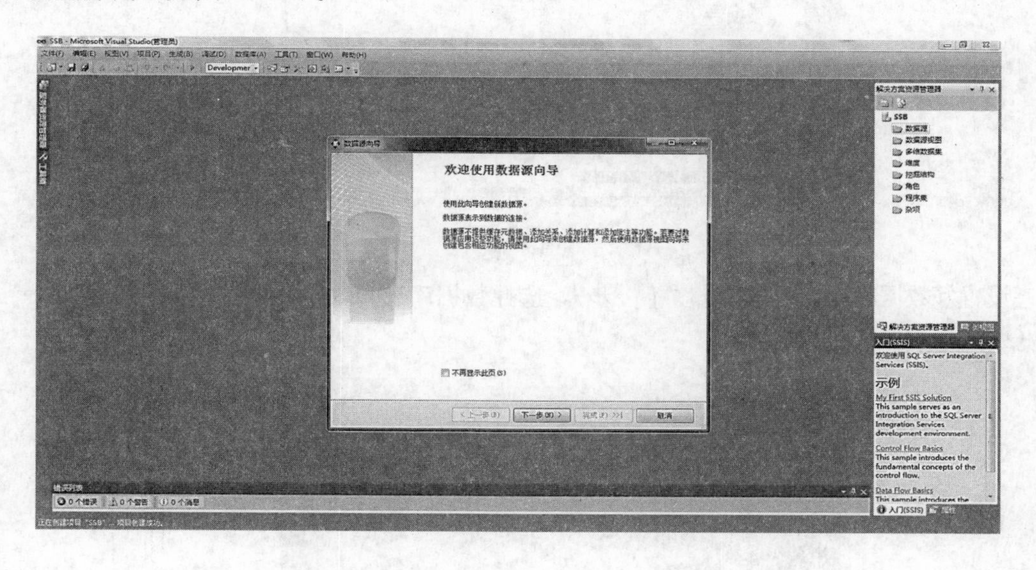

图 5—12

在 SQL Server Management Studio 中数据库安全性的登录名对象中增加账户 sqlserver2012，在数据库 SSB 对象上单击右键属性命令，在文件选择页中增加“所有者”，通过“浏览”按钮查找账户对象，选择 sqlserver2012 用户，使 sqlserver2012 成为数据库 SSB 的所有者（见图 5—13）。

图 5—13

在“解决方案资源管理器”的“数据源”对象上单击“新建”按钮，创建新的数据源。在连接管理器对话框中选择数据库所在的服务器名（可以使用 localhost 表示本地服务器，也可以使用服务器全名），在“使用 SQL Server 身份验证”方式下输入 SSB 的有效登录名“sqlserver2012”和密码，在“连接到一个数据库”下拉框中选择数据库源 SSB，可以通过“测试连接”按钮测试数据库连接是否正常（见图 5—14）。

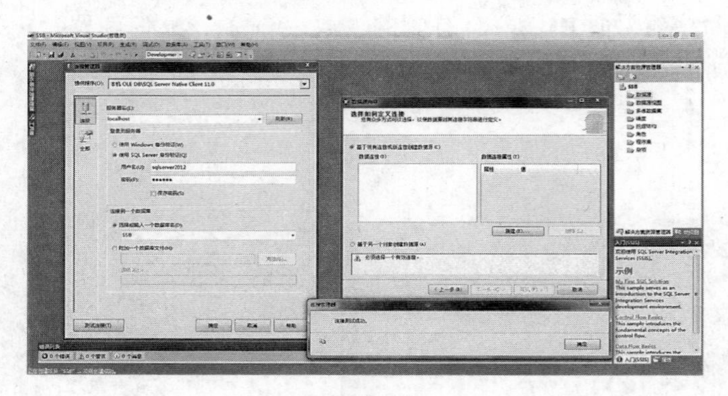

图 5—14

设置好数据库连接后，单击“下一步”，选择数据库连接账户，选择“使用服务账户”选项（见图 5—15）。

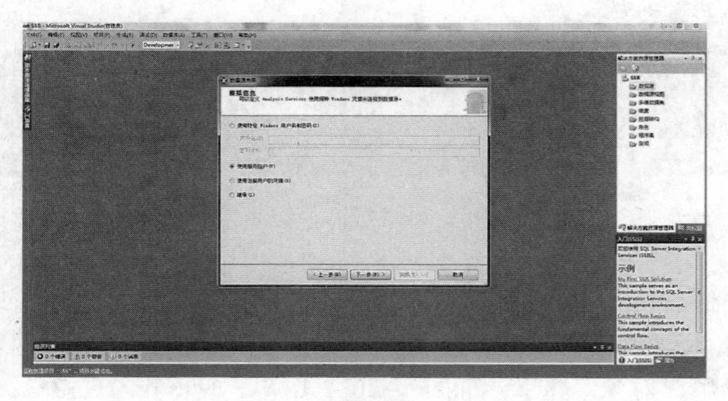

图 5—15

设置数据源名称。连接字符串中包含服务器名、用户名、数据库名等连接元数据（见图 5—16）。

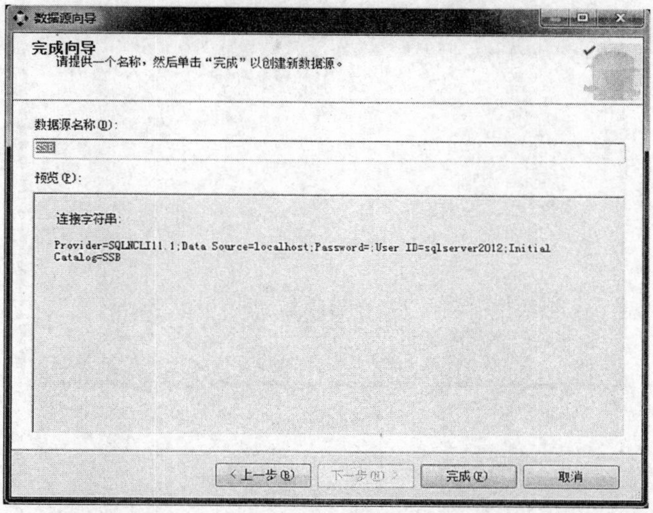

数据源向导

完成向导

请提供一个名称，然后单击“完成”以创建新数据源。

数据源名称(D)：

SSB

预览(P)：

连接字符串：

Provider=SQLNCLI11.1;Data Source=localhost;Password=;User ID=sqlserver2012;Initial Catalog=SSB

< 上一步(B)　下一步(N) >　完成(F)　取消

图 5—16

完成后，解决方案资源管理器窗口中显示所创建的数据源图标。双击查看数据库源属性，在“常规”选项卡中可以编辑数据库连接元数据，在“模拟信息”中可以修改账户元数据（见图 5—17）。

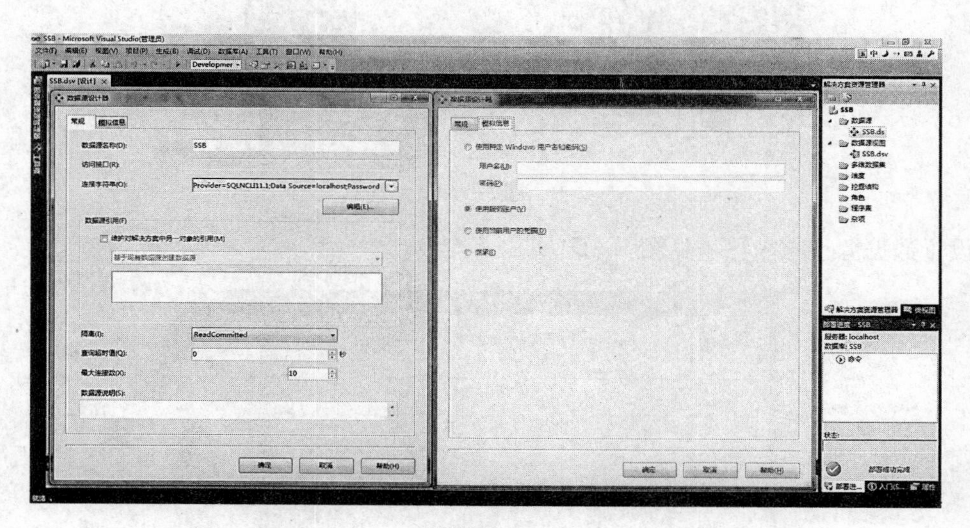

图 5—17

创建数据库源对象后建立了 Analysis Service 与数据库的连接，建立数据库与 OLAP 服务器之间的数据通道。

三、创建数据源视图

在数据源视图上单击右键，选择新建数据源视图，通过数据库源视图向导配置数据源视图。确定数据源后单击“下一步”（见图 5—18）。

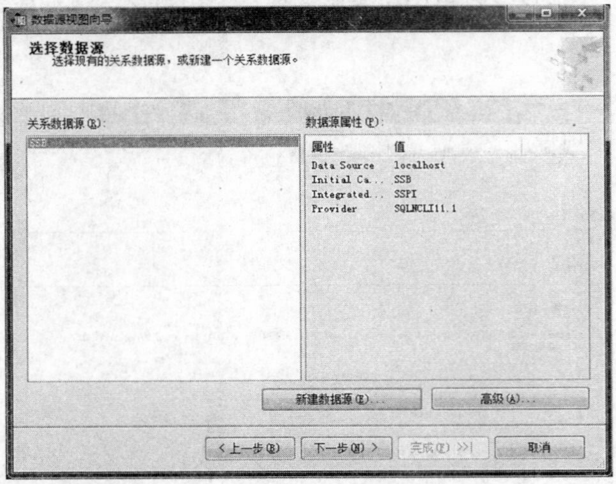

图 5—18

选择多维数据集对应的事实表和各个维表（见图 5—19）。

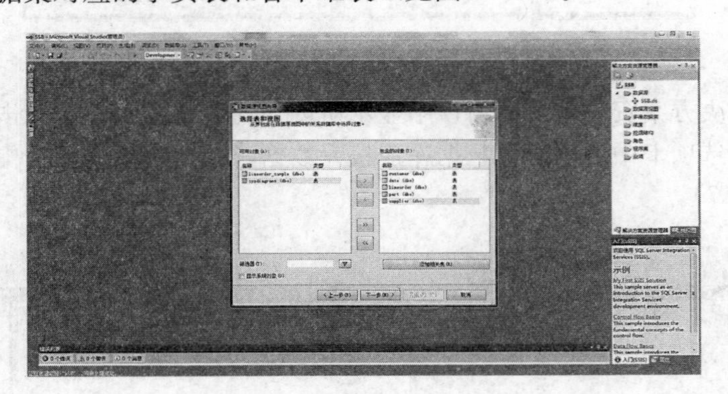

图 5—19

设置数据源视图名称（见图 5—20）。

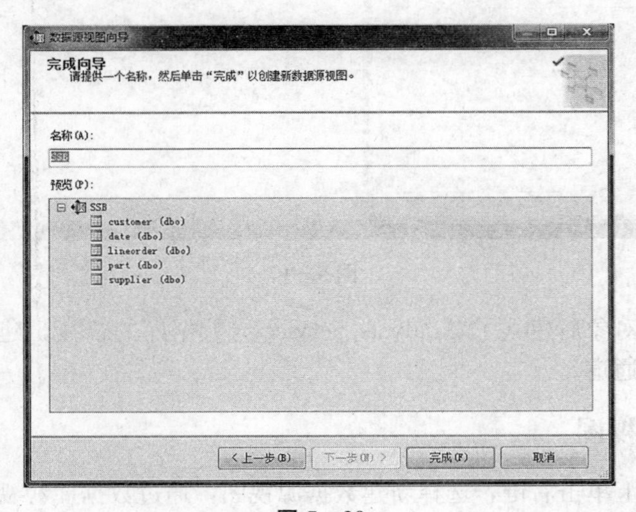

图 5—20

完成后解决方案资源管理器窗口显示数据源视图图标，并自动打开数据源视图窗口。在表窗口中显示数据源中包含的表及表间关系，数据库中建立好的多维数据集主-外键约束关系显示为星形结构。图 5—21 左侧虚线窗口中 lineorder 表中包含各个列属性和主键信息，在关系中显示了 lineorder 外键引用的维表，如与 customer 表通过外键 lo_custkey 与 customer 表的 c_custkey 构成参照引用关系。

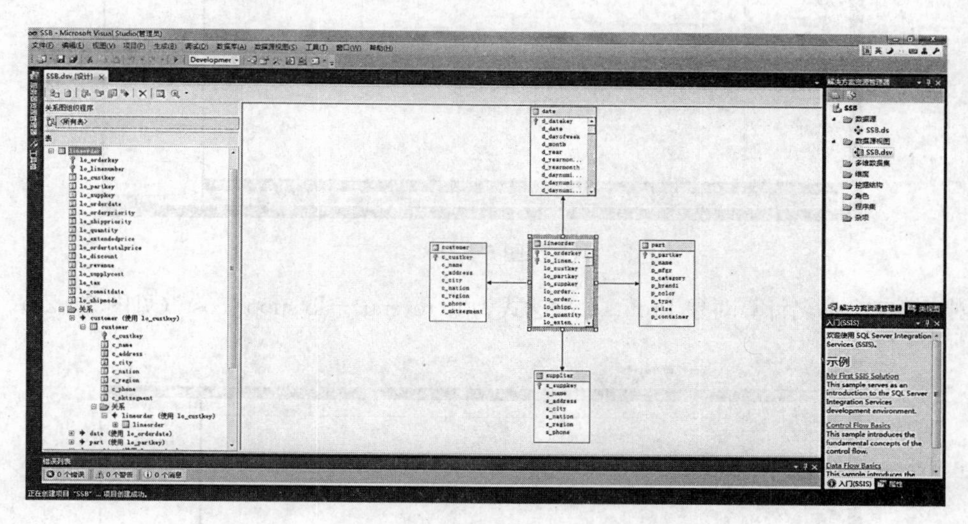

图 5—21

在 SSB 查询中使用聚集表达式 sum（lo_extendedprice * lo_discount）和 sum（lo_revenue - lo_supplycost），在数据源视图中可以为其定义命名计算来定义聚集表达式。

在数据源视图的“表”窗口 lineorder 表上单击右键，执行“新建命名计算”命令，为聚集表达式创建命令计算对象（见图 5—22）。

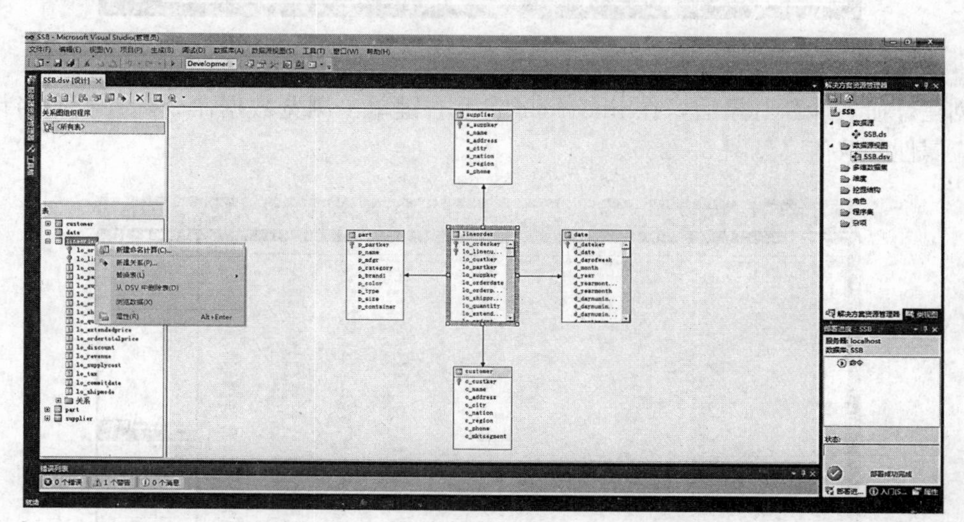

图 5—22

创建第一个命名计算对象 DiscountedPrice，原始数据中 lo_discounto 为整型数据，在此通过数据类型转换函数转换为浮点数，表达式为 lo_extendedprice * convert（float，lo_discount）/100（见图 5—23）。

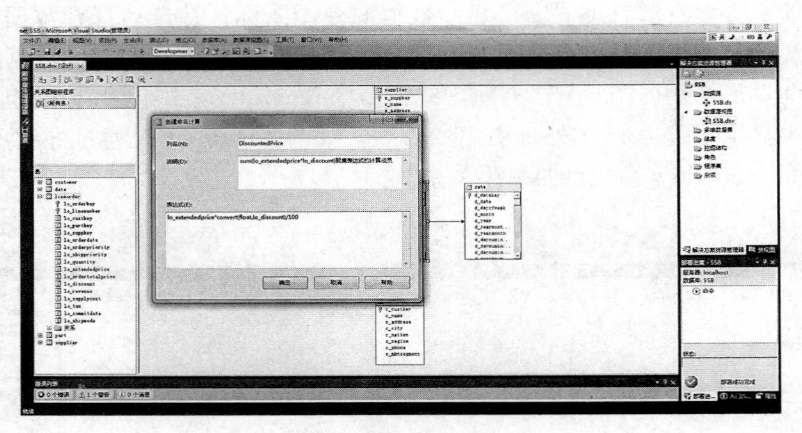

图 5—23

创建第二个命名计算对象 Profits，表达式为 lo_revenue—lo_supplycost（见图 5—24）。

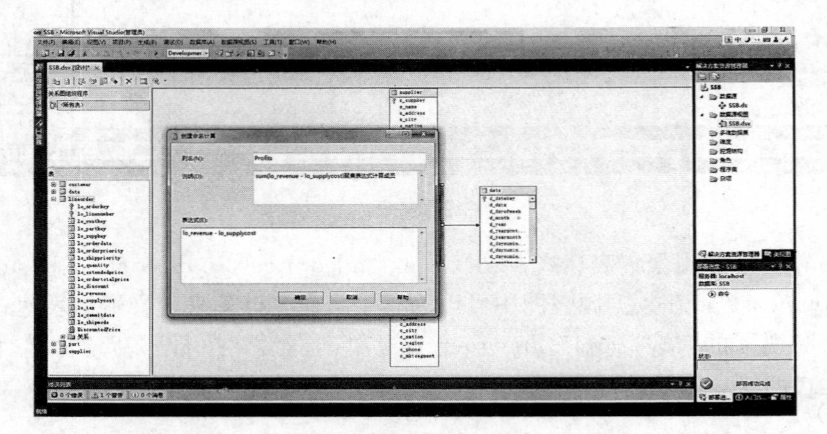

图 5—24

创建好命名计算对象后，在 lineorder 表上右键单击浏览数据命令，查看命名计算对象对应属性的取值（见图 5—25）。

iority	lo_shippriority	lo_quantity	lo_extendedprice	lo_ordertotalprice	lo_discount	lo_revenue	lo_supplycost	lo_tax	lo_commitdate	lo_shipmode	DiscountedPrice	Profits
	0	17	2116823	17366547	4	2032150	74711	2	19960212	TRUCK	84672.92	1957439
	0	36	4598316	17366547	9	4184467	76638	6	19960228	MAIL	413848.44	4107829
	0	8	1330960	17366547	10	1197864	99822	2	19960305	REG AIR	133096	1098042
	0	28	2895564	17366547	9	2634963	62047	6	19960330	AIR	260600.76	2572916
	0	24	2282448	17366547	10	2054203	57061	4	19960314	FOB	228244.8	1997142
	0	32	4962016	17366547	7	4614674	93037	2	19960207	MAIL	347341.12	4521637
	0	38	4469446	4692918	0	4469446	70570	5	19970114	RAIL	0	4398876
	0	45	5405805	19384625	6	5081456	72077	0	19940104	AIR	324348.3	5009379
	0	49	4679647	19384625	10	4211682	57301	0	19931220	RAIL	467964.7	4154381
	0	27	3989088	19384625	6	3749742	88646	7	19931122	SHIP	239345.28	3661096
	0	2	261876	19384625	1	259257	78562	6	19940107	TRUCK	2618.76	180695
	0	28	3298652	19384625	4	3166705	70685	0	19940110	FOB	131946.08	3096020
	0	26	2873364	19384625	10	2586027	66308	2	19931218	RAIL	287336.4	2519719
	0	30	3069090	3215178	3	2977017	61381	8	19951214	REG AIR	92072.7	2915636
	0	15	2367855	14465920	2	2320497	94714	4	19940831	AIR	47357.1	2225783
	0	26	5072392	14465920	7	4717324	117055	8	19940925	FOB	355067.44	4600269
	0	50	7342650	14465920	8	6755238	88111	3	19941013	AIR	587412	6667127
CI	0	0	0	0	8	0	100537	3	19920515	TRUCK	0	-100537
	0	12	1360860	25200418	7	1265599	68043	3	19960313	FOB	95260.2	1197556
	0	9	1159416	25200418	8	1066662	77294	8	19960302	SHIP	92753.28	989368
	0	46	8163988	25200418	10	7347589	106486	7	19960327	MAIL	816398.8	7241103
	0	28	3180996	25200418	3	3085566	68164	4	19960408	FOB	95429.88	3017402
	0	38	7394382	25200418	8	6802831	116753	1	19960224	TRUCK	591550.56	6686078
	0	35	4305875	25200418	6	4047522	73815	3	19960223	FOB	258352.5	3973707
	0	5	647615	25200418	4	621710	77713	2	19960326	FOB	25904.6	543997
	0	28	4722760	20866075	5	4486622	101202	8	19950827	TRUCK	236138	4385420

图 5—25

与数据库端 SQL 命令表达式的值对照，确认命名计算对象正确无误（见图 5—26）。

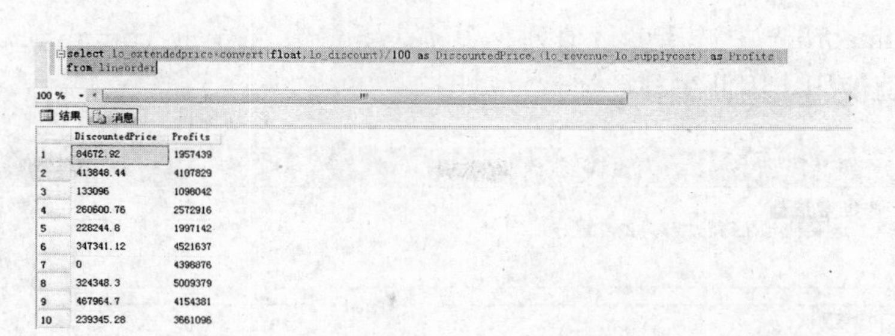

图 5—26

创建数据源视图后就可以通过数据源视图创建多维数据集，多维数据集需要的计算属性需要在数据源视图中以命名计算的方式进行定义。

四、创建多维数据集

在多维数据集图标上单击右键，选择新建多维数据集，通过多维数据集向导配置多维数据集。选择使用现有表创建多维数据集（见图 5—27）。

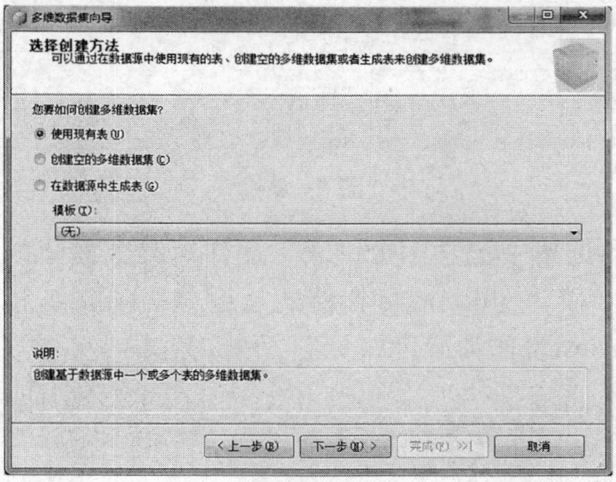

图 5—27

在“选择度量值组表”对话框中单击包含度量属性列的事实表 lineorder，指定多维数据集度量值所在的事实表（见图 5—28）。

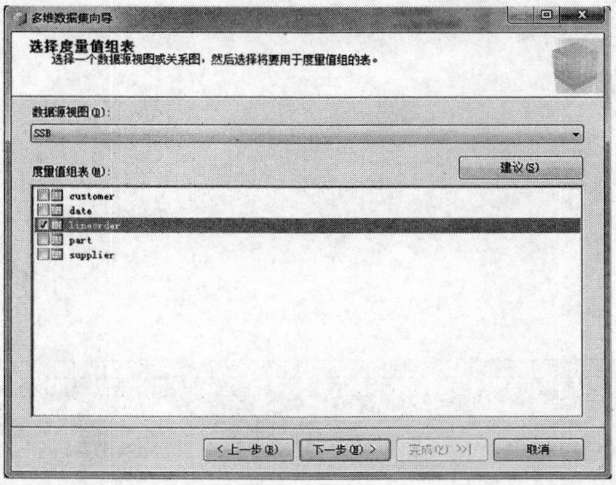

图 5—28

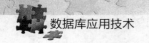

在事实表 lineorder 中选择度量值列。事实表 lineorder 中 lo_commitdate 为日期属性，不可作为度量值使用，因此去掉此属性（见图 5—29）。

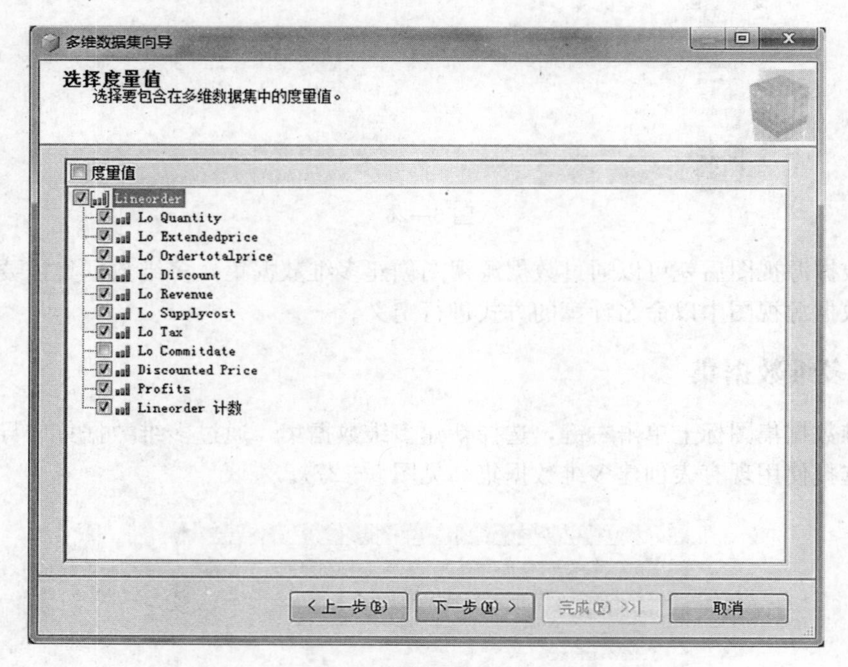

图 5—29

选择新维度。多维数据集中包含四个维表，用作多维数据集的四个维度，lineorder 表中的属性 lo_orderpriority 和 lo_shipmode 存储的是订单的优先级和发送方式，可以用于多维分析，因此保留 lineorder 表作为维度（见图 5—30）。

多维数据集向导
选择新维度
选择要基于可用表创建的新维度。
维度
Customer
customer
Part
part
Date
date
Supplier
supplier
Lineorder
lineorder
< 上一步(B)
下一步(N) >
完成(F) >>|
取消

图 5—30

在多维数据集向导预览中可见度量和维度信息，单击“完成”按钮生成多维数据集（见图 5—31）。

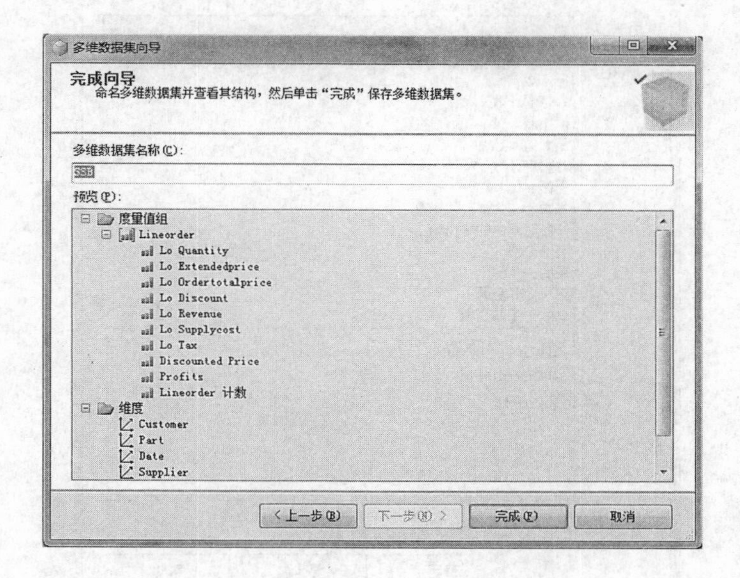

图 5—31

生成多维数据集后打开多维数据集设计视图，左侧窗口分别显示度量值和维度，中部窗口显示数据源视图。在度量表 lineorder 度量属性图标上单击右键选择“编辑度量值”命令后弹出“编辑度量值”对话框，显示系统默认设置的度量值来源的表、列及聚集计算方法（见图 5—32）。

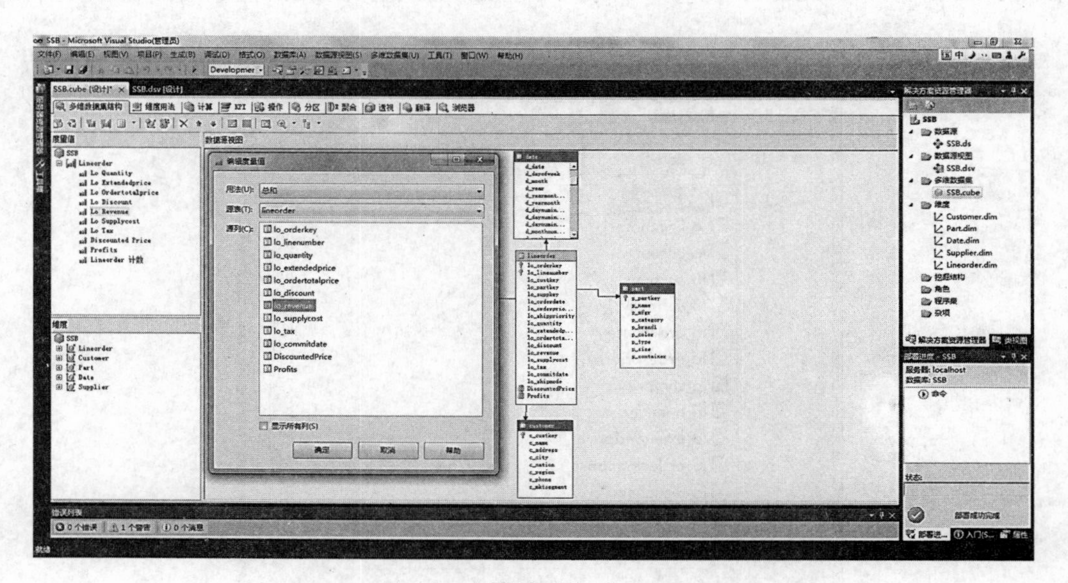

图 5—32

在编辑度量值对话框的“用法”中可以更改度量值相应的聚集函数。其中总和对应 SUM 函数，行计数对应 COUNT 函数，最小值对应 MIN 函数，最大值对应 MAX 函数，非重复计数对应 DISTINCT COUNT 函数（见图 5—33）。

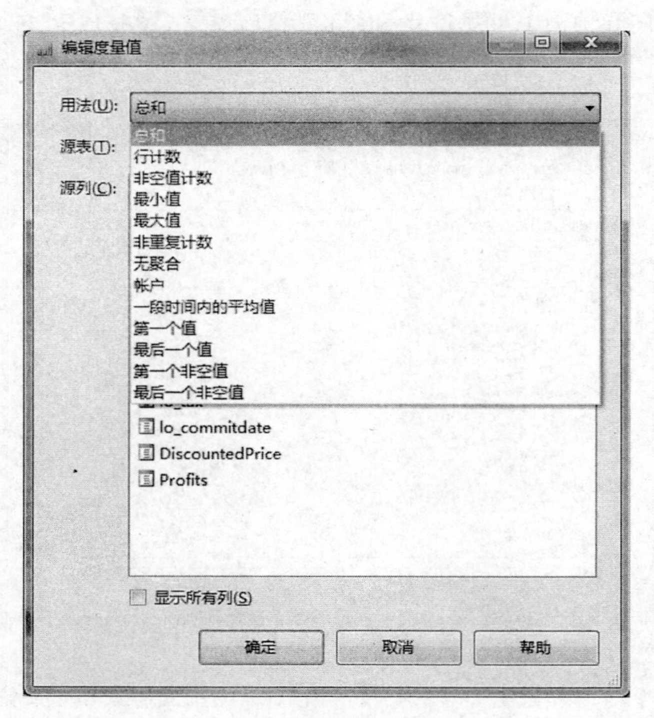

图 5—33

事实表 lineorder 行计数统计事实表中的行数，其中 lo_orderkey 存在重复值，即相同的订单下存在多个订单项，当用户要分析订单数量的分布情况时，需要对 lo_orderkey 采用非重复计数方法进行聚集计算，在此增加对 lo_orderkey 的非重复计数度量值（见图 5—34）。

图 5—34

增加后在度量值窗口中显示 lo_orderkey 的非重复计数度量列（见图 5—35）。

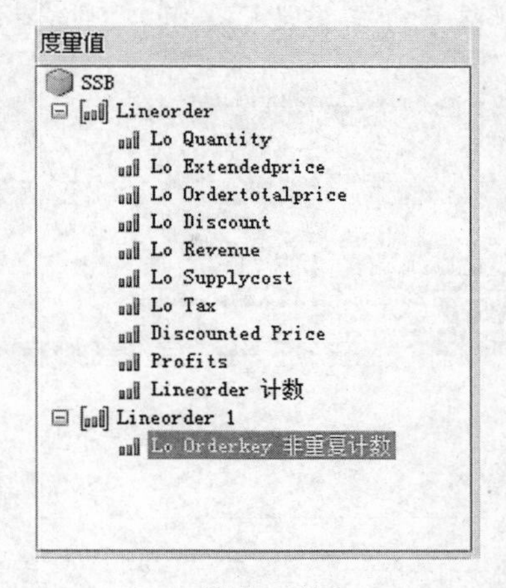

图 5—35

单击多维数据集结构标签页上的“ ”按钮，对多维数据集进行处理。在弹出的对话框中单击“是”，开始处理多维数据集（见图 5—36）。

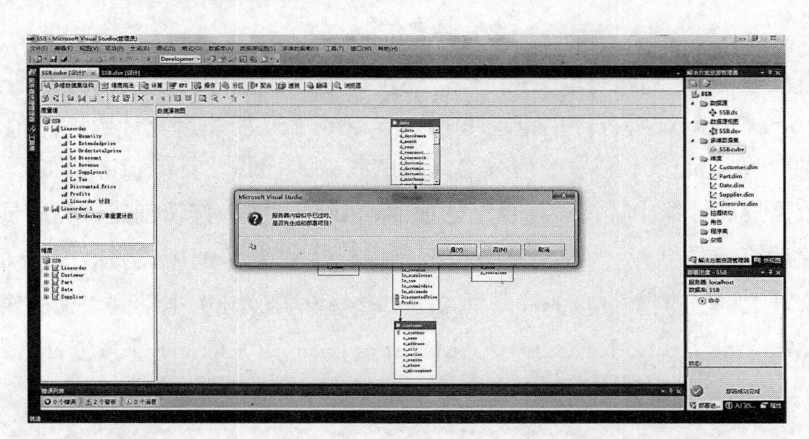

图 5—36

单击“运行”按钮，开始处理多维数据集（见图 5—37）。

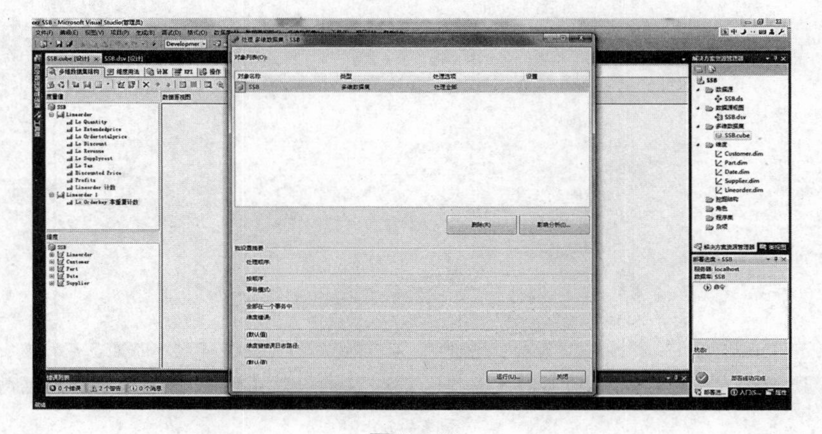

图 5—37

分别对度量值组进行处理，处理完毕后单击关闭，返回多维数据集窗口（见图 5—38）。在度量值处理过程中，需要创建多维数据分区，以加速多维查询性能。

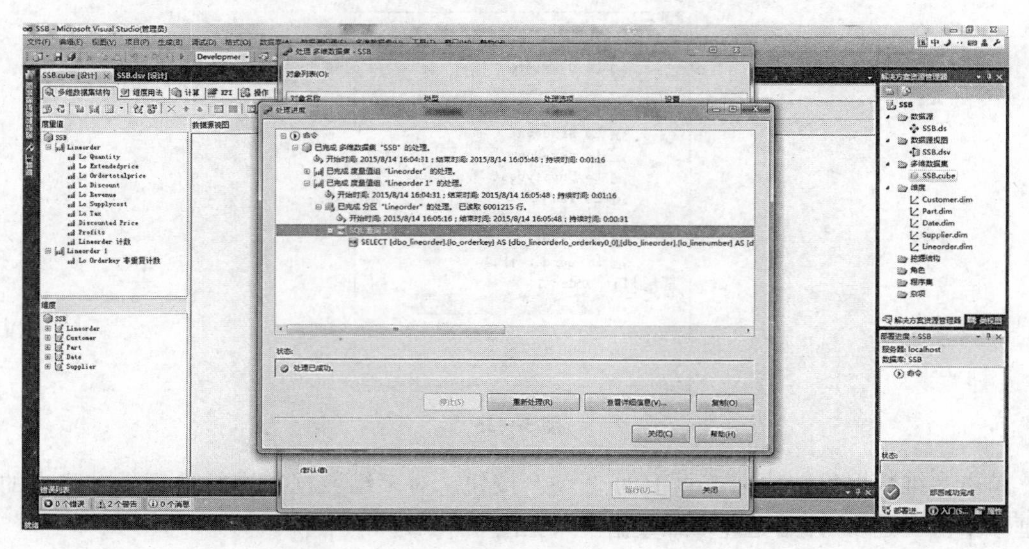

图 5—38

除了对度量列直接设置聚集方法之外，还可以通过设置计算成员的方法增加度量值。

度量值 lo_revenue 对所有订单记录求和，lo_orderkey 的非重复计数度量值计算非重复订单数量，两个度量值的比值为平均每笔订单的收益。设置计算成员方法如下：

在多维数据集设计器中选择“计算”选项卡，单击“ ”按钮创建计算成员。在计算成员窗口中设置计算成员名称“AVG_Revenue”，在表达式文本框中设置计算成员的表达式。从计算工具窗口中将度量值 Lo Revenue 和 Lo Orderkey 非重复计数 拖动到表达式窗口，并设置表达式为：[Measures]. [Lo Revenue] / [Measures]. [Lo Orderkey 非重复计数]。具体见图 5—39。

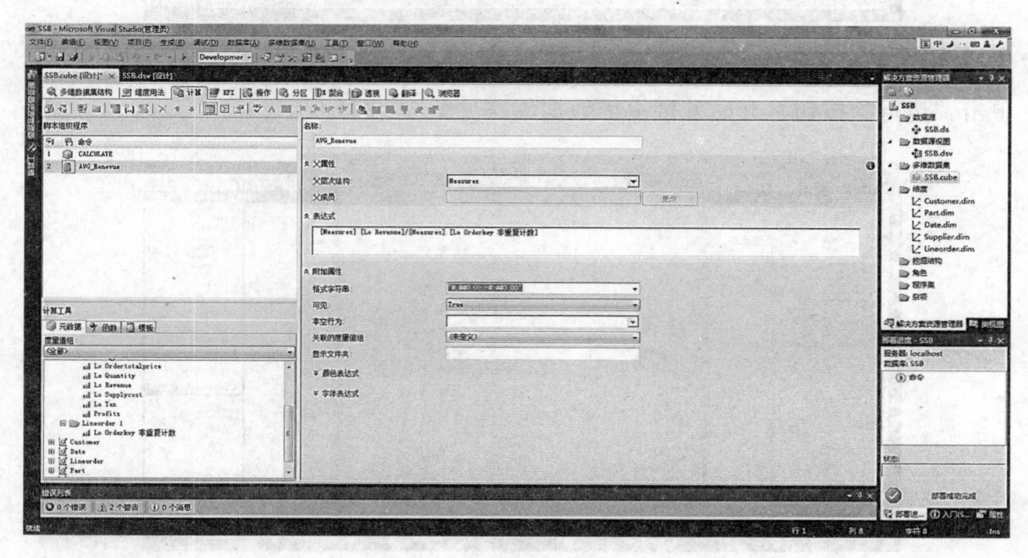

图 5—39

设置完毕后进行处理。

在多维数据集设计器中选择“浏览器”选项卡，将度量值 Lo Revenue，Lo Orderkey 非重复计数和 AVG_Revenue 拖动到浏览器度量值区域，当前显示结果为对事实表全部记录聚集计算的结果（见图5—40），可以验证，AVG_Renevue＝lo_Renevue/lo_orderkey 非重复计数。

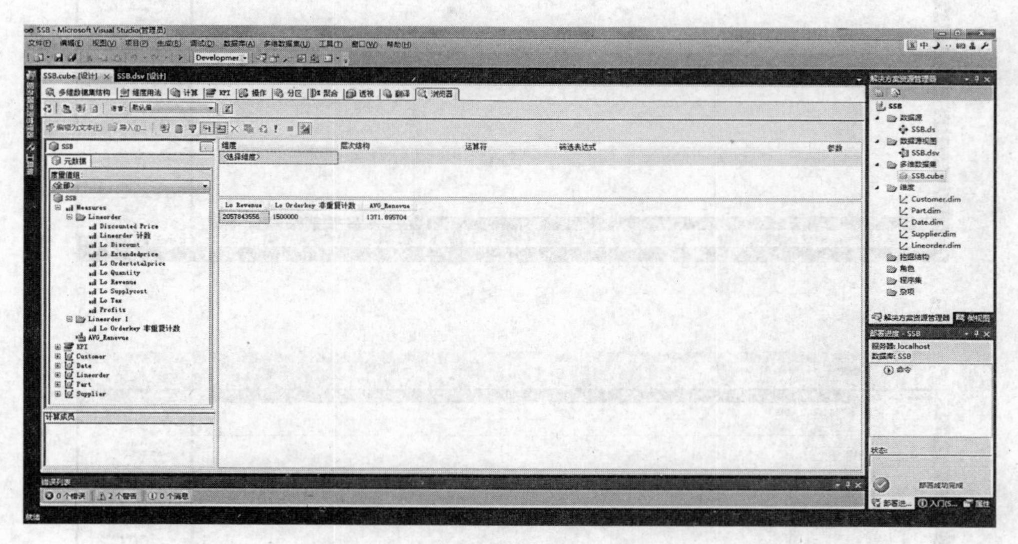

图 5—40

五、创建维度

多维数据集向导生成默认的维度，仅包含主键等维属性，需要自定义维属性及维层次。

（1）配置 customer 维度。

在右侧解决方案资源管理器中双击维度 customer，进入维度配置窗口。从右侧的数据源视图中将维层次属性 c_region，c_city，c_nation，c_Mktsegment 拖动到属性窗口中，然后在层次结构窗口中用维属性构造维层次。c_region，c_city，c_nation，c_name 具有层次关系，我们将 c_region 拖入层次结构窗口，系统生成一个维层次容器，将 c_nation 拖入容器中新级别位置，创建第二个维层，然后将 c_city 拖入新级别位置，将 c_name 拖入新级别位置，构造出 c_region－c_nation－c_city－c_name 四层结构，然后将层次结构名称改为c_RNC。维属性 c_Mktsegment 可直接从数据源视图的表中拖入“属性”窗口（见图5—41）。

维层次上黄三角内的感叹号表示当前所设置的维层次的属性间没有函数依赖关系，在多维分析中会影响性能。查看“属性关系”选项卡，初始状态下，维层次的各个属性函数依赖于主键 c_custkey，而 c_region，c_nation，c_city 和 c_name 之间没有函数依赖关系（见图5—42）。

在工具栏上单击“➔”新建属性关系，在创建属性关系对话框中选择源属性和相关属性（见图5—43）。c_region－c_nation－c_city－c_name 层次的源属性相关属性分别为：c_custkey→c_name，c_name→c_city，c_city→c_nation，c_nation→c_region。

图 5—41

图 5—42

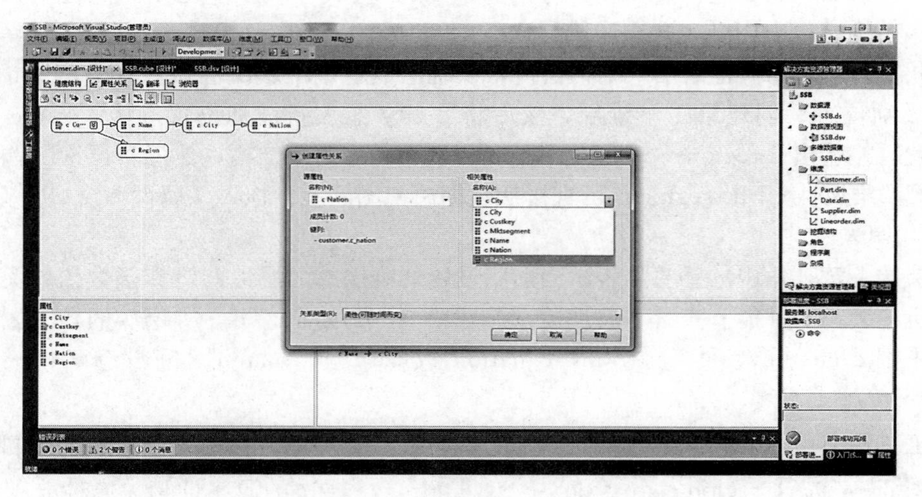

图 5—43

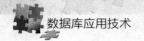

创建完属性关系后显示指定的维层次结构图，单击“![]”按钮，处理配置后的维度（见图5—44）。

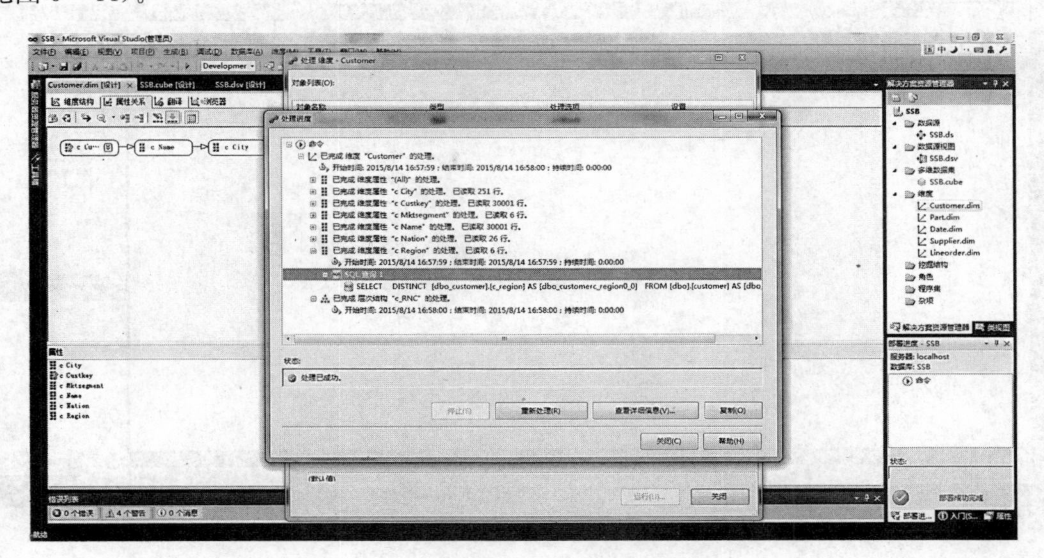

图5—44

在“浏览器”选项卡中的层次结构下拉框中选择设定的c_RNC层次，查看层次结构。图5—45中显示出树形层次结构，可以分别展开region成员、nation成员，查看city成员。

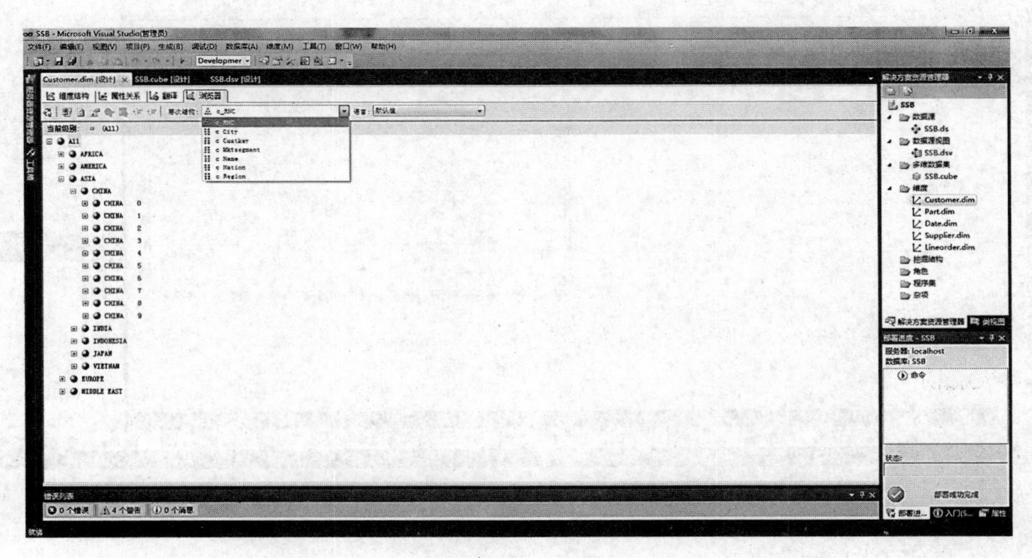

图5—45

（2）配置supplier维度。

以同样的方式配置supplier维度。在supplier维度的属性关系配置中，可以通过鼠标拖动方式设计维层次结构（见图5—46）。依次将s_name拖动到s_city图标上，将s_city拖动到s_nation图标上，将s_nation拖动到s_region图标上，创建s_name-s_city-s_nation-s_region维层次结构。配置完维层次结构后处理维度。

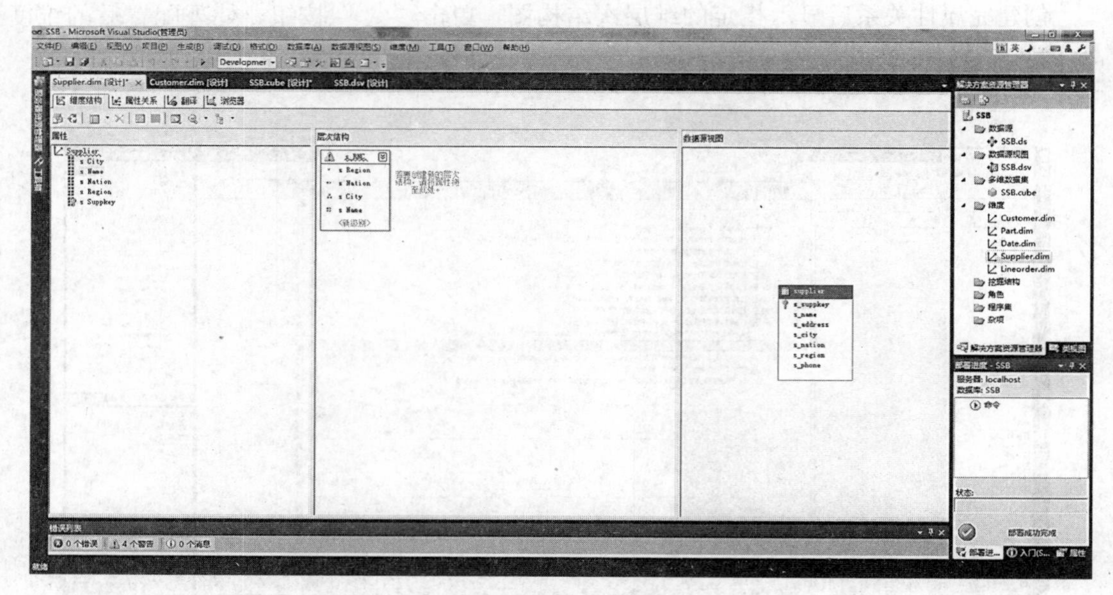

图 5—46

在“属性关系”选项卡中设置维层次属性之间的函数依赖关系（见图 5—47）。

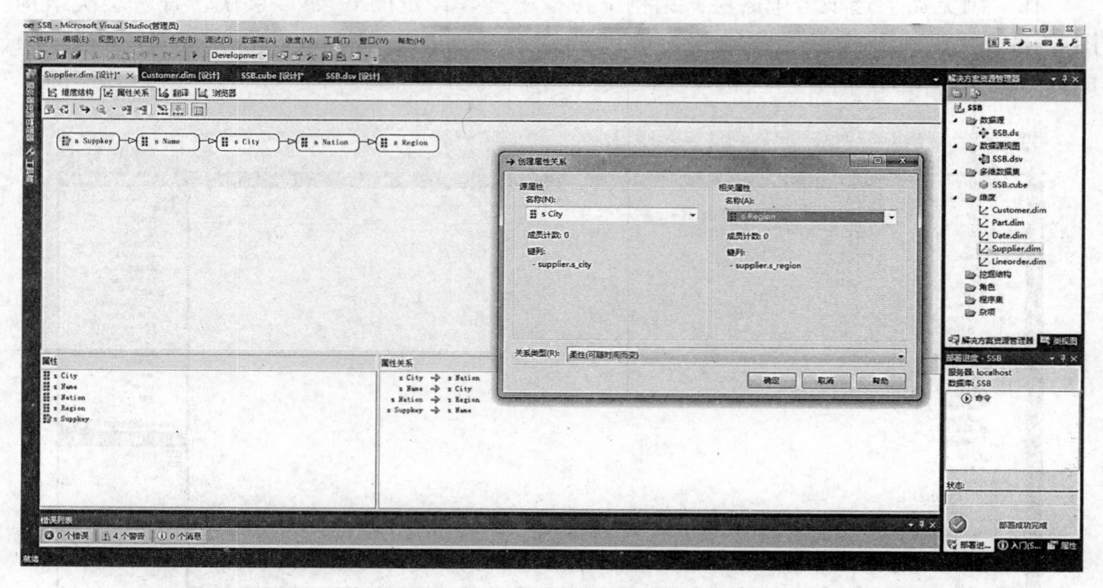

图 5—47

（3）配置 part 维度。

在 part 维度中存在函数依赖关系 p_partkey→p_brand1→p_category→p_mfgr 和多个单层次属性，分别将这些属性从数据源视图拖动到属性窗口，再将 p_brand1，p_category，p_mfgr 拖动到层次结构窗口，创建 p_MCB 层次（见图 5—48）。

在“属性关系”选项卡窗口中配置维层次 p_partkey→p_brand1→p_category→p_mfgr 属性组之间的函数依赖关系，配置后进行处理（见图 5—49）。

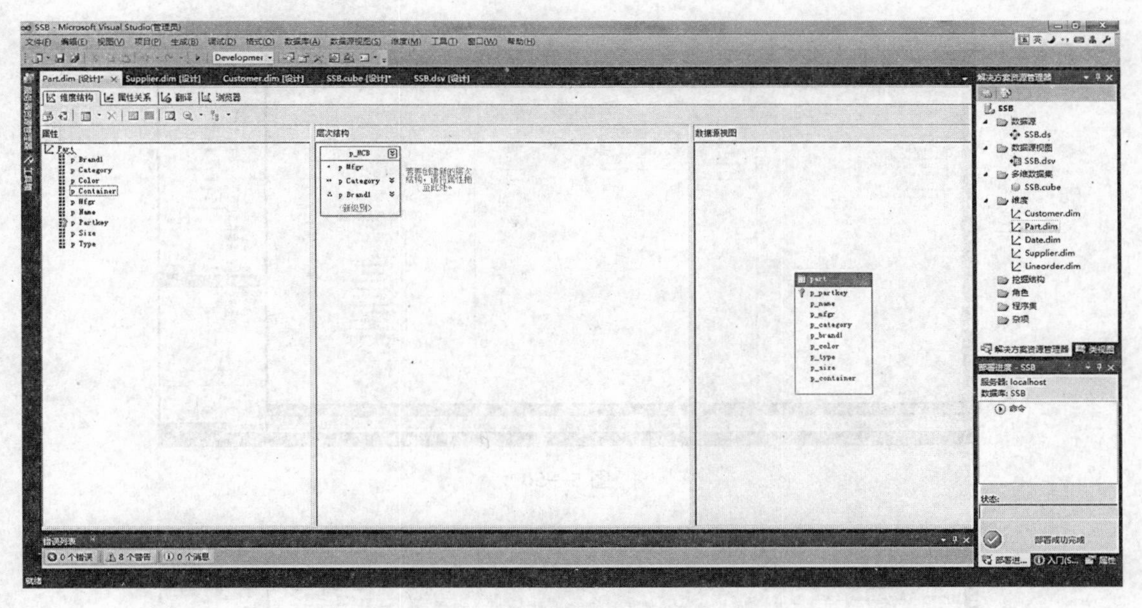

图 5—48

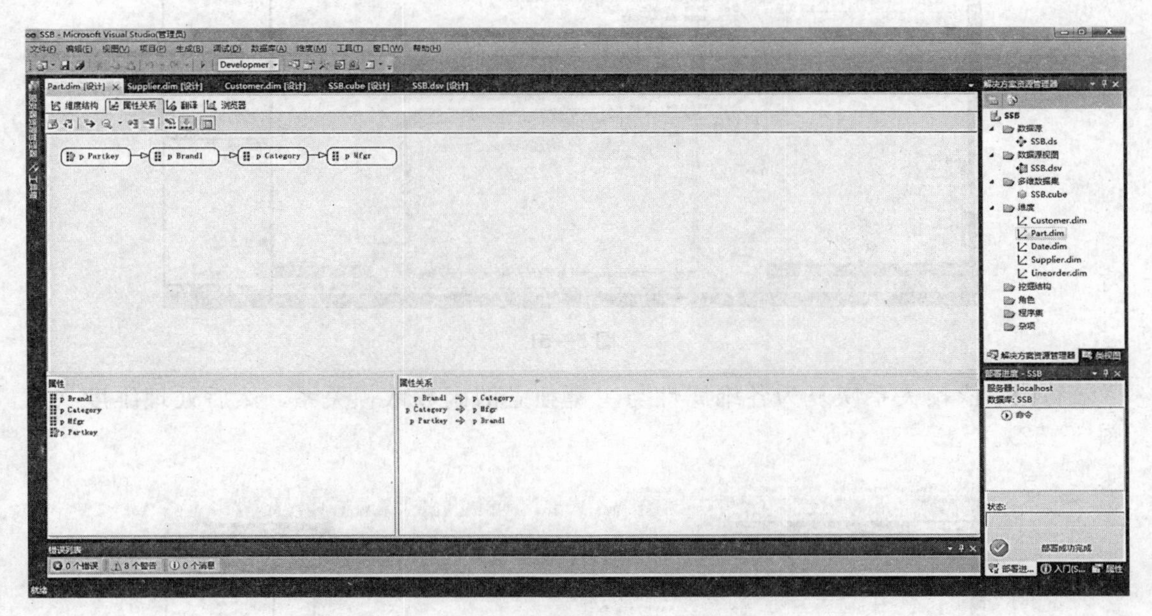

图 5—49

（4）配置 date 维度。

Date 维度中有两个主要的层次结构 d_datekey-d_daynuminmonth-d_month-d_sellingseason-d_year 和 d_datekey-d_daynuminweek-d_weeknuminyear-d_year，以及 d_weekdayfl 和 d_holidayfl 层次，分别代表年-季节-月-日、年-周-日、周末、节假日等层次（见图 5—50）。

当采用上面的方法配置 date 维层次的函数依赖关系时，处理时产生重复值错误，原因是配置的维层次属性组之间存在重复值，不能构成函数依赖关系（见图 5—51）。

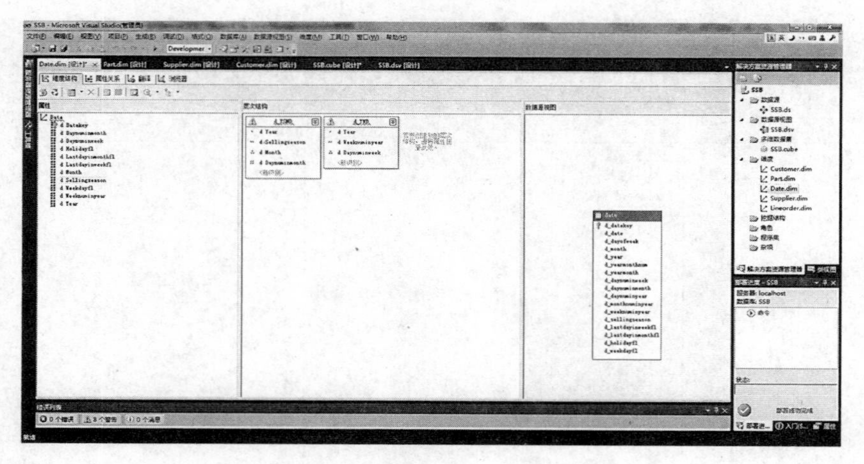

图 5—50

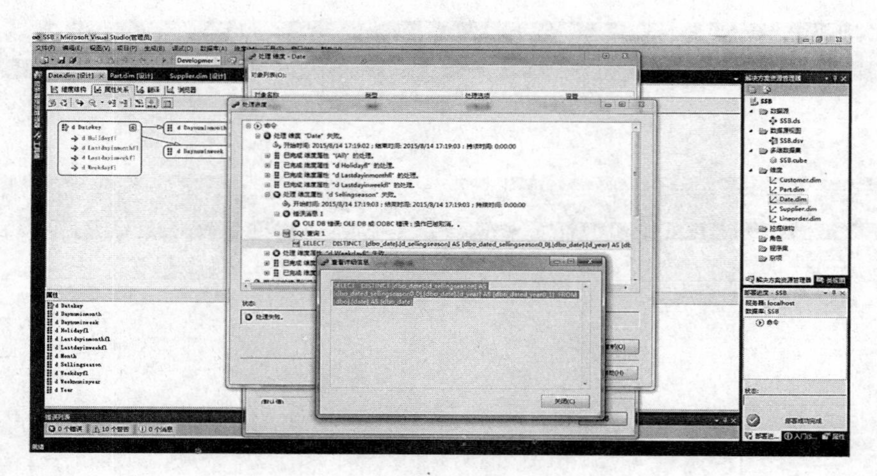

图 5—51

将函数依赖关系恢复为各维属性与主键独立的函数依赖关系，然后处理维度（见图 5—52）。

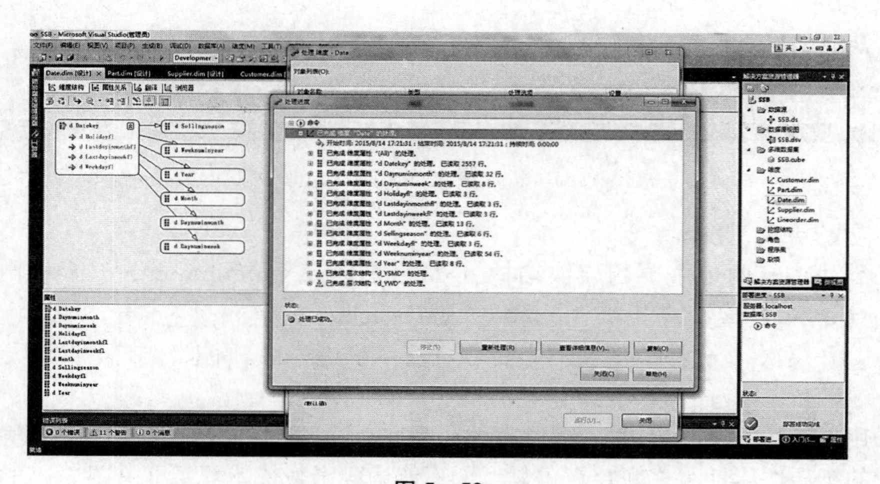

图 5—52

通过维度“浏览器”可以查看设置的日期维层次的结构和各级维属性成员（见图5—53）。

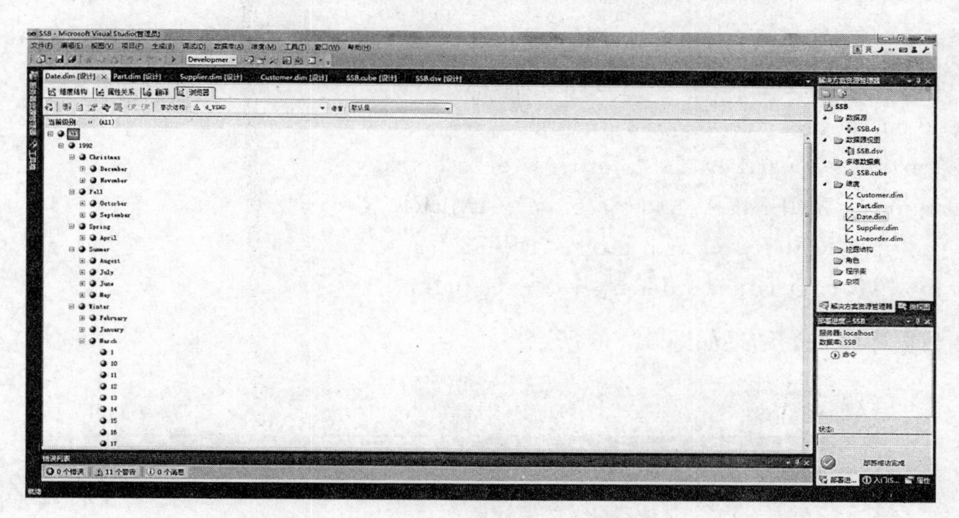

图5—53

（5）配置lineorder维度。

在lineorder表中存在退化维度，即只有一列的维度，如lo_orderpriority和lo_shipmode属性。其中lo_tax和lo_discount属性为低势集属性，既可以用作度量属性，也可以用作维属性，在此将其添加到维属性中（见图5—54）。由于lineorder表很大，维度处理时间较长。

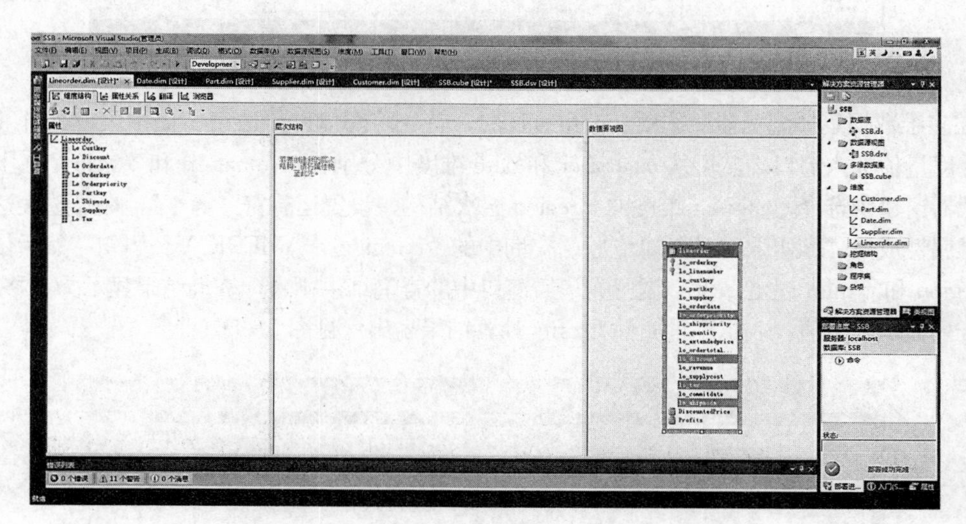

图5—54

六、多维分析

各个维度设置好以后，可以通过多维数据集的“浏览器”选项卡窗口进行多维查询。首先需要在多维数据集视图上执行“处理”命令，部署多维数据集项目。

以SSB查询为例验证多维数据集是否与SQL命令等价。由于数据量较大，原始查询中sum（lo_revenue - lo_supplycost）在原始的整型数据计算时产生溢出错误，因此通过

convert 函数将聚集表达式转换为 bigint 类型，改写后的 SQL 命令如下：

```
select d_year, c_nation, sum(convert(bigint,(lo_revenue－lo_supplycost))) as profit
from date, customer, supplier, part, lineorder
where lo_custkey＝c_custkey and lo_suppkey＝s_suppkey
and lo_partkey＝p_partkey and lo_orderdate＝d_datekey
and c_region＝'AMERICA' and s_region＝'AMERICA'
and (p_mfgr＝'MFGR＃1' or p_mfgr＝'MFGR＃2')
group by d_year, c_nation order by d_year, c_nation;
```

在数据库中查询结果如图 5—55 所示。

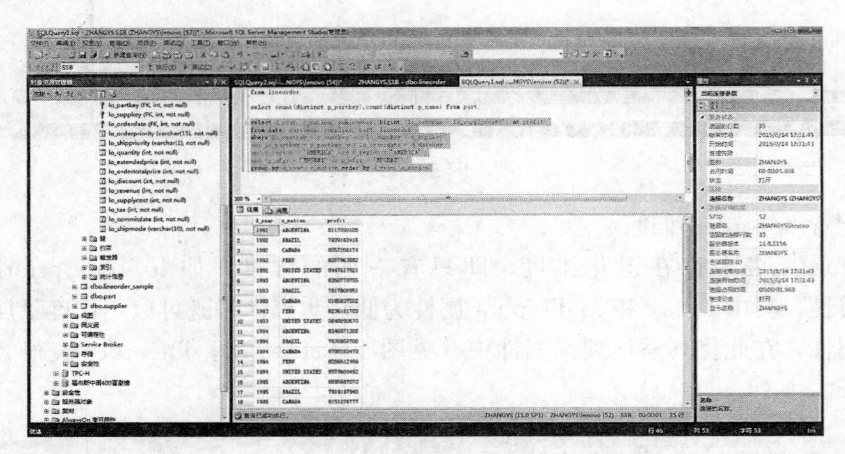

图 5—55

在多维数据集“浏览器”选项卡窗口查询时，首先将左侧度量值组窗口中预设的计算单元 Profits 度量值拖入窗口，然后从 customer 和 date 维度中分别拖入 c_nation 和 d_year。在上部维度过滤器窗口中选择 customer 维度的 c_region 层次结构，设置运算符“等于”，在筛选表达式中选择维属性成员“AMERICA”，对应原始查询中的“c_region＝'AMERICA'”语句。然后依次设置 s_region 和 p_mfgr 过滤属性。设置完毕后窗口中的查询结果刷新，查询结果显示为表格结构，Profits 列显示为负值，表示度量属性 Profits 计算结果溢出（见图 5—56）。

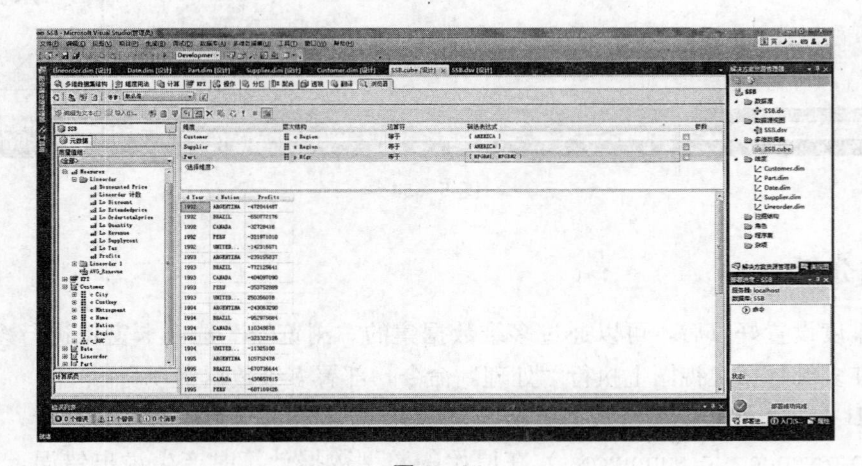

图 5—56

将度量值的数据类型调整为更大的宽度来解决数据溢出问题。在"多维数据库集结构"选项卡窗口中选择 Profits 度量属性，右键单击属性命令，在右下角的"属性"窗口中的"Source—DataType"下拉框中选择 BigInt 数据类型，并执行处理命令（见图 5—57）。

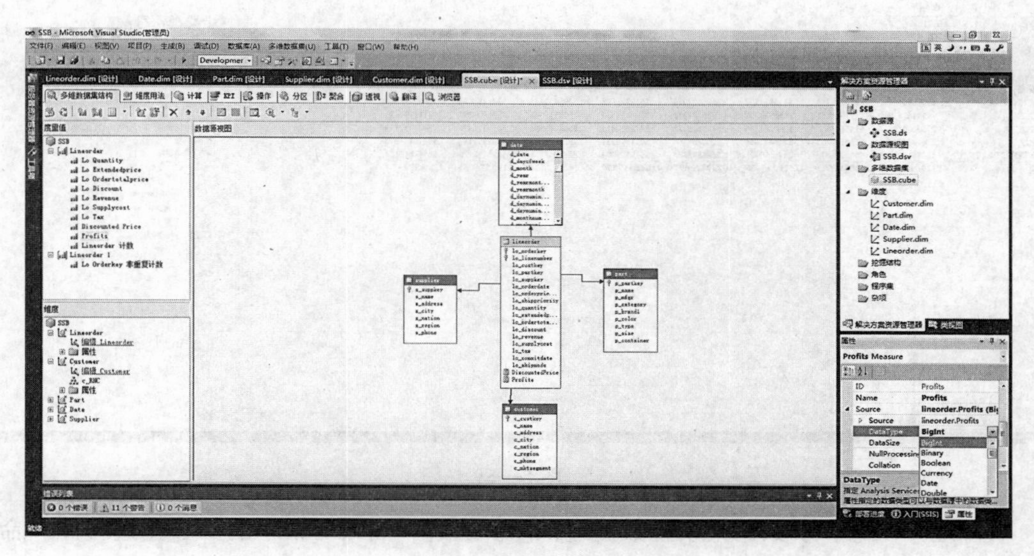

图 5—57

重新设置多维查询条件后，查询结果与数据库端的 SQL 命令结果相同（见图 5—58）。

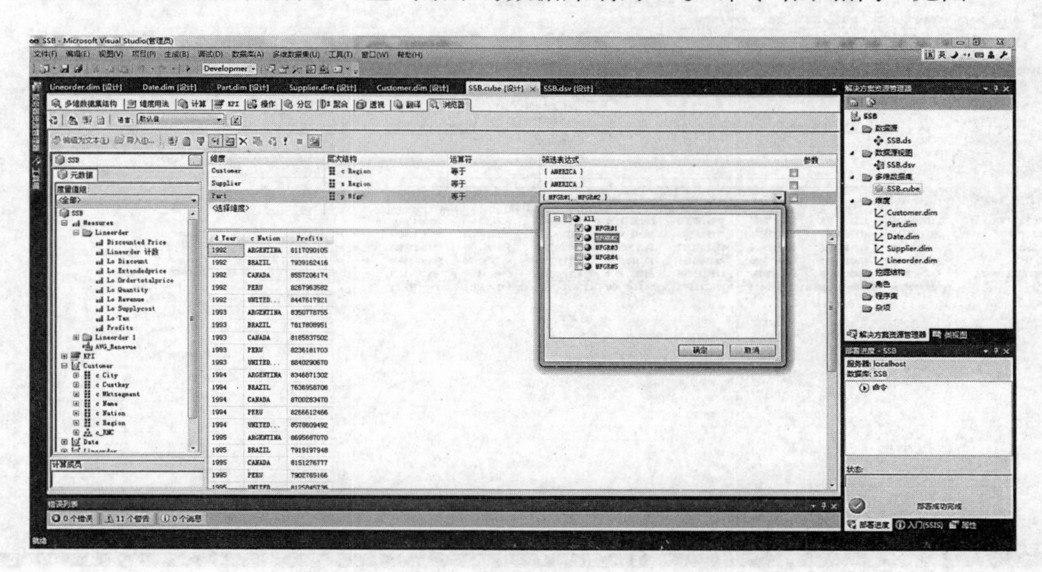

图 5—58

Analysis Service 2012 在多维数据集的窗口中取消了多维数据集浏览功能，只将多维查询结果显示为与数据库类似的表结构。多维查询的结果可以通过工具栏上的"在 Excel 中分析"按钮，将多维数据集转换为 Excel 数据透视表。在数据透视表的"列""行""筛选""值"窗口中设置度量属性、分组属性以及筛选属性，完成 SQL 命令相应的多维数据处理任务（见图 5—59）。

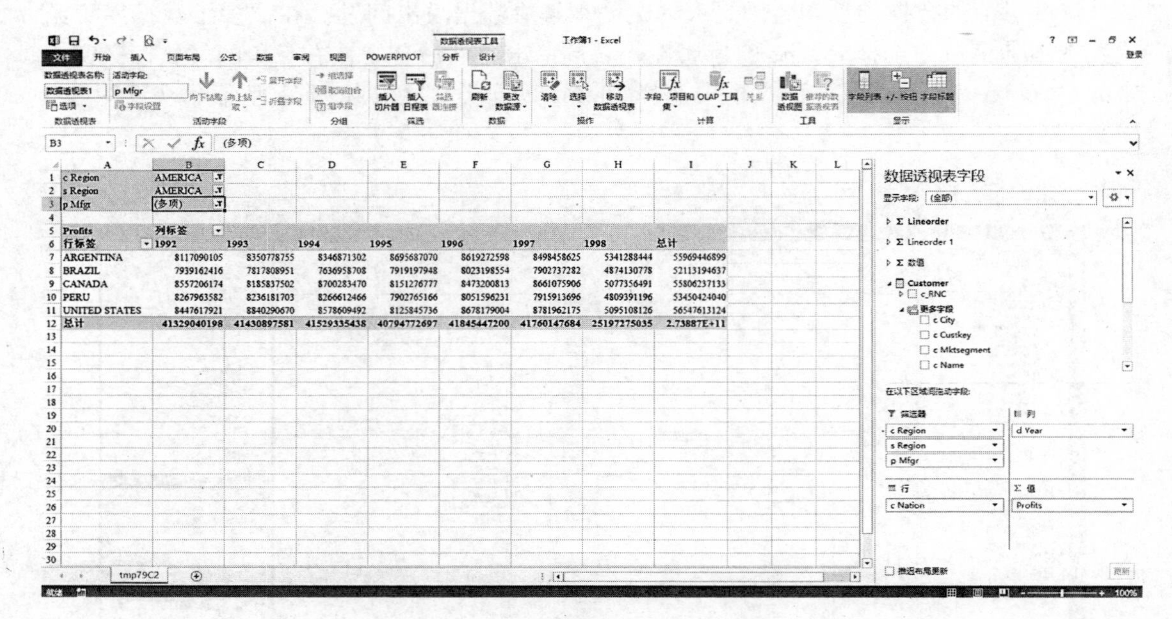

图 5—59

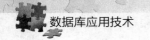

可以进一步为多维数据集设置数据透视图。通过“插入”菜单的“数据透视图”命令生成与数据透视表相对应的数据透视图，将多维查询结果可视化处理（见图 5—60）。

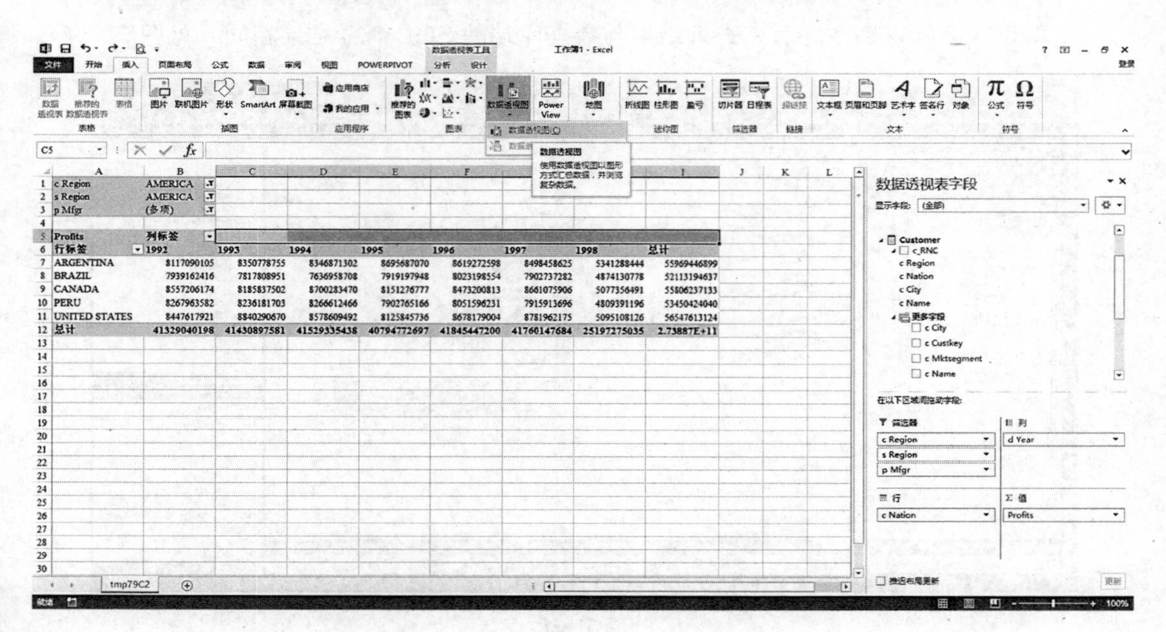

图 5—60

为当前的多维数据透视表视图选择适当的图表，本例中选择三维堆积条形图（见图 5—61）。

在生成的数据透视图中可以通过字段按钮实时调整多维查询对应的维属性成员，筛选条件，实时修改多维查询并获得多维查询结果（见图 5—62）。

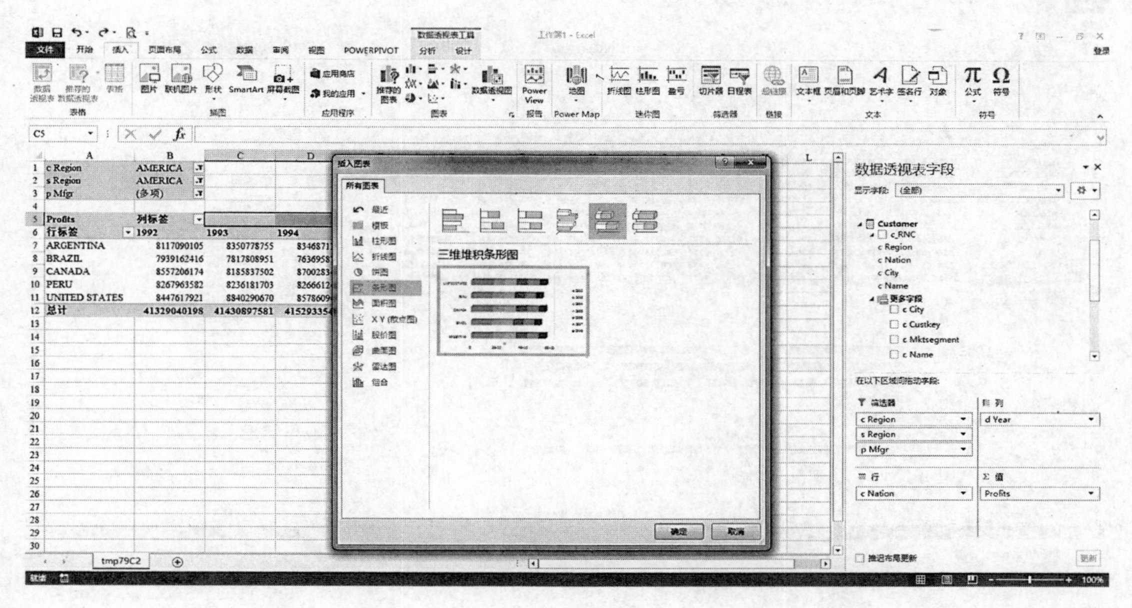

图 5—61

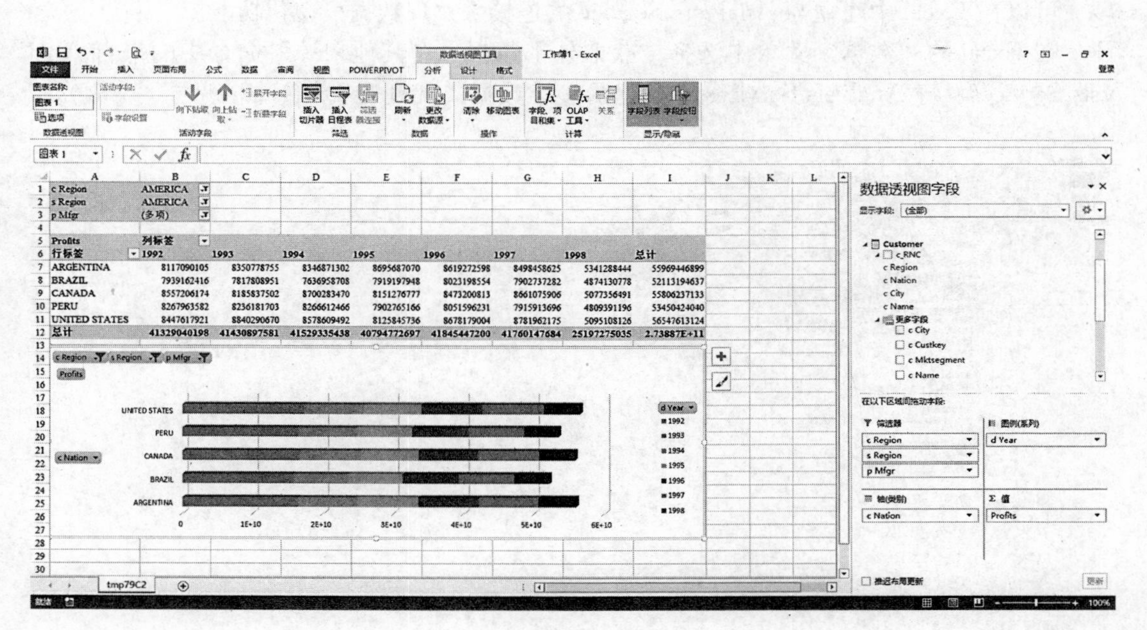

图 5—62

在“行”窗口中将 c_nation 改为 c_RNC 层次，在数据透视图的“c_RNC”字段按钮上展开 AMERICA-BRAZIL 维属性，选择成员 BRAZIL 0，BRAZIL 2，BRAZIL 5，数据透视表和数据透视图实时刷新。沿维层次结构的浏览对应多维数据的上卷、下钻操作，交换“行”与“列”窗口中维属性的位置对应多维旋转操作（见图 5—63）。

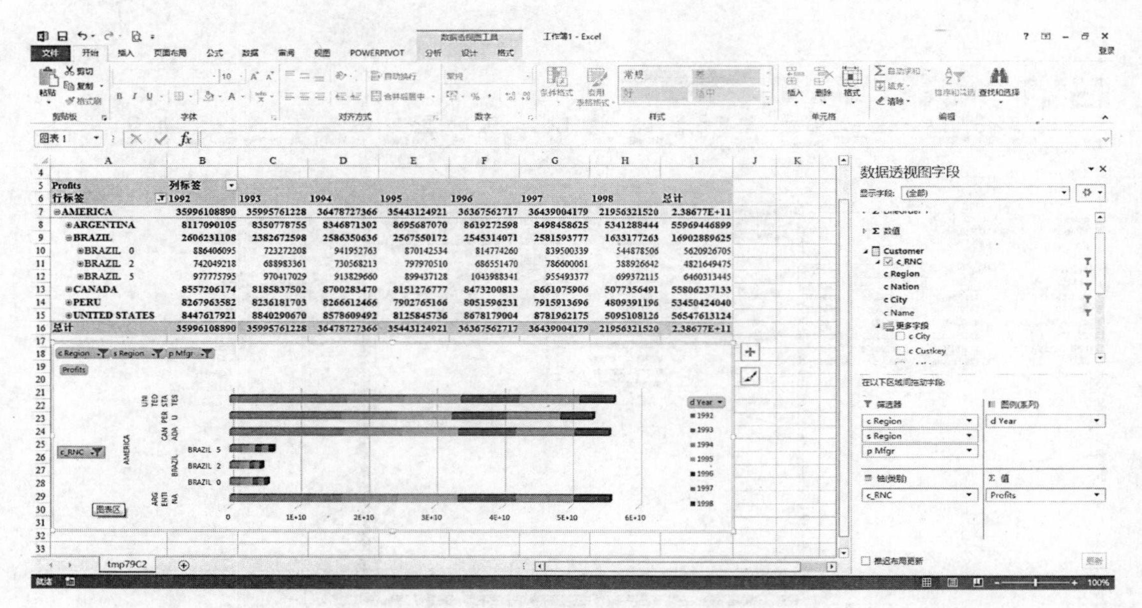

图 5—63

七、Excel 数据透视表

可以在 Excel 中建立与 Analysis Service 的连接来实现数据可视化功能。

在 Excel 的“数据”菜单中选择“获取外部数据—自其他来源”命令中的来自 Analysis Services，将 Analysis Services 中构建的多维数据集展现在 Excel 中（见图 5—64）。

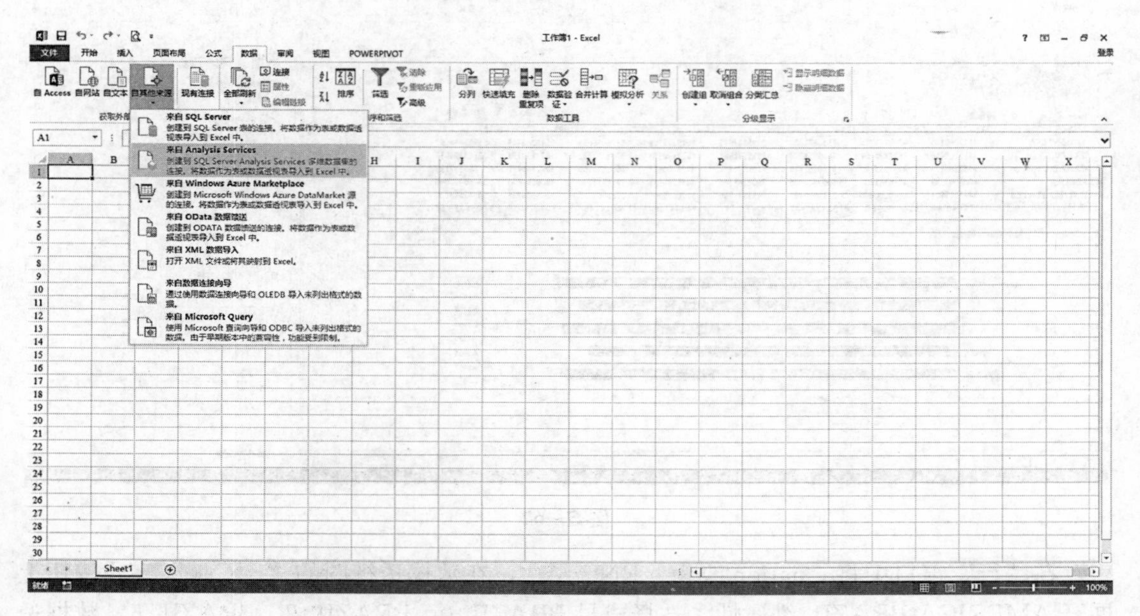

图 5—64

在数据连接向导中输入服务器名称，本地服务器可以使用“localhost”代替服务器名称，也可以直接输入服务器名称（见图 5—65）。

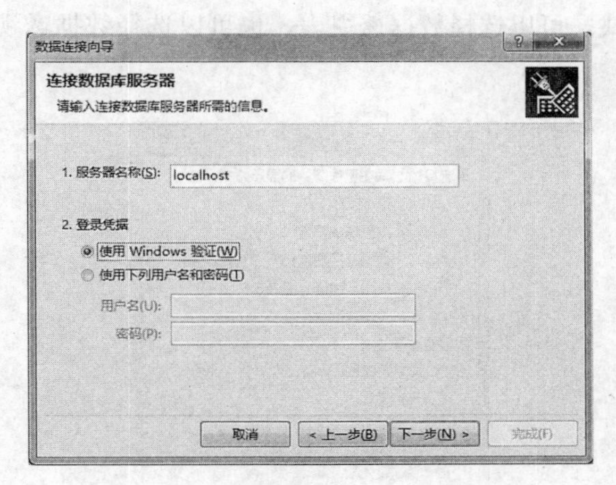

图 5—65

连接到服务器后，选择数据库 SSB，选择对应的多维数据集 SSB（见图 5—66）。

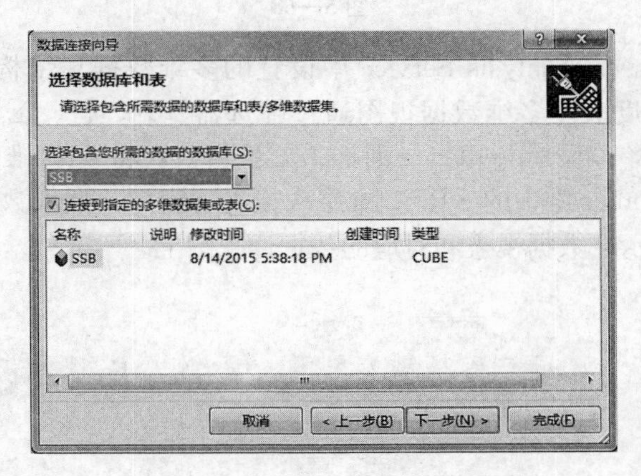

图 5—66

单击“完成”按钮，完成数据连接的建立过程（见图 5—67）。

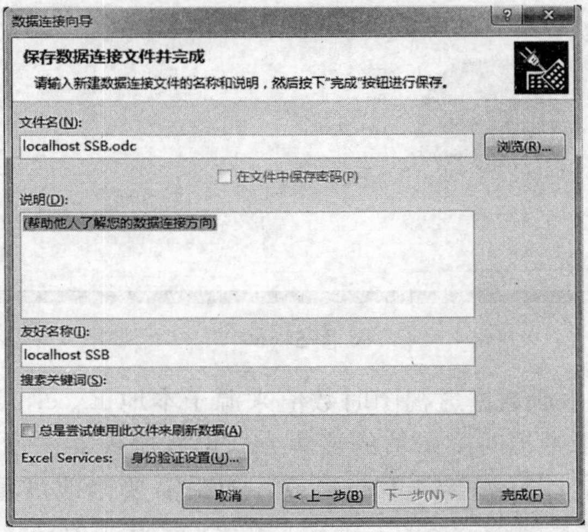

数据连接向导

保存数据连接文件并完成

请输入新建数据连接文件的名称和说明，然后按下"完成"按钮进行保存。

文件名(N): localhost SSB.odc　浏览(R)...

在文件中保存密码(P)

说明(D): (帮助他人了解您的数据连接方向)

友好名称(I): localhost SSB

搜索关键词(S):

总是尝试使用此文件来刷新数据(A)

Excel Services: 身份验证设置(U)...

取消　< 上一步(B)　下一步(N) >　完成(F)

图 5—67

选择数据导入方式，可以选择数据透视表，也可以选择数据透视图和 Power View 报表方式（见图 5—68）。

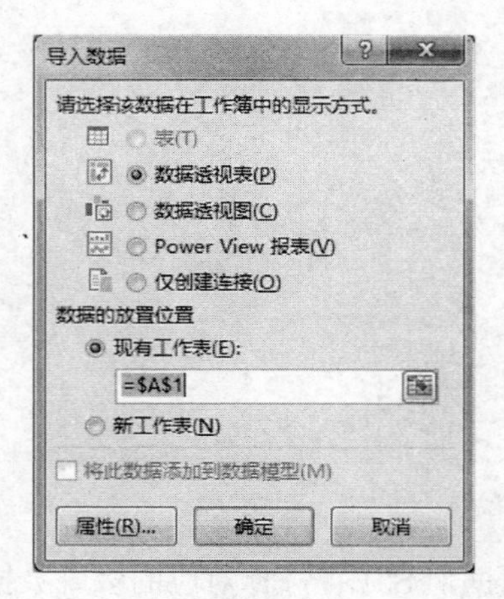

图 5—68

在 Excel 视图中，在 Analysis Service 中设置的多维数据集结构显示在右侧窗格中，包含度量表和各个维度表。多维数据视图通过筛选器、列、行、∑值窗口进行设置。图 5—69 对应操作为：将 DiscountedPrice 列拖入∑值窗口，将 date 维中的 d_ySMD 维层次拖入行窗口，将 customer 维中的 c_RNC 维层次拖入列窗口。插入数据透视图后，多维数据设置的更新同步显示在数据视表和对应的数据透视图上。

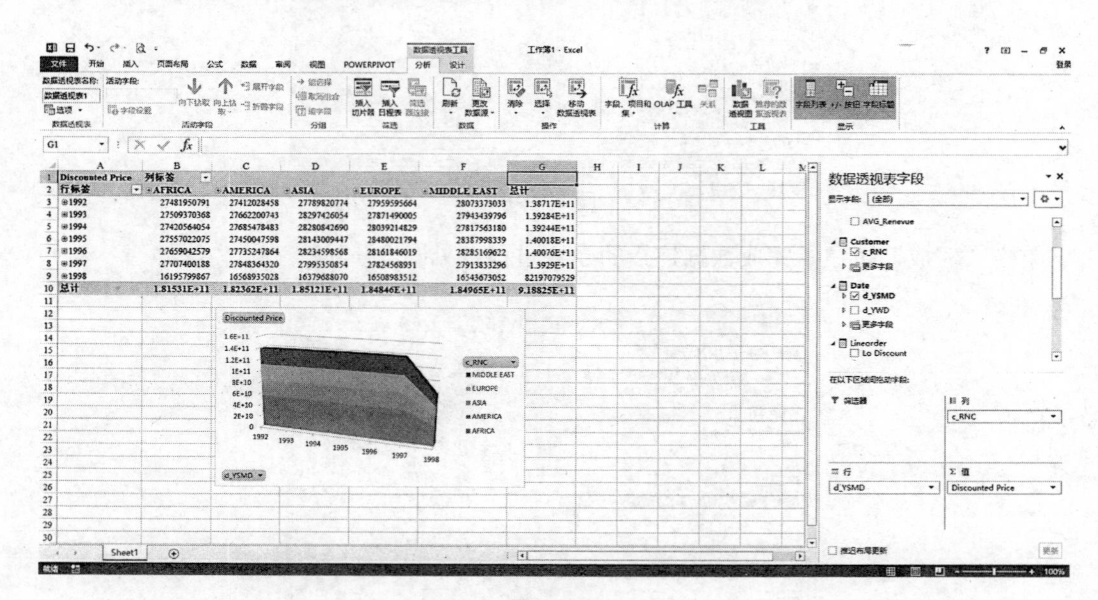

Discounted Price	列标签					
行标签	AFRICA	AMERICA	ASIA	EUROPE	MIDDLE EAST	总计
1992	27481950791	27412028458	27789820774	27959595664	28073373033	1.38717E+11
1993	27509370368	27662200743	28297426054	27871490005	27943439796	1.39284E+11
1994	27420564054	27685478483	28280842690	28039214829	27817563180	1.39244E+11
1995	27557022075	27450047598	28143009447	28480021794	28387998339	1.40018E+11
1996	27659042579	27735247864	28234598568	28161846019	28285169622	1.40076E+11
1997	27707400188	27848364320	27995350854	27824568931	27913833296	1.3929E+11
1998	16195799867	16568935028	16379688070	16508983512	16543673052	82197079529
总计	1.81531E+11	1.82362E+11	1.85121E+11	1.84846E+11	1.84965E+11	9.18825E+11

图 5—69

使用 Excel 数据源生成数据透视图时数值来源于本地 Excel，计算类型可以设置，而从 Analysis Service 获取数据时度量值的聚集方式已在服务器中预设，在 Excel 前端只能展示服务器预设的聚集计算类型，不能更改，如果需要修改度量值的计算类型需要在 Analysis Service 中对度量值进行修改并处理，在 Excel 端需要刷新后显示修改的结果（见图 5—70）。

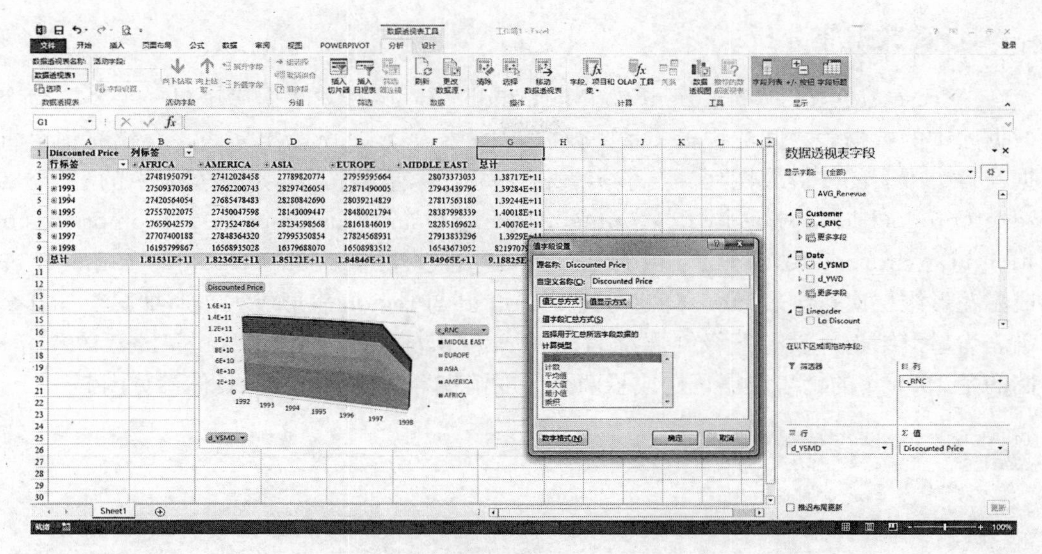

图 5—70

数据透视表和数据透视图可以按 Excel 的方式进行各种格式设置（见图 5—71）。

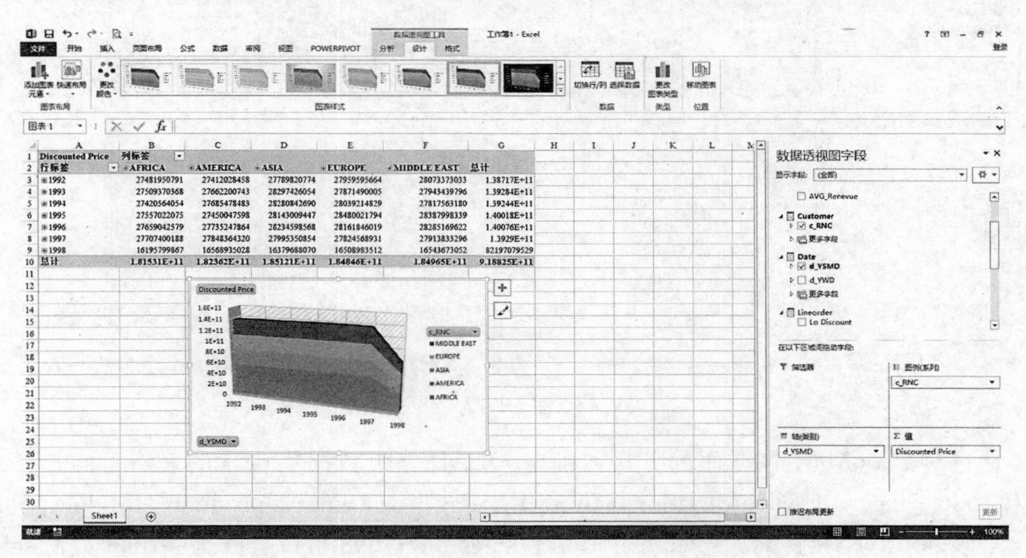

图 5—71

第 2 节　基于 FoodMart 数据库的 OLAP 案例实践

FoodMart 是一些数据库和 OLAP 系统经常使用的案例数据库，它模拟了一个大型连锁食品企业的业务数据，传统的报表和数据库技术难以对业务数据进行复杂深入的分析。OLAP 能够从多维数据的视角深入剖析数据内部的规律，有助于企业更精准地了解自身经营状况。

一、Access 数据集分析

在 Access 数据文件 MondrianFoodMart. mdb 中，通过“数据库工具—关系”命令查看数据库中的数据表之间的逻辑关系。数据表 sales_fact_1997 为事实表，存储有销售事实数据与各个维表的外键属性列。与事实表相关的维度有五个，对应事实表中的五个外键：product(product_id)，time_by_day（time_id），customer（customer_id），promotion（promotion_id），store（store_id）。其中维表 product 通过外键 product_class_id 与product_class 形成雪花形维层次；维表 store 通过外键 region_id 与 region 表形成雪花形维层次；其余三个维表为星形结构，没有下级维层次表。表 sales_fact_1998 结构与 sales_fact_1997 相同，存储的是 1998 年的销售数据，构成了两个年度销售事实数据分片。具体参见图 5—72。

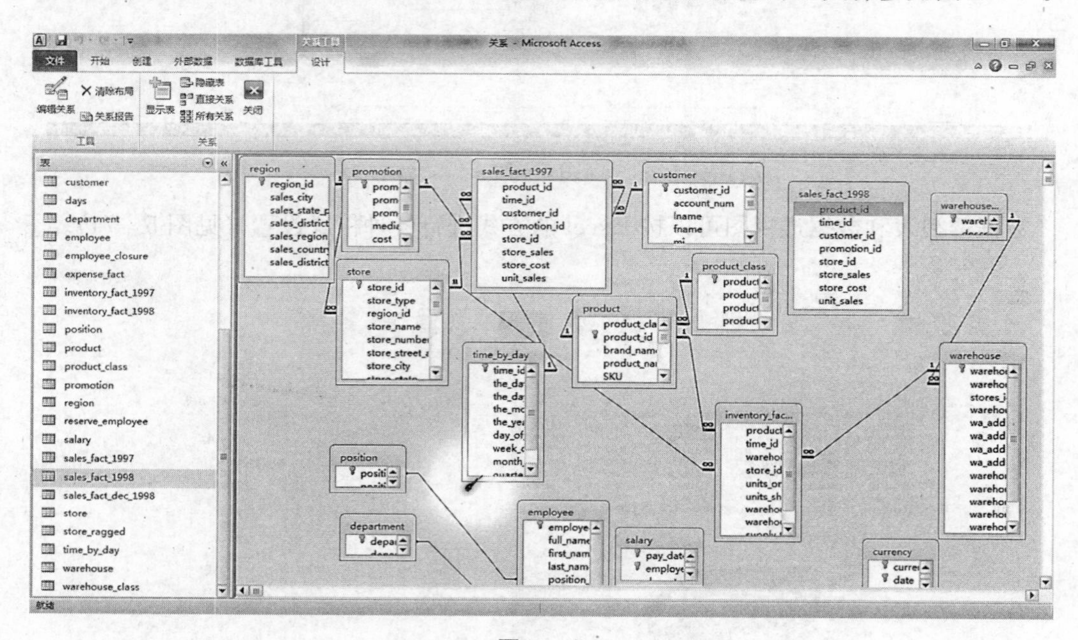

图 5—72

通过对 FoodMart 数据库的分析，确定 OLAP 分析数据集包含的表有：sales_fact_1997，sales_fact_1998，promotion，time_by_day，customer，product，product_class，store，region，其中事实表 sales_fact_1997，sales_fact_1998 可以合并为一个事实表 sales_fact。

二、FoodMart 数据集导入数据库

导入过程参见第 3 章第 1 节。

导入完毕后，在数据库 FoodMartTest 的数据库关系图图标上单击右键，选择新建数据库关系图命令，在添加表对话框中选择全部表（见图 5—73）。

当前关系图（见图 5—74）显示为离散的表，表的“键”对象下为空，说明数据库的各个表没有通过主-外键建立参照引用关系，没有构建出雪花模型，需要通过 alter table 命令为各个表建立相应的主键和外键。

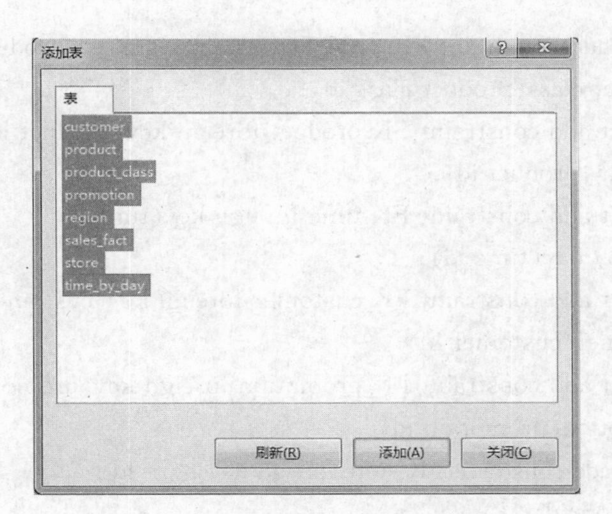

图 5—73

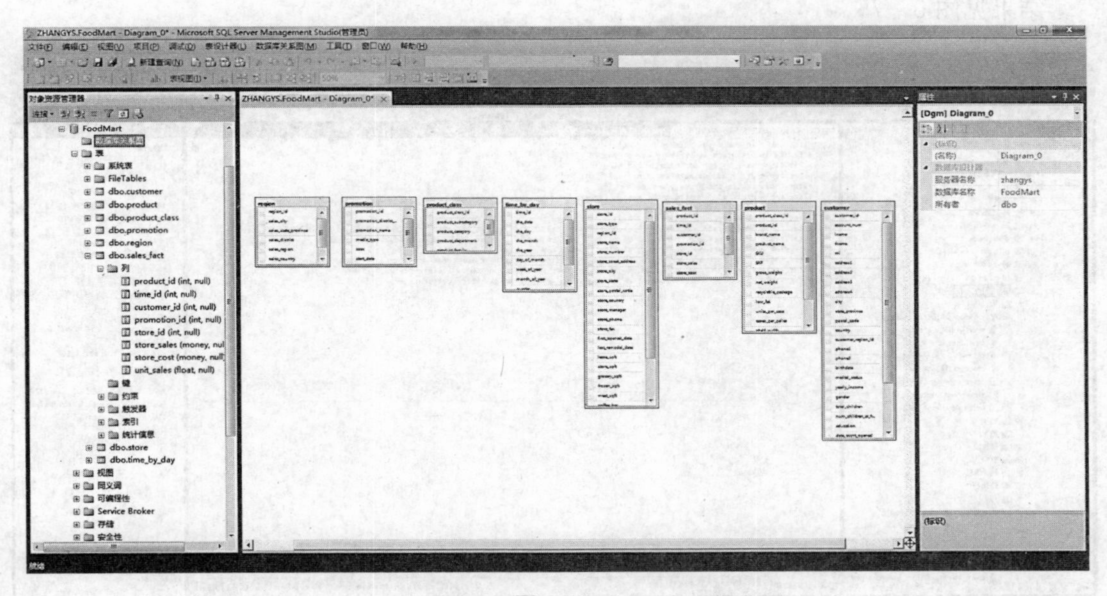

图 5—74

新建数据库查询引擎，连接数据库 FoodMart，通过下列 SQL 命令为各个表创建主键和外键。

```
alter table customer add primary key(customer_id);
alter table promotion add primary key(promotion_id);
alter table time_by_day add primary key(time_id);
alter table store add primary key(store_id);
alter table region add primary key(region_id);
alter table store add constraint FK_region foreign key(region_id) references region(region_id);
alter table product add primary key(product_id);
alter table product_class add primary key(product_class_id);
```

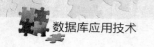

```
alter table product add constraint FK_product_class foreign key(product_class_id)
  references product_class(product_class_id);
alter table sales_fact add constraint FK_product foreign key(product_id)
  references product(product_id);
alter table sales_fact add constraint FK_time foreign key(time_id)
  references time_by_day(time_id);
alter table sales_fact add constraint FK_customer foreign key(customer_id)
  references customer(customer_id);
alter table sales_fact add constraint FK_promotion foreign key(promotion_id)
  references promotion(promotion_id);
alter table sales_fact add constraint FK_store foreign key(store_id)
  references store(store_id);
```

结果见图 5—75。

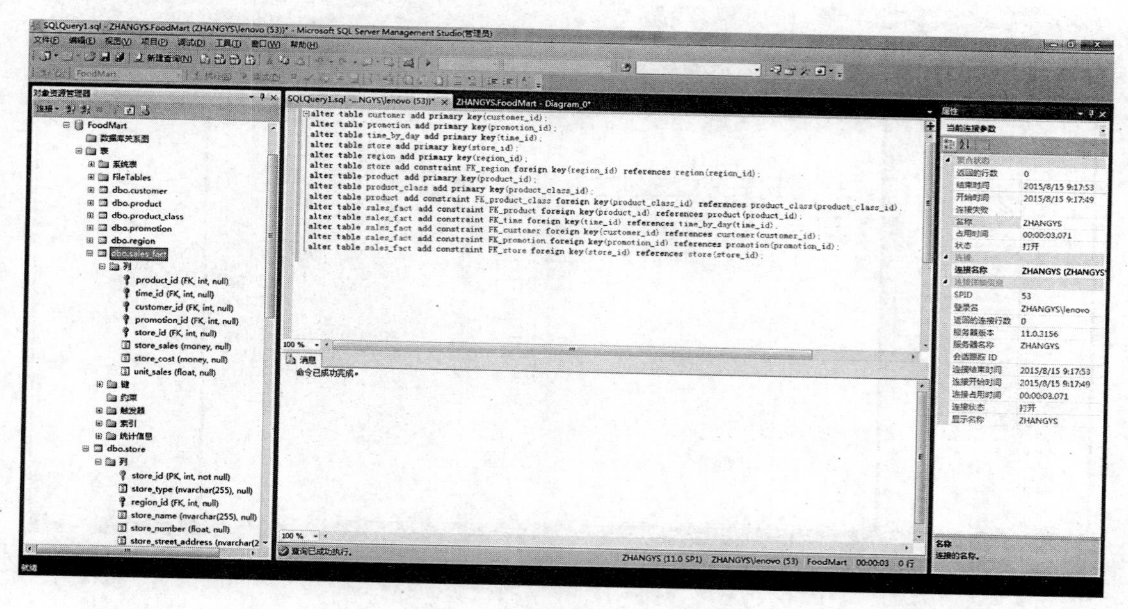

图 5—75

命令执行后，事实表 sales_fact 创建了与五个维表的外键，各个维表创建了主键，雪花形维表 store 和 product 则既存在主键又存在与下一级维层次表的外键。重新创建数据库关系图，创建主-外键参照引用关系后，数据库中的各个表通过主-外键连接为一个雪花形结构，构成一个多维数据集，中心是事实表 sales_fact（见图 5—76）。

三、创建 Analysis Service 多维分析项目

创建 Analysis Service 项目 FoodMart，新建数据源，输入数据库名称 localhost。使用 SQL Server 身份验证方式，输入数据库账户 sqlserver2012 和密码，选择数据库 FoodMart，测试数据库连接（见图 5—77）。

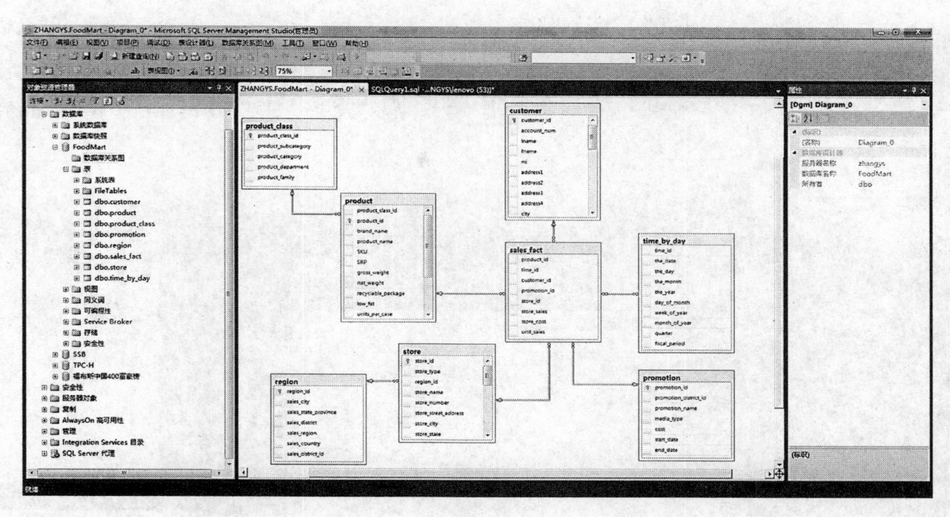

图 5—76

FoodMart - Microsoft Visual Studio(管理员)
文件(F) 编辑(E) 视图(V) 项目(P) 生成(B) 调试(D) 数据库(A) 工具(T) 窗口(W) 帮助(H)
Developmer

连接管理器
提供程序(O): 本机 OLE DB\SQL Server Native Client 11.0
连接
全部
服务器名(E):
localhost
刷新(R)
登录到服务器
使用 Windows 身份验证(W)
使用 SQL Server 身份验证(Q)
用户名(U): sqlserver2012
密码(P): ••••••
保存密码(S)
连接到一个数据库
选择或输入一个数据库名(D):
FoodMart
附加一个数据库文件(H):
逻辑名(L):
测试连接(T)
确定　取消　帮助

选择，以便数据源对其连接字符串进行定义。
基于现有连接或新连接创建数据源(C)
数据连接属性(I):

属性	值
Data Source	localhost
Initial Ca...	SSB
Provider	SQLNCLI11.1
User ID	sqlserver2012

连接管理器
连接测试成功。
确定

解决方案资源管理器
FoodMart
数据源
数据源视图
多维数据集
维度
挖掘结构
角色
程序集
杂项
解决方案资源管理器
入门(SSIS)
欢迎使用 SQL Server Integration Services (SSIS).
示例
My First SSIS Solution
This sample serves as an introduction to the SQL Server Integration Services development environment.
Control Flow Basics
This sample introduces the fundamental concepts of the control flow.
Data Flow Basics
This sample introduces the fundamental concepts of the data flow.
入门(SSIS)
错误列表
0 个错误　0 个警告　0 个消息
正在创建项目 “FoodMart” ... 项目创建成功。

图 5—77

在数据源连接向导中选择服务账户方式，修改数据源名称，在预览窗口中显示数据源连接字符串（见图 5—78）。

数据源向导
完成向导
请提供一个名称，然后单击“完成”以创建新数据源。
数据源名称(D):
FoodMart
预览(P):
连接字符串:

```
Provider=SQLNCLI11.1;Data Source=localhost;Password=;User ID=sqlserver2012;Initial Catalog=FoodMart
```

< 上一步(B)　下一步(N) >　完成(F)　取消

图 5—78

四、创建数据源视图

新建数据源视图，将 FoodMart 数据库中的事实表 sales_fact 和各个维表导入（见图 5—79）。

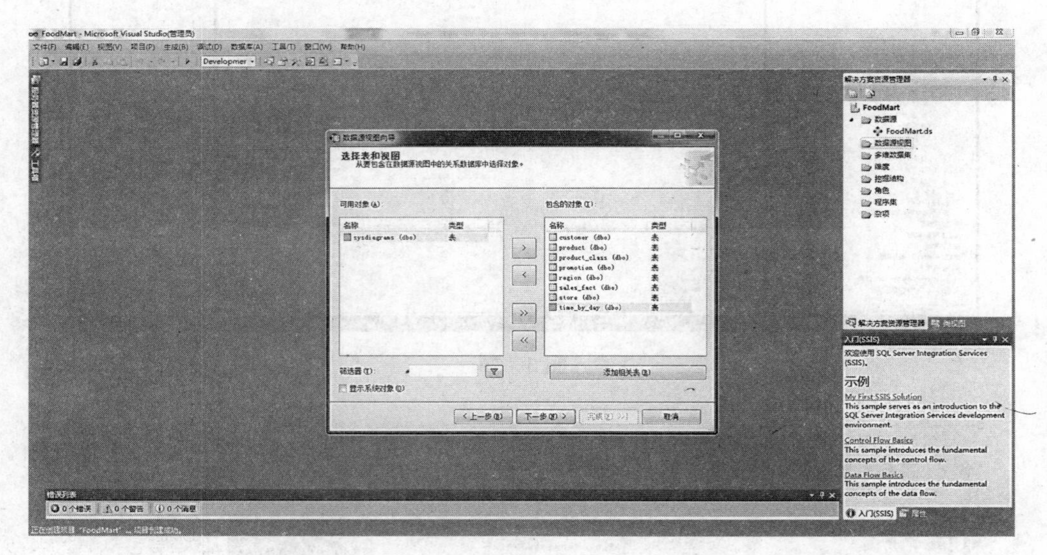

图 5—79

完成向导，在数据源视图中显示雪花形模式，表间通过主-外键连接在一起（见图 5—80）。

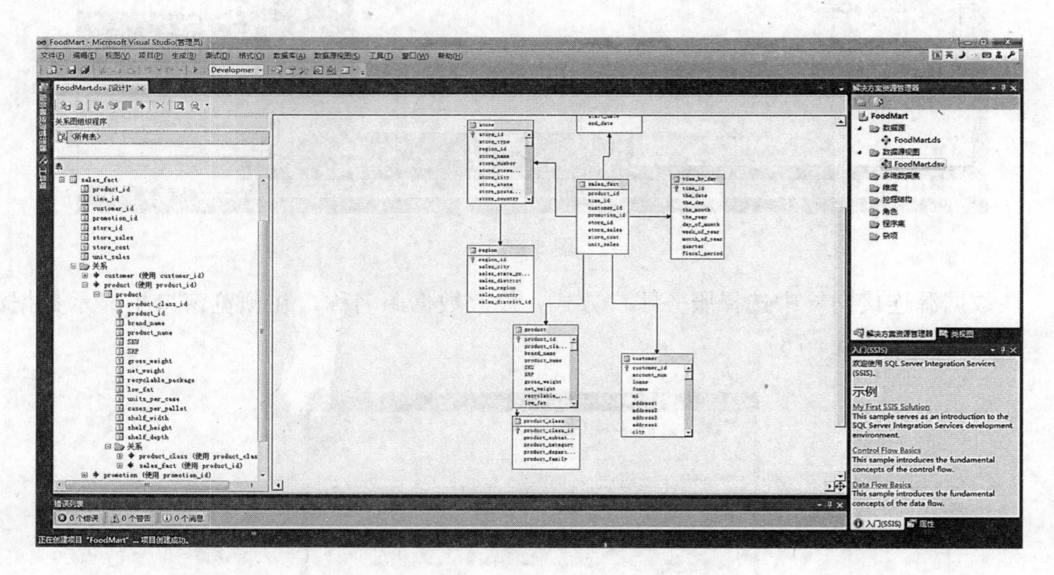

图 5—80

左侧“表”窗口中可以查看表之间的参照引用关系。如 sales_fact 表的关系中与 product 表通过外键参照引用，product 表的关系中与 product_class 通过外键参照引用，与图 5—80 中的雪花形参照引用关系相对应。

事实表 sales_fact 包含三个度量属性：store_sales，store_cost 和 unit_sales，在数据源视图中为 sales_fact 创建一个命名计算对象 sales_profit，表达式为 store_sales-store_cost，代表每件商品的销售利润（见图 5—81）。

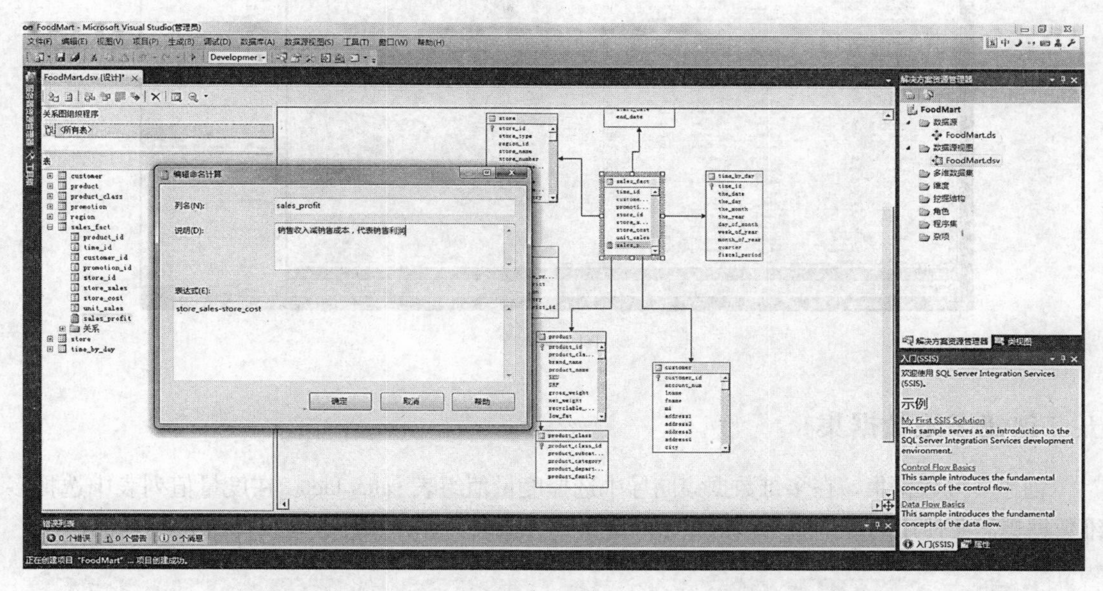

图 5—81

创建命名计算对象 sales_revenue，表达式为（store_sales - store_cost） * unit_sales，用于计算每条销售记录的总销售收入（见图 5—82）。

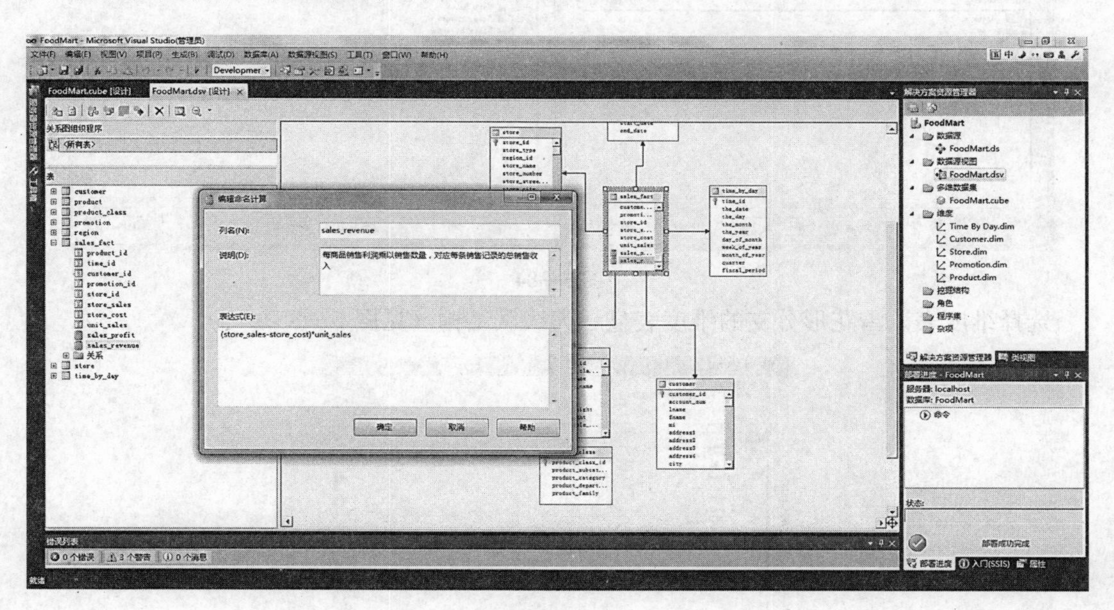

图 5—82

通过数据源视图表对象“浏览数据”命令可以查看表中的数据，如 region 表中属性间存在函数依赖关系，可参照本章第 1 节内容通过语义和 SQL 命令验证方式确定属性之间的维层次（见图 5—83）。

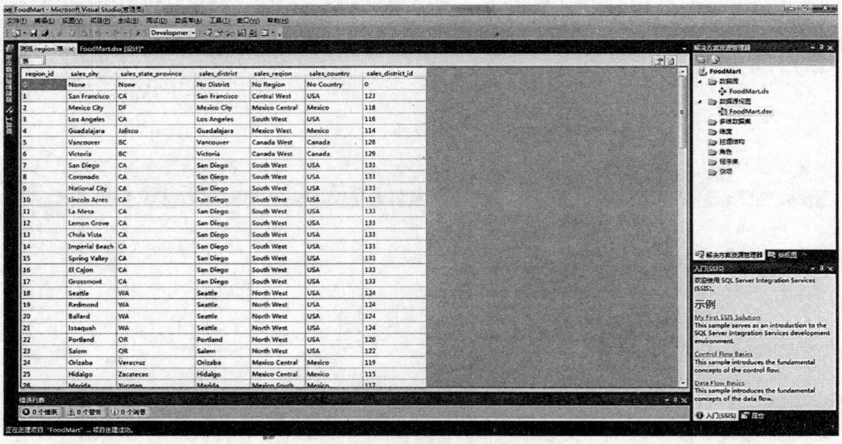

图 5—83

五、创建多维数据集

创建多维数据集，在多维数据集向导中选择度量值组表 sales_fact。在度量值列表中选择多维数据集需要使用的度量值，包括原始的度量列、命名计算列和计数列。具体见图 5—84。

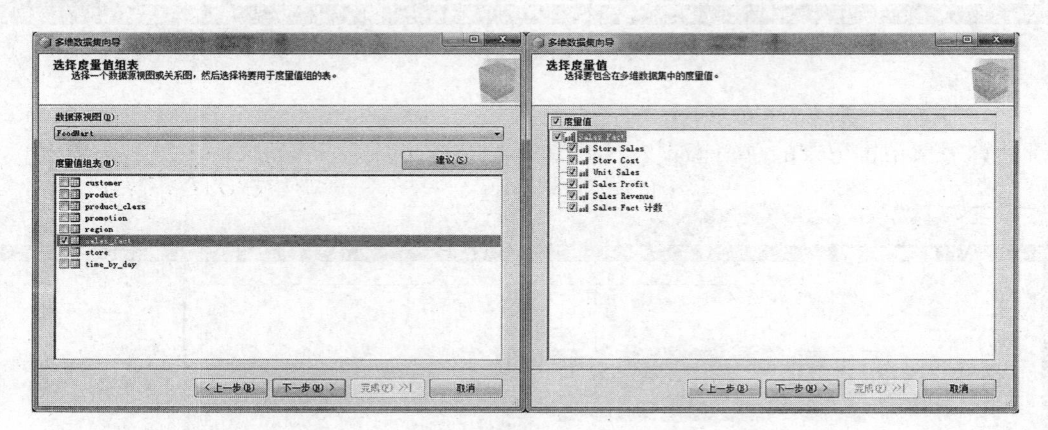

图 5—84

选择维度表。雪花形分支的维度表显示为级联结构（见图 5—85）。

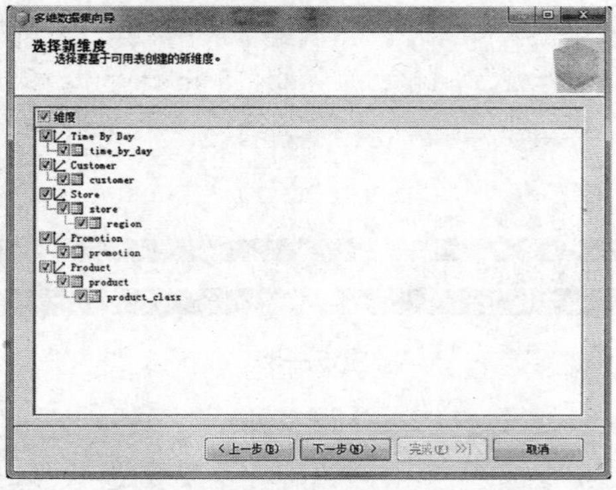

图 5—85

命名多维数据集。向导创建五个维度、一个事实表度量值组（见图 5—86）。

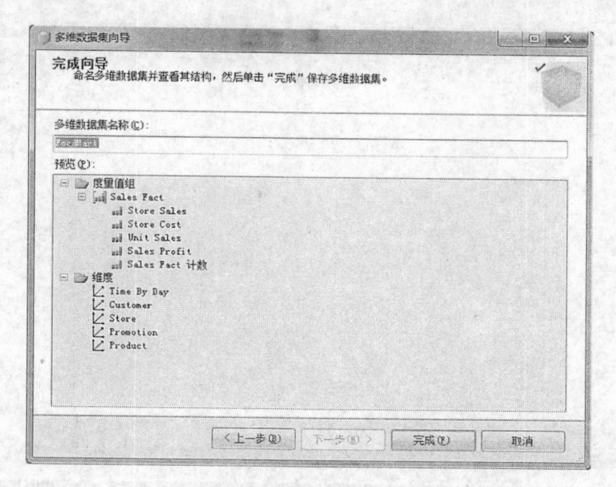

图 5—86

新建多维数据集视图。事实表与维表连接在一起，度量值包含事实表中非外键的数值型字段和命名计算字段，系统生成五个初始维表和下级维表。单击“处理”按钮处理新建的多维数据集（见图 5—87）。

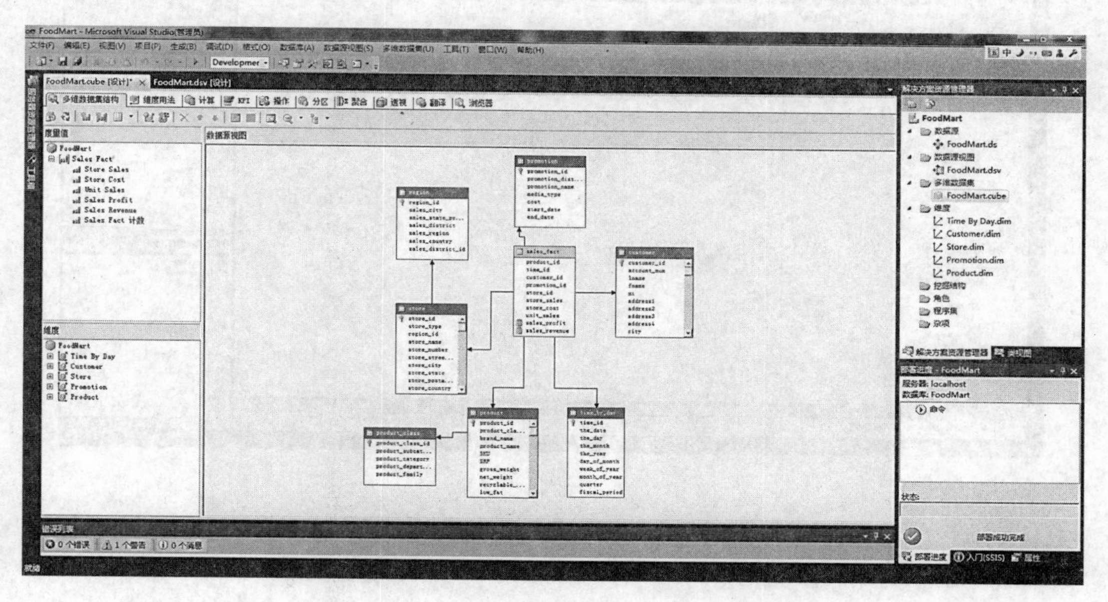

图 5—87

也可以通过计算成员构建新的度量字段。与命名计算相对应，创建两个计算成员，验证表达式度量的设置方法。

在计算选项卡中增加计算成员 Profit_Sales，表达式为[Measures].[Store Sales]-[Measures].[Store Cost]，对应销售利润（见图 5—88）。

增加计算成员 Revenue_Sales，表达式为([Measures].[Store Sales]-[Measures].[Store Cost]) * [Measures].[Unit Sales]，对应销售总收入，设置完毕后单击“处理”按钮对度量值进行系统处理（见图 5—89）。

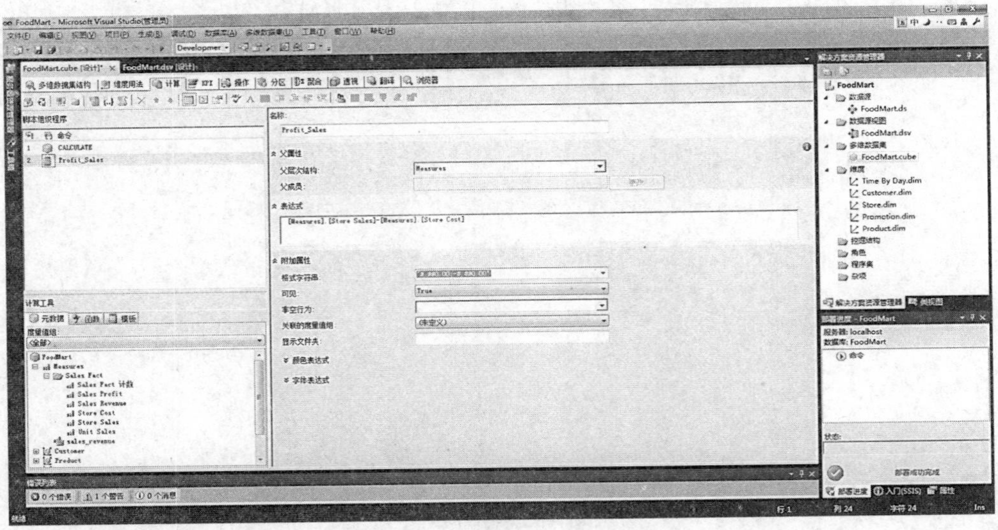

图 5—88

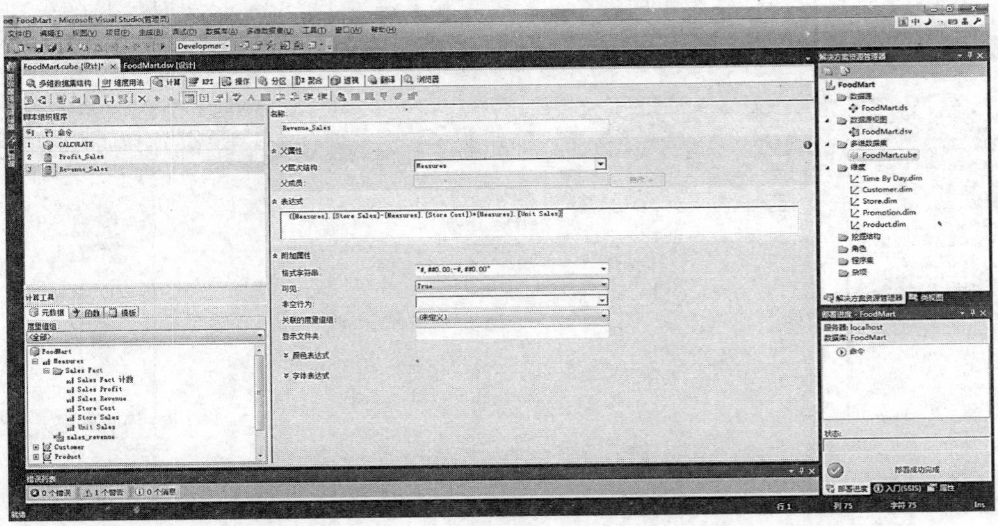

图 5—89

在浏览器窗口中对度量值、命名计算度量值、计算成员度量值进行验证。

在多维数据集浏览器窗口中将度量值 store_sales 和 store_cost，命名计算度量值 sales_profits 和 sales_revenue，计算成员 profit_sales 和 revenue_sales 拖入浏览器窗口，显示度量值聚集计算结果（见图 5—90）。

在数据库中通过 SQL 命令验证度量计算结果（见图 5—91）。从查询对比结果来看，命名计算 sales_profit 和计算成员 profit_sales 度量值计算结果相同，而命名计算 sales_revenue 和计算成员 revenue_sales 度量值计算结果不同，SQL 命令验证命名计算 sales_revenue 的结果可以表示为∑((store_sales－stor_cost) * unit_sales)，计算结果正确，而计算成员 revenue_sales 的结果可以表示为（∑store_sales－∑store_cost) * ∑unit_sales，是在度量值聚集结果的基础上进行计算，因此产生计算错误。计算成员适合可分布式聚集表达式计算，如加法、减法，对于不可分布式聚集表达式计算则需要设置命名计算对象，保证聚集表达式在记录上的计算结果正确。

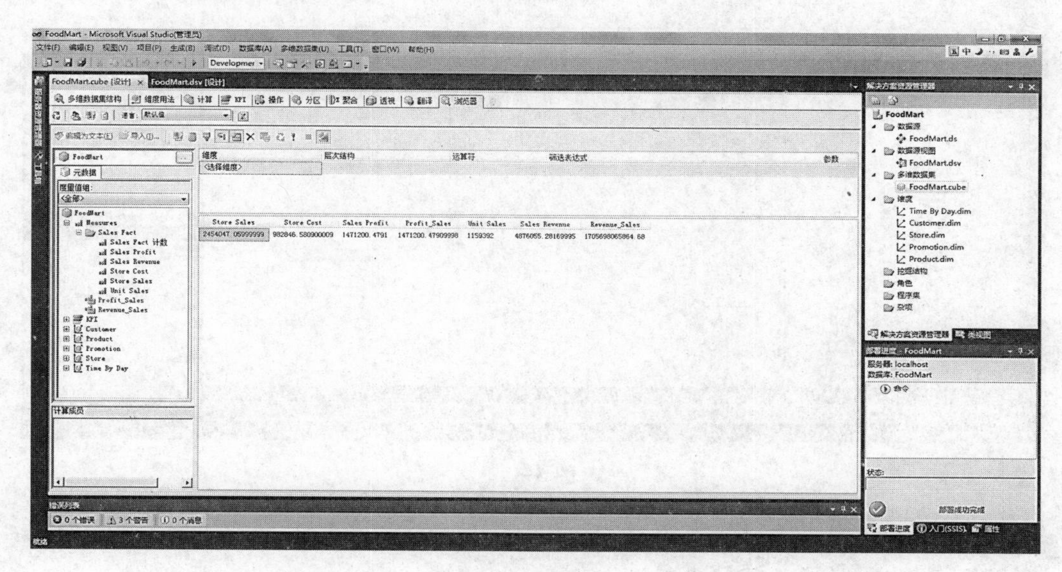

图 5—90

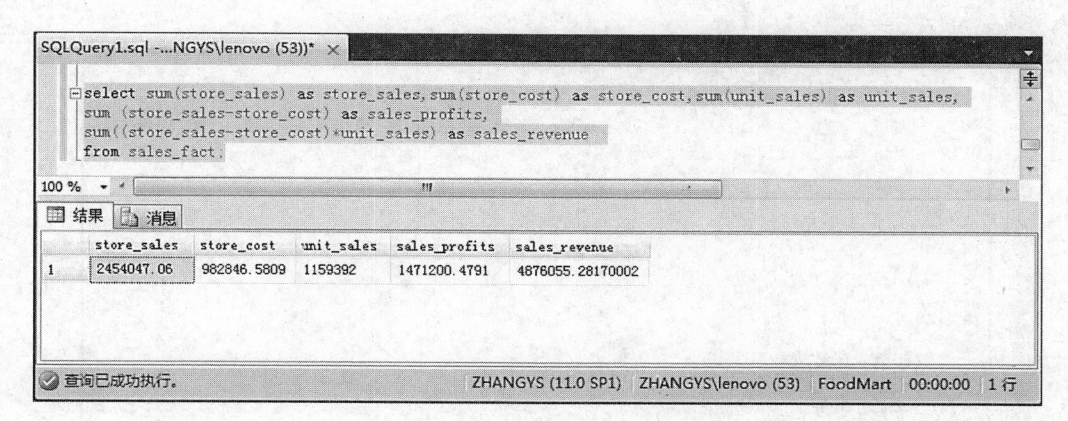

图 5—91

六、配置维度

（1）配置 product 维度。

在 product 维度中包含两个表：product 和 product_class，从中选择作为维层次的属性，其中维属性 product_family，product_category 和 product_subcategory 构造出一个三级维层次 p_Category（见图 5—92）。

通过 SQL 命令在数据库端验证属性组 product_family，product_category，product_subcategory 之间是否具有函数依赖关系。首先验证 product_subcategory 与 product_category 之间是否具有函数依赖关系，下面 SQL 命令运行结果记录行数不同，其中 product_subcategory 属性成员“Coffee”对应两个不同的 product_category 成员，不符合函数依赖关系。

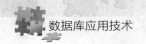

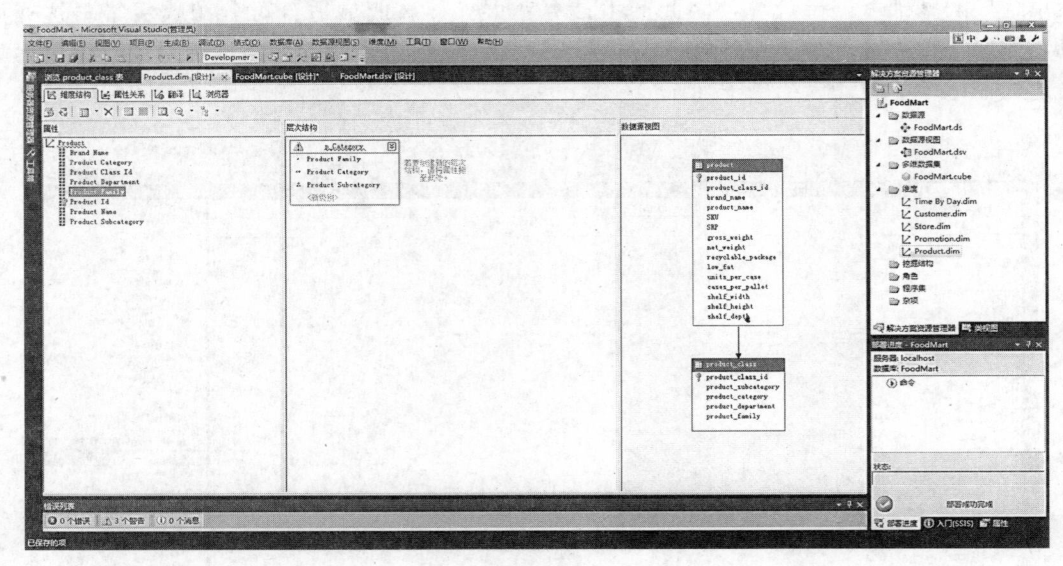

图 5—92

```
select distinct product_subcategory from product_class;
select distinct product_subcategory,product_category from product_class;
```

结果见图 5—93。

```
select distinct product_subcategory from product_class;
select distinct product_subcategory,product_category from product_class;
```

100 %

结果 消息

	product_subcategory
100	Toilet Brushes
101	Tools
102	Toothbrushes
103	Tuna
104	TV Dinner
105	Waffles
106	Wine
107	Yogurt

	product_subcategory	product_category
14	Chips	Snack Foods
15	Chocolate	Hot Beverages
16	Chocolate Candy	Candy
17	Clams	Canned Clams
18	Cleaners	Cleaning Supp...
19	Coffee	Dry Goods
20	Coffee	Hot Beverages
21	Cold Remedies	Cold Remedies

查询已成功执行。 ZHANGYS (11.0 SP1) ZHANGYS\lenovo (53) FoodMart 00:00:00 108 行

图 5—93

通过下面的 SQL 命令验证 product_category 和 product_family 之间是否具有函数依赖关系，同样查询结果行数不同，product_category 属性的成员 “specialty” 对应 product_family 属性中两个不同的成员，同样不满足函数依赖关系。

```
select distinct product_category from product_class;
select distinct product_category,product_family from product_class;
```

结果见图 5—94。

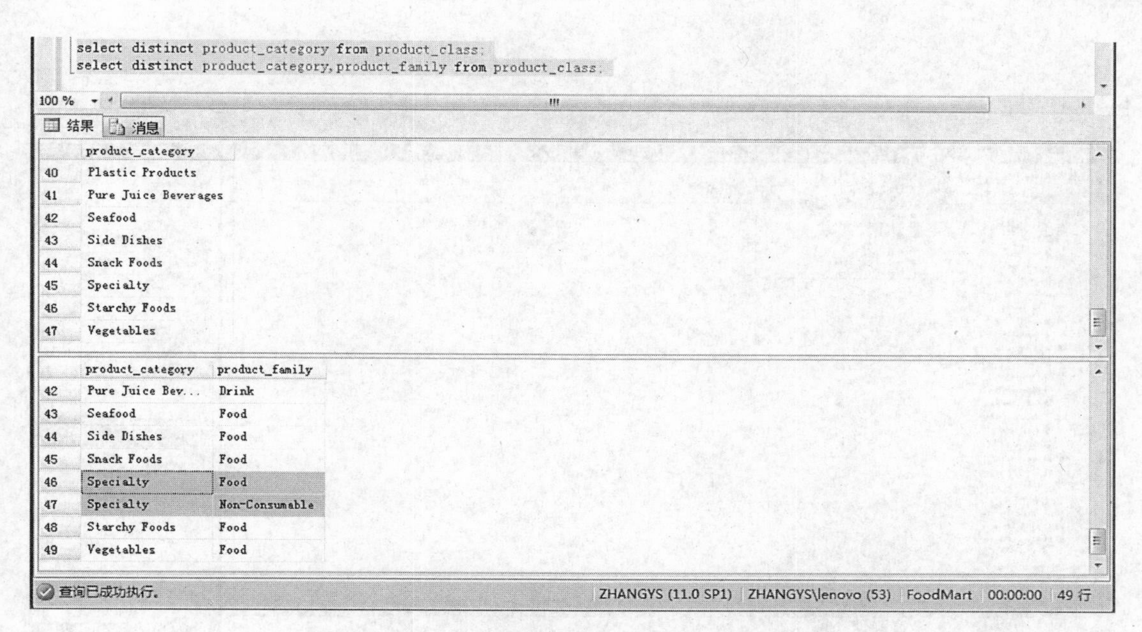

图 5—94

因此，在设置的维层次 p_category 中只保留基于的层次关系，不在“属性关系”中设置层次之间的属性关系，否则会在处理时产生重复值错误（见图 5—95）。

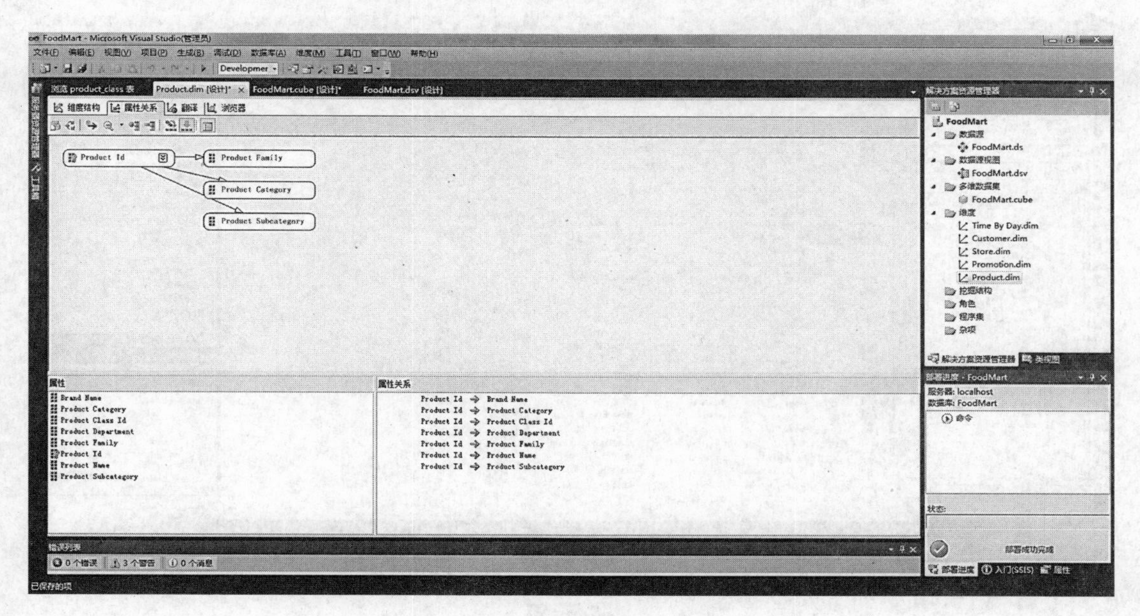

图 5—95

在浏览器中查看 p_category 维层次，可以看到 specialty 出现在维层次的不同分支中（见图 5—96）。

维度处理完毕之后，对多维数据集进行处理，然后在多维数据集的浏览器选项卡中检验 product 维上的数据视图。将维层次 p_category 拖入度量值窗口中，显示为三个维属性的分组聚集计算结果（见图 5—97）。

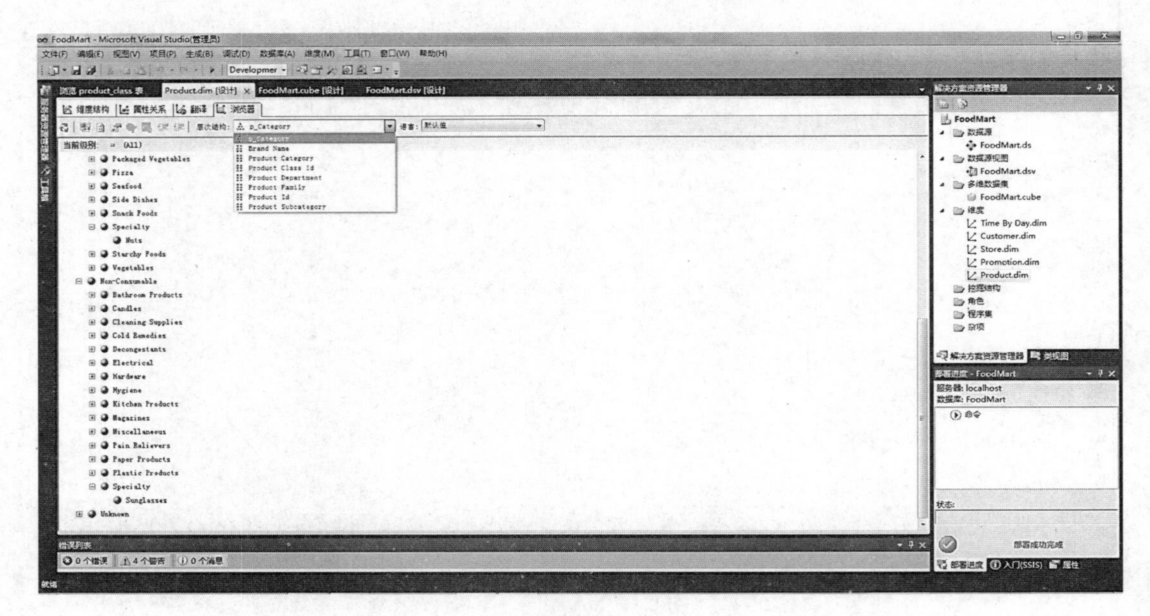

图 5—96

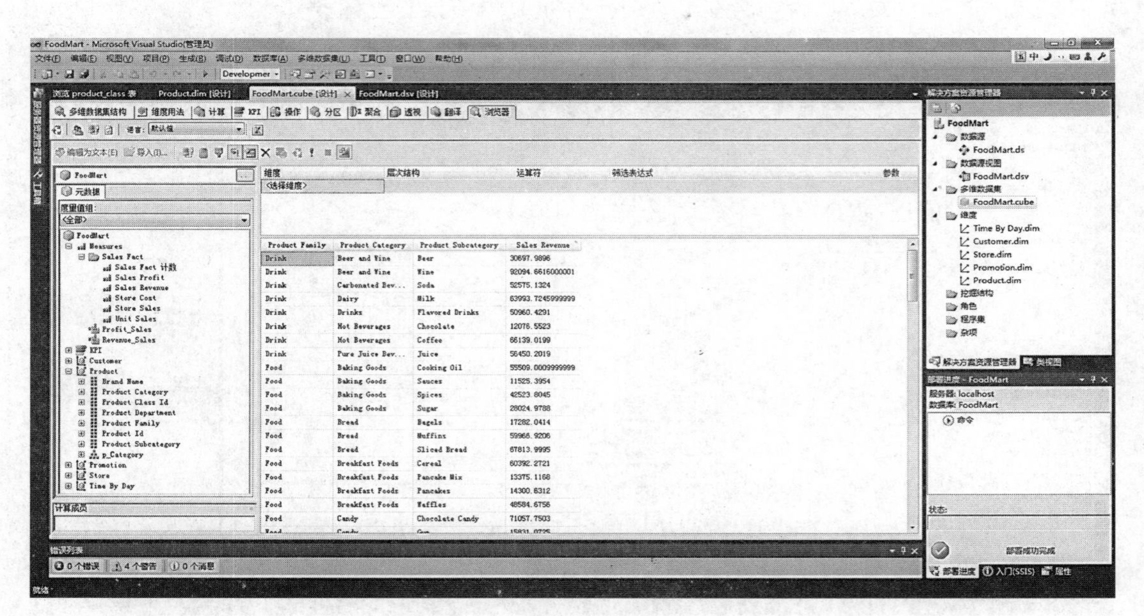

图 5—97

（2）配置 customer 维度。

即构建 customer 维度，选择可用于分类分析客户信息的属性作为维层次。在 customer 表中属性较多，都可以作为维属性，数值型字段，如 total_children，num_children_at_home，num_cars_owned 等也可以作为分析维度使用。维属性 country-state province-city 构成三级维层次 c_region。构建完维层次后进行处理，并通过浏览器查看维层次各维层的成员。参见图 5—98。

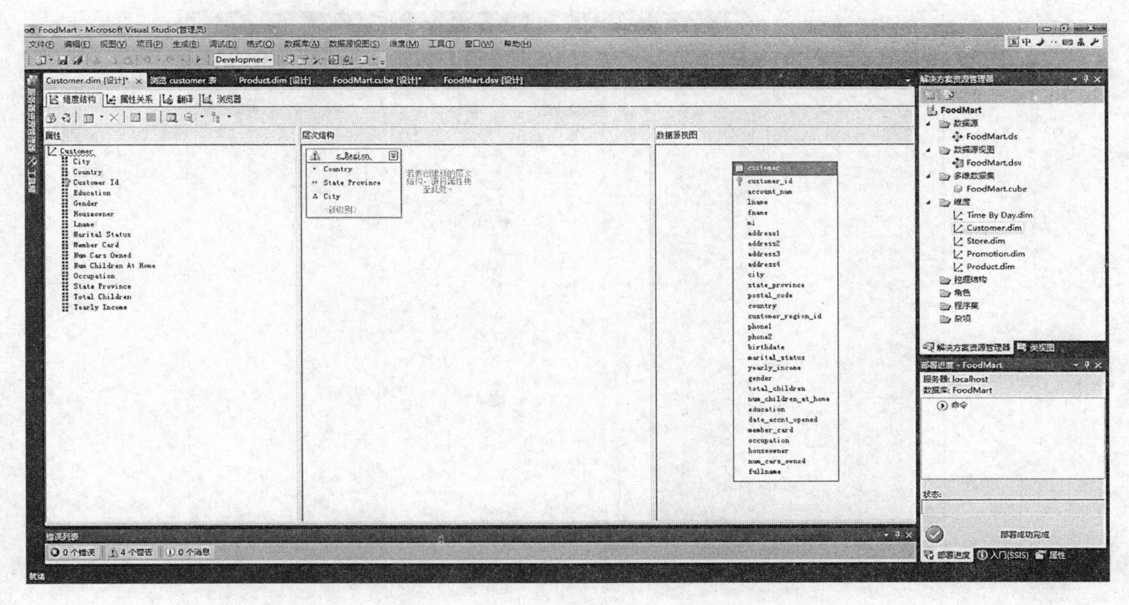

(A)

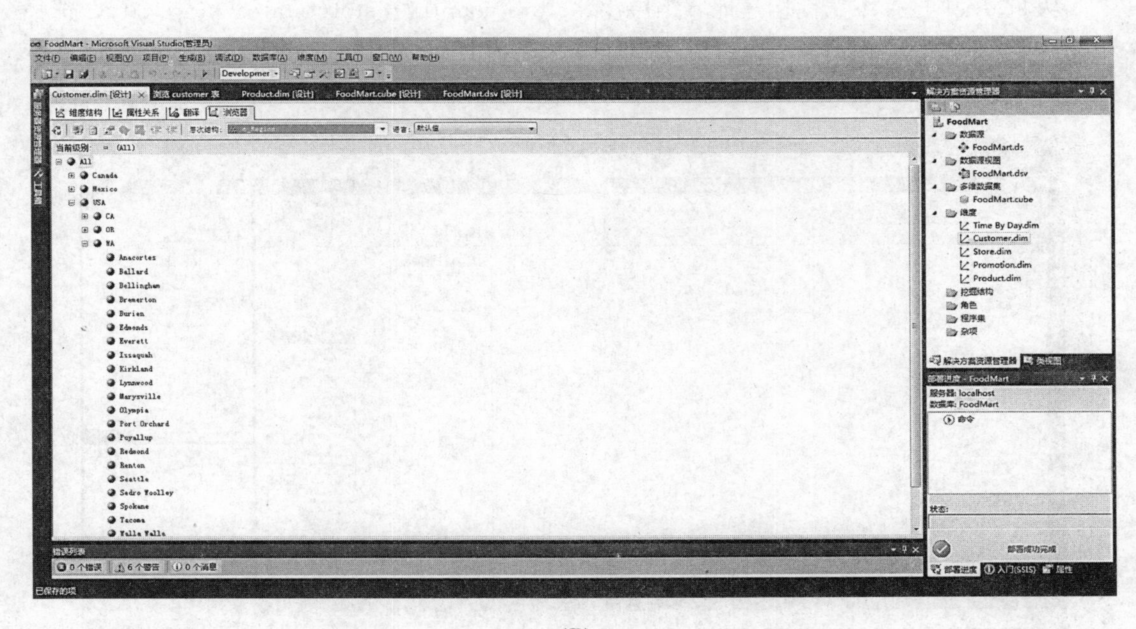

(B)

图 5—98

(3) 配置 store 维度。

Store 表中存在地域属性 store_city，store_state，store_country，可以构建地域层次。region 表中存在类似的地域属性 sales_city，sales_state_province，sales_country，也可以构建地域层次。在数据库引擎中通过 SQL 命令对比三组属性取值，region 表中除一组属性取空值外，其余记录属性与 store 表对应属性取值相同，因此取 store 表中的属性构建地域层次（见图 5—99）。

SQLQuery1.sql -...NGYS\lenovo (53))*

```
select store_city, sales_city, store_state, sales_state_province, store_country, sales_country
from store, region where store.region_id=region.region_id;
```

100 %

结果 | 消息

	store_city	sales_city	store_state	sales_state_province	store_country	sales_country
1	Alameda	None	CA	None	USA	No Country
2	Acapulco	Acapulco	Guerrero	Guerrero	Mexico	Mexico
3	Bellingham	Bellingham	WA	WA	USA	USA
4	Bremerton	Bremerton	WA	WA	USA	USA
5	Camacho	Camacho	Zacatecas	Zacatecas	Mexico	Mexico
6	Guadalajara	Guadalajara	Jalisco	Jalisco	Mexico	Mexico
7	Beverly Hills	Beverly Hills	CA	CA	USA	USA
8	Los Angeles	Los Angeles	CA	CA	USA	USA
9	Merida	Merida	Yucatan	Yucatan	Mexico	Mexico
10	Mexico City	Mexico City	DF	DF	Mexico	Mexico
11	Orizaba	Orizaba	Veracruz	Veracruz	Mexico	Mexico
12	Portland	Portland	OR	OR	USA	USA
13	Hidalgo	Hidalgo	Zacatecas	Zacatecas	Mexico	Mexico
14	Salem	Salem	OR	OR	USA	USA
15	San Francisco	San Francisco	CA	CA	USA	USA
16	Seattle	Seattle	WA	WA	USA	USA
17	Spokane	Spokane	WA	WA	USA	USA
18	Tacoma	Tacoma	WA	WA	USA	USA
19	Hidalgo	Hidalgo	Zacatecas	Zacatecas	Mexico	Mexico
20	Vancouver	Vancouver	BC	BC	Canada	Canada
21	Victoria	Victoria	BC	BC	Canada	Canada
22	San Andres	San Andres	DF	DF	Mexico	Mexico
23	Walla Walla	Walla Walla	WA	WA	USA	USA
24	Yakima	Yakima	WA	WA	USA	USA
25	San Diego	San Diego	CA	CA	USA	USA

查询已成功执行。 ZHANGYS (11.0 SP1) ZHANGYS\lenovo (53) FoodMart 00:00:00 25 行

图 5—99

从 store 中选择维属性构建地域维层次：store_country - store_state - store_city，选择 store_type 作为维属性。维层次可以通过属性关系设置属性间的函数依赖关系，构造好维层次后处理维度，并通过浏览器检验维层次成员，参见图 5—100。

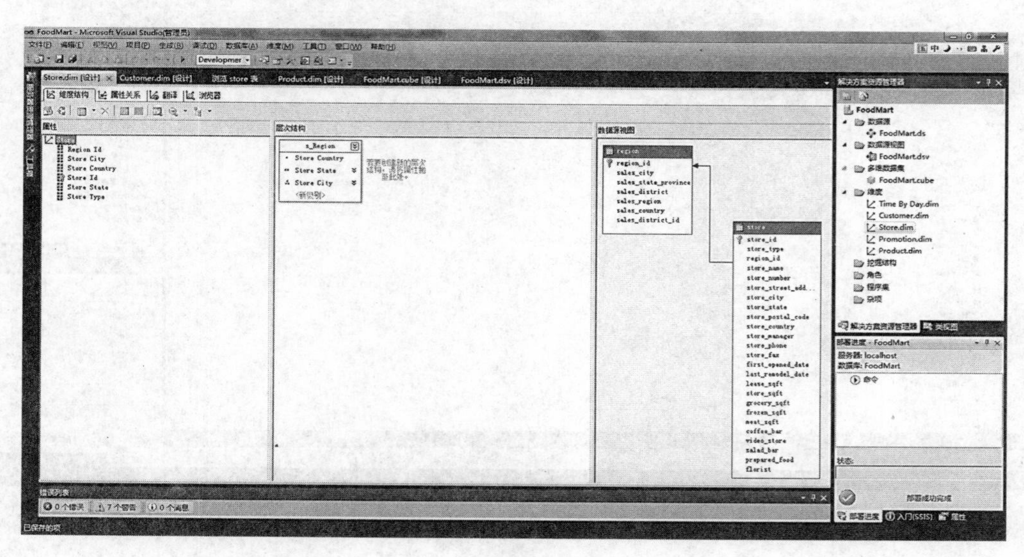

(A)

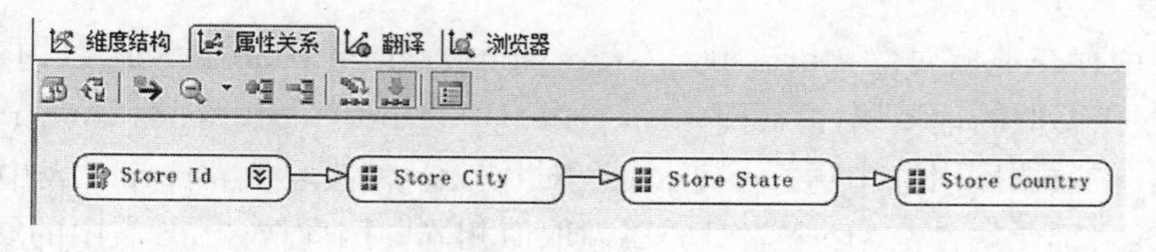

(B)

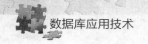

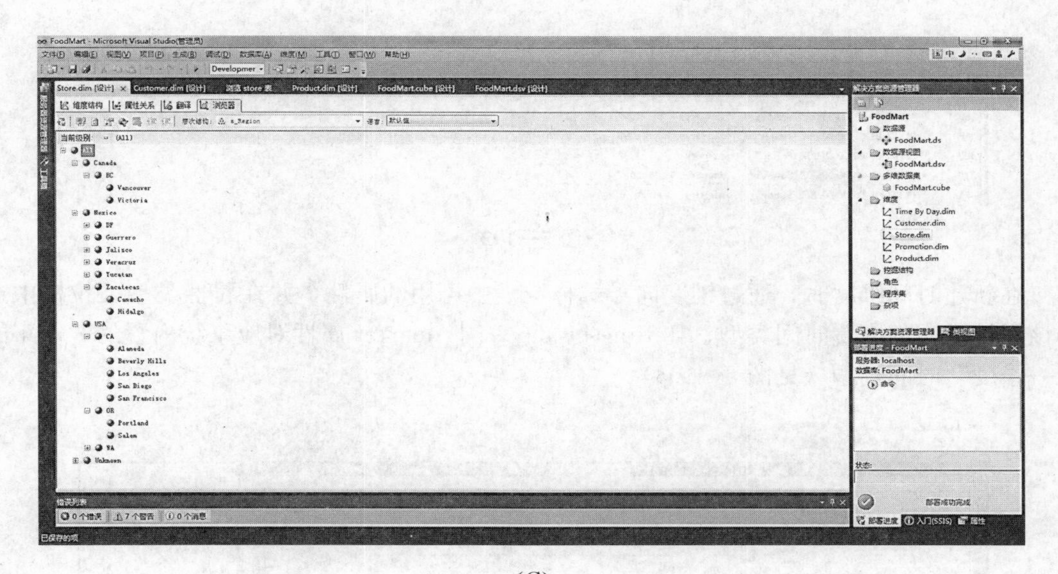

(C)

图 5—100

(4) 配置 promotion 维度。

在 promotion 表中为促销描述信息，适合作为维属性的有 media_type，配置后进行处理（见图 5—101）。

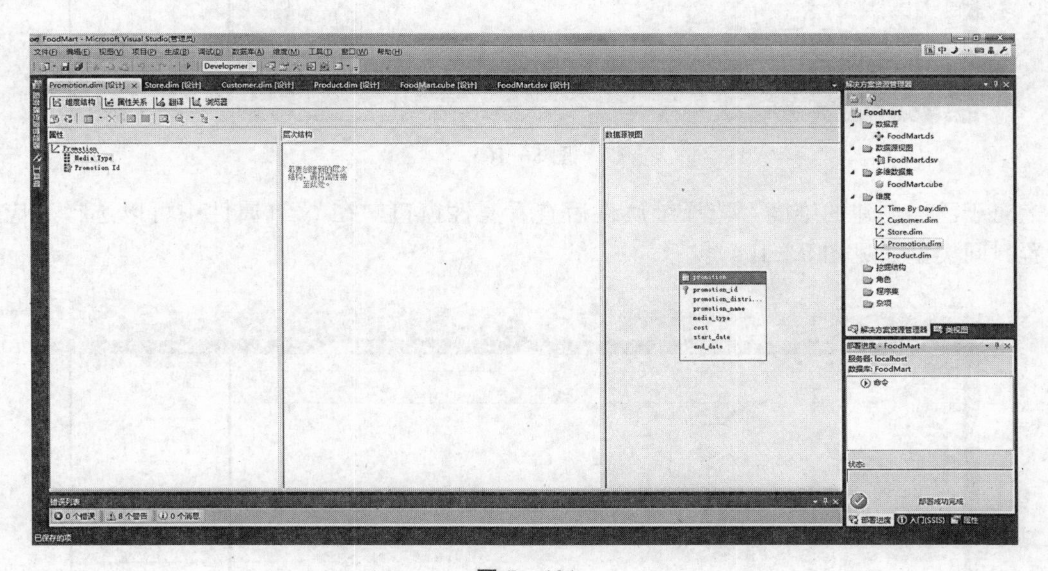

图 5—101

(5) 配置时间（time）维度。

时间维度通常具有多样的层次，设置相对比较复杂。通过数据源视图浏览功能可以查看数据，可以设置两个维层次：the_year－quarter－the_month－day_of_month 和 the_year－week_of_year－the_day（见图 5—102）。

时间维度具有特殊性，系统设置有默认的时间属性，可以将 time_by_day 维度中各维属性设置为系统内置的时间类型。

Time By Day.dim [设计]* | Promotion.dim [设计] | Store.dim [设计] | Customer.dim [设计] | 浏览 time_by_day 表 × | Product.dim [设计] | FoodMart.cube [设计]*

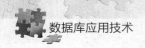

表

time_id	the_date	the_day	the_month	the_year	day_of_month	week_of_year	month_of_year	quarter	fiscal_period
367	1997-01-01 00:00:00Z	Wednesday	January	1997	1	2	1	Q1	
368	1997-01-02 00:00:00Z	Thursday	January	1997	2	2	1	Q1	
369	1997-01-03 00:00:00Z	Friday	January	1997	3	2	1	Q1	
370	1997-01-04 00:00:00Z	Saturday	January	1997	4	2	1	Q1	
371	1997-01-05 00:00:00Z	Sunday	January	1997	5	3	1	Q1	

图 5—102

在新建时间维度时，通过维度向导选择维表中可用的属性，并在属性类型下拉框中选择该属性对应的内置时间类型，如 time_by_day 表中 quarter 属性对应系统内置的“每年的某一季度”时间类型（见图 5—103）。

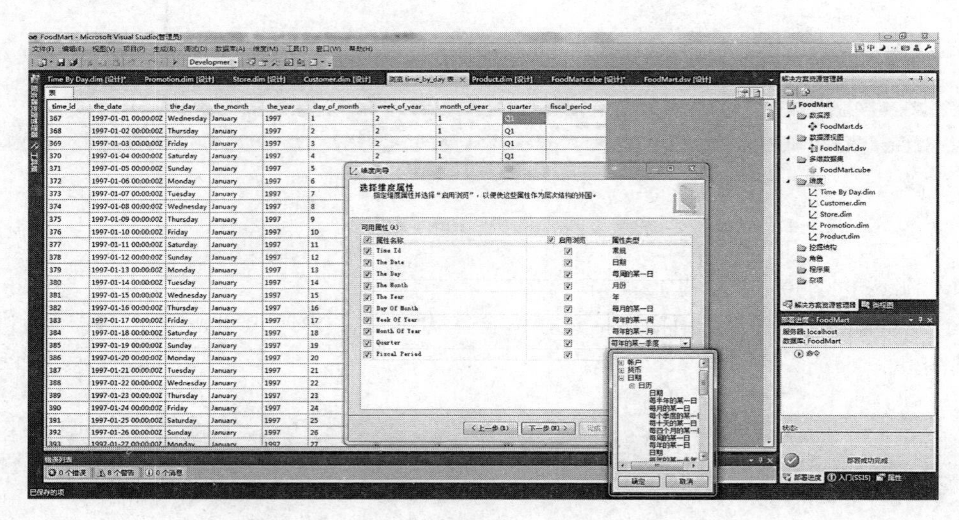

图 5—103

对于已经创建的维度，选择维属性后查看属性窗口，在 type 属性中可以选择对应的内置时间类型（见图 5—104）。

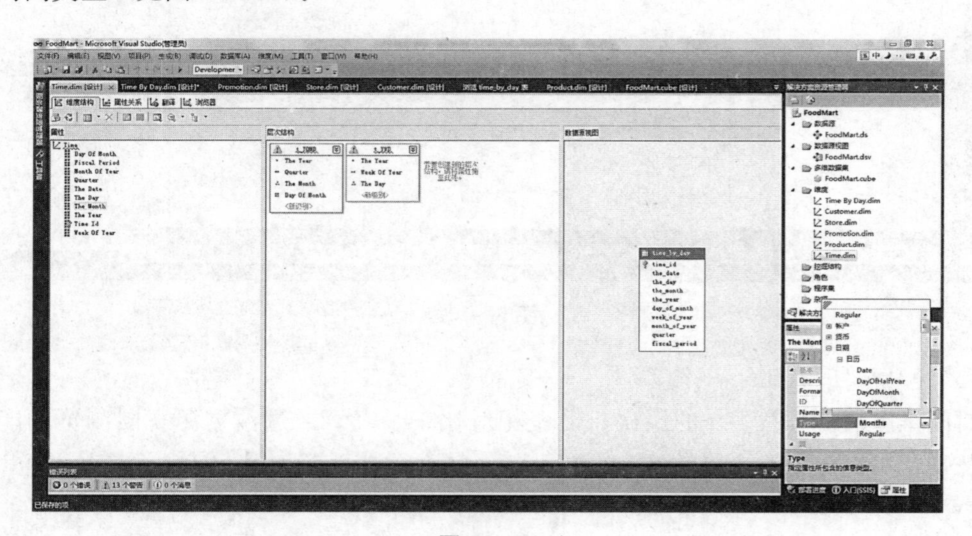

图 5—104

处理 time 维度，通过浏览器查看各级维层次成员，确认维层次设置正确（见图 5—105）。

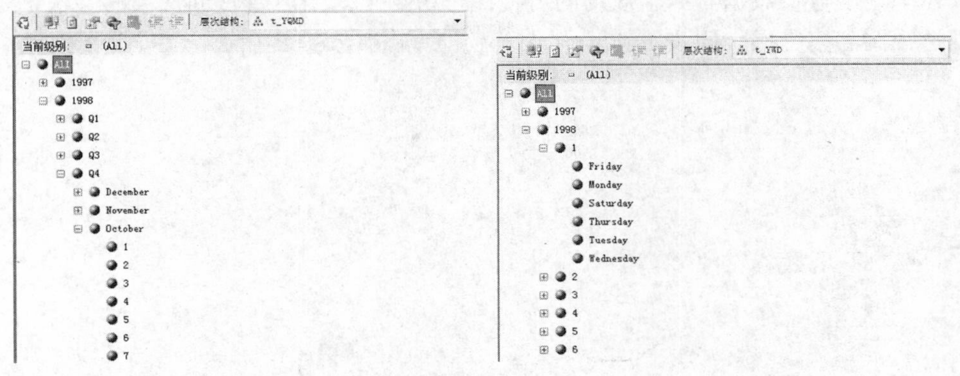

图 5—105

七、查看多维数据

在多维数据集视图中选择浏览器选项卡，将度量值属性 sales_revenue 拖入窗口右下方，选择相应 time 维度中的维层次 t_yQMD 拖入查询窗口，显示在时间维度上的多维查询结果。

筛选窗口可以设置多维数据切块操作。在筛选区域依次设置各维度指定层次结构上的筛选条件，进一步限制多维数据集。当筛选条件改变时，查询窗口实时显示相应的多维查询结果。参见图 5—106。

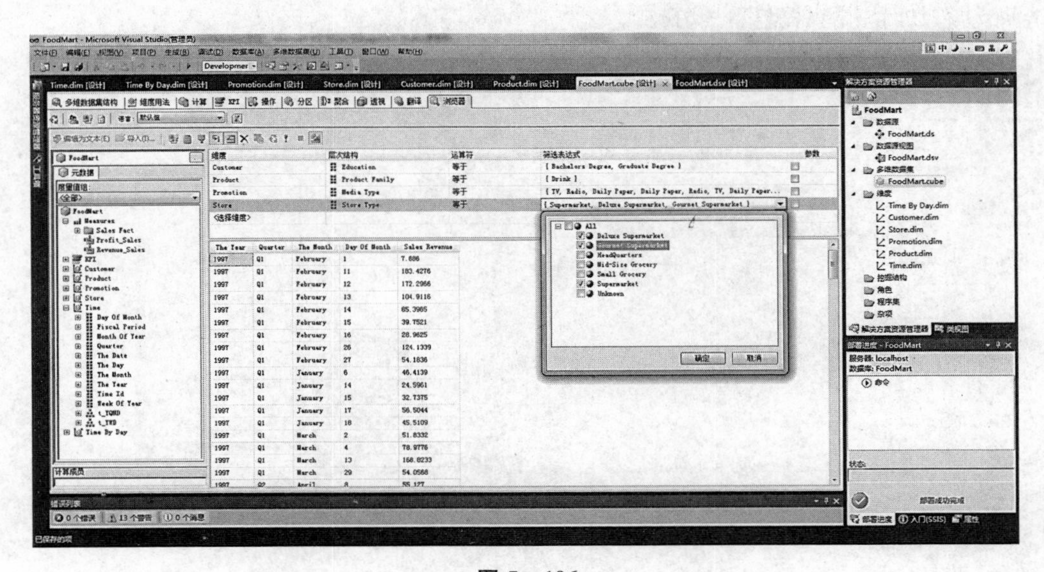

图 5—106

八、生成 Excel 数据透视图和数据透视表

通过工具栏“在 Excel 中分析”按钮“”，将 Analysis Service 中定义的多维数据集通过数据透视表工具在 Excel 中生成数据透视表。

在 Excel 中通过数据透视表窗口设置数据透视结构，图 5—107 为 Analysis Service 中设计的多维查询，在 Excel 中通过数据透视表和数据透视图通过上卷、下钻、旋转、转换维度操作多角度分析数据，给出数据的可视化分析结果，当更改查询选项时，数据透视表和数据透视图随多维操作同步更新。

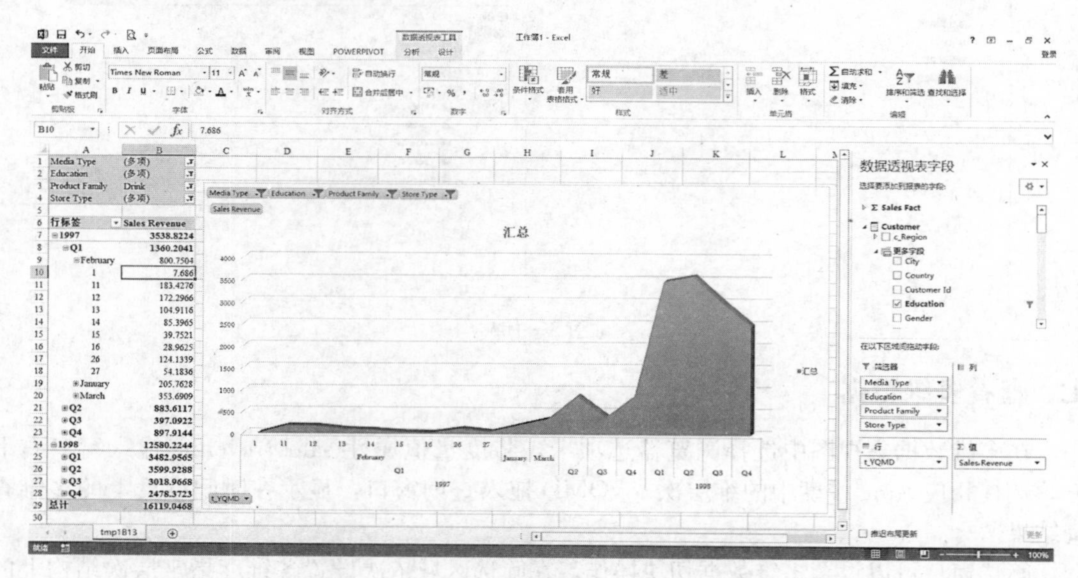

图 5—107

在 Excel 数据透视表工具的“分析”菜单中使用“插入切片器”工具可以为数据透视图增加动态切片功能（见图 5—108）。

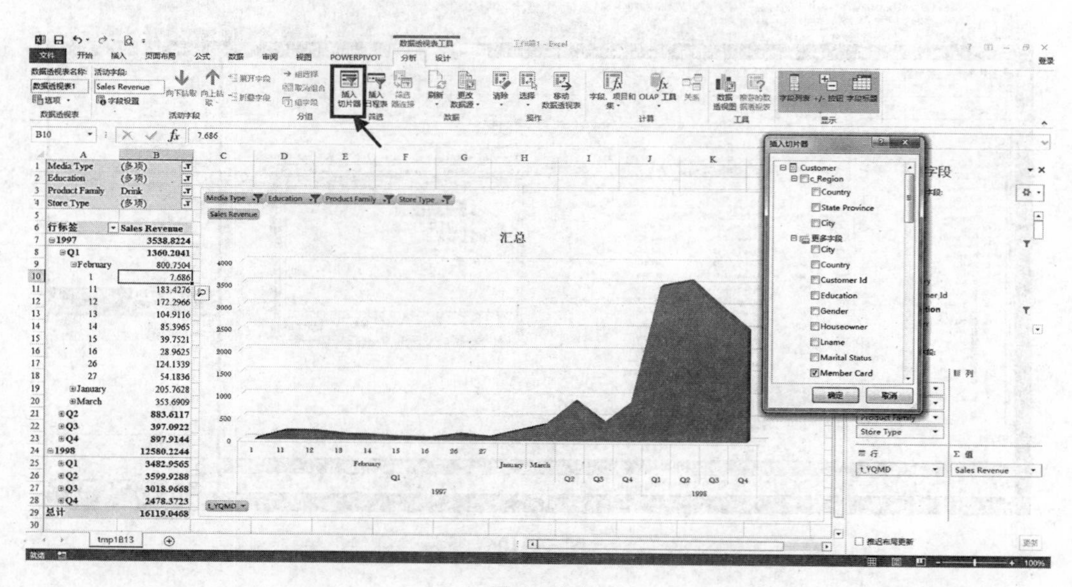

图 5—108

选择 customer 表的 member_card 切片器后显示一个浮动窗口，窗口中列出 member_card 中的成员，单击其中的成员为当前的多维查询进行数据切片，动态查看不同切片下的多维查询结果（见图 5—109）。

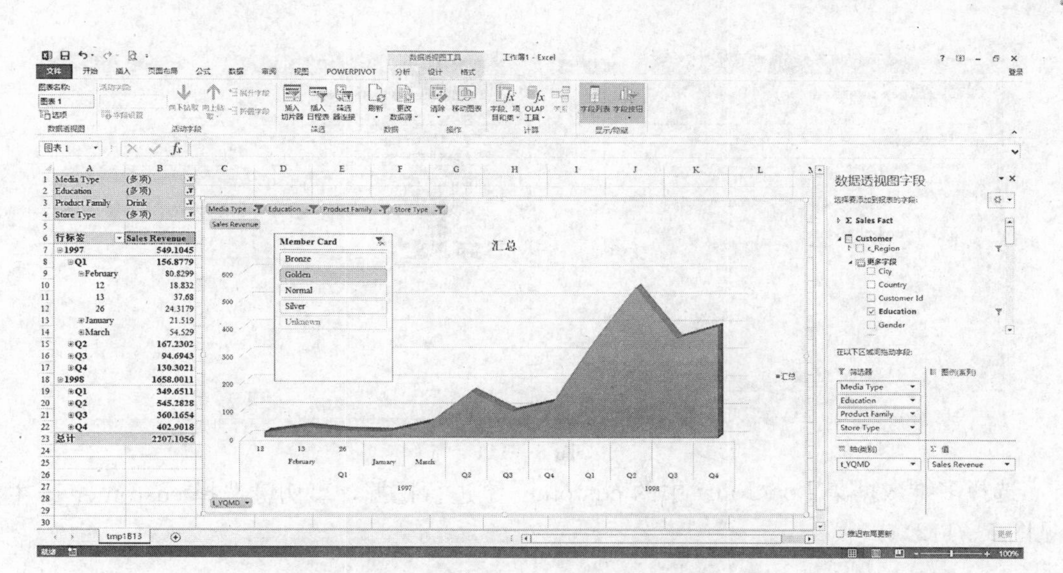

图 5—109

第 3 节　基于多维数据集的数据挖掘案例实践

在 Analysis Service 项目中，多维数据集不仅提供了 OLAP 分析处理功能，还提供了数据挖掘功能，下面通过案例演示基于 FoodMart 多维数据集的数据挖掘应用方法。

1. 通过数据挖掘向导创建数据挖掘结构

在 FoodMart 解决方案资源管理器窗口的“挖掘结构”上右键执行新建挖掘结构命令 新建挖掘结构(M)...，启动数据挖掘向导（见图 5—110）。

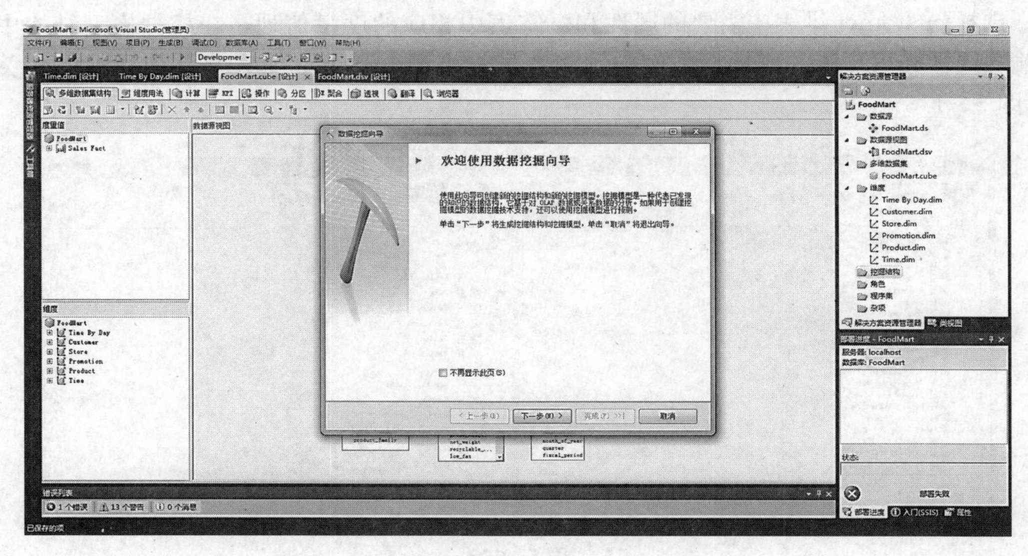

图 5—110

选择“从现有多维数据集”定义挖掘结构，选择决策树数据挖掘技术（见图 5—111）。

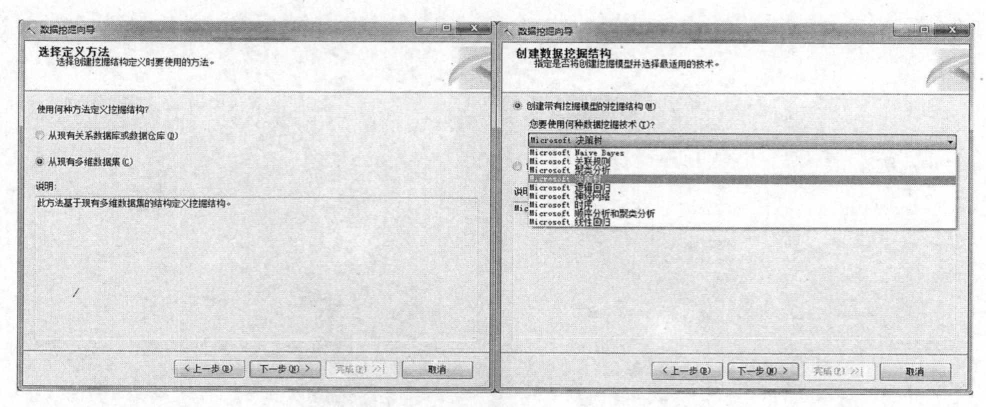

图 5—111

选择多维数据集 FoodMart 中的 customer 维进行挖掘，事例键选择 customer_id 主键（见图 5—112）。

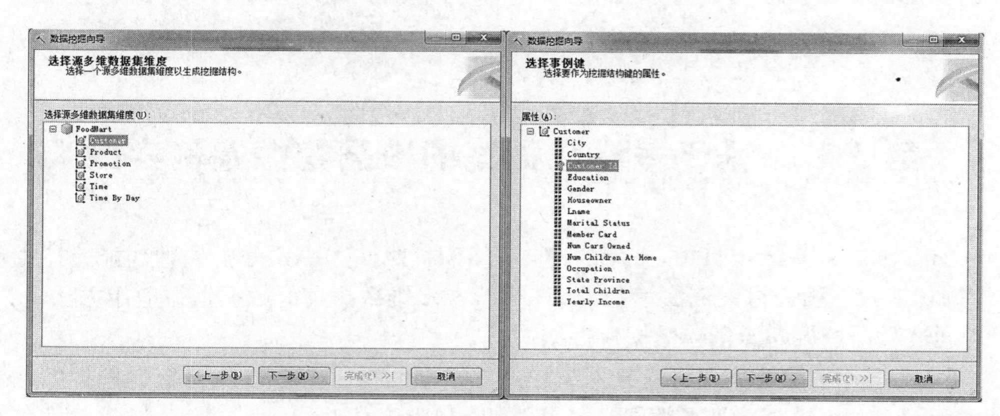

图 5—112

选择 customer 维表中需要的属性和事实表中相应的度量值列，在挖掘模型结构中定义输入属性和可预测的属性。本例中预测会员卡类型 member_card 与其他属性的相关性（见图 5—113）。

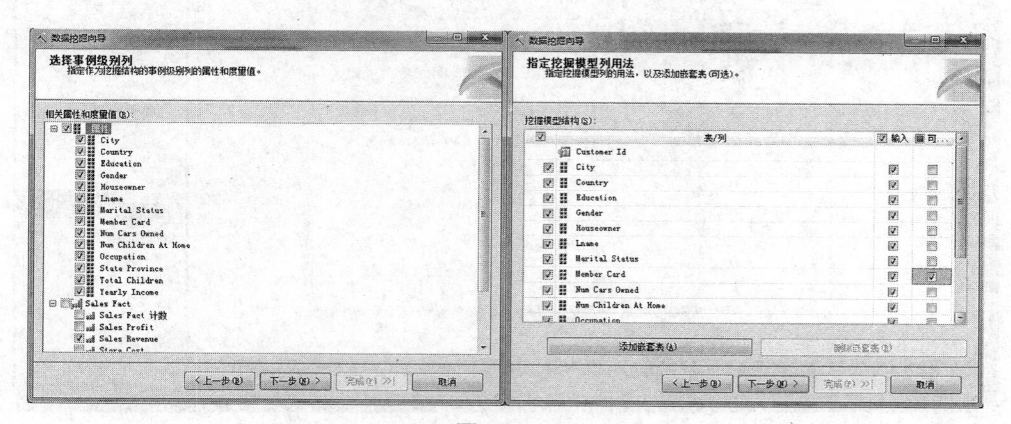

图 5—113

检测数值列的连续性，可以在维度上定义数据切片来约束多维数据集，本例在 store 维 store_country 属性上选择 Canada 和 USA 切片（见图 5—114）。

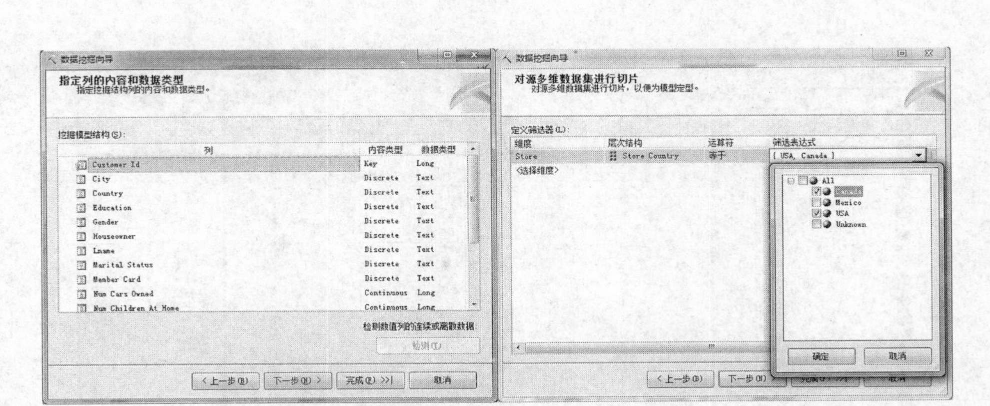

图 5—114

设置测试数据百分比，设置挖掘结构名称、模型名称以及是否允许钻取（见图 5—115）。

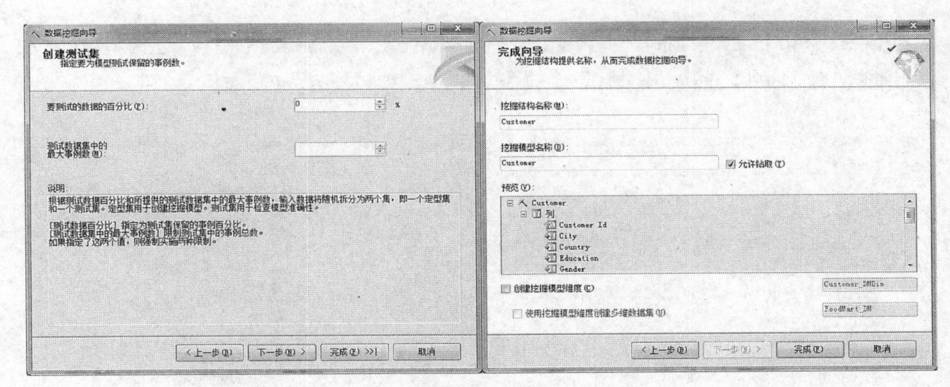

图 5—115

完成数据挖掘向导，创建挖掘结构（见图 5—116）。

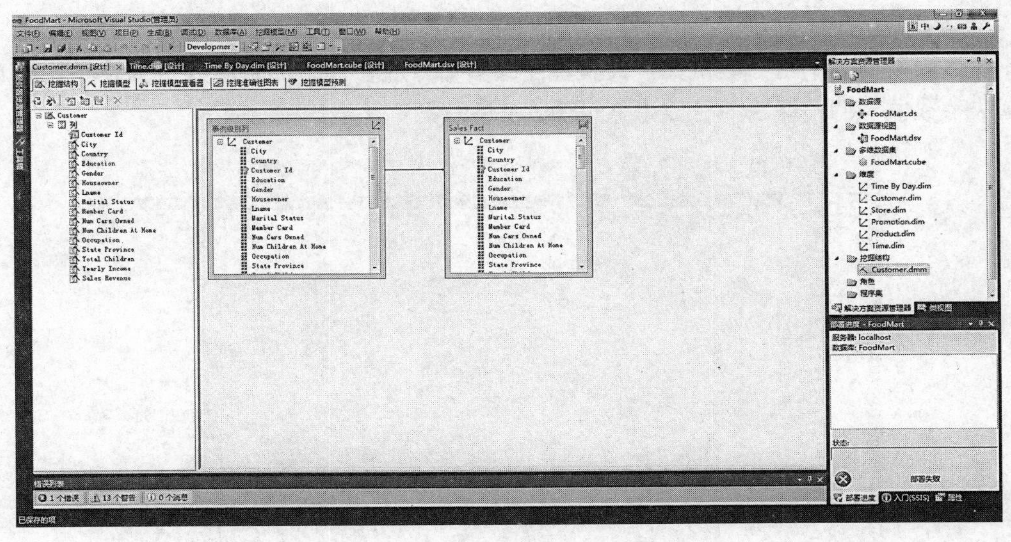

图 5—116

对数据挖掘结构进行处理（见图 5—117）。

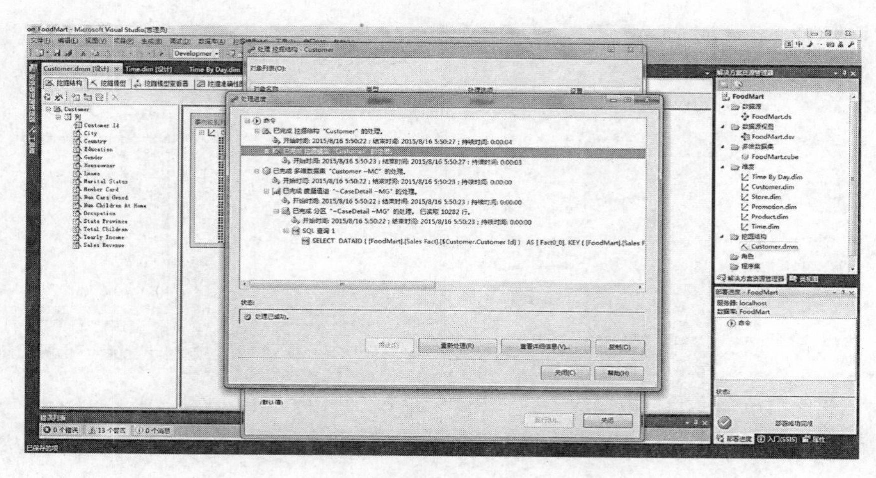

图 5—117

在挖掘模型中可以在挖掘结构中更改当前数据挖掘模型，模型中的属性可以更改类型为输入、预测、仅预测，通过不同的参数配置改变挖掘模型（见图 5—118）。

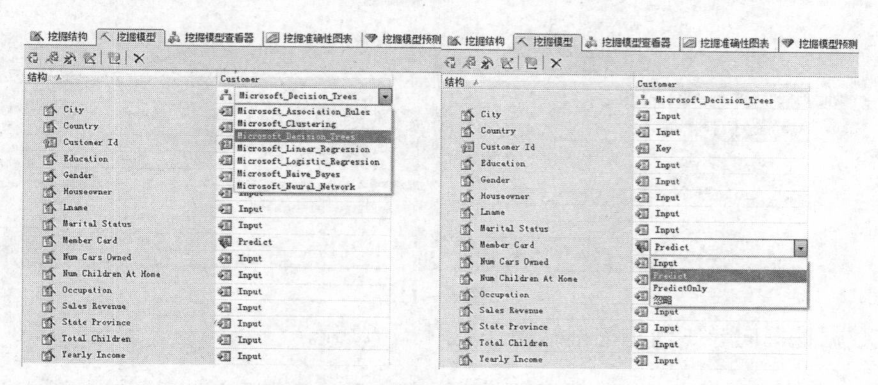

图 5—118

在挖掘模型上单击右键，执行设置算法参数命令后在弹出的算法参数对话框中可以设置算法参数值，调整算法执行效果（见图 5—119）。

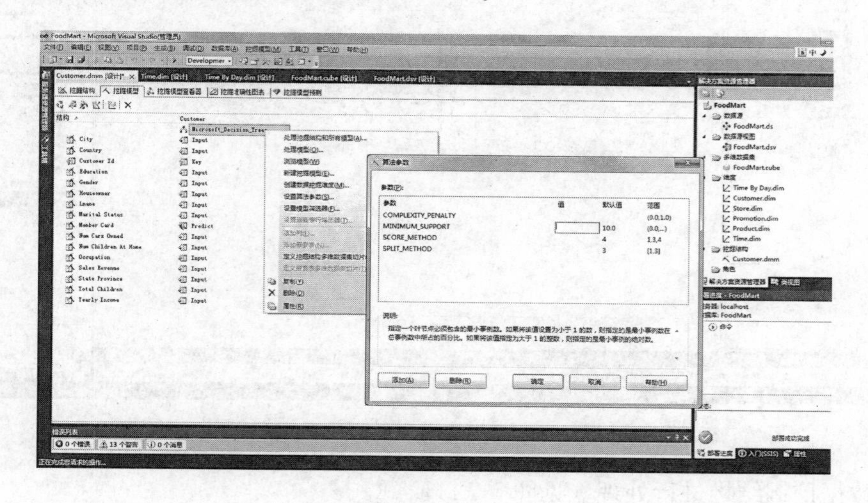

图 5—119

挖掘模型查看器显示决策树挖掘模型对 member_card 的决策树结构，鼠标置于树节点上时显示当前节点的分类信息，右下角挖掘图例窗口显示当前节点的分类信息和 member_card 各成员在当前分类中的概率（见图 5—120）。

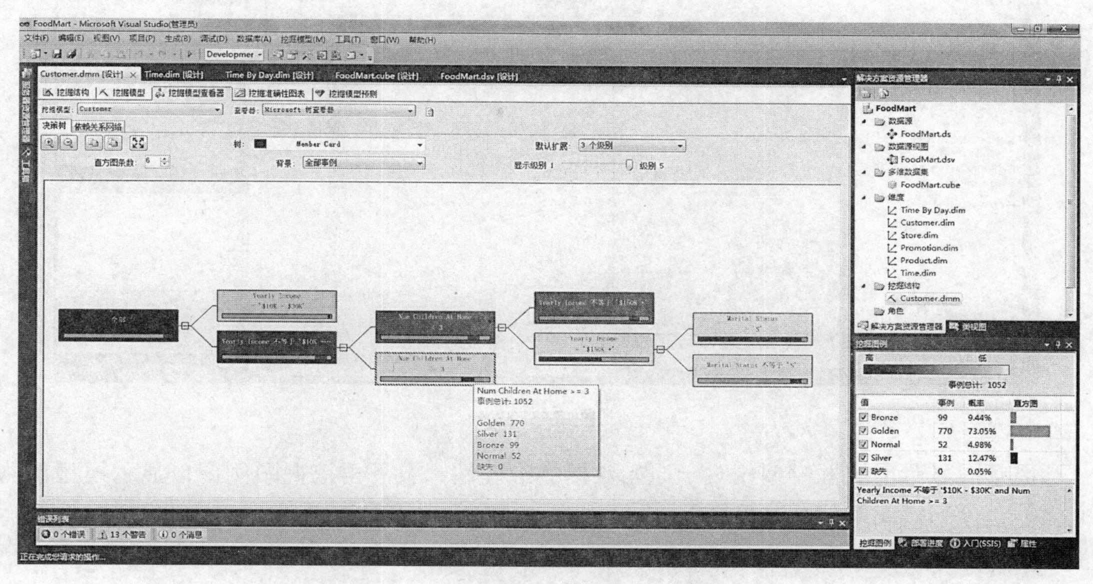

图 5—120

在“依赖关系网络”选项卡窗口中显示挖掘模型中与 member_card 具有依赖关系的链接，拖动左侧的链接滑块可以按链接的强度显示各属性与预测试属性 member_card 之间的依赖关系（见图 5—121）。

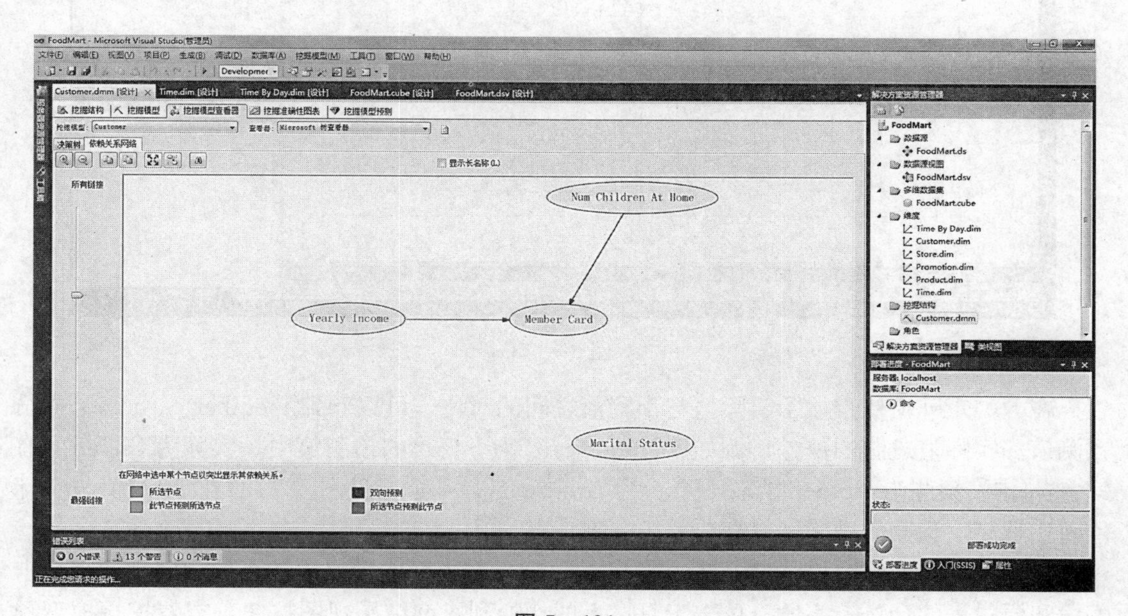

图 5—121

在“挖掘准确性图表”窗口的“输入选择”选项卡窗口中可以通过“指定其他数据集”，选择 customer 表，验证挖掘模型的准确性（见图 5—122）。

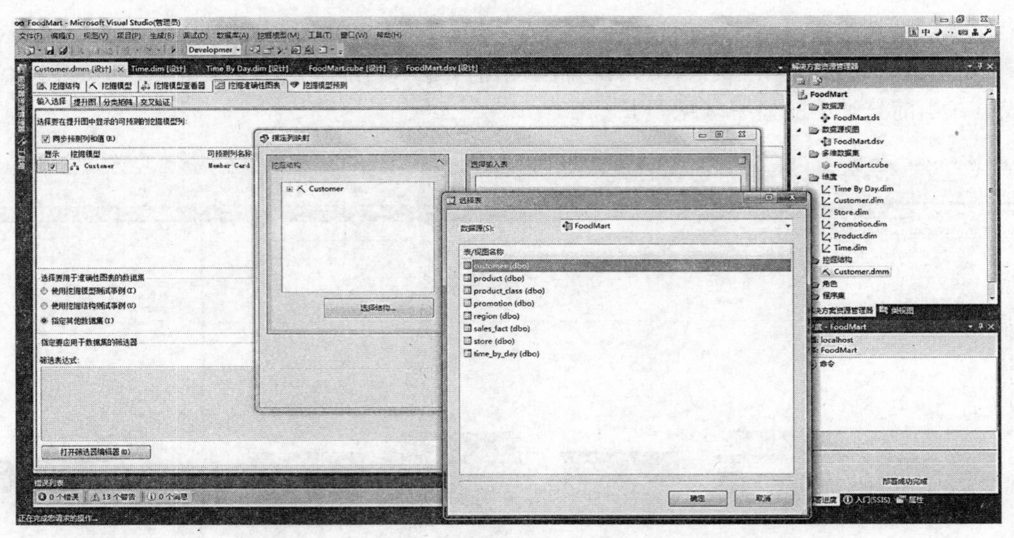

图 5—122

提升图显示了挖掘模型相对于原始数据的准确性，右下角挖掘图例窗口显示模型预测准确性、预测概率等信息（见图 5—123）。

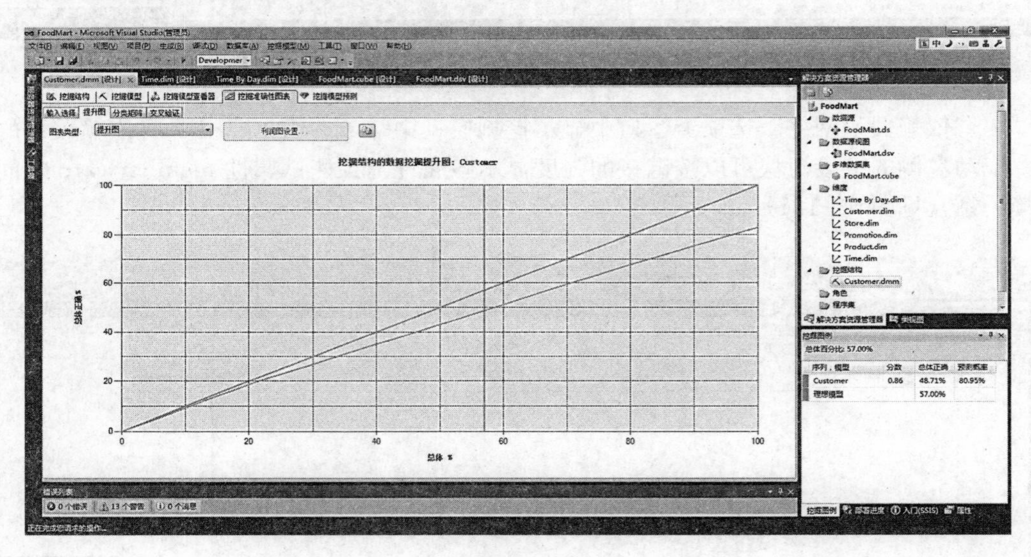

图 5—123

在分类矩阵窗口中显示实际值与预测值之间的对比，可以看到 member_card 每个成员预测值和实际值之间的偏差，例如 member_card 为 Silver 的预测值中，实际为 Silver 的有 97 个，错误预测为 Golden 的有 2 个，为 Bronze 的有 4 个（见图 5—124）。预测值与实际值占比越高，预测的准确性越高。

在挖掘模型预测窗口中选择输入表 customer，在下面的窗口中选择挖掘模型的会员卡字段和原始表的会员卡字段。单击工具栏上的切换到查询结果视图按钮，查看挖掘模型预测结果（见图 5—125）。

窗口中显示挖掘模型预测的会员卡类型与实际表中会员卡类型的一一对比（见图 5—126）。

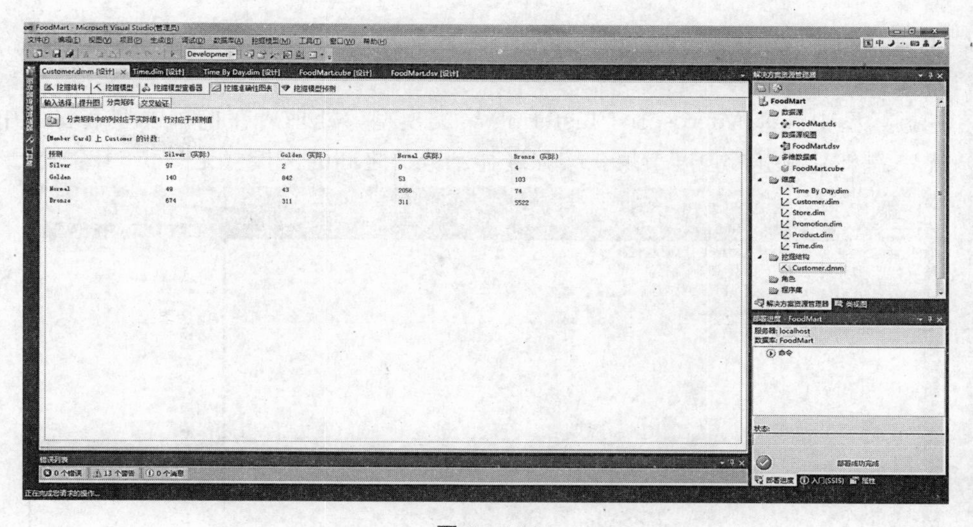

图 5—124

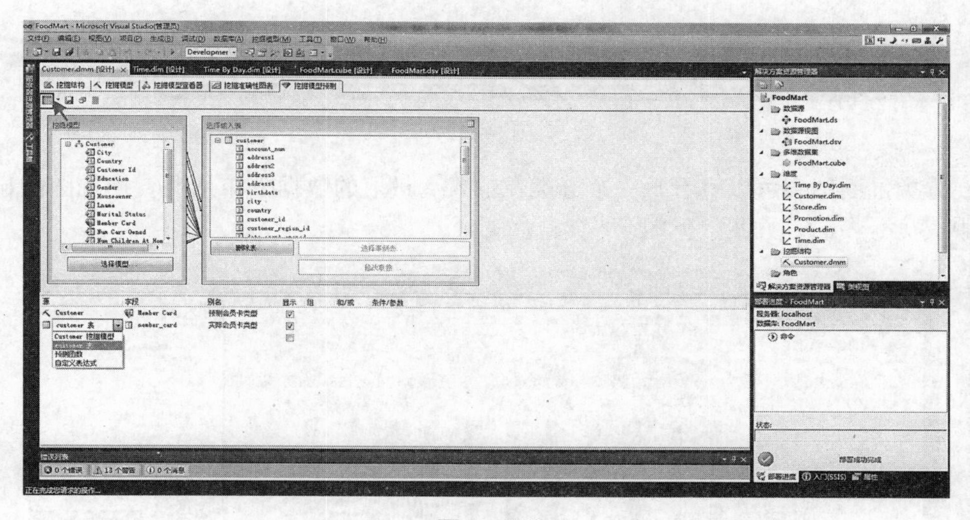

图 5—125

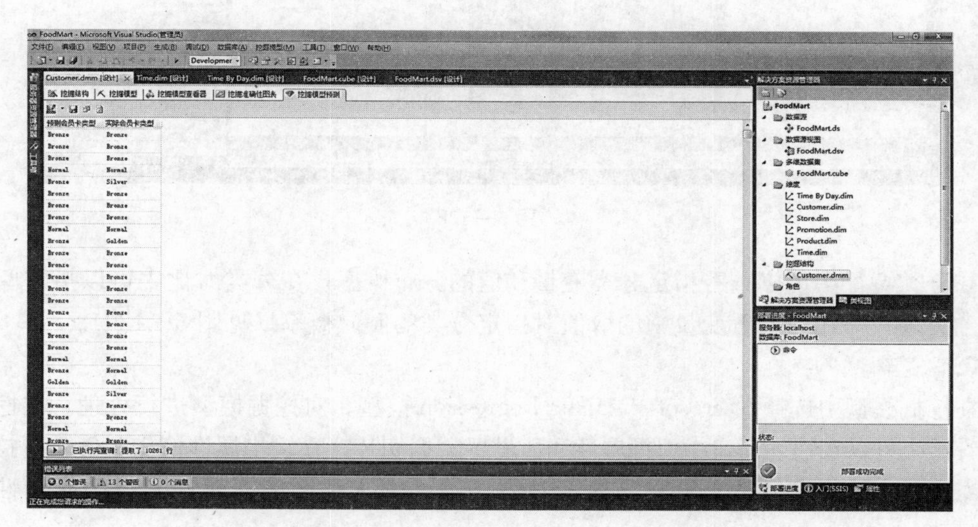

图 5—126

2. 其他挖掘模型

（1）聚类。

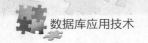

在挖掘模型中选择 Microsoft_Clustering 聚类模型，处理后在挖掘模型查看器中显示分类情况，调节左侧链接强度滑块，按强度显示分类之间的链接（见图 5—127）。

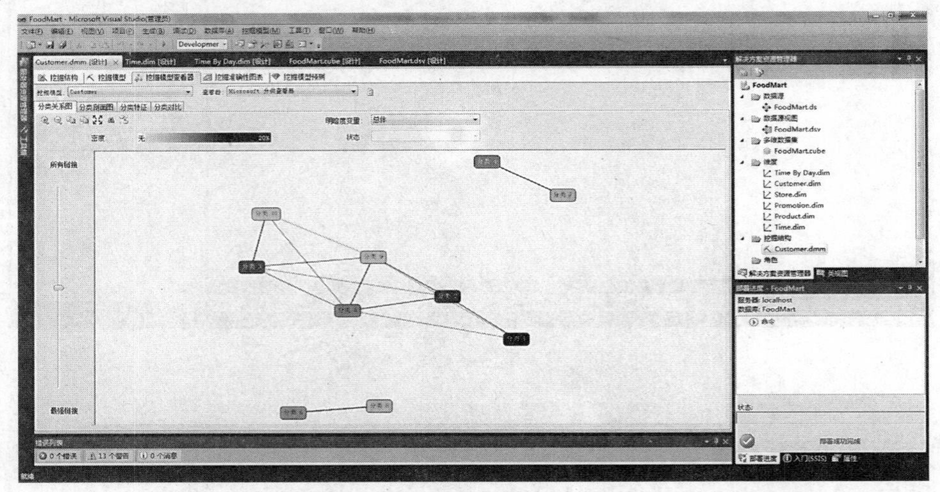

图 5—127

在分类剖面图中可以查看每一个分类在输入变量上的数据分布情况，挖掘图例显示了变量中成员分布的直方图（见图 5—128）。

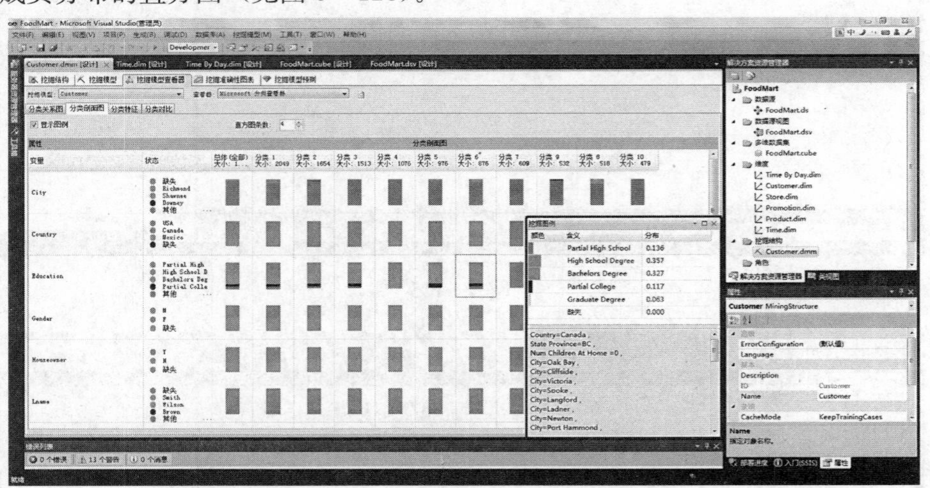

图 5—128

在分类特征中可以查看指定分类变量和值的分布概率，在分类对比中可以指定两个不同的分类进行对比，查看变量中的取值对指定分类的倾向概率（见图 5—129）。

（2）逻辑回归。

在挖掘模型中选择 Microsoft_Logistic_Regression 模型，对挖掘模型进行处理。在挖掘模型查看器中可以在输入窗口中根据属性和值设置数据切片，在输出属性值 1 和值 2 下拉框中选择需要对比的输出值，变量窗口显示倾向于输出值 1 和 2 的变量性和值的倾向性（见图 5—130）。

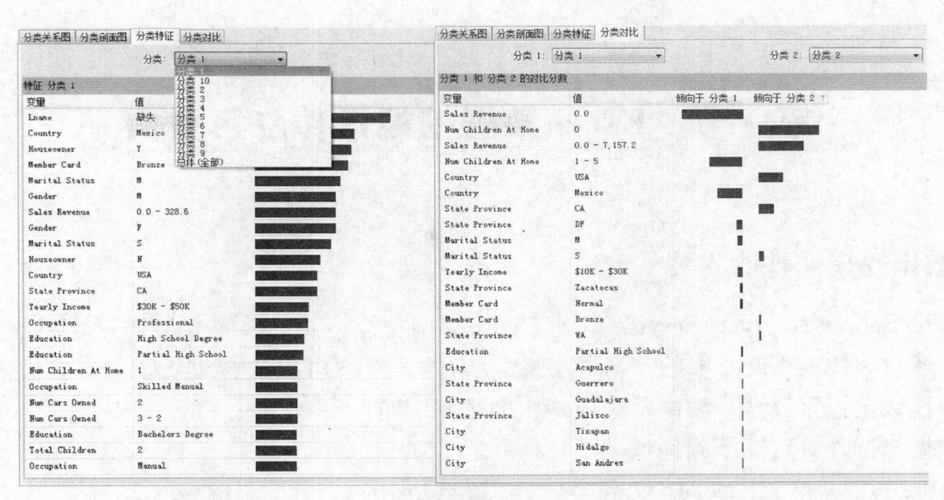

图 5—129

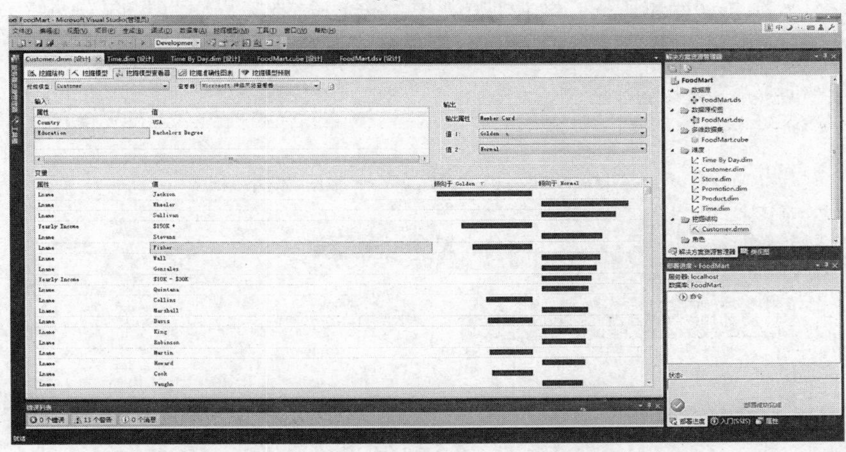

图 5—130

（3）神经网络。

在挖掘模型中选择 Microsoft_Neural_Network 模型，处理后按相同的切片和输出值设置后变量取值的倾向性如图 5—131 所示。

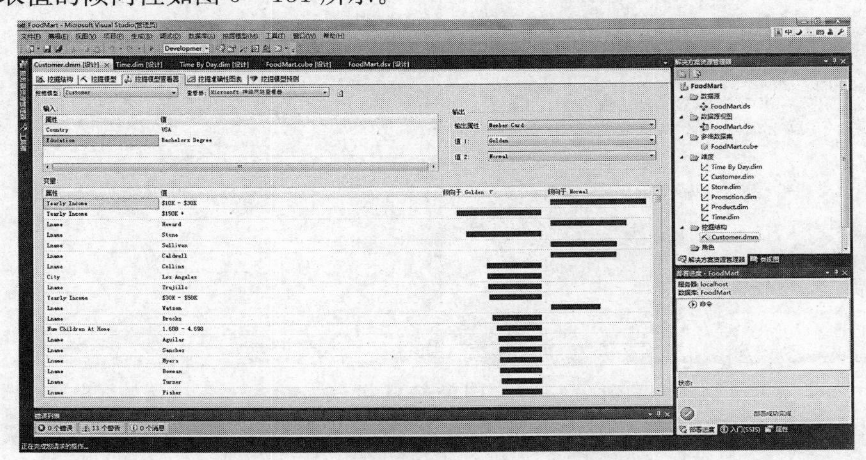

图 5—131

第 4 节　Excel 数据挖掘插件应用案例

一、数据挖掘插件的安装

SQL Server Analysis Service 集成了数据挖掘功能，并且向前端工具开放了数据挖掘能力。通过集成在 Excel 中的"数据挖掘"插件，用户可以连接到 SQL Server 服务器，直接操作数据挖掘算法，解决常规应用中的预测问题。

数据挖掘外接程序下载地址如下：

http：//www. microsoft. com/zh－cn/download/details. aspx？ id＝35578

根据 Office 版本下载相应的 32 位或 64 位数据挖掘外接程序（见图 5—132）。

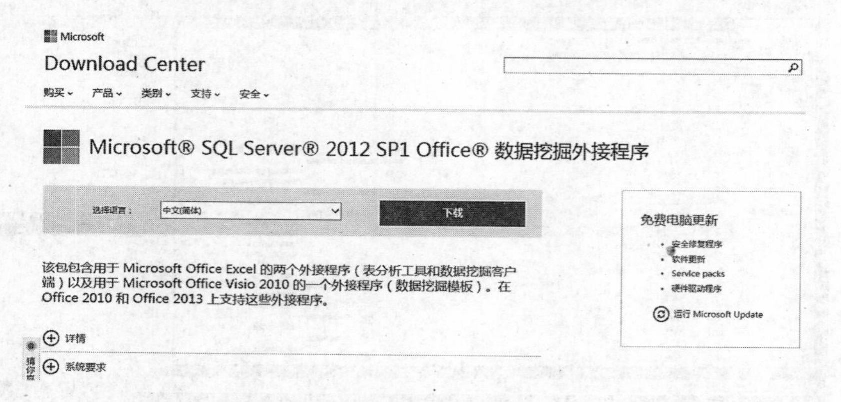

图 5—132

通过数据挖掘外接程序安装程序向导进行安装。选择修改模式，增加 Office 中的功能模块（见图 5—133）。

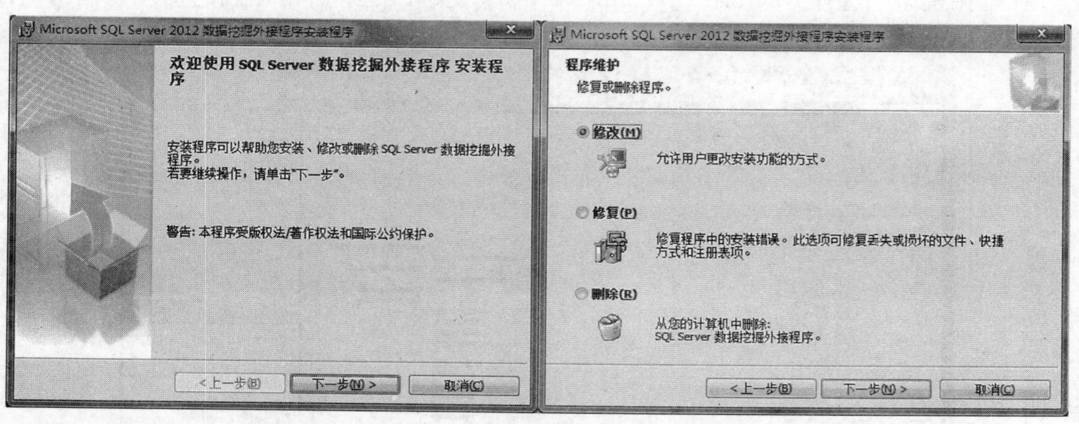

图 5—133

选择 Excel 数据挖掘客户端和 Visio 数据挖掘模板，安装在已有的 Office 软件中（见图 5—134）。

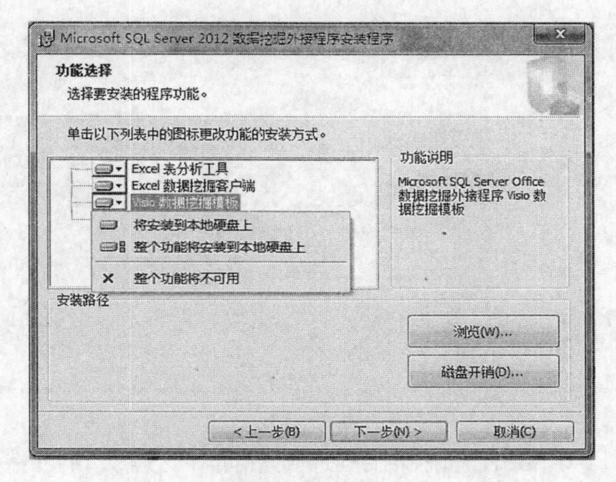

图 5—134

启动 Excel，看到增加了“数据挖掘”菜单，包含预测、关联、聚类分析、估计、分类等常用的数据挖掘模型（见图 5—135）。

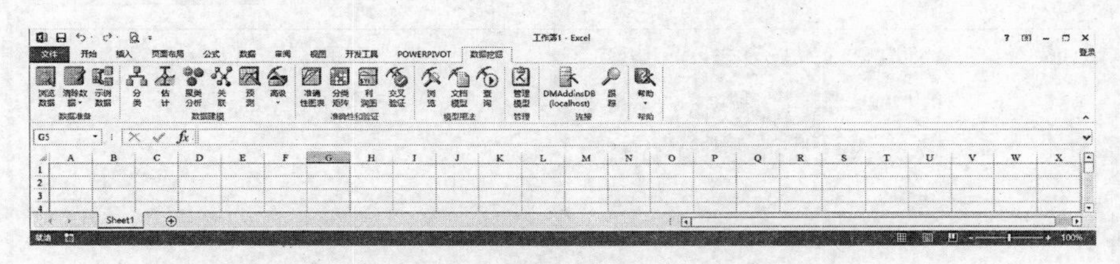

图 5—135

在开始菜单中，增加了 Microsoft SQL Server 2012 数据挖掘程序组（见图 5—136）。“入门”选项用于设置数据挖掘插件的系统配置，“Excel 示例数据”给出数据挖掘案例数据。

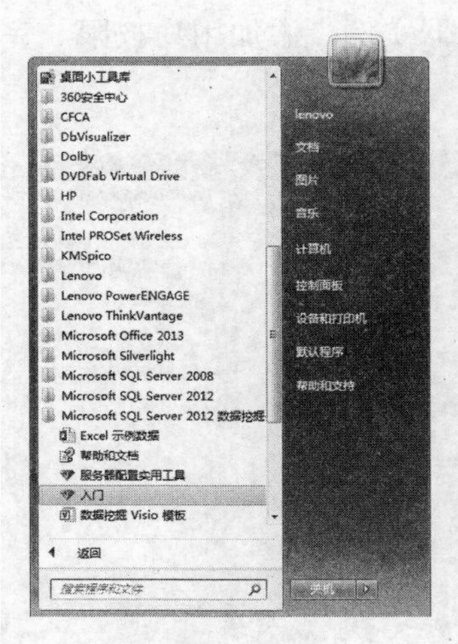

图 5—136

执行入门命令，选择“使用自己管理的现有 Microsoft SQL Server 2008 Analysis Services 或更高版本的实例”，在配置对话框中单击链接，运行服务器配置实用工具（见图 5—137）。

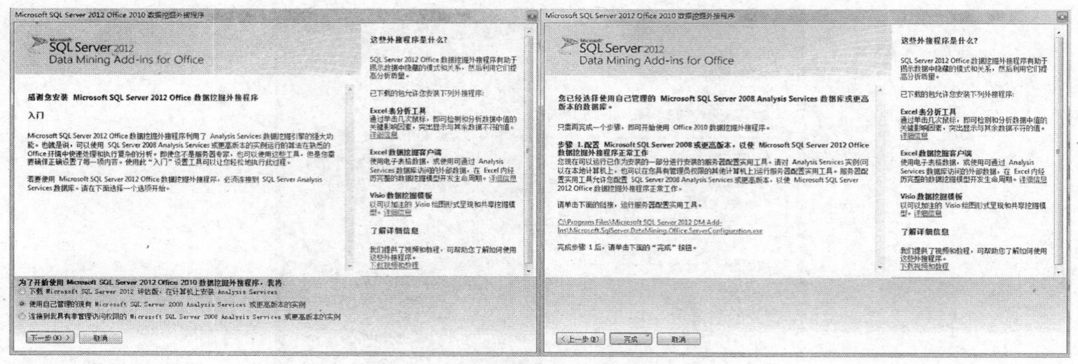

图 5—137

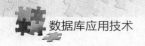

启动 SQL Server 2012 数据挖掘外接程序配置向导，首先配置数据挖掘外接程序配置的服务器实例账户（见图 5—138）。

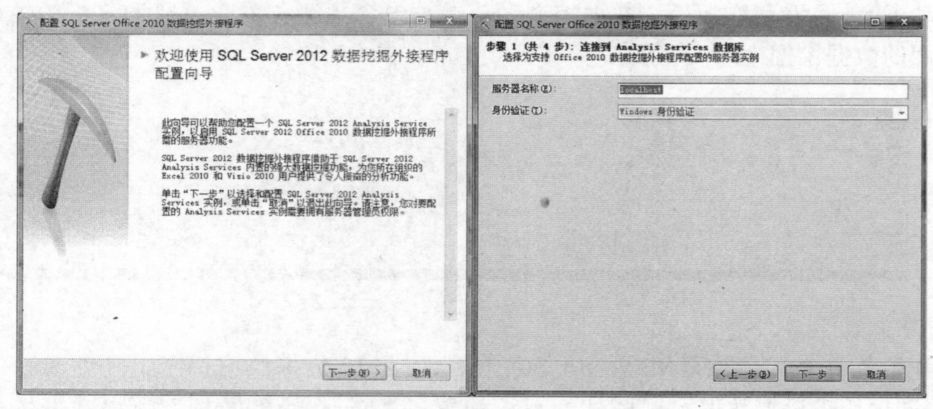

图 5—138

首次安装时创建新数据库 IMAddinsDB，也可以使用服务器中已有的数据库实例。向导连接到 Analysis Service 服务器实例，添加用户权限，完成数据挖掘外接程序与服务器的配置（见图 5—139）。

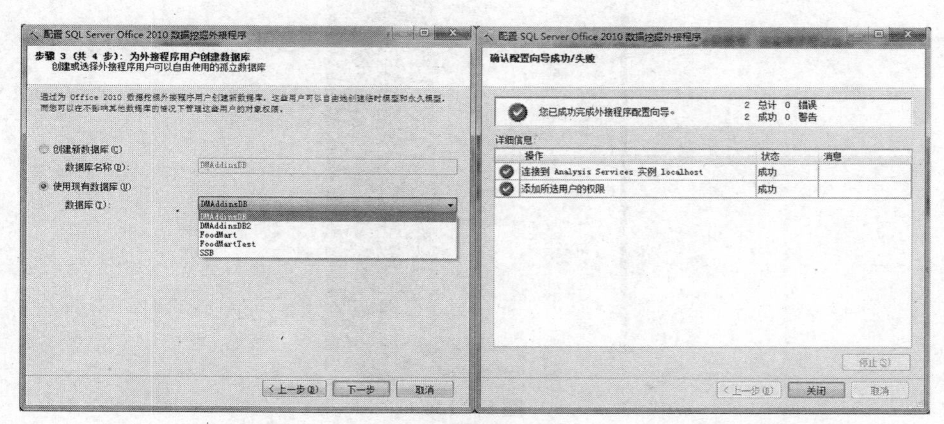

图 5—139

启动 Excel 示例数据，在 Excel 中增加了“数据挖掘”与“分析”菜单。数据挖掘菜单中包含典型的数据挖掘算法，分析菜单中包含了购物篮分析、预测等功能（见图 5—140）。

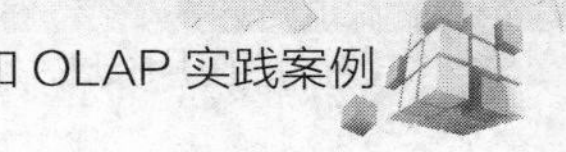

DMAddins_SampleData - Excel

B7　表分析工具示例

SQL Server 2012 Data Mining Add-ins for Office 2010 示例数据

此文件包含适用于使用数据挖掘外接程序进行实验的数据集。这些数据取自 AdventureWorks 示例数据库。请注意，虽然工具可以查找到模式，但数据是人工生成的，而且数据集设计者已对模式进行了人工模拟。尽管我们努力使模式在被数据挖掘算法发现时看起来尽可能真实，但还是不应该将它们视为现实世界中模式的代表，它们的作用只是您在使用真实数据时会收到的结果类型的示例。

页	说明
表分析工具示例	适合大多数表分析工具使用的数据（预测和从示例填充除外）。
预测	用于“数据挖掘”条带上的预测表分析工具或预测模型任务的数据。
从示例填充	用于从示例填充表分析工具的数据。
源数据	用于为“数据挖掘”条带上的大多数模型定型的源数据。
定型数据	使用为数据分区向导的默认设置从“源数据”页拆分的定型数据。
测试数据	使用为数据分区向导的默认设置从“源数据”页拆分的测试数据。
新客户	创建模型后可用于“数据挖掘”条带上的查询数据任务的一组客户数据。
关联与购物篮	用于“数据挖掘”功能区上的关联任务和购物篮分析表分析工具的市场篮数据。

Introduction　Table Analysis Tools Sample　FoodMart customer表会员卡分析

C10　Male

用于分析关键影响因素、检测类别、突出显示异常值和应用场景分析的示例数据。

ID	Marital Status	Gender	Income	Children	Education	Occupation	Home Owner	Cars	Commute
12496	Married	Female	40000	1	Bachelors	Skilled Manual	Yes	0	0-1 Mil
24107	Married	Male	30000	3	Partial College	Clerical	Yes	1	0-1 Mil
14177	Married	Male	80000	5	Partial College	Professional	No	2	2-5 Mil
24381	Single	Male	70000	0	Bachelors	Professional	Yes	1	5-10 Mi
25597	Single	Male	30000	0	Bachelors	Clerical	No	0	0-1 Mil
13507	Married	Female	10000	2	Partial College	Manual	Yes	0	1-2 Mil
27974	Single	Male	160000	2	High School	Management	Yes	4	0-1 Mil
19364	Married	Male	40000	1	Bachelors	Skilled Manual	Yes	0	0-1 Mil
22155	Married	Male	20000	2	Partial High Scho	Clerical	Yes	2	5-10 Mi
19280	Married	Male	20000	2	Partial College	Manual	Yes	1	0-1 Mil
22173	Married	Female	30000	3	High School	Skilled Manual	No	2	1-2 Mil
12697	Single	Female	90000	0	Bachelors	Professional	No	4	10+ Mil
11434	Married	Male	170000	5	Partial College	Professional	Yes	4	0-1 Mil
25323	Married	Male	40000	2	Partial College	Clerical	Yes	1	1-2 Mil
23542	Single	Male	60000	1	Partial College	Skilled Manual	No	1	0-1 Mil
20870	Single	Female	10000	2	High School	Manual	Yes	1	0-1 Mil
23316	Single	Male	30000	3	Partial College	Clerical	No	2	1-2 Mil
12610	Married	Female	30000	1	Bachelors	Clerical	Yes	0	0-1 Mil
27183	Single	Male	40000	2	Partial College	Clerical	Yes	1	1-2 Mil
25940	Single	Male	20000	2	Partial High Scho	Clerical	Yes	2	5-10 Mi
25598	Married	Female	40000	0	Graduate Degree	Clerical	Yes	0	0-1 Mil
21564	Single	Female	80000	0	Bachelors	Professional	Yes	4	10+ Mil
19193	Single	Male	40000	2	Partial College	Clerical	Yes	0	1-2 Mil

图 5—140

二、Excel 数据挖掘插件的使用

1. 基于示例数据的分析工具应用案例

（1）表分析工具。

选择 Table Analysis Tools Sample 数据进行关键影响因素分析。单击“分析关键影响因素”按钮，在分析关键影响因素对话框中选择用于分析关键因素的列，本例中选择 Purchased Bike 列，分析与用户购买自行车行为相关的关键影响因素（见图 5—141）。将相关的列选为分析时使用的列。

C16　Male

分析关键影响因素　SQL Server 2012

列选择

选择用于分析关键因素的列(S)：Purchased Bike

选择分析时要使用的列(H)

运行　关闭(C)

高级列选择

此任务分析表列中的数据，对分析时要使用的列提出建议。可以在下面手动选择列，以忽略此建议。

选择分析时要使用的列：ID、Marital Status、Gender、Income、Children、Education、Occupation

确定(O)　取消(C)

ID	Marital Status	Gender	Income	Children	Education	Occupation	Home Owner	Cars	Commute Distance	Region	Age	Purchased Bike
12496	Married	Female	40000	1	Bachelors	Skilled Manual	Yes	0	0-1 Miles	Europe	42	No
24107	Married	Male	30000	3	Partial College	Clerical	Yes	1	0-1 Miles	Europe	43	No
26412	Married	Female	80000	5	High School	Management	No	3	5-10 Miles	Europe	56	No
27184	Single	Male	40000	2	Partial College	Clerical	No	1	0-1 Miles	Europe	34	No
12590	Single	Male	30000	1	Bachelors	Clerical	Yes	0	0-1 Miles	Europe	63	No
17841	Single	Male	30000	0	Partial College	Clerical	No	1	0-1 Miles	Europe	29	Yes
18283	Single	Female	100000	0	Bachelors	Professional	No	1	5-10 Miles	Pacific	40	No
18299	Married	Male	70000	5	Partial College	Skilled Manual	Yes	2	5-10 Miles	Pacific	44	No
16466	Single	Female	20000	0	Partial High Scho	Manual	No	2	0-1 Miles	Europe	32	Yes

Introduction　Table Analysis Tools Sample　Forecasting　Fill From Example　Source Data　Training Data　分类报表　Testing Data　New ...

图 5—141

生成指定 Purchased Bike 列关键影响因素报表，可以增加 Purchased Bike 列取值之间的因素对比报表，从报表中可以看到对 Purchased Bike 列取关键影响因素的分布和影响情况（见图 5—142）。

对表数据采用检测类别应用，在对话框中选择查找类别时希望使用的列，对数据进行分类（见图 5—143）。

算法运行后检测出 7 个类别，在报表表单中首先给出类别汇总信息，包含类别的数量和每个类别对应的记录行数（见图 5—144）。类别特征表可以通过类别筛选按钮选择查看的一个或多个类别，查看选定类别特征属性列和特征值以及相对重要性。

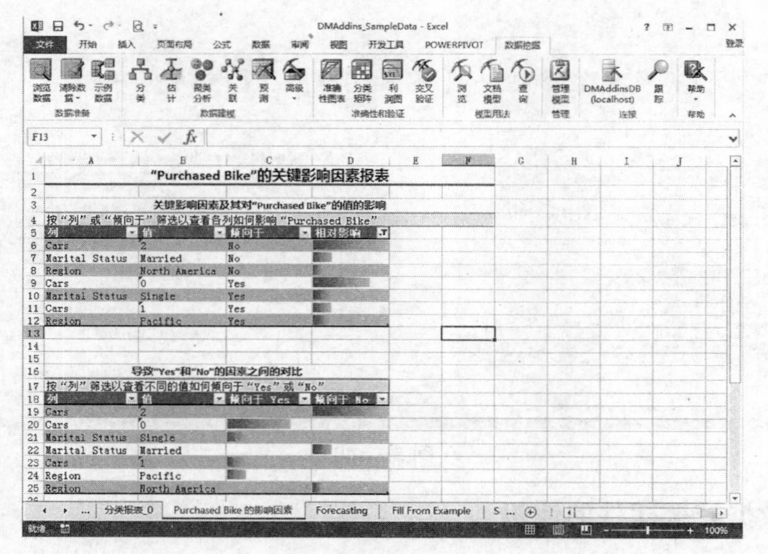

图 5—142

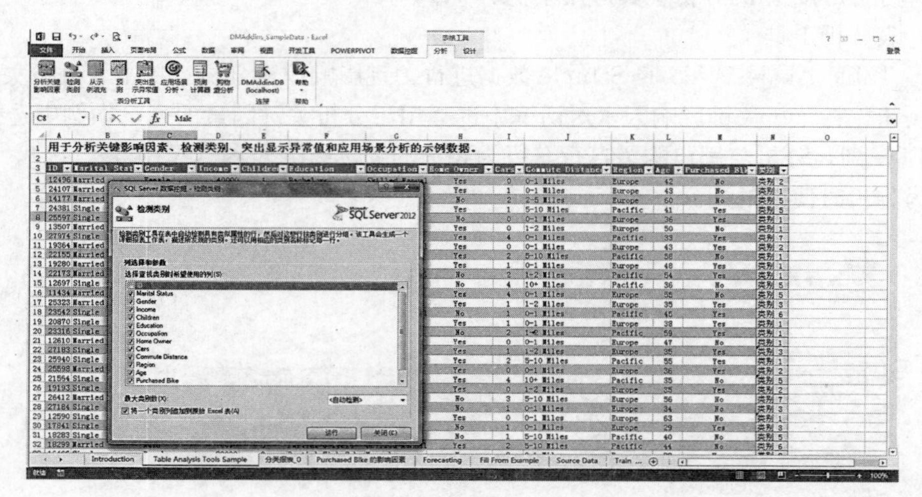

图 5—143

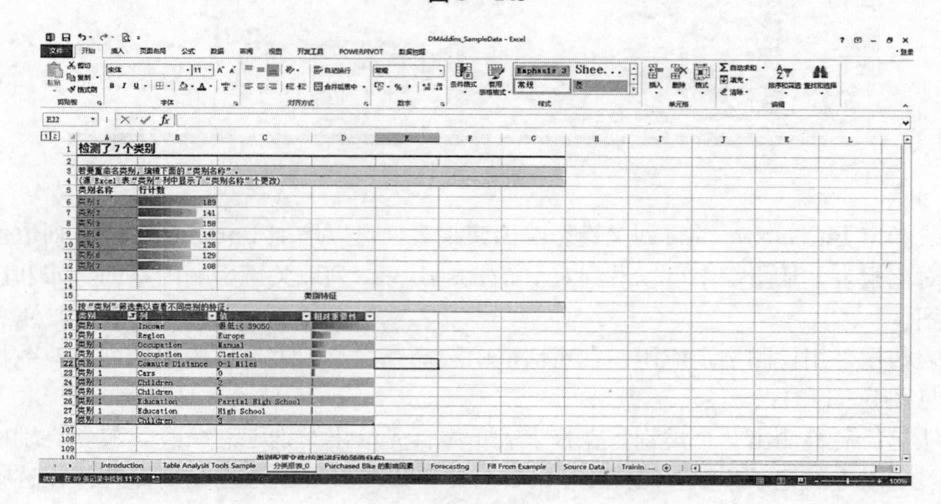

图 5—144

报表中的图表显示了指定列在各个类别中的值分布情况（见图 5—145）。

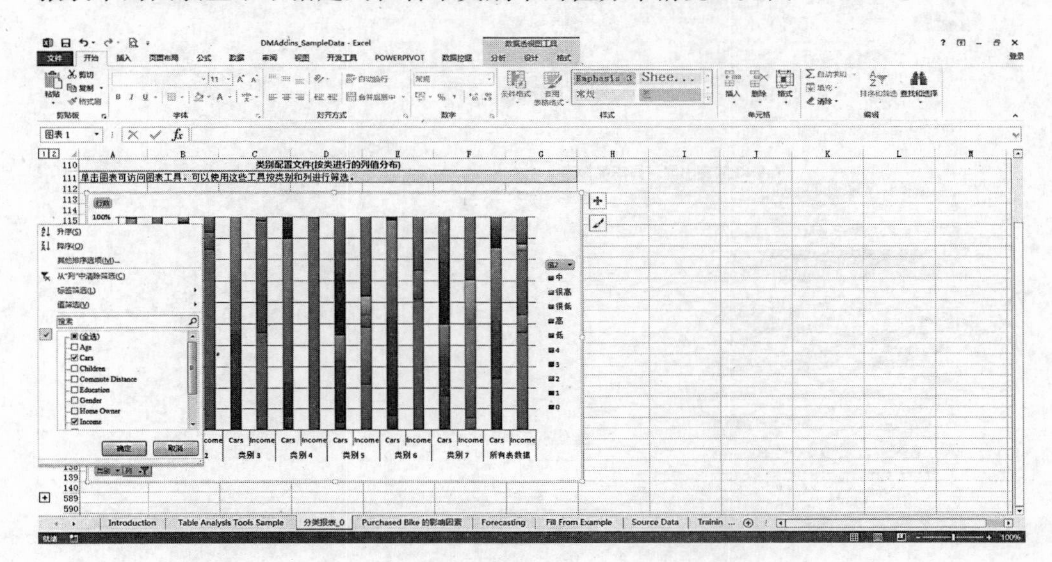

图 5—145

突出显示异常值功能用于在表中检测出现的异常值。单击工具栏“突出显示异常值”按钮，在弹出的对话框中选择要进行异常值分析的列（见图 5—146）。

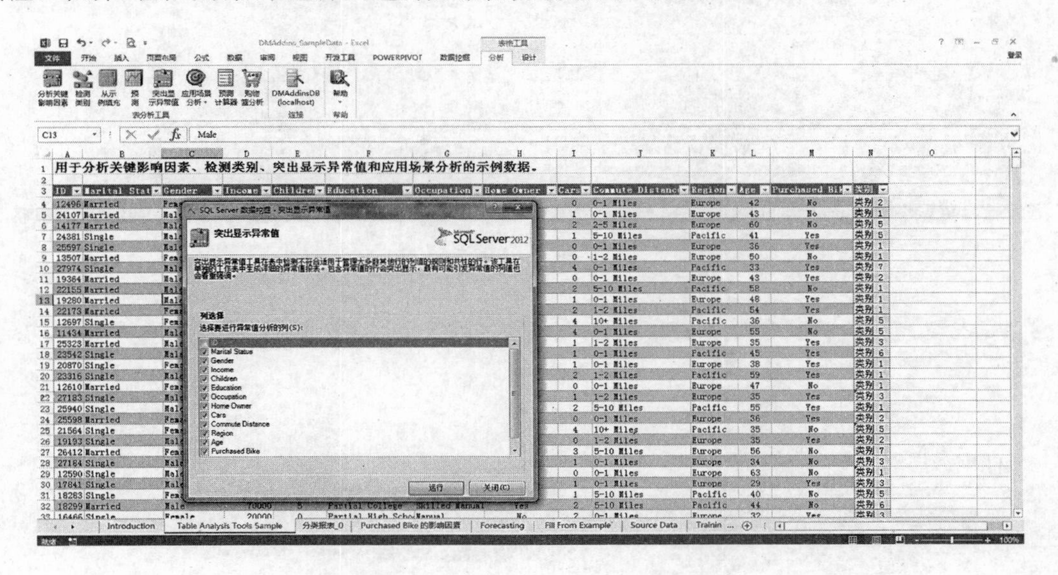

图 5—146

在生成的异常值报告中显示了选定列中出现的异常值数量（见图 5—147）。

异常值在源数据表中突出显示，如 ID 为 15628 的记录的 Age 字段值 89 异常（见图 5—148）。

（2）预测。

在 forecasting 表中存储着时间序列销售记录，通过“预测”按钮执行预测算法。在预测对话框中选择要预测的列、预测时间单位，选择数据表中时间戳字段后运行（见图 5—149）。

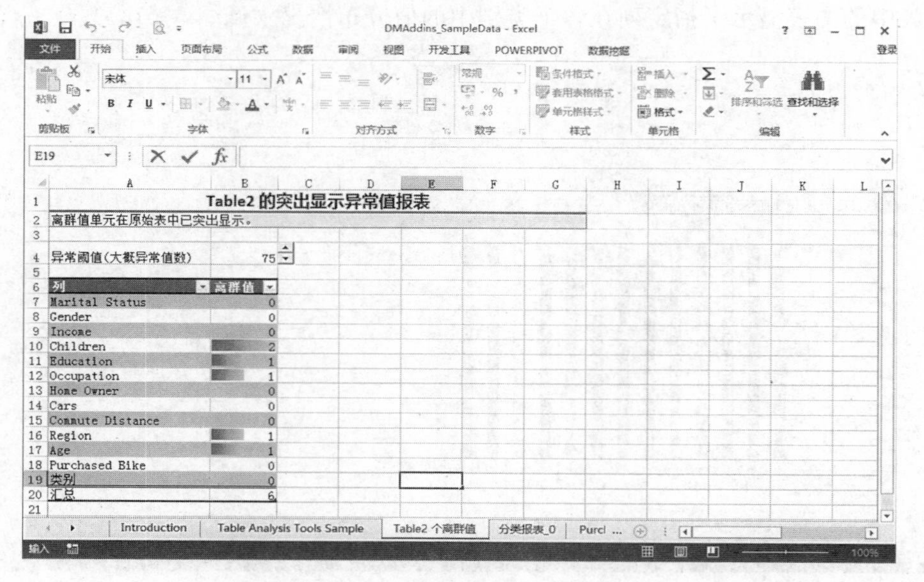

图 5—147

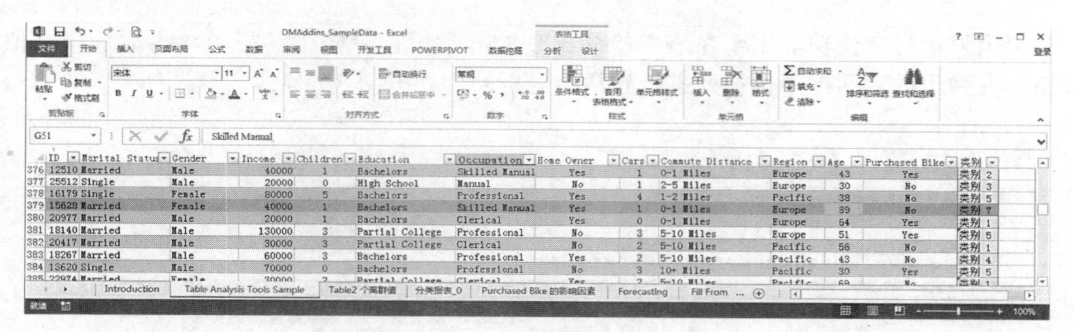

图 5—148

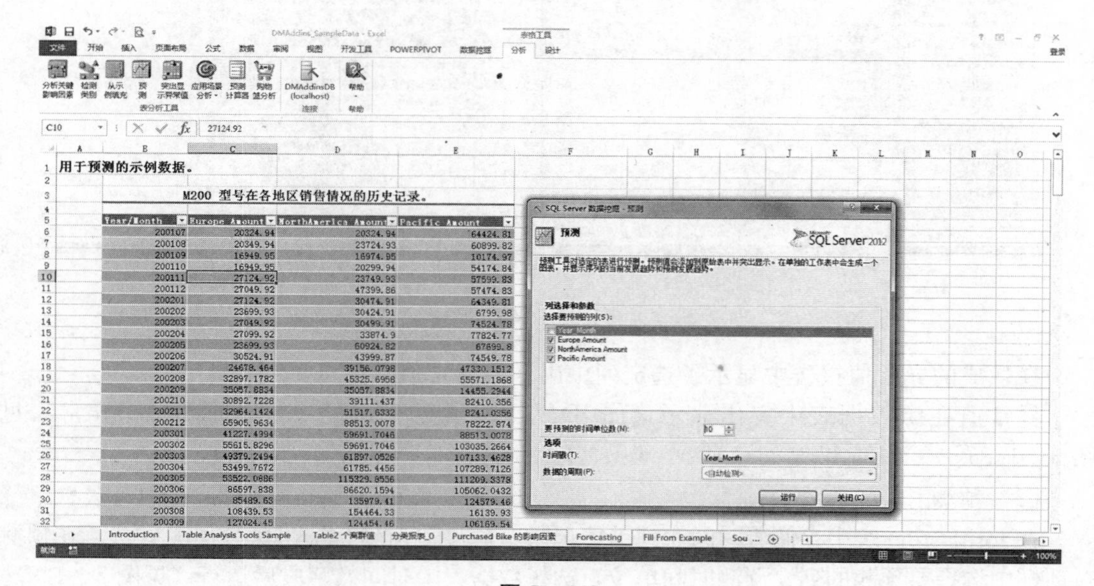

图 5—149

指定时间单位的预测值突出显示在源记录之后，报表显示了原始数据和预测数据的折线图，显示了数据未来的发展趋势（见图 5—150）。

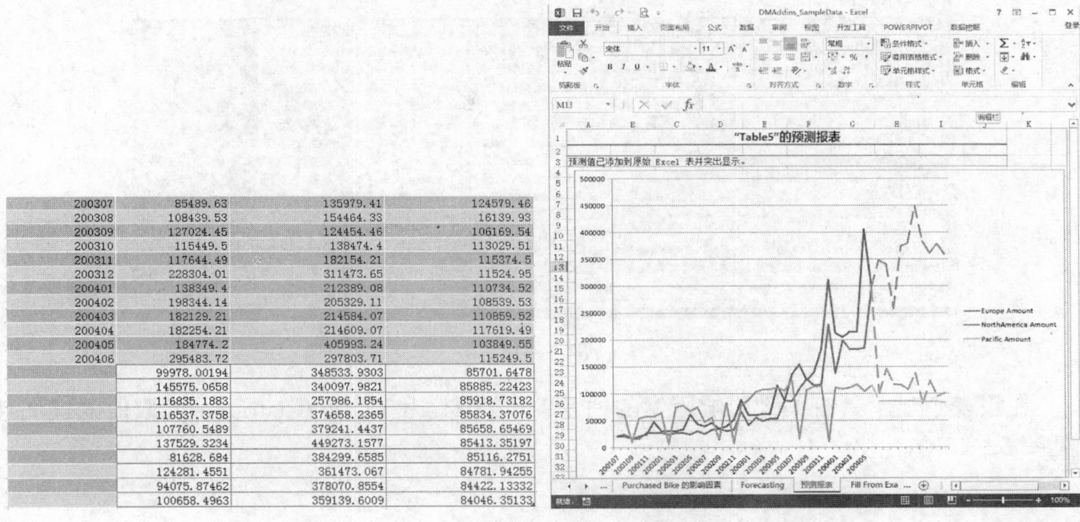

200307	85489.63	135979.41	124579.46
200308	108439.53	154464.33	16139.93
200309	127024.45	124454.46	106169.54
200310	115449.5	138474.4	113029.51
200311	117644.49	182154.21	115374.5
200312	228304.01	311473.65	11524.95
200401	138349.4	212389.08	110734.52
200402	198344.14	205329.11	108539.53
200403	182129.21	214584.07	110859.52
200404	182254.21	214609.07	117619.49
200405	184774.2	405993.24	103849.55
200406	295483.72	297803.71	115249.5
	99978.00194	348533.9303	85701.6478
	145575.0658	340097.9821	85885.22423
	116835.1883	257986.1854	85918.73182
	116537.3758	374658.2365	85834.37076
	107760.5489	379241.4437	85658.65469
	137529.3234	449273.1577	85413.35197
	81628.684	384299.6585	85116.2751
	124281.4551	361473.067	84781.94255
	94075.87462	378070.8554	84422.13332
	100658.4963	359139.6009	84046.35133

图 5—150

（3）填充数据。

当数据中存在缺失值时，如图 5—151 示例中 High Value Customer 列只有部分示例数据，缺失大部分数据时，可以根据其他列的分析结果对缺失列数据进行填充。

执行从示例填充命令后，在弹出的对话框中选择包含示例的列 High Value Customer，选择分析时用到的列。

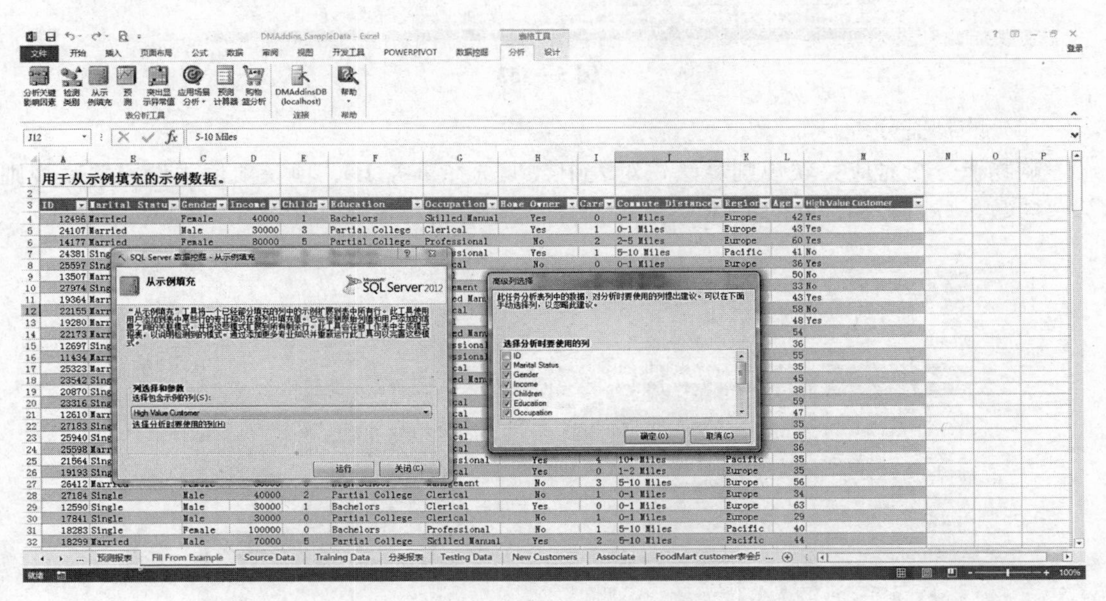

图 5—151

运行算法后增加一个新的 High Value Customer 列，并对缺失值进行填充（见图 5—152）。

用于从示例填充的示例数据。

ID	Marital Status	Gender	Income	Children	Education	Occupation	Home Owner	Cars	Commute Distance	Region	Age	High Value Customer	High Value Customer_Extended
12496	Married	Female	40000	1	Bachelors	Skilled Manual	Yes	0	0-1 Miles	Europe	42	Yes	Yes
24107	Married	Male	30000	3	Partial College	Clerical	Yes	1	0-1 Miles	Europe	43	Yes	Yes
14177	Married	Female	80000	5	Partial College	Professional	No	2	2-5 Miles	Europe	60	Yes	Yes
24381	Single	Male	70000	0	Bachelors	Professional	Yes	1	5-10 Miles	Pacific	41	No	No
25597	Single	Male	30000	0	Bachelors	Clerical	No	0	0-1 Miles	Europe	36	Yes	Yes
13507	Married	Female	10000	2	Partial College	Manual	Yes	0	1-2 Miles	Europe	50	No	No
27974	Single	Male	160000	2	High School	Management	Yes	4	0-1 Miles	Pacific	33	No	No
19364	Married	Male	40000	1	Bachelors	Skilled Manual	Yes	0	0-1 Miles	Europe	43	Yes	Yes
22155	Married	Male	20000	2	Partial High Scho	Clerical	Yes	2	5-10 Miles	Pacific	58	No	No
19280	Married	Male	20000	2	Partial College	Manual	Yes	1	0-1 Miles	Europe	48	Yes	Yes
22173	Married	Female	30000	3	High School	Skilled Manual	No	2	1-2 Miles	Pacific	54		No
12697	Single	Female	90000	0	Bachelors	Professional	No	4	10+ Miles	Pacific	36		No
11434	Married	Male	170000	5	Partial College	Professional	Yes	4	0-1 Miles	Europe	55		Yes
25323	Married	Male	40000	2	Partial College	Clerical	Yes	1	1-2 Miles	Europe	35		Yes
23542	Single	Male	60000	1	Partial College	Skilled Manual	No	1	0-1 Miles	Pacific	45		Yes
20870	Single	Female	10000	2	High School	Manual	Yes	1	0-1 Miles	Europe	38		Yes
23316	Single	Male	30000	3	Partial College	Clerical	No	2	1-2 Miles	Pacific	59		Yes
12610	Married	Female	30000	1	Bachelors	Clerical	Yes	0	0-1 Miles	Europe	47		No
27183	Single	Male	40000	2	Partial College	Clerical	Yes	1	1-2 Miles	Europe	35		Yes
25940	Single	Male	20000	2	Partial High Scho	Clerical	Yes	2	5-10 Miles	Pacific	55		No
25598	Married	Female	40000	0	Graduate Degree	Clerical	Yes	0	0-1 Miles	Europe	36		No
21564	Single	Female	80000	0	Bachelors	Professional	Yes	4	10+ Miles	Pacific	35		No
19193	Single	Male	40000	2	Partial College	Clerical	Yes	0	1-2 Miles	Europe	35		Yes
26412	Married	Female	80000	5	High School	Management	No	3	5-10 Miles	Europe	56		Yes
27184	Single	Male	40000	2	Partial College	Clerical	No	1	0-1 Miles	Europe	34		Yes
12590	Single	Male	30000	1	Bachelors	Clerical	Yes	0	0-1 Miles	Europe	63		Yes
17841	Single	Male	30000	0	Partial College	Clerical	No	1	0-1 Miles	Europe	29		Yes
18283	Single	Female	100000	0	Bachelors	Professional	No	1	5-10 Miles	Pacific	40		No
18299	Married	Male	70000	5	Partial College	Skilled Manual	Yes	2	5-10 Miles	Pacific	44		No

预测报表 | Fill From Example | High Value Customer 模式 | Source Data | Training Data | 分类报表 | Testing Data | New Customers | Associat ...

图 5—152

在报表中显示具有关键影响因素的列及取值对 High Value Customer 列取值的倾向性（见图 5—153）。

"High Value Customer"的模式报表

关键影响因素及其对"High Value Customer"的值的影响

按"列"或"倾向于"筛选以查看各列如何影响"High Value Customer"

列	值	倾向于	相对影响
Region	Pacific	No	
Commute Distance	5-10 Miles	No	
Gender	Female	No	
Education	Partial High School	No	
Education	Bachelors	No	
Commute Distance	1-2 Miles	No	
Occupation	Professional	No	
Commute Distance	2-5 Miles	Yes	
Children	5	Yes	
Region	Europe	Yes	
Home Owner	No	Yes	
Education	Partial College	Yes	
Children	3	Yes	
Cars	2	Yes	

图 5—153

（4）购物篮分析。

购物篮分析对应关联规则算法，对表中数据选择事务 ID、项及项值，设置关联规则算法参数，分析数据之间的关联关系，推荐产品组合销售策略（见图 5—154）。

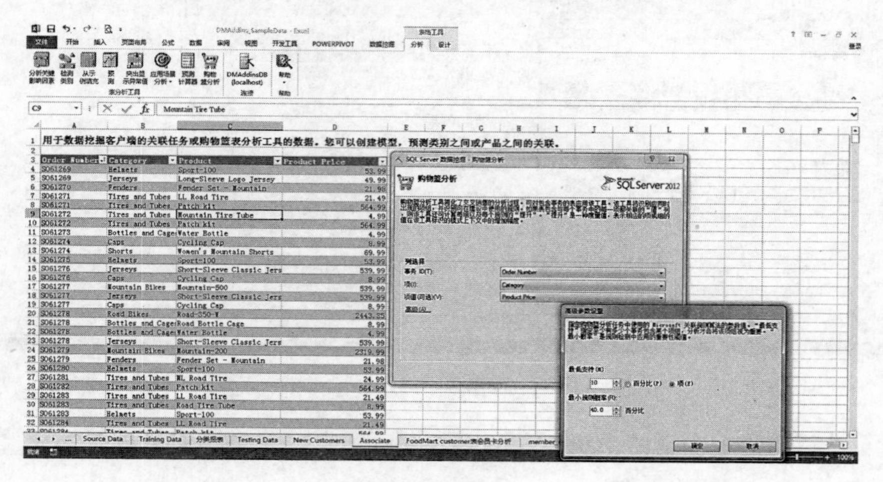

用于数据挖掘客户端的关联任务或购物篮表分析工具的数据。您可以创建模型，预测类别之间或产品之间的关联。

Order Number	Category	Product	Product Price
SO61269	Helmets	Sport-100	53.99
SO61269	Jerseys	Long-Sleeve Logo Jersey	49.99
SO61270	Fenders	Fender Set - Mountain	21.98
SO61271	Tires and Tubes	LL Road Tire	21.49
SO61271	Tires and Tubes	Patch kit	564.99
SO61272	Tires and Tubes	Mountain Tire Tube	4.99
SO61272	Tires and Tubes	Patch kit	564.99
SO61273	Bottles and Cage	Water Bottle	4.99
SO61274	Caps	Cycling Cap	8.99
SO61274	Shorts	Women's Mountain Shorts	69.99
SO61275	Helmets	Sport-100	53.99
SO61276	Jerseys	Short-Sleeve Classic Jers	539.99
SO61276	Caps	Cycling Cap	8.99
SO61277	Mountain Bikes	Mountain-500	539.99
SO61277	Jerseys	Short-Sleeve Classic Jers	539.99
SO61277	Caps	Cycling Cap	8.99
SO61278	Road Bikes	Road-350-W	2443.35
SO61278	Bottles and Cage	Road Bottle Cage	8.99
SO61278	Bottles and Cage	Water Bottle	4.99
SO61278	Jerseys	Short-Sleeve Classic Jers	539.99
SO61279	Mountain Bikes	Mountain-200	2319.99
SO61279	Fenders	Fender Set - Mountain	21.98
SO61280	Helmets	Sport-100	53.99
SO61281	Tires and Tubes	ML Road Tire	24.99
SO61282	Tires and Tubes	Patch kit	564.99
SO61283	Tires and Tubes	LL Road Tire	21.49
SO61283	Tires and Tubes	Road Tire Tube	8.99
SO61283	Helmets	Sport-100	53.99
SO61284	Tires and Tubes	LL Road Tire	21.49

图 5—154

算法运行生成购物篮捆绑销售商品报表，显示推荐的捆绑销售商品的数量、销售数量及销售额等数据（见图 5—155）。

购物篮捆绑销售商品

捆绑商品	捆绑大小	销售数量	销售平均值	捆绑销售总额
Road Bikes, Helmets	2	805	1570.228025	1264033.56
Mountain Bikes, Tires and Tubes	2	569	2208.067434	1256390.37
Fenders, Mountain Bikes	2	539	2022.477421	1090115.33
Mountain Bikes, Bottles and Cages	2	563	1923.73222	1083061.24
Mountain Bikes, Helmets	2	537	1966.57311	1056049.76
Jerseys, Road Bikes	2	480	2183.375083	1048020.04
Touring Bikes, Helmets	2	536	1925.792761	1032224.92
Road Bikes, Tires and Tubes	2	486	1541.535514	749186.26
Road Bikes, Bottles and Cages	2	552	1157.4025	638886.18
Touring Bikes, Bottles and Cages	2	351	1819.513846	638649.36
Jerseys, Mountain Bikes	2	284	1769.032817	502405.32
Touring Bikes, Tires and Tubes	2	205	1964.783707	402780.66
Touring Bikes, Jerseys	2	182	2140.195275	389515.54
Caps, Touring Bikes	2	192	1845.028125	354245.4
Mountain Bikes, Bottles and Cages, Helmets	3	172	2014.376977	346472.84
Caps, Road Bikes	2	218	1493.217339	325521.38
Caps, Mountain Bikes	2	193	1613.720933	311448.14
Gloves, Road Bikes	2	188	1579.83234	297008.48
Hydration Packs, Mountain Bikes	2	124	2197.621129	272505.02
Fenders, Mountain Bikes, Helmets	3	131	2015.929466	264086.76
Mountain Bikes, Helmets, Tires and Tubes	3	122	2010.395656	245268.27
Fenders, Jerseys, Mountain Bikes	3	102	2310.072745	235627.42
Fenders, Mountain Bikes, Bottles and Cages	3	114	2002.902982	228330.94
Gloves, Mountain Bikes	2	111	1770.763784	196554.78
Fenders, Mountain Bikes, Tires and Tubes	3	83	2335.897952	193879.53
Caps, Jerseys, Road Bikes	3	79	2193.428734	173280.87
Road Bikes, Helmets, Tires and Tubes	3	118	1459.651864	172238.92
Jerseys, Mountain Bikes, Bottles and Cages	3	71	2249.589718	159720.87
Cleaners, Mountain Bikes	2	86	1837.835349	158053.84

图 5—155

购物篮推荐报表为所选商品推荐关联商品，并给出相应的关联销售信息（见图 5—156）。

购物篮推荐

所选商品	推荐	所选商品的销售情况	关联销售	关联销售的百分比	推荐的平均值	关联销售总值
Fenders	Mountain Bikes	1238	539	43.54%	870.9758562	1078268.11
Cleaners	Tires and Tubes	525	259	49.33%	182.3197333	95717.86
Helmets	Tires and Tubes	3794	1617	42.62%	9.418278861	35732.95
Bike Stands	Tires and Tubes	130	103	79.23%	243.1971538	31615.63
Bike Racks	Tires and Tubes	191	94	49.21%	158.7832461	30327.6
Gloves	Helmets	849	352	41.46%	22.38454653	19004.48
Hydration Packs	Bottles and Cages	428	191	44.63%	3.860023364	1652.09

图 5—156

（5）FoodMart 应用案例。

在新的表单中通过数据菜单“获取外部数据—自其他来源—来自 SQL Server”导入 FoodMart 数据库的 customer 表，通过分析菜单的关键影响因素分析功能分析会员卡 member_card 类型与其他字段之间的关系，找到影响会员卡类型的最关键影响因素。分析报表显示了与会员卡类型对应的关键影响因素列及取值分布规律（见图 5—157）。

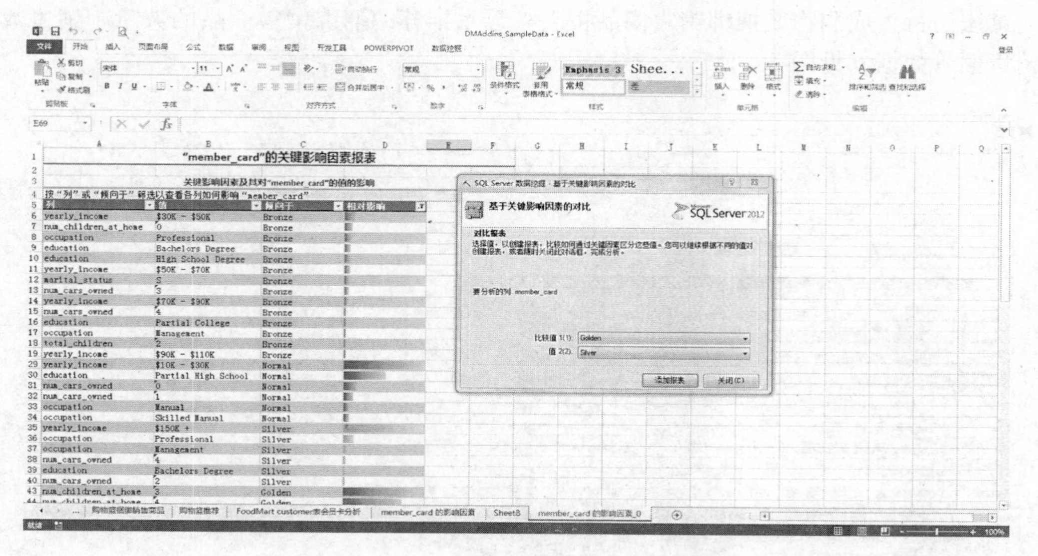

图 5—157

在报表中可以增加分析列取值的两两比较值结果，用于对比分析目标列取值的具体影响因素在不同取值上的差异（见图 5—158）。

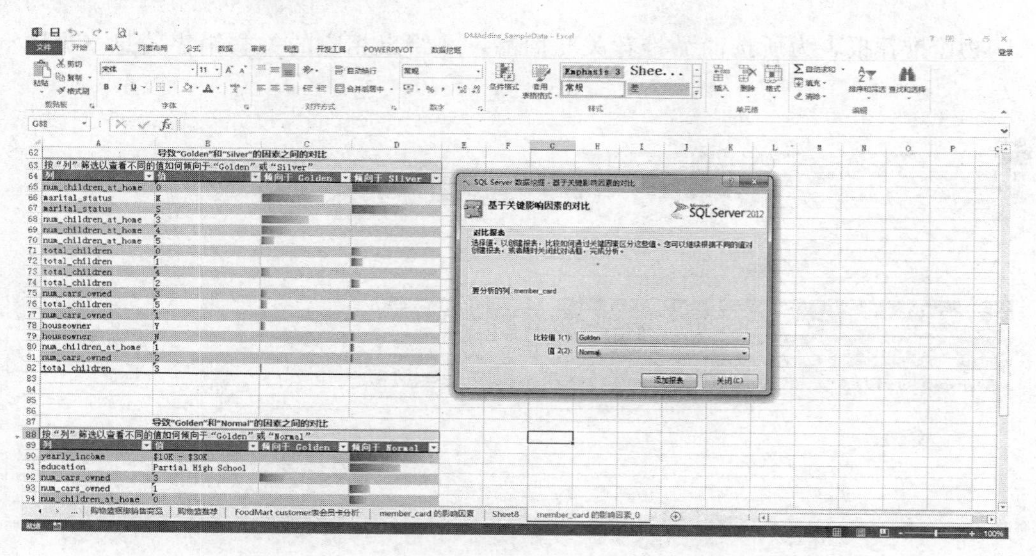

图 5—158

2. Excel 数据挖掘插件应用

Excel 数据挖掘插件提供基于 SQL Server Analysis Service 支持的数据挖掘功能。相对于 Analysis Service，Excel 数据挖掘插件也提供类似的功能，在使用上更加直观方便。下面通过 FoodMart 数据案例——分析 customer 维数据集的分类特征介绍 Excel 数据挖掘插件的基本使用方法。

（1）创建 customer 维数据视图。

通过视图生成 customer 表与 sales_fact 表连接数据，计算每笔订单的销售利润并生成订单客户信息。

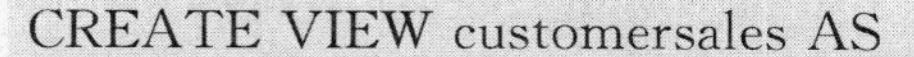

```
CREATE VIEW customersales AS
SELECT customer. * , (store_sales - store_cost) * unit_sales AS sales_revenue
FROM sales_fact, customer
WHERE sales_fact. customer_id=customer. customer_id;
```

由 customersales 视图给出销售记录的利润和用户信息（见图 5—159）。

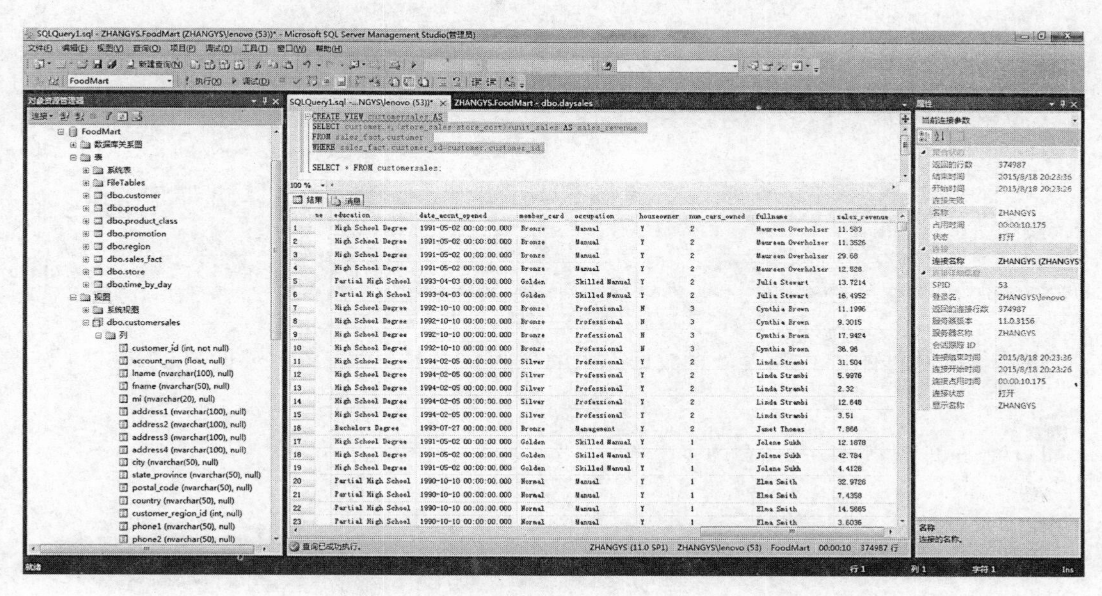

图 5—159

（2）在 Excel 中导入 customersales 视图数据。

新建 Excel 文件，在“数据”菜单中通过“获取外部数据”工具栏的“自其他数据源”按钮，选择“来自 SQL Server”，建立与 SQL Server 数据库的连接（见图 5—160）。

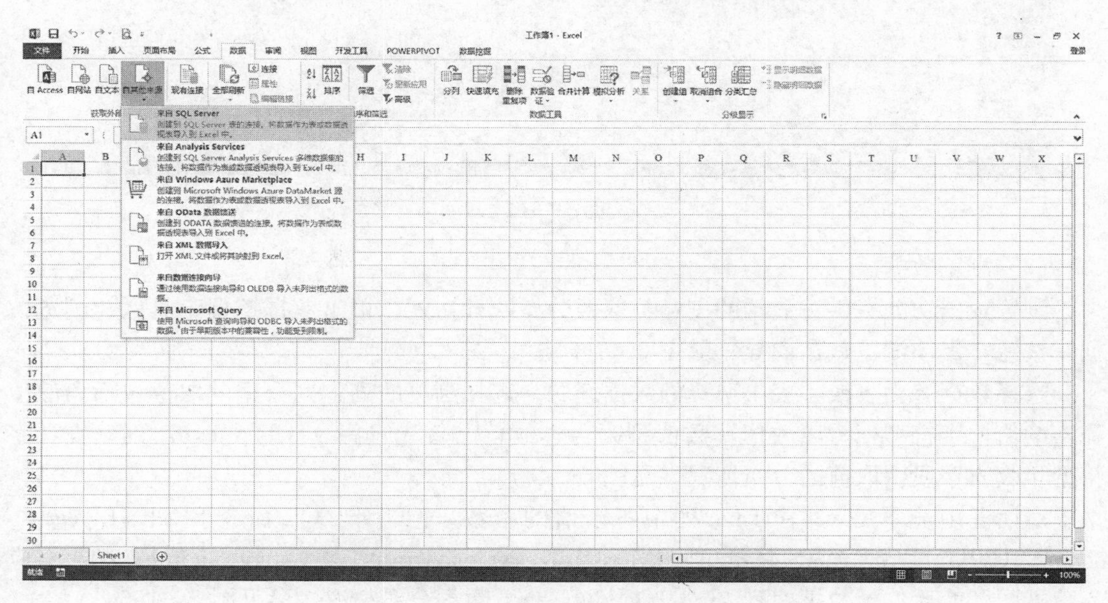

图 5—160

在连接向导中输入服务器名，选择登录凭据方式，连接到 SQL Server 数据库。选择 FoodMart 数据库，选择创建的 customersales 视图（见图 5—161）。

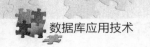

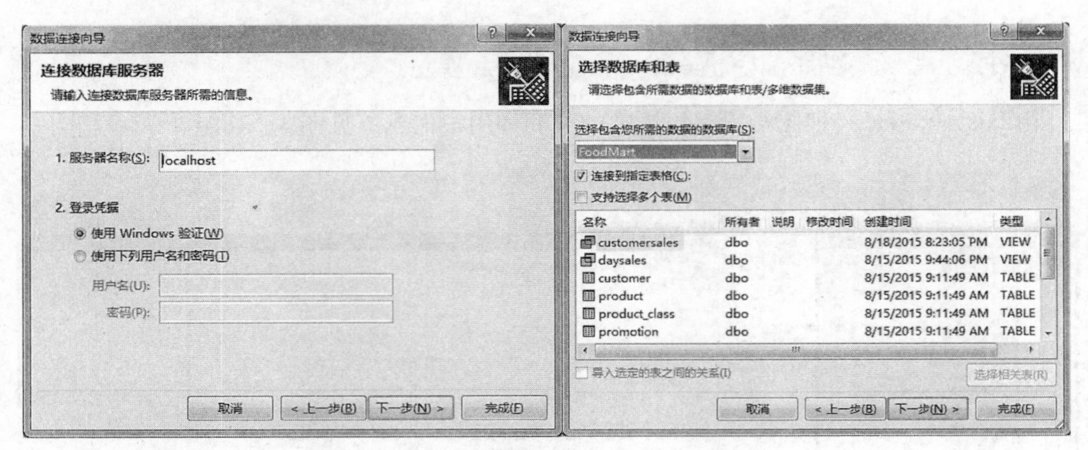

图 5—161

选择导入数据的方式为表，将数据库中的视图导入 Excel 表单中（见图 5—162）。

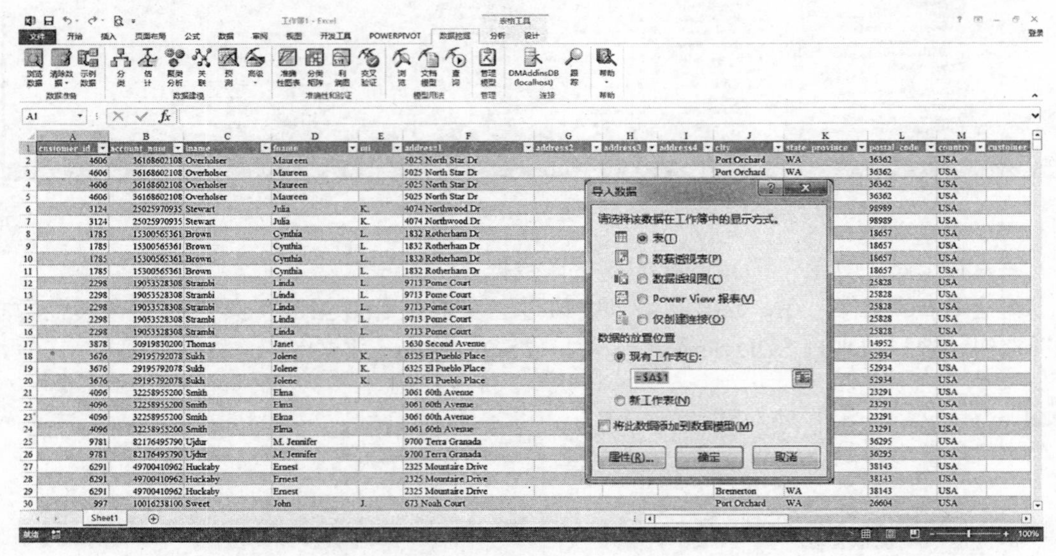

图 5—162

（3）浏览数据。

浏览数据功能提供对数据的浏览与取值分布统计功能。单击数据挖掘工具栏“浏览数据”按钮，启动浏览数据向导（见图 5—163）。

选择数据源为表或者表中选择的数据区域。选择浏览的列，列数据的取值包括离散值和连续值，字符型列为离散值，数值型列为连续值。首先选择 yearly_income 列，查看字符型年收入字段中取值的分布情况（见图 5—164）。

对话框中显示 yearly_income 列中各个值的个数，相当于 SQL 命令 SELECT yearly_income，COUNT（*）AS 数量 FROM customersales Group BY yearly_income；结果对应为直方图。然后选择数据值列 sales_revenue，查看数据分布情况。参见图 5—165。

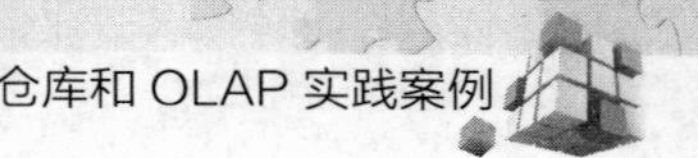

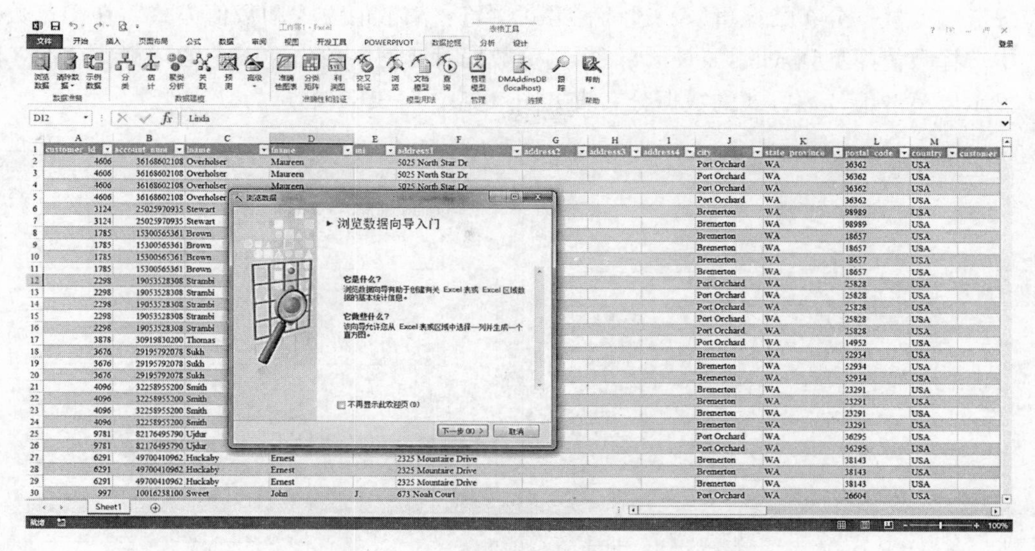

图 5—163

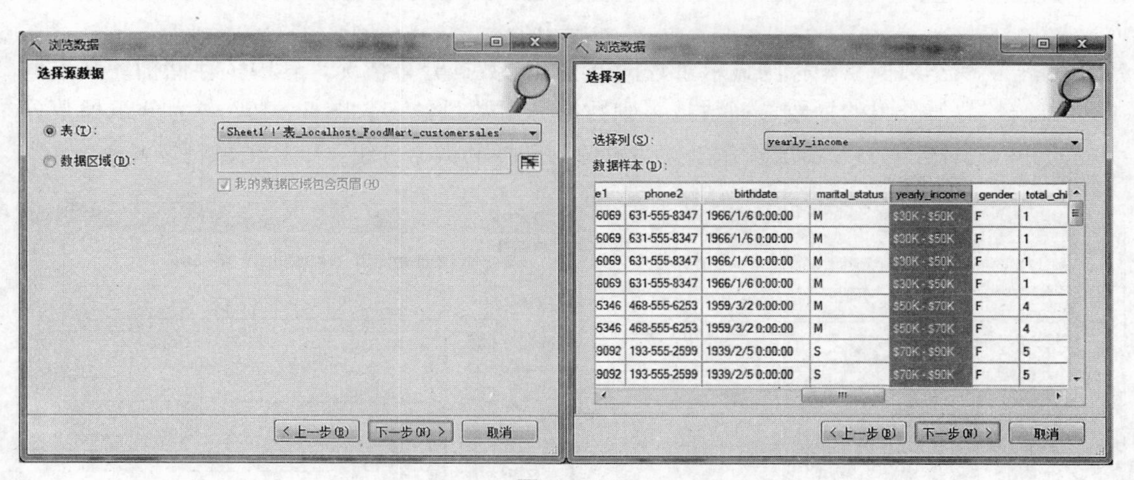

图 5—164

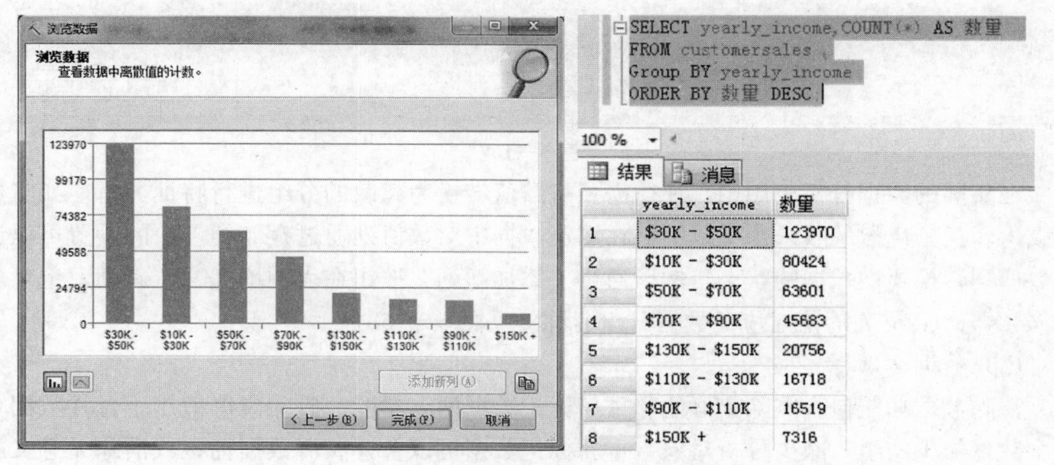

	yearly_income	数量
1	$30K - $50K	123970
2	$10K - $30K	80424
3	$50K - $70K	63601
4	$70K - $90K	45683
5	$130K - $150K	20756
6	$110K - $130K	16718
7	$90K - $110K	16519
8	$150K +	7316

图 5—165

数值型列数据分布情况可以通过两种方式浏览：离散值方式和数值方式。在浏览数据功能中选择数值类型列 sales_revenue，在浏览数据对话框中单击左下角的“视作离散”图标，显示以离散值计数方式的数据分布直方图（见图 5—166）。

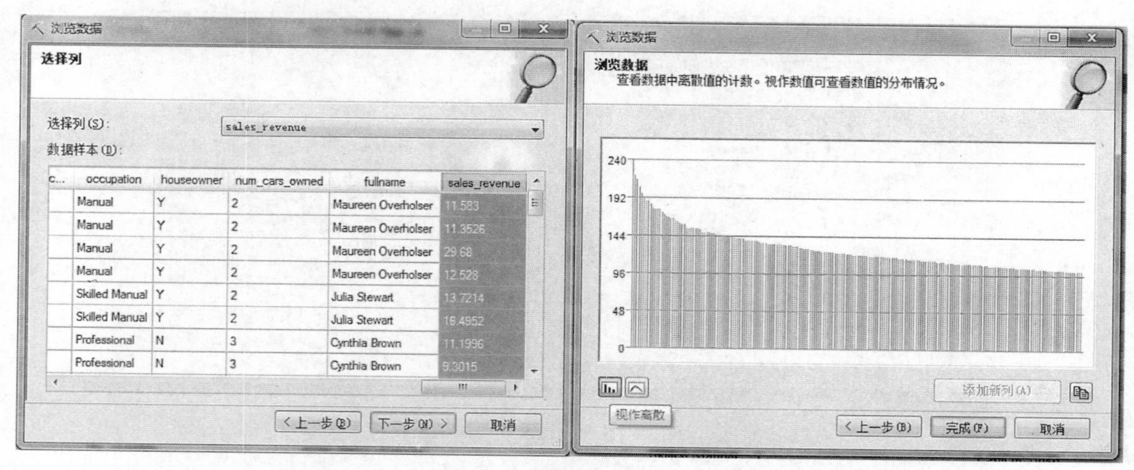

图 5—166

单击“视作数值”图标则显示对数据分组后的数据分布情况。其中“存储桶”文本框中可以调整数值分组的桶数，桶数越多则数据分组数量越多。图 5—167 中为分组桶数分别为 8 和 12 时数据分布情况，横坐标为数值列转换的数据分组（数据值域范围）。

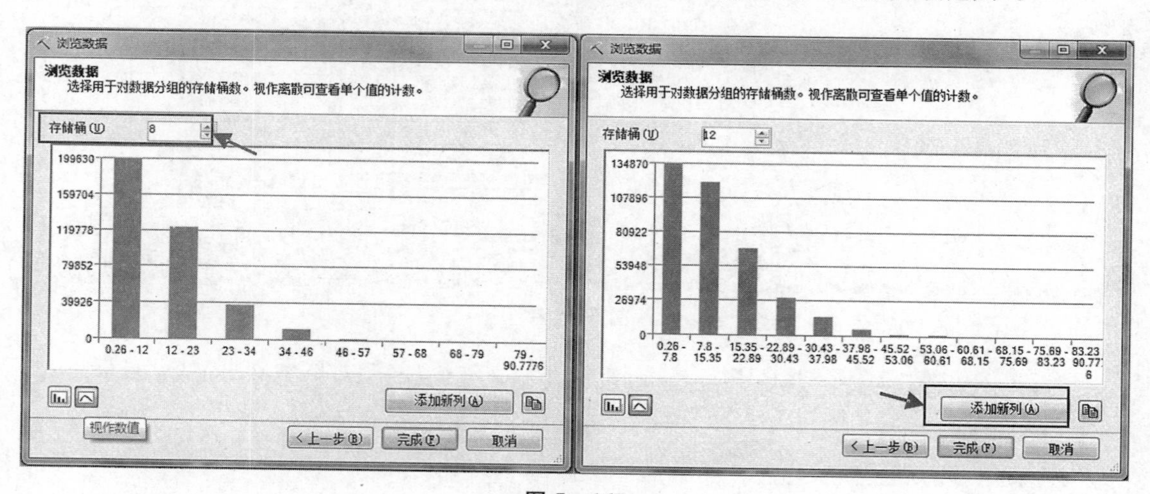

图 5—167

在实际的数据分析应用中，往往需要将数值转换为离散的分组进行特征分析，如将数值收入转换为离散的收入水平范围，在浏览数据中对数值列通过存储桶参数的设置可以调节数值列转换离散数据的状态，然后通过“添加新列”按钮在表中增加一个新列，记录当前 sales_revenue 列的值对应的数据分组名称（见图 5—168）。

（4）数据清理。

清除数据功能包含删除离群值和重新标记数据两个功能。删除离群值用于合并数据分组中数量极少的组，减少分析对象，重新标记数据可以合并离群数据标签或消除无意义的标签（见图 5—169）。

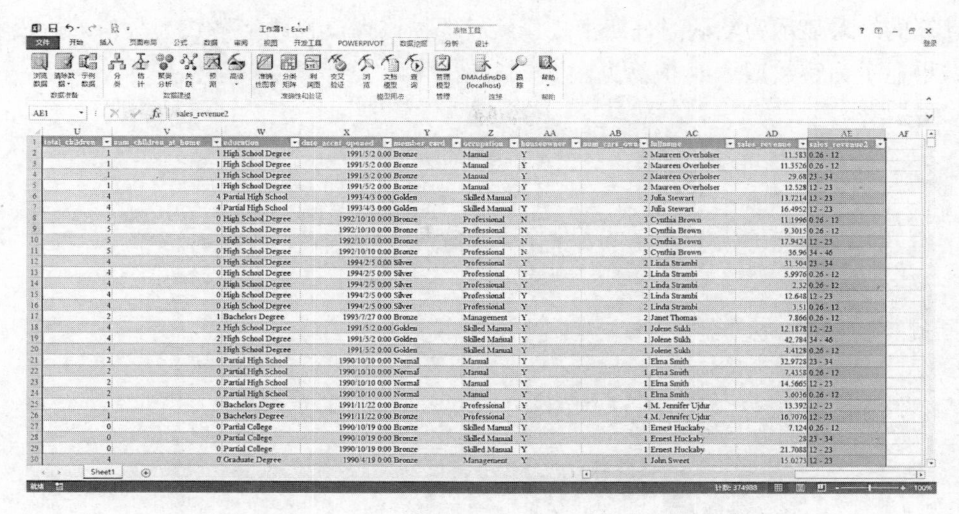

图 5—168

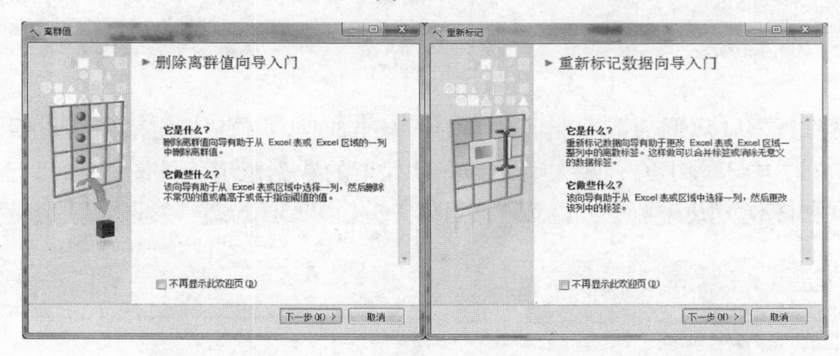

图 5—169

【例 1】　在表中增加 Age 列，删除数据列中的离群值。

根据表中 birthdate 列计算出 Age 列。首先在表中增加一个新列，在列单元格中输入公式：=(NOW()−[@birthdate])/365，计算出当前日期与 birthdate 之间相隔的天数，除以 365 之后计算出当前日期与 birthdate 之间相隔的年数（见图 5—170）。

R2　=(NOW()-[@birthdate])/365

	country	customer_region_id	phone1	phone2	birthdate	Age	marital_status	yearly_income	gender	total_children	num_children_at_home	education	date_accnt_ope
2	USA	77	650-555-6069	631-555-8347	1966/1/6 0:00	1900/2/18 15:36	M	$30K - $50K	F	1	1	High School Degree	1991
3	USA	77	650-555-6069	631-555-8347	1966/1/6 0:00	1900/2/18 15:36		$30K - $50K	F	1	1	High School Degree	1991
4	USA	77	650-555-6069	631-555-8347	1966/1/6 0:00	1900/2/18 15:36	M	$30K - $50K	F	1	1	High School Degree	1991
5	USA	77	650-555-6069	631-555-8347	1966/1/6 0:00	1900/2/18 15:36	M	$30K - $50K	F	1	1	High School Degree	1991
6	USA	76	464-555-5346	468-555-6253	1959/3/2 0:00	1900/2/25 12:07	M	$50K - $70K	F	4	4	Partial High School	1993
7	USA	76	464-555-5346	468-555-6253	1959/3/2 0:00	1900/2/25 12:07	M	$50K - $70K	F	4	4	Partial High School	1993
8	USA	76	366-555-9092	193-555-2599	1939/2/5 0:00	1900/3/16 14:05	S	$70K - $90K	F	5	0	High School Degree	1992/1
9	USA	76	366-555-9092	193-555-2599	1939/2/5 0:00	1900/3/16 14:05	S	$70K - $90K	F	5	0	High School Degree	1992/1
10	USA	76	366-555-9092	193-555-2599	1939/2/5 0:00	1900/3/16 14:05	S	$70K - $90K	F	5	0	High School Degree	1992/1
11	USA	76	366-555-9092	193-555-2599	1939/2/5 0:00	1900/3/16 14:05	S	$70K - $90K	F	5	0	High School Degree	1992/1
12	USA	77	629-555-6308	894-555-9501	1930/3/23 0:00	1900/3/25 11:11	S	$150K +	F	4	0	High School Degree	1994
13	USA	77	629-555-6308	894-555-9501	1930/3/23 0:00	1900/3/25 11:11	S	$150K +	F	4	0	High School Degree	1994
14	USA	77	629-555-6308	894-555-9501	1930/3/23 0:00	1900/3/25 11:11	S	$150K +	F	4	0	High School Degree	1994
15	USA	77	629-555-6308	894-555-9501	1930/3/23 0:00	1900/3/25 11:11	S	$150K +	F	4	0	High School Degree	1994
16	USA	77	629-555-6308	894-555-9501	1930/3/23 0:00	1900/3/25 11:11	S	$150K +	F	4	0	High School Degree	1994
17	USA	77	931-555-6694	342-555-7144	1946/7/10 0:00	1900/3/9 3:46	M	$70K - $90K	M	2	1	Bachelors Degree	1993/
18	USA	76	750-555-6667	185-555-5745	1952/6/10 0:00	1900/3/3 5:36	M	$30K - $50K	M	4	2	High School Degree	1991
19	USA	76	750-555-6667	185-555-5745	1952/6/10 0:00	1900/3/3 5:36	M	$30K - $50K	M	4	2	High School Degree	1991
20	USA	76	750-555-6667	185-555-5745	1952/6/10 0:00	1900/3/3 5:36	M	$30K - $50K	M	4	2	High School Degree	1991
21	USA	76	775-555-4950	164-555-6772	1968/3/17 0:00	1900/2/16 10:56	S	$10K - $30K	M	2	0	Partial High School	1990/1
22	USA	76	775-555-4950	164-555-6772	1968/3/17 0:00	1900/2/16 10:56	S	$10K - $30K	M	2	0	Partial High School	1990/1
23	USA	76	775-555-4950	164-555-6772	1968/3/17 0:00	1900/2/16 10:56	S	$10K - $30K	M	2	0	Partial High School	1990/1
24	USA	76	775-555-4950	164-555-6772	1968/3/17 0:00	1900/2/16 10:56	S	$10K - $30K	M	2	0	Partial High School	1990/1
25	USA	77	109-555-6673	221-555-1094	1966/10/17 0:00	1900/2/17 20:55	S	$50K - $70K	F	1	0	Bachelors Degree	1991/1
26	USA	77	109-555-6673	221-555-1094	1966/10/17 0:00	1900/2/17 20:55	S	$50K - $70K	F	1	0	Bachelors Degree	1991/1
27	USA	76	543-555-3616	347-555-7494	1944/10/25 0:00	1900/3/10 20:44	S	$30K - $50K	F	0	0	Partial College	1990/1
28	USA	76	543-555-3616	347-555-7494	1944/10/25 0:00	1900/3/10 20:44	S	$30K - $50K	F	0	0	Partial College	1990/1
29	USA	76	543-555-3616	347-555-7494	1944/10/25 0:00	1900/3/10 20:44	S	$30K - $50K	F	0	0	Partial College	1990/1
30	USA	77	686-555-3031	558-555-2795	1915/9/17 0:00	1900/4/8 23:45	S	$130K - $150K	F	4	0	Graduate Degree	1990

图 5—170

计算的结果显示为默认的日期格式，然后选择该列设置数字格式为数值型，没有小数位，结果显示为整数型 Age 值（见图 5—171）。

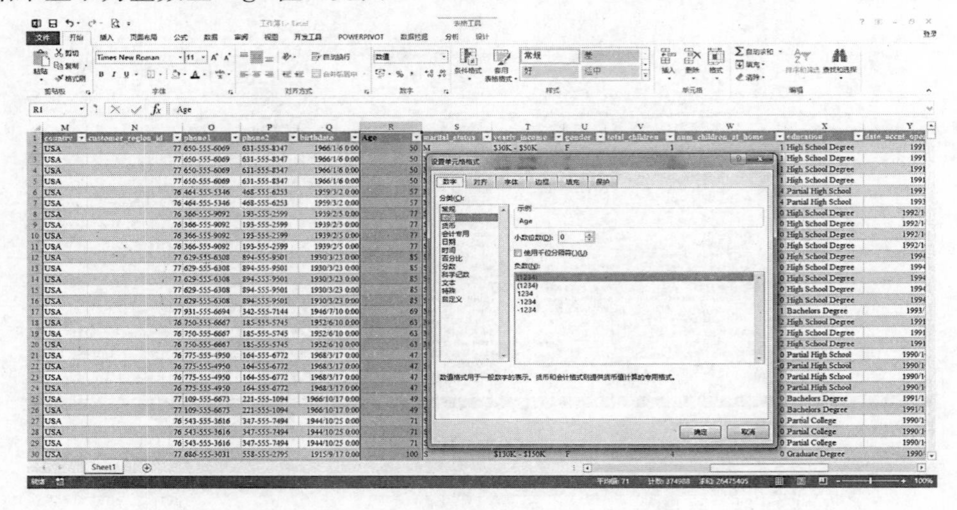

图 5—171

选择清除数据“离群值”功能，在表中选择 Age 列，在“指定阈值”对话框中拖动滑块或在文本框中输入最小值和最大值，选择要保留的数据范围（见图 5—172）。

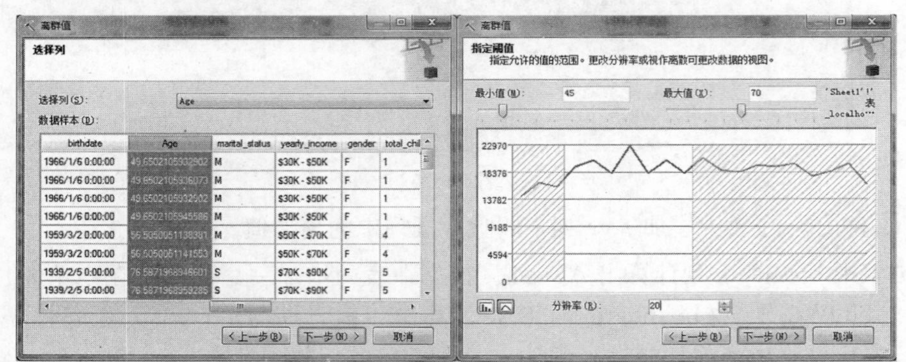

图 5—172

在“离群值处理”对话框中可以选择删除离群值的方式，本例中选择将离群值更改为空值。执行后在表中增加一个新列 Age2，离群值被更新为空值（见图 5—173）。

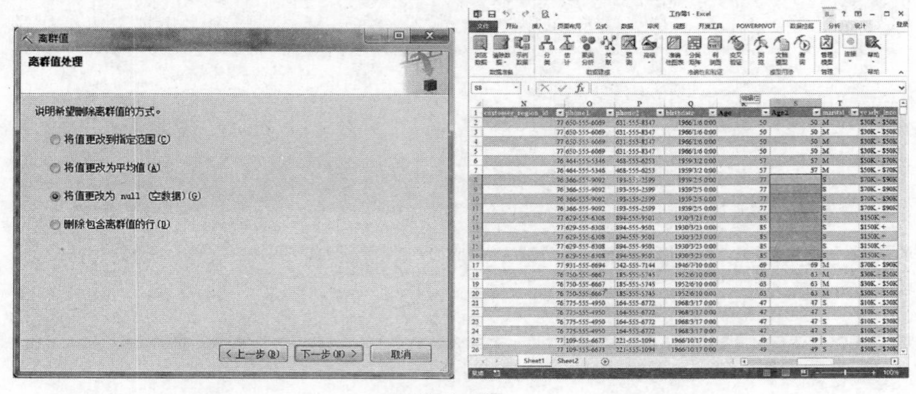

图 5—173

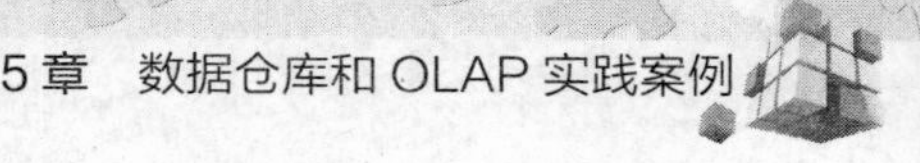

【例 2】　更改 yearly_income，将最大值“＄150K＋”更改为“高收入”。

通过删除离群值向导选择列 yearly_income，在“指定阈值”对话框中显示的直方图中拖动滑块覆盖“＄150K＋”直方图，删除最大值“＄150K＋”（见图 5—174）。

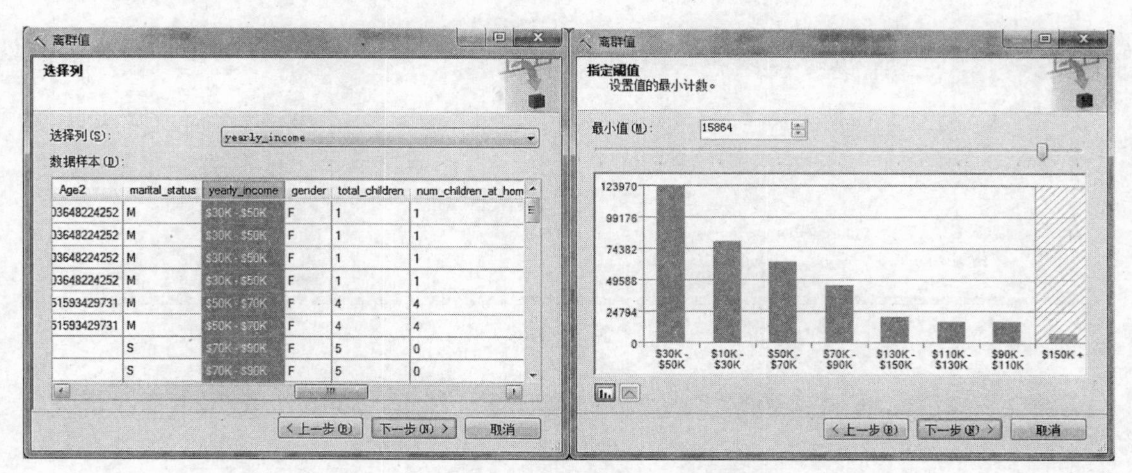

图 5—174

在向导对话框中选择离群值处理方式，将值更改为“高收入”。运行向导后生成新的 yearly_income2 列，其中的“＄150K＋”更改为“高收入”（见图 5—175）。

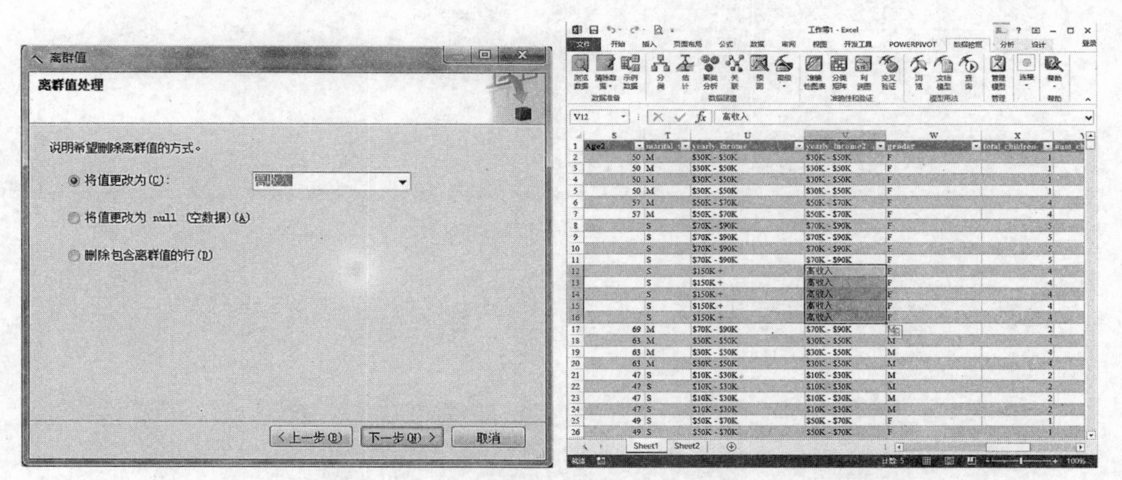

图 5—175

【例 3】　通过重新标记数据向导将 education 列更改为字符型收入水平。

启动重新标记数据向导，选择列“education”，将列中的值进行更改（见图 5—176）。

在“重新标记数据”对话框中列出了 education 列中原始值标签以及标签对应的记录数量，在新标签中可以通过下拉框更改为其他标签，也可以输入新标签值，本例中将英文标签翻译为中文标签。更新标签后指定修改后的数据存储在当前工作表的新列中。参见图 5—177。

工作表中增加了新列“education2”，由原来的标签对应更新为新标签（见图 5—178）。

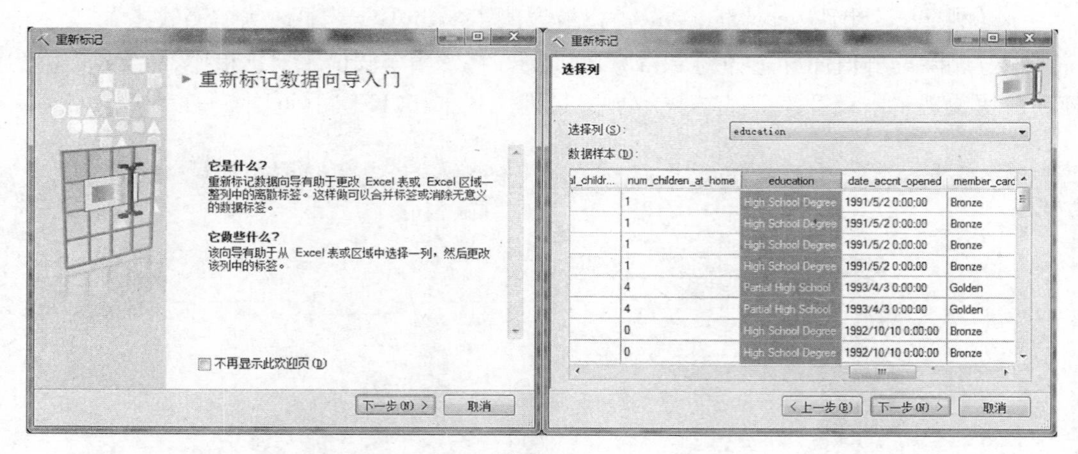

图 5—176

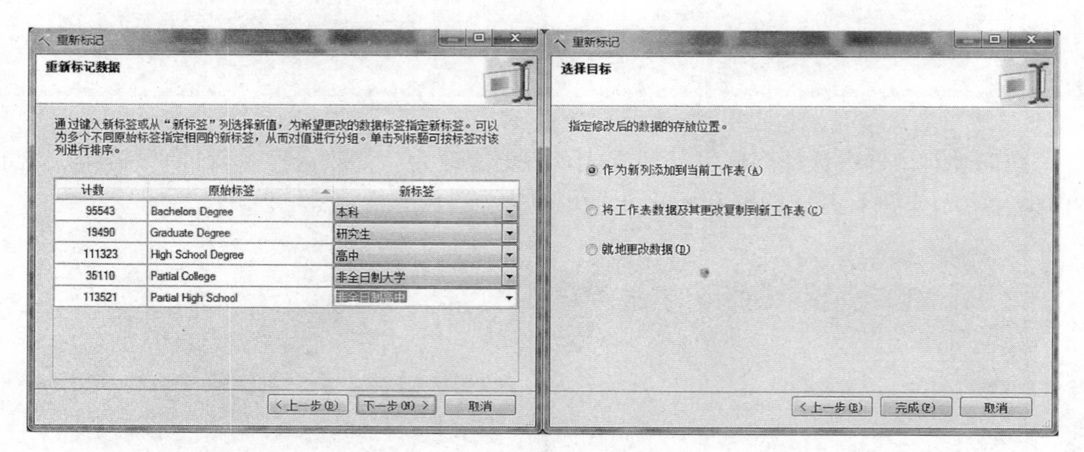

图 5—177

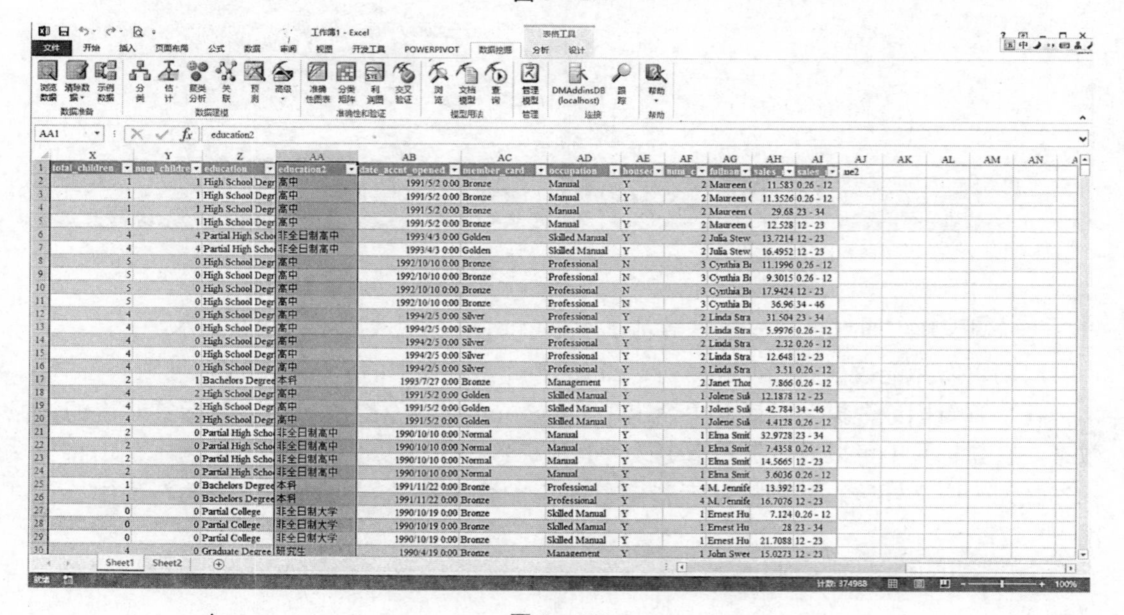

图 5—178

（5）示例数据。

示例数据对应抽样功能。启动示例数据向导，选择源数据。源数据可以是表、数据表中的数据区域或者外部数据源（见图 5—179）。

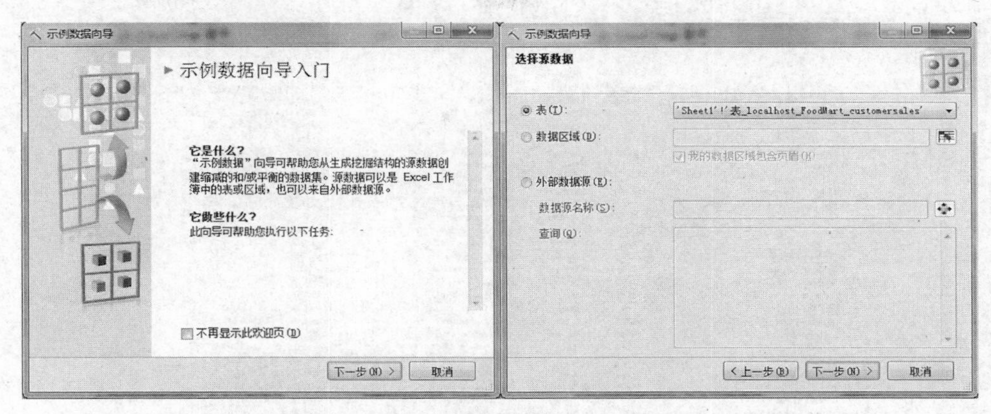

图 5—179

选择抽样类型为随机抽样，指定抽样样本百分比或行计数（见图 5—180）。

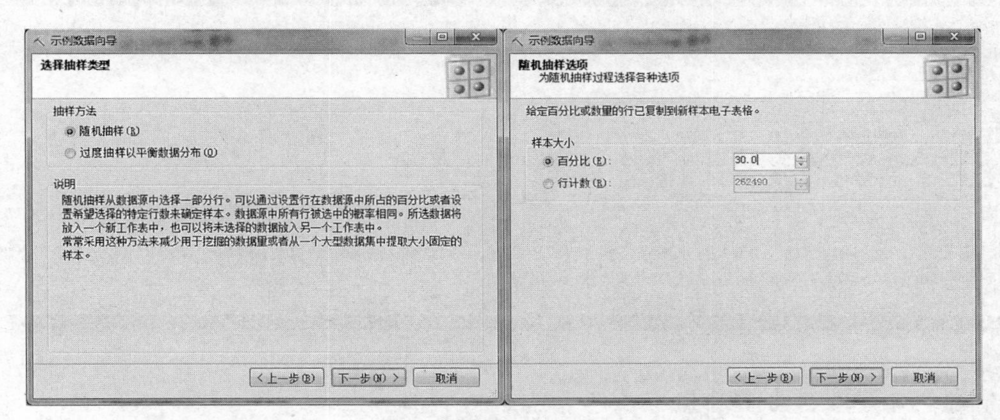

图 5—180

为抽样数据工作表命名，可以为未选数据创建工作表，并为未选集工作表命名（见图 5—181）。

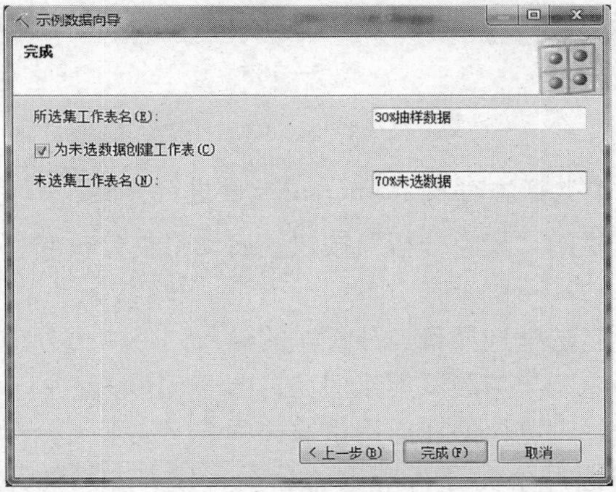

图 5—181

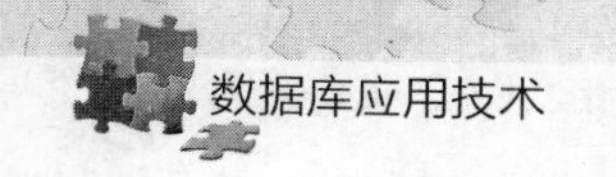

运行后生成抽样工作表（见图 5—182）和未抽样工作表（见图 5—183）。

	total_children	num_children	education	education2	date_accnt_opened	member_card	occupation	houseo	num_c	fullnam	sales_r	sales_r
374964	3	0	Partial College	非全日制大学	1993/11/16 0:00	Bronze	Manual	N	2	Elizabeth I	33.1568	23 - 34
374965	3	0	Partial College	非全日制大学	1993/11/16 0:00	Bronze	Manual	N	2	Elizabeth I	19.0656	12 - 23
374966	3	0	Partial College	非全日制大学	1993/11/16 0:00	Bronze	Manual	N	2	Elizabeth I	9.234	0.26 - 12
374967	4	0	Partial High Schoo	非全日制高中	1993/5/5 0:00	Normal	Manual	Y	1	John Burn	23.2155	23 - 34
374968	4	0	Partial High Schoo	非全日制高中	1993/5/5 0:00	Normal	Manual	Y	1	John Burn	14.1426	12 - 23
374969	4	0	Partial High Schoo	非全日制高中	1993/5/5 0:00	Normal	Manual	Y	1	John Burn	22.77	12 - 23
374970	1	0	High School Degr	高中	1994/10/25 0:00	Bronze	Management	N	3	Chad Borr	14.9121	12 - 23
374971	1	0	High School Degr	高中	1994/10/25 0:00	Bronze	Management	N	3	Chad Borr	8.1216	0.26 - 12
374972	1	0	High School Degr	高中	1994/10/25 0:00	Bronze	Management	N	3	Chad Borr	7.2072	0.26 - 12
374973	1	0	High School Degr	高中	1994/10/25 0:00	Bronze	Management	N	3	Chad Borr	16.6428	12 - 23
374974	1	0	High School Degr	高中	1994/10/25 0:00	Bronze	Management	N	3	Chad Borr	4.0077	0.26 - 12
374975	3	1	Graduate Degree	研究生	1990/2/7 0:00	Bronze	Management	N	1	Jason Dill	6.4428	0.26 - 12
374976	3	1	Graduate Degree	研究生	1990/2/7 0:00	Bronze	Management	N	1	Jason Dill	3.5376	0.26 - 12
374977	3	1	Graduate Degree	研究生	1990/2/7 0:00	Bronze	Management	N	1	Jason Dill	9.8271	0.26 - 12
374978	3	1	Graduate Degree	研究生	1990/2/7 0:00	Bronze	Management	N	1	Jason Dill	12.375	12 - 23
374979	3	1	Graduate Degree	研究生	1990/2/7 0:00	Bronze	Management	N	1	Jason Dill	7.3656	0.26 - 12
374980	3	1	Graduate Degree	研究生	1990/2/7 0:00	Bronze	Management	N	1	Jason Dill	24.0327	23 - 34
374981	3	1	Graduate Degree	研究生	1990/2/7 0:00	Bronze	Management	N	1	Jason Dill	7.424	0.26 - 12
374982	4	0	Bachelors Degree	本科	1990/7/20 0:00	Bronze	Professional	Y	4	F. Wes Br	33.704	23 - 34
374983	4	0	Bachelors Degree	本科	1990/7/20 0:00	Bronze	Professional	Y	4	F. Wes Br	1.824	0.26 - 12
374984	4	0	Bachelors Degree	本科	1990/7/20 0:00	Bronze	Professional	Y	4	F. Wes Br	4.4856	0.26 - 12
374985	4	0	Bachelors Degree	本科	1990/7/20 0:00	Bronze	Professional	Y	4	F. Wes Br	16.4835	12 - 23
374986	4	0	Bachelors Degree	本科	1990/7/20 0:00	Bronze	Professional	Y	4	F. Wes Br	16.524	12 - 23
374987	4	0	Bachelors Degree	本科	1990/7/20 0:00	Bronze	Professional	Y	4	F. Wes Br	22.1312	12 - 23
374988	4	0	Bachelors Degree	本科	1990/7/20 0:00	Bronze	Professional	Y	4	F. Wes Br	10.8864	0.26 - 12
374989												
374990												
374991												

Sheet1 | 30%抽样数据 | 70%未选数据 | Sheet2

图 5—182

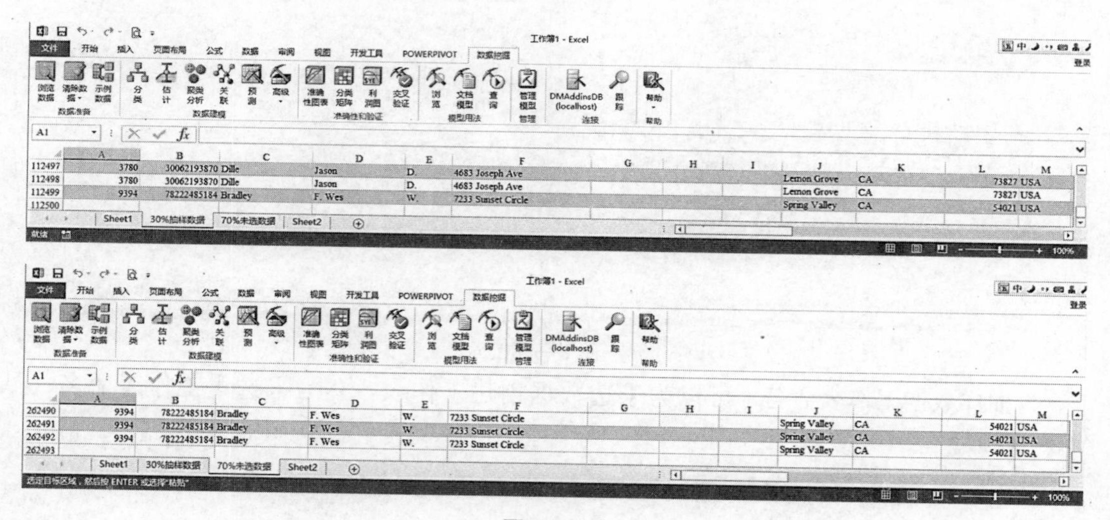

	A	B	C	D	E	F	G	H	I	J	K	L	M
112497	3780	30062193870	Dille	Jason	D.	4683 Joseph Ave				Lemon Grove	CA	73827	USA
112498	3780	30062193870	Dille	Jason	D.	4683 Joseph Ave				Lemon Grove	CA	73827	USA
112499	9394	78222485184	Bradley	F. Wes	W.	7233 Sunset Circle				Spring Valley	CA	54021	USA
112500													

	A	B	C	D	E	F	G	H	I	J	K	L	M
262490	9394	78222485184	Bradley	F. Wes	W.	7233 Sunset Circle				Spring Valley	CA	54021	USA
262491	9394	78222485184	Bradley	F. Wes	W.	7233 Sunset Circle				Spring Valley	CA	54021	USA
262492	9394	78222485184	Bradley	F. Wes	W.	7233 Sunset Circle				Spring Valley	CA	54021	USA
262493													

图 5—183

（6）数据挖掘示例。

【例 4】 通过聚类算法对 customersales 表进行分类。

单击数据挖掘工具栏的“聚类分析”按钮，启动聚类分析向导，选择源数据为当前数据表（见图 5—184）。

选择输入列，通过复选框选择聚类分析时的输入列，作为分类变量。在向导中设置要测试数据百分比，划分定型集与测试集比例（见图 5—185）。

在完成对话框中选择浏览模型和启用钻取选项，完成聚类分析向导。运行后生成分类关系图，图中列出数据通过聚类分析产生的分类、分类之间的链接关系强弱（见图 5—186）。

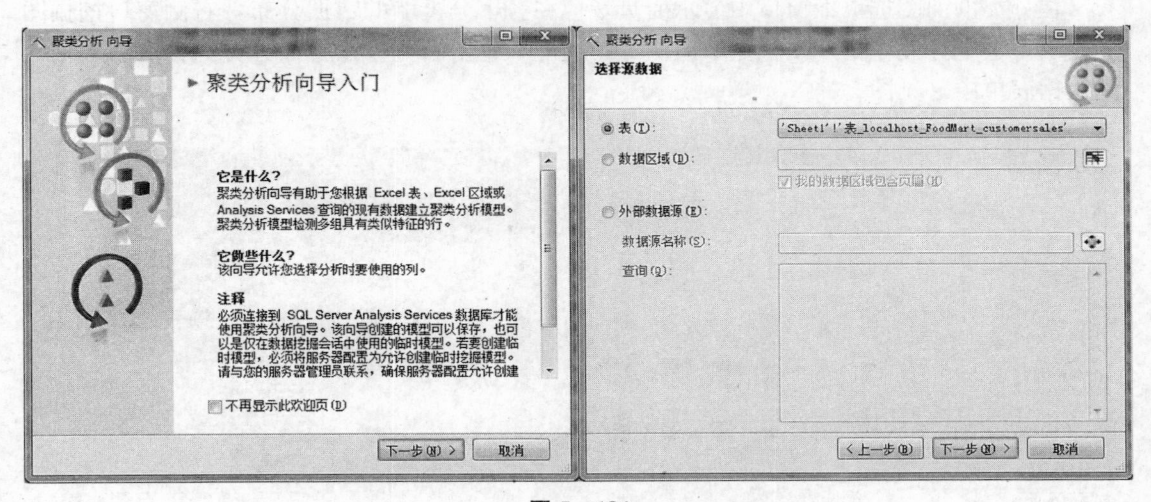

图 5—184

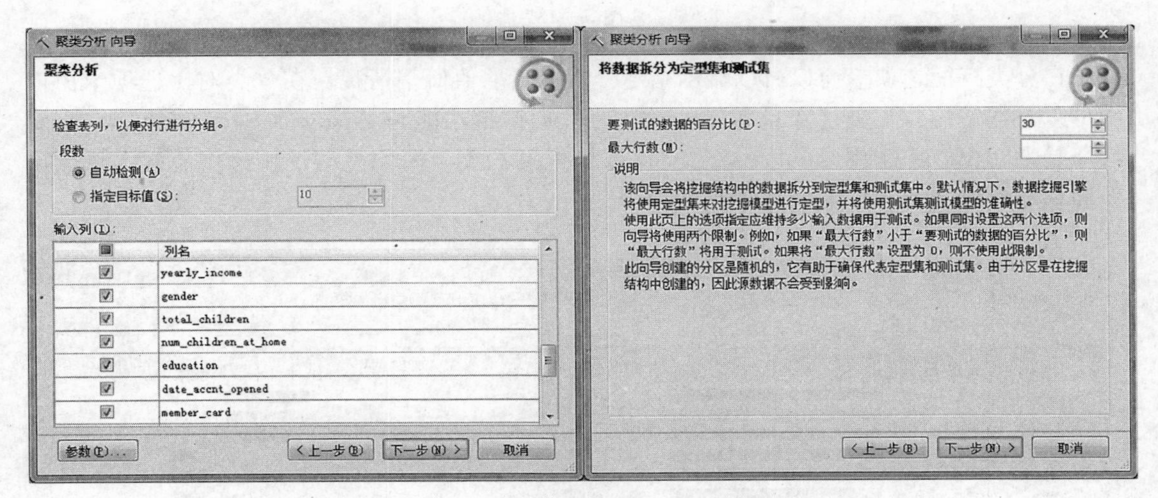

图 5—185

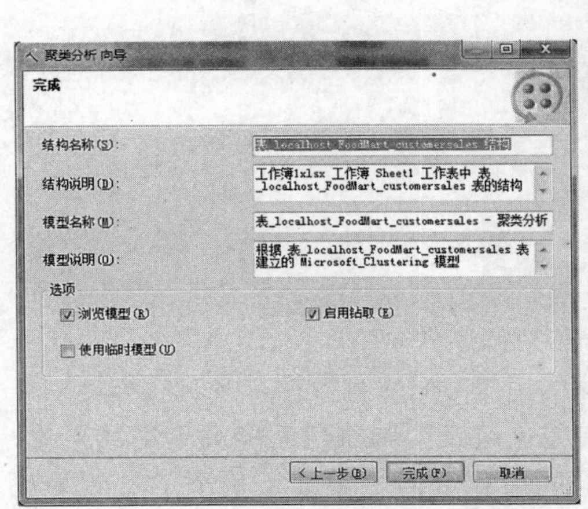

图 5—186

在分类剖面图选项卡窗口中显示变量及值在各个分类上的数据分布，右侧窗口挖掘图例显示了选定分类在指定变量上取值的分布情况，单击右键可以将该分类的钻取结果输出到数据表单中（见图 5—187）。

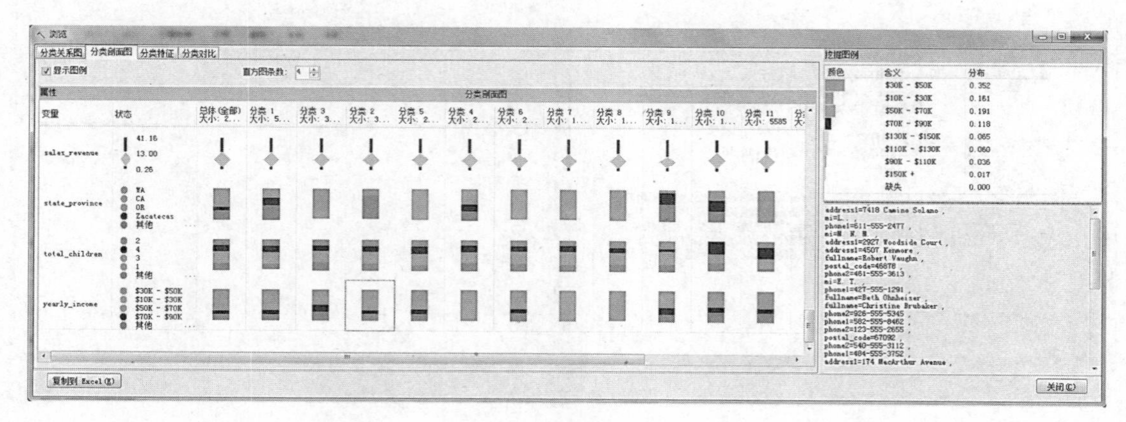

图 5—187

在分类特征选项卡窗口可以显示指定分类变量取值概率情况，在分类对比选项卡窗口中可以对选定的分类进行变量和值的对比。数据挖掘功能与 Analysis Service 类似，主要特征是通过 Excel 调用 Analysis Service 数据挖掘功能，简化数据挖掘操作流程，将数据挖掘功能集成到 Excel 前端（见图 5—188）。

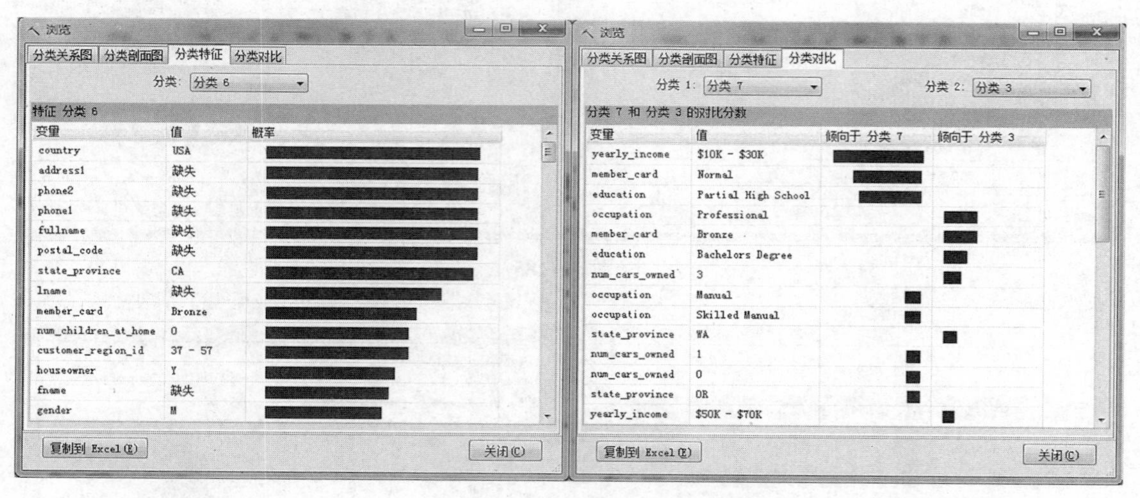

图 5—188

【例 5】 根据加拿大（Canada）、墨西哥（Mexico）、美国（USA）三个国家每日销售额预测未来销售额。

（1）创建 Canada，Mexico，USA 三个国家销售时间序列表。

根据时间维、商店维的国家切片生成三个国家的销售时间序列数据，按时间维将三个国家的销售数据合并。本例中使用 WITH 语句首先创建三个国家时间序列聚集结果集，然后将三个结果集连接，生成三个国家在统一时间序列上的聚集结果集用于时间序列分析。

```
create view countrysales as
with CanadaSales(the_date, Canada_sales ) as (
select the_date, sum(store_sales) as Canada_sales
from sales_fact sf, store s, time_by_day t
where sf.store_id=s.store_id and sf.time_id=t.time_id
    and store_country='Canada'
group by t.the_date),

MexicoSales(the_date, Mexico_sales ) as (
select the_date, sum(store_sales) as Mexico_sales
from sales_fact sf, store s, time_by_day t
where sf.store_id=s.store_id and sf.time_id=t.time_id
    and store_country='Mexico'
group by t.the_date),

USASales(the_date, USA_sales ) as (
select the_date, sum(store_sales) as USA_sales
from sales_fact sf, store s, time_by_day t
where sf.store_id=s.store_id and sf.time_id=t.time_id and store_country='USA'
group by t.the_date)

select CanadaSales.the_date, Canada_sales, Mexico_sales, USA_sales from CanadaSales,
MexicoSales, USASales
where CanadaSales.the_date=MexicoSales.the_date
    and CanadaSales.the_date=USASales.the_date;
```

结果见图 5—189。

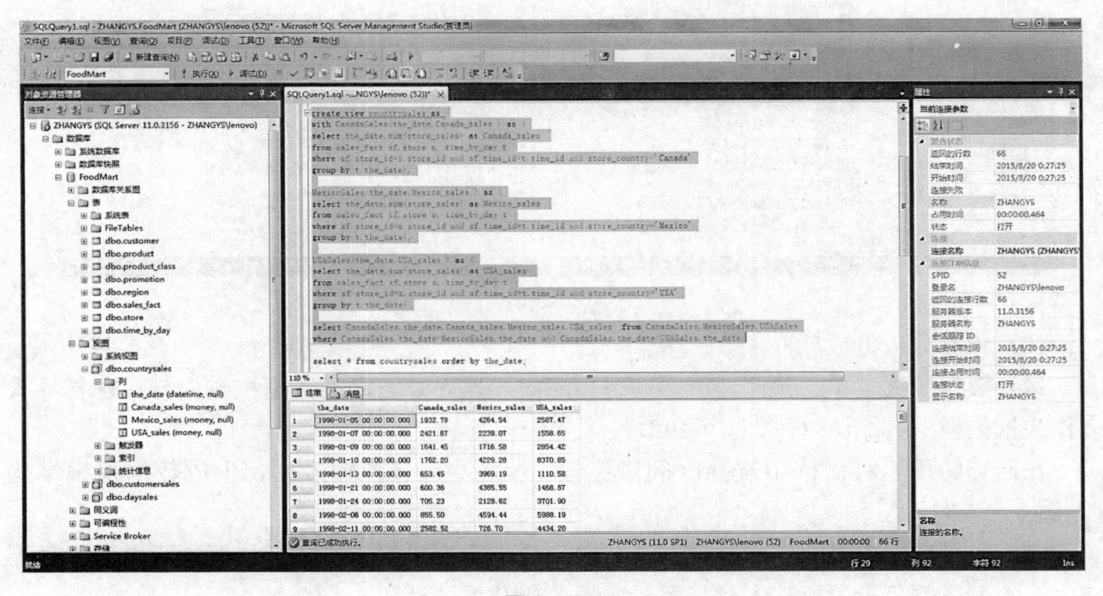

图 5—189

（2）Excel 数据导入。

通过数据菜单导入功能加载数据库中创建的视图 countrysales（见图 5—190）。

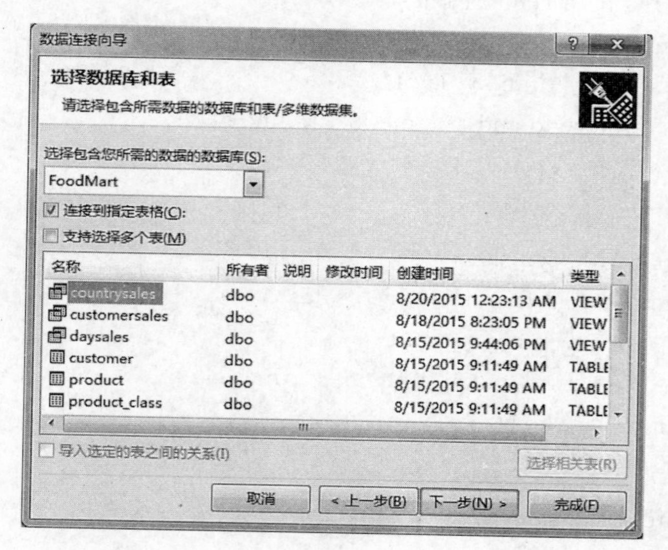

图 5—190

导入数据后需要按时间戳字段 the_date 排序，以进行时间序列挖掘（见图 5—191）。

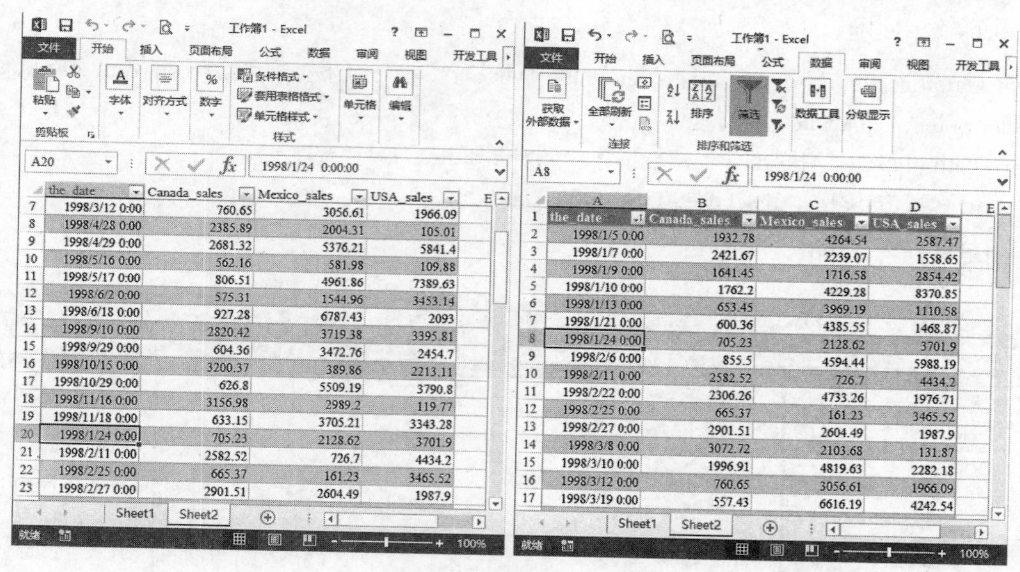

图 5—191

（3）预测分析。

运行数据挖掘菜单的预测功能，通过预测向导建立时间序列数据挖掘模型。选择导入表作为挖掘模型数据源（见图 5—192）。

在向导的预测对话框中选择时间戳字段 the_date，选择输入列，生成数据挖掘结构（见图 5—193）。

完成向导后生成时间序列预测图，其中预测步骤为预测步长，下拉框中可以选择预测字段，挖掘图例显示鼠标选定时间戳对应的预测结果（见图 5—194）。

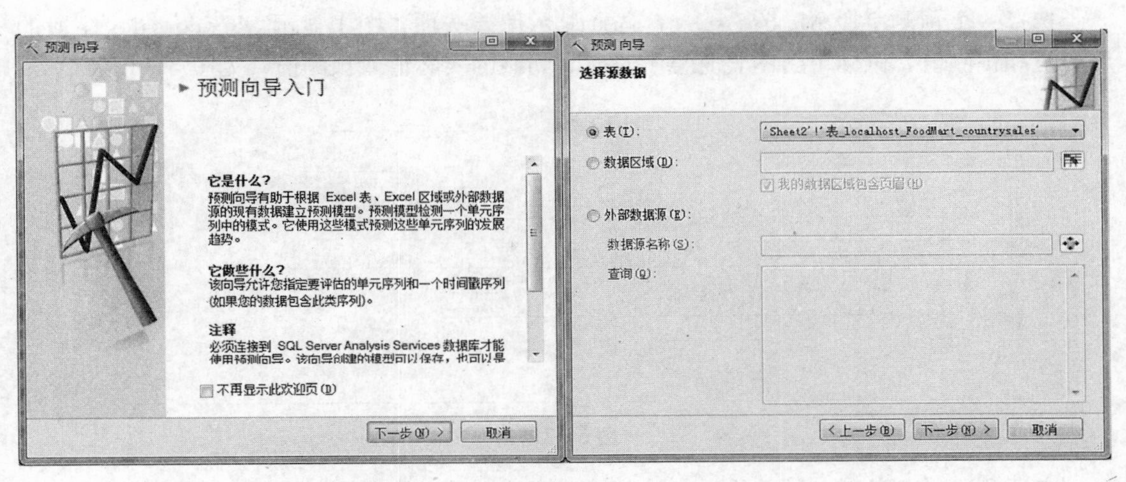

图 5—192

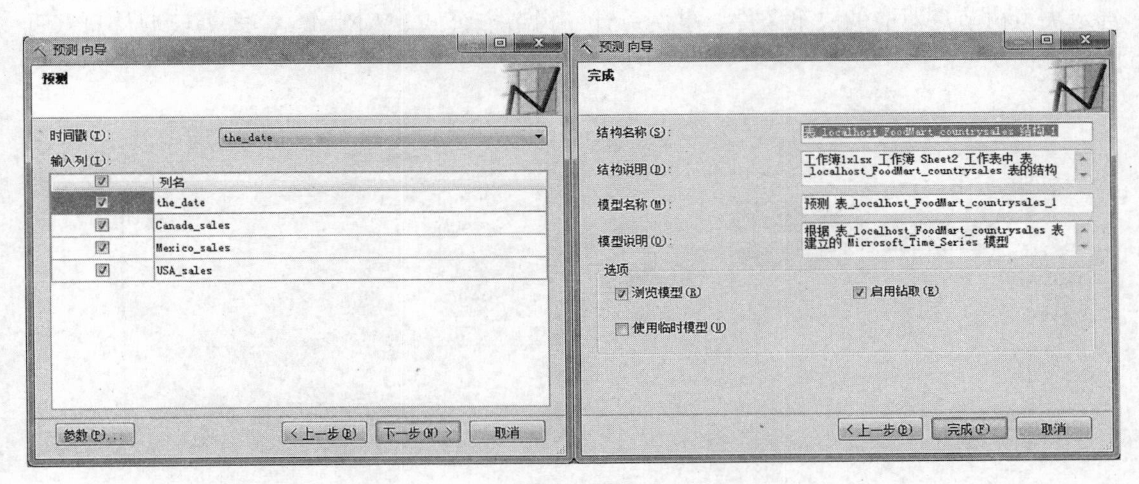

图 5—193

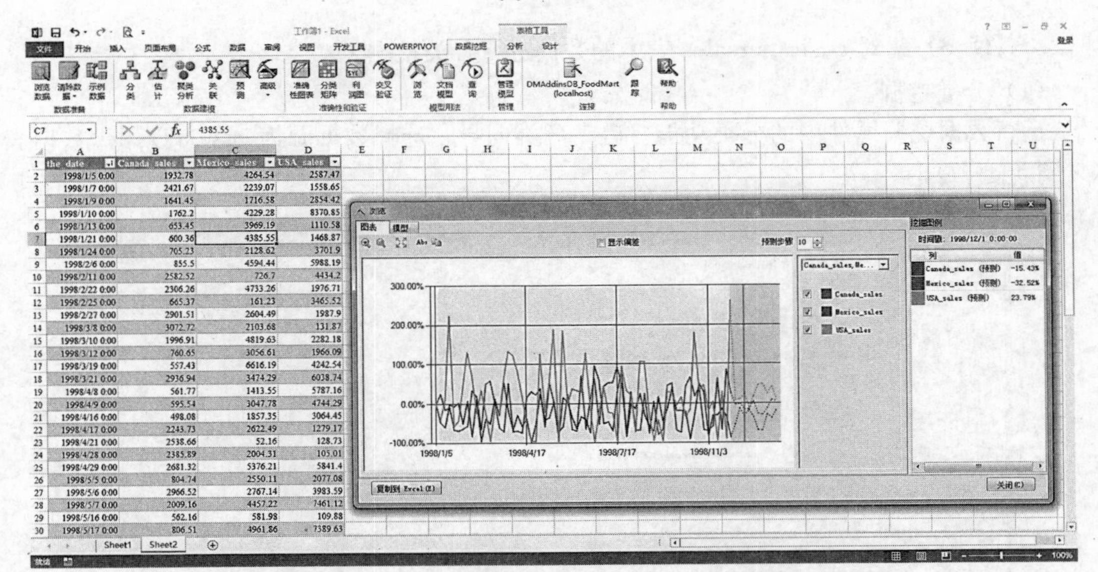

图 5—194

选择一个预测字段 Mexico_sales，选择显示偏差选项，图中显示 Mexico_sales 字段的历史值和预测值，鼠标单击图表时显示对应时间戳的实际值或预测值（见图 5—195）。

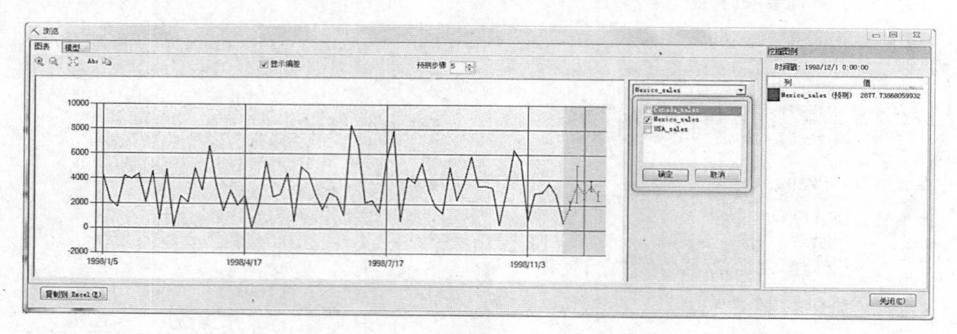

图 5—195

在模型选项卡窗口中显示预测字段 Mexico_sales 对应的决策树模型，挖掘图例中显示选定决策树节点对应的决策条件、事例总计、树节点公式、ARIMA 公式等模型信息（见图 5—196）。

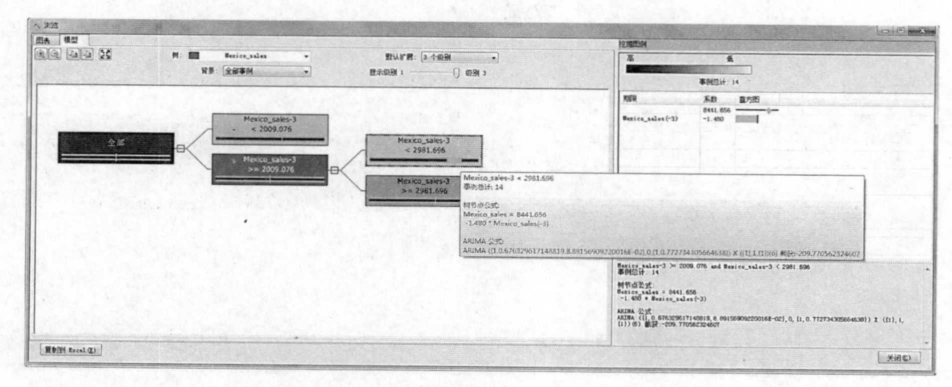

图 5—196

【例 6】 对 customersales 表中的数据进行分类挖掘。

(1) 分类挖掘。

运行数据挖掘插件中的分类功能，启动分类向导，选择数据源为 customersales 数据表（见图 5—197）。

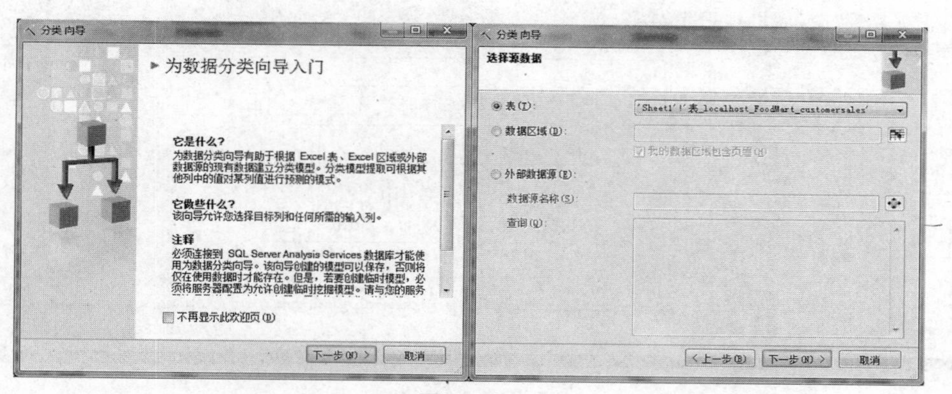

图 5—197

在分类向导中选择要分析的列为 member_card，分析与会员卡类型相关的因素（见图 5—198）。

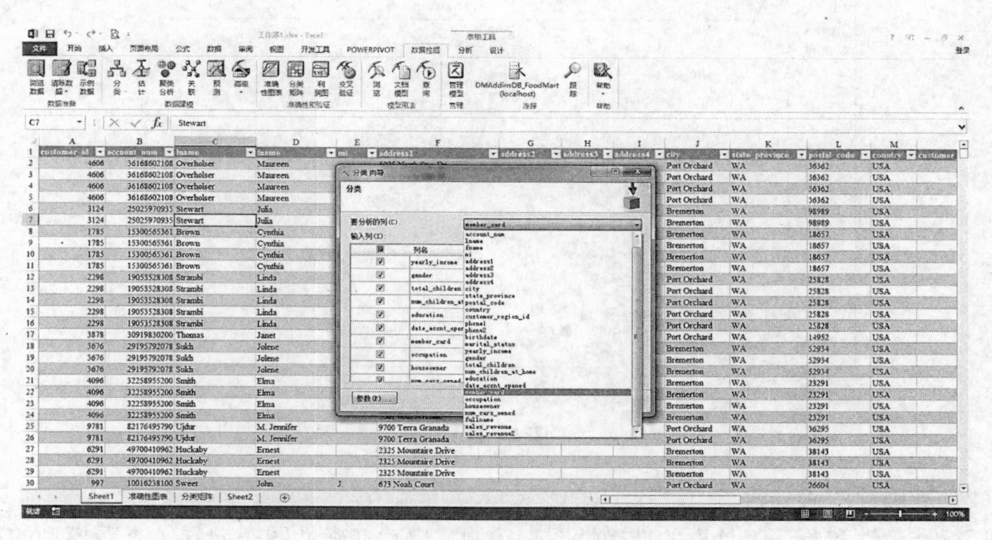

图 5—198

在分类向导中设置要测试的数据百分比，完成分类向导（见图 5—199）。

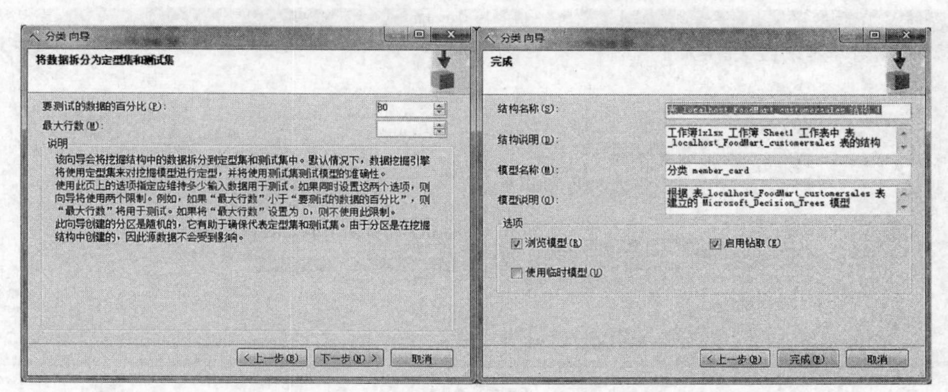

图 5—199

向导生成分类决策树模型，可以查看决策树节点图例中的信息（见图 5—200）。

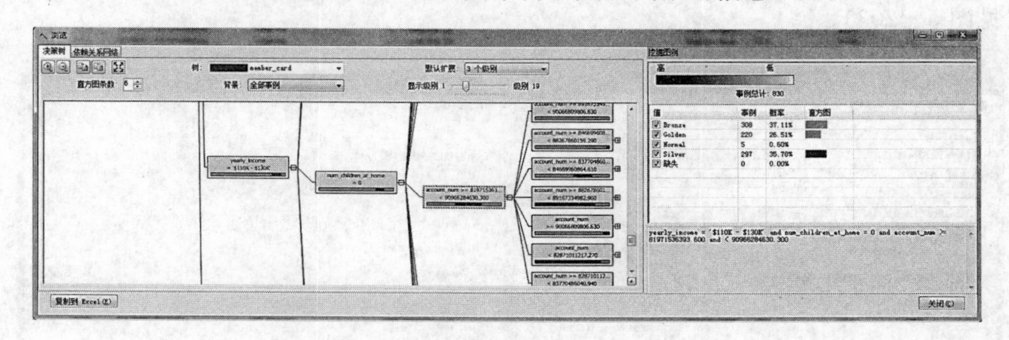

图 5—200

在依赖关系网络中拖动链接滑块显示各个属性与预测字段 member_card 的依赖关系及强度（见图 5—201）。

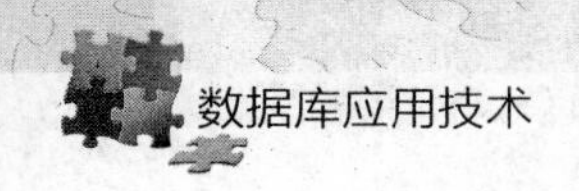

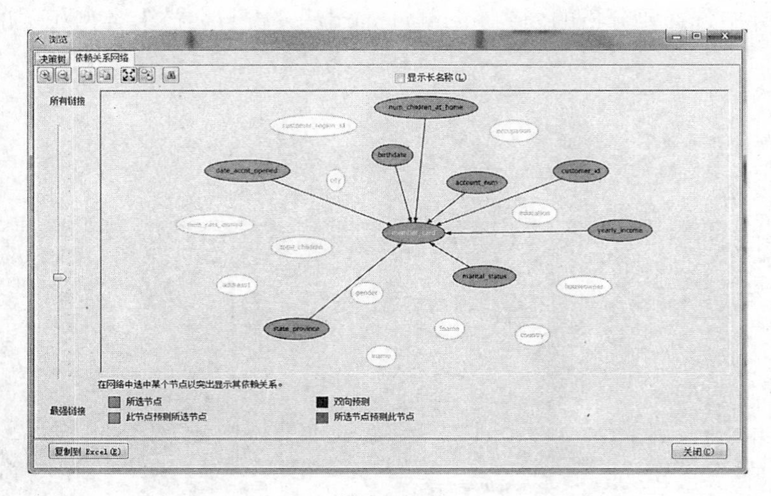

图 5—201

（2）准确性图表分析。

运行准确性和验证工具栏的准确性图表功能，启动准确性图表向导，查看模型的准确性。在向导中选择要分析的结构或模型（见图 5—202）。

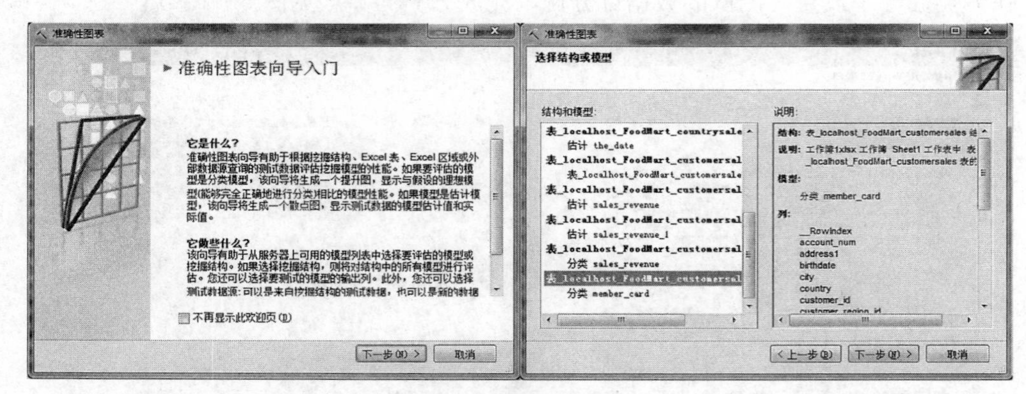

图 5—202

选择要预测的挖掘列和要预测的值，在向导中设置源数据，默认为来自模型的测试数据（见图 5—203）。

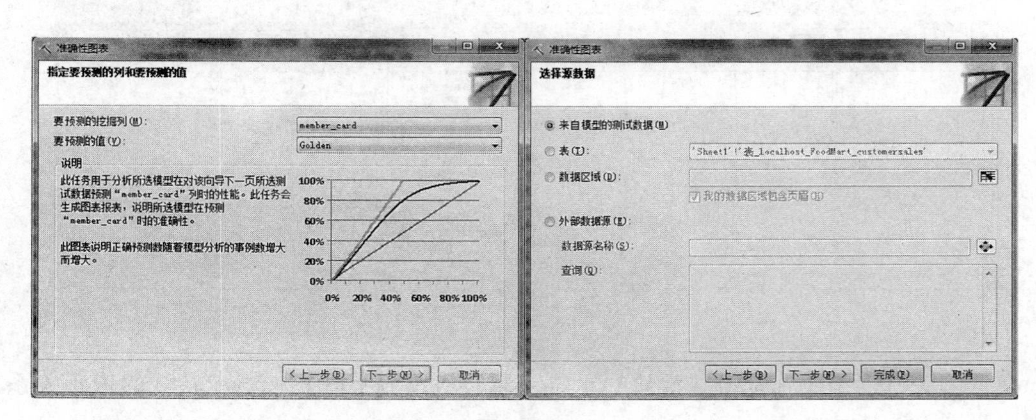

图 5—203

生成模型的准确性图表（见图 5—204）。

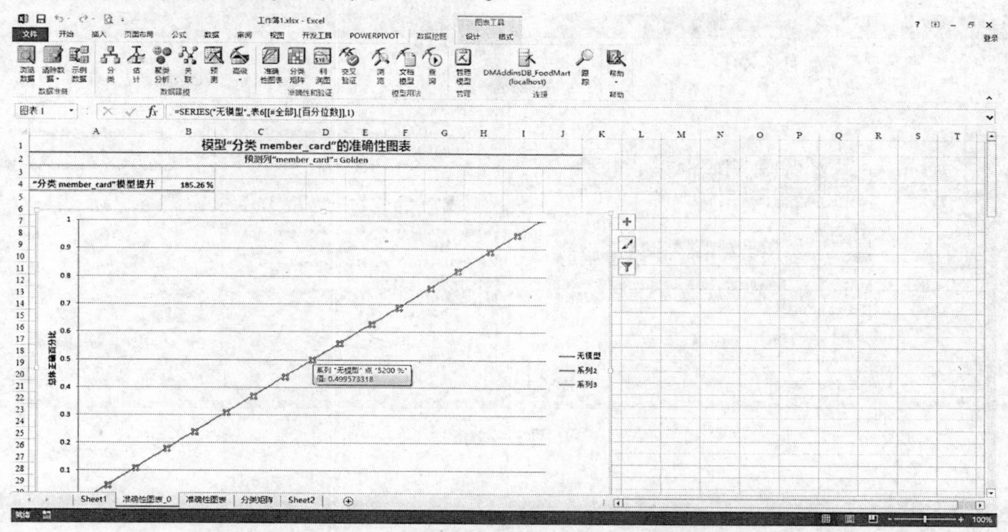

图 5—204

在准确性图表中按百分位数给出理想模型和分类 member_card 模型的准确性百分比（见图 5—205）。

百分位数	理想模型	分类 member_card
0 %	0.00 %	0.00 %
1 %	8.13 %	8.13 %
2 %	16.25 %	16.25 %
3 %	24.38 %	24.38 %
4 %	32.50 %	32.50 %
5 %	40.63 %	40.63 %
6 %	48.76 %	48.76 %
7 %	56.88 %	56.88 %
8 %	65.01 %	64.99 %
9 %	73.13 %	73.12 %
10 %	81.26 %	81.20 %
11 %	89.39 %	89.18 %
12 %	97.51 %	96.90 %
13 %	100.00 %	99.80 %
14 %	100.00 %	99.97 %
15 %	100.00 %	99.99 %
16 %	100.00 %	100.00 %
17 %	100.00 %	100.00 %
18 %	100.00 %	100.00 %
19 %	100.00 %	100.00 %
20 %	100.00 %	100.00 %
21 %	100.00 %	100.00 %
22 %	100.00 %	100.00 %
23 %	100.00 %	100.00 %
24 %	100.00 %	100.00 %
25 %	100.00 %	100.00 %
26 %	100.00 %	100.00 %
27 %	100.00 %	100.00 %

图 5—205

（3）分类矩阵。

运行分类矩阵功能，启动分类矩阵向导，选择结构或模型（见图 5—206）。

指定要预测的列，选择显示结构的方式为百分比和计数，选择源数据为来自模型的测试数据（见图 5—207）。

生成分类矩阵，显示模型预测正确和错误的百分比。以表格的方式分别以百分比和计数显示预测列 member_card 中每个成员的预测结果，列对应实际值，行对应预测值，矩阵中单元表示指定 member_card 成员预测为的实际 member_card 成员值的数量及百分比（见图 5—208）。矩阵对角线对应预测正确的值，对角线数据的百分比越高则预测准确性越高。

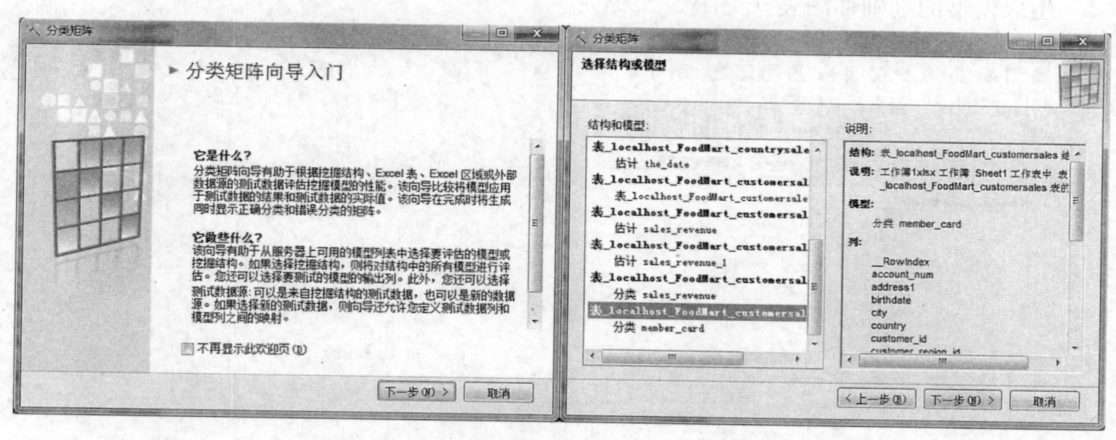

图 5—206

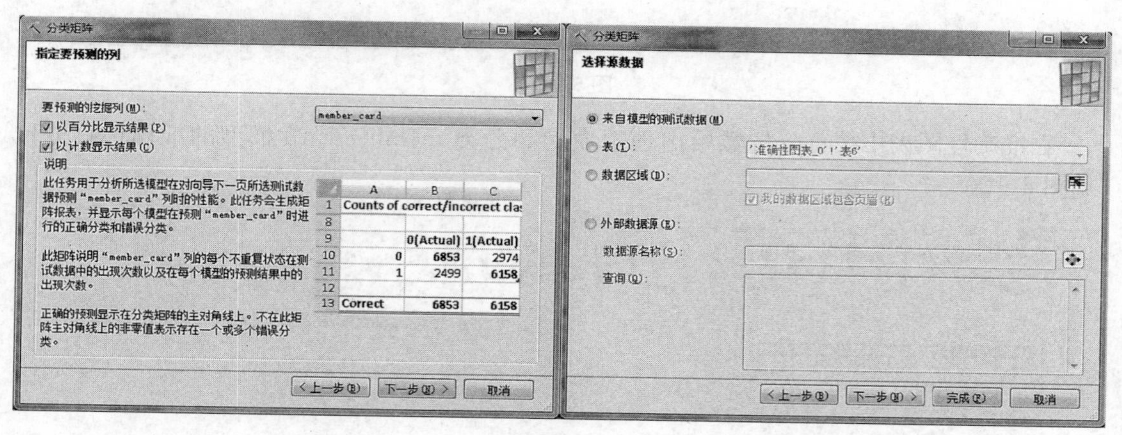

图 5—207

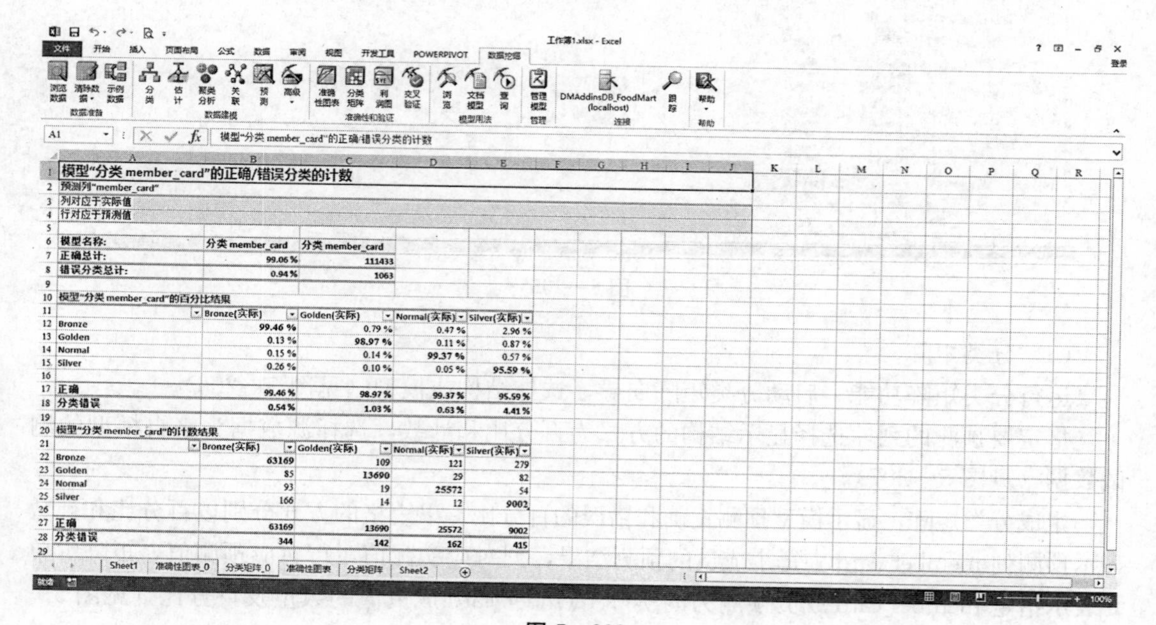

模型“分类 member_card”的正确/错误分类的计数

预测列“member_card”

列对应于实际值

行对应于预测值

模型名称:	分类 member_card	分类 member_card
正确总计:	99.06 %	111433
错误分类总计:	0.94 %	1063

模型“分类 member_card”的百分比结果

	Bronze(实际)	Golden(实际)	Normal(实际)	Silver(实际)
Bronze	99.46 %	0.79 %	0.47 %	2.96 %
Golden	0.13 %	98.97 %	0.11 %	0.87 %
Normal	0.15 %	0.14 %	99.37 %	0.57 %
Silver	0.26 %	0.10 %	0.05 %	95.59 %
正确	99.46 %	98.97 %	99.37 %	95.59 %
分类错误	0.54 %	1.03 %	0.63 %	4.41 %

模型“分类 member_card”的计数结果

	Bronze(实际)	Golden(实际)	Normal(实际)	Silver(实际)
Bronze	63169	109	121	279
Golden	85	13690	29	82
Normal	93	19	25572	54
Silver	166	14	12	9002
正确	63169	13690	25572	9002
分类错误	344	142	162	415

图 5—208

(4) 利润图。

运行利润图功能，启动利润图向导，选择要分析的结构或模型（见图5—209）。

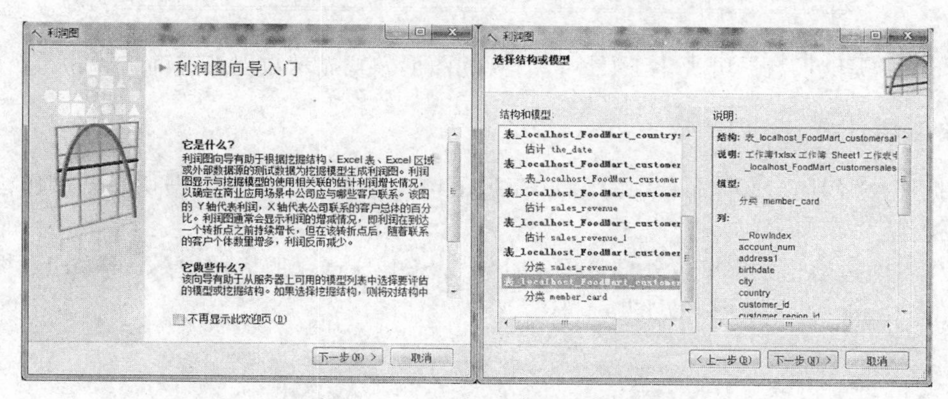

图5—209

指定利润图参数，选择member_card列，指定预测值为Golden，设置利润计算的相关参数。选择源数据为来自模型的测试数据（见图5—210）。

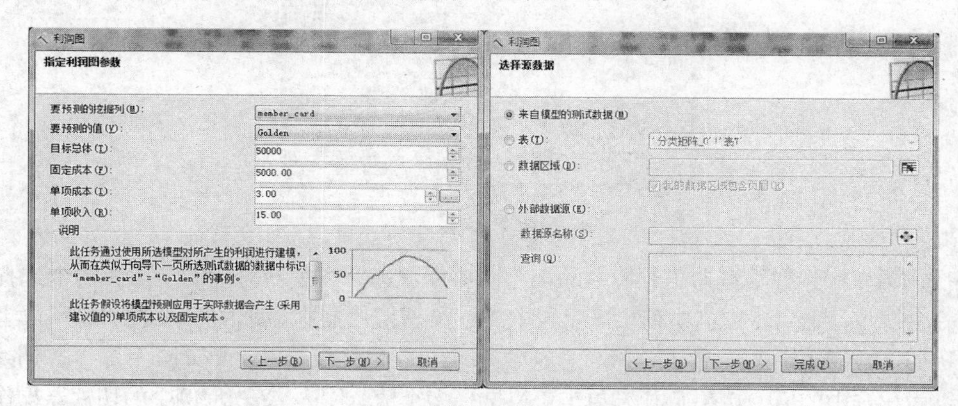

图5—210

完成向导，生成利润图。在生成的利润图表单中以图表形式按百分位数显示分类正确百分比、分类利润、分类概率等信息，供用户分析处理（见图5—211）。

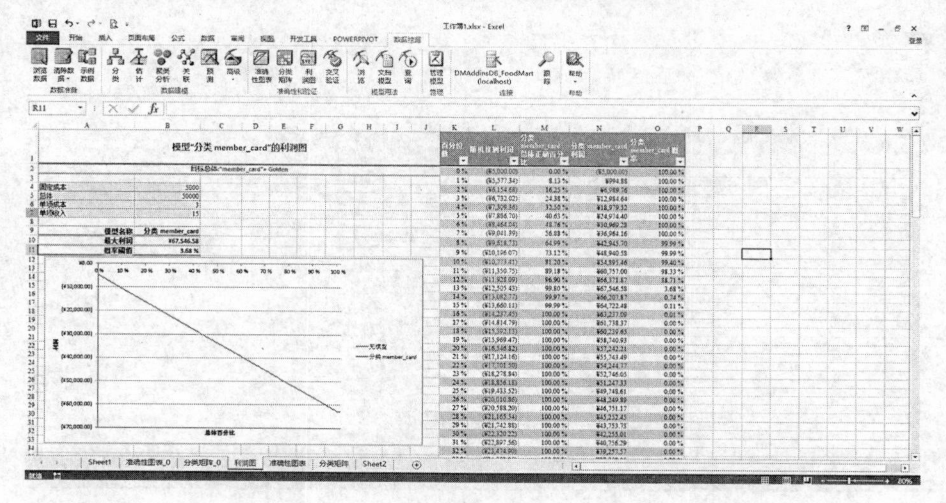

图5—211

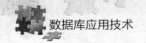

第5节　Excel 数据可视化应用案例

Excel 中提供了数据可视化工具，以直观的图形方式显示数据及查询结果。

一、数据切片

数据切片器对应 SQL 命令中的 WHERE 子句，通过可视化的数据切片器操作构造复杂谓词操作。

首先，通过数据菜单获取外部数据工具导入 SQL Server 服务器中 FoodMart 数据库中创建的 customersales 视图（见图 5—212）。

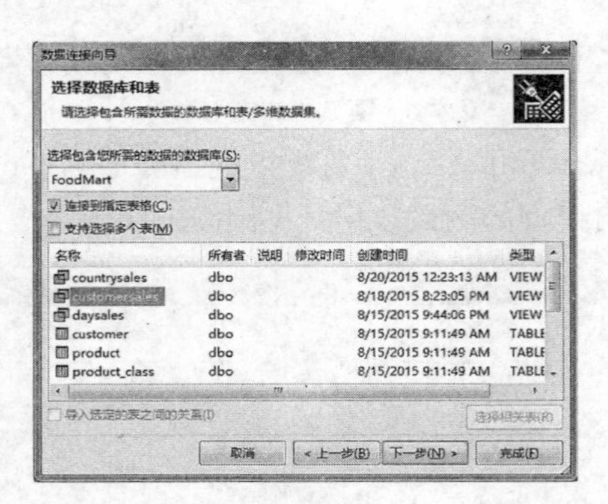

图 5—212

在插入菜单中选择筛选器工具栏上的切片器命令，选择切片器对应的字段。每个选择的字段对应一个切片器窗口，窗口中列出该字段中的成员。切片器中显示的字段表示该字段上的筛选条件，如 gender 切片器上单击“M”对应 SQL 命令中的“where gender′M′”命令。切片器中深色底纹表示选中的值，按住 Ctrl 键单击可以选择多个值。图 5—213 示例中的切片器操作对应 SQL 命令中的“where total_children＝2 and gender＝′M′ and member_card＝′Golden′ and（education＝′Bachlors Degree′ or education＝′Graduate Degree′）”。

文件 开始 插入 页面布局 公式 数据 审阅 视图 开发工具 POWERPIVOT 数据挖掘 选项
SmartArt Power View Power Map
total_child...

	yearly_income	gender	total_children	num_children_at_home	education	date_accnt_opened	member_card	occupation	houseowner	num_cars_owned	fullname
63	$150K +	M	2		2 Graduate Degree	1994/8/16 0:00	Golden	Professional	Y	1	Charles Hull
396	$150K +	M	2		2 Graduate Degree	1994/8/16 0:00	Golden	Professional	Y	1	
397	$150K +	M	2		2 Graduate Degree	1994/8/16 0:00	Golden	Professional	Y	1	
398	$150K +	M			Degree	1994/8/16 0:00	Golden	Professional		1	
436	$150K +	M			Degree	1994/8/16 0:00	Golden	Professional		1	
437	$150K +	M			Degree	1994/8/16 0:00	Golden	Professional		1	
438	$150K +	M			Degree	1994/8/16 0:00	Golden	Professional		1	
648	$150K +	M			Degree	1994/8/16 0:00	Golden	Professional		1	
649	$150K +	M			Degree	1994/8/16 0:00	Golden	Professional		1	
650	$150K +	M			Degree	1994/8/16 0:00	Golden	Professional		1	
1414	$150K +	M			Degree	1994/8/16 0:00	Golden	Professional		1	
1415	$150K +	M			Degree			Professional		1	
1416	$150K +	M			Degree			Professional		1	
1515	$150K +	M			Degree			Professional		1	
1516	$150K +	M			Degree			Professional			
1517	$150K +	M			Degree			Professional			
1518	$150K +	M			Degree			Professional	Y		
1519	$150K +	M			Degree			Professional	Y		
1520	$150K +	M			Degree			Professional	Y		
1560	$150K +	M			Degree			Professional	Y		
1561	$150K +	M			Degree			Professional	Y		
1562	$150K +	M			Degree			Professional	Y		
1563	$150K +	M			Degree			Professional	Y		
1564	$150K +	M			Degree			Professional	Y		
2707	$130K - $150K	M			Degree			Professional	Y		
2708	$130K - $150K	M			Degree	1992/4/21 0:00	Golden	Professional	Y		
3219	$70K - $90K	M	2		2 Bachelors Degree	1991/6/19 0:00	Golden	Professional	Y		
3220	$70K - $90K	M	2		2 Bachelors Degree	1991/6/19 0:00	Golden	Professional	Y	3	Maryanne Cook
3221	$70K - $90K	M	2		2 Bachelors Degree	1991/6/19 0:00	Golden	Professional	Y	3	Maryanne Cook

插入切片器
customer_region_id
phone1
phone2
birthdate
marital_status
yearly_income
gender
total_children
num_children_at_home
education
date_accnt_opened
member_card
occupation
houseowner
num_cars_owned
fullname
sales_revenue
确定 取消

total_children: 0 1 2 3 4 5
gender: F M
education: Bachelors Degree, Graduate Degree, High School Degree, Partial College, Partial High School
member_card: Bronze, Golden, Normal, Silver

Sheet1
就绪 在 374987 条记录中找到 1181 个 100%

图 5—213

二、Power Map 数据地图

Excel 2013 中还可以安装 Power Map 组件，增加数据显示在地图上的功能。

【例7】 将 FoodMart 数据库中 customer 维和 time 维对应的 store_sales 销售数据显示在地图上。

首先，在 SQL Server 数据库中创建 CustomerDaySales 视图，为销售记录增加 customer 维和 time 维。

```
CREATE VIEW CustomerDaySales AS
SELECT customer. * , time_by_day. * , sales_fact. store_sales
FROM customer, time_by_day, sales_fact
WHERE sales_fact. customer_id=customer. customer_id
AND sales_fact. time_id=time_by_day. time_id;
```

结果见图 5—214。

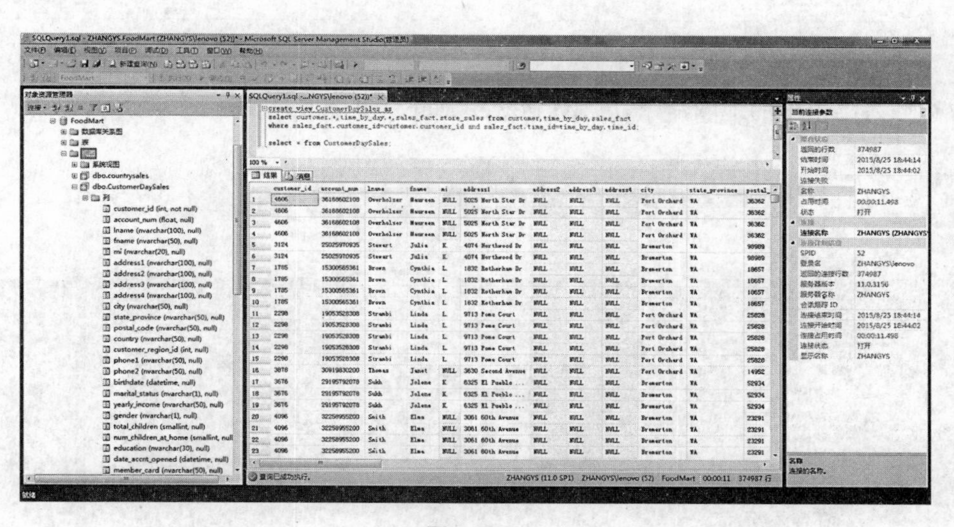

图 5—214

然后，在 Excel 数据表中通过数据菜单的获取外部数据工具导入 SQL Server 数据库中创建的 CustomerDaySales 视图，以表的形式存储（见图 5—215）。

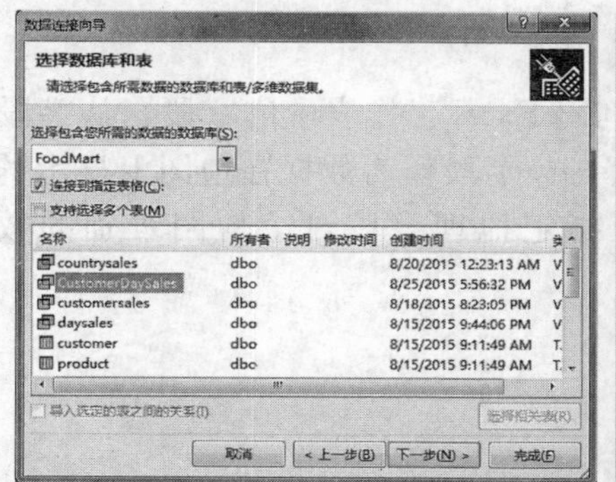

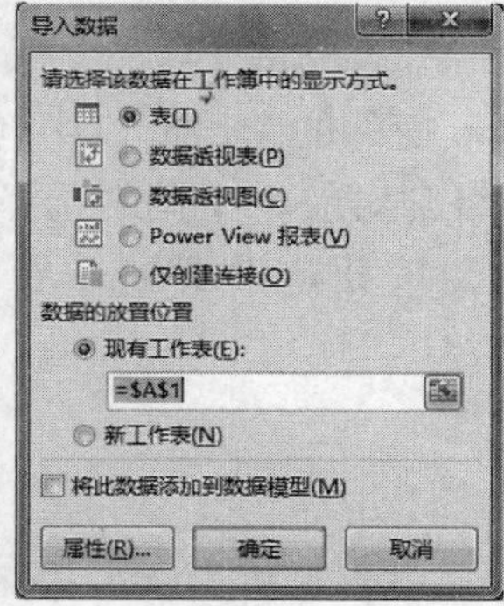

图 5—215

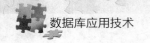

在使用地图之前需要从微软网站下载 Power Map 插件并安装（见图 5—216）。[①]

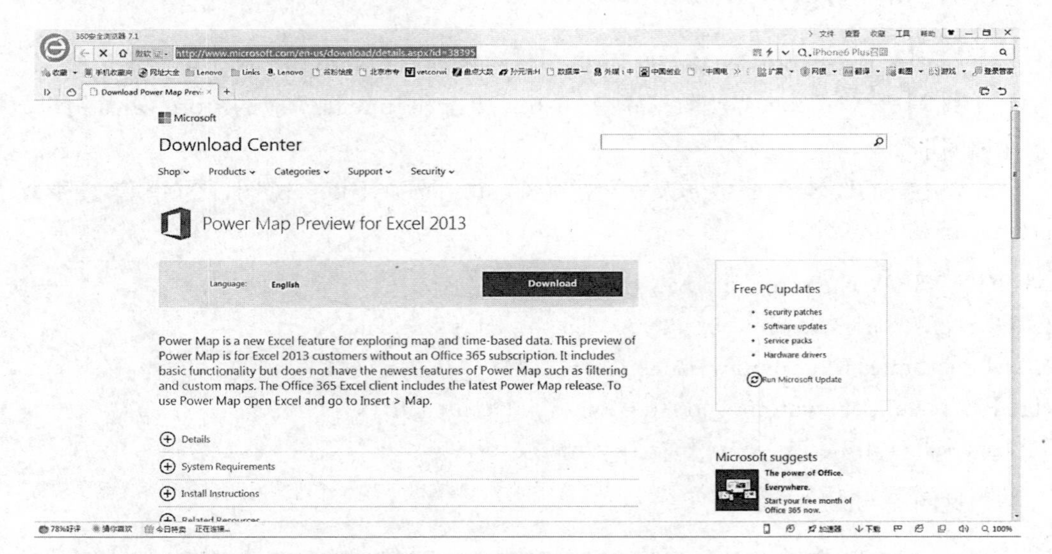

图 5—216

执行插入菜单中的地图命令，启动 Power Map（见图 5—217）。

图 5—217

在 Power Map 插件的图层窗口中列出 Excel 工作表中的字段，从字段中选择地理字段，与地图显示级别对应。本例中选择 city 字段作为数据在地图上显示的地理粒度，然后单击“下一步”按钮，设置显示在指定地理字段对应地图级别的数据（见图 5—218）。

① http：//www.microsoft.com/en-us/download/details.aspx？id=38395.

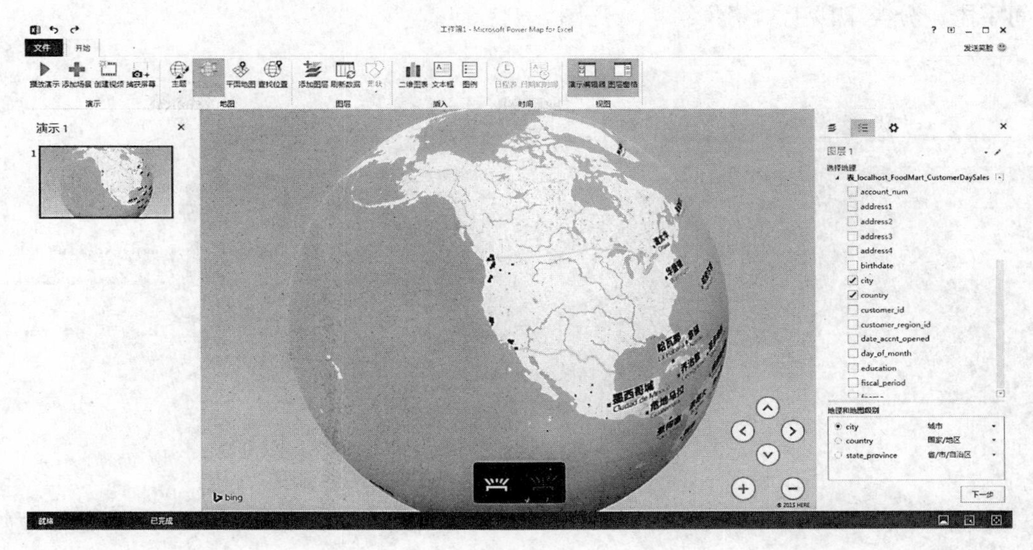

图 5—218

绘制地图需要指定三个参数：高度、类别和时间。高度代表地图显示的数据，可以以柱状图、气泡图、热度图和区域图方式将数据以可视化图形显示在地图上。类别代表地图上显示数据的分类轴，本例中选择 member_card 作为分类轴，选择 store_sales 字段的聚集值（求和）作为高度，选择 the_date 字段作为时间轴。设置完毕后，图层 1 窗口显示类别字段 member_card 中的四个不同取值和图例的颜色；选择堆积图时数据按 member_card 类别以簇状柱状图显示 store_sales 的销售数据，下方显示时间字段 the_date 的时间轴，单击"播放"按钮在地图上动态显示连接日期对应的分别销售数据，也可以单击查看指定日期在地图上的销售数据。参见图 5—219。

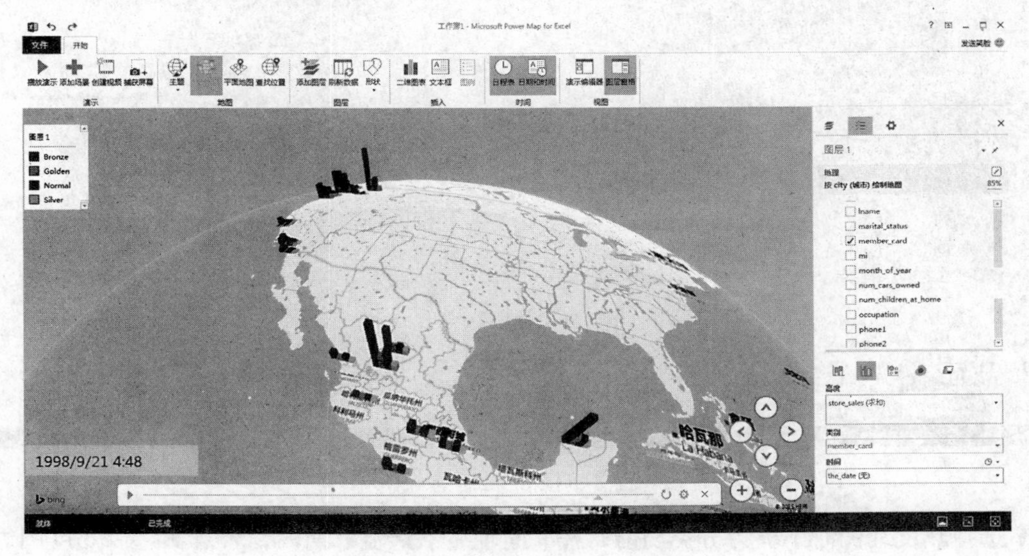

图 5—219

可以通过右下角的放大与缩小按钮调节显示比例，通过方向按钮调整地图显示的空间维度。显示为堆积柱形图时，鼠标单周柱形图不同颜色的部分时显示出对应的地理字段、时间字段、分类字段上的聚集结果（见图 5—220）。

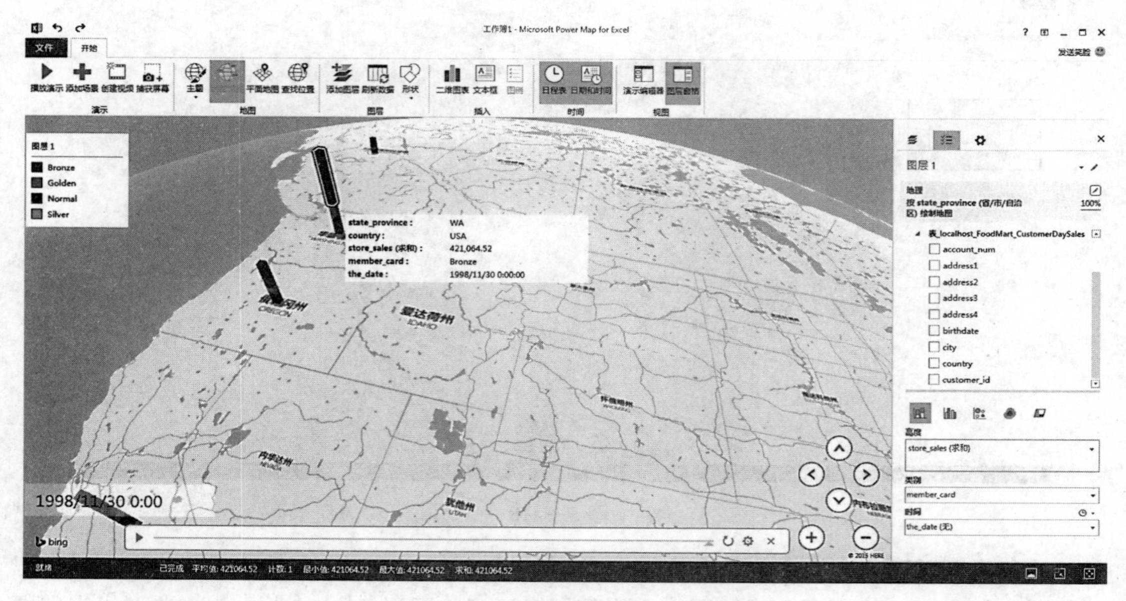

图 5—220

选择气泡图时在地图上以饼形图按 member_card 类型分类的销售聚集计算结果，单击图中的颜色块显示出对应类别在该地理位置和当前日期下的聚集结果（见图 5—221）。

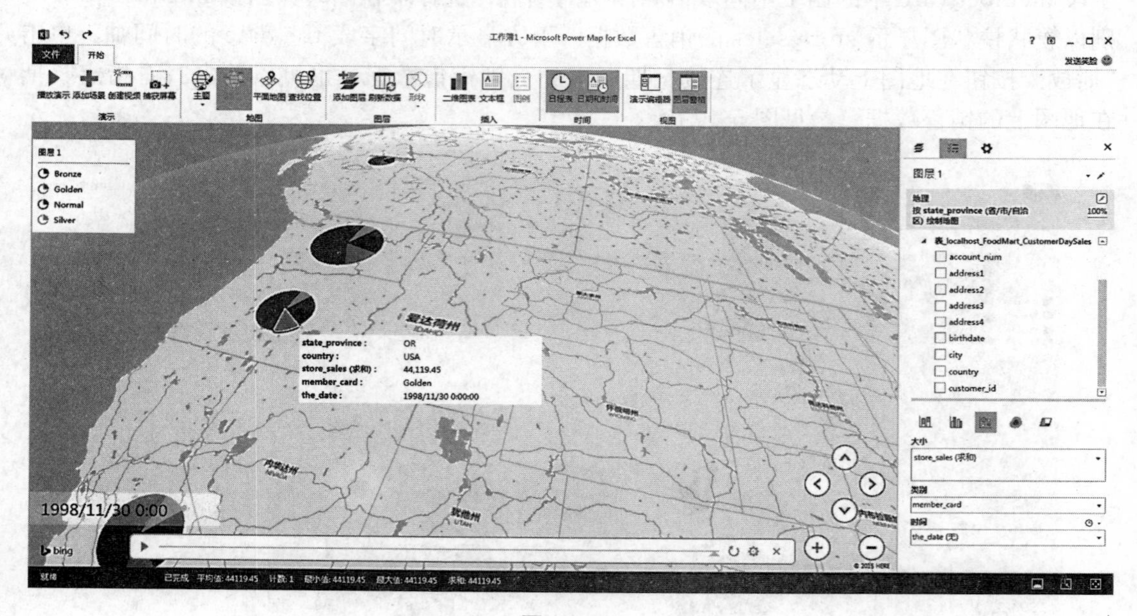

图 5—221

选择热度地图时不支持分类功能，按时间轴显示指定日期的销售总额，以热度图方式显示在地图上（见图 5—222）。

选择区域图时，地理字段自动调整为 state_province，将分类 M 和 F 的销售总额显示为不同深度的区域颜色块（见图 5—223）。

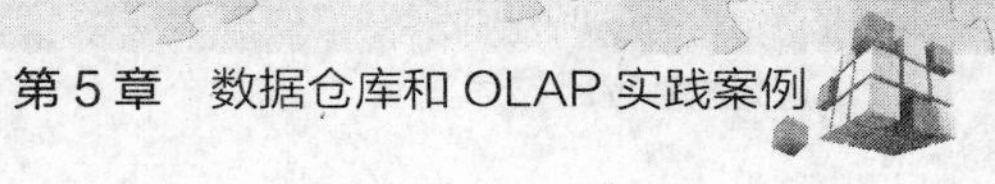

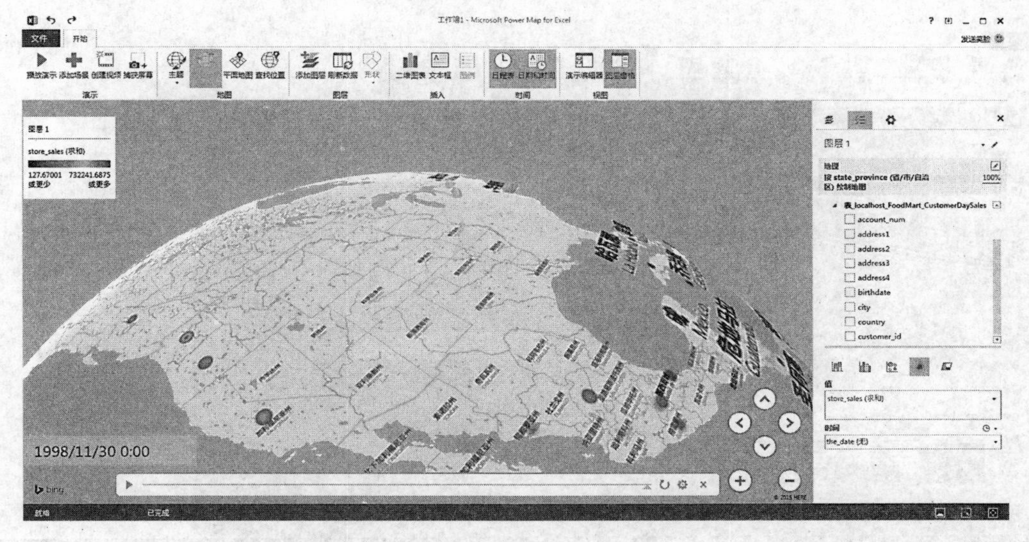

图 5—222

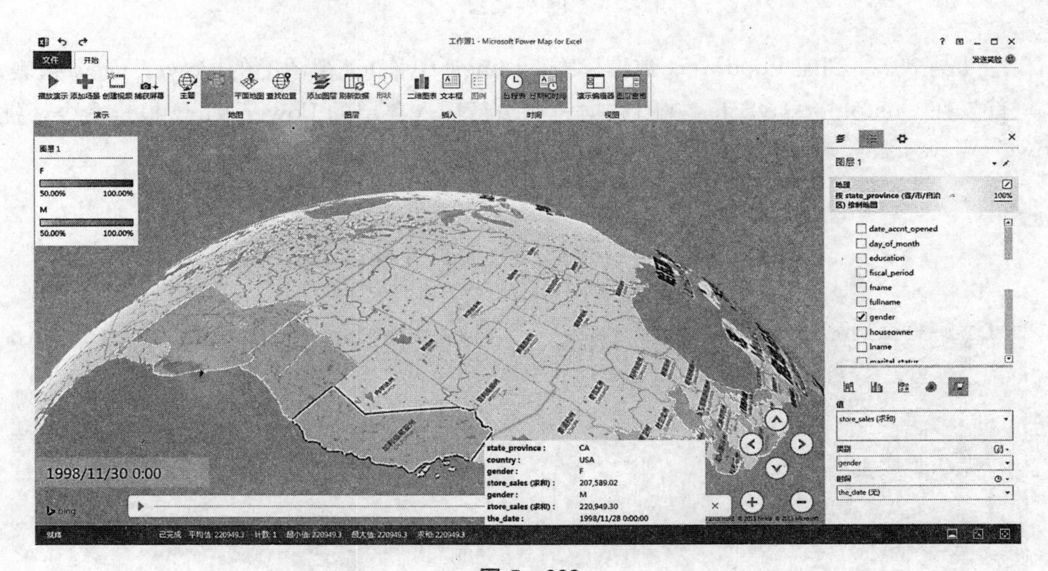

图 5—223

地图可以切换为平面地图，单击“二维图表”按钮则将当前图层的地图数据显示为图表。“添加图层”功能支持在地图上增加新的图层，如图 5—224 所示，图层 1 的地图级别字段选择 country，图层 2 的地图级别字段选择 city，分类字段选择 gender，则在地图上以区域图显示 country 级别的聚集结果，同时显示 city 级别的聚集结果，单击地图中的图例可以显示出对应的分类聚集结果，可以直观地查询不同地理级别的销售额数据。

三、Power View 交互式报表

传统的报表为固定的结构，Power View 提供了动态报表功能，可以快速创建可视化报表并通过图块划分和筛选器动态显示报表内容。

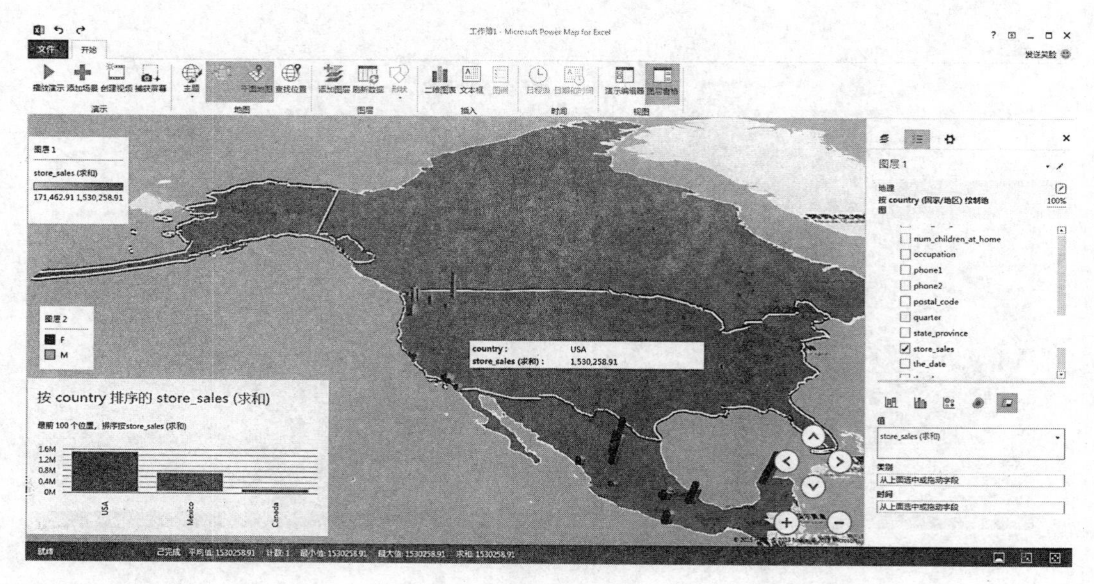

图 5—224

【例 8】 创建 FoodMart 数据库 CustomerDaySales 视图上的 Power View 报表。

首先在 CustomerDaySales 视图数据表上执行插入菜单的 Power View 报告命令，插入 Power View 报表，显示在新的数据表中（见图 5—225）。

A1 customer_id

插入 Power View 报表
做出更好的业务决策，并创建漂亮的交互式报表。

	customer_id	account_num	lname	fname	mi	address1	address3	address4	city	state_province	postal_code	country	customer
2	4606	36168602108	Overholser	Maureen		5025 North Star Dr			Port Orchard	WA	36362	USA	
3	4606	36168602108	Overholser	Maureen		5025 North Star Dr			Port Orchard	WA	36362	USA	
4	4606	36168602108	Overholser	Maureen		5025 North Star Dr			Port Orchard	WA	36362	USA	
5	4606	36168602108	Overholser	Maureen		5025 North Star Dr			Port Orchard	WA	36362	USA	
6	3124	25025970935	Stewart	Julia	K.	4074 Northwood Dr			Bremerton	WA	98989	USA	
7	3124	25025970935	Stewart	Julia	K.	4074 Northwood Dr			Bremerton	WA	98989	USA	
8	1785	15300565361	Brown	Cynthia	L.	1832 Rotherham Dr			Bremerton	WA	18657	USA	
9	1785	15300565361	Brown	Cynthia	L.	1832 Rotherham Dr			Bremerton	WA	18657	USA	
10	1785	15300565361	Brown	Cynthia	L.	1832 Rotherham Dr			Bremerton	WA	18657	USA	
11	1785	15300565361	Brown	Cynthia	L.	1832 Rotherham Dr			Bremerton	WA	18657	USA	
12	2298	19053528308	Strambi	Linda	L.	9713 Pome Court			Port Orchard	WA	25828	USA	
13	2298	19053528308	Strambi	Linda	L.	9713 Pome Court			Port Orchard	WA	25828	USA	
14	2298	19053528308	Strambi	Linda	L.	9713 Pome Court			Port Orchard	WA	25828	USA	
15	2298	19053528308	Strambi	Linda	L.	9713 Pome Court			Port Orchard	WA	25828	USA	
16	2298	19053528308	Strambi	Linda	L.	9713 Pome Court			Port Orchard	WA	25828	USA	
17	3878	30919830200	Thomas	Janet		3630 Second Avenue			Port Orchard	WA	14952	USA	
18	3676	29195792078	Sukh	Jolene	K.	6325 El Pueblo Place			Bremerton	WA	52934	USA	
19	3676	29195792078	Sukh	Jolene	K.	6325 El Pueblo Place			Bremerton	WA	52934	USA	
20	3676	29195792078	Sukh	Jolene	K.	6325 El Pueblo Place			Bremerton	WA	52934	USA	
21	4096	32258955200	Smith	Elma		3061 60th Avenue			Bremerton	WA	23291	USA	
22	4096	32258955200	Smith	Elma		3061 60th Avenue			Bremerton	WA	23291	USA	
23	4096	32258955200	Smith	Elma		3061 60th Avenue			Bremerton	WA	23291	USA	
24	4096	32258955200	Smith	Elma		3061 60th Avenue			Bremerton	WA	23291	USA	
25	9781	82176495790	Ujdur	M. Jennifer		9700 Terra Granada			Port Orchard	WA	36295	USA	
26	9781	82176495790	Ujdur	M. Jennifer		9700 Terra Granada			Port Orchard	WA	36295	USA	
27	6291	49700410962	Huckaby	Ernest		2325 Mountaire Drive			Bremerton	WA	38143	USA	
28	6291	49700410962	Huckaby	Ernest		2325 Mountaire Drive			Bremerton	WA	38143	USA	
29	6291	49700410962	Huckaby	Ernest		2325 Mountaire Drive			Bremerton	WA	38143	USA	
30	997	10016238100	Sweet	John	J.	673 Noah Court			Port Orchard	WA	26604	USA	

Sheet1

平均值: 3079072263 计数: 13355192 求和: 1.73192E+16 100%

图 5—225

在 Power View 数据表的 Power View 字段窗口中显示 CustomerDaySales 数据表中的全部字段，选择在报表中输出的字段，生成详细记录报表（见图 5—226）。

在报表空白处单击，从 Power View 字段中选择新的报表字段，选择 gender 和 store_sales 为输出字段，选择 member_card 为图块划分字段，在左下角显示的报表对象中 member_card值显示为图块，单击图块对象对应按 member_card 值切片功能。在右下角空

白处单击，选择 country，the_year，store_sales 三个字段创建报表对象，然后单击生成的报表对象，选择柱形图工具，将报表转换为柱形图。在图表设置窗口中设置字段显示方式，∑值中选择 store_sales 字段，轴选择 country 字段，水平序列图选择 the_year 字段，生成右下角所示柱形图（见图 5—227），显示 1997 年和 1998 年间三个国家 store_sales 销售总额。

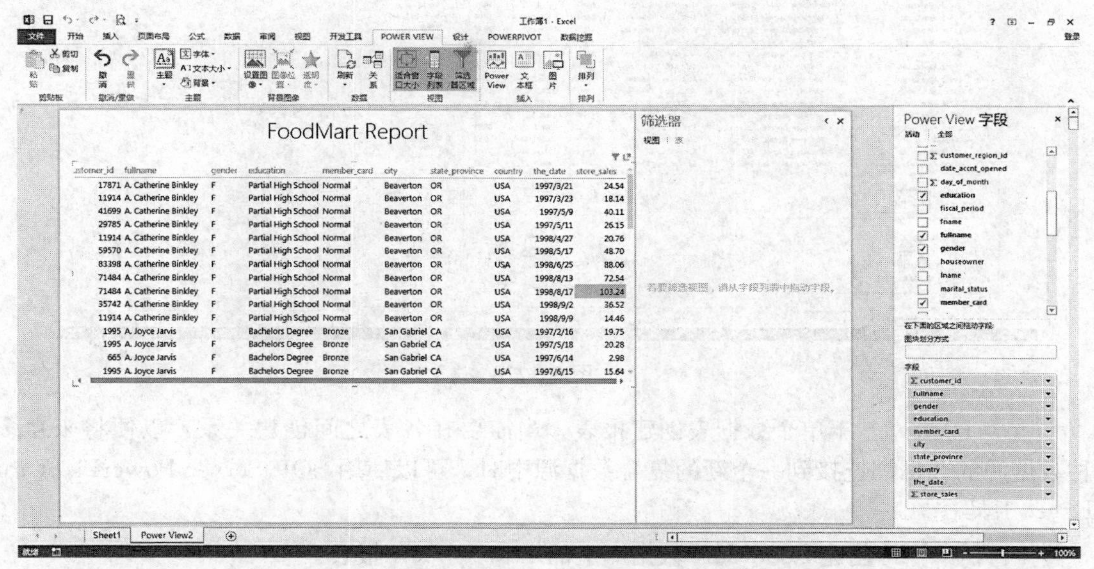

图 5—226

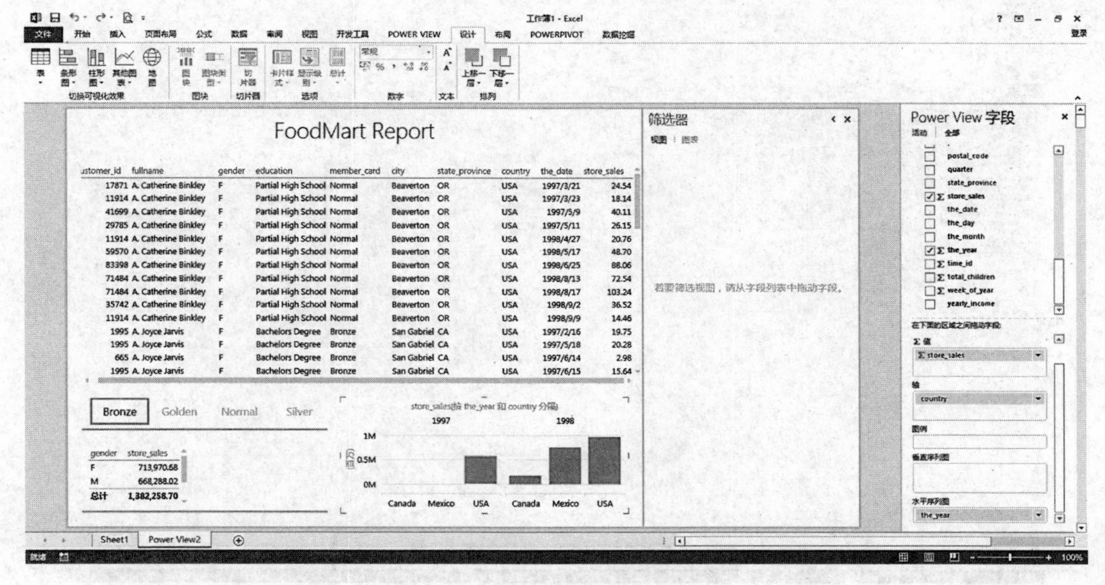

图 5—227

将 education，marital_status，occupation 字段拖动到筛选器窗口中构造筛选器，通过复选框选择筛选条件，实时刷新报表数据内容，支持实时报表分析功能。同时，创建的图表也可以起到筛选器的作用，单击图表中 Mexico 柱形图则其他报表对象刷新为 country 值为 Mexico 对应实时报表数据（见图 5—228）。

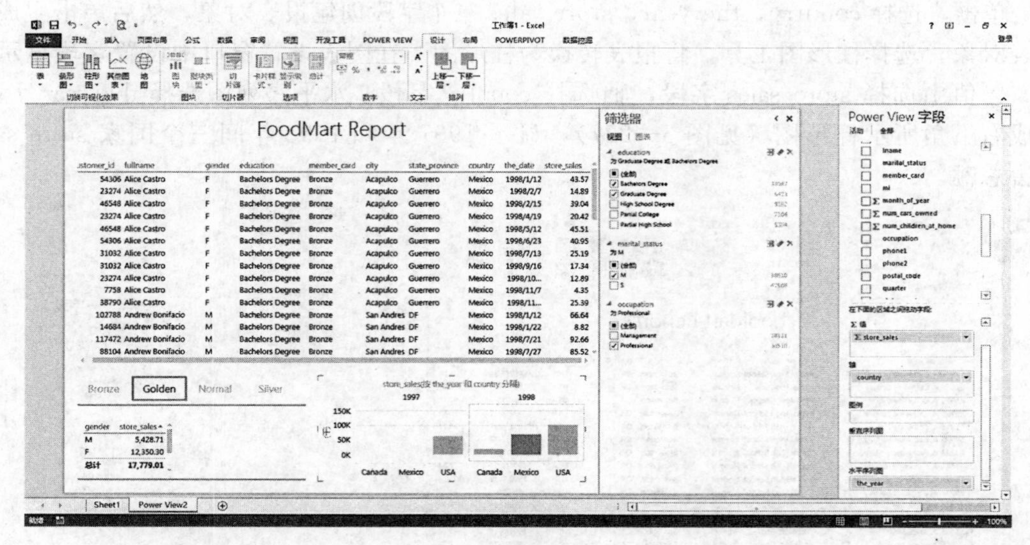

图 5—228

Power View 基于单个数据表创建报表，当需要在各表之间创建关系，以便将来自多种数据源的数据国连接到一个新的复合数据源中时，可以使用 SQL Server PowerPivot for Excel 工具。

【例 9】 创建 FoodMart 数据库上的 Power View 报表。

首先，在 PowerPivot 菜单中单击“管理”按钮，转到 PowerPivot 窗口加载数据（见图 5—229）。

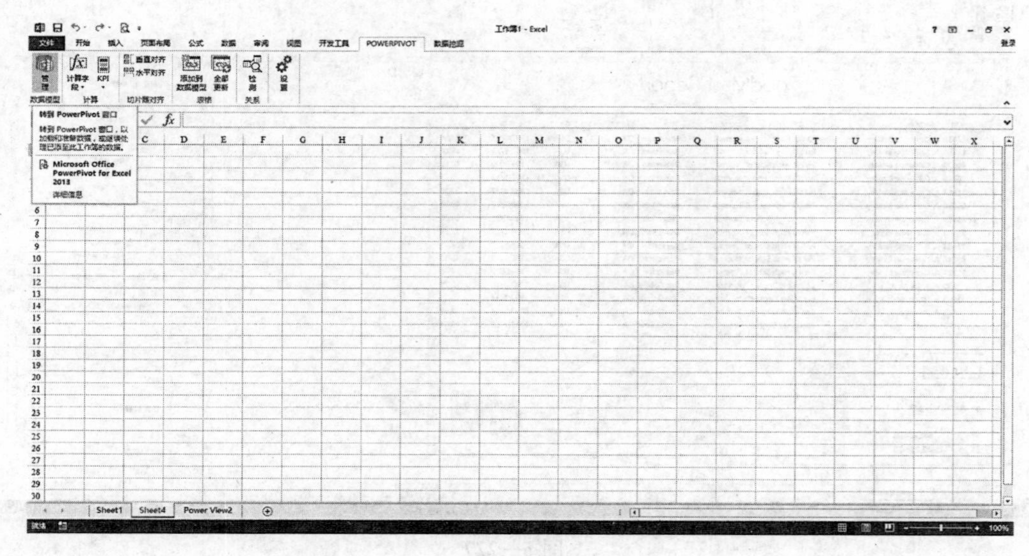

图 5—229

选择“从其他源”，启动表导入向导。在表导入向导中选择 Microsoft SQL Server 对象，从 SQL Server 服务器中导入 FoodMart 数据库的各个表（见图 5—230）。

在表导入向导中输入数据库名称 localhost，选择 FoodMart 数据库，测试数据库连通情况（见图 5—231）。

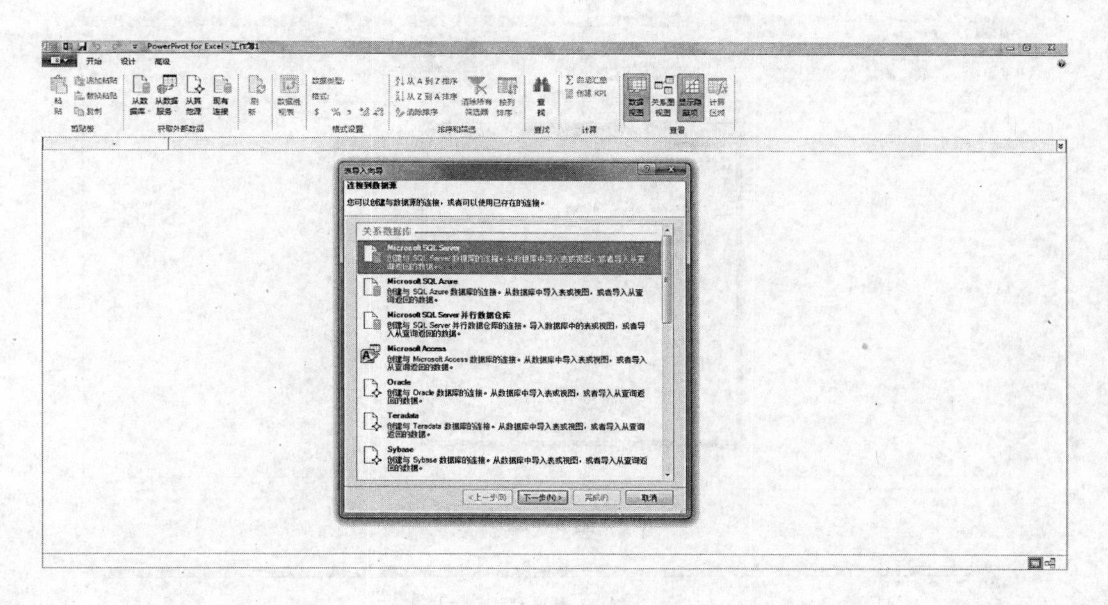

图 5—230

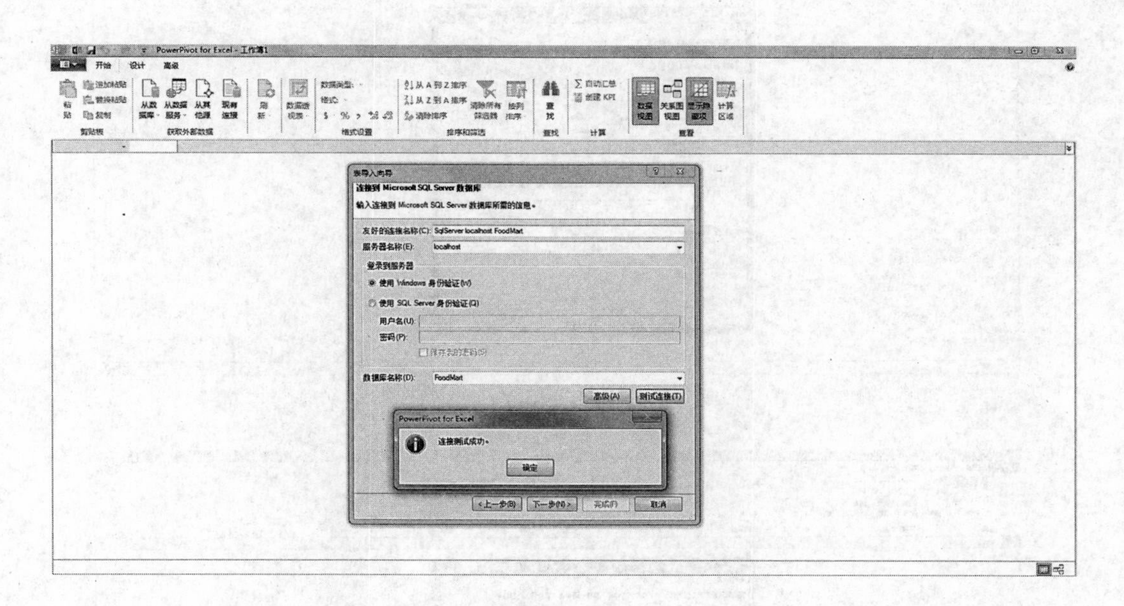

图 5—231

选择从表和视图中选择导入的数据，导入 FoodMart 的相关表（见图 5—232）。

选择 sales_fact 表，然后单击“选择相关表”按钮，自动选择与 sales_fact 有主-外键约束关系的表 customer，product，promotion，store 和 time_by_day，然后单击“完成”按钮，执行数据导入（见图 5—233）。

表导入向导依次导入各相关表（见图 5—234）。

导入成功后，PowerPivot 中显示各个导入的表，每个表存储于表名对应的数据表中（见图 5—235）。

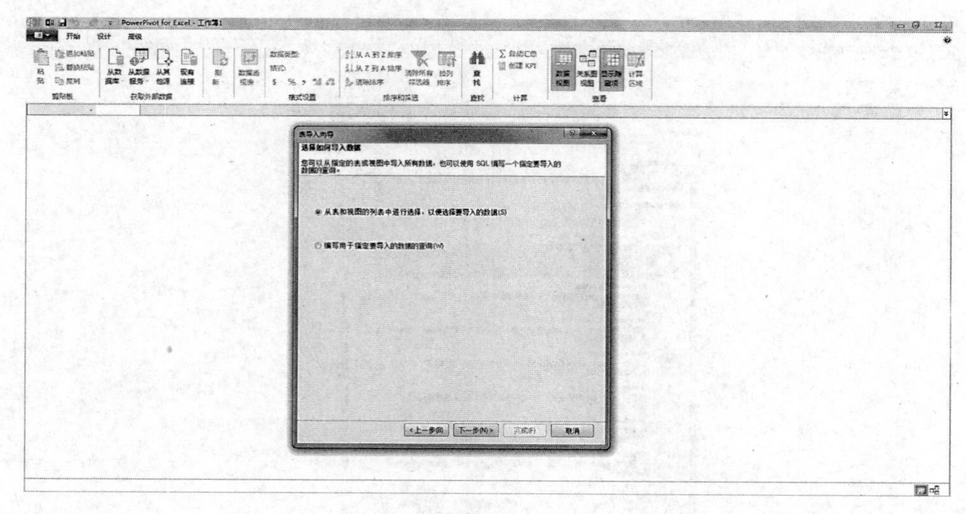

图 5—232

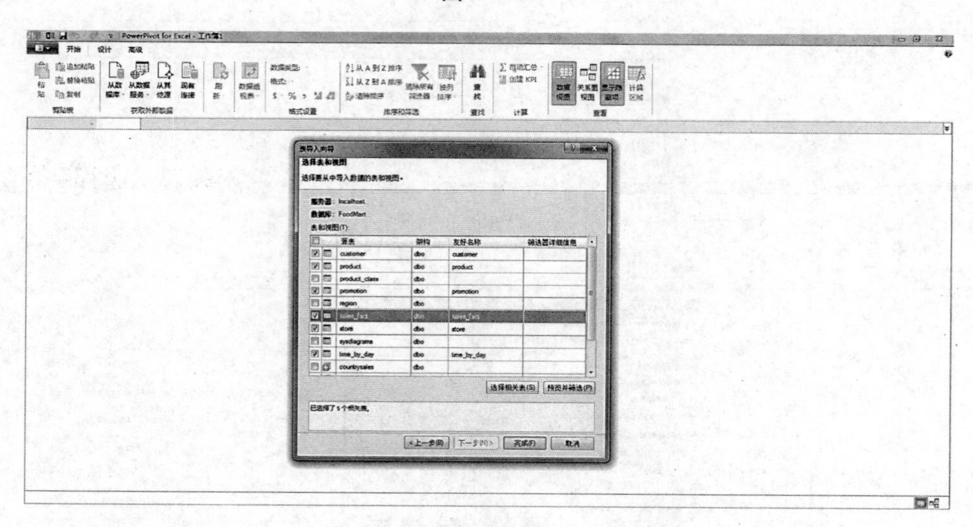

图 5—233

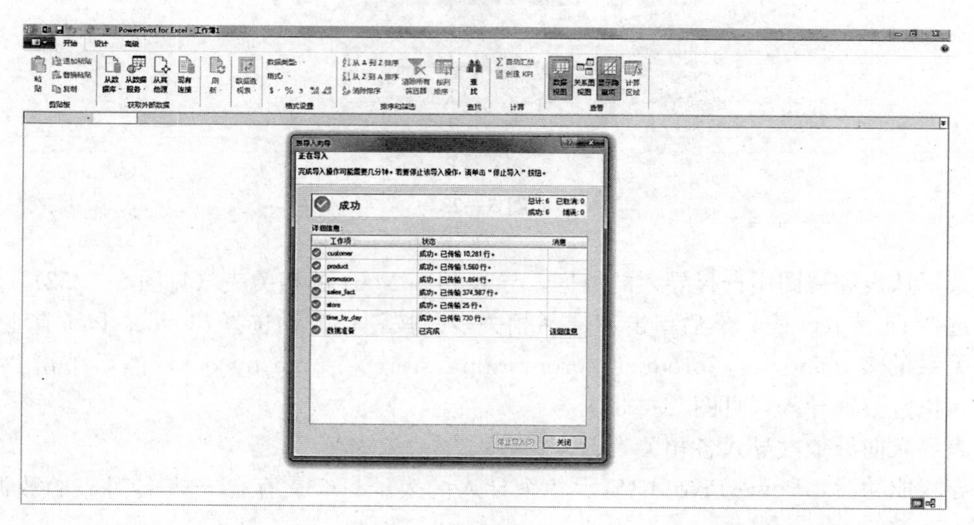

图 5—234

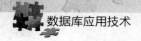

[customer_id]　3776

[illegible]	[illegible]	custom...	[illegible]	[illegible]	store_sales	store_cost	unit_sales	添加列
1334	574	3776	0	13	¥5.52	¥2.54	3	
1524	574	3776	0	13	¥3.78	¥1.70	3	
1467	574	6574	0	13	¥11.64	¥3.96	3	
182	574	6574	0	13	¥5.52	¥2.37	3	
721	574	1954	0	13	¥6.78	¥2.37	3	
644	574	1954	0	13	¥2.61	¥1.23	3	
987	574	9788	0	13	¥7.77	¥3.03	3	
1403	574	9788	0	13	¥7.32	¥2.93	3	
155	574	9788	0	13	¥11.43	¥5.26	3	
1197	574	9788	0	13	¥9.42	¥3.58	3	
1124	574	7546	0	13	¥2.43	¥0.97	3	
968	574	7546	0	13	¥3.84	¥1.23	3	
292	574	7546	0	13	¥5.43	¥2.44	3	
762	574	7546	0	13	¥11.10	¥4.88	3	
186	574	9530	0	13	¥6.69	¥2.81	3	
585	574	4342	0	13	¥6.54	¥2.94	3	
1374	574	4342	0	13	¥8.67	¥3.73	3	
882	574	4804	0	13	¥7.47	¥2.91	3	
356	574	4804	0	13	¥7.08	¥2.62	3	
959	574	4804	0	13	¥4.50	¥2.07	3	
832	574	545	0	13	¥9.72	¥4.57	3	
422	574	3548	0	13	¥11.01	¥4.40	3	
690	574	6686	0	13	¥4.32	¥1.38	3	
1173	574	6686	0	13	¥6.93	¥3.26	3	

customer | product | promotion | sales_fact | store | time_by_day

记录：第 1 行，共 374,987

图 5—235

在 Excel 数据表窗口中执行插入菜单的 Power View 命令，创建报表。

Power View 字段窗口中显示 PowerPivot 导入的各个表，从相关表中选择字段，设置报表显示字段、图表和筛选器，生成动态报表（见图 5—236）。

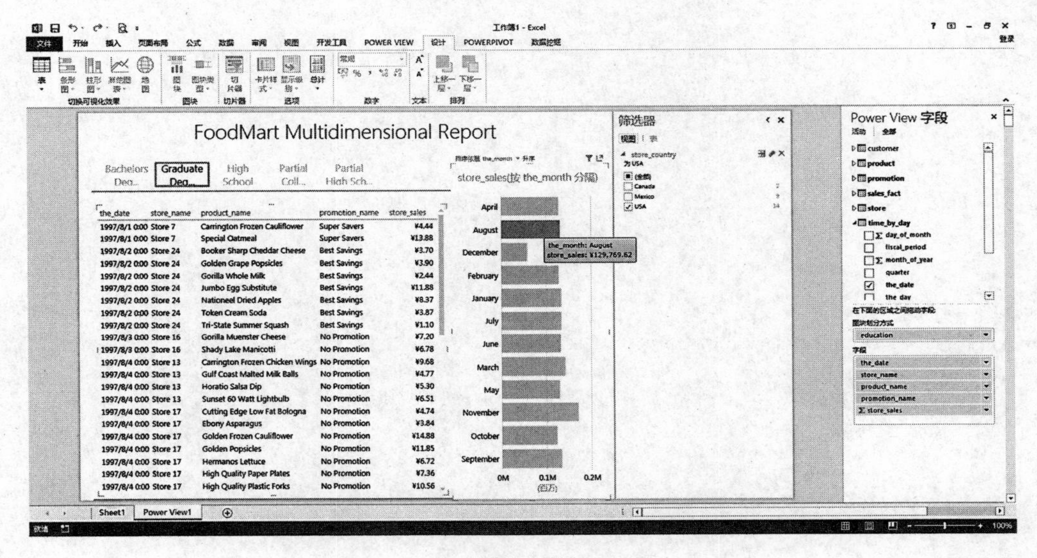

图 5—236

小结

数据仓库和 OLAP 多维分析处理技术是商业智能（BI）的基础，数据仓库为企业级海量数据提供存储和管理平台，OLAP 支持企业级海量数据的在线多维分析处理能力，为企业用户提供多维数据视图，以不同的粒度和角度展现企业数据的内部规律。报表和数据

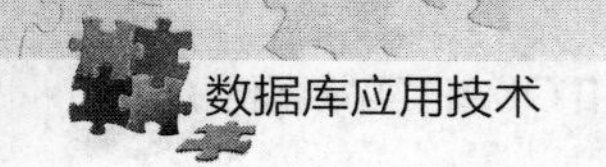

挖掘是数据仓库的重要应用，随着数据可视化技术的发展和企业分析处理应用需求的不断提高，数据仓库前端工具中集成了强大的可视化报表、OLAP分析和数据挖掘功能，为用户提供了直观、灵活的数据分析处理能力。

本章基于代表性的数据仓库案例SSB和FoodMart，描述了基于Analysis Service的多维建模及多维分析处理实现技术，以案例方式描述了基于多维数据集的数据挖掘实现技术。进一步地，以Excel前端工具平台介绍了Analysis Service在Excel前端的多维分析处理技术，基于数据挖掘插件的数据挖掘实现技术，以及基于地图插件的数据可视化技术，为读者展现了从数据管理到数据处理，再到可视化数据展现的完整数据管理和处理流程，使读者更深入地掌握数据仓库和OLAP的基本理论和应用实践技能。

图书在版编目（CIP）数据

数据库应用技术/张延松编著. —北京：中国人民大学出版社，2016.4
“十三五”普通高等教育应用型规划教材
ISBN 978-7-300-22818-1

Ⅰ.①数… Ⅱ.①张… Ⅲ.①数据库系统-高等学校-教材 Ⅳ.①TP311.13

中国版本图书馆 CIP 数据核字（2016）第 083334 号

“十三五”普通高等教育应用型规划教材
数据库应用技术
张延松 编著
Shujuku Yingyong Jishu

出版发行	中国人民大学出版社		
社　　址	北京中关村大街 31 号	邮政编码	100080
电　　话	010－62511242（总编室）		010－62511770（质管部）
	010－82501766（邮购部）		010－62514148（门市部）
	010－62515195（发行公司）		010－62515275（盗版举报）
网　　址	http://www.crup.com.cn		
	http://www.ttrnet.com(人大教研网)		
经　　销	新华书店		
印　　刷	北京密兴印刷有限公司		
规　　格	185 mm×260 mm　16 开本	版　　次	2016 年 4 月第 1 版
印　　张	21.25　插页 1	印　　次	2016 年 4 月第 1 次印刷
字　　数	508 000	定　　价	38.00 元

教师教学服务说明

中国人民大学出版社工商管理分社以出版经典、高品质的工商管理、财务会计、统计、市场营销、人力资源管理、运营管理、物流管理、旅游管理等领域的各层次教材为宗旨。

为了更好地为一线教师服务，近年来工商管理分社着力建设了一批数字化、立体化的网络教学资源。教师可以通过以下方式获得免费下载教学资源的权限：

在“人大经管图书在线”（www. rdjg. com. cn）注册，下载“教师服务登记表”，或直接填写下面的“教师服务登记表”，加盖院系公章，然后邮寄或传真给我们。我们收到表格后将在一个工作日内为您开通相关资源的下载权限。

如您需要帮助，请随时与我们联络：

中国人民大学出版社工商管理分社

联系电话：010－62515735，62515749，62515987

传　　真：010－62515732，62514775　　　电子邮箱：rdcbsjg@crup. com. cn

通讯地址：北京市海淀区中关村大街甲 59 号文化大厦 1501 室（100872）

教师服务登记表

姓 名		□先生　□女士	职　　称		
座机/手机			电子邮箱		
通讯地址			邮　　编		
任教学校			所在院系		
所授课程	课程名称	现用教材名称	出版社	对象（本科生/研究生/MBA/其他）	学生人数
需要哪本教材的配套资源					
人大经管图书在线用户名					

院/系领导（签字）：

院/系办公室盖章